Rare Earth Catalysis
for Petroleum Refining

炼油稀土催化

刘从华　主　编

赵　震　李　蛟　副主编

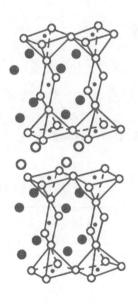

化学工业出版社

·北京·

内 容 简 介

本书从炼油化工的核心工艺——催化裂化的反应原理和稀土催化作用基础出发，揭示了稀土元素电子结构特征与酸碱性调变和催化反应之间复杂的协同关系，在充分认识催化裂化反应原理发展和重油分子转化模式的基础上，系统论述了催化裂化催化剂分子筛活性组分的稀土改性原理与应用技术基础、稀土与重金属相互作用及其抗金属污染技术开发、脱硫脱硝反应与稀土催化氧化还原作用、功能化稀土催化剂设计开发与工业应用以及稀土橡胶等相关领域的稀土催化技术进展和研发方向；重点剖析了稀土催化原理、技术开发过程、功能化催化剂产品开发的专利技术特征和市场需求，充分展示炼油化工稀土催化的知识性、技术性和实用性，突出我国科技工作者在炼油稀土催化领域取得的重大技术进展和行业影响力。本书内容丰富，密切结合实际，汇集了大量的研究开发和工业应用数据。

本书可供从事功能化稀土催化材料和催化剂研究、开发、生产的技术人员阅读学习，也可以作为石油类、化学化工类和材料类院校的本科生、研究生的课程教材和参考书；对炼油、化工和材料行业的科技人员也有较大的参考价值。

图书在版编目（CIP）数据

炼油稀土催化/刘从华主编 . —北京：化学工业
出版社，2021.4
ISBN 978-7-122-38204-7

Ⅰ.①炼… Ⅱ.①刘… Ⅲ.①石油炼制-催化
Ⅳ.①TE624.4

中国版本图书馆 CIP 数据核字（2020）第 245405 号

责任编辑：戴燕红　　　　　　　　　文字编辑：张瑞霞
责任校对：王鹏飞　　　　　　　　　装帧设计：李子姮

出版发行：化学工业出版社（北京市东城区青年湖南街 13 号　邮政编码 100011）
印　　装：三河市航远印刷有限公司
787mm×1092mm　1/16　印张 31¾　字数 712 千字　2021 年 5 月北京第 1 版第 1 次印刷

购书咨询：010-64518888　　　　　　售后服务：010-64518899
网　　址：http://www.cip.com.cn
凡购买本书，如有缺损质量问题，本社销售中心负责调换。

定　价：198.00 元

《炼油稀土催化》
编写人员

顾　　问　李　灿　徐春明　田辉平　钱锦华
主　　编　刘从华
副 主 编　赵　震　李　蛟

编写人员（按章排序）

第一章	赵　震	教授	中国石油大学（北京）、沈阳师范大学
	肖　霞	博士	沈阳师范大学
	解则安	博士	沈阳师范大学
第二章	刘从华	教授	山东理工大学、中国石油石油化工研究院
	袁程远	博士	山东理工大学
第三章	赵晓争	高工	中国石油石油化工研究院
	丁兆易	工程师	山东齐鲁华信高科有限公司
	刘从华	教授	山东理工大学、中国石油石油化工研究院
第四章	李　蛟	教授	山东理工大学
	刘从华	教授	山东理工大学、中国石油石油化工研究院
	高兆俊	硕士	山东理工大学
第五章	宋海涛	博士	中国石化石油化工科学研究院
	刘　俊	博士	中国石化石油化工科学研究院
	姜秋桥	助研	中国石化石油化工科学研究院
第六章	孙书红	教授	中国石油石油化工研究院
	黄校亮	高工	中国石油石油化工研究院
	刘从华	教授	山东理工大学、中国石油石油化工研究院
第七章	郑云锋	博士	中国石油石油化工研究院
	杜庆洋	教授	山东理工大学
	董　静	高工	中国石油石油化工研究院

序

炼油化工已发展成为国民经济的支柱产业,据报道,2019 年我国的炼油能力已达 8.5 亿吨/年,稳居世界第二。其中,稀土催化剂在炼油催化过程中发挥了关键作用,特别是推动了稀土催化材料的研制、生产和大规模应用,稀土催化过程成为重要的石油化工产业之一,这对稀土材料精细加工的强国地位和稀土产业的话语权具有重要的影响。据测算,2020 年,我国流化催化裂化(Fluid Catalytic Cracking,FCC)加工石油能力约 2.4 亿吨/年,FCC 催化剂年需求近 25 万吨。目前,国内 FCC 催化剂生产能力已达 35 万吨,年消耗氧化镧和氧化铈等轻稀土 8500 吨以上,占全球 FCC 催化剂稀土用量的 40%、世界稀土消耗量的 6%。毫无疑问,稀土,尤其是轻稀土的精细利用在炼油行业发展中举足轻重。

各类炼油催化剂中,稀土沸石分子筛催化剂是应用最广泛的催化材料之一。20 世纪 60 年代初,稀土分子筛催化剂成功地应用于石油催化加工过程中,取得了良好的催化效果。因此,世界各国加强了对稀土催化剂的研发。与传统的无定形硅酸铝催化剂相比,稀土分子筛催化剂具有汽油收率高、抗结焦能力强等优点。70 年代,我国已成功开发和实现了稀土分子筛催化剂的规模化生产和在催化裂化工艺中的应用。

我国的炼油化学工业从无到有,至今已基本实现催化剂自给,在炼油稀土催化领域有所创新和突破,其中重大创新包括:①何鸣元团队发明了 Y 型分子筛沉淀稀土固相迁移技术,开发了 SRNY 分子筛和新型重油裂化催化剂,大幅改善了我国重油催化剂的抗金属污染能力;②舒兴田团队发明了稀土分子筛异晶导向 ZRP 分子筛合成技术,极大地推动了多产低碳烯烃 DCC 成套炼油工艺技术走向国际市场;③高雄厚团队发明了 HRSY 系列高稀土超稳 Y 分子筛技术,提出减少汽油烯烃的反应模式,开发了 LBO 系列降低汽油烯烃催化剂和 LDO 重油裂化催化剂技术,有力提升了炼油催化剂的国际竞争实力。这些重大稀土催化反应理论和技术创新使我国炼油催化剂和重油加工水平达到了一个新的高度。

稀土在炼油化学工业中发挥了极为重要的作用,但是到目前为止,尚没有一部专著,对炼油稀土催化进行全面和系统的描述。由刘从华教授主编的这部书正好弥补了这个空白。本书内容丰富，密切结合实际，汇集了大量的研究开发和工业应用数据。从炼油化工的核心工艺——催化裂化的反应原理和稀土催化反应基础出发，揭示了稀土元素电子结构特征与酸碱性调变和催化反应之间的协同关系，系统论述了催化裂化催化剂分子筛活性组分的稀土改性原理/技术和催化作用、稀土与重金属相互作用及其抗金属污染技术、稀土脱硫脱硝反应与助剂技术开发、功能化稀土催化剂设计开发与应用以及石油化工稀土催化的其他技术进展和发展趋势；重点剖析了稀土催化作用原理、技术开发过程、稀土催化剂产品开发的专利技术特征，充分展示炼油稀土催化的知识性、技术性和实用性，展现了我国科技工作者在稀土催化炼油领域取得的重大技术进展和行业影响力。经过几代科技人员的艰苦奋斗，我国已发展成为世界稀土催化炼油行业的大国，迫切需要系统总结自主技术发展历程和世界技术发展趋势，增强我国原始技术创新能力，为炼化产业转型升级和高质量发展做出贡献。

本书不仅值得从事功能化稀土催化材料和催化剂研究、开发、生产的技术人员阅读学习，而且可以作为石油类、材料类院校的本科生、研究生课程的教材和参考书；对于炼油、化工各类科技人员也会有很大的参考价值。相信本书的出版，有助于我国炼油化学工业的发展，对提升我国稀土催化行业的国际竞争力和稀土催化强国的话语权具有重要意义。

中国科学院院士 李灿于大连

2020 年 6 月

前言

　　我国是当之无愧的稀土大国，稀土在国民经济发展中有着广泛用途。其中，作为国民经济支柱产业之一的炼油化工，80%的加工过程涉及催化反应，而且大部分又与稀土催化剂和稀土助剂应用密切相关。

　　稀土催化在炼油催化过程中发挥了关键作用，成为稀土应用开发最早和最成熟的产业之一。综合分析稀土在沸石/分子筛催化材料及炼油化工催化剂中的作用，主要包括：①可以提高催化剂中分子筛的热和水热稳定性。比如，HY 分子筛通过 La^{3+} 或 Ce^{3+} 交换使稀土阳离子和晶格氧原子之间形成稳定的氧络合物，其热和水热稳定性得以明显改善。②能够增加分子筛的催化活性。稀土通过离子迁移进入分子筛笼中，可极化水分子形成更多酸性位点，从而提高分子筛总酸量和酸密度，改善催化反应活性。③灵活调变分子筛表面的酸碱性以改善催化剂的反应选择性，比如稀土氧化物通常具有碱性，以沉淀或氧化物形态引入 ZSM-5 分子筛的碱性稀土可以降低氢转移活性，特别是碱性有利于烯烃分子的脱附，抑制副反应发生，进而提高低碳烯烃的选择性，实现炼油过程增产低碳烯烃。④大幅改善催化剂的抗金属污染能力。在基质中引入稀土，可以和原料油中的 V 结合生成稳定氧化物，抑制了 V 迁移对分子筛结构的破坏作用，提高催化剂加工劣质原料油的能力。⑤有效催化污染物的减排作用。稀土还是减少催化裂化过程污染物排放催化剂/助剂的关键组分。比如，通过促进二氧化硫的氧化改善硫转移剂的 SO$_x$ 减排效果。⑥作为功能化高聚物的催化剂和促进剂，比如稀土催化丁二烯与异戊二烯共聚，可以同时获得独有的多种高顺式产物，稀土催化具有"活性聚合"的特征，制备的聚合物分子量随转化率的提高而增加；稀土助剂还可以改善橡胶的力学性能和抗氧化性能等。

　　我国炼油稀土催化技术开发整体晚于国外，但是基于国内在稀土领域得天独厚的优势，经过几代科技人员几十年的艰苦努力和持续不懈的研究，我们已经在炼油稀土催化领域整体追赶上来，部分领域已处于主导地位。基于稀土的炼油化工催化剂和成套反应工艺技术已规模化出口海外。这些成就的取得受益于我国在稀土产学研相结合、稀土产业化开发和国家战略持续支持等方面的集群化优势。在当前形势下，系统总结我国炼油稀土研发的技术理论创新和产业化成果具有重要意义。

关于我国科技人员在炼油稀土催化领域的技术创新工作，李灿院士在为本书所作序言中进行了很好的总结。从我国稀土资源分布特点和炼油装置结构以及炼油化工市场需求出发，科技人员在稀土催化反应原理与重油转化模式研究、稀土离子精确定位与分子筛催化材料的结构稳定性控制、稀土形态与抗金属污染性能提升、稀土有效利用与高效催化剂开发、稀土分子筛异晶导向与多产低碳烯烃工艺技术创新、稀土催化与功能化橡胶制备等方面取得了重大进展，正在支撑起我国炼油稀土催化迈向强国的地位。

本书力图对炼油稀土催化进行全面和系统的论述。第一章：稀土催化基础，由赵震教授主笔，从稀土元素分布和电子结构出发，详细论述了稀土元素的价态、半径和配位特征，稀土催化材料及其参与的催化反应，对其催化性能与物理化学性质进行构效关联，从本质上揭示稀土发挥催化作用的物理化学基础。第二章：催化裂化反应原理与重油分子转化模式研究，由刘从华教授主笔，在简要认识正碳离子化学的基础上，总结了国内外催化裂化反应原理探索及其发展，重点阐述了稀土催化与关键催化反应、正碳离子化学研究新认识和重油分子催化裂化转化模式的新进展。第三章：稀土改性分子筛原理与技术开发，由赵晓争高工和刘从华教授主笔，系统论述了催化裂化催化剂分子筛活性组分的稀土改性原理与技术特点，重点解析了稀土改性分子筛的交换与焙烧过程、改性分子筛的结构变化与酸性特征以及稀土改性分子筛产品开发。第四章：稀土抗金属污染作用原理与技术开发，由李蛟教授和刘从华教授主笔，从分析催化剂的重金属破坏作用和抗金属污染原理出发，阐述稀土具有抗金属污染作用的内在原因，介绍了基于稀土的抗金属污染催化剂和助剂技术开发与应用。第五章：稀土在烟气污染物转化技术中的应用，由宋海涛博士主笔，在认识催化氧化、硫转移和脱硝反应原理的基础上，阐述了稀土催化与 CO 助燃、硫转移和 NO_x 脱除的基本关系，重点介绍了基于稀土的烟气处理催化剂/助剂技术。第六章：稀土裂化催化剂设计开发及应用：由孙书红教授和刘从华教授主笔，根据炼油裂化催化剂类型特点和市场需求，阐述了各种催化剂的设计原理和应用技术开发，重点剖析了催化剂技术开发过程、稀土催化剂产品开发的专利技术特征，期望充分展示炼油稀土催化的知识性、技术性和实用性。第七章：稀土在炼油化工相关领域应用的新进展，由郑云锋博士和杜庆洋教授主笔，简要论述了稀土催化剂和稀土助剂在炼油化工相关领域的新进展，由于炼油化工门类众多、分工精细，对稀土橡胶催化等十二个密切相关方面进行了介绍，重点阐述产业化基础较好的稀土催化橡胶、芳烃生产的研发进展和技术开发方向，突出了我国科技工作者在炼油稀土催化领域取得的技术创新成果和行业影响力。

在撰写本书的过程中，得到了山东理工大学、中国石油大学（北京）、中国石油天然气集团有限公司、中国石油化工集团有限公司、中国科学院、沈阳师范大学、山东齐鲁华信高科有限公司、山东钰泰化工有限公司、北京惠尔三吉绿色化学科技有限公司等单位大力支持，毛学文教授、潘仲良教授和李吉春教授提供了悉心的指导和持续鼓励，许友好教授、申宝剑教授和张华强博士提供了部分重要资料，杜晓辉博士和陈龙博士查阅了大量文献，在此一并感谢！

感谢李灿院士为本书作序，感谢徐春明院士、田辉平教授和钱锦华教授为本书提供的指导和帮助！

限于编者知识的局限性和编写水平，书中难免存在疏漏和不足之处，敬请读者赐教和指正。

编　者

2020 年 6 月 6 日

目录

第三章 稀土改性分子筛原理与技术开发　113

第四章　稀土抗金属污染作用原理与技术开发　　231

第五章　稀土在烟气污染物转化技术中的应用　　281

第六章　稀土裂化催化剂设计开发及应用　　　335

第七章 稀土在炼油化工相关领域应用的新进展   445

①

第一章　稀土催化基础

稀土催化是催化领域的重要分支方向，不仅对催化基础科学的发展具有十分重要的推动作用，而且在工业应用中具有重大的应用价值。从广义上来讲，催化反应可分为酸碱催化和氧化还原催化两大类。稀土元素具有特殊的电子结构，它们的价电子填充涉及的原子轨道比较多，价电子轨道多数涉及 $(n-2)f$、$(n-1)d$ 和 ns 轨道，有利于稀土在催化领域中广泛应用。所有稀土原子最外层都是 s^2 结构，这就决定了所有稀土金属都是活泼金属，因此，稀土元素的原子或相应的氧化物都具有碱性。稀土元素的原子一般都具有次外层的 d 价轨道和倒数第三层的 f 价轨道，既具有价电子，也具有空轨道，因此稀土元素的化合物，特别是氧化物，可以同时具有酸性和碱性，尤其是具有路易斯酸性。另外，某些稀土元素，如 Ce 和 Pr 具有变价，因此，它们的氧化物具有很好的氧化-还原性能。鉴于稀土元素的原子或化合物兼具酸碱性和氧化还原性等多种功能，而酸碱性和氧化还原性能是影响催化剂催化性能的最本质的化学控制因素，使得稀土元素成为催化材料和催化剂设计及利用研究领域的重要组成部分和内容。稀土元素几乎可以用于所有催化领域，包括：热催化、光催化和电催化等领域。目前，稀土催化在环境催化和石油化工催化应用领域起到了不可替代的重要作用。

第一节　稀土催化与稀土分布

一、稀土与稀土催化的概念

稀土（rare earth）是化学元素周期表中镧系元素镧（La）、铈（Ce）、镨（Pr）、钕（Nd）、钷（Pm）、钐（Sm）、铕（Eu）、钆（Gd）、铽（Tb）、镝（Dy）、钬（Ho）、铒（Er）、铥（Tm）、镱（Yb）、镥（Lu），以及与镧系 15 种元素密切相关的两种元素钪（Sc）和钇（Y）共 17 种元素总称。通常把镧、铈、镨、钕、钷、钐、铕称为轻稀土或铈组稀土；把钆、铽、镝、钬、铒、铥、镱、镥及钇称为重稀土或钇组稀土。也有根据稀土元素的原子量及物理化学性质的相似性和差异性，将其分为轻稀土、中稀土和重稀土元素[1]。稀土是历史遗留下来的名称，其实大部分稀土并不稀少，在地壳中有些稀土元素的储量比常见金属元素铅、锡、锌还要丰富，只是它们的分布较为分散，给人一种"稀少"的印象。稀土元素一般以氧化物状态被分离出来，所以得名"稀土"。

催化至少应包含两层含义；一层意思是催化剂（catalyst）；另一层意思是催化作用（catalysis）。在化学反应里能改变（提高或降低）反应物化学反应速率而不改变化学平衡，且本身的质量和化学性质在化学反应前后都没有发生改变的物质叫催化剂。

催化剂的概念：催化剂主要由主催化剂、助催化剂和催化剂载体这三大部分组成。①主催化剂是催化剂的主要活性组分，是起催化作用的根本性物质。②助催化剂往往具有提高活性组分的催化活性和选择性，改善催化剂的热稳定性、抗毒性，提高机械强度和寿命等作用。助催化剂中最常见的就是电子助剂和结构助剂。电子助剂主要是通过改变主催化剂的电子状态，从而使反应分子的化学吸附能力和反应的总活化能都发生变化，提高催化性能。结构助剂则主要是使催化活性物质粒度变小，比表面积增大，防止催化剂烧结失活，提高催化剂的结构稳定性。③催化剂载体主要起负载催化活性组分的作用，还具有提高催化剂比表面积、提供适宜的孔道结构、改善活性组分的分散度、提高催化剂机械强度、提高催化剂稳定性等多种作用。

催化作用：笼统地讲催化作用是指催化剂对化学反应所产生的效应。早在 1836 年，Berzelius 就提出了"催化作用"的概念，并且认为与催化作用相伴的还有"催化力"存在。催化剂在化学反应中所起的作用叫催化作用。在催化反应中，催化剂与反应物发生化学作用，改变了反应途径，从而降低反应的活化能。催化作用的本质是催化剂与反应物分子、形成的中间体及产物之间的化学相互作用，是维持催化反应不断循环进行的作用力，最本征的作用力是催化剂的限阈作用。

稀土催化：广义角度而言，稀土元素参与的催化反应过程统称为稀土催化。无论稀土元素是作为催化剂的主催化剂、助剂或载体组分，还是含有稀土元素作为结构离子存在的化合物（如钙钛矿氧化物）等体系都可称为稀土催化剂。稀土催化也应包含两层含义：稀土催化剂和稀土催化作用。

炼油稀土催化：稀土在炼油行业中发挥着重要的作用，特别是稀土分子筛裂化催化剂的应用，使催化裂化工艺发生了一场革命性的变化，被誉为炼油工业的技术革命。在炼油工业中稀土元素参与的催化反应过程称为炼油稀土催化。

二、稀土分布的特点

稀土元素在地壳中的含量并不稀少，部分元素的丰度甚至比铜、锌、锡、铅、镍等常见元素都多。但这些元素很少富集成可供开采的矿床，因此查明资源较少，且在全球的分布极不均衡。稀土主要富集在花岗岩、碱性岩、碱性超基性岩及与它们有关的矿床中。在自然界中稀土元素主要以单矿物形式存在，世界上已发现的稀土矿物和含稀土元素的矿物有 250 多种，其中稀土含量高于 5.8% 的有 50～65 种，可视为稀土独立的矿物。重要的稀土矿物主要为氟碳酸盐和磷酸盐。

稀土资源广泛分布在亚洲、欧洲、非洲、大洋洲、北美洲、南美洲六大洲的 38 个国家。稀土矿物主要是氟碳铈矿、离子吸附型矿、独居石、磷钇矿、黑稀金矿、磷灰石、铈铌钙钛矿等。但真正成为可开采的稀土矿并不多，而且在世界上分布非常不均匀，主要集中在中国、美国、澳大利亚、印度、南非、加拿大等国家。全球稀土资源储量如表 1-1 所示。

表 1-1　2010～2018 年全球稀土资源储量　　　　　单位：万吨

国家和地区	2010 年	2011 年	2012 年	2013 年	2014 年	2015 年	2016 年	2017 年	2018 年
美国	1300	1300	1300	1300	180	180	140	140	140
澳大利亚	160	160	160	210	320	320	340	340	340
巴西	4.8	4.8	3.6	2200	2200	2200	2200	2200	2200
加拿大	—	—	—	—	—	—	83	83	—
中国	5500	5500	5500	5500	5500	5500	4400	4400	4400

国家和地区	2010 年	2011 年	2012 年	2013 年	2014 年	2015 年	2016 年	2017 年	2018 年
格陵兰	—	—	—	—	—	—	150	150	—
印度	310	310	310	310	310	310	690	690	690
马来西亚	3	3	3	3	3	3	3	3	3
马拉维	—	—	—	—	—	—	13.6	14	—
俄罗斯	1900	1900	—	—	—	—	1800	1800	1200
南非							86	86	—
越南	—	—	—	—	—	—	2200	2200	2200
其他国家	2200	2200	4100	4100	4100	4100	—	—	—
总计	11378	11378	11377	13623	12613	12613	12106	12106	11173

注：数据来源于美国地质调查局（USGS）。

我国是名副其实的世界第一大稀土资源国，特别是邓小平在 1992 年视察南方时就曾讲道："中东有石油，中国有稀土。"国务院新闻办 2012 年发布的《中国的稀土状况与政策》白皮书显示，我国稀土储量约占世界总储量的 23%，承担了世界 90% 以上的市场供应。中国稀土资源不但储量丰富，而且还具有矿种和稀土元素齐全、稀土品位高及矿点分布合理等优势，为中国稀土工业的发展奠定了坚实的基础。轻稀土矿主要分布在内蒙古包头等北方地区和四川凉山；离子型重稀土矿主要分布在江西赣州、福建龙岩等南方地区。离子型稀土矿是中国特有的新型稀土矿物，稀土元素不以化合物的形式存在，而是呈离子状态吸附于黏土矿物中。该类矿的主要特点是中、重稀土元素含量高，主要分布在中国南方丘陵地带。赣南是我国离子型稀土资源集中分布区。自 20 世纪 70 年代地质调查工作者在龙南足洞、寻乌河岭发现离子吸附型重稀土矿和富铕轻稀土矿后，赣南的稀土受到高度关注。

第二节　稀土原子和离子的电子结构特征

一、电子结构

稀土元素具有独特的电子结构，使其具有独特的光、电、磁和催化等物理化学特性。稀土元素的外层和次外层的电子构型基本相同，这是稀土元素的共性，也是造成化学性质相似的根本原因。

1. 稀土元素原子的电子结构

稀土元素在元素周期表中的位置十分特殊，17 种元素同处在ⅢB 族，其中钪（$[Ar]$ $3d^1 4s^2$）、钇（$[Kr]$ $4d^1 5s^2$）、镧（$[Xe]$ $5d^1 6s^2$）分别为第 4、5、6 长周期中过渡元素系列的第一个元素。镧与其后的 14 种元素性质相似，定义为镧系元素（$[Xe]$ $4f^n 5d^m 6s^2$），然而由于其原子序数不同，还不能作为真正的同位素。稀土元素性质十分相似，它们之间存在的差别很小，几乎具有连续性，如离子半径和电子能级等，是稀土具有许多优异性能和特殊用途的主要原因[2]。

稀土元素的原子和离子的电子排布结构如表 1-2 所示。由表 1-2 可知：17 种稀土元素原子的最外层电子排布结构都是 ns^2，钪、钇和镧系元素原子的最外层电子排布分别为 $4s^2$、$5s^2$ 和 $6s^2$[3,4]。

钪原子的电子结构（电子排布）为：$1s^2 2s^2 2p^6 3s^2 3p^6 3d^1 4s^2$；

钇原子的电子结构（电子排布）为：$1s^2 2s^2 2p^6 3s^2 3p^6 3d^{10} 4s^2 4p^6 4d^1 5s^2$。

15 个镧系原子的电子层结构可以写为：$[Xe] 4f^n 5d^{0\sim1} 6s^2$，其中，$[Xe]$ 的电子层结构为 $1s^2 2s^2 2p^6 3s^2 3p^6 3d^{10} 4s^2 4p^6 4d^{10} 5s^2 5p^6$。最外层电子都已填充到 $6s^2$，5d 还空着或仅有一个电子，只有 4f 层不同，n 在 $0\sim14$ 范围之间，代表元素 La～Lu。值得注意的是：镧系元素的气态原子倾向于电子填充在 4f 轨道，除外的只有铈（Ce）（$[Xe]4f^1 5d^1 6s^2$）、钆（Gd）（$[Xe]4f^7 5d^1 6s^2$）和镥（Lu）（$[Xe]4f^{14} 5d^1 6s^2$）；而镧系元素的固态原子，电子倾向于在 5d 轨道填充 1 个电子而形成 $[Xe]4f^n 5d^1 6s^2$ 的电子结构，除外的有 4f 轨道电子填充半满和全满的铕（Eu）（$[Xe]4f^7 6s^2$）和镱（Yb）（$[Xe]4f^{14} 6s^2$）。

s 轨道电子：最外层都具有两个电子，决定稀土元素化学性质相似，具有金属性和碱性。

d 轨道电子：（气态原子的）次外层只有钪和钇与镧系中镧、铈、钆和镥的 5d 轨道上各有一个电子，其他气态稀土元素的 5d 轨道上都是空的。

f 轨道电子：钪、钇和镧没有 4f 电子，镧系中其他 14 种元素从铈到镱增加的电子都充填在内层 4f 简并轨道上，随着原子序数增加，4f 轨道逐渐被填充，填充程度是区分不同稀土原子的主要特征[3,4]。

表 1-2　稀土元素原子和离子的电子排布结构[1,3]

原子序数	元素名称	元素符号	原子实	电子排布				
				原子的价电子排布		离子的电子排布		
				气态原子	固态原子	RE^{2+}	RE^{3+}	RE^{4+}
21	钪	Sc	$[Xe]$	$3d^1 4s^2$	$3d^1 4s^2$	$3d^1$	$[Ar]$	—
39	钇	Y	$[Xe]$	$4d^1 5s^2$	$4d^1 5s^2$	$4d^1$	$[Kr]$	—
57	镧	La	$[Xe]$	$5d^1 6s^2$	$5d^1 6s^2$	$5d^1$	$[Xe]$	—
58	铈	Ce	$[Xe]$	$4f^1 5d^1 6s^2$	$4f^1 5d^1 6s^2$	$4f^2$	$4f^1$	$[Xe]$
59	镨	Pr	$[Xe]$	$4f^3 6s^2$	$4f^2 5d^1 6s^2$	$4f^3$	$4f^2$	$4f^1$
60	钕	Nd	$[Xe]$	$4f^4 6s^2$	$4f^3 5d^1 6s^2$	$4f^4$	$4f^3$	$4f^2$
61	钷	Pm	$[Xe]$	$4f^5 6s^2$	$4f^4 5d^1 6s^2$	—	$4f^4$	—
62	钐	Sm	$[Xe]$	$4f^6 6s^2$	$4f^5 5d^1 6s^2$	$4f^6$	$4f^5$	—
63	铕	Eu	$[Xe]$	$4f^7 6s^2$	$4f^7 6s^2$	$4f^7$	$4f^6$	—
64	钆	Gd	$[Xe]$	$4f^7 5d^1 6s^2$	$4f^7 5d^1 6s^2$	$4f^7 5d^1$	$4f^7$	—
65	铽	Tb	$[Xe]$	$4f^9 6s^2$	$4f^8 5d^1 6s^2$	$4f^9$	$4f^8$	$4f^7$
66	镝	Dy	$[Xe]$	$4f^{10} 6s^2$	$4f^9 5d^1 6s^2$	$4f^{10}$	$4f^9$	$4f^8$

续表

原子序数	元素名称	元素符号	原子实	电子排布				
				原子的价电子排布		离子的电子排布		
				气态原子	固态原子	RE^{2+}	RE^{3+}	RE^{4+}
67	钬	Ho	[Xe]	$4f^{11}6s^2$	$4f^{10}5d^16s^2$	$4f^{11}$	$4f^{10}$	—
68	铒	Er	[Xe]	$4f^{12}6s^2$	$4f^{11}5d^16s^2$	$4f^{12}$	$4f^{11}$	—
69	铥	Tm	[Xe]	$4f^{13}6s^2$	$4f^{12}5d^16s^2$	$4f^{13}$	$4f^{12}$	—
70	镱	Yb	[Xe]	$4f^{14}6s^2$	$4f^{14}6s^2$	$4f^{14}$	$4f^{13}$	—
71	镥	Lu	[Xe]	$4f^{14}5d^16s^2$	$4f^{14}5d^16s^2$	$4f^{14}5d^1$	$4f^{14}$	—

2. 稀土元素离子的电子结构

化合物中稀土元素的离子通常会以三价阳离子形式存在，有时候也会以二价或四价阳离子形式存在。镧系稀土元素形成三价稀土离子时首先失去的是 6s 和 5d 电子，使三价稀土离子具有顺序增加的 $[Xe]4f^n$ 电子结构（见表 1-2）。当镧系原子失去不同数量的电子后可以形成不同价态，镧系离子的电子组态可表示为 $[Xe]4f^n5d^m$。其中，$n=0\sim14$，$m=0$ 或 1。各类离子状态的电子组态和基态的光谱项见表 1-3[3]。

表 1-3　镧系稀土元素的原子和离子的电子组态和基态光谱项[3]

镧系	RE	RE+	RE^{2+}	RE^{3+}
La	$4f^05d^16s^2\,(^2D_{3/2})$	$4f^06s^2\,(^1S_0)$	$4f^06s^1\,(^2S_{1/2})$	$4f^0\,(^1S_0)$
Ce	$4f^15d^16s^2\,(^1G_4)$	$4f^15d^16s^1\,(^2G_{7/2})$	$4f^2\,(^3H_4)$	$4f^1\,(^2F_{5/2})$
Pr	$4f^36s^2\,(^4I_{9/2})$	$4f^36s^1\,(^5I_4)$	$4f^3\,(^4I_{9/2})$	$4f^2\,(^3H_4)$
Nd	$4f^46s^2\,(^5I_4)$	$4f^46s^1\,(^6I_{7/2})$	$4f^4\,(^5I_4)$	$4f^3\,(^4I_{9/2})$
Pm	$4f^56s^2\,(^6H_{5/2})$	$4f^56s^1\,(^7H_2)$	$4f^5\,(^6H_{5/2})$	$4f^4\,(^5I_4)$
Sm	$4f^66s^2\,(^7F_0)$	$4f^66s^1\,(^8F_{1/2})$	$4f^6\,(^7F_0)$	$4f^5\,(^6H_{5/2})$
Eu	$4f^76s^2\,(^8S_{7/2})$	$4f^76s^1\,(^9S_4)$	$4f^7\,(^8S_{7/2})$	$4f^6\,(^7F_0)$
Gd	$4f^75d^16s^2\,(^9D_2)$	$4f^75d^16s^1\,(^{10}D_{5/2})$	$4f^75d^1\,(^9D_2)$	$4f^7\,(^8S_{7/2})$
Tb	$4f^96s^2\,(^6H_{15/2})$	$4f^96s^1\,(^7H_8)$	$4f^9\,(^6H_{15/2})$	$4f^8\,(^7H_6)$
Dy	$4f^{10}6s^2\,(^5I_8)$	$4f^{10}6s^1\,(^6I_{17/2})$	$4f^{10}\,(^5I_8)$	$4f^9\,(^6H_{15/2})$
Ho	$4f^{11}6s^2\,(^4I_{15/2})$	$4f^{11}6s^1\,(^5I_8)$	$4f^{11}\,(^4I_{15/2})$	$4f^{10}\,(^5I_8)$
Er	$4f^{12}6s^2\,(^3H_6)$	$4f^{12}6s^1\,(^4H_{13/2})$	$4f^{12}\,(^3H_6)$	$4f^{11}\,(^4I_{15/2})$
Tm	$4f^{13}6s^2\,(^2F_{7/2})$	$4f^{13}6s^1\,(^3F_4)$	$4f^{13}\,(^2F_{7/2})$	$4f^{12}\,(^3H_6)$
Yb	$4f^{14}6s^2\,(^1S_0)$	$4f^{14}6s^1\,(^2S_{1/2})$	$4f^{14}\,(^1S_0)$	$4f^{13}\,(^2F_{7/2})$
Lu	$4f^{14}5d^16s^2\,(^2D_{3/2})$	$4f^{14}6s^2\,(^1S_0)$	$4f^{14}6s^1\,(^2S_{1/2})$	$4f^{14}\,(^1S_0)$

二、稀土元素的价态

1. 稀土元素的还原价态

稀土元素的最外两层的电子组态基本相似，可以存在稀土金属单质，因此，稀土元素的还原价态为 0 价。稀土金属表现出典型的金属性质，易失去三个电子呈正三价，它们的金属性质次于碱金属和碱土金属，而比其他金属活泼。因此，稀土金属应存放在煤油中，否则会被潮湿的空气所氧化。

2. 稀土元素的氧化态价态

稀土元素的特征氧化态价态是正三价，即稀土原子电离掉 $ns^2(n-1)d^1$ 或者 $4f^1$ 上的 3 个价电子后形成的三价稀土离子。由洪特规则可知，在原子或离子的电子层结构中，同一层处于全空、全满或半满的状态时比较稳定。所以，在 4f 亚层中处于 $4f^0$ 的镧离子（La^{3+}）、$4f^7$ 的钆离子（Gd^{3+}）和 $4f^{14}$ 的镥离子（Lu^{3+}）比较稳定；另外，根据洪特规则，对于某些稀土元素可能电离失去 2 个或 4 个电子可以使得 4f 轨道呈现出或接近于全空、半满或全满的相对稳定结构，即它们可以形成正二价或正四价。例如，铈、镨和铽可以呈现四价态，而钐、铕和镱可以呈现二价态，其中四价铈和二价铕具有一定的稳定性，可以在水溶液中存在。

在 17 种稀土元素中，目前已知有 Ce、Pr、Nd、Sm、Eu、Tb、Dy、Tm 和 Yb 共 9 种元素具有可变价态。稀土元素的变价导致了稀土元素的离子或化合物具有良好的氧化还原性能，这不仅是稀土分离提纯的原因和本质所在，而且是稀土化合物具有优异催化性能的本质所在。稀土元素不仅本身具有优异的催化性能，还可以作为添加剂或助催化剂，提高催化剂的催化性能[5]。

镧系元素价态变化具有以下特征：

稀土中镧系元素离子的 4f 轨道全空的 La^{3+}（$4f^0$）、半满的 Gd^{3+}（$4f^7$）和全满的 Lu^{3+}（$4f^{14}$）具有最稳定的正三价。邻近的镧系离子为趋向电子组态 $4f^0$、$4f^7$ 和 $4f^{14}$ 而具有变价性质，越靠近它们的离子，变价的倾向越大。如图 1-1 所示，La 和 Gd 右侧的近邻倾向于氧化成高价（Ce^{4+}、Tb^{4+}，正四价稀土离子是强氧化剂，可氧化 H_2O_2），Lu 的右侧已是稳定四价的非镧系元素 Hf^{4+}。Gd 和 Lu 左侧的近邻元素倾向于还原成低价（Eu^{2+} 和 Yb^{2+} 二价稀土离子在溶液中具有很强的还原性），La 的左侧已为稳定二价的非镧系元素 Ba^{2+}。其他稀土离子虽然也有 +2 或 +4 氧化态，但一般都不稳定，通常接近或保持全空、半满及全满时的状态较稳定。

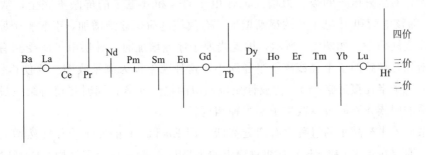

图 1-1 镧系元素的价态变化[3]

镧系元素可分为 La 到 Gd 和 Gd 到 Lu 两个周期，离 La、Gd 和 Lu 越远的镧系元素变价的倾向越弱。在前一周期中的元素其变价倾向大于后一周期中相应位置的元素：$Ce^{4+}>$

Tb^{4+}，$Pr^{4+} > Dy^{4+}$，$Eu^{2+} > Yb^{2+}$，$Sm^{2+} > Tm^{2+}$。图 1-2 按镧系标准还原电位 $E(M^{4+}/M^{3+})$ 和 $E(M^{3+}/M^{2+})$ 大小顺序排列时，E 的正值越大，还原形式越稳定，故形成四价和二价镧系的倾向按此顺序递减。

$$Ce^{4+}/Ce^{3+} > Th^{4+}/Th^{3+} > Pr^{4+}/Pr^{3+} > Nd^{4+}/Nd^{3+} > Dy^{4+}/Dy^{3+}$$
$$+1.74V \qquad +3.1V\pm0.2V \qquad +3.2V\pm0.2V \qquad +5V\pm0.4V \qquad +5.2V\pm0.4V$$

$$Eu^{3+}/Eu^{2+} > Yb^{3+}/Yb^{2+} > Sm^{3+}/Sm^{2+} > Tm^{3+}/Tm^{2+}$$
$$-0.35V \qquad -1.15V \qquad -1.55V \qquad -2.3V\pm0.2V$$

图 1-2 镧系标准还原电位大小排序[3]

镧系元素的价电子层构型决定了镧系元素化学性质的差异。镧系元素在参与化学反应时需要失去价电子，由于 4f 轨道被外层电子有效地屏蔽着，且由于 $E_{4f} < E_{5d}$，因而在结构为 $4f^n 6s^2$ 的情况下，f 电子要参与反应，必须先由 4f 轨道跃迁到 5d 轨道。由于电子构型不同，所需激发能不同，元素的化学活泼性就有差异。另外，激发的结果增加了一个成键电子，成键时可以多释放出一份成键能。对大多数镧系原子，其成键能大于激发能，从而导致 4f 电子向 5d 电子跃迁较容易。但少数原子如 Eu 和 Yb，由于 4f 轨道处于半满和全满的稳定状态，要使 4f 电子激发必须破坏这种稳定结构，因而所需激发能较大，激发能高于成键能，电子不容易跃迁，使得 Eu 和 Yb 两元素在化学反应中往往以 $6s^2$ 电子参与反应。

稀土元素中钇和镧系元素在化学性质上极为相似，有共同的特征氧化态，离子半径在镧系元素钕与铒的离子半径之间，具有相似的化学性质。钪和镧系元素也有共同的特征氧化态，但由于钪离子半径和稀土元素离子半径相差较大，其化学性质不像钇那样与镧系元素相似。

三、稀土元素的半径

化学元素周期表中通常是从上到下，电子层数逐渐增大，原子半径应该逐渐增大，但第五周期到第六周期的同族元素，半径却很接近，甚至下面的第六周期的还可能更小一点，这一现象是由镧系收缩导致的。这是因为镧系元素在内层多了 14 个电子，导致有效核电荷增大，对核外电子的吸引力增大，4f 电子对 s 和 d 电子的屏蔽不完全，从镧（La）到镥（Lu）随核电荷和 4f 电子数的逐渐增加，有效核电荷也逐渐增加，引起整个原子半径和离子半径逐渐缩小。如图 1-3 所示，因此当原子序数增加时，外层电子所受到有效核电荷的引力增加，导致原子半径或离子半径缩小，这种现象称为镧系收缩。这使得铕（Eu）以后的元素离子半径接近钇（Y），构成性质极相似的钇组元素；同时还使得第三过渡系与第二过渡系的同族元素原子（或离子）半径相近。

在镧系原子半径减小的过程中有两处突跃，即 Eu 和 Yb 的原子半径突然增大，呈现双峰效应。原因在于 Eu 和 Yb 具有相对稳定的半满和全满的 4f 亚层结构，Eu 和 Yb 分别为 $4f^7$ 和 $4f^{14}$，这种半满和全满的状态能量低、对核电荷的屏蔽较大，有效核电荷减小，导致半径明显增大。从另一个角度也可解释原子半径"反常"：金属原子半径与相邻原子之间的电子云相互重叠（成键作用）程度有关。金属原子半径相当于最外层电子云密度最

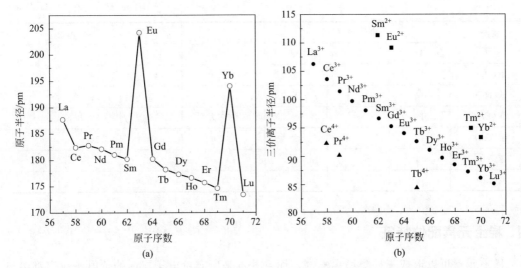

图 1-3　镧系元素原子半径（a）和三价离子半径（b）与原子序数的关系[3]

大的地方，一般情况下稀土金属原子这种离域的电子是三个。但是由于铕和镱倾向于分别保持 f^7 和 f^{14} 半满和全满电子组态，因此它们倾向提供两个电子，电子云在相邻原子之间重叠减少，有效半径明显增大。相反的情况是铈原子，4f 中只有一个电子，它倾向于提供 4 个离域电子而保持较稳定的电子组态，因此它的原子半径较相邻金属原子半径小。

如图 1-3（b）所示，镧系元素离子半径随原子序数增加递减，没有峰值，递减程度比原子半径递减程度大，这是因为在离子中 4f 电子只能屏蔽核电荷的 85%，而在原子中 4f 电子云的弥散没有在离子中大。金属原子半径比离子半径大，其原因在于金属原子半径比离子半径多一层。三价稀土离子不同周期中，从三价钪到镧依次增大，这是由于电子层增多，半径相应增加。同时三价稀土离子的半径与同价的其他金属离子相比比较大，例如比 Al、Fe 和 Co 大。镧系中由于"镧系收缩"效应，从镧到镥 15 种元素的三价离子半径随着原子序数增加而减小。如表 1-4 所示。

表 1-4　镧系元素的原子半径和离子半径[3]

镧系元素	电子构型			原子半径/pm	离子半径/pm		
	4f	5d	6s		Ln^{2+}	Ln^{3+}	Ln^{4+}
镧（La）		1	2	187.7		106.1	
铈（Ce）	1	1	2	182.4		103.4	92
镨（Pr）	3		2	182.8		101.3	90
钕（Nd）	4		2	182.1		99.5	
钷（Pm）	5		2	181.0		97.9	
钐（Sm）	6		2	180.2	111	96.4	
铕（Eu）	7		2	204.2	109	95.0	
钆（Gd）	7	1	2	180.2		93.8	
铽（Tb）	9		2	178.2		92.3	84

镧系元素	电子构型			原子半径/pm	离子半径/pm		
	4f	5d	6s		Ln^{2+}	Ln^{3+}	Ln^{4+}
镝(Dy)	10		2	177.3		90.8	
钬(Ho)	11		2	176.6		89.4	
铒(Er)	12		2	175.7		88.1	
铥(Tm)	13		2	174.6	94	86.9	
镱(Yb)	14		2	194.0	93	85.8	
镥(Lu)	14	1	2	173.4		84.8	

四、稀土元素配位特征

稀土元素可以形成三种类型化学键，而且并不是所有价电子层内的价电子轨道都参与杂化。薛冬峰等[6]研究发现稀土元素的配位数（2～16）可以在一个较宽的范围内变化，当配位数小于 10 时，4f 电子不参与形成化学键；当配位数达到 10 及以上时，4f 电子参与形成化学键。所以，当 4f 电子不参与形成化学键时，可以用其他非稀土元素来部分代替或完全取代功能材料中的稀土元素；当 4f 电子参与形成化学键时，还可以用轻稀土元素来部分代替或完全取代功能材料中的重稀土元素，从而实现稀土元素的高效平衡利用。

第三节　稀土催化材料与催化反应

我国稀土矿以轻稀土组分为主，其中镧、铈等组分占 60% 以上。2018 年，我国稀土功能材料行业消费结构中，磁性材料占比约 67.44%，石油催化裂化材料占 13.1%，尾气净化催化材料占 10.34%，储氢材料占 3.8%，抛光材料占 3.19%，发光材料占 2.13%。可以看出，稀土催化材料的利用已经占据稀土消耗与利用的第二大行业。特别是随着我国稀土永磁材料、稀土发光材料、稀土抛光粉、稀土在冶金工业中等应用领域逐年扩大，中、重稀土的用量不断增加，造成铈、镧、错等高丰度轻稀土元素的大量积压，导致我国稀土资源的开采和应用之间存在着严重的不平衡。而催化材料的利用主要使用轻稀土元素（特别是高丰度的 La、Ce），因此，稀土催化材料的研发和大规模利用是解决我国稀土资源的高效和平衡利用的重要途径。而且，催化剂产业是一个高附加值行业，对于提高高丰度稀土的利用价值也非常必要。

19 世纪初期，催化剂就已经开始应用在化学工业中，并迅速成为产业支柱，是许多化工产品开发生产的关键要素。现代化学工业的巨大成就与催化剂的应用密不可分，催化剂在炼油、化工、环保、制药、能源等行业中已经创造了巨大的经济效益和社会效益，在国民经济中起着十分重要的作用。据估计，约 90% 的化学过程都依赖于催化剂，催化直接或间接贡献了世界 GDP 的 20%～30%。可以说，没有催化剂就没有现代化学工业。欧盟"地平线2020"计划列出的七大社会挑战中，有四项的应对策略都要用到催化剂技术。每一次的催化技术发展都会引发化学工业的巨大变革。

稀土元素在工业上的应用最早也是从催化剂开始的。1885年，奥地利人威斯巴赫确定用99%的氯化钍和1%的氧化铈混合物制造的灯罩照明效果最好，因为氧化铈就具有催化燃烧的作用。这开启了稀土催化应用的序幕。随着对稀土研究的不断深入，发现轻稀土制成的稀土催化材料不仅催化性能良好，而且稳定性和抗中毒性能优异。鉴于我国的稀土资源比贵金属丰富、价格相对低廉且性能优异，已经成为催化领域的重要组成部分[7]，特别是我国在稀土催化材料的研究方面在世界上占有重要的地位，发表了大量研究论文（各国在稀土催化材料的研究方面发表的论文如表1-5所示）。

表 1-5　2009—2018 年全球稀土催化材料主要论文发表国家及数量列表

排序	国家	论文数量	排序	国家	论文数量
1	中国	3259	10	俄罗斯	306
2	美国	980	11	巴西	238
3	印度	683	12	英国	197
4	日本	665	13	波兰	154
5	法国	517	14	加拿大	148
6	德国	461	15	沙特阿拉伯	129
7	西班牙	407	16	澳大利亚	123
8	伊朗	335	17	葡萄牙	115
9	韩国	312	18	马来西亚	111

近年来，全球和中国的稀土催化材料需求量呈现逐年增加的趋势。随着能源化工、环境保护和化学品生产等技术水平的提高，所涉及的催化反应日趋复杂，对催化剂的性能也提出了更高的要求，同时也推动了稀土催化材料研究和应用不断进步。稀土催化剂及其助催化剂的类别很多，但是目前在国内形成了产业化链条的工业大宗稀土催化材料主要有用于石油催化裂化、汽车尾气净化和合成橡胶的催化剂。

一、稀土催化材料

笔者认为稀土催化材料和稀土催化剂两个概念既有交叉，也有所不同。催化剂包括活性组分、载体（支撑材料、涂层材料和黏结剂等）和助剂等诸多部分；而构成催化剂的任何部分的材料都应称为催化材料。下面从材料的角度介绍几类重要的稀土催化材料，包括：稀土配合物催化材料、铈-锆固溶体载体涂层催化材料、稀土固定结构复合氧化物催化材料、稀土分子筛催化材料和稀土大孔氧化物催化材料。

1. 稀土配合物催化材料

稀土配合物催化剂是生产聚乙烯、聚丙烯、聚苯乙烯、聚丁二烯和聚异戊二烯等高分子材料的关键催化剂组分，高活性、高选择性烯烃聚合催化剂的研发一直都是新型聚烯烃材料开发的主要推动力。中国作为稀土储量全球第一的国家，早在20世纪60年代便开展了利用稀土配合物催化共轭双烯烃的研究，取得了大量的研究成果[8]。

具有工业化应用价值的合成顺丁橡胶稀土催化剂可分为 2 类：①稀土化合物、烷基铝和氯化物组成的三元催化剂体系；②氯化稀土配合物和烷基铝组成的二元催化剂体系。三元催化剂体系因稀土化合物具有来源方便、便于计量、活性高和聚合产物分子量容易调控等优点，而成为目前制备顺丁橡胶的主要催化剂体系。稀土化合物作为合成顺丁橡胶的主催化剂，对催化活性起决定作用，对顺式结构含量的影响居其他影响因素的首位。与稀土原子结合的阴离子配合剂，可通过改变稀土活性中心的配位数及电子云密度分布，而改变键的极性和强度等，从而影响稀土催化剂的活性和定向性。烷基铝是合成顺丁橡胶的助催化剂，主要起烷基化作用，生成 Nd-C 活性中心，同时还具有清除杂质、稳定活性中心以及促进链转移作用。烷基铝是最主要的链转移剂，即稀土催化剂合成顺丁橡胶的分子量主要通过改变烷基铝的加入量来调节。卤素是使稀土催化剂具有高活性以及进行高顺式聚合的必要组分。

稀土金属离子半径较大，配位数通常在 6～12，大多具有 4f 电子，属于硬酸，与烯烃、有机磷等软碱配体作用较弱，且金属离子的 Lewis 酸性较强，呈现较强的离子性及镧系收缩特征，这些独特的化学性质使其在催化共轭二烯聚合中显示出优异的性能。将应用于烯烃聚合的均相稀土金属有机配合物[9]分为茂稀土金属有机催化剂和非茂稀土金属有机催化剂。

（1）茂稀土金属有机催化剂

环戊二烯基（Cp）及其衍生物通称为茂基，是金属有机配合物中最重要的配体之一，因其具有较大的空间位阻和较强的给电子能力，在稳定高活性的 Ln—C σ 键方面有着出众的作用。根据金属中心配位的环戊二烯基（Cp）配体数目，茂稀土金属催化剂分为三茂稀土配合物（Cp_3Ln）、二茂稀土配合物（Cp_2LnX）和单茂稀土配合物（CpLnXY）。与结构稳定的三茂稀土配合物相比，二茂稀土配合物和单茂稀土配合物有着更为开放的配位空间，具有较高活性，进而备受研究者的关注。

二茂稀土金属有机配合物由于含有轴向 σ 配体且配位高度不饱和，其化学反应性比相应的三茂稀土配合物活泼得多，也更难合成。人们往往用立体位阻大的取代环戊二烯作配体来稳定二茂稀土配合物。此外，我国的稀土金属有机化学家钱长涛等基于减小环戊二烯基运动自由度的思想，设计了系列桥联双环戊二烯基配体，也成功地应用于二茂轻稀土氯化物的稳定化。单组分的二茂稀土金属有机配合物，如双（五甲基环戊二烯基）稀土氢化物或烷基化合物可同丁二烯直接反应，生成稳定的 $η^3$-烯丙基结构，难以引发共轭双烯烃聚合，因此一直以来不受重视。直到 1999 年，Wakatsuki 和侯召民等[10]应用二价的二茂钐配合物 1 与助催化剂 MAO（甲基铝氧烷）反应，得到了可以高效引发丁二烯顺-1,4 聚合的催化体系；若助催化剂为 MMAO（含有异丁基的甲基铝氧烷），在甲苯中 50℃ 聚合时的顺式选择性高达 98.8%。Kaita 比较了配合物 1～5/MMAO 对丁二烯的催化特性，发现各个催化剂的顺式选择性均超过了 96%，而催化活性越高，顺式选择性也越高，顺序为 3＞5＞4＞2＞1（如图 1-4 所示）。其中异丙基取代的催化剂 3 的活性远高于其他 4 种。作者认为取代基的给电子效应加速了聚合反应，而空间位阻主要影响催化剂的顺式选

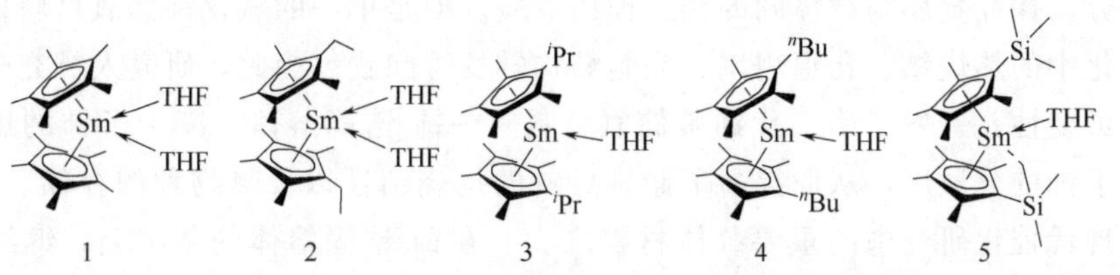

图 1-4 二茂钐配合物结构示意图[11]

择性[11]。

相比于二茂稀土，单茂稀土金属有机配合物的配位空间开放度更大，活性较高，容易发生歧化反应或者形成聚合体。同二茂配合物一样，人们可以采用含有大位阻取代基的茂基来稳定金属配合物；还可以在茂基上引入含杂原子的侧链，利用茂基与杂原子的双配位对中心金属离子进行限制，从而达到稳定中心金属的作用，这种配合物即限制几何构型（CGC）配合物。单茂稀土配合物中茂基成分少，故催化活性和选择性受其他辅助配体的影响较大。于广谦等报道了单茂氯化稀土 $CpNdCl_2 \cdot THF_2 \cdot HCl$ 可以高顺式聚合丁二烯或异戊二烯，其聚合活性甚至高于环烷酸钕类催化剂，他们认为茂基的给电子效应很好地减弱了 Nd—Cl 键的离子性，从而有利于烷基化过程。对于较为稳定的烯丙基配合物，存在催化活性低、顺式选择性不高的现象[12]。Li 等[13]首次合成了非取代的单茂双烷基钪配合物，以氯苯为溶剂，该配合物在有机硼盐的活化下可以极高的活性催化异戊二烯聚合，其顺-1,4 选择性为 95%。离子型硼盐的类型（$[PhNHMe_2][B(C_6F_5)_4]$ 或 $[Ph_3C][B(C_6F_5)_4]$）对聚合反应的影响甚微，而茂环取代基的种类对选择性有很大影响：取代基位阻越大，顺式选择性越低。

（2）非茂稀土金属有机催化剂

非茂配体包含烷基、芳烃、多烯及卡宾等含碳配体，以及各种含 O、N、P、S 等杂原子的配体，种类极其多样。自 1995 年 Johnson 等[14]报道了非茂基后过渡金属配合物能高活性地催化烯烃聚合后，非茂类配合物得到迅猛发展。由于出现于茂金属催化剂之后，也称茂后金属有机催化剂[15]。与茂基配体相比，非茂类配体主要利用杂原子或碳卡宾增强配体的给电子效应，并通过与中心金属的多齿配位来调控配合物的空间位阻。由于制备条件相对更加温和，具有合成简单、种类繁多、空间与电子效应可调等优点。如 β-二酮亚胺（BDI）-N,N-双齿配稀土络合物、双亚胺型稀土配合物、苯基双噁唑啉稀土氯化物、双膦咔唑基稀土配合物、PNP 型钳形稀土双烷基稀土配合物、三齿吡咯双氨基稀土配合物等[16]。

2. 铈-锆固溶体载体涂层催化材料

铈基储氧材料，具有优异的活化、存储、释放活性氧物种的能力，化合价可调变的性质，优异的结构包容性，以及相对低廉的价格，从而成为制备催化材料的热门选择。作为核心组成的氧化铈，历经多年发展，总结氧化铈所发挥的作用包括：①为金属的担载提供位点并稳定金属担载物；②增强活性组分与氧化铈间的相互作用，提高金属的电子密度；③为气相反应物小分子提供吸附活化位点。同时，作为第一代铈基储氧材料，氧化铈通常作为单一活性组分，参与多个催化反应，探索催化反应机理（本质），或作为载体担载单一活性组分，探究金属与载体间的相互作用效应。但是单一的氧化铈储氧材料始终难以克服多相催化中的热烧结、孔道坍塌、晶胞结构转变等问题。为此，研究人员充分发挥氧化铈的结构可变性，开发了第二代铈基储氧材料——铈-锆固溶体。减少了铈的用量，锆有效地提高了铈的分散度，从而提高了储氧材料的抗烧结性以及氧物种的存储、释放能力，使其成为现代催化研究中的重要载体材料之一。在铈-锆固溶体的基础上，继续向结构内部掺杂碱土、稀土等其他元素，则是近年来较为热门的第三代铈基储氧材料，第三组分的加入将会改变铈基储氧材料的电子分布以及结构性质。其中，铈-锆固溶体作为储氧材料在汽车尾气净化过程中起到非常重要的作用，其在贫燃时储存氧，富燃时释放氧，能拓宽三效催化剂的操作窗口。

（1）第一代储氧材料——CeO_2

自 20 世纪 80 年代 CeO_2 开始用于三效催化剂中。CeO_2 具有高储氧/放氧能力，但热稳定性差，温度高于 850℃时易烧结，低温下不易被还原。CeO_2 具有独特的萤石立方晶体结构。四价铈离子占据八面体空隙，每个铈离子与邻近的八个氧离子配位；氧离子占据四面体空隙，每个氧离子与四个铈离子配位[17]，如图 1-5（a）所示。对应晶体属于立方晶系 Fm-3m 空间群，其晶胞参数为 0.5411nm。铈原子的电子结构为 $[Xe]4f^1 5d^1 6s^2$，因此铈存在着 Ce^{3+} 和 Ce^{4+} 两种稳定价态。氧化铈中的铈离子可以通过氧空位的生成或消除来实现三价和四价之间的可逆转换 ［图 1-5（b）］，其过程可以根据 Kröger-Vink 方程用缺陷反应式表示：

$$O_O + 2Ce_{Ce} \rightleftharpoons 1/2 O_2 + V_{\ddot{O}} + 2Ce'_{Ce}$$

其中，O_O 代表 O^{2-}；Ce_{Ce} 代表 Ce^{4+}；$V_{\ddot{O}}$ 代表氧空位；Ce'_{Ce} 代表 Ce^{3+}。

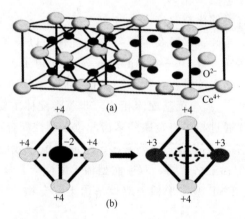

图 1-5 （a）氧化铈的晶体结构；（b）氧化铈中氧空位生成过程示意图[17]

氧化铈的催化性能通常与自身的结构缺陷有关，这包括氧缺陷[18-20]、位错缺陷[21-23]、晶界缺陷[24,25]，以及特殊的"晶格应力缺陷"[26]。在催化体系中，常见的氧缺陷可以分为空位缺陷和间隙缺陷，如图 1-6（a）所示。空位型氧缺陷来源于四价铈向三价铈的还原转化；间隙型氧缺陷则源自晶格氧从它正常的位置迁移到其他离子的间隙中 ［图 1-6（b）］[27,28]。此外，当对氧化铈纳米晶进行掺杂时，根据掺杂离子的价态不同也会产生多种不同的氧缺陷或铈缺陷 ［图 1-6（c）～（f）］。因此，铈离子与周围八个氧离子配位所形成的结构对氧缺陷有着较高的容限[29]，通过多种手段在一个较宽的范围内调节氧缺陷的浓度，即可改变氧化铈纳米材料的储放氧能力。Iwasawa 等[30]利用原子力显微镜（AFM）研究了氧化铈的晶面（111）上的缺陷结构，当氧化铈中的铈的氧化态发生变化时，其表面上可形成点缺陷以及多个点缺陷所构成的缺陷簇等多种缺陷，这些缺陷可能会直接关联到氧化铈的储氧能力。

氧化铈的面缺陷为二维缺陷，通俗地讲即为将氧化铈晶体分成不同部分的晶界。由于氧化铈晶界两侧的晶粒排列方向不同［图 1-6（j）］，晶界处为过渡区域，其原子排列是不规则的，因此晶界处的原子一般比晶粒内的原子能量更高，可能同时存在着空位、位错等其他缺陷，对材料的物理化学性质有着很大影响。研究表明，受氧化铈晶界处的结构畸变影响，氧化铈的氧空位浓度高度依赖于氧化铈晶界的原子结构，因此晶界对氧化铈的性质有着不可忽视的作用[31,32]。

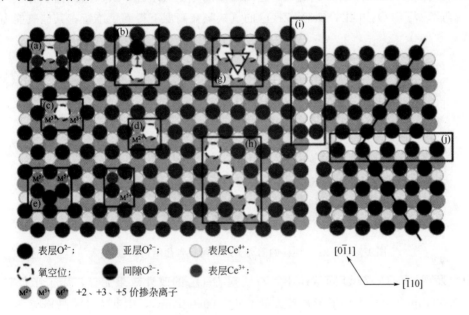

图 1-6　氧化铈晶体缺陷示意图[33]

（a）空位型氧缺陷；（b）间隙型氧缺陷；（c）三价离子掺杂引入的氧空位；（d）二价离子掺杂
引入的氧空位；（e）五价离子掺杂引入的间隙型氧缺陷；（f）五价离子掺杂引入的铈缺陷；
（g）三角形缺陷簇；（h）线形缺陷簇；（i）位错；（j）晶界

（2）第二代储氧材料——Ce-Zr-O 固溶体（CZ）材料

Zr 部分取代 Ce 得到的 Ce-Zr 固溶体的阳离子局部配位理想结构示意图如图 1-7 所示。O1、O3、O6、O8 形成短的 Zr—O 键，而 O2、O4、O5、O7 形成长 Zr—O 键，8 个最近的氧原子中有 4 个靠近 Zr，使得配位数为 4，O3 形成一个短的 Zr—O 键和一个长 Ce—O 键，而 O7 则形成一个长的 Zr—O 键和一个短的 Ce—O 键。长短键的存在形成了两种类型的氧：强束缚和弱束缚的氧。CeO_2—ZrO_2 中氧空位的存在导致了长 M^{n+}—O 键的形成，长 M^{n+}—O 键减弱了强束缚氧进而增加了储氧能力。

一般认为晶格中的缺陷、氧空位产生和氧空位的数量对 Ce 基材料的储氧能力起到了重要作用。理想的立方萤石晶格具有密堆积结构，因此理想的阳离子与阴离子半径比 r^+/r^- 应该等于 0.732，但是纯 CeO_2 的阳离子与阴离子半径比为 0.693，低于理想值。因此为维持结构的稳定晶格倾向于更紧密的排列，离子半径小的元素的加入加速了晶格收缩过程。而 Ce^{4+} 还原为 Ce^{3+}，半径增大，r^+/r^- 更接近 0.732，因此 Zr 的引入引起的晶格收缩得到了补偿，使晶格结构更均匀，进而增强体相 Ce^{4+} 的还原[34]。Mamontov 等[35]采用脉冲中子衍射在原子水平上研究了 CeO_2 和 CeO_2-ZrO_2 固溶体的结构，新鲜样品的阳离子亚晶格含有大量的八面体氧间隙离子和四面体氧空穴，CeO_2 中氧空穴的浓度与间隙离子的浓度相等，所以总化学计量氧得到了维持。CeO_2-ZrO_2 中空穴数多于间隙离子，净氧缺陷总计为 8%。但是高温下由于间隙离子与空穴的重组 CeO_2 中 Frenkel 型缺陷消失，只保留了小部分缺陷，而 CeO_2-ZrO_2 中由于 Zr^{4+} 的引入局部原子被收缩在紧密的四面体位，导致间隙氧离子很难到达四面体位与空穴结合，所以间隙离子和空穴没有变化。因此，与 CeO_2 相比，CeO_2-ZrO_2 的氧缺陷在高温下得到了维持，其储氧能力得到了增强。

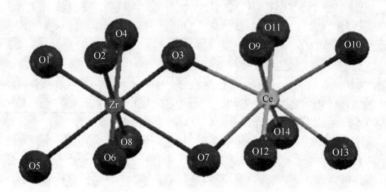

图 1-7 Ce-Zr 固溶体的阳离子局部配位理想结构示意图[35]

研究发现，在 Ce-Zr-O 固溶体中，Zr^{4+} 对 CeO_2 的改性效果尤佳，离子半径较小的 Zr^{4+}（0.084nm）取代了离子半径较大的 Ce^{4+}（0.097nm），引起 CeO_2 晶格畸变，一方面可形成更多缺陷和晶格应力，另一方面可以补偿由 Ce^{4+} 向 Ce^{3+} 变化引起的体积膨胀，从而降低氧离子扩散的活化能，有利于体相氧的迁移和扩散，提高其氧化还原性能。相比于纯 CeO_2，其热稳定性较高。另外，CeO_2-ZrO_2 固溶体的高储氧能力可以减少催化剂中贵金属的用量，从而降低催化剂的成本。

CeO_2-ZrO_2 固溶体氧化物的氧化还原行为和储氧能力受多种因素的制约。包括：氧化物的组成、结构、织构、相均一性和预处理条件等。与纯 CeO_2 相比，CeO_2-ZrO_2 比表面积与其还原性无顺变关系[36]，这说明了体相性质如相结构性质比表面积更为重要。一般来说，低温和中温下高 Ce 组成的 CeO_2-ZrO_2 体系性能较好；而高温下，高 Zr 含量的样品由于其固有的热稳定性和相对低的烧结速率能维持材料的性能，尽管 Ce 含量较低而限制了 Ce^{4+} 能被还原的总量。为平衡 Ce 和 Zr 的作用，有待于寻找 Ce、Zr 的最佳摩尔比。

（3）第三代储氧材料——Ce-Zr-M-O 固溶体材料

为了进一步提高 Ce-Zr-O 固溶体储氧材料的性能，人们引入第三组分，包括引入稀土、碱土以及过渡金属等以提高 Ce-Zr-O 固溶体的热稳定性、储放氧性能和氧化还原性能。第三种元素的选择主要基于以下三点：第一，引入改性离子带来的尺寸效应及电价平衡效应；第二，改性元素自身具有的氧化还原性；第三，某些改性元素氧化物与 CZ 之间的相互作用。目前研究较多的改性元素主要有稀土元素、碱土元素、过渡元素等。

稀土元素 Y、La、Pr、Nd、Tb、Dy 等掺杂 CZ 后能有效提高固溶体的热稳定性、OSC 性能（储放氧性能）及氧化还原性，其改性效果取决于掺杂元素的性质及掺杂量。稀土 PrO_2、TbO_2 的电子结构与 CeO_2 类似，具有一定的变价特性[37]，四价氧化物的稳定性顺序为 $Ce>Pr>Tb$[38]，即理论上 TbO_2 和 PrO_2 比 CeO_2 拥有更好的氧化还原性。Hu 等[39]研究了稀土元素 Pr、Tb 及 Y、La 掺杂对 $Ce_{0.6}Zr_{0.3}RE_{0.1}O_2$ 性能的影响，结果表明，Pr、Tb 的改性效果更明显，其不仅提高了 CZ 的热稳定性及 OSC 性能，而且拓宽了操作窗口，降低了起燃温度。稀土掺杂离子的半径也是影响掺杂效果的重要因素。掺杂离子的半径越接近 $Ce_xZr_{1-x}O_2$ 固溶体的临界半径，越有利于提高其低温还原性能。Vidmar 等[40]研究了 3 价稀土 Y^{3+}、La^{3+} 及第ⅢA 族 Ga^{3+} 掺杂对 $Ce_{0.60}Zr_{0.40-x}M_xO_{2-x/2}$（M=Ga、Y、La）氧化还原性能的影响。结果表明，掺杂 Ga^{3+}（0.062nm）、La^{3+}（0.118nm）和 Y^{3+}（0.1015nm）都能降低 $Ce_xZr_{1-x}O_2$ 的氧化还原温度，从而改善固溶体的 OSC 性能。但由于 Y^{3+} 的离子半径更接近 $Ce_{0.60}Zr_{0.40}O_2$ 的临界离子半径（溶入三价离子的临界半径为 0.1038nm[41]），因而其改性效果最好。在 Y 的最佳掺杂范围（2.5%～5%）内，与未掺杂样相比，掺杂样品的体相还原温度降低到 370℃，同时 OSC 提高了约 20%。

Wang 等[42]研究了 La 的添加对 $Ce_{0.2}Zr_{0.8}O_2$ 结构和负载 Pd 后催化性能的影响。结果表明，La 的加入有利于 CZ 织构性能的稳定和还原性的增强，La 加入量为 5%（摩尔分数）时样品具有最高的热稳定性和最高的储氧能力。Pd/CeZrLa（5%）的动态储氧值最高归因于 La 的添加增强了 Pd 与 CeZr 间的作用。Pr、Nd 的加入也能增强 CeO_2-ZrO_2 的热稳定性和储氧能力。与 Ce 相同，Pr 也能通过捕获移动氧空穴的电子而改变价态以维持萤石结构，Pr 的添加引起氧空穴周围粒子的扭曲使得氧移动的活化能相对较低，促进 Ce 的氧传输能力（OTC）及氧扩散能力（OBC）[43]。Wang 等[44]制备了 Y、Ca、Ba 改性的 Pd/Ce-Zr-M/Al_2O_3，Y 的掺杂提高了催化剂对丙烷的氧化活性。He 等[45]制备了 CZ、CZY 及 M/CZY，表征结果表明 CZ 样品比表面积为 52.9m^2/g，表面 Ce 与 Zr 比为 0.34；Y^{3+} 的添加使得 CZY 的比表面积增加为 69.1m^2/g，表面 Ce 与 Zr 比为 0.78，Y 的添加降低了 TPR 还原峰的温度，促进了 H_2 气氛中 Ce^{4+} 还原为 Ce^{3+} 及 O_2 气氛中 Ce^{3+} 氧化为 Ce^{4+}。由于 Y^{3+} 半径比 Ce^{4+} 的大，且氧化态低于 Ce^{4+}，因此 Y 进入 CZ 晶格产生了氧空位进而促进晶格氧的向外扩散。

碱土元素均能在一定程度上与 CZ 形成三元固溶体，但固溶度随其离子半径的变化差异较大。Mg^{2+}、Ca^{2+}、Sr^{2+} 及 Ba^{2+} 的离子半径分别为 0.066nm、0.112nm、0.125nm 及 0.142nm，其中 Ca^{2+}、Sr^{2+} 因具有适宜的离子半径，其固溶度分别可达 23%、8%；而 Mg^{2+}、Ba^{2+} 的溶解度却非常小[46]。不同碱土元素掺杂改性对 CZ 性能的影响也不相同。Fernández-García 等[47,48]研究了 Ca 掺杂 CZ（Ce/Zr=1）的结构特点、氧迁移能力及电子效应。结果表明，Ca 掺杂产生氧空位等结构缺陷，从而增强了体相氧的移动能力，同时 Ca 的加入改变了 CZ 中 Zr^{4+} 周围的化学环境，通过 Ca^{2+} 与 Zr^{4+} 之间的相互作用改善 CZ 的热稳定性。Wang 等[49,50]的研究也都表明 Sr 的加入能明显改善 CZ 的热稳定性、OSC 性能、低温活性及操作窗口。

以 Cu、Mn 为典型的过渡金属掺杂 CZ 后，虽然其抗烧结性能不如 CZ，但能显著降低 CZ 的还原温度，增强其 OSC 性能。其主要作用机制如下[51-54]：①Cu 和 Mn 存在多个氧化态，因而具有活泼的氧化还原性和催化活性。②少量的 Cu 和 Mn 可以溶于 CeO_2 晶格中形成固溶体，通过电价效应及尺寸效应而提高体相氧的移动性。③Cu、Mn 与 CeO_2 之间存在协同效应，有助于氧的迁移及改善固溶体的低温还原性。

3. 稀土固定结构复合氧化物催化材料

在现代化学工业中，使用的催化剂有些是复合氧化物催化剂。复合氧化物指由两种或两种以上的简单氧化物，通过化学合成制得的一种新的有确定结构的多组分氧化物。它不同于由多种简单氧化物混合而成的混合氧化物，后者在结构上往往保留原来简单氧化物的晶体结构。对双组分的复合氧化物可表示为 $A_xB_yO_z$，这类复合氧化物根据 A 和 B 的电负性的大小，大体上可以分为两类：第一类是通常所谓的复合氧化物，它由电负性差别不太大的 A 和 B 所组成，可以看作是两种金属离子和氧离子的集合物，如钙钛矿和尖晶石等；第二类则是由电负性较小的 A 和电负性较大的 B 组成的含氧酸盐，如分子筛和杂多酸。能作为机动车尾气净化的催化剂主要是第一类复合氧化物。稀土复合氧化物具有灵活的可"化学剪裁"的设计特点，又因其优异的热稳定性和良好的抗硫性能，使得此类材料在催化领域颇受青睐。在稀土固定结构复合氧化物中，稀土离子通常作为结构离子存在于该类复合氧化物中，同时可以通过 A 位稀土离子的部分取代调节 B 位离子的价态和氧化还原性能。下面简要介绍稀土固定结构复合氧化物中的钙钛矿、类钙钛矿和烧绿石结构的稀土复合氧化物催化材料。

（1）钙钛矿型稀土复合氧化物

钙钛矿型稀土复合氧化物是指其结构与矿物钙钛矿（$CaTiO_3$）晶体结构相似的氧化物，其化学通式为 ABO_3，A 位离子通常被离子半径较大的稀土和碱土金属元素所占据，B 位离子通常被离子半径较小的过渡金属离子占据，理想钙钛矿结构是立方结构[55]，如图 1-8 所示。A 离子位于体心并与 12 个氧离子配位，氧离子又属于八个共角的 BO_6 八面体。钙钛矿结构的稳定性主要来自刚性八面体 BO_6 堆积的马德伦（Madelung）能，因此 B 离子是优先选用八面体配位的阳离子。

如果从 B 位阳离子的配位多面体角度观察，如图 1-9 所示，以 $LaCoO_3$ 钙钛矿[56]为例，其结构是由 CoO_6 八面体共顶点组成的三维网格，La 阳离子填充于其形成的十二面体的空穴中，每个晶胞都包含一个 $LaCoO_3$ 分子结构。钙钛矿结构具有很大的包容性和可变性，根据 A^{n+}、B^{m+} 整体电中性原则，A、B 离子以多种价态形式组合来实现阳离子价态之和 $n+m=6$，即 A、B 阳离子的价态可以按 $A^{3+}B^{3+}O_3$、$A^{2+}B^{4+}O_3$、$A^{1+}B^{5+}O_3$ 等方式匹配，也可以由离子半径相近的不同离子共同占据 A 位离子或 B 位离子。

理想钙钛矿结构中 B-O 之间的距离为 $a/2$（a 为晶胞参数），A-O 间的距离为 $a/\sqrt{2}$，各离子半径之间满足式(1-1)：

$$R_A + R_O = \sqrt{2}(R_B + R_O) \tag{1-1}$$

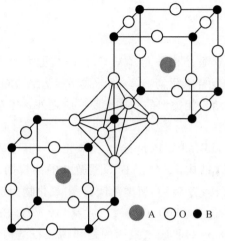

图 1-8　钙钛矿型复合氧化物结构示意图[55]

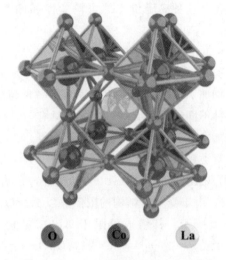

图 1-9　$LaCoO_3$ 钙钛矿结构示意图[56]

由于在钙钛矿的晶格结构中，可以通过 BO_6 八面体扭转和 A、B 位离子的位移来实现整体结构向其他低对称空间群结构转化，因此该晶体结构中的 A—O 和 B—O 键的平均键长具有很高的不匹配容忍度。Goldschmdt 于 1926 年引入了"容限因子（t）"的概念用于定量表示钙钛矿结构中 A—O 键与 B—O 键的平衡键长之间的不匹配性，这是判断不同 A、B 离子之间能否形成钙钛矿复合氧化物的重要参考依据。研究发现，当各离子半径不满足式(1-1) 时，ABO_3 化合物仍然能够保持钙钛矿结构，此时公式如式(1-2) 所示，引入一个容限因子 t，定义为：

$$t = (R_A + R_O)/\sqrt{2}(R_B + R_O) \tag{1-2}$$

式中，R_A、R_B 和 R_O 分别为 A 位离子、B 位离子和氧离子的离子半径。一般来说，A 位离子为稀土或碱土离子（$r_A > 0.090nm$），B 位离子为过渡金属离子（$r_B > 0.051nm$）。当 $0.75 \leqslant t \leqslant 1.0$ 时，ABO_3 化合物具有稳定的钙钛矿结构。理想的钙钛矿结构 $t = 1.0$，但大多数钙钛矿结构都会发生畸变。

在元素周期表中，近 90% 的金属元素在满足式(1-1) 和式(1-2) 离子半径和电中性要求的条件下，都能够稳定存在于钙钛矿结构中。A、B 位离子均可被其他离子部分取代，而仍然保持原有钙钛矿结构[57]。因为这种同晶取代的特点，钙钛矿型氧化物催化剂存在的形式多种多样。大量实验已证明，ABO_3 的催化活性主要取决于 B 位元素，A 位只是起到稳定晶体结构的作用，即结构离子的作用。然而，A 位用异价原子部分取代（$A_{1-x}A'_x BO_3$），可改变 B 位阳离子的氧化态或氧空位量和阳离子缺陷密度，进而影响 ABO_3 的催化性能。部分取代 B 位离子和同时部分取代 A、B 位离子，可引入多种过渡金属离子并调节 B 位各离子的氧化态分布，改变催化剂的氧化还原能力，从而直接地影响 ABO_3 的催化性能。因此，针对化学反应的特点和对催化性质的要求，人们可以采用"化学剪裁"的方法设计出高性能的钙钛矿氧化物催化材料。因此，钙钛矿型复合氧化物在光（电）催化、催化氧化、催化加氢等催化领域得到了广泛的应用。由于柴油车尾气中的氧含量变化大，钙钛矿型催化剂这种离子价态的可调变性和储氧-释放氧性能十分适合于柴油车尾气催化净化过程。

（2）类钙钛矿型稀土复合氧化物

类钙钛矿型稀土复合氧化物被认为是由钙钛石结构基元（ABO_3）同其他类型结构基元（例如 AO、B_2O_3）组合而成的一种超结构复合氧化物[58]，化学式一般为 A_2BO_4。由于两种不同结构的交替组合，除具有与钙钛石结构相类似的一些重要性质之外，还有一系列的独特性，如层状结构、超导性等。

对类钙钛石型氧化物，主要的一大类是 Ruddlesdon-Popper[59] 型氧化物，其组成式为 $(AO)_r(ABO_3)_p$。除 ABO_3 结构外，还有 AO 结构，A^{n+}、B^{m+} 遵循电中性规则，$n+m=6$。由于受 AO 结构的限制，以 A_2BO_4（$r=1$，$p=1$）型类钙钛石[60]氧化物为例，如图 1-10 所示。其组成仅限于 ABO_3 结构为：① Ba_2TiO_4（$n=2$，$m=4$）；② $LaSrNiO_4$（$n=3$ 或 $n=2$，$m=3$）；③ La_2CuO_4（$n=3$，$m=2$）。应该强调的是和钙钛石结构不同，在类钙钛石结构中出现了 A 位价态高于 B 位价态的情况。对 $(AO)_r(ABO_3)_p$ 型氧化物，除 $(AO)(ABO_3)$ 外，p 可以为 1、1.5、2、3、4、5；r 可以为 1、2、3。对钙钛石结构氧化物，A、B 离子的选择范围很大，除惰性气体外，周期表中绝大部分元素都能组成稳定的钙钛石结构。但对类钙钛石，适合成为稳定结构的 A、B 离子则很少。通常只有碱土、稀土及 Tl、Bi、Pb 等离子适合作为 A 位离子，第四周期过渡金属适合作为 B 位离子，较常见的是 Ti、Co、Ni、Cu。类钙钛石在组成上同钙钛石一样，可以广泛地变化，如 A 位调变、B 位调变或 A、B 位同时调变。这种可调性使类钙钛石家族增添了许多新成员。

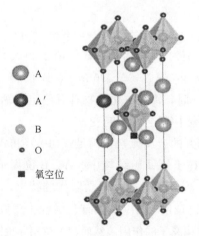

图 1-10　A_2BO_4 钙钛矿结构示意图[58]

类钙钛石结构[61]可以认为是钙钛石结构基元同其他类型的结构基元结合在一起的超结构。这种结构间的相容性为开发超结构材料展示了一个有前途的新方向，也为按结构组合设计，合成新型类钙钛石结构展示了广阔天地。不同结构基元进行组合的前提条件是它们之间的相容性，也就是两种结构间的键首先应在几何构型上能精确地匹配。

① Ruddlesdon-Popper 型氧化物。由一层钙钛石和一层岩盐结构交替组成的结构。其化学组成可记为 A_2BO_4，即所谓的 K_2NiF_4 结构。如图 1-11 和图 1-12(a) 所示。钙钛石结构中的基本基元 BO_6 八面体在这种结构中仍然是基本基元。B 位离子仍然由 6 个氧离子配位，不同的是 A 位离子的配位数从 12 个减少到 9 个（La_2CuO_4 中）、8 个（Nd_2CuO_4）。这一结论已为红外光谱的研究所肯定。其容限因子应在 $0.87 \leqslant t \leqslant 1$ 范围内。这表明受匹配情况的影响，类钙钛石氧化物的可调性减弱。

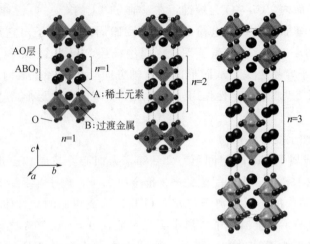

图 1-11 Ruddlesdon-Popper 型 $A_{n+1}B_nO_{3n+1}(n=1,2,3)$ 氧化物的晶体结构[61]

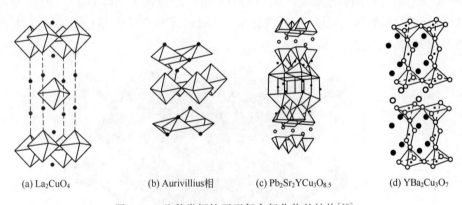

(a) La₂CuO₄   (b) Aurivillius相   (c) Pb₂Sr₂YCu₃O₈.₅   (d) YBa₂Cu₃O₇

图 1-12 几种类钙钛石型复合氧化物的结构[62]

② Aurivillius 相。在钙钛石层中插入四方棱锥（B 离子为锥体的顶点），即形成了 Aurivillius 相，如图 1-12(b) 所示。钙钛石层可以从 1 层到 4 层。有代表性的这种结构是由 Bi 组成的四棱锥。这里，由于 B—O 键层和钙钛石层发生位错，所以结构中经常会出现调变结构（modulated structure）。除此之外，由于 Aurivillius 相中的阴离子（氧）容易发生可逆得失过程，其结构变化较为复杂，但恰好为氧化反应提供了一种值得研究的催化剂。

③ 夹心型铜超导体。被称为夹心型铜超导体的超导性主要来源于双层铜氧化物被铅/铜/铅氧化物夹在中间。如在 $Pb_2Sr_2YCu_3O_{8.5}$ 中 [图 1-12(c)]，Cu-Pb 氧化物的铜原子则

呈线型配位。

④ ABO₃ 型层状化合物。如由两个四棱锥同一个四边形共角组成的三层钙钛石结构 YBa₂Cu₃O₇[62][图 1-12(d)]是高温超导体（$T_c \approx 90K$），它属于斜方晶系，相当于失去部分 O 原子的正交畸变钙钛矿型结构。它由 3 个钙钛矿单胞重叠而成，其晶胞参数为：$a = 38.02pm$；$b = 38.93pm$；$c = 116.88pm$。从上到下依次由 Cu—O、Ba—O、Cu—O、Y、Cu—O、Ba—O 和 Cu—O 层排列而成，中间的两个 Cu—O 层中，Cu 处于八面体中心，在 Cu—O 层平面内，Cu—O 为短键，在 c 轴方向上的 Cu—O 键伸长，这是由于与 Y 原子相连的 O 原子全部丢失，正电荷的过剩导致四周的 O 原子向它靠拢，使中间两层 Cu—O 平面扭曲。Ba—O 层中是离子键合，属绝缘层，而两个 Ba—O 层面间的 Cu—O 平面，a 轴的 O 原子容易丢失，从而形成在 b 轴方向一维的有序结构，正是这种 Cu—O 平面和 Cu—O 键对 T_c 起着决定性作用。还可以增加一层四边形形成 YBa₂Cu₄O₉ 及缺氧相 YBa₂Cu₄O₈。

（3）烧绿石矿稀土复合氧化物

A₂B₂O₇ 烧绿石属于 Fd3m 空间群（$Z = 8$），为面心立方结构。理想的烧绿石晶胞中[63]，A 位离子在 16d 位，为 8 配位的 +3 价金属离子，离子半径一般在 0.87～1.51Å（$1Å = 10^{-10}m$）之间，每个 A 位离子与 8 个 O 相连形成扭曲的立方体结构；B 位离子在 16c 位，为 6 配位的 +4 价金属离子，离子半径一般在 0.4～0.78Å 之间，每个 B 位离子与 6 个 O 相连形成正八面体结构。可见，烧绿石结构中存在两种化学环境下的氧[64]：①6个同时与 2 个 A 位阳离子和 2 个 B 位阳离子相连的 O 离子，即 O₄₈f；②1 个只和 4 个 A 位离子相连的 O 离子，即 O₈b。所以烧绿石的通式还可以写成 B₂O₆·A₂O，其晶胞结构如图 1-13 所示。

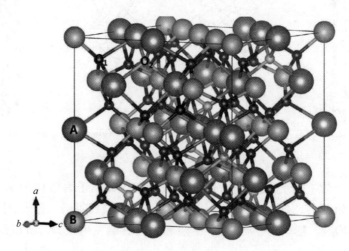

图 1-13　A₂B₂O₇ 烧绿石晶胞结构图[63]

烧绿石可以理解为有缺陷的立方萤石，图 1-14 为立方萤石和立方烧绿石的 1/8 晶胞结构对比图。当 B 位离子介入形成烧绿石结构时，相当于 AO₂（A₄O₈）立方萤石结构中一半数量 8 配位的金属离子 A 被 6 配位的金属离子 B 替换，同时 1/8 数量的 O 离子缺失（对应烧绿石结构中 O₈a），便得到了 8a 位为氧空位的 A₂B₂O₇ 型结构。正是由于烧绿石

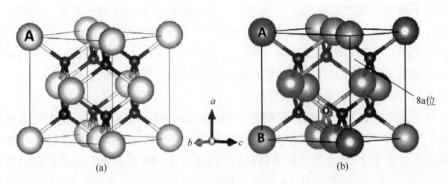

图 1-14　立方萤石（a）和立方烧绿石（b）1/8 晶胞结构图[64]

结构中存在本征氧空位，使得烧绿石结构中的 O_{48f} 和 O_{8b} 可以迁移到 8a 位（氧空位），产生弗伦克尔缺陷（Frenkel defects），所以 $A_2B_2O_7$ 烧绿石型复合氧化物具有较高的氧离子迁移能力和氧流动性，被广泛用作氧离子导体[65]。

$A_2B_2O_7$ 烧绿石型复合氧化物结构开放，A 位和 B 位离子可被广泛替换形成稳定的复合氧化物。如上所述，其 A 位多为离子半径较大的 +3 价阳离子，如 La^{3+}、Pr^{3+}、Y^{3+}、Sm^{3+} 等离子；而 B 位多为离子半径较小的 +4 价阳离子，如 Ti^{4+}、Sn^{4+}、Zr^{4+}、Ce^{4+} 等。$A_2B_2O_7$ 烧绿石型复合氧化物的结构和氧离子迁移能力可以通过 A 位和 B 位离子半径比（$r_{A^{3+}}/r_{B^{4+}}$）来调变。当 $r_{A^{3+}}/r_{B^{4+}} > 1.78$ 时，其晶相实际为单斜的钙钛矿结构；当 $1.46 < r_{A^{3+}}/r_{B^{4+}} < 1.78$ 时，才能形成严整的烧绿石结构；当 $r_{A^{3+}}/r_{B^{4+}} < 1.46$ 时，其晶相转变为缺陷的萤石结构；当 $r_{A^{3+}}/r_{B^{4+}}$ 接近 1 时，则可形成类似固溶体的结构。因此可以通过 A 位或 B 位离子替换，改变 $r_{A^{3+}}/r_{B^{4+}}$，达到调变 $A_2B_2O_7$ 烧绿石型复合氧化物氧移动性的目的。对于很多有氧参与的反应，催化剂的氧移动性增强显然可以对其反应性能起促进作用。对于重整制氢等高温反应，除了要求载体具有好的高温热稳定性，催化剂载体良好的氧移动性也对反应过程中消除积炭起关键作用，可以有效地提高催化剂的稳定性和抗积移性能[66]。

4. 稀土分子筛催化材料

沸石分子筛因自身具有典型的晶体结构、分子大小规则的孔道结构、适宜的酸性质以及良好的热和水热稳定性等特征，在气体吸附、分离、催化、光电材料、功能材料、主客体材料等众多领域均展现了独特的应用性能。特别是作为催化裂化、甲醇制烯烃、甲苯歧化、临氢降凝等重要工业反应的催化材料，在炼油和石油化工行业中占据重要地位。稀土元素因具有丰富的能级和特殊的 4f 外电子层结构，导致其物化性质也相对独特，在催化领域中得到广泛应用。将一定量的稀土元素引入分子筛中设计新颖结构的稀土分子筛催化材料，既能充分利用稀土元素独特的电子性质，又能保留分子筛的孔道结构和酸性质等，有助于进一步拓宽分子筛材料的应用领域。此外，稀土元素不仅可以作为添加剂或助催化剂，对沸石分子筛进行改性，提高分子筛催化剂的催化性能，其本身也是性能良好的催化材料。稀土分子筛催化材料在促进工业化进程和提升国民经济发展水平方面，创造了不可估量的社会价值和经济效益。以下简单介绍几种典型稀土分子筛材料的制备及其催化应用。

稀土分子筛的合成主要可通过三种途径：①将稀土元素负载到分子筛的外表面；②稀土元素与分子筛孔道中的非骨架元素进行交换，进入分子筛微孔孔道内；③稀土元素通过同晶置换出分子筛骨架上的其他元素，掺入分子筛的骨架中。通常是利用离子交换法和浸渍法等方法将稀土元素引入分子筛基体材料上制备稀土分子筛催化材料。

在稀土盐溶液中 Ln^{3+} 很容易水合形成 $Ln(H_2O)^{3+}$，由于 $La(H_2O)^{3+}$ 的体积较大，难以进入分子筛微孔孔道中，所以利用离子交换法制备稀土分子筛是一项颇具有挑战性的研究工作。20 世纪 60 年代，美国 Mobil 公司成功研制的稀土改性 Y 分子筛引发了炼油工业的技术革命。由于 ZSM-5 分子筛独特的微孔结构，Li 等[67]首次利用水热离子交换法成功制备了 LaHZSM-5 分子筛，且 La 质量分数最高达 3.8%，离子交换程度高达 73%。因离子交换能力非常有限，所以利用该方法制备的稀土沸石分子筛材料中的稀土含量也是有限的，这在一定程度上限制了稀土分子筛的催化性能。

笔者研究团队[68]利用浸渍法制备了一系列轻稀土元素改性的 RE/HZSM-5 分子筛（RE：La、Ce、Pr、Nd、Sm、Eu、Gd），并将上述 RE/HZSM-5 分子筛催化材料应用于 C_4 烃类催化裂解制低碳烯烃反应中。研究发现，添加适量稀土元素改性能提高乙烯和丙烯的收率。

大多数稀土改性 Y 分子筛是由离子交换法制备而得，而刘亚纯等[69]则使用了一种通过水蒸气焙烧下的固相离子交换反应法直接制备了稀土 Y 分子筛，并优化了固态离子交换反应中的水蒸气焙烧条件，考察了稀土 Y 分子筛的 FCC 反应的催化性能，提供了固相离子交换反应法直接制备稀土改性 Y 分子筛 FCC 催化剂的理论基础。

稀土阳离子在 Y 型分子筛中的定位和迁移问题备受关注，在焙烧和水蒸气等后处理过程中，分子筛超笼中的稀土离子和方钠石笼中的钠离子可能会发生迁移，进而影响分子筛结构稳定性和催化活性[70]。RE^{3+} 主要分布在 Y 分子筛的 β 笼中，取代 Y 分子筛 β 笼中的 Na^+ 或 H^+，可能是由于稀土离子与晶格氧原子之间形成了稳定的氧配合物，从而稳定 Y 分子筛的骨架结构，提高 REY 分子筛的稳定性和活性。

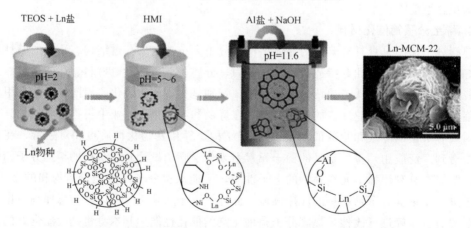

图 1-15　骨架取代 Ln-MCM-22 分子筛的合成过程示意图[71]

近年来，随着沸石分子筛合成技术的不断发展，与上述后处理法制备稀土分子筛相比，更为简便的原位合成稀土分子筛催化材料技术被相继开发成功。在沸石分子筛水热合成的基础上，将稀土源与合成分子筛的初始反应物，以一定的配比在一定的水热条件下进行合成，制备的稀土分子筛中的稀土元素一般能进入分子筛的骨架结构。Wu 等[71]开发了一种"酸性共水解路径"，通过多次调节合成体系 pH 值来制备骨架取代镧系元素 Ln-MCM-22 分子筛（Ln 为 La 或 Ce）的制备方法（如图 1-15 所示）。这种"酸性共水解途径"的关键是在中等/弱酸性条件下水解和缩合正硅酸四乙酯（TEOS）和稀土 La、Ce 元素，旨在模板剂的周围形成 Si—O—M—O—Si 键，将 La 或 Ce 元素引入分子筛骨架中。该研究将为设计合成其他类型杂原子骨架取代沸石分子筛提供新思路和新策略。

此外，除了几种工业上重要的稀土 ZSM-5、Y 和 MCM-22 分子筛催化材料的成功制备，Tang 等[72]还通过可重复且可扩展的两步后合成策略成功制备了 Ce(IV) β 沸石。XRD、FT-IR、UV-Vis 和 ^{1}H MAS NMR 表征结果一致证实 Ce(IV) 通过后合成程序成功地掺入 β 沸石骨架中，并且它们作为具有四面体配位的单原子存在。选择环氧化物与其相应的 1,2-二醇的开环水合作为用于评价所合成的 Ce-β 沸石的催化性能的模型反应。

值得注意的是，近年来开发的绿色可持续沸石分子筛新合成路线，例如，气相转移合成法、无模板剂合成法、固相无溶剂合成法等，不仅能大大节约模板剂的用量，操作相对简单，且不产生大量废液，用新合成路线合成 Beta、MWW、TS-1、ZSM-5 分子筛等已见报道[73-75]，但稀土分子筛的绿色可持续合成法还未见报道。稀土分子筛催化材料的绿色低成本制备将逐渐成为研究热点。

催化剂的宏观组成和微观精细结构的改变都对催化性能有很大的影响。稀土分子筛中稀土离子进入分子筛晶体内部后，能与骨架氧形成配合物，抑制分子筛在水热条件下的骨架脱铝作用，增强分子筛的热稳定性和水热稳定性；稀土离子在分子筛笼内通过极化和诱导作用增加了骨架硅羟基和铝羟基上电子向笼内的迁移概率，增大了分子筛笼内的电子云密度，使羟基表现出更强的酸性，增强催化剂活性；稀土氧化物易与钒反应产生稳定的钒酸稀土，改善催化剂的抗钒污染性能。稀土 ZSM-5 分子筛催化材料广泛应用于轻烃催化裂解制低碳烯烃反应中，还可以作为 FCC 助剂，用来提高低碳烯烃选择性。而稀土 Y 分子筛是目前炼油行业中催化性能最优异的 FCC 催化材料。稀土 SAPO-34、SSZ-13 分子筛在烟气脱硝等环境净化领域有新的应用。

经过几十年的研究，稀土分子筛的合成与应用取得了很大的进步，但还存在一些问题有待解决，尚处于开拓阶段和深入研究阶段。如目前对稀土分子筛的研究主要是性能的评价和应用的开拓，但在基础研究层面上，稀土元素的种类、含量及作用方式和催化性能之间的"构-效关系"尚未完全清晰，缺乏一些有效的手段，对稀土改性催化剂精细结构的表征、探讨催化剂构效关系以及对催化裂解反应机理的调控等理论认识还不够深入等。随着原位动态等高精度表征技术的不断进步和理论研究的发展，将给稀土分子筛材料的结构和性能的深入研究提供条件；同时，纳米稀土分子筛、新型稀土介-微孔分子筛的研究将拥有广阔的应用和发展前景。目前，大多数研究成果还只停留在基础研究阶段，稀土分子筛催化剂的大规模生产和工业化应用还有很多问题需要解决，稀土分子筛的生产成本有待进一步降低等。结合我国丰富的稀土资源，再加上国家对稀土资源的优化利用和可持续发展的需要，进行稀土分子筛催化材料的基础研究，不仅对深入认识稀土元素的催化作用，开拓其新的应用领域具有重要的意义，还具有显著的社会经济效益。

5. 稀土大孔氧化物催化材料

稀土氧化物因其本身优异的物理化学性质，特别有利于反应物分子的吸附和活性位可接近性的提高，而被应用于催化领域。如能将其设计成大孔结构必将进一步提高其催化性能，尤其是针对催化大分子（或颗粒）反应物，如碳烟颗粒、重油大分子和高分子反应物等，有利于反应物和产物的有效传递和提高活性位的可接近性。根据大孔结构的有序度又可分为无序大孔结构和三维有序大孔结构。无序大孔指孔结构无规则，孔的大小、形状不规整，例如"蠕虫状"无序大孔。三维有序大孔不仅具有一般大孔材料的大孔径，而且孔径分布窄，孔道排列整齐有序，具有更加优异的传递效率和活性位的可接近性。

（1）稀土无序大孔材料

无序大孔催化剂的制备：乙二醇络合燃烧法。

以 $La_{1-x}K_xCo_{1-y}Fe_yO_3$ 为例，将化学计量比的各硝酸盐 $[La(NO_3)_3 \cdot 6H_2O$，KNO_3，$Co(NO_3)_2 \cdot 6H_2O$ 和 $Fe(NO_3)_3 \cdot 9H_2O]$ 溶于乙二醇中，并加入适量的甲醇助溶，磁力搅拌 2h 获得均一透明溶液，即得到催化剂的前驱体溶液。取少量前驱体溶液置于坩埚内，在马弗炉中以较慢的升温速率升至 600℃，焙烧 5h。

无序大孔催化剂的形貌：图 1-16 展示了钙钛矿型复合氧化物催化剂 $La_{1-x}K_xCo_{1-y}Fe_yO_3$ 的 SEM 照片[76]。由 SEM 照片可以清楚地看到用本方法合成的钙钛矿型复合氧化物催化剂，其整体形貌为蜂窝状大孔。这是由于制备过程中，乙二醇在低温时被硝酸根离子氧化生成乙醛酸二价阴离子，放出 NO 气体，同时乙醛酸二价阴离子和溶液中的金属阳离子络合生成杂多环络合物，在较高温度下，杂多环络合物受热分解，放出大量气体，这些连续不断逸出反应体系的气体导致所得催化剂布满蜂窝状大孔。并且 K 和 Co 元素部分取代所得到的催化剂的孔更均一，这可能是由硝酸钾和硝酸钴的分解温度较硝酸铁更低造成的。

甲醇的作用：甲醇的添加对所得样品的大孔形貌有非常重要的影响。当制备催化剂的前驱体溶液不含有甲醇或者甲醇的量较少时，所得催化剂部分具有大孔。这主要是因为甲醇含量越少，前驱体溶液的黏度越大，阻碍反应过程中产生的气体逸出。添加甲醇可以降低溶液黏度，使气体顺利逸出反应体系，所以甲醇含量越多，所得催化剂的孔越丰富，孔的贯通性越好。但是如果溶液的黏度过低，大孔的孔壁太薄，就会导致大孔结构坍塌。并且会因为乙二醇的量太少，不能将金属离子完全络合，导致无法得到目标产物。在本研究中，制备蜂窝状无序大孔催化剂所用前驱体溶液中甲醇体积分数最佳为 40%。由 SEM 照片可以看到，大孔的平均孔径大于 50nm，大孔彼此贯通，这样的孔结构利于碳烟在其孔道内扩散。本研究在超声辅助下，使碳烟进入催化剂的大孔孔道内，促进其和催化剂活性中心接触，从而使碳烟催化燃烧温度大大降低。其中，无序大孔 $La_{0.9}K_{0.1}CoO_3$ 的活性最好，碳颗粒催化燃烧温度最低，$T_{10}=274℃$，$T_{50}=336℃$，$T_{90}=359℃$。说明无序大孔结构有利于碳烟颗粒的催化燃烧[76]。

（2）稀土三维有序大孔材料

① 微球模板的合成方法

a. 普通聚甲基丙烯酸甲酯微球的制备方法。采用无皂乳液聚合的方法制备聚甲基丙

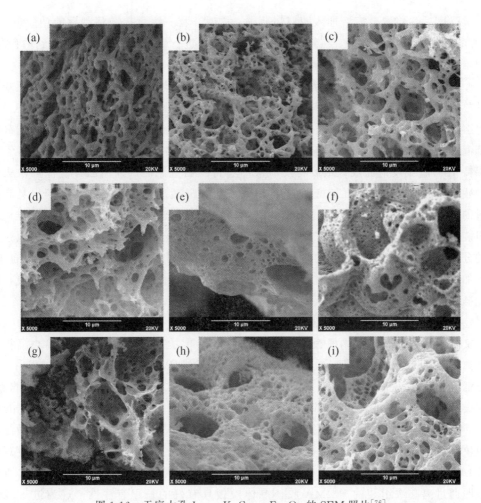

图 1-16　无序大孔 $La_{1-x}K_xCo_{1-y}Fe_yO_3$ 的 SEM 照片[76]

(a) $LaCoO_3$；(b) $La_{0.9}K_{0.1}CoO_3$；(c) $LaCo_{0.9}Fe_{0.1}O_3$；(d) $La_{0.9}K_{0.1}Co_{0.9}Fe_{0.1}O_3$；

(e) $LaCoO_3$（无甲醇）；(f) $LaCoO_3$（甲醇，10%）；(g) $LaFeO_3$；(h) $La_{0.9}K_{0.1}FeO_3$；

(i) $La_{0.9}K_{0.1}Fe_{0.5}Co_{0.5}O_3$

烯酸甲酯（PMMA）微球[77]。具体步骤为量取 240mL 蒸馏水于四口圆底烧瓶中，在 N_2 氛围保护下，水浴加热到一定温度，加入 120mL 精制好的甲基丙烯酸甲酯（MMA），在搅拌速度为 350r/min 条件下搅拌 20min 后，加入一定量精制好的过硫化钾，继续搅拌 2h，得到乳白色的悬浊液体。该液体不可避免有副产物存在，需将悬浊液经过微孔滤膜过滤后保存。

b. 改性聚甲基丙烯酸甲酯微球的制备方法。在制备某些 3DOM 催化剂时，由于前驱体性质的不同，导致焙烧后无法得到理想的三维有序大孔，于是考虑对模板进行适当改性。量取一定量的丙酮和去离子水加入 1000mL 四口烧瓶中，通氩气抽真空，同时称取一定量提纯精制后的主单体 MMA 加入四口烧瓶中，于超级恒温水浴锅中加热到反应温度，继续缓慢通入氩气以隔绝外界空气。在加热反应溶液的同时，称取一定量提纯精制后的引发剂 KPS 和 AIBN（偶氮二异丁腈）于塑料瓶中，加入一定量的去离子水溶解，待加热到反应温度后，将混合溶液加入四口烧瓶中。同时，将一定量提纯精制后的功能单体 AA（丙烯酸）加入四口烧瓶中。在氩气保护下持续搅拌进行聚合反应 1~2h，得到白色乳液。反应结束后，超声波处理 0.5h，冷却抽滤得到 c-PMMA 聚合物微球乳液。

c. 二氧化硅微球及其胶体晶体模板制备方法。采用改进的 Stöber 方法制备了粒径均一的单分散二氧化硅微球。具体实验操作如下：首先分别配制组成成分不同的 A、B 溶液，溶液 A 由一定量的氨溶液（25%）和乙醇组成，溶液 B 由一定量的乙醇和正硅酸四乙酯混合而成，然后在搅拌下将溶液 B 迅速加入溶液 A 中；随后将混合溶液加热至 60℃并保持 4h，直到反应完成；最后将反应液离心得到白色沉淀，并用乙醇洗涤三次去除体系中残余的反应液，然后在 50℃下干燥得到二氧化硅微球的白色产物。为获得具有良好质量的二氧化硅胶体晶体模板，我们采用蒸发沉降法对上述制备的单分散二氧化硅微球进行组装。称取一定量制备好的二氧化硅微球并将其分散于乙醇中，超声 1~2h，以达到良好的分散效果。接下来将得到的二氧化硅悬浮液放置在培养皿上，通过重力沉淀自组装。为了加快自组装速度，该沉降过程放置在 40℃下进行，在 12h 后即可获得白色块状的二氧化硅胶体晶体模板。

② 聚合物模板的自组装方法

文献中报道的胶体晶体模板的组装方法主要有重力沉积、蒸发沉积和离心沉积等方法。离心法具有组装效率高、质量好、数量大等优点。PMMA 微球在储存的过程中会慢慢自行沉淀，但时间过久，不方便实验。选用高速离心的方法，使 PMMA 微球进行自组装。具体操作步骤为将一定量的 PMMA 乳液置于离心试管中，以一定的转速（3000r/min）离心 5~10h，除去上层的离心液，然后将离心试管放在 40℃真空干燥箱中烘干，最终得到白色块状物质，即 PMMA 微球模板。在太阳光或者灯光照射下，可以从不同角度观察到 PMMA 胶体晶体模板表面出现光子晶体效应，表面呈现绿色的彩光（如图 1-17 所示）。这表明通过离心法组装的 PMMA 胶体晶体模板具有好的长程有序性，这为进一步制备 3DOM 稀土氧化物载体材料打下了良好的基础。

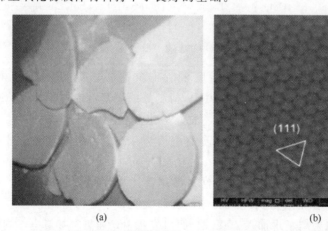

(a)   (b)

图 1-17 PMMA 胶体晶体模板的数码相片（a）和 SEM 照片（b）[78]

③ 3DOM 稀土氧化物的合成方法

目前，胶体晶体模板法（CCTM）是最为常用、最为简单的三维有序大孔 3DOM 材料的合成方法，该方法成本低，对设备要求不高，且重现性好，适用于实验室基础研究，因而得到了广泛的应用。结合前文所述模板的制备和组装，其合成工艺如图 1-18 所示。首先，利用上述方法制备出单分散的 PMMA 微球，采用离心的方法将聚合物微球组装成规则有序的胶体晶体模板；然后，用金属前驱体（稀土硝酸盐与乙二醇甲醇混合溶液）原位过量浸渍 PMMA 微球模板，使前驱体溶液填充到模板间隙内，前驱体经过溶胶凝胶或化学转化，得到 PMMA 微球模板和前驱体的混合物，浸渍约 2h 后，将混合物抽滤分离，以去除多余的前驱体溶液，将过滤完的 PMMA 微球放在 50℃烘箱干燥 24h；最后，选择合适的焙烧条件，将干燥好的 PMMA 微球与商业氧化铝微球混合均匀后，装入内径为 18mm 的石英管中，在空气气氛下（流速为 100mL/min）以 1℃/min 的升温速率升至一定温度，恒温一定时间，将聚合物模板完全去除，待冷却到室温将样品过筛，最终得到三维有序大孔稀土氧化物。

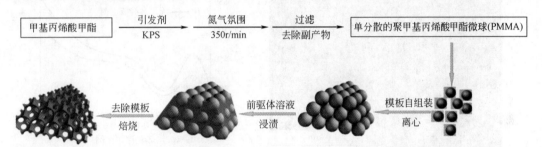

图 1-18　胶体晶体模板法制备 3DOM 稀土氧化物催化剂的示意图[79]

　　针对柴油碳烟颗粒尺寸（一般＞25nm）较大难于进入传统纳米颗粒催化剂的孔道（＜10nm）内来接触催化剂的活性位的问题，笔者研究组[77,78]设计研制出具有三维大孔结构的催化剂，发现大孔基催化剂对碳烟颗粒的扩散和提高比表面积有效利用率具有重要作用，可以大大降低碳烟颗粒的燃烧温度。

　　笔者研究组[80]以 PMMA 为大孔模板剂合成了并首次报道了三维有序大孔结构（3DOM）的铈-锆固溶体复合氧化物，其 SEM 照片如图 1-19 所示。考察了不同铈锆比对催化剂的结构和催化性能的影响。从照片可以很清楚地看到，所有样品孔型规则、孔径一致、孔壁均匀，且这些孔呈面心立方（fcc）有序排列，而且孔道的贯通性较好，呈长程有序结构。这种结构在很大尺寸范围内存在，其数量级可达到厘米。这也说明前文所合成的 PMMA 微球的单分散性以及离心组装模板的长程有序性。另外，从高放大倍数的扫描电镜照片 [图 1-19(c)] 可以看出，所制备的样品，大孔孔径约为 275nm，在每个大孔下面有三个清晰可见的小孔窗，窗口的直径大约为 120nm，这种结构反映了模板中微球之间的密堆积排列方式。这些小窗口使孔与孔之间三维贯通，对于碳烟颗粒在孔道内的扩散起到非常重要的作用。

　　图 1-20 为 3DOM $Ce_{0.7}Zr_{0.3}O_2$ 的透射电镜照片。图 1-20(a) 中黑灰色部分为 3DOM $Ce_{0.7}Zr_{0.3}O_2$ 的构架，灰白色部分为球形孔。由照片可以看出，球形孔在微观上呈长程有序结构，孔型规则、孔径一致、壁厚均匀。并且孔与孔之间相互连通，形成三维贯通的孔型结构。另外从照片中可以看出，孔壁厚度约在 10~12nm。图 1-20(b) 是选区电子衍射

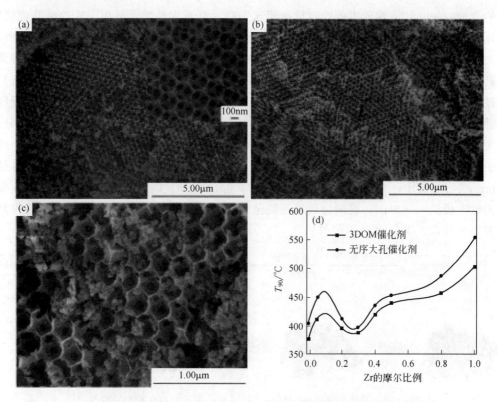

图 1-19 Ce$_{0.7}$Zr$_{0.3}$O$_2$（a）、Ce$_{0.7}$Zr$_{0.2}$Pr$_{0.1}$O$_2$（b）、碳烟颗粒与铈-锆固溶体混合后（c）的 SEM 图和 Ce/Zr 比对碳烟燃烧活性影响曲线（d）[80]

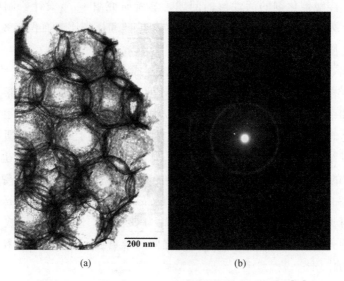

图 1-20 3DOM Ce$_{0.7}$Zr$_{0.3}$O$_2$ 固溶体的 TEM 照片[80]

图像。其图像连续的同心圆环花样，说明它们具有多晶结构特征。纳米晶粒的面间距 d 值和颜色环的强度与 CeO$_2$ 的立方萤石相对应。衍射环从内到外对应于立方相的（111）、（200）、（220）和（311）衍射面。

笔者研究组[81,82]还采用同样的方法制备出三维有序大孔结构的 $LaFeO_3$、$LaMn_{1-x}Fe_xO_3$（图 1-21 和图 1-22）。为进一步提高活性，本研究组徐俊峰等[83]选择了具有优良氧化还原性能的过渡金属 Co 作为活性组分的钙钛矿氧化物，同时将 K 掺杂进钙钛矿的骨架结构中部分取代 A 位，采用前文所述一种新颖的羧基改性胶体晶体模板（CMCCT）法首次成功制备了具有三维有序大孔结构的 $La_{1-x}K_xCoO_3$（$x=0\sim0.3$）催化剂（图 1-23）。

图 1-21 大孔 $LaFeO_3$ 钙钛矿复合氧化物催化剂的 SEM 照片（a）和 TEM 照片（b）[81]

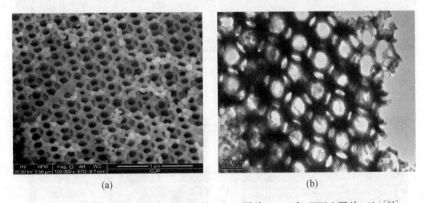

图 1-22 3DOM $LaMn_{0.9}Fe_{0.1}O_3$ 的 SEM 照片（a）和 TEM 照片（b）[82]

笔者研究组[84]利用自主研发的气膜辅助还原法将 2～5nm 贵金属纳米粒子成功地担载到三维有序的大孔氧化物载体上，通过控制贵金属纳米颗粒在载体表面的成核和生长过程，达到对担载型贵金属纳米颗粒粒径尺寸的可控合成。实验结果显示，利用气膜辅助还原法制备的 3DOM 氧化物担载贵金属催化剂的结构与氧化物载体一致，这表明制备方法并没有破坏载体的 3DOM 结构，担载在大孔结构载体内壁上的贵金属纳米颗粒高度分散，粒径分布可控。基于上述方法，合成了一系列三维有序大孔结构的钙钛矿 $LaFeO_3$ 以及复合氧化物 $Ce_{1-x}Zr_xO_2$ 等载体担载贵金属 Au、Pt 催化剂[85]，图 1-24 为 3DOM $Au_{0.04}/LaFeO_3$ 的 SEM 与 TEM 图，其合成的催化剂对碳烟的催化燃烧体现出极佳的性能，在松散接触条件下，碳烟颗粒物在 3DOM $Au_{0.04}/LaFeO_3$（3.0nm）催化剂上氧化的起燃温度为 228℃。这突破了碳烟颗粒物起燃温度难低于 250℃ 的限制。

基于上述制备方法合成了一系列三维有序大孔结构铈锆复合氧化物担载贵金属 Au、Pt 纳米颗粒的 Ce 基催化剂，图 1-25 为 3DOM $Au/Ce_{1-x}Zr_xO_2$[86] 和 $Pt/Ce_{1-x}Zr_xO_2$[87]

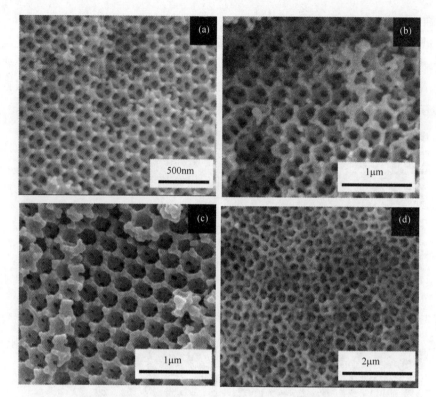

图 1-23 3DOM $La_{1-x}K_xCoO_3$ 催化剂的 SEM 照片[83]

(a) $LaCoO_3$；(b) $La_{0.9}K_{0.1}CoO_3$；(c) $La_{0.8}K_{0.2}CoO_3$；(d) $La_{0.7}K_{0.3}CoO_3$

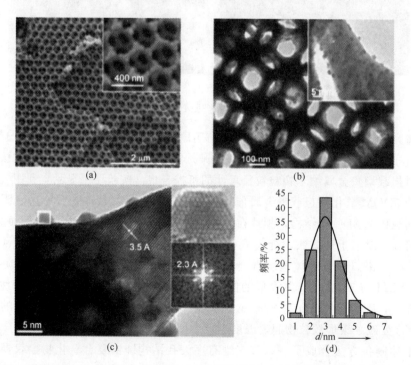

图 1-24 3DOM $Au_{0.04}/LaFeO_3$ 的 SEM（a）、TEM[(b),(c)] 图及金粒径的分布（d）[86]

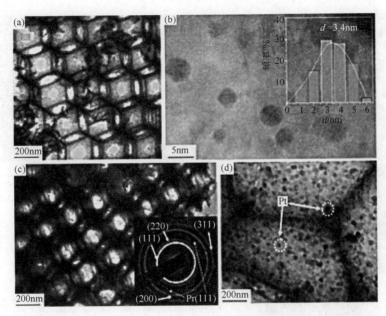

图 1-25　3DOM Au/Ce$_{0.7}$Zr$_{0.3}$O$_2$[(a), (b)] 和 Pt/Ce$_{0.8}$Zr$_{0.2}$O$_2$[(c), (d)] 的 TEM 图[87]

的 TEM 照片。所合成的催化剂在碳烟颗粒的催化燃烧中具有优异的催化性能，尤其是在松散接触条件下，碳烟颗粒在 3DOM Au$_{0.04}$/Ce$_{0.8}$Zr$_{0.2}$O$_2$（2.6nm）催化剂上的起燃温度为 218℃。

　　纳米 Au 颗粒担载到 3DOM Ce 基氧化物所制备的催化剂具有较高的活性，但是其稳定性是一个难以解决的问题。为进一步提高催化剂的稳定性，本研究组 Wei 等[88]将金铂合金和核壳两种不同结合方式的贵金属纳米颗粒担载到铈锆复合氧化物载体上制备了一系列催化剂（图 1-26）。实验结果表明，由于 Au 和 Pt 之间的协同效应及核壳结构的界面效应，催化剂具有较高的催化燃烧碳烟颗粒的活性。其中，铈锆复合氧化物担载 Au$_n$@Pt$_m$ 核壳型结构的催化剂在松散接触条件下，碳烟颗粒的起燃温度为 214℃，同时，核壳型结构能够有效地提高 Au 基催化剂的稳定性以及 Pt 催化剂的选择性。此外，本研究组还制备了 Au@CeO$_{2-\delta}$/ZrO$_2$ 等高稳定和高活性的催化剂[89]。

　　戴洪兴等[90]采用表面活性剂赖氨酸辅助的 PMMA 硬模板法制备了 3DOM La$_{0.6}$Sr$_{0.4}$MnO$_3$（LSMO），再采用 PVA 保护的气泡辅助的胶体金沉积法制得 xAu/3DOM LSMO 催化剂。由图 1-27 可观察到，各三维有序大孔催化剂的大孔尺寸均匀，孔径约为 140nm，壁厚约为 25nm。从图中可观察到，金纳米粒子尺寸为 2～5nm，均匀分散到大孔载体的孔壁上。经过对 TEM 照片中 200 个 Au 纳米粒子的统计分析后可知，6.4Au/3DOM LSMO 催化剂上 Au 粒子的平均粒径为 3.2nm（图 1-28）。评价了这些材料对 CO 和甲苯氧化反应的催化性能。结论认为 6.4Au/3DOM LSMO 催化剂展示了最高的催化活性，对于 CO 氧化反应，其 $T_{50\%}$ 与 $T_{90\%}$ 分别为 −19℃ 和 3℃；而对于甲苯氧化反应，其 $T_{50\%}$ 与 $T_{90\%}$ 则分别为 50℃ 和 170℃。优良的催化性能与其拥有较高的吸附氧物种浓度、良好的低温还原性以及 Au 和 3DOM LSMO 之间存在强相互作用有关。

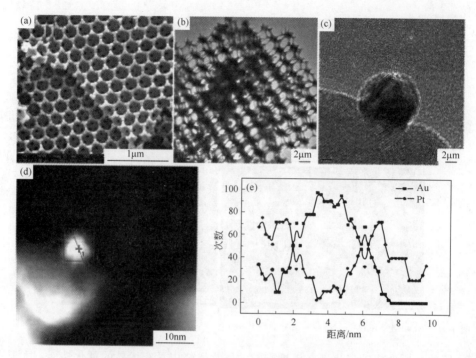

图 1-26　$Au_2@Pt_2/Ce_{0.8}Zr_{0.2}O_2$ 催化剂的表征[88]

(a) SEM；(b)，(c) TEM；(d) HAADF-STEM；(e) EDX 图像-元素线扫描

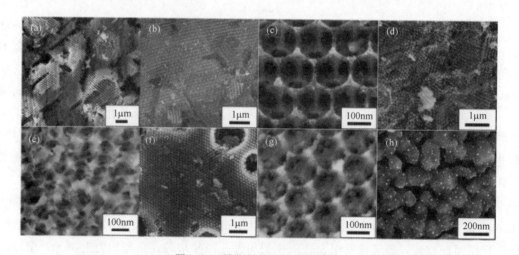

图 1-27　催化剂的 SEM 照片[90]

(a) 3DOM LSMO；(b)，(c) 3.4Au/3DOM LSMO；(d)，(e) 6.4Au/3DOM LSMO；

(f)，(g) 7.9Au/3DOM LSMO；(h) 6.2Au/体相 LSMO

　　Agustín Bueno-López 等[91]利用 PMMA 成功制备了三维有序大孔镨氧化物。如图 1-29 所示，3DOM 催化剂中得到了具有较高孔隙率的大孔结构，这显著地增强了催化剂与碳烟的接触，而且 PrO_x 比 CeO_2 更容易还原，有利于活性氧的生成及其向碳烟颗粒的转移，从而改善了 O_2 对碳烟的燃烧，从而提高催化剂的活性。作者认为 PrO_x-3DOM 作为一种

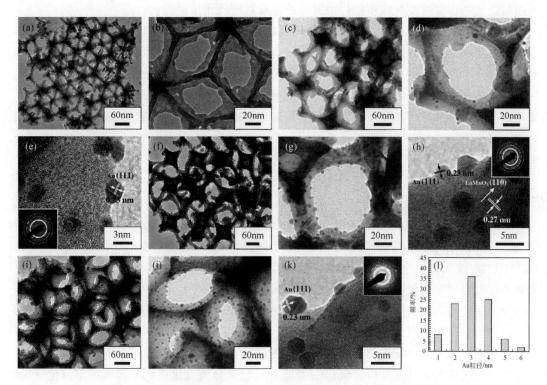

图 1-28　催化剂的 TEM 照片、SAED 图案片及 Au 粒径分布[90]

(a)，(b) 3DOM LSMO；(c)～(e) 3.4Au/3DOM LSMO；(f)～(h)，(l) 6.4Au/3DOM LSMO；

(i)～(k) 7.9Au/3DOM LSMO

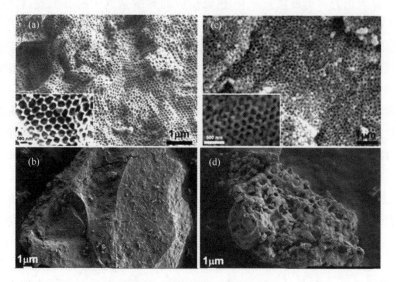

图 1-29　催化剂的 SEM 照片

(a) PrO_x-3DOM；(b) PrO_x-Ref；(c) CeO_2-3DOM；(d) CeO_2-Ref[91]

新颖的催化剂，很可能对铈基催化剂有促进甚至是替代作用。

同时，稀土化合物在催化领域中还具有以下特性：①广泛的催化性能且在多方面还鲜为人知，即有许多有待开发的领域；②相对高的热稳定性和化学稳定性为这类稀土催化剂的应用提供了更多可能；③稀土元素和其他元素之间有很大的互换性，可以成功制备性能各异的催化材料供不同的反应使用。但目前稀土元素的催化理论不够完善，仍需要实验和理论研究密切结合，探究稀土元素电子结构与化学成键的规律，研究稀土在催化中的作用机理、催化活性位，阐明影响催化性能的内在因素，为定向制备新颖稀土催化剂提供理论基础和科学支撑。

二、稀土参与的催化反应

稀土元素由于具有未充满的 4f 轨道、5d 轨道和镧系收缩等特征，表现出独特的化学性质，作为催化剂适用的范围非常广泛，几乎涉及所有的催化反应，无论是在氧化-还原型的还是酸-碱型的，均相的还是多相的催化反应过程中均显示了较好的催化性能。稀土元素不仅可以用于热催化，而且还可以用于光催化和电催化，并且具有多样性。从稀土参与的催化反应的功能和应用方面可以将催化反应分为三大类：第一类是环境污染物控制相关方面的催化反应；第二类是炼油与（石油）化工相关的催化反应；第三类是制氢与新能源转化利用方面的催化反应。而从稀土参与的催化反应的本质考虑可分为两大类：氧化-还原催化反应和酸碱催化反应。氧化-还原催化反应又分为氧化催化反应和还原催化反应；酸碱催化反应又可分为酸催化反应和碱催化反应。

（一）稀土参与的氧化-还原催化反应

氧化-还原反应（oxidation-reduction reaction，也作 redox reaction）是化学反应前后元素的氧化数有变化的一类反应。氧化-还原反应的实质是电子的得失或共用电子对的转移或偏移。

有 O_2 参与的氧化-还原反应一般遵循 Mars-van Krevelen 氧化-还原机理。对于氧化物催化剂，还原物吸附在催化剂的金属中心释放出电子传递到相邻中心上去，使相邻中心上的氧分子转变为晶格氧，这就要求在催化剂上有两类可利用的中心，其中之一能吸附或接触反应分子（如烷烃、烯烃、CO 等），而另一中心必须能转化气相氧分子为晶格氧，通常这类氧化物催化剂由双金属氧化物组成，也可由变价态的单组分组成。稀土氧化物中以 Ce 元素为代表，具有 Ce^{3+}/Ce^{4+} 的可变价特性，在贫氧或还原条件下，CeO_2 表面一部分 Ce^{4+} 被还原为 Ce^{3+}，并产生氧空位；而在富氧或氧化条件下，Ce^{3+} 又被氧化为 Ce^{4+}，即 CeO_{2-x} 又转化为 CeO_2，从而实现氧的释放-储存这一循环过程。其他多价态稀土氧化物或稀土复合氧化物、稀土钙钛矿和类钙钛矿催化剂等也具有优异的储放氧能力和活化氧分子的能力，契合氧化-还原反应催化剂的要求。

在催化氧化中，表面还原-氧化反应与催化剂接受或给出电子的能力有关，按照 Lewis 酸碱概念，Lewis 酸是从 Lewis 碱的非价键轨道接受电子对。可类似地想象，催化氧化反应与催化剂表面的酸碱性质也有一定的关系，因为按 Walling 的说法，催化剂的 L 酸强度是它转变碱性分子为其相应共轭酸的能力，即催化剂表面从吸附分子取得电子对的能力。催化剂的 L 碱强度是其表面把电子对给予酸性分子使其转化为相应的共轭碱的能力。然而，同选择氧化与反应物性质及反应物-催化剂间的电子传递难易有关一样，特定产物的活性和选择性也必然受反应物和催化剂的酸碱性质的支配。

稀土元素作为氧化-还原催化剂的主活性组分、助剂或载体，具有提高催化剂的晶格氧的活动能力和储放氧能力、增强催化剂结构稳定性、提高活性组分的分散度、调节催化剂表面酸碱度等优点。

1. 稀土参与的氧化催化反应

(1) 深度氧化反应 (完全氧化反应)

深度氧化反应又称完全氧化反应，是典型的气-固相催化反应，其实质是活性氧参与的深度氧化作用。在催化氧化过程中，催化剂的作用是提供催化反应的活性中心，降低活化能，同时催化剂表面具有吸附作用，使反应物分子富集于表面提高了反应速率，加快了反应的进行。借助催化剂可使碳烟或有机废气分子在较低的起燃温度条件下发生无焰氧化，并氧化分解为 CO_2 和 H_2O，同时放出大量热能，从而达到去除或治理污染物的目的。

对于深度氧化反应，催化剂表面的氧物种的存在形式、相互之间的转化速率以及在反应中的作用是重要的问题之一。目前催化反应中已发现的主要氧物种有：中性的吸附氧分子 $(O_2)_{ads}$ 和带负电荷的氧离子物种 (O_2^-, O^-, O^{2-})。气相氧在催化剂表面的转化过程如下所示：

$$O_2(gas) \rightleftharpoons O_2(ads) \xrightarrow{+e^-} O_2^-(ads) \xrightarrow{+e^-} O_2^{2-}(ads) \rightleftharpoons 2O^-(ads) \xrightarrow{+2e^-} 2O^{2-}(ads)$$

李灿等[92]在 200~373K 温度范围内，用傅里叶变换红外光谱 (FT-IR) 研究了完全脱气且部分还原氧化铈上的氧 (同位素) 交换反应。结果表明，同位素交换反应是通过吸附的超氧物进行的，而交换反应可能是由于气体 O_2 与吸附的超氧物发生反应而产生的 O_4^{n-} ($n=1\sim4$) 中间配合物。

一般认为，与单一金属氧化物相比，稀土复合氧化物由于存在结构或电子调变等相互作用以及具有更高的稳定性 (即在较高反应温度下晶体结构不变) 而表现出更好的催化性能。催化剂的高氧化还原性能可以反映催化剂对氧的吸附与活化能力，是涉氧深度氧化反应中高活性的根本和内因。研究表明，当稀土复合氧化物形成了诸如钙钛矿型或类钙钛矿型复合材料时，由于 (类) 钙钛矿结构中产生晶格缺陷 (即催化活性位)，晶格氧反应能力较强，产生更多的活性氧物种，有利于反应物分子的深度氧化[93]。稀土复合氧化物表现出了高的氧化还原性能，是理想的柴油碳烟燃烧催化剂的活性组分，同时对 VOC 氧化、CO 氧化等都有较高的催化氧化活性。

钙钛矿型氧化物 (ABO_3) 是一类在 A、B 两种阳离子位均可用异价离子进行同晶取代的化合物。两种阳离子位元素的部分取代会引起氧空位 (缺陷) 浓度的改变和过渡金属离子氧化态的调整。用低价态的碱金属或碱土金属取代 A 位的稀土金属，根据电中性规则，氧空位浓度会增加，同时伴随 B 位离子的价态升高，从而使催化剂的氧化能力增强。例如用 Sr 部分取代 La 后形成的 $La_{1-x}Sr_xMO_3$ (M=Co、Mn) 比未取代的 $LaMO_3$ 具有更好的催化活性[94]。ABO_3 含有丰富的氧空位和多种氧化态并存的 B 位过渡金属离子，氧气分子很容易被活化成多种氧物种（$O_2 \rightarrow O_2^- \rightarrow O_2^{2-} \rightarrow O^- \rightarrow O^{2-}$），催化剂的氧化与还原（redox）过程易于实现。这些特性使得此类化合物成为极好的氧化型催化材料。

目前，在燃油碳烟颗粒物催化燃烧反应中，钙钛矿型氧化物催化剂的研究主要集中在 B 位离子为 Co、Mn 和 Fe 基钙钛矿的研究中[95]。利用离子半径较大的碱金属（Li、K 和 Cs）取代钙钛矿结构中 A 位阳离子，可以使钙钛矿晶胞膨胀，氧空位数量增多，从而提高对碳烟氧化的催化活性，其中通过 K 离子部分取代 A 位阳离子制备的钙钛矿氧化物催化剂展示了较高的催化活性[96]，$La_{0.9}K_{0.1}CoO_3$、$La_{0.9}K_{0.1}MnO_3$ 和 $La_{0.9}K_{0.1}FeO_3$ 催化剂碳烟起燃温度分别为 240℃、270℃ 和 276℃。Fino 等[97]也制备并考察了担载纳米 Au 颗粒的钙钛矿催化剂 $LaBO_3$（B=Cr，Mn，Fe，Ni）用于碳烟燃烧过程中，弱化学吸附的表面 O^- 物种起到关键作用。研究结果表明，担载型纳米 Au 颗粒能够提高催化剂对 CO 的氧化性能，增加碳烟颗粒物生成 CO_2 的选择性，这归因于 Au 基催化剂可以增加表明活性氧 O^- 物种的数量。

笔者研究组[98]研发了 Mn 和 Co 基钙钛矿氧化物催化剂，此类催化剂表现出的量子尺寸效应可以明显提高柴油碳烟颗粒物与催化剂的接触效率，取得了高的柴油碳烟颗粒物催化燃烧活性。还研发了一系列 K 基改性类钙钛矿氧化物催化剂[99]，并对此类催化剂的碳烟燃烧活性进行系统的考察。研究表明：以碱金属 K 离子取代的催化剂对于碳烟颗粒物的燃烧展示了较高的催化活性。

除了氧化碳烟，钙钛矿还能有效地催化氧化 VOCs 和 CO。例如，在 350℃ 以下，$La_{0.8}Sr_{0.2}MnO_{3+\delta}$ 催化剂能将多种 VOCs（苯、甲苯、乙醇、丙醛、丙酮和乙酸乙酯等）完全氧化成 CO_2 和 H_2O[100]。其优良的催化性能与其催化剂表面吸附氧物种浓度有关。对甲苯和甲乙酮在 $LaCoO_3$ 和 $LaMnO_3$ 及其 Sr 取代的催化剂上氧化反应的研究表明，甲苯完全氧化时的反应温度低于 340℃，而甲乙酮完全氧化时的反应温度则低于 270℃，且 $LaCoO_3$ 和 $La_{0.8}Sr_{0.2}CoO_3$ 的催化活性分别高于 $LaMnO_3$ 和 $La_{0.8}Sr_{0.2}MnO_3$ 的[101]。$La_{0.5}Ba_{0.5}MnO_3$ 能够在 150℃ 下将 CO 完全氧化[102]。

CO 氧化反应：CO 被完全氧化为 CO_2。Kyeounghak 等[103]通过实验研究 Pr、Nd 和 Sm 掺杂 CeO_2 对 CO 氧化的影响。结果表明，活性顺序为 $CeO_2 >$ Pr-掺杂 $>$ Nd-掺杂 $>$ Sm-掺杂的 CeO_2 催化剂，同时通过 DFT 研究镧系掺杂的影响，随着掺杂稀土原子序号增加，CO 速控步能垒增大，氧空位形成能增大，CO 反应活性逐渐降低。Liu 等[104]通过研究 M（Cu、Ti、Zr 或 Tb）掺杂 CeO_2 对 CO 氧化反应的催化活性，发现催化剂对 CO 氧化反应的催化活性与 M 的 Pauling 电负性呈线性关系，调变 M-CeO_2 上活性晶格氧的量来影响催化剂对 CO 氧化的催化性能。M 的电负性越大，M-CeO_2 中活性晶格氧量越多，对 CO 氧化反应的催化活性越高。

甲烷和氯代烃催化燃烧反应：CeO_2 在甲烷和氯代烃催化燃烧等氧化反应中可直接用作活性组分，也可作为贵金属催化剂中的助催化剂，提高催化剂的氧化还原性能和热稳定性。研究表明，表面晶格氧的可还原性是影响催化燃烧活性的重要因素[105]。钙钛矿型复合氧化物也具有良好的氧化活性和热稳定性，通过部分掺杂或替代 A 离子或 B 离子，由于离子半径不同产生缺陷或空位提高催化活性，最具代表性的有 $LaMnO_3$、$LaCoO_3$ 及掺杂的钙钛矿型复合氧化物[106]。

（2）选择氧化反应

选择氧化反应是使反应物分子在催化剂作用下高选择性地氧化为其中一种氧化产物的反应。与稀土催化剂相关的主要选择氧化反应如下：

① 氨氧化反应。氨氧化反应是指氨选择氧化为 NO 的过程。氨氧化是工业制硝酸的重要反应步骤。中国科学院长春应用化学研究所研制了 $La_{1-x}A_xBO_3$ 的稀土钙钛矿型复合氧化物氨氧化催化剂。研究发现，组成为 $La_{1-x}Sr_xCoO_3$ 的催化剂的催化活性和耐硫性较高，且稳定性比尖晶石结构的 Co_3O_4 更稳定。将上述催化剂担载在合适的载体上，稳定性还可以进一步提高。稀土复合氧化物催化剂替代传统的贵金属 Pt 基催化剂还可以节省贵金属资源，降低催化剂的成本，提高经济效益。吴越[107]等对过渡金属钙钛石型复合氧化物的结构及其在氨氧化反应中的催化性能做过系统的研究，发现钙钛石型氧化物 $La_xA_{1-x}BO_3$（A＝Ca，Sr；B＝Mn，Fe，Co）的固体缺陷结构及过渡金属离子的价态等与其在氨氧化反应中的催化性能有密切关系。通过对 B 位二元复合钙钛石 $LaMn_yCo_{1-y}O_3$ 的催化性能研究，发现在 B 位 Mn、Co 离子复合后，催化剂的各种物化性质如结构、氧吸附性能、电磁性质和催化性质均发生明显改变。刘社田等[108]研究了 B 位二元复合钙钛石型氧化物 $LaFe_xMn_{1-x}O_3$ 对氨氧化反应的催化性能。高利珍等[109]探究了 $La_{2-x}Sr_xNiO_{4-\lambda}$ 系列催化剂结构与氨氧化活性的关系。发现 $La_{2-x}Sr_xNiO_{4-\lambda}$ 的氧化还原能力、Ni^{3+} 的量、氨氧化的 NO 选择性都随 x 增大而增加。由此得出，Ni^{3+} 是催化剂的活性离子，β-氧是氨的氧化的活性氧种，在 $La_{2-x}Sr_xNiO_{4-\lambda}$ 上的氨的氧化遵循氧化还原（redox）机理。稀土元素参与构建的钙钛矿和类钙钛矿氧化物是优异的氨氧化反应催化剂，稀土元素一般占据其 A 位，起稳定晶相结构和调变 B 位金属离子价态的作用。

② CO 选择氧化反应。质子交换膜燃料电池（PEMFC）使用 CO 含量低于 10×10^{-6} 的富氢气体燃料，以避免电池的电极中毒。富氢气体中 CO 选择氧化反应（CO-PROX）是深度除去 CO 的有效方法。具有储放氧和氧化能力的 CeO_2 作为载体成为该领域研究的热点，主要分为两类：CeO_2 负载或掺杂的金属氧化物（Cu、Ni、Co 等）和 CeO_2 负载的贵金属（Pt、Pd、Au 等）催化剂。氧化铈具有丰富的氧空位，促进了氧物种的活化，提高了催化剂的反应性能。

李静霞等[110]研究了稀土元素对 Mo-Bi 系复合催化剂选择氧化异丁烯制甲基丙烯醛催化性能的影响，由于 Ce 的加入，使得 Ce 离子部分取代 Bi 离子，从而影响催化剂中钼酸铁铋晶体，并使催化剂表面吸附活性氧 O^{2-} 的含量增加，从而有利于提高甲基丙烯醛和甲基丙烯酸的选择性。

③ H_2S 选择性催化氧化。是消除石油化工行业酸性气中 H_2S 的最为经济、高效的技术之一。张凤莲等[111]采用溶胶-凝胶法合成了一系列稀土双钙钛矿催化剂 $La_2B'B''O_6$（B＝Mn、Co、V、Mo），其过渡金属氧化物价态变化或发生电荷的补偿作用产生氧空位而形成缺陷，从而改善催化剂的催化性能。

④ 甲烷氧化偶联反应（OCM）制乙烯，可一步反应将甲烷转化为高值产品乙烯和乙烷，是天然气直接高值转化的重要途径之一。一般认为其反应机制主要包含多相-均相反

应机理，在多相反应中，固态催化剂表面的活性氧中心促使气相 CH_4 分子在催化剂表面被夺取一个 H 原子产生甲基自由基（$CH_3·$）；在均相反应中，$CH_3·$ 在气相中发生偶联反应生成 C_2H_6，经脱氢反应生成乙烯。催化剂表面化学吸附或经氧空位活化生成的缺电子亲电氧物种如 O_2^-、O^-、O_2^{2-} 以及催化剂表面的晶格氧物种 O^{2-} 对甲烷均有活化作用，是在 OCM 反应过程中生成甲基自由基的关键活性物种[112]。稀土氧化物具有良好的低温甲烷氧化偶联反应性能、良好的稳定性、高热稳定性，部分稀土氧化物本身具有本征氧空位，无论是在甲烷氧化偶联的反应机理的理解还是工业化的应用方面都具有十分重要的意义。除了 La_2O_3、Sm_2O_3 和 CeO_2 的纯氧化物直接作为甲烷偶联催化剂，采用碱金属或碱土金属卤化物改性的稀土氧化物作为甲烷偶联催化剂已被普遍研究。如稀土氧化物 La_2O_3 可作为该反应的一种活性成分[113]，其暴露的（110）和（101）晶面表面位点碱性强，存在大量的缺电子氧物种。缺电子亲电氧物种（O^- 和 O_2^-）有利于 C_2 生成，而晶格氧（O^{2-}）有利于完全氧化，在低温区（400~650℃）对 OCM 反应表现出很高的反应活性和 C_2 选择性。相互掺杂的稀土氧化物进一步增加了缺电子氧物种浓度[114]。由碱金属、碱土金属、稀土元素组成的催化剂，如 Li-RE-Mg，其中，碱土金属氧化物（MgO、CaO）被认为是很好的活性组分，如果加入 Li 和 RE，那么乙烯、乙烷的收率和选择性就能大大提高，选择性可达 95%，收率达 24%。Siluria 公司以 La_2O_3 纳米线为低温甲烷氧化偶联催化剂已进行了 1t/d 规模的中试，表明低温甲烷氧化偶联制乙烯技术有可能实现工业化，稀土氧化物催化剂将是该领域的一个重要的研究方向[115]。

　　稀土元素作为助剂可以改善甲烷 CO_2 重整反应 Ni 基催化剂的活性和稳定性。Yang[116] 通过共沉积的方法向 Ni/Al_2O_3 的载体中掺入 La_2O_3 和 CeO_2，La_2O_3 有两重功能：降低载体的酸性，从而抑制热解积炭的形成，La_2O_3 的碱性位点利于 CO_2 的解离吸附，并使积炭和 CO_2 反应而气化；La_2O_3 分散在 Ni/Al_2O_3 中可抑制 Ni 晶粒的长大。CH_4 分解产生的 H_2 可以将 CeO_2 还原为 Ce_2O_3，产生富电子的氧空位，氧空位的电子转移到 Ni^0-CeO_2 的界面，增加 Ni 的电子密度，从而 CH_4 中 C—H 键的 σ 电子不会和 Ni^0 d 轨道配位而造成积炭。稀土 La 可以与 Ni 活性位形成钙钛矿 $LaNiO_3$ 和类钙钛矿 La_2NiO_2 重整催化剂，反应中还原产生的 La_2O_3 和 CO_2 相互作用形成 $La_2O_2CO_3$，Ni 位点形成的碳物种可以与 $La_2O_2CO_3$ 上的氧物种反应而去除，从而提高稳定性[117]。

　　⑤ 甲烷低温选择性氧化反应。该反应最近成为催化领域的研究热点，甲烷的转化被认为是催化领域的"圣杯"。已经工业化的甲烷间接大规模地转化为液态烃是通过蒸汽甲烷重整与费托（FT）合成。蒸汽甲烷重整生产合成气（CO 和 H_2 混合物作为 FT 合成的原料）是强吸热的（$\Delta H = +206.2kJ/mol$），使反应过程高度能源密集化。反应通常的操作条件是高温（700~1100℃）和氧化铝负载的镍催化剂。由于有合成气生产路线必须提供大量的热能，因此，甲烷不经过中间合成气步骤，低温热、光、电等催化转化为化学品的直接路径引起了广泛的关注。

　　基本上，无论是多相体系还是均相体系，CH_4 在低温下的 C—H 键断裂机制都可以分为两类（图 1-30）。第一种机制包括从亲电氧原子提取甲烷中氢形成·CH_3 自由基，例如固体催化剂上的 M—O 位点[119]、自由基（·OH，·O—R 等)[120] 和高价金属的氧金属络合物。在常见的电/光激发的反应过程中，电势或光子往往能促进电/光催化剂上的活性含氧物种的形成，从而激活甲烷的 C—H 键。第二种机制涉及金属—CH₃（M—C）σ 键作为反应中间体的形成。在非均相体系中，CH_4 与配位不饱和金属原子在固体催化剂上相互作用形成 M—C s 键[121,122]。在均相体系中，分子催化剂在活化 CH_4 的过程中常常形成 M—C σ 键。甲基与金属的配位可以通过 σ 键的置换、氧化加成和亲电取代发生。与上述类似自由基的活化过程不同，在这种机制中，金属配合物直接裂解甲烷的 C—H 键，伴随着与甲基的配位[123,124]。Hu 等[120]研究廉价的铈盐作为光催化剂高活性高选择性地催化甲烷氧化生成甲醇。配体-金属电荷转移激发简单醇产生烷氧自由基，从而活化甲烷，起到了氢原子转移催化剂的作用。Lustemberg 等[125]采用 CeO_2 担载少量的 Ni 在水蒸气和氧气氛围下催化甲烷选择性氧化，稀土氧化物与 Ni 强相互作用从而键合和活化甲烷/水。

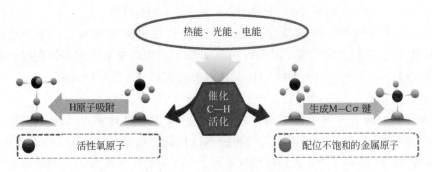

图 1-30　甲烷在低温反应体系中碳氢键裂解的机理[118]

（3）脱氢（氧化）反应

脱氢反应是一种消除反应，也是氧化反应的一种形式。脱氢反应有热脱氢和催化脱氢两种，工业上主要以催化脱氢为主。催化脱氢根据断裂氢键的不同可分为 C-H、O-H 和 N-H 键催化脱氢。其中 C-H 键催化脱氢反应包括烷烃脱氢、烯烃脱氢、烷基芳烃脱氢及醇类脱氢等。

早在 1889 年就实现了由甲醇脱氢制甲醛的工业生产。20 世纪 20 年代起，先后实现了异丙醇脱氢制丙酮、乙苯脱氢制苯乙烯、丁烷脱氢制丁烯、丁烯脱氢制丁二烯、正丁烯氧化脱氢制丁二烯等的工业生产。

稀土金属氧化物在丙烷脱氢反应中一般作为载体或助剂。Weckhuysen 等[126]发现 CeO_2 载体可以稳定单原子的 Pt 离子，在 Sn 助剂作用下，高温反应转化为 PtSn 合金团簇，具有较高的丙烯选择性和稳定性。重新氧化后 PtSn 团簇重新恢复单原子分散状态。最近纳米体相氧化物 ZrO_2 经还原后生成配位不饱和的 Zr 阳离子，活性位具有较高的丙烷脱氢活性，稀土 Y 等元素的掺杂有利于稳定其表面的氧空位结构，从而提高其催化活性[127]。Zhang 等[128]采用浸渍法制备了一系列不同镧量的 PtSnNaLa/ZSM-5 分子筛催化剂，结果发现，少量 La 的加入，降低了催化剂的酸性，增强了催化剂活性位点的稳定性，且在含 1.4% La 的 PtSnNaLa/ZSM-5 催化剂中，催化活性最好。这主要归因于 La 的加入抑制了 Sn 物种的还原，同时有效地防止了催化剂结焦。K. Wakui 等[129]以 PtSn 作为脱氢活性点位，设计了负载稀土的 ZSM-5 分子筛双功能串联催化剂。研究表明，稀土金属（La、Pr）抑制了双分子反应，减少了烯烃转化为芳香族化合物，使得乙烯、丙烯的产率有所提高。

2. 稀土参与的还原催化反应

（1）还原催化反应：NO_x 选择催化还原反应

NH_3-SCR 技术是 20 世纪 70 年代发展起来的选择性催化还原 NO_x 技术，在选择性脱硝方面表现出了极大的潜力和发展价值。随着该技术进一步地发展，广泛地应用于固定源烟气和移动源尾气 NO_x 的脱除。利用 NH_3 作为还原剂进行催化还原 NO_x 反应的 SCR 系统已经在电厂、船舶等大型柴油机上实用化，用于降低 NO_x 的排放，技术已经比较成熟[130]。其主要反应如式(1-3)、式(1-4) 所示：

$$6NO + 4NH_3 \longrightarrow 5N_2 + 6H_2O \tag{1-3}$$

$$NO + NO_2 + 2NH_3 \longrightarrow 2N_2 + 3H_2O \tag{1-4}$$

反应 (1-3) 是标准的 SCR 反应，反应 (1-4) 代表快速 SCR 反应。采用这种方法时 NO_x 的转化率在 $260 \sim 500\,^\circ\mathrm{C}$ 温度范围内在 90% 以上。当以尿素作为还原剂时，尿素发生水解，如式(1-5) 所示，分解产生 NH_3 后继续发生式(1-3) 所示的反应。

$$(NH_2)_2CO + H_2O \longrightarrow 2NH_3 + CO_2 \tag{1-5}$$

NH_3-SCR 反应有两种可能机理，Eley-Rideal（E-R）机理和 Langmuir-Hinshelwood（L-H）机理[131]。L-H 机理反应中，气相的 NO 同化学吸附的 NH_3 反应形成中间产物，然后分解成 N_2 和 H_2O。E-R 机理反应体系中，NO 需要转化成 NO_2，再进一步和活化后的 NH_3 反应形成硝酸铵，分解后产生 N_2。CeO_2 本身存在大量 Lewis 酸性位和少量 Brønsted 酸性位。但因磷酸锆（ZrP）等载体存在大量 Lewis 酸性位和 Brønsted 酸性位，而且 WO_3 等组分本身及其与 CeO_2 之间相互作用影响催化剂中酸性位种类和数量，因此，CeO_2/ZrP、$MnO_x\text{-}CeO_x/TiO_2$ 和 $CeO_2\text{-}WO_3$ 等 CeO_2 基催化剂往往同时存在大量 Lewis 酸性位和 Brønsted 酸性位[132,133]。Zhang 等发现，WO_3/CeO_2 催化剂中 WO_3 担载量影响自身形貌，进而影响催化剂表面酸性位种类[134]。少量 WO_3 具有良好的分散性，主要提供 Lewis 酸性位；过量 WO_3 发生聚合，提供 Brønsted 酸性位。Peng 等发现 $CeO_2\text{-}WO_3$ 催化剂 CeO_2 晶格中氧缺陷和结晶 WO_3 中未饱和 W^{n+} 提供 Lewis 酸性位，而 $Ce_2(WO_4)_3$ 结构中 W—O—W 或 W=O 提供 Brønsted 酸性位[135]。

笔者研究团队 Cheng 等对 Fe-Ce 参与的 NH_3-SCR 反应建立了模型[136]。对于 CeO_2(111) 的高氧空位形成能（2.1eV）来说，$Fe\text{-}CeO_2$ (111) 的氧空位形成能只有 $-0.10eV$，意味着在此体系上有氧空位更加稳定，这个面应该有大量的氧空位存在。而且 Fe 从 +3 价变成了 +2 价。移除第二个氧的能量为 1.39eV，也是远低于 CeO_2(111) 的氧空位形成能。在催化活性最高的 3DOM $Ce_{0.8}Fe_{0.1}Zr_{0.1}O_2$ 催化剂里，其 Ce^{3+}/Ce^{4+} 的比值最高。催化剂表面有许多以 O_2^{2-} 和 O^- 形式存在的吸附氧。因此推断，高能量的氧物种以分子形式存在并吸附在 Fe 掺杂的催化剂上。DFT 计算也表明分子氧吸附在有缺陷的 Fe 掺杂的催化剂上，形成 O_2^{2-} 物种。

CO-SCR 也是消除氮氧化物的有效途径之一[137]。稀土元素稳定的钙钛矿和类钙钛矿结构复合氧化物催化剂具有丰富的氧空位，一方面有利于 NO 分子的吸附与活化，氧空位为 NO 分子提供空间位置，有利于 NO 分子与金属离子之间的相互作用，形成 NO^- 活性中间吸附物种；另一方面，氧空位的存在增大了晶格氧的活动性，有利于 O^{2-} 参与活性位（氧空位）和活性离子再生循环的进行。稀土元素（取代）$Ln_{2-x}Sr_xMO_{4\pm\lambda}$（Ln＝La, Pr, Nd, Sm, Gd；M＝Cu, Ni；x＝0.0, 0.2, 1.0）系列催化剂 NO 分解的反应活性影响机制是：随着稀土元素原子序数的递增，稀土离子半径减小，这几个系列 K_2NiF_4 结构的晶胞参数（a，b，c）和晶胞体积均减小，B—O 键的作用增强，说明稀土原子序数的增加，稀土离子及 B 位过渡金属离子对 O 的束缚增强，进而增加 $LnSrNiO_4$ 系类氧化物中 Ni^{3+} 的氧化性，促使 O^{2-}（或 O^-）的活动性降低，这不利于活性位（氧空位）和低价离子的再生。因此，随稀土原子序数的增大，NO 分解活性降低[138,139]。

笔者用价态不同于 La^{3+} 的 Sr^{2+} 和 Th^{4+} 部分取代 A 位 La^{3+} 的办法，控制 B 位 Cu 离子的价态和氧化物的非化学计量氧量（λ）在一定范围内有规律地变化，合成了 $La_{2-x}Sr_xCuO_{4\pm\lambda}$（$0.0 \leqslant x \leqslant 1.0$）和 $La_{2-x}Th_xCuO_{4\pm\lambda}$（$0.0 \leqslant x \leqslant 0.4$）两系列具有 K_2NiF_4 结构的氧化物催化剂，研究这两个系列复合氧化物对 NO＋CO 反应的催化作用本质，发现在低温反应条件下，NO 分子的活化为控制步骤，催化剂的催化活性与低价离子及其含量有关。在较高的反应温度下，NO 的吸附为控制步骤，催化活性与氧空位有关。在 $La_{2-x}Sr_xCuO_{4\pm\lambda}$ 系列催化剂中，Cu 离子的平均价态高于＋2，存在 $Cu^{2+}-e \Longrightarrow Cu^{3+}$ 之间的氧化还原对；而在 $La_{2-x}Th_xCuO_{4\pm\lambda}$ 系列催化剂中 Cu 离子平均价态低于＋2，则存在 $Cu^+ - e \Longrightarrow Cu^{2+}$ 氧化还原对。不同价态 Cu 离子之间的氧化还原可以加快催化剂中电子的传递，有利于 NO^- 活性中间物种的形成[140,141]。

（2）加氢（还原）反应

烃类的加氢反应分为四类：a. 不饱和炔烃、烯烃重键加氢；b. 芳烃加氢；c. 含氧化合物加氢；d. 含氮化合物加氢。稀土元素主要应用于以下加氢反应：

① 炔烃选择性加氢反应。制烯烃被广泛应用于净化蒸汽裂解烯烃产物中的副产品炔烃（乙炔）。其催化剂一般是贵金属 Pd 催化剂，但是容易引起过度加氢和聚合副反应。最近 Christopher 等[142]的研究表明，相对廉价和高烯烃选择性的 CeO_2 可以作为贵金属催化剂的替代品。DFT 计算结果表明，CeO_2(111) 晶面的氧空位结构，空间上分离的 Lewis Ce-O 活性对异裂 H_2，形成的 O-H 和 Ce-H 物种有效地催化乙炔加氢，且能够避免吸附在催化剂上的 $C_2H_3^*$ 中间物种的过度稳定而发生副反应。Ni 作为单原子助剂，其掺杂有效地提高了 CeO_2 的氧空位浓度，从而进一步提高加氢催化活性。

② 水煤气变换、费托合成、CO/CO_2 加氢反应。在该反应中稀土可以作为助剂起到增强载体稳定性、调变对反应物或产物的吸附作用、加强载体与活性组分的相互作用及活性组分的分散度等。于杨[143]研究了轻稀土元素 La、Ce、Pr、Nd 的修饰对 Cu-ZnO-Al_2O_3 催化剂在 CO_2 加氢制甲醇反应中的促进作用，主要归结于碱性的稀土氧化物增加了 CO_2 酸性反应物的吸附作用以及增强了主活性组分 Cu-ZnO 的相互作用。稀土元素因其具有一定的碱性和氧还原能力，常用作钴或铁基费托合成催化剂的助剂。如葛秋伟等研究了稀土氧化物助剂（La_2O_3、CeO_2、Pr_6O_{11}、Sm_2O_3、Nd_2O_3 等）应用于负载型钴基

催化剂上对分散度、还原度和费托反应性能的影响，稀土助剂的加入可以调变活性钴物种与载体的相互作用，并协调分散度与还原度之间的平衡，改善钴基催化剂的性能，从而获得具有较高的转化率和 C_{5+} 选择性的钴基催化剂[144]。

3. 稀土参与的分解反应

分解反应是指由一种物质反应生成两种或两种以上新物质的反应。其中部分反应为氧化还原反应，部分为非氧化还原反应。

NO 分解反应生成 N_2 和 O_2，也是催化 NO_x 消除的有效途径之一。NO 直接分解及其相关的热力学计算结果表明[137-140]：在一定温度范围（T 小于 700K）内，反应（1-6）～反应（1-10）5 个反应从热力学角度分析都是自发的，说明两点：①NO 分解反应可以同时存在多个副反应；②在一定条件下，NO 分解反应体系中同时存在多个 NO、NO_2、N_2 和 O_2 多种组分是可能的。

N_2O 分解反应，随反应温度的升高，$\Delta G_T^{\ominus}$ 负值变大，即自发性增强；而其他反应则随反应温度的升高，$\Delta G_T^{\ominus}$ 负值变小，自发性减小。对于生成 N_2O 的反应，在 $T \geqslant 1000K$ 时，$\Delta G_T^{\ominus} > 0$，说明 $T > 1000K$ 时，由 NO $\longrightarrow$ N_2O 不能自发进行。而且，对于 N_2O 消耗反应，随温度的升高，自发性增强。根据这两方面原因来看，温度越高，N_2O 越难存在。实验结果表明：在高温下，很难检测到 N_2O 的存在。

$$NO = 1/2N_2 + 1/2O_2 \tag{1-6}$$

$$NO = 1/2N_2O + 1/4O_2 \tag{1-7}$$

$$N_2O = N_2 + 1/2O_2 \tag{1-8}$$

$$NO + 1/2O_2 = NO_2 \tag{1-9}$$

$$NO = 1/2NO_2 + 1/4N_2 \tag{1-10}$$

笔者等[145-147]考察了八个系列类钙钛矿复合氧化物催化剂 NO 分解和 NO+CO 反应的催化性能，将 Ni 系 A_2BO_4 型复合氧化物用于 NO 分解反应。发现 Ni 系 A_2BO_4 复合氧化物是 NO 分解反应的最高活性催化体系，特别是发现 $LaSrNiO_4$ 催化剂具有很高的 NO 分解活性。

（二）稀土参与的酸碱催化反应

早先，S. A. Arrhenius 对酸碱曾定义为：能在水溶液中给出质子（H^+）的物质为酸；能在水溶液中给出羟离子（OH^-）的物质为碱。以后，经常为大家所采用的则为由 J. N. Brønsted 提出的定义：凡是能给出质子的物质称为酸；凡是能接受质子的物质称为碱。后来，根据 G. N. Lewis 的电子理论，酸、碱的定义又得到了进一步的扩展：所谓酸，乃是电子对的受体；所谓碱，则是电子对的供体。近来，G. S. Mulliken 又引入了电荷转移的概念，从电子转移的方向定义了电子供体（D）和电子受体（A）；认为 D 和 A 是相互作用的，当负电荷由 D 向 A 转移时，结果将生成另一种与原来 D 和 A 都不同的物质———一种新的加成化合物。这个定义具有更广泛的意义，即除了普通的酸-碱反应之外，也适用于电荷转移的配合物反应[148]。

稀土元素既能以离子或配合物的形式催化均相的酸碱反应，也能以氧化物的形式催化非均相的酸碱反应。其氧化物又分为固体酸催化剂和固体碱催化剂。和均相酸-碱催化剂一样，固体酸也包括可以给出质子的 B 酸或者可接受反应物电子对的 L 酸两类固体，固体碱则刚好与此相反，系指能向反应物给出电子对的固体。

1. 稀土参与的酸催化反应

（1）酸催化裂化（裂解）反应

在炼化行业中催化裂化当之无愧能称为最重要的石油炼制过程之一。流化催化裂化（Fluid Catalytic Cracking，FCC）反应是在有催化剂存在下，将重质油等烃类大分子原料转化为约 80% 的汽油、柴油和约 15% 的裂化气的过程。催化裂化反应网络非常复杂，在裂化反应进行的同时，还伴随异构化反应、氢转移反应、芳构化反应、缩合反应和结焦反应等诸多副反应，进而形成异构烃和芳烃产物，原料中的胶质、沥青质缩合变成焦炭。催化裂化的目标产物是裂化反应生成的汽油和柴油，而气体和焦炭是副产物。制约 FCC 技术快速发展的关键因素之一是高性能催化剂的设计和研发。自 1936 年以来，国内外研究学者陆续开发了天然白土、无定形硅酸铝、沸石分子筛等 FCC 催化剂[149]。从 20 世纪 60 年代初开始，以分子筛代替无定形硅铝作为裂化催化剂被誉为"炼油工业的技术革命"。目前，催化裂化反应采用的催化剂主要是沸石分子筛，反应主要是按正碳离子机理进行。随着催化剂化学结构及正碳离子反应机理的完善与成熟，沸石分子筛催化剂得到了深入研究及工业应用。自沸石分子筛裂化催化剂成功应用以来，稀土就作为一个重要组分被引入裂化催化剂中，并开辟了 FCC 催化剂的新局面。1962 年 Mobil 公司的 C. J. Plank 和 E. J. Rosinzki 用金属离子和铵离子交换 X 型分子筛中 Na^+ 得到 CaHX、MnHX、REHX 分子筛，发现其活性、选择性和稳定性均显著提高，其中 REHX 分子筛的活性比另外两种高 30～50 倍，且水热稳定性最好。稀土裂化催化剂与其他裂化催化剂相比具有优越的催化性能，使得汽油产率和总转化率都大幅度提高（如表 1-6 所示）。

表 1-6　稀土裂化催化剂与其他裂化催化剂的性能比较[149]

催化性能	催化剂					
	普通硅铝分子筛	混合稀土 X 型分子筛	氢型 Y 型分子筛	稀土 Y 型分子筛		
				混合稀土	La 改性	Ce 改性
汽油产率/%	11.8	36.9	33.2	47.8	47.7	46.0
总转化率/%	45.2	70.1	60.4	87.1	82.1	80.7

稀土元素作为一个重要组分被引入裂化催化剂后能显著提高催化剂的活性和稳定性，大幅度提高原料油裂化转化率，增加汽油和柴油的产率。同时，稀土分子筛催化剂还具有原油处理量大、轻质油收率高、生焦率低、催化剂损耗低、选择性好等优点。稀土在裂化催化剂中的作用主要包括以下三个方面：①通过建立较强的静电场使得催化剂活化，并促进分子筛表面的酸度适合形成正碳离子中间体，利于裂解为汽油等轻质馏分；②催化剂必须进行高温蒸汽下的再生，以烧掉占据沸石有效孔隙的越积越多的炭，稀土元素能避免分子筛催化剂在再生过程中骨架结构破坏[150]；③添加稀土元素能提高 FCC 催化剂抗重金属（尤其是钒）污染的能力。

有后续研究者详细研究了稀土离子调变 Y 型分子筛稳定性的机理[151]。稀土离子

RE^{3+} 对其周围 H_2O 分子能产生极化和诱导作用，有效吸引 H_2O 中的 OH^- 生成 $RE(OH)^{2+}$，在热处理条件下 $RE(OH)^{2+}$ 可以由分子筛超笼迁移进笼 I' 位与分子筛骨架 O2 和 O3 相互作用，增强了骨架 Al 和相邻 O 原子间的相互作用，稳定了分子筛骨架结构。采用不同稀土离子改性得到的稀土分子筛催化剂的稳定性也有所差异。实验结果表明，随着稀土元素离子半径的减小，稀土沸石分子筛催化剂的稳定性和活性提高。

稀土元素能有效阻止骨架脱铝，提高沸石的酸性位密度，有助于保持高的催化活性。随着稀土含量的增加，分子筛中酸的强度和较强酸的酸量也会随之增加[152]。FCC 催化剂的再生和老化过程，高温水热处理条件下容易导致活性位失活和脱铝，稀土的存在一定程度上能阻止骨架脱铝，从而防止催化剂老化时单位晶胞尺寸的收缩，可以调控晶胞尺寸和酸位密度，从而改变其活性和选择性[153]。

催化裂解是在蒸汽裂解或催化裂化工艺的基础上研发的，该工艺不仅可以利用现有成型的蒸汽裂解炉设备进行简单升级改造，从而极大降低设备投资，还能显著降低装置能耗，拓宽裂解原料的选择范围，同时增产丙烯，具有显著的经济效益。高效催化剂的研发不仅是催化裂解技术领域中备受关注的研究热点，也是亟需突破的关键难点之一。分子筛由于在烃类催化裂解反应中具有催化活性高、低碳烯烃收率高、抗结焦能力强等优点，成为目前研究最为广泛的催化剂。稀土元素是烃类催化裂解分子筛催化剂中最常用的化学改性元素之一。

通过调节稀土改性调控分子筛酸性类型、强度和酸性活性中心可以提高催化剂活性及选择性，从而达到提高烯烃转化率和丙烯收率的目的。除稀土改性分子筛酸性质对催化性能的影响外，还应从稀土阳离子的电子结构角度入手，将催化裂解性能和 4f 电子结构关联起来。稀土元素化学性质的差异与 4f 轨道中的电子数及其电子排布不同有关。陶朱等[154]考察了烷烃（正己烷、正庚烷、液体石蜡）在 ZSM-5 分子筛和稀土金属 La、Ce、Th 改性的 ZSM-5 分子筛上的催化裂解性能和催化剂积炭失活。研究结果表明，虽然稀土改性后的 ZSM-5 裂解转化率有所降低，但催化剂表面的结焦积炭现象有着较大的改观。前期研究结果表明，稀土改性的分子筛催化剂具有反应活性高、低碳烯烃选择性高、水热稳定性好、抗重金属中毒能力强的优点。

Wakui 等[155]均认为 La 改性能调控烃类催化裂解反应路径的原因在于：改性后 ZSM-5 分子筛催化剂具有的碱性中心能够有效抑制初级产物等低碳烯烃的再吸附过程，从而导致氢转移反应活性大大降低，进而调控产物分布，低碳烯烃的选择性提高，BTX 的收率明显降低。与未改性 ZSM-5 分子筛催化剂相比，稀土改性催化剂对烃类催化裂解反应路径起到了一定的调控作用，最终导致产物分布不同。

但目前对稀土元素的种类、含量及作用方式和催化性能之间的"构-效关系"尚未完全清晰，还需进一步深入研究。稀土元素改性对分子筛催化裂解性能影响的机制目前存在很大的争议。观点一：引入稀土元素改性调控了分子筛的酸性质，稀土金属阳离子由于具有空轨道可以作为 L 酸中心，L 酸量增加，可以促进 L 酸夺取 H^- 的反应，有利于 C_4 烃中的烷烃生成正碳离子，从而影响催化裂解反应性能；观点二：稀土改性后使得分子筛具有碱性中心，同时调变分子筛的酸性质和碱性质。酸性质决定裂解反应活性，碱性中心能抑制氢转移反应活性，同时催化剂碱性的提高有利于烯烃分子的脱附，进而提高低碳烯烃的选择性，通过调变稀土离子含量，当分子筛酸、碱性质均适中时，稀土改性催化剂才具有最优的裂解反应性能。

（2）酸催化脱水反应

脱水反应指有水分子析出的反应过程。但通常不包括由水合晶体或其他水合物中脱除水分子的过程。脱水可在加热或催化剂作用下进行，也可在与脱水剂反应下进行；可以发生在化合物分子内部，即分子内脱水，也可以发生在同一化合物的两个分子之间，即分子间脱水。

① 酯化反应。稀土化合物可作为酸碱催化剂用于酯化反应，La_2O_3、Nd_2O_3 和 Er_2O_3 等稀土氧化物在邻二甲酸二辛酯的合成反应中都具有催化活性，其中 Nd_2O_3 和 Er_2O_3 的催化效果优于 La_2O_3。而在对稀土氧化物的系统研究中发现，这一反应中轻稀土氧化物的活性优于重稀土，其中 Sm_2O_3 与 Nd_2O_3 活性最高。

② 多醇脱水。稀土化合物可以作为多醇脱水生成配位不饱和醇的催化剂，其不饱和醇的生成速率和选择性受稀土氧化物的阳离子半径及晶体结构影响。稀土阳离子的半径影响稀土氧化物中酸碱位点的数目和强度；六方相（H）、单斜相（M）、立方萤石相（CF）、立方铁锰矿相（C）的晶体结构具有不同的晶格氧缺陷位[156]。

③ 乳酸脱水。稀土元素（Y、Nd、Ce、La）修饰的 NaY 分子筛用于催化乳酸脱水制丙烯酸。改性后分子筛能提高催化活性是因为稀土元素进入分子筛骨架，其高价态影响催化剂表面的电子分布及其表面酸碱性位特性，从而影响乳酸脱水反应中丙烯酸的选择性。乳酸脱水生成丙烯酸是中等强度碱性位和弱酸性位共同作用的结果，较多弱酸性位和中等强度碱性位更有利于提高丙烯酸的选择性[157]。

（3）稀土配合物催化烯烃聚合反应

稀土元素处在元素周期表的第ⅢB族，它们的离子半径较大，在酸碱分类上属于硬酸，对配体的作用场较弱，具有较大的配位数（4～12），这些性质正是稀土元素具有配位催化特性的内在因素。烯烃聚合的链引发阶段一般开始于单体插入稀土配合物的 M-alkyl 键得到 π-烯基物种，遵循 Cossee-Arlman 机理[158,159]。之后发生的链增长、链分支化和链终止等反应，都受不同的中心稀土阳离子与不同的配体键合作用和空间位阻的影响。现有实验手段难以检测和分离相关催化过程的活性物种，运用理论计算化学方法可以从分子水平上研究反应机理，很大程度上推动了新型聚烯烃催化剂及新型聚合材料的发展。

一直以来，人们的研究主要集中于含有稀土-氯键的催化体系，通过多种组分的协调作用，已经能够较好地克服非均相带来的难题，实现较高的催化活性和顺-1,4 选择性，并且所得聚合物凝胶含量明显低于钛系橡胶。另外，人们早已认识到经典的 Ziegler-Natta 催化剂要形成活性中心必须形成金属-碳键，而烷基稀土配合物因其自身含有引发基团，具有作为优异催化剂的潜力。20 世纪 90 年代后期，自 Wakatsuki、侯召民等报道了二茂钐类的配合物可高选择性催化丁二烯聚合后，含有茂基配体或多齿非茂配体的稀土烷基配合物便逐渐引起了人们的重视。近年来，通过调节催化体系的细微变化（如中心金属、配体的取代基、助催化剂和溶剂等），精细设计该类催化剂的空间结构和电子效应，不仅达到对共轭双烯烃的高活性、高选择性聚合，并且在保持高温选择性、实现活性聚合、反转催化剂选择性等方面也有所突破。

2. 稀土参与的碱催化反应

碱催化作用是指催化剂与反应物分子之间通过接受质子或给出电子对作用，形成活泼的负碳离子中间化合物（活化的主要方式），继而分解为产物的催化过程。具有碱性的稀土金属氧化物，常作为碱性中心或碱土金属氧化物的助剂，用于催化植物油脂交换生产生物柴油。如非均相固体碱催化剂 SrO/C，即在微孔活性炭上超声化学沉积 SrO 用于催化餐饮废油与无水甲醇的酯交换反应[160]；存在氧空穴的 Zr 掺杂 CeO_2 混合稀土碱性氧化物与 KF 结合形成优异的碱催化剂有利于生物柴油的转化[161]。

稀土配合物的碱性配体也可作为碱催化反应中心。如稀土金属席夫碱配合物的吡啶环上存在的具有极强配位能力的 N 原子，使得席夫碱成为一种性能优良的给电子配体，具有优异的碱催化性能[162]。一种含氮三齿羧酸配体与稀土铈离子（Ce^{3+}）自组装而成的稀土金属有机框架，促进 Lewis 碱 N 位点催化脑文格反应[163]。

第四节　稀土催化作用基础

国内外研究者早在 20 世纪 60 年代中期就开始了对稀土催化作用的研究，经过几十年的积累与发展，对稀土催化作用的理解和认识在不断深入。近年来，随着各种先进的原位在线催化表征技术和高精度理论计算等方法的不断创新，在催化反应中稀土所发挥的催化作用已经深入到在原子和分子水平层面上开展研究工作。目前，普遍认为稀土元素之所以在参与化学反应过程中具有较高的催化活性，主要归结于其自身具有独特的 4f 电子层结构，其配位数的可变性决定了它们具有某种"后备化学键"或"剩余原子价"的作用，很容易获得或失去电子，有利于化学反应的进行。

此外，在多数稀土催化反应过程中发现稀土元素本身不仅可以作为催化剂活性组分而具有催化活性，还可以在石油裂化、机动车尾气净化等催化反应中作为添加剂或助催化剂提高其他催化剂的催化性能。研究结果表明，在稀土催化剂中稀土元素作为催化剂的活性组分、助剂和载体等时，往往能增加催化剂的储/放氧能力，调节催化剂表面的酸碱性，增强催化剂的结构稳定性，提高催化剂活性组分的分散度，增强催化剂的环境适应能力，减少贵金属用量和稳定其他金属离子的化学态等，从而显著提高催化剂的催化性能。

多相催化反应通常是在固体催化剂的表面上进行的。催化反应过程大体包括以下步骤：①反应物分子从反应器内流体相向催化剂外表面扩散；②反应物分子从催化剂外表面沿微孔方向朝催化剂内表面扩散；③反应物分子在催化剂表面上发生化学吸附；④被吸附活化的分子或原子在催化剂表面上进行化学反应；⑤吸附态产物从催化剂表面脱附；⑥吸附态产物从催化剂内表面扩散至外表面；⑦吸附态产物从催化剂外表面扩散至反应流体相中。在上述过程中，扩散传质过程是催化作用的外因，吸附和反应过程是催化作用的本征。催化材料的结构（物相结构、晶面结构、化学键构型、配位结构）、组成、氧化还原性、酸碱性、比表面积等因素影响催化反应本征过程。而催化反应的外部影响因素主要有：催化材料的孔道结构、反应条件、反应物和产物的扩散、与活性位的接触等。因此，为了深入理解稀土催化作用的本质，本节将从稀土催化剂的电子结构、物相结构、孔道和形貌结构、氧化还原性能、酸碱性等几个重要因素对催化性能的影响来阐述稀土催化作用基础。

一、稀土元素的电子结构与催化性能

无论氧化-还原反应还是酸碱反应都涉及电子的转移或偏移，稀土元素的电子结构决定了其催化的本性。镧和镧系元素位于元素周期表第Ⅲ副族，它们和其他元素化合时，通常失去最外层的两个 s 电子和次外层的一个 d 电子呈三价（无 5d 电子的镧系元素则失去 1 个 f 电子）。一般情况下稀土金属原子的成键电子总数为 3，其中个别稀土元素倾向于分别保持 $4f^0$、$4f^7$ 和 $4f^{14}$ 的全空、半满和全满的电子组态，因此通常提供两个或四个成键电子，如 Ce 原子由于 4f 中只有一个电子，倾向于提供 4 个成键电子（失去 $4f^1 5d^1 6s^2$）而保持较稳定的电子组态。稀土元素的价电子层的电子结构可以说明稀土元素化学性质的差异。稀土元素在参与化学反应时需要失去价电子，由于 4f 轨道被外层电子有效地屏蔽着，且由于 $E_{4f} < E_{5d}$，因此在结构为 $4f^n 6s^2$ 的情况下，f 电子要参与反应，必须先由 4f 轨道激发跃迁到 5d 轨道。这样，由于电子构型不同，所需激发能不同，元素的化学活泼性就有了差异。

由于稀土元素独特的电子排布性质，稀土氧化物的氧化活性顺序并不是严格按照原子序数大小呈现单调变化的规律，而是在 Ce、Pr 和 Tb 处出现了三个峰值。通常稀土元素以三价离子最为稳定，呈倍半稀土氧化物，而 Ce、Pr 和 Tb 这三种稀土元素为了生成 $4f^0$ 或 $4f^7$ 的稳定状态可以形成多种不同价态的氧化物。Ce、Pr 和 Tb 的氧化物中 CeO_2、Pr_6O_{11} 和 Tb_4O_7 最为稳定，因条件不同又可形成多种非化学计量的化合物。以镨的氧化物为例，O_2-TPD 分析镨的氧化物至少有五种，在 CeO_2 的 O_2-TPD 谱中也能观测到不同的氧脱附峰，这些结果说明这些氧化物的晶格氧很容易储存和释放，区别于一般 3d 元素氧化物[164]。第一原理计算结果表明，Zr 掺杂 CeO_2 有利于氧空位的形成和 Ce^{3+}/Ce^{4+} 的转变，由于 Zr^{4+} 掺杂离子半径较 Ce^{4+} 小，Zr^{4+} 倾向于 7 配位（Ce^{4+} 倾向于 8 配位）导致氧空位的产生，并伴随晶格弛豫，离子半径较小的 Ce^{4+} 转变为较大的 Ce^{3+}。因此，这些具有变价特性的稀土氧化物在催化化学反应中体现了独特的储氧和输氧能力，能够有效提高氧化反应的催化性能，如碳烟燃烧、NO_x 消除等催化反应过程[165]。

与碱土元素相似，稀土元素的最外层电子结构为 $n s^2$，因此，稀土氧化物的碱性和碱土氧化物相近，在镧系元素内电负性随原子序数增大，而由于离子半径依次减小，故酸性单调增加，碱性单调减小，高价氧化物的碱性低于稀土倍半氧化物[166]。

二、稀土化合物的物相结构与催化性能

不同的物相结构暴露不同的晶面，从而呈现不同的稀土金属-O 的配位、键长和键角等表面结构，进而在催化反应时，对产物或反应物的吸附、成键、断键和脱附过程具有本

质的影响，表现出不同的催化活性和选择性。

（1）稀土氧化物的物相结构

所有的稀土元素都可以形成三氧化二物，从多晶形态来讲，有五种不同晶型。在低于约 2000℃的温度下，通常会出现三种晶型，分别称为六方晶系、单斜晶系和立方晶系，如图 1-31 所示。最主要的三种晶型分别为：A 型六方晶系，点群 P32/m，金属离子 7 配位，主要包括氧化镧、氧化钕，六方晶系一般存在于 La_2O_3 到 Nd_2O_3；B 型单斜晶系，金属离子为 6 配位和 7 配位，主要存在于氧化钐中；C 型立方晶系，金属离子是 6 配位，主要存在于氧化钕、氧化钐、氧化铕、氧化镝、氧化钬、氧化镱中。其中包括立方铁锰矿相和立方萤石相。立方铁锰矿型立方空间点群 Ia3，每个晶胞含有 32 个金属原子和 48 个氧原子，具有四分之一规整有序的氧空位。简单来说，C 型三氧化二物含有很多氧离子空位。相应地，这种三氧化二物结构有更大的摩尔体积和更少的配位数。此外，C 型立方稀土氧化物晶格内较大的开放空间可作为催化反应过程中反应物的有效吸附位点或扩散路径。

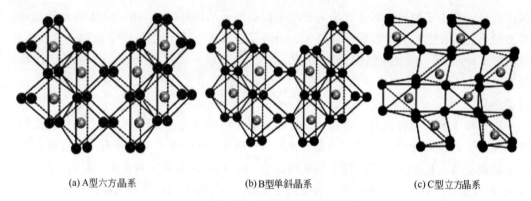

(a) A型六方晶系　　　　　　　　(b) B型单斜晶系　　　　　　　　(c) C型立方晶系

图 1-31　稀土氧化物的主要晶相结构[167]

立方晶型的氧化钐在低温和常压下稳定。铽之后的氧化物，在任一温度和常压下最稳定的晶型为 C 型立方晶相。镨的 A 和 C 晶型都已被发现。La_2O_3 纯立方晶相在 500～550℃可以由氢氧化镧或硝酸镧分解而成。温度或压力稍有升高，就会使 La_2O_3 由立方相转变为六方相。Gd_2O_3 在 800℃时发生可逆的 C→B 转变，Dy_2O_3 在 2300℃时发生可逆的 C→B 转变。图 1-32 展示了得到这五种稳定的多晶形态的温度区间。只有稀土离子半径在中间范围的稀土氧化物可以存在这五种晶型。当温度逐渐升高，这些稀土氧化物依次发生 C→B→A 的转变。例如，C 型 Eu_2O_3 在约 1100℃时转变为 B 型，然后在约 2040℃时转变为 A 型，通过进一步加热，A 型在约 2140℃时转变为 H 型，然后在约 2280℃时最终转变为 X 型，刚好低于熔点（约 2340℃）。若在砂纸上打磨，球形的立方晶相 Eu_2O_3 表面也可以发生相态的转变。因此，观察到的多晶型转变的两个因素应为局部温度瞬变和研磨引起的应力变化。对于轻型稀土氧化物 La_2O_3 到 Nd_2O_3，其立方晶相可能是亚稳状态。

（2）纯稀土氧化物的物相结构对催化性能的影响

稀土氧化物的晶体结构是影响反应物分子在稀土氧化物上活化的最重要因素，这是因为反应物分子的吸附活化在很大程度上取决于每个晶格中稀土阳离子的配位环境[168]。如

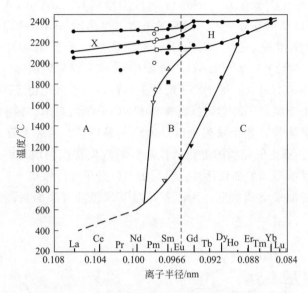

图 1-32 稀土三氧化二物晶格结构随温度的转化相图

NO 分解反应，立方 C 型氧化物比其他晶型氧化物具有更高的 NO 分解活性。稀土氧化物的晶格体积按 A 型＜B 型＜C 型的顺序增加，C 型结构的晶体体积比 A 型和 B 型大，从而占据具有适合 NO 分解的较大的敞开间隙空间。因此，通过研究在每种晶相结构中稀土离子的配位环境来建立催化剂结构和 NO 分解活性之间的关系。

由 XRD 衍射谱图（图 1-33）可知，La_2O_3 和 Nd_2O_3 都是 A 型六方晶系，Sm_2O_3 是 B 型单斜晶系，CeO_2 是立方萤石晶系。Eu_2O_3、Gd_2O_3、Dy_2O_3、Ho_2O_3、Y_2O_3、Er_2O_3、Tm_2O_3、Yb_2O_3 和 Lu_2O_3 具备 C 型立方结构。

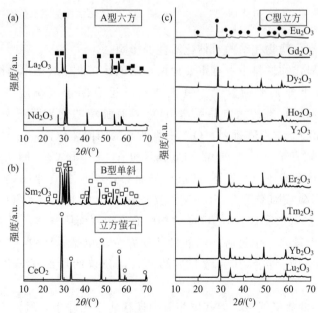

图 1-33 不同稀土氧化物常见晶型[168]

图 1-34 为 Er_2O_3（C 型立方）、Sm_2O_3（B 型单斜）、La_2O_3（A 型六方）和 CeO_2（立方萤石）吸附 NO 后的红外光谱。随着稀土离子在晶体结构中的配位数降低，亚硝基的峰强度按以下顺序增加：萤石型 CeO_2（8 配位）＜A 型 La_2O_3（7 配位）＜B 型 Sm_2O_3（7 配位和 6 配位）＜C 型 Er_2O_3（6 配位）。这一结果表明 NO 的吸附量受晶体结构中稀土离子配位环境的影响。稀土离子配位数越低，稀土氧化物表面吸附的 NO 分子越多。可见，减少稀土金属离子的空间位阻有利于 NO 分子的吸附。稀土金属离子配位数的减少容易导致形成缺陷位，这个缺陷也就是所谓的碱空位，对表面亚硝基的形成至关重要。如图 1-35 所示，稀土氧化物的催化活性随着碱空位密度的增加而增加，C 型稀土氧化物显示出比其他晶型更高的催化活性。吸附的 NO 分子可能被稀土氧化物表面的氧离子空位上束缚的电子还原成亚硝酰基，所以亚硝酰基的量随着表面氧离子缺陷浓度增加而增加。

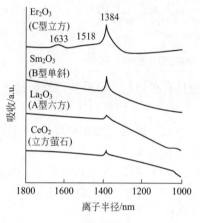

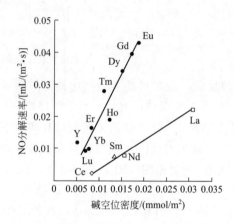

图 1-34　吸附 NO 红外光谱[168]　　图 1-35　催化活性与碱空位密度的关系[168]

（3）掺杂稀土氧化物物相结构对催化活性的影响

氧化铈在稀土氧化物材料中占有重要地位，认识其在催化氧化中的作用和拓展它在催化剂中的应用具有十分重要的意义。氧化铈被广泛应用于汽车尾气催化净化催化剂中[169]。不同于 Ce_2O_3 标准的六方晶系，CeO_2 具有独特的立方萤石型晶体结构。CeO_2 晶胞中的 Ce^{4+} 按面心立方点阵排列，O^{2-} 占据所有的四面体位置，每个 Ce^{4+} 被 8 个 O^{2-} 包围，而每个 O^{2-} 则有 4 个 Ce^{4+} 配位。Ce 元素可在 Ce^{4+} 和 Ce^{3+} 间切换，CeO_2 有良好的储放氧能力。在贫氧或还原气氛下，CeO_2 表面部分 Ce^{4+} 被还原成 Ce^{3+}，产生氧空位，得到 CeO_{2-x}；在富氧或氧化气氛下，Ce^{3+} 又能被氧化成 Ce^{4+}，CeO_{2-x} 被氧化恢复为 CeO_2，从而实现氧的释放和储存。CeO_2 结构中有许多八面体空位，即使从晶格上失去相当数量的氧，形成大量氧空位之后，仍能保持立方萤石型晶体结构[170]。CeO_2 的晶体结构中有 1/2 立方体空隙，可称其为敞开型结构，是公认的快离子导体，允许离子快速扩散。

CeO_2 具有高的储放氧能力，但其体相氧的迁移速率比较慢，所以不能有效地提供体相氧。在 CeO_2 晶格中引入其他组分形成固溶体是提高 CeO_2 材料催化性能的有效方法之一，如果引入的阳离子低于＋4价，会导致电荷不平衡，产生大量的氧空位，提高体相氧的迁移，从而使储/放氧能力大大增强；如果引入的阳离子为＋4价，通过引入离子与铈离子半径的差异，导致晶格畸变，改变 CeO_2 的体相构成和空间结构，增强体相氧的迁移和扩散，改善其氧化还原的动力学行为，从而提高其储/放氧能力。因此，铈基固溶体比单纯的 CeO_2 具有更好的氧化反应活性，而且固溶体的高温稳定性也要远优于 CeO_2。

将 Zr 引入 CeO_2，$Ce_xZr_{1-x}O_2$ 的储/放氧性能与 Ce/Zr 摩尔比紧密相关，随着 Zr 含量的增加，氧化物会从立方相转变成四方相和单斜相，导致铈-锆固溶体的储/放氧效率降低，$Ce_{0.5}Zr_{0.5}O_2$ 储/放氧效率最大[171]。为了从本质上解释 Ce/Zr 摩尔比对铈-锆固溶体储放氧性能的影响，龚学庆课题组采用密度泛函理论计算方法系统研究了 $Ce_xZr_{1-x}O_2$ 的氧空位形成能，氧空穴形成能和弛豫能随着 Ce 掺杂量增加都先减小后增大。当 Ce/Zr 摩尔比为 1 时，$Ce_{0.5}Zr_{0.5}O_2$ 具有最低的氧空位形成能，随之提出了以形成氧空位相关的成键强度和结构弛豫程度为手段来理解和定量分析材料储/放氧性能的理论模型[172]。

Chen 等[173]研究了 Fe、Ru、Os、Sm 和 Pu 金属掺杂 CeO_2 形成的 $Ce_{1-x}M_xO_2$ 中氧空位的形成能与 M—O 键强有关，掺杂贵金属降低了氧空位形成能，$Ce_{1-x}M_xO_2$ 中的活性氧含量高于纯 CeO_2，进而提高 $Ce_{1-x}M_xO_2$ 的储氧性能。他们又考察了 Cu、Ti、Zr 和 Tb 掺杂 CeO_2 对 CO 氧化反应的催化活性，发现催化剂对 CO 氧化反应的催化活性与金属元素的鲍林电负性（χ_p）呈线性关系，χ_p 越大，CeM—O 中活性晶格氧量越多，催化活性越高[174]。

由于 Ce^{4+} 和 Ce^{3+} 的离子半径存在差异（Ce^{4+} 为 0.097nm，Ce^{3+} 为 0.114nm），使得铈-锆固溶体的储/放氧过程常伴随着体积的收缩和膨胀，而空间上的膨胀会阻碍还原过程的进行和导致铈-锆固溶体的分相，进而降低铈-锆固溶体的储/放氧性能。因此，在铈-锆固溶体中引入 Al_2O_3 和 SiO_2 等半径比较小的粒子，可有效缓解空间膨胀，使还原过程更容易进行，从而进一步提高铈-锆固溶体的储/放氧能力[175]。Sugiura 等认为，Al_2O_3 的引入提高铈-锆固溶体的高温稳定性是源于迁移势垒，即引入的 Al_2O_3 能在铈-锆固溶体颗粒之间形成扩散阻挡层，从而抑制其在高温下的长大，提高铈-锆固溶体的高温稳定性。另外，当低于 4 价的阳离子进入 CeO_2 晶格中时，为了保持电中性会产生大量的氧空穴，从而大大提高储放氧能力。因此，Ca^{2+} 和 Mg^{2+} 等碱土金属以及三价稀土离子的引入可进一步改善铈-锆固溶体的性能。如 Ca 的引入可明显减小铈锆氧化物的颗粒度，强烈影响 Ce 与 O 的相互作用。当引入适量的 Ca 时可提高表面氧的活性，但 Ca 的加入量过多时，结构均匀性变差，在表面会形成 CeCa 碳酸盐物相，使 O 的活性受到抑制[176]。

Zhang-Steenwinkel 等[177]研究了 Ce 取代的 La-Mn 钙钛矿并测试其氧化 CO 的催化活性。研究结果表明：虽然在高温、氧化环境中是稳定的，但在还原气氛中，钙钛矿容易分解为单相的金属氧化物，并且失去催化活性。由于钙钛矿晶格对 Ce 的容纳量是有限度的，在取代量 $x<0.2$ 范围时，La-Mn 基钙钛矿中能够容纳 Ce，Ce 对 La-Mn 基钙钛矿中 La 的取代导致 CO 氧化的催化活性增强；在取代量 $x>0.2$ 范围时，钙钛矿晶格中不能再继续容纳 Ce，过量的 Ce 形成单独的不起催化活性的 CeO_2 相，催化剂的催化活性开始下降，所以 $La_{0.8}Ce_{0.2}MnO_3$ 显示出最高活性。X 射线光电子能谱数据表明，在 A（La）位上产生了阳离子空位，从而在表面形成了不饱和的 Mn(B) 位离子。Ce 取代 La 的同时，钙钛矿中的阳离子/阴离子空位浓度增加，导致 Mn^{4+}/Mn^{3+} 比值发生变化，表明 CO 氧化的催化活性与阳离子/阴离子空位的数量直接相关。

稀土氧化物的晶相结构对其催化活性的影响至关重要。通过上述分析，以催化消除 NO 分解为例，可大致归纳以下几点：①稀土氧化物的晶格体积越大，导致其具有的敞开空间越大；②稀土氧化物的配位数越低，越能减少其空间位阻；③通过掺杂可以使稀土氧化物产生氧空位（氧缺陷），氧空位形成能越低，代表越容易形成氧缺陷，也就越有利于体相氧的迁移和扩散，进而促进催化反应进行。这些因素都有利于对 NO 的吸附活化从而有利于其催化分解。另外，晶胞本身的晶相结构由于掺杂异种离子而产生结构缺陷，当掺杂量达到一定量，会从一种相态变成另一种相态，造成氧化物的"分相"，导致储放氧能力的变化，最终影响催化剂的活性。不论是晶体本身的体积收缩或膨胀还是固溶体的均匀性变差甚至分相，最终都会影响阴离子空位的数量变化，提高或降低体相氧的迁移，从而影响催化剂的活性。

(4) 稀土复合氧化物物相结构对催化活性的影响

稀土氧化物和其他过渡金属氧化物可以形成一系列新的复合氧化物，如钙钛石型（ABO_3）、类钙钛矿（A_2BO_3）、重石型（ABO_4）、烧绿石型（$A_2B_2O_7$）等，这些复合氧化物中，稀土离子作为结构离子一般处于 A 位，其作用一般是稳定晶格的组成，部分借以控制 B 位活性原子价态，甚至可以作为催化活性位点。不同物相结构的复合氧化物除了在 B 位离子的周围氧离子的配位环境不同之外，还存在 B 位离子的价态不同。如：ABO_3 钙钛石型复合氧化物的 B 位离子主要以 +3 价态为主存在（当然通过 A 位的部分取代可以部分调变为 +4 或 +2 价）；A_2BO_4 类钙钛矿型复合氧化物的 B 位离子主要以 +2 价态为主存在（当然通过 A 位离子的部分取代可以部分调变为 +3）。

近年来，对具有钙钛矿结构及类钙钛矿结构的稀土催化剂催化消除 NO_x 的研究有了较大进展[178-180]。一般来说，对于钙钛矿及类钙钛矿复合氧化物，A 位离子是催化非活性的，而 B 位为过渡金属离子是催化活性的，当用价态不同于 A 位 Ln^{3+} 的 Th^{4+}（或 Ce^{4+}）及低价态的碱土（+2）或碱金属（+1）离子部分取代后，可能使复合氧化物的结构、B 位离子的价态、氧化还原性能、氧空位的存在及含量、晶格氧的活动性等物理、化学性质发生变化，进而影响 NO_x 反应的催化性能，这是不同价态取代效应影响催化性能的作用本质。

CO 氧化还原反应中，CO 作为气相探针分子能够有效地探索钙钛矿的氧化还原性能与 CO 氧化反应之间的构效关系。稀土钙钛矿中（$LnBO_3$，Ln＝La，Nd，Eu，Pr 等）A 位的稀土元素几乎不参与氧化还原反应，因此，B 位的过渡金属决定了催化剂的活性与氧化还原性。在已知的 La 基氧化物催化剂中，La-Co 和 La-Mn 具有较为优异的氧化还原能力，例如：$LaMnO_{3+\delta}$[181]、$LaMn_{1-x}Cu_xO_{3+\delta}$[182,183]、$La_{1-x}A'_xMnO_{3-\delta}$[184]、$LaCo_{1-x}Cu_xO_{3-\delta}$[185] 和 $La_{1-x}Sr_xMO_{3-\delta}$（M＝Mn，Co，Cr，Fe）[186,187]。以 $LaBO_3$（B＝Cr，Mn，Fe，Co，Ni）为例，$LaCoO_3$ 的氧化还原能力明显强于其他 La-过渡金属钙钛矿氧化物[188-191]。

Zhang 等[192]设计制备了 B 位为 Zr 离子但 A 位含不同稀土离子的 $Ln_2Zr_2O_7$ 载体负

载 Ni 用于甲烷水蒸气重整制氢。当 A 位离子依次为 La^{3+}、Pr^{3+}、Sm^{3+} 和 Y^{3+} 时，A、B 位离子半径比 $r_{A^{3+}}/r_{Zr^{4+}}$ 逐渐减小，$Ln_2Zr_2O_7$ 复合氧化物从严整的烧绿石结构（$La_2Zr_2O_7$），逐渐转变为无序的烧绿石结构（$Pr_2Zr_2O_7$ 和 $Sm_2Zr_2O_7$），直至形成无序度很高的缺陷的萤石结构（$Y_2Zr_2O_7$）导致 $Ln_2Zr_2O_7$ 结构中氧离子的无序性程度增大，流动性提高。活性组分 Ni 和无序性程度更大的 $Ln_2Zr_2O_7$ 载体间的相互作用更强，从而导致 Ni 的分散度以及活性 Ni 物种的热稳定性更高。具有缺陷萤石结构的 $Y_2Zr_2O_7$ 载体具有最多的活泼氧物种。因此，$Ni/Y_2Zr_2O_7$ 催化剂表现出了最高的反应活性、稳定性和抗积炭性能。

三、稀土催化剂的孔道和形貌结构与催化性能

（1）稀土催化剂的孔道对催化性能的影响

根据国际纯粹和应用化学联合会（IUPAC）定义，孔径小于 2nm 的称为微孔材料，孔径在 2～50nm 的称为介孔材料，而孔径大于 50nm 则被称为大孔材料。针对不同大小的反应物分子，稀土催化剂如果具有合适的孔道结构能起到增大有效催化表面积、分散活性位、提高扩散速率、限域效应、择形催化等作用。

近年来，大孔基稀土催化剂的研发是机动车尾气净化领域最具代表性的成果之一。碳烟颗粒催化燃烧是典型的气-固-固三相复杂反应，柴油碳烟颗粒尺寸一般都大于 25nm（最概然分布的颗粒尺寸为 100～200nm），而普通催化剂的孔道结构尺寸一般小于 10nm，因此，碳烟颗粒难以接触到催化剂内部的活性位。针对这一难题，笔者团队创制了具有三维有序大孔结构（3DOM）的催化剂，发现大孔基催化剂能提高碳烟颗粒进入催化剂孔道与催化剂活性位的接触效率，可以大大降低碳烟颗粒的燃烧温度。张桂臻等[193,194]以聚甲基丙烯酸甲酯（PMMA）为大孔模板剂合成了三维有序大孔结构的铈锆和铈锆镨复合氧化物的稀土催化剂，改善了催化剂与碳烟颗粒的接触效率，从孔道结构出发提高了催化活性，同时发现 Zr 和 Pr 的掺杂大大提高了三维有序大孔结构的稳定性。韦岳长等[78]以 PMMA 为模板制备了稀土元素 La 为 A 位离子的 Fe 基钙钛矿为载体的担载纳米金颗粒催化剂，碳烟起燃温度为 228℃。笔者研究团队[77,81]还利用气膜辅助还原法成功制备了三维有序大孔的 Ce 基氧化物担载贵金属纳米颗粒催化剂。在松散接触的条件下，所合成的催化剂使得碳烟颗粒的起燃温度降低至 218℃。稀土氧化物不仅可以作为碳烟颗粒催化燃烧催化剂的载体，还可以是催化剂重要的活性组分。Tang 等[195]制备了三维有序大孔的 $LaCoO_3$ 催化剂，由于其具有大孔孔道结构，改善了与碳烟的接触效率，因此具有较高的催化活性。此外，Lee 等[196]设计制备的具有三维结构的 La 基钙钛矿纳米纤维催化剂也在一定程度上改善了碳烟颗粒的接触效率，提高了催化性能。

具有微孔结构的稀土分子筛是催化裂化催化剂的主活性组分，稀土离子种类和落位是影响稀土分子筛的酸性、水热稳定性，以及催化活性的关键因素，相关研究一直是催化裂化催化剂研究领域的热点问题[197]。对于与骨架络合的稀土原子，一方面，稀土呈碱性，易与强酸作用，减少了强酸中心数量和密度，从而抑制积炭，增强催化剂的稳定性。另一方面，稀土离子的引入使分子筛晶胞参数增大，抑制其在高温下塌缩、脱铝，可提高分子

筛的水热稳定性。还有部分稀土以氧化物的形式存在于分子筛晶粒外表面，易与钒形成稳定的 $REVO_4$ 化合物，增强了催化剂抗重金属 V、Ni 污染能力，保护了分子筛的晶体结构。稀土改性 ZSM-5 型分子筛可提高催化活性，降低催化剂的 L/B 值，而 B 酸中心是正己烷芳构化的活性中心，因此促进芳构化反应，而稀土元素 Eu 可加速积炭，适量积炭也可促进芳构化，La 和轻稀土金属离子在 ZSM-5 中的应用潜力巨大。稀土改性 β 分子筛的稳定性和酸性提高、制备方法不同，对分子筛的效率影响较大[198]。

除了传统的催化裂化应用领域，稀土改性的微孔分子筛在乙醇脱水制乙烯、乳酸脱水制丙烯酸、甲烷活化及碳链增长、正丁烷直接转化制异丁烯等反应中的应用也有不少报道，其高活性几乎都与稀土对分子筛酸性质的调节作用有关。与微孔分子筛相比，介孔分子筛具有连续可调的孔径和较高的比表面积，结构上使得其作为催化材料使用时对大分子参与的催化反应表现出较好的适应性。

（2）稀土催化剂的形貌结构对催化性能的影响

稀土氧化物的形貌结构对催化性能的影响主要有以下两方面的作用：一方面，稀土氧化物作为载体时，载体的颗粒大小和形貌结构可影响其比表面积，载体表面的氧空位起到稳定纳米金属粒子和提高其分散度的作用，进而影响催化剂表面活性位点的多少；另一方面，稀土氧化物作为催化剂活性组分或助剂时，形貌结构的改变会导致暴露晶面取向不同，不同晶面上的原子排列、配位、键长、键角都有显著的差异，导致电子跃迁能、氧空位形成能等不同。通过调控稀土催化剂的形貌来暴露更多的高活性晶面，从而大幅度提高催化剂的性能是目前设计不同暴露晶面催化剂的重要研究方法。然而，稀土氧化物不同晶面的表面结构和催化性能之间的构效关系还有待于进一步深入研究。这里主要讨论不同形貌和不同暴露晶面对稀土氧化物催化材料催化活性的影响。

Aneggi 等[199] 利用水热法制备了不同形貌的 CeO_2 催化剂，并研究不同暴露晶面的 CeO_2 在碳烟颗粒催化燃烧反应中的催化性能。研究发现，不同晶面的 CeO_2 催化活性差异显著，这为制备特殊晶面的 Ce 基催化剂提供研究思路。随后，他们[200] 又研究了在不同煅烧条件下 CeO_2 形成的不同晶面对碳烟颗粒的催化燃烧性能及活化氧在不同晶面下与碳烟的相互作用，验证了 CeO_2 自身在催化反应中的氧化还原机制以及 Ce^{3+} 的存在。Piumetti 等[201-203] 的研究结果也进一步证实了具有特殊晶面结构的 CeO_2、铈锆复合氧化物、铈镨复合氧化物催化剂的表面结构对催化剂的催化燃烧碳烟颗粒的活性有较大的影响。Sudarsanam 等[204] 将 Co_3O_4 纳米颗粒担载到纳米立方体结构的 CeO_2 载体上，制备了 Co_3O_4/CeO_2 催化剂。由于 CeO_2 本身的氧化还原性和立方体 CeO_2 暴露的（100）晶面以及 Co_3O_4 的（100）晶面的原因，催化剂在碳烟颗粒的催化燃烧中具有较高的活性。

Lee 等[196] 利用静电纺丝的方法制备出了直径在 $241 \sim 253nm$ 的 CeO_2 纳米纤维，并将该纳米纤维作为载体担载贵金属 Ag 纳米颗粒，所制备的纳米纤维状的 Ce 基催化剂在碳烟的催化燃烧中具有较高的催化活性。其高活性的主要原因是纳米纤维之间形成的大孔结构有利于碳烟与催化剂活性位的接触以及 Ag 与 Ce 之间的相互作用。

为了深入地讨论稀土氧化物 CeO_2 形貌和催化性能的关系，很多课题组陆续报道了不同形貌的稀土催化剂，例如 CeO_2 纳米线、纳米薄片[205]、纳米棒[206]、纳米四方体、纳米多面体等。经研究发现，稀土催化剂的催化性能与催化剂暴露的晶面密切相关。2006年，李亚栋课题组[207]报道了CeO_2晶面对其催化氧化性能起到了至关重要的作用，该课组通过水热的方法制备了CeO_2纳米棒和纳米颗粒，通过对比和深入研究可发现CeO_2纳米棒主要暴露的是（001）和（110）晶面，而纳米颗粒暴露的是稳定的（111）晶面。CeO_2纳米棒因暴露（001）和（110）晶面对CO具有更高的氧化活性。随后Rui Si等[208]报道了CeO_2纳米棒、纳米块及纳米多面体作为载体制备的Au/CeO_2催化剂在水煤气转换反应中的催化性能。研究发现，CeO_2纳米棒是锚定和分散超细Au团簇的较好载体，晶面的暴露会直接影响Au在载体上的锚定。Ravishankar等[209]采用水热法合成了不同形貌的CeO_2纳米棒、CeO_2纳米立方体、CeO_2纳米八面体作为活性组分Pt的载体。采用超快微波辅助法将Pt负载在不同形貌的CeO_2载体上，并将此催化剂应用在CO催化氧化反应上。结果表明，CeO_2纳米棒载体负载Pt催化剂活性最高。深究其原因发现，CeO_2的纳米棒、纳米立方体和纳米八面体，分别暴露（110）＋（100）、（100）和（111）晶面。其中（110）、（100）这两种晶面的能量较高，能更好地与Pt相互作用，使Pt更好地锚定在载体上，发生协同作用。通过原位红外表征测得CO易与暴露（110）＋（100）、（100）晶面的催化剂在表面发生弱键合碳酸盐和强键合碳酸盐，故其催化性能最好。

彭若思等[210]探究了Pt/CeO_2催化剂的形貌对甲苯催化氧化的催化性能的影响。他们制备了以暴露的（110）、（111）和（100）晶面为主的CeO_2纳米棒、纳米颗粒和纳米四面体不同形貌的载体。研究发现，Pt/CeO_2纳米棒催化剂具有最佳的催化性能。其优异的催化性能归因于良好的还原性和表面氧空位浓度高。H_2-TPR实验结果说明CeO_2纳米棒的还原性最强。紫外激光拉曼光谱表征结果证实了CeO_2纳米棒具有最丰富的氧空位。该研究工作不仅为通过调节载体的暴露晶面而制备用于甲苯氧化的高效Pt/CeO_2催化剂提供了一种简便的方法，而且还提供了对暴露不同晶面CeO_2中氧空位关键作用的基本理解。后期该课题组还在室温下的等离子体催化体系中，研究了CeO_2形貌对甲醇氧化反应催化效果的影响，证明了CeO_2棒状、CeO_2颗粒和CeO_2立方体三种不同形貌的CeO_2催化剂中，CeO_2棒状催化剂由于表面氧空位浓度高，因此具有最佳的催化性能[211]。

邱贤华等[212]将稀土催化剂应用在污水处理的方向中，通过水热的方法制备了三种形貌（纳米片、纳米棒、纳米管）的CeO_2催化剂。研究发现，催化剂的形态对催化性能有显著的影响，其中纳米棒和纳米管催化的活性明显优越于纳米片形貌的催化剂，主要是因为纳米棒和纳米管在生长的过程中会使晶核沿着催化活性更高的（110）晶面生长，使其（110）晶面在催化剂表面的比例更高一些，所以催化剂的催化性能更加优良。而纳米管的比表面积更大，并具有规则的介孔孔道，较大的孔容和比表面积，使其吸附性更好。

Sayle等[213]通过计算模拟的方式模拟了CeO_2表面的结构和能量对催化性能的影响。结果表明，通常能量较低的晶面为（111）晶面，（110）和（100）的能量较高，并且这些晶面支配了材料形貌。所以制备不同形貌的催化剂导致催化活性差异，本质上是晶面对催化活性的影响。而这些晶面同时又造成了氧空位缺陷的形成，所以在CO氧化反应中具有较多氧缺陷位晶面的（110）和（100）可以促进CO的氧化。

除了 Ce 基催化剂能通过调变暴露不同晶面来提高催化活性，其他稀土催化剂的催化性能也会受形貌的影响。Hou 等[214]对比了棒状和颗粒状的 La_2O_3 负载 Pt 后，在巴豆醛液相加氢反应中的催化性能，并探讨了该催化剂的催化反应机理。研究发现，$La_2O_2CO_3$ 和 La_2O_3 组成和形状的变化产生了不同的表面活性氧分布和特定晶面的选择性暴露，这是由于载体的结构和形态特征的综合作用所致。

大量实验结果表明，通过调变稀土催化剂的形貌，使催化剂暴露不同的晶面，能调变催化活性和选择性。研究发现，稀土催化剂中高能晶面的比例越高，催化剂中的氧缺陷位的比例越高。当稀土元素作为载体使用时，载体的晶面与贵金属锚定相关，从而使贵金属和载体之间产生协同作用，并且暴露出特定的晶面会吸附稳定性较低的碳酸盐，这也是催化剂的催化活性得到增强的主要的原因之一。因此，调变稀土催化剂的形貌，让催化剂表面暴露的（110）、（100）晶面更多一些，产生更多的氧空位使活化氧的性能增强，调变催化剂的界面结构可以使各组分之间产生协同作用，将为研发新型高效稀土催化剂提供更多的设计、研发思路和想法。

四、稀土化合物的价态和氧化还原性与催化性能

众所周知，催化性能与元素的化学共性和特性紧密相关。稀土氧化物表面的氧空位对氧化-还原反应和酸碱反应的催化起到重要作用[215]。离子的价态不同，其氧化还原性能不同。不同价态和半径的离子部分取代稀土离子导致稀土离子的价态变化和稀土氧化物物相的变化，从而引入氧空位能提高催化活性。

稀土元素具有特殊的电子结构，它们的价电子填充涉及的原子轨道比较多，价电子轨道多数涉及 $(n-2)f$、$(n-1)d$ 和 ns 轨道，有利于稀土在催化领域中广泛应用。

稀土元素化学性质的差异也主要取决于内层 4f 电子的数目及其排布的不同（特殊性）。在正常情况下，镧系元素很容易失去两个 6s 电子和一个 4f 电子形成三价离子 Ln^{3+}，但在少数情况下，稀土元素的 4f 层电子在全空、半空和全满时是稳定的，如 Ce^{4+} 的稳定性高于 Pr^{4+}，Eu^{3+} 的稳定性高于 Sm^{3+}，会发生变价现象，使某些元素形成价态反常的离子（Ln^{2+} 和 Ln^{4+}）。稀土元素中具有这种变价作用的离子，如铈、镨和 d 区过渡元素一样，具有优异的氧化还原性能。稀土元素的氧化还原性与溶液的酸度有关，并受介质中阴离子的影响。

Sun 等[216]采用共沉淀方法制得的系列 $Ce-Ni_2P(x)$ 催化剂（x 代表 Ce/Ni 原子个数比），以喹啉和十氢喹啉为模型化合物进行模拟 HDN 实验。CeO_2 的掺杂，提高了 Ni_2P 的加氢和 C—N 键裂解活性速率。这主要归结于 Ce 物种与 Ni_2P 之间的电子相互作用，影响了 Ni_2P 的氧化性，促使形成非晶态 Ni 和低价态的 Ce^{3+} 物种。

Ce 基氧化物更容易被还原，作为助剂添加到 NO_x 存储还原催化剂中，可以提高催化活性[217]。Chen 等[218]探讨了锰纳米棒负载氧化铈催化剂的氧化还原性能，研究发现，随着 Ce/Mn 摩尔比提高，催化剂的 H_2 消耗量呈现出下降的趋势，但摩尔比为 0.05 时，氧气吸附量与储氧量达到最大。作者认为烃类催化氧化反应通常遵循 Mars-van-Kreveen（MVK）机理，因此反应活性受表面氧空位浓度和金属氧化物中氧迁移率的影响。在锰纳

米棒表面负载适量的氧化铈有利于氧空位的形成，也有利于晶格氧活化，提高氧物种的移动性。

笔者研究组[219]采用超声辅助-等体积浸渍法制备了不同 Co/Ce 原子比的 CoO_x/$nmCeO_2$ 催化剂用于碳烟催化燃烧。实验结果表明，催化剂的反应活性与自身的氧化还原能力有关，Co_{20}/$nmCeO_2$ 催化剂具有最低的还原温度 286℃，也表现出最高的催化活性（如图 1-36 所示）。认为 Ce^{4+}/Ce^{3+} 优异的氧化还原能力是催化活性的基础，Co 离子的引入可以显著提高催化剂的氧化还原能力。适宜的负载量使得 Co 与 Ce 之间产生良好的相互作用，Raman 光谱结果表明，这与 CeO_2 结构的变形有关，CeO_2 结构的变形促进晶格上的氧迁移，有利于 Ce^{4+}/Ce^{3+} 循环，更有利于反应中活性氧物种的生成。

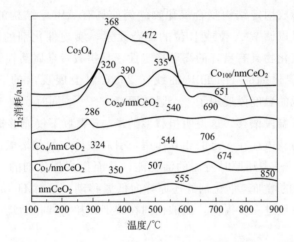

图 1-36 Co_3O_4、$nmCeO_2$ 和 Co_x/$nmCeO_2$ 催化剂的 H_2-TPR[219]

三维有序大孔（3DOM）$Au/Ce_{1-x}Zr_xO_2$ 催化剂具有优异的催化碳烟燃烧的性能，虽然三维有序大孔结构催化剂为颗粒或大分子反应物与催化剂的活性位的有效接触提供了有利条件，保证了催化剂能够与碳烟颗粒之间有良好的接触，但催化剂自身优异的氧化还原性质也是高活性的关键因素之一[220]。如图 1-37 所示，在 CeO_2 的结构中引入 Zr 形成

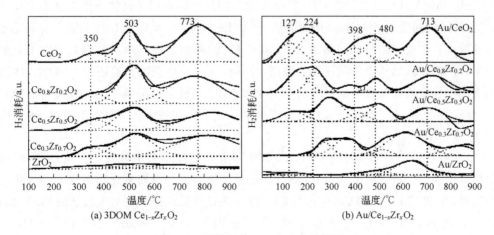

(a) 3DOM $Ce_{1-x}Zr_xO_2$ (b) $Au/Ce_{1-x}Zr_xO_2$

图 1-37 催化剂的 H_2-TPR 曲线[220]

$Ce_{1-x}Zr_xO_2$ 固溶体导致晶胞参数减小，Ce—O 键长缩短，晶格缺陷数量增加，Zr^{4+} 的配位氧减少，晶格氧的迁移能力增强。相比纯 CeO_2，更多体相晶格氧能够向表面移动，降低了氧物种迁移过程中所需的活化能。而担载贵金属 Au 具有了更好的氧化还原性能，更低的还原温度和更大的还原峰，这意味着 Au 与 $Ce_{1-x}Zr_xO_2$ 之间存在相互作用，弱化了 Ce—O 键。与之类似的催化剂还包括 3DOM Pt_n/$CeZrO_2$[221] 和 3DOM Au_n-Pt_m/$CeZrO_2$[222] 催化剂。3DOM Pt_n/$CeZrO_2$ 和 3DOM Au_n-Pt_m/$CeZrO_2$ 催化剂相对于 3DOM $CeZrO_2$ 载体都展示了较强的低温还原能力，这表明贵金属颗粒或双金属合金都与载体中的 Ce 存在强相互作用。

La 元素也是广泛应用于催化剂制备的一种稀土元素，虽然 La 不易被还原，但 La 能够与多种过渡金属形成固定结构复合氧化物。例如具有 ABO_3 结构的钙钛矿复合金属氧化物，这类氧化物可以调节 A 位或 B 位的掺杂元素，实现催化剂的氧化还原性的调变，同时，钙钛矿复合氧化物具有良好的高温稳定性，是担载贵金属活性组分的良好载体。相比 3DOM $LaFeO_3$ 催化剂的 H_2-TPR 曲线在 250℃ 以上展现出的三个还原峰，3DOM Au_n/$LaFeO_3$ 在更低的温度段展现了一个强还原峰[78,223]。同时，属于载体 $LaFeO_3$ 的 Fe 物种的还原峰也向低温段偏移，这说明担载型纳米 Au 颗粒不仅能够提供载体表面吸附和活化氧的能力，还与载体存在一定的相互作用，引起载体中的晶格氧迁移与转换，降低了 $Fe^{3+} \rightarrow Fe^{2+}$ 和 $Fe^{2+} \rightarrow Fe^0$ 还原时所需的活化能，从而提高催化剂的氧化还原性能。随着纳米 Au 颗粒担载量的增加，催化剂的还原峰向低温移动，且对 H_2 的消耗量增加，这表明催化剂的氧化还原性进一步提高，而催化剂在碳烟颗粒物催化燃烧反应中的催化活性也对应提高。

Ce_xPr_{100-x} ($x=50$, 75, 90, 100) 的 CO-TPR 结果展示了催化剂在反应区间内氧化还原能力的差别[224]。Ce_xPr_{100-x} 的氧化还原能力随着 Pr 含量的增加而逐渐提高。尤其是 300~500℃ 的化学吸附氧有着非常显著的差别。Pr 掺入纯 CeO_2 具有削弱 Ce—O 键的能力，同时提高复合氧化物表面 Ce^{3+} 的含量。Pr 含量提高到 $x=50$ 时，Pr^{4+} 可能有部分进入了氧化铈的骨架，二者的相互作用也提高了 Pr 的还原性。

Ce-La/$MgAl_2O_{4-x}$ 表面的 Ce^{3+} 与氧空位之间的协同作用是催化还原 NO 的主要活性位，但 Ce^{3+} 容易受到 SO_2 的毒化而失活[225]。La-O-Ce 相互作用有利于催化剂氧化还原能力的提高，主要原因可以归结为 La^{3+} 使 CeO_2 的晶格发生扭曲，使得氧化物中有氧空位产生，从而使得结构中的氧迁移率提高，同时，CO 可以更容易地还原 Ce-O-La 固溶体中的表面不稳定氧，导致形成更多的氧空位和 Ce^{3+}。氧空位削弱了 N—O 键，从而促进 NO_x 分解为 [N] 和 [O]。[N] 结合产生 N_2，[O] 与被 Ce^{3+} 吸附的 CO 物种反应生成 CO_2。

CeO_2 特殊的萤石结构使得 Ce-O-Ce 能够很好地储存-释放氧物种，但纯 CeO_2 的体相晶格氧难以移动。将过渡金属与 Ce 结合能够显著提高混合金属氧化物催化剂的氧化还原能力。对 Cu 和 Mn 掺杂的 CeO_2 进行 CO-TPR 表征，结果表明，与未掺杂的 CeO_2 相比，掺杂 Cu 和 Mn 的 CeO_2 更容易还原[226]。原因是 $Mn^{4+} \rightarrow Mn^{3+}$、$Mn^{3+} \rightarrow Mn^{2+}$ 和 $Ce^{4+} \rightarrow Ce^{3+}$ 之间的相互作用使得电子移动变得更加容易，而且 Mn-Ce 固溶体的形成对表面氧空位也有积极影响。Cu-Ce 混合氧化物的还原性增强则可以归因于高度分散的 CuO 团簇与 CeO_2 产生强烈的相互作用。

综上所述，稀土催化剂的氧化还原性是控制催化活性的重要指标。稀土催化剂的氧化还原能力主要受以下两个方面因素的影响：①催化剂本征具有的储氧能力。这主要与催化剂的组成元素有关，通常情况下，含有稀土 Ce 元素的催化都会具备良好的储氧能力。②载体与活性组分之间的相互作用。这主要是由催化剂制备方法、活性组分的种类及其担载量、助剂和载体等综合因素导致的。稀土催化剂氧化还原的重要因素之一是可还原金属离子的电子转移，产生高价金属离子，例如 Ce^{4+}、Co^{3+}、Fe^{3+} 在还原探针分子（H_2，CO）的作用下被还原为中间态，随着温度升高，相互作用加强。这些金属离子逐步被还原为金属原子，在此过程中，Fermi 能级的电子能带结构是重要的影响因素。随着电子移动能力的增强，金属离子得失电子时所需克服的化学能降低，促使催化剂的氧化还原性提高。如氧化反应体系中的活性氧物种的数量和移动性是决定氧化还原性能和催化性能的另一个重要指标，表面活化氧的数量受催化体系中的氧空缺位决定，而体相中的活性晶格氧的数量和移动性则决定于金属-氧键（M—O—M）的长短。引入其他金属元素形成新的晶胞结构，也可能会导致原本的 M—O 键长发生变化。增加晶格缺陷数量，促使活性晶格氧更容易移动到催化剂表面，进而影响催化性能。

五、稀土化合物的酸碱性与催化性能

稀土元素的原子或相应的氧化物都具有碱性。镧系元素的碱性随着原子序数的增加而逐渐变弱。从镧元素到镥元素，由于离子半径逐渐变小而导致碱性逐渐减弱。四价的稀土氢氧化物的碱性强于三价的稀土氢氧化物，但二价的稀土氢氧化物的碱性最强。稀土元素具有酸性的原因主要是其原子一般都具有次外层的 d 价轨道和倒数第三层的 f 价轨道，既具有价电子，也具有空轨道。因此，稀土元素的化合物（特别是氧化物）可以同时具有酸碱性，特别是可以具有路易斯酸性。

催化剂的酸碱性对催化剂的催化性能有非常重大的影响。不同的反应体系对催化剂的酸碱性要求也不同，如加氢裂化反应需要催化剂具有合适的酸性位点和酸度。而丁烷裂解制烯烃的反应不仅需要催化剂具有一定的酸性，同时还需要催化剂具有一定程度的碱性。同时，催化剂的酸碱度对催化剂的积炭行为也会产生很大的影响。而稀土元素的掺入会对催化剂的酸碱性产生不同程度的调变，通过改变掺入稀土元素的种类和掺入量可以调变催化剂的酸碱性能，以满足不同反应对酸碱性的要求。添加稀土元素能调节催化剂表面的酸碱性，进而调变催化性能。例如，在稀土基脱硝催化剂中，目前研发的催化体系有 CeO_2-MnO_2、CeO_2-WO_3、CeO_2-TiO_2 和 Ce-P-O 复合氧化物体系，CeO_x 具有丰富的酸中心，能促进 NH_3 分子在催化剂表面的吸附和活化，进而大幅拓宽催化剂的工作温度窗口。

本节主要从稀土元素对催化剂酸性的影响、稀土元素对催化剂碱性的影响以及酸碱性对催化剂抗积炭能力的影响这三个方面对稀土元素的作用进行阐述。

① 稀土元素对催化剂酸性的影响。大量研究结果表明，稀土元素的存在会对催化酸性位点数量和酸性分布产生重要影响。早在 20 世纪 60 年代，研究者就已引入稀土离子制

备稀土 Y 型分子筛（REY）代替无定形硅铝酸盐作为催化裂化催化剂，引入稀土离子后显著增强了 Y 型分子筛的结构稳定性，而且调变了分子筛的酸性，从而提高了 REY 分子筛对催化裂化反应的催化性能。Eduardo 等[227]利用傅里叶变换红外光谱系统研究了 La、Nd、Sm、Gd 和 Dy 交换 Na-Y 分子筛制得稀土 Y 分子筛的酸性质。发现稀土阳离子的引入没有改变 Y 沸石的结构，稀土 Y 分子筛拥有大量的 Brønsted 酸性位，并发现了一定的规律，即稀土离子的离子半径越大，稀土 Y 分子筛的 Brønsted 酸性位越多（如图 1-38 所示）。

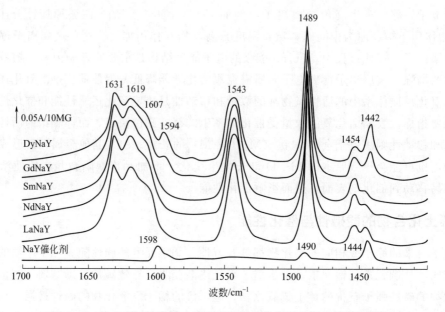

图 1-38　掺入不同种类稀土元素后分子筛的吡啶吸附红外谱图[227]

稀土元素对 ZSM-5 分子筛进行改性后可有效调节其表面的酸量和酸强度，从而进一步调整催化活性和产物选择性[228,229]。许多研究者采用 HZSM-5 分子筛作为载体，探究了掺入稀土元素对催化反应性能的影响。Gong 等[230]以 La 改性 HZSM-5（La/HZSM-5）为催化剂，研究了该催化剂对甲醇与 C_4 烃偶联制丙烯催化反应性能的影响。发现引入 La 物种会使路易斯酸增多、布朗斯特酸减少，从而改变 B 酸/L 酸比例，使催化剂具有较高的丙烯产率。笔者研究组 Wang 等[231]以 ZSM-5 分子筛为原料制备了一系列 RE/HZSM-5 催化剂（RE=La，Ce，Pr，Nd，Sm，Eu，Gd），并应用到 C_4 烃催化裂解制烯烃反应中。结果表明，稀土金属引入后不仅改变了 HZSM-5 的酸性质（酸位和酸型的数量），即 L 酸/B 酸的比例，也改变了它的碱性质，很大程度地提高了烯烃的选择性（尤其是丙烯选择性）。稀土修饰后，不仅改变了 HZSM-5 分子筛的酸量，而且改变了酸类型。因为稀土阳离子空轨道的存在有利于 L 酸性位的形成，会导致总酸量，特别是 L 酸量的增加，进而影响催化性能。

Liu 等[232]以纳米级 β 分子筛负载 MoFe 双金属氧化物为核，CeO_2 薄膜为壳，设计出 $MoFe/Beta@CeO_2$ 核壳催化剂，并将其应用在 NH_3 选择性催化还原 NO_x 反应中。研究发现，酸性位对 NH_3 的吸附和激活对于 NH_3-SCR 反应来说是最主要的过程。在此基础之上，Liu 等[233]又可控合成了一系列以小颗粒 β 分子筛负载 Fe 氧化物为核，以可调厚度的 CeO_2 薄膜为壳的核壳结构脱硝催化剂。实验结果表明，CeO_2 薄膜厚度会对催化剂的酸量和酸度产生较大的影响，薄膜会对表面酸性位进行覆盖，其壳层越厚，催化剂的酸性越差。当脱硝催化剂具有适当酸度时，可以促进氨的吸附和活化，提高催化活性。

② 稀土元素对催化剂碱性的影响。研究发现，稀土金属的氧化物自身具有碱性。如 R. Vasant 等[234]报道了以甲烷为原料经偶联反应制 C_2 烃类反应中使用 La_2O_3 催化剂，La_2O_3 具有碱性，并且 Sr 修饰的 La_2O_3 具有大量的碱性位点和中强酸位点，从而获得了最优的活性和选择性。Sławomir 等[235]研究了在不同条件下未改性的纯 La_2O_3、Nd_2O_3、ZrO_2 和 Nb_2O_5 催化剂对甲烷氧化偶联反应的催化性能的影响。结果表明，La_2O_3 和 Nd_2O_3 具有较高的碱度，并含有中、强碱性位，ZrO_2 只有少量的弱碱性位点，Nb_2O_5 则呈酸性。在上述氧化物催化剂中，碱度（特别是强碱性位点）可能是决定甲烷偶联催化活性的决定性因素。以上，我们讨论单一稀土氧化物作为催化剂时自身是具有碱性的。当稀土作为催化剂助剂时，其也可以通过自身的碱性调变载体的酸碱性来调控催化剂的催化性能。

研究者们经过实验证实了稀土金属助剂掺入催化剂后产生的碱性可以调节催化剂的酸性，使产物酸度分布更加合理化，进而改善催化性能。Rahmani 等[236]采用 La 元素对负载 Ni 的介孔 Al_2O_3 进行掺杂改性，考察了其对 CO_2 甲烷化活性的影响。结果表明，向镍催化剂中添加 La 元素可减少催化剂酸性位数量并降低酸强度，与 Ni/Al_2O_3 催化剂相比，La-Ni/Al_2O_3 催化剂有较高的碱度，可以增强 CO_2 在催化剂表面上的吸附能力，这说明 La 的掺入提高了催化剂的碱度，并调变了催化剂表面的酸分布和强度，使催化剂的酸碱分布更加适宜，最终提高了催化剂的性能。稀土元素的加入可以增加催化剂的碱度，并调节酸性物种类型和酸性位数量，以改善其催化性能。

③ 酸碱性对催化剂抗积炭能力的影响。众所周知，积炭对催化剂是不利的，沉积在活性位上的炭会导致催化剂的迅速失活。因此，研究酸碱性对积炭行为的影响是很有必要的。关于酸碱性对积炭的影响研究者进行了大量研究。Tang 等[237]在 CO_2 甲烷重整反应中发现镍催化剂的酸碱性质与炭沉积量有关，随着催化剂碱性的增强积炭量逐渐减少。实验证实，稀土元素的掺杂会使催化剂的碱度提高，有利于提高催化剂的抗积炭能力。Liu 等[238]采用流动反应器研究了丙烷（POP）部分氧化制合成气反应中催化剂酸碱度和炭沉积之间的关系。发现用碱金属氧化物 Li_2O 和稀土金属氧化物 La_2O_3 改性可以降低 NiO/γ-Al_2O_3 的 Lewis 酸强度，增强催化剂的表面碱度，并增强其反应过程中抑制炭沉积的能力。

Al-Doghachi 等[239]以镁和铈的硝酸盐为原料，采用共沉淀制备了具有一定摩尔比的氧化铈和氧化镁载体混合物，然后用 1%（质量分数）的镍、钯和铂金属浸渍，形成 Pt、Pd、$Ni/Mg_{1-x}Ce_xO$ 催化剂，并将其用于 CH_4 干重整反应中。结果表明，适量的 MgO 与 Ce_2O_3 的相互作用形成了一个立方相结构的催化剂，该立方相具有较高的碱度，能够吸附 CO_2 形成单斜 $Ce_2O_2CO_3$ 物种，可以通过单斜晶系的 $Ce_2O_2CO_3$ 和表面氧来实现积炭的去除和氧化，Ce_2O_3 作为催化剂的助剂具有提高载体碱度、减少积炭的作用。

稀土元素的加入可以调控催化剂表面酸性位点数量和酸性位种类，同样也可调节催化剂的表面碱性。稀土催化剂引入酸性位，有利于碱性分子如 NH_3 的吸附，以提高如 NH_3-SCR 等催化反应的活性。稀土催化剂引入碱性位可以中和催化剂表面的酸性位，使催化剂酸度适中，调节产物选择性和抗积炭能力。

参考文献

[1] 徐光宪. 稀土 [M]. 2 版. 北京：冶金工业出版社，2017.

[2] Huang C. Rare earth coordination chemistry：fundamentals and applications [M]. John Wiley & Sons，2011.

[3] 洪广言. 稀土化学导论 [M]. 北京：科学出版社，2014.

[4] 苏锵. 稀土化学 [M]. 郑州：河南科学技术出版社，1993.

[5] Paier J，Penschke C，Sauer J. Oxygen defects and surface chemistry of ceria：quantum chemical studies compared to experiment [J]. Chemical reviews，2013，113（6）：3949-3985.

[6] Xue D F，Sun C. 4f chemistry towards rare earth materials science and engineering [J]. Science China Technological Sciences，2017，60（11）：1767-1768.

[7] Kingsnorth D. Rare earths supply security：dream or possibility [C]. Freiberg：Oral Presentation at the 4th Freiberg Innovations Symposium，2012.

[8] 陈文启，王佛松. 稀土络合催化合成橡胶 [J]. 中国科学，2009，39（10）：1006-1027.

[9] 钱长涛，王春红，陈耀峰. 稀土金属有机配合物化学 60 年 [J]. 化学学报，2014，72：883-905.

[10] Kaita S，Hou Z M，Wakatsuki Y. Stereospecific polymerization of 1,3-butadiene with samarocene-based catalysts [J]. Macromolecules，1999，32（26）：9078-9079.

[11] Kaita S，Takeguchi Y，Hou Z，et al. Pronounced enhancement brought in by substituents on the cyclopentadienyl ligand：catalyst system（C$_5$Me$_4$R）$_2$Sm（THF）$_x$/MMAO（R = Et,^{i}Pr,^{n}Bu，TMS；MMAO = modified methylaluminoxane）for 1,4-cis stereospecific polymerization of 1,3-butadiene in cyclohexane solvent [J]. Macromolecules，2003，36（21）：7923-7926.

[12] 于广谦，陈文启，王玉玲. 在新型环戊二烯基二氯化稀土催化体系中双烯烃的定向聚合 [J]. 科学通报，1983，28（7）：408-411.

[13] Li X，Nishiura M，Hu L，et al. Alternating and random copolymerization of isoprene and ethylene catalyzed by cationic half-sandwich scandium alkyls [J]. J Am Chem Soc，2009，131（38）：13870-13882.

[14] Johnson L K，Killian C M，Brookhart M. New Pd(Ⅱ)-and Ni(Ⅱ)-based catalysts for polymerization of ethylene and alpha-olefins [J]. J Am Chem Soc，1995，117：6414-6415.

[15] 金国新，周光远，刘长坤，等. "茂后"烯烃聚合催化剂 [J]. 应用化学，1999，16（1）：1-5.

[16] 王子川，刘东涛，崔冬梅. 稀土金属有机配合物催化共轭双烯烃高选择性聚合 [J]. 高分子学报，2015，9：989-1008.

[17] Melchionna M，Fornasiero P. The role of ceria-based nanostructured materials in energy applications [J]. Materials Today，2014，17（7）：349-357.

[18] Esch F，Fabris S，Zhou L，et al. Electron localization determines defect formation on ceria substrates [J]. Science，2005，309（5735）：752-755.

[19] Agarwal S，Zhu X，Hensen E J M，et al. Surface-dependence of defect chemistry of nanostructured ceria [J]. Journal of Physical Chemistry C，2015，119（22）：12423-12433.

[20] Grieshammer S，Zacherle T，Martin M. Entropies of defect formation in ceria from first principles [J]. Physical Chemistry Chemical Physics，2013，15（38）：15935-15942.

[21]　Yasunaga K，Yasuda K，Matsumura S，et al. Electron energy-dependent formation of dislocation loops in CeO_2 [J]. Nuclear Instruments & Methods In Physics Research Section B-Beam Interactions with Materials And Atoms，2008，266（12-13）：2877-2881.

[22]　Hojo H，Tochigi E，Mizoguchi T，et al. Atomic structure and strain field of threading dislocations in CeO_2 thin films on yttria-stabilized ZrO_2 [J]. Applied Physics Letters，2011，98（15）：153104.

[23]　Chen W，Wen J，Kirk M A，et al. Characterization of dislocation loops in CeO_2 irradiated with high energy krypton and xenon [J]. Philosophical Magazine，2013，93（36）：4569-4581.

[24]　Hajime H，Teruyasu M，Hiromichi O，et al. Atomic structure of a CeO_2 grain boundary：the role of oxygen vacancies [J]. Nano Letters，2010，10（11）：4668-4672.

[25]　Feng B，Hojo H，Mizoguchi T，et al. Atomic structure of a $\Sigma 3$ [110]/(111) grain boundary in CeO_2 [J]. Applied Physics Letters，2012，100（7）：073109.

[26]　Ma L，Doudin N，Surnev S，et al. Lattice strain defects in a ceria nanolayer [J]. Journal of Physical Chemistry Letters，2016，7（7）：1303-1309.

[27]　Wu Z，Li M，Howe J，et al. Probing defect sites on CeO_2 nanocrystals with well-defined surface planes by Raman spectroscopy and O-2 adsorption [J]. Langmuir，2010，26（21）：16595-16606.

[28]　Zacherle T，Schriever A，De Souza R A，et al. Ab initio analysis of the defect structure of ceria [J]. Physical Review B，2013，87（13）：134104.

[29]　Liu B，Li C，Zhang G，et al. Oxygen vacancy promoting dimethyl carbonate synthesis from CO_2 and methanol over Zr-doped CeO_2 nanorods [J]. ACS Catalysis，2018，8（11）：10446-10456.

[30]　Fukui K，Namai Y，Iwasawa Y. Imaging of surface oxygen atoms and their defect structures on CeO_2 (111) by noncontact atomic force microscopy [J]. Applied Surface Science，2002，188（3-4）：252-256.

[31]　Hajime H，Teruyasu M，Hiromichi O，et al. Atomic structure of a CeO_2 grain boundary：the role of oxygen vacancies [J]. Nano Letters，2010，10（11）：4668-4672.

[32]　Feng B，Hojo H，Mizoguchi T，et al. Atomic structure of a Sigma 3 [110]/(111) grain boundary in CeO_2 [J]. Applied Physics Letters，2012，100（7）.

[33]　袁堃，张亚文. 纳米氧化铈的缺陷化学及其在多相催化中的作用的研究进展 [J]. 中国稀土学报，2019：1-24.

[34]　Ouyang J，Yang H. Investigation of the oxygen exchange property and oxygen storage capacity of $Ce_xZr_{1-x}O_2$ nanocrystals [J]. Journal of Physical Chemistry C，2009，113（17）：6921-6928.

[35]　Mamontov E，Egami T，Brezny R，et al. Lattice defects and oxygen storage capacity of nanocrystalline ceria and ceria-zirconia [J]. The Journal of Physical Chemistry B，2000，104（47）：11110-11116.

[36]　Raju V，Jaenicke S，Chuah G. Effect of hydrothermal treatment and silica on thermal stability and oxygen storage capacity of ceria-zirconia [J]. Applied Catalysis B-Environmental，2009，91（1-2）：92-100.

[37]　Kang Z，Kang Z. Quaternary oxide of cerium，terbium，praseodymium and zirconium for three-way catalysts [J]. Journal of Rare Earths，2006，24（3）：314-319.

[38]　Trovarelli A. Structural and oxygen storage/release properties of CeO_2-based solid solutions [J]. Comments on Inorganic Chemistry，1999，20（4-6）：263-284.

[39]　Hu Y，Yin P，Liang T，et al. Rare earth doping effects on properties of ceria-zirconia solid solution [J]. Journal of Rare Earths，2006，24（1，Supplement 1）：86-89.

[40]　Vidmar P，Fornasiero P，Kašpar J，et al. Effects of trivalent dopants on the redox properties of $Ce_{0.6}Zr_{0.4}O_2$ mixed oxide [J]. Journal of Catalysis，1997，171（1）：160-168.

[41]　Kim D J. Lattice parameters，ionic conductivities，and solubility limits in fluorite-structure MO_2 Oxide [M = Hf^{4+}，Zr^{4+}，Ce^{4+}，Th^{4+}，U^{4+}] solid solutions [J]. Journal of the American Ceramic Society，1989，72（8）：1415-1421.

[42]　Wang Q，Li G，Zhao B，et al. The effect of La doping on the structure of $Ce_{0.2}Zr_{0.8}O_2$ and the catalytic perform-

ance of its supported Pd-only three-way catalyst [J]. Applied Catalysis B: Environmental, 2010, 101 (1): 150-159.

[43] Wu X, Wu X, Liang Q, et al. Structure and oxygen storage capacity of Pr/Nd doped CeO_2-ZrO_2 mixed oxides [J]. Solid State Sciences, 2007, 9 (7): 636-643.

[44] Wang G, Meng M, Zha Y, et al. High-temperature close coupled catalysts Pd/Ce-Zr-M/Al_2O_3 (M=Y, Ca or Ba) used for the total oxidation of propane [J]. Fuel, 2010, 89 (9): 2244-2251.

[45] He H, Dai H, Ng L, et al. Pd-, Pt-, and Rh-loaded $Ce_{0.6}Zr_{0.35}Y_{0.05}O_2$ three-way catalysts: an investigation on performance and redox properties [J]. Journal of Catalysis, 2002, 206 (1): 1-13.

[46] Yahiro H, Ohuchi T, Eguchi K, et al. Electrical properties and microstructure in the system ceria-alkaline earth oxide [J]. Journal of Materials Science, 1988, 23 (3): 1036-1041.

[47] Fernández-García M, Wang X, Belver C, et al. Ca doping of nanosize Ce-Zr and Ce-Tb solid solutions: structural and electronic effects [J]. Chemistry of Materials, 2005, 17 (16): 4181-4193.

[48] Fernández-García M, MartíNez-Arias A, Guerrero-Ruiz A, et al. Ce-Zr-Ca ternary mixed oxides: structural characteristics and oxygen handling properties [J]. Journal of Catalysis, 2002, 211 (2): 326-334.

[49] Wang J, Shen M, An Y, et al. Ce-Zr-Sr mixed oxide prepared by the reversed microemulsion method for improved Pd-only three-way catalysts [J]. Catalysis Communications, 2008, 10 (1): 103-107.

[50] Zhao M, Shen M, Wen X, et al. Ce-Zr-Sr ternary mixed oxides structural characteristics and oxygen storage capacity [J]. Journal of Alloys and Compounds, 2008, 457 (1): 578-586.

[51] Liang Q, Wu X, Weng D, et al. Selective oxidation of soot over Cu doped ceria/ceria-zirconia catalysts [J]. Catalysis Communications, 2008, 9 (2): 202-206.

[52] Wu X, Liang Q, Weng D. Effect of manganese doping on oxygen storage capacity of ceria-zirconia mixed oxides [J]. Journal of Rare Earths, 2006, 24 (5): 549-553.

[53] Rao T, Shen M, Jia L, et al. Oxidation of ethanol over Mn-Ce-O and Mn-Ce-Zr-O complex compounds synthesized by sol-gel method [J]. Catalysis Communications, 2007, 8 (11): 1743-1747.

[54] Wang S, Wang X, Huang J, et al. The catalytic activity for CO oxidation of CuO supported on $Ce_{0.8}Zr_{0.2}O_2$ prepared via citrate method [J]. Catalysis Communications, 2007, 8 (3): 231-236.

[55] 戴洪兴, 何洪, 李佩珩, 等. 稀土钙钛矿型氧化物催化剂的研究进展. 中国稀土学报, 2003, 21 (专辑): 3-15.

[56] Sun J, Zhao Z, Li Y, et al. Synthesis and catalytic performance of macroporous $La_{1-x}Ce_xCoO_3$ perovskite oxide catalysts with high oxygen mobility for the catalytic combustion of soot [J]. Journal of Rare Earths, 2019.

[57] Milt V, Ulla M, Miró E. NO_x trapping and soot combustion on $BaCoO_{3-y}$ perovskite: LRS and FTIR characterization. Applied Catalysis B: Environmental, 2005, 57 (1): 13-21.

[58] Raveau B, Michel C, Hervieu M, et al. What about structure and nonstoichiometry in superconductive layered cuprates? [J]. Journal of Solid State Chemistry, 1990, 85 (2): 181-201.

[59] Lee D, Lee H N. Controlling oxygen mobility in Ruddlesden-Popper oxides [J]. Materials (Basel, Switzerland), 2017, 10 (4): 368.

[60] Zhu J, Li H, Zhong L, et al. Perovskite oxides: preparation, characterizations, and applications in heterogeneous catalysis [J]. ACS Catalysis, 2014, 4 (9): 2917-2940.

[61] 杨向光, 吴越. 类钙钛石型复合氧化物———一种富有应用前景的功能材料 [J]. 化学通报, 1997, 000 (003): 24-29.

[62] 大连理工大学无机化学教研室. 无机化学 [M]. 北京: 高等教育出版社, 2006.

[63] Sayed F, Grover V, Bhattacharyya K, et al. $Sm_{2-x}Dy_xZr_2O_7$ pyrochlores: probing order-disorder dynamics and multifunctionality [J]. Inorganic Chemistry, 2011, 50: 2354-2365.

[64] Shafique M, Kennedy B, Iqbal Y, et al. The effect of B-site substitution on structural transformation and ionic

conductivity in $Ho_2(Zr_yTi_{1-y})_2O_7$ [J]. Journal of Alloys And Compounds，2016，671：226-233.

[65] Fang X，Lian J，Nie K，et al. Dry reforming of methane on active and coke resistant $Ni/Y_2Zr_2O_7$ catalysts treated by dielectric barrier discharge plasma [J]. Journal of Energy Chemistry，2016，25：825-831.

[66] 张先华. 烧绿石负载 Ni 用于甲烷重整制氢：探究不同 A、B 位离子替换的构效关系 [D]. 南昌：南昌大学，2017.

[67] Li R，Wen R，Zhang W，et al. Preparation of highly exchanged LaHZSM-5 zeolite [J]. Zeolites，1993，13 (3)：229-230.

[68] Wang W，Zhao Z，Xu C，et al. Effects of light rare earth on acidity and catalytic performance of HZSM-5 zeolite for catalytic cracking of butane to light olefins [J]. Journal of Rare Earths，2007，25 (3)：321-328.

[69] 刘亚纯，伏再辉，甘俊，等. 水热固相法将稀土引入 Y 型分子筛的研究 [J]. 工业催化，2003，11 (8)：43-47.

[70] 李斌，李士杰，李能，等. FCC 催化剂中 REHY 分子筛的结构与酸性 [J]. 催化学报，2005，26 (4)：301-306.

[71] Wu Y，Wang J，Liu P，et al. Framework-substituted lanthanide MCM-22 zeolite：synthesis and characterization [J]. Journal of the American Chemical Society，2010，132：17989-17991.

[72] Tang B，Dai W，Sun X，et al. Incorporation of cerium atoms into Al-free beta zeolite framework for catalytic application [J]. Chinese Journal of Catalysi，2015，36 (6)：801-805.

[73] 历阳，孙洪满，王有和，等. 沸石分子筛的绿色合成路线 [J]. 化学进展，2015，27 (5)：503-510.

[74] Morris R，James S. Solventless synthesis of zeolites [J]. Angewandte Chemie International Edition，2013，52 (8)：2163-2165.

[75] Meng X，Xiao F. Green routes for synthesis of zeolites [J]. Chemical Reviews，2013，114 (2)：1521-1543.

[76] Zhang G，Zhao Z，Liu J，et al. Macroporous perovskite-type complex oxide catalysts of $La_{1-x}K_xCo_{1-y}Fe_yO_3$ for diesel soot combustion [J]. Journal of Rare Earths，2009，27 (6)：955-960.

[77] Zhang G，Zhao Z，Xu J，et al. Comparative study on the preparation，characterization and catalytic performances of 3DOM Ce-based materials for the combustion of diesel soot [J]. Applied Catalysis B：Environmental，2011，107：302-315.

[78] 韦岳长，赵震，刘坚. 柴油炭烟燃烧新型大孔氧化物担载纳米贵金属催化剂的研究 [D]. 北京：中国石油大学，2012.

[79] 靳保芳，赵震，刘坚. 基于大孔 Al_2O_3 负载的 Au 基纳米催化剂催化消除炭烟的研究 [D]. 北京：中国石油大学，2016.

[80] Zhang G，Zhao Z，Xu J，et al. Three dimensionally ordered macroporous $Ce_{1-x}Zr_xO_2$ solid solutions for diesel soot combustion [J]. Chemical Communications，2010，46 (3)：457-459.

[81] Zheng J，Liu J，Zhao Z，et al. The synthesis and catalytic performances of three-dimensionally ordered macroporous perovskite-type $LaMn_{1-x}Fe_xO_3$ complex oxide catalysts with different pore diameters for diesel soot combustion [J]. Catalysis Today，2012，191：146-153.

[82] 徐俊峰，刘坚，赵震，等. 三维有序大孔钙钛矿 $LaFeO_3$ 催化剂的制备及其催化炭黑颗粒燃烧性能 [J]. 催化学报，2010，31：236-241.

[83] Xu J F，Liu J，Zhao Z，et al. Easy synthesis of three-dimensionally ordered macroporous $La_{1-x}K_xCoO_3$ catalysts and their high activities for the catalytic combustion of soot [J]. Journal of Catalysis，2011，282：1-12.

[84] Wei Y，Liu J，Zhao Z，et al. Three-dimensionally ordered macroporous $Ce_{0.8}Zr_{0.2}O_2$-supported gold nanoparticles：synthesis with controllable size and high catalytic performance for soot oxidation [J]. Energ Environ Sci，2011，4：2959-2970.

[85] Wei Y，Liu J，Zhao Z，et al. Highly active catalysts of gold nanoparticles supported on three-dimensionally ordered macroporous $LaFeO_3$ for soot oxidation [J]. Angewandte Chemie International Edition，2011，50：

2326-2329.

[86] Wei Y, Liu J, Zhao Z, et al. The catalysts of three-dimensionally ordered macroporous $Ce_{1-x}Zr_xO_2$-supported gold nanoparticles for soot combustion: the metal-support interaction [J]. Journal of Catalysis, 2012, 287 (3): 13.

[87] Wei Y, Liu J, Zhao Z, et al. Structural and synergistic effects of three-dimensionally ordered macroporous $C_{0.8}Zr_{0.2}O_2$-supported Pt nanoparticles on the catalytic performance for soot combustion [J]. Applied Catalysis A: General, 2013, 453 (1) : 250.

[88] Wei Y, Zhao Z, Liu J, et al. Multifunctional catalysts of three-dimensionally ordered macroporous oxide-supported Au@Pt core-shell nanoparticles with high catalytic activity and stability for soot oxidation [J]. Journal of Catalysis, 2014, 317: 62-74.

[89] Wei Y, Zhao Z, Yu X, et al. One-pot synthesis of core-shell $Au@CeO_2$-delta nanoparticles supported on three-dimensionally ordered macroporous ZrO_2 with enhanced catalytic activity and stability for soot combustion [J]. Catalysis Science & Technology, 2013, 3 (11): 2958-2970.

[90] Liu Y, Dai H, Deng J, et al. Au/3DOM $La_{0.6}Sr_{0.4}MnO_3$: highly active nanocatalysts for the oxidation of carbon monoxide and toluene. Journal of Catalysis, 2013, 305: 146-153.

[91] Alcalde-Santiago V, Bailón-García E, Davó-Quiñonero A, et al. Three-dimensionally ordered macroporous PrO_x: an improved alternative to ceria catalysts for soot combustion [J]. Applied Catalysis B: Environmental, 2019, 248: 567-572.

[92] Li C, Domen K, Maruya K, et al. Oxygen exchange reactions over cerium oxide: an FT-IR study [J]. Journal of Catalysis, 1990, 123: 436-442.

[93] Dai H, He H, Li P, et al. The relationship of structural defect-redox property-catalytic performance of perovskites and their related compounds for CO and NO_x removal. Catal Today, 2004, 90: 231-244.

[94] Zwinkels M F M, Järås S G, Menon P G, et al. Catalytic materials for high-temperature combustion [J]. Catalysis Reviews, 1993, 35 (3): 319-358.

[95] Teraoka Y, Nakano K, Shangguan W, at al. Simultaneous catalytic removal of nitrogen oxides and diesel soot particulates over perovskite-related oxides [J]. Applied Catalysis B: Environmental, 1996, 27: 107-113.

[96] Teraoka Y, Nakano K, Kagawa S, et al. Simultaneous removal of nitrogen oxides and diesel soot particulates catalyzed by perovskite-type oxides [J]. Applied Catalysis B: Environmental, 1995, 5: 181-185.

[97] Russo N, Fino D, Saracco G, et al. Promotion effect of Au on perovskite catalysts for the regeneration of diesel particulate filters [J]. Catalysis Today, 2008, 137: 306-307.

[98] Wang H, Zhao Z, Xu C, et al. Nanometric $La_{1-x}K_xMnO_3$ perovskite-type oxides-highly Active catalysts for the combustion of diesel soot particle under loose contact conditions [J]. Catalysis Letter, 2005, 102 (3-4): 251-256.

[99] Liu J, Zhao Z, Xu C, et al. Simultaneous removal of NO_x and diesel soot particulates over nanometer Ln-Na-Cu-O perovskite-like complex oxide catalysts [J]. Applied Catalysis B: Environmental, 2008, 78: 61-72.

[100] Irusta S, Pina M P, Menéndez M, et al. Catalytic combustion of volatile organic compounds over La-based perovskites [J]. Journal of Catalysis, 1998, 179 (2): 400-412.

[101] Liang S, Xu T, Teng F, et al. The high activity and stability of $La_{0.5}Ba_{0.5}MnO_3$ nanocubes in the oxidation of CO and CH_4 [J]. Applied Catalysis B: Environmental, 2010, 96 (3): 267-275.

[102] Stathopoulos V, Belessi V, Ladavos A. Samarium based high surface area perovskite type oxide $SmFe_{1-x}Al_xO_3$ ($x=0.00$, 0.50, 0.95) part II, catalytic combustion of CH_4. React Kinet Catal Lett, 2001, 72: 49-55.

[103] Kim K, Yoo J, Lee S, et al. A simple descriptor to rapidly screen CO oxidation activity on rare-earth metal-doped CeO_2: from experiment to first-principles [J]. ACS applied materials & interfaces, 2017, 9 (18): 15449-15458.

[104]　Liu Y, Wen C, Guo Y, et al. Modulated CO oxidation activity of M-doped ceria (M=Cu, Ti, Zr, and Tb): role of the pauling electronegativity of M [J]. The Journal of Physical Chemistry C, 2010, 114 (21): 9889-9897.

[105]　Cargnello M, Jaén J, Garrido J, et al. Exceptional activity for methane combustion over modular Pd@CeO$_2$ subunits on functionalized Al$_2$O$_3$ [J]. Science, 2012, 337 (6095): 713-717.

[106]　Bashan V, Ust Y. Perovskite catalysts for methane combustion: applications, design, effects for reactivity and partial oxidation [J]. International Journal of Energy Research, 2019, 43 (14): 7755-7789.

[107]　Wu Y, Yu T, Dou B, et al. A comparative study on perovskite-type mixed oxide catalysts A$'_x$A$_{1-x}$BO$_{3-\lambda}$ (A' = Ca, Sr; A=La; B=Mn, Fe, Co) for NH$_3$ oxidation [J]. Journal of Catalysis, 1989, 120: 88.

[108]　刘社田, 于作龙, 吴越. 钙钛石型复合氧化物 LaFe$_y$Mn$_{1-y}$O$_3$ 的化学质与氨氧化性能之间的关系 [J]. 催化学报, 1994 (04): 273-277.

[109]　高利珍, 李庆生, 吴越, 等. La$_{2-x}$Sr$_x$NiO$_{4-\lambda}$ 系列催化剂结构与氨氧化活性的关系 [J]. 化学学报, 1996 (03): 234-241.

[110]　李静霞, 汪国军, 郭杨龙, 等. 稀土元素对 Mo-Bi 系复合催化剂选择氧化异丁烯制甲基丙烯醛的影响 [J]. 化学反应工程与工艺, 2012, 28 (04): 335-340.

[111]　张凤莲, 张鑫, 郝郑平. 稀土双钙钛矿催化剂 La$_2$FeBO$_6$(B=Mn、Co、V、Mo) 上 H$_2$S 选择催化氧化性能研究 [C]. 第十一届全国环境催化与环境材料学术会议论文集, 2018.

[112]　Gambo Y, Jalil A, Triwahyono S, et al. Recent advances and future prospect in catalysts for oxidative coupling of methane to ethylene: a review [J]. Journal of Industrial and Engineering Chemistry, 2018, 59: 218-229.

[113]　Huang P, Zhao Y, Zhang J, et al. Exploiting shape effects of La$_2$O$_3$ nanocatalysts for oxidative coupling of methane reaction [J]. Nanoscale, 2013, 5 (22): 10844-10848.

[114]　Ferreira V, Tavares P, Figueiredo J, et al. Ce-doped La$_2$O$_3$ based catalyst for the oxidative coupling of methane [J]. Catalysis Communications, 2013, 42: 50-53.

[115]　韦力, 张明森, 赵清锐, 等. 低温甲烷氧化偶联稀土氧化物催化剂的研究进展 [J]. 精细与专用化学品, 2019, 27 (07): 15-18.

[116]　Yang R, Xing C, Lv C, et al. Promotional effect of La$_2$O$_3$ and CeO$_2$ on Ni/γ-Al$_2$O$_3$ catalysts for CO$_2$ reforming of CH$_4$ [J]. Applied Catalysis A General, 2010, 385 (1-2): 92-100.

[117]　Guo J, Lou H, Zhu Y, et al. La-based perovskite precursors preparation and its catalytic activity for CO$_2$ reforming of CH$_4$ [J]. Materials Letters, 2003, 57 (28): 4450-4455.

[118]　Meng X, Cui X, Rajan P, et al. Direct methane conversion under mild condition by thermo-, electro-, or photocatalysis [J]. Chem, 2019, 5 (9): 2296-2325.

[119]　Latimer A, Kulkarni A, Aljama H, et al. Understanding trends in C-H bond activation in heterogeneous catalysis [J]. Nat Mater, 2017, 16: 225-229.

[120]　Hu A, Guo J, Pan H, et al. Selective functionalization of methane, ethane, and higher alkanes by cerium photocatalysis [J]. Science, 2018, 361: 668-672.

[121]　Liang Z, Li T, Kim M, et al. Low-temperature activation of methane on the IrO$_2$ (110) surface [J]. Science, 2017, 356: 299-303.

[122]　Su Y, Liu J, Filot I A W, et al. Highly active and stable CH$_4$ oxidation by substitution of Ce^{4+} by two Pd^{2+} ions in CeO$_2$ (111) [J]. ACS Catalysis, 2018, 8: 6552-6559.

[123]　Shilov A, Shul'pin G. Activation of C-H bonds by metal complexes [J]. Chemical Review, 1997, 97: 2879-2932.

[124]　Conley B, Tenn W, Young K, et al. Design and study of homogeneous catalysts for the selective, low temperature oxidation of hydrocarbons [J]. J Mol Catal A, 2006, 251: 8-23.

[125]　Lustemberg P, Palomino R, Gutiérrez R, et al. Direct conversion of methane to methanol on Ni-ceria surfaces:

metal-support interactions and water-enabled catalytic conversion by site blocking [J]. Journal of the American Chemical Society，2018，140（24）：7681-7687.

[126] Xiong H，Lin S，Goetze J，et al. Thermally stable and regenerable platinum-tin clusters for propane dehydrogenation prepared by atom trapping on ceria [J]. Angewandte Chemie International Edition，2017，56（31）：8986-8991.

[127] Otroshchenko T，Sokolov S，Stoyanova M，et al. ZrO₂-based alternatives to conventional propane dehydrogenation catalysts：active sites，design，and performance [J]. Angewandte Chemie International Edition，2016，54（52）：15880-15883.

[128] Zhang Y，Zhou Y，Liu H，et al. Effect of La addition on catalytic performance of PtSnNa/ZSM-5 catalyst for propane dehydrogenation [J]. Applied Catalysis A General，2007，333（2）：202-210.

[129] Wakui K，Satoh K，Sawada G，et al. Dehydrogenative cracking of n-butane using double-stage reaction [J]. Applied Catalysis A：General，2002，230（1-2）：195-202.

[130] 范得权. 一步法合成 Cu/SAPO-34 催化剂 SCR 活性，水热稳定性以及涂覆工艺研究 [D]. 天津：天津大学，2016：15-18.

[131] Beale A，Gao F，Lezcano-Gonzalez I，et al. Cheminform abstract：recent advances in automotive catalysis for NOₓ emission control by small-pore microporous materials [J]. Cheminform，2016，46（48）：7371-7405.

[132] Zhang Q，Fan J，Ning P，et al. In situ DRIFTS investigation of NH₃-SCR reaction over CeO₂/zirconium phosphate catalyst [J]. Applied Surface Science，2018，435：1037-1045.

[133] Zha K，Cai S，Hu H，et al. In situ DRIFTs investigation of promotional effects of tungsten on MnOₓ-CeO₂/meso-TiO₂ catalysts for NOₓ reduction [J]. The Journal of Physical Chemistry C，2017，121（45）：25243-25254.

[134] Zhang L，Sun J，Xiong Y，et al. Catalytic performance of highly dispersed WO₃ loaded on CeO₂ in the selective catalytic reduction of NO by NH₃ [J]. Chinese Journal of Catalysis，2017，38（10）：1749-1758.

[135] Peng Y，Li K，Li J. Identification of the active sites on CeO₂-WO₃ catalysts for SCR of NOₓ with NH₃：an in situ IR and Raman spectroscopy study [J]. Applied Catalysis B：Environmental，2013，140-141：483-492.

[136] Cheng Y，Song W，Liu J，et al. Simultaneous NOₓ and particulate matter removal from diesel exhaust by hierarchical Fe-doped Ce-Zr oxide [J]. ACS Catalysis，2017，7（6）：3883-3892.

[137] 赵震，杨向光，吴越. 稀土-碱土-过渡金属类钙钛石（A₂BO₄）复合氧化物催化剂的固态物化性质及对 NOₓ 消除反应的催化性能 [J]. 中国稀土学报，2003，21：35-39.

[138] 赵震，杨向光，刘钰，等. LnSrNi₄₋₁ 系列复合氧化物的物化性质与对 NO 分解的催化性能 [J]. 中国稀土学报，1998，16（4）：325.

[139] 赵震. 氮氧化物（NOₓ）分解、还原复合氧化物催化剂的研究 [D]. 长春：中国科学院长春应用化学研究所，1996.

[140] 赵震，杨向光，吴越. La₂₋ₓSrₓCuO₄±λ 系催化剂的表征及对 CO＋NO 反应催化性能的研究 [J]. 中国科学 B，1998，28（1）：31.

[141] Wu Y，Zhao Z，Liu Y，et al. The role of redox property of La₂₋ₓ(Sr，Th)ₓCuO₄±λ playing in the reaction by CO [J]. Journal of Molecular Catalysis A：Chemical，2000，155：89.

[142] Riley C，Zhou S，Kunwar D，et al. Design of effective catalysts for selective alkyne hydrogenation by doping of ceria with a single-atom promotor [J]. Journal of the American Chemical Society，2018，140（40）：12964-12973.

[143] 于杨. 轻稀土元素改性 Cu-ZnO-Al₂O₃ 催化剂对 CO₂ 加氢制甲醇反应的催化性能 [J]. 石油化工，2016，45（01）：24-30.

[144] 葛秋伟，肖竹钱，欧阳洪生，等. 费托合成钴基催化剂稀土助剂改性研究进展 [J]. 应用化工，2015：1133-1137.

[145] Zhao Z，Yang X，Wu Y. Comparative study of nickel-based perovskite-like mixed oxide catalysts for direct decomposition of NO [J]. Applied Catalysis B：Environmental，1996，8（3）：281-297.

[146] Zhao Z，Yang X，Wu Y. LaSrNiO$_{4-x}$ with K$_2$NiF$_4$ structure：a highly active catalyst for direct decomposition of NO [J]. Chemical Research in Chinese Universities，1996，12（1）：81.

[147] Zhao Z，Yang X，Wu Y. Direct decomposition of NO over Nd$_{2-x}$Sr$_x$NiO$_4$ [J]. Chinese Science Bulletion，1966，41（11）：904.

[148] 吴越. 应用催化基础 [M]. 北京：化学工业出版社，2008.

[149] Scherzer J. Octane enhancing zeolitic FCC catalysts：scientific and technical aspects [J]. Catalysis Reviews，1989，31（3）：215-354.

[150] Zhan W，Guo Y，Gong X，et al. Current status and perspectives of rare earth catalytic materials and catalysis [J]. Chinese Journal of Catalysis，2014，35（8）：1238-1250.

[151] 于善青，田辉平，龙军. 国外低稀土含量流化催化裂化催化剂的研究进展 [J]. 石油炼制与化工，2013（08）：4-10.

[152] 张剑秋，田辉平. 磷改性 Y 型分子筛的氢转移性能考察 [J]. 石油学报（石油加工），2002（3）：70-74.

[153] Wormsbecher R，Cheng W，Wallenstein D. Role of the rare earth elements in fluid catalytic cracking [J]. Grace Davison Catalagram，2010，16：2015.

[154] 陶朱，田力，林旭，等. La-Ce-Th 改性 ZSM-5 分子筛作为烷烃裂解催化剂的评价. 贵州大学学报（自然科学版），1990，7（3）：179-183.

[155] Wakui K，Satoh K，Sawada G，et al. Catalytic cracking of n-butane over rare earth-loaded HZSM-5 catalysts [J]. Studies in Surface Science and Catalysis，1999. 125（99）：449-456.

[156] 郭毓，张亚文. 面向小分子转化反应的稀土多相催化材料的研究进展 [J]. 中国稀土学报，2017，35（01）：55-68.

[157] 夏坪，刘华彦，陈银飞. 稀土元素（Y、Nd、Ce、La）改性 NaY 分子筛催化乳酸脱水制丙烯酸 [J]. 工业催化，2013，21（02）：38-43.

[158] Cossee P. Ziegler-Natta catalysis Ⅰ. mechanism of polymerization of α-olefins with Ziegler-Natta catalysts [J]. Journal of Catalysis，1964，3（1）：80-88.

[159] Arlmaan E J. Ziegler-Natta catalysis Ⅱ. surface structure of layer-lattice transition metal chlorides [J]. Journal of Catalysis，1964，3（1）：89-98.

[160] Tabah B，Nagvenkar A，Perkas N，et al. Solar-heated sustainable biodiesel production from waste cooking oil using a sonochemically deposited SrO catalyst on microporous activated carbon [J]. Energy & Fuels，2017，31（6）：6228-6239.

[161] Tang H，Li Y，Liu N，et al. A highly-efficient KF-modified nanorod support Zr-Ce oxide catalyst and its application [J]. Chem Cat Chem，2018，10（20），4739-4746.

[162] 陈祎航，沈茜，何田，等. 希夫碱配合物应用研究进展 [J]. 广东化工，2020，47（6）：91-94.

[163] 张仲，李晓慧，刘术侠. 基于含氮配体构筑的稀土金属-有机框架的纳米化及其 Lewis 碱催化. 第八届全国配位化学会议，2017.

[164] Montini T，Melchionna M，Monai M，et al. Fundamentals and catalytic applications of CeO$_2$-based materials [J]. Chemical Reviews，2016，116（10）：5987-6041.

[165] Liu J，Zhao Z，Xu C，et al. Structure, synthesis, and catalytic properties of nanosize cerium-zirconium-based solid solutions in environmental catalysis [J]. Chinese Journal of Catalysis，2019，40：1438-1487.

[166] Sun C，Li K，Xue D. Searching for novel materials via 4f chemistry [J]. Journal of Rare Earths，2019，37（1）：1-10.

[167] Adachi G，Imanaka N. The binary rare earth oxides [J]. Chemical Reviews，1998，98：1479-1514.

[168] Tsujimoto S，Masui T，Imanaka N. Fundamental aspects of rare earth oxides affecting direct NO decomposi-

tion catalysis [J]. Berichte Der Deutschen Chemischen Gesellschaft，2015（9）：1524-1528.

[169] Liu J，Zhao Z，Xu C，et al. Synthesis of nanopowder Ce-Zr-Pr oxide solid solutions and their catalytic performances for soot combustion [J]. Catalysis Communications，2007，8：220-224.

[170] Matta J，Courcot D，Abi-aad E. Identification of vanadium oxide species and trapped single electrons in interaction with the $CeVO_4$ phase in vanadium-cerium oxide systems [J]. Chemistry of Materials，2003，14：4118-4125.

[171] Sugiura M. Oxygen storage materials for automotive catalysts：Ceria-zirconia solid solutions [J]. Catal Surv Asia，2003，7：77-87.

[172] Wang H，Gong X，Guo Y，et al. Maximizing the localized relaxation：The origin of the outstanding oxygen storage capacity of kappa-$Ce_2Zr_2O_8$ [J]. Angew Chem Int Ed，2009，48：8289-8292.

[173] Chen H，Chang J，Chen H. Origin of doping effects on the oxygen storage capacity of $Ce_{1-x}M_xO_2$（M＝Fe，Ru，Os，Sm，Pu）[J]. Chem Phys Lett，2011，502：169-172.

[174] Liu Y，Wen C，Guo Y，et al. Modulated CO oxidation activity of M-doped ceria（M＝Cu，Ti，Zr and Tb）：role of the pauling electronegativity of M [J]. J Phys Chem C，2010，114：9889-9898.

[175] Schulz H，Stark W，Maciejewski M，et al. Flame-made nanocrystalline ceria/zirconia doped with alumina or silica：structural properties and enhanced oxygen exchange capacity [J]. J Mater Chem，2003，13：2979-2984.

[176] Fernández-García M，Martínez-Arias A，Guerrero-Ruiz A，et al. Ce-Zr-Ca ternary mixed oxides：structural characteristics and oxygen handling properties [J]. J Catal，2002，211：326-334.

[177] Zhang-Steenwinkel Y，Beckers J，Bliek A. Surface properties and catalytic performance in CO oxidation of cerium substituted lanthanum-manganese oxides [J]. Applied Catalysis A General，2002，235（1-2）：79-92.

[178] Peng H，Pan K，Yu S，et al. Combining nonthermal plasma with perovskite-like catalyst for NO_x storage and reduction [J]. Environmental science and pollution research international，2016，23（19）：19590-19601.

[179] Yue P，Si W，Luo J，et al. Surface tuning of $La_{0.5}Sr_{0.5}CoO_3$ perovskite catalysts by acetic acid for NO_x storage and reduction [J]. Environmental Science & Technology，2016，50（12）：6442.

[180] Wen W，Wang X，Jin S，et al. $LaCoO_3$ perovskite in $Pt/LaCoO_3/K/Al_2O_3$ for the improvement of NO_x storage and reduction performances [J]. Rsc Advances，2016，6（78）.

[181] Rojas M，Fierro J，Tejuca L，et al. Preparation and characterization of $LaMn_{1-x}Cu_xO_{3+\lambda}$ perovskite oxides [J]. Journal of Catalysis，1990，124（1）：41-51.

[182] Lisi L，Bagnasco G，Ciambelli P，et al. Perovskite-type oxides：Ⅱ. redox properties of $LaMn_{1-x}Cu_xO_3$ and $LaCo_{1-x}Cu_xO_3$ and methane catalytic combustion [J]. Journal of Solid State Chemistry，1999，146（1）：176-183.

[183] Tabata K，Hirano Y，Suzuki E. XPS studies on the oxygen species of $LaMn_{1-x}Cu_xO_{3+\lambda}$ [J]. Applied Catalysis A：General，1998，170（2）：245-254.

[184] Wu Y，Yu T，Dou B，et al. A comparative study on perovskite-type mixed oxide catalysts $A'_xA_{1-x}BO_{3-\lambda}$（A'＝Ca，Sr；A＝La；B＝Mn，Fe，Co）for NH_3 oxidation [J]. Journal of Catalysis，1989，120（1）：88-107.

[185] Barnard K，Foger K，Turney T，et al. Lanthanum cobalt oxide oxidation catalysts derived from mixed hydroxide precursors [J]. Journal of Catalysis，1990，125（2）：265-275.

[186] Rajadurai S，Carberry J，Li B，et al. Catalytic oxidation of carbon monoxide over superconducting $La_{2-x}Sr_xCuO_{4-\delta}$ systems between 373～523K [J]. Journal of Catalysis，1991，131（2）：582-589.

[187] Song K，Xing C，Kim S，et al. Catalytic combustion of CH_4 and CO on $La_{1-x}M_xMnO_3$ perovskites [J]. Catalysis Today，1999，47（1）：155-160.

[188] Chan K，Ma J，Jaenicke S，et al. Catalytic carbon monoxide oxidation over strontium，cerium and copper-substituted lanthanum manganates and cobaltates [J]. Applied Catalysis A：General，1994，107（2）：201-227.

[189] Gilbu T，Fjellvåg H，Kjekshus A，et al. Properties of $LaCo_{1-t}Cr_tO_3$ Ⅲ. catalytic activity for CO oxidation [J]. Applied Catalysis A：General，1996，147（1）：189-205.

[190] Shu J，Kaliaguine S. Well-dispersed perovskite-type oxidation catalysts [J]. Applied Catalysis B：Environmental，1998，16（4）：L303-L308.

[191] Tascón J，González T. Catalytic activity of perovskite-type oxides $LaMeO_3$ [J]. Reaction Kinetics and Catalysis Letters，1980，15（2）：185-191.

[192] Zhang X，Fang X，Feng X，et al. $Ni/Ln_2Zr_2O_7$（Ln＝La，Pr，Sm and Y）catalysts for methane steam reforming：the effects of A site replacement [J]. Catalysis Science & Technology，2017，7：2729-2743.

[193] Zhang G，Zhao Z，Liu J，et al. Three dimensionally ordered macroporous $Ce_{1-x}Zr_xO_2$ solid solutions for diesel soot combustion [J]. Chemical Communications，2010，46（3）：457-459.

[194] Zhang G，Zhao Z，Xu J，et al. Comparative study on the preparation，characterization and catalytic performances of 3DOM Ce-based materials for the combustion of diesel soot [J]. Applied Catalysis B：Environmental，2011，107：302-315.

[195] Tang L，Zhao Z，Wei Y，et al. Study on the coating of nano-particle and 3DOM $LaCoO_3$，perovskite-type complex oxide on cordierite monolith and the catalytic performances for soot oxidation：the effect of washcoat materials of alumina silica and titania [J]. Catalysis Today，2017，297（15）131-142.

[196] Lee C，Park J，Shul Y，et al. Ag supported on electrospun macro-structure CeO_2 fibrous mats for diesel soot oxidation [J]. Applied Catalysis B Environmental，2015，174-175：185-192.

[197] 刘贺，贾未鸣，卜禹豪 等. 稀土种类对 RE-NaY 分子筛酸性及催化裂化活性影响 [J]. 石油化工高等学校学报，2019，32（02）：15-19.

[198] 王晓宁，赵震，徐春明，等. 稀土对微孔分子筛催化剂的调变作用 [C]. 第九届全国化学工艺学术年会论文集，2005：721-726.

[199] Aneggi E，Wiater D，Leitenburg C，et al. Shape-dependent activity of ceria in soot combustion [J]. ACS Catalysis，2014，4（1）：172-181.

[200] Aneggi E，Divins N，Leitenburg C，et al. The formation of nanodomains of Ce_6O_{11} in ceria catalyzed soot combustion [J]. Journal of Catalysis，2014，312（15）：191-194.

[201] Piumetti M，Bensaid S，Russo N，et al. Nanostructured ceria-based catalysts for soot combustion：investigations on the surface sensitivity [J]. Applied Catalysis B Environmental，2015，165：742-751.

[202] Piumetti M，Bensaid S，Russo N，et al. Investigations into nanostructured ceria-zirconia catalysts for soot combustion [J]. Applied Catalysis B Environmental，2016，180：271-282.

[203] Andana T，Piumetti M，Bensaid S，et al. Nanostructured ceria-praseodymia catalysts for diesel soot combustion [J]. Applied Catalysis B Environmental，2016，197：125-137.

[204] Putla S，Hillary B，Dumbre D，et al. Highly efficient cerium dioxide nanocube-based catalysts for low temperature diesel soot oxidation：The cooperative effect of cerium-and cobalt-oxides [J]. Catalysis Science & Technology，2015，5（7）：3496-3500.

[205] Yu T，Lim B，Xia Y. Aqueous-phase synthesis of single-crystal ceria nanosheets [J]. Angewandte Chemie International Edition，2010，49（26）：4484-4487.

[206] Zhang D，Fu H，Shi L，et al. Synthesis of CeO_2 nanorods via ultrasonication assisted by polyethylene glycol [J]. Inorganic Chemistry，2007，46（7）：2446-2451.

[207] Zhou K，Wang X，Sun X，et al. Enhanced catalytic activity of ceria nanorods from well-defined reactive crystal planes [J]. Journal of Catalysis，2005，229（1）：206-212.

[208] Si R，Flytzani-Stephanopoulos M. Shape and crystal-plane effects of nanoscale ceria on the activity of $Au-CeO_2$ catalysts for the water-gas shift reaction [J]. Angewandte Chemie International Edition，2008，47（15）：2884-2887.

[209] Singhania N，Anumol E，Ravishankar N，et al. Influence of CeO_2 morphology on the catalytic activity of CeO_2-Pt hybrids for CO oxidation [J]. Dalton Transactions，2013，42（43）：15343-15354.

[210] Peng R，Sun X，Li S，et al. Shape effect of Pt/CeO_2 catalysts on the catalytic oxidation of toluene [J]. Chemical Engineering Journal，2016，306：1234-1246.

[211] Wang X，Wu J，Wang J，et al. Methanol plasma-catalytic oxidation over CeO_2 catalysts：effect of ceria morphology and reaction mechanism [J]. Chemical Engineering Journal，2019，369：233-244.

[212] 邱贤华，苏翔宇，陈素华，等. 不同形貌 CeO_2 的制备及其在污水催化臭氧化处理中的性能 [J]. 南昌航空大学学报（自然科学版），2014，28（2）：80-85.

[213] Sayle T，Parker S，Catlow C. The role of oxygen vacancies on ceria surfaces in the oxidation of carbon monoxide [J]. Surface Science，1994，316（3）：329-336.

[214] Hou F，Zhao H，Zhao J，et al. Morphological effect of lanthanum-based supports on the catalytic performance of Pt catalysts in crotonaldehyde hydrogenation [J]. Journal of Nanoparticle Research，2016，18（3）：66.

[215] Tsujimoto S，Mima K，Masui T，et al. Direct decomposition of NO on C-type cubic rare earth oxides based on Y_2O_3 [J]. Chemistry Letters，2010，39（5）：456-457.

[216] Sun Z，Li X，Wang A，et al. The effect of CeO_2 on the hydrodenitrogenation performance of bulk Ni_2P [J]. Topics in Catalysis，2012，55（14-15）：1010-1021.

[217] 雷利利，李靖，刘桂武，等. 不同 Ce/Ba 比对柴油机 NSR 催化剂性能的影响 [J]. 机械设计与制造，2016（11）：136-138.

[218] Chen J，Chen X，Yan D，et al. A facile strategy of enhancing interaction between cerium and manganese oxides for catalytic removal of gaseous organic contaminants [J]. Applied Catalysis B：Environmental，2019，250：396-407.

[219] Liu J，Zhao Z，Wang J，et al. The highly active catalysts of nanometric CeO_2-supported cobalt oxides for soot combustion [J]. Applied Catalysis B：Environmental，2008，84（1）：185-195.

[220] Wei Y，Liu J，Zhao Z，et al. The catalysts of three-dimensionally ordered macroporous $Ce_{1-x}Zr_xO_2$-supported gold nanoparticles for soot combustion：the metal-support interaction [J]. Journal of Catalysis，2012，287：13-29.

[221] Wei Y，Liu J，Zhao Z，et al. Structural and synergistic effects of three-dimensionally ordered macroporous $Ce_{0.8}Zr_{0.2}O_2$-supported Pt nanoparticles on the catalytic performance for soot combustion [J]. Applied Catalysis A：General，2013，453：250-261.

[222] Wei Y，Zhao Z，Jin B，et al. Synthesis of AuPt alloy nanoparticles supported on 3D ordered macroporous oxide with enhanced catalytic performance for soot combustion [J]. Catalysis Today，2015，251：103-113.

[223] Wei Y，Zhao Z，Jiao J，et al. Facile synthesis of three-dimensionally ordered macroporous $LaFeO_3$-supported gold nanoparticle catalysts with high catalytic activity and stability for soot combustion [J]. Catalysis Today，2015，245：37-45.

[224] Andana T，Piumetti M，Bensaid S，et al. Nanostructured ceria-praseodymia catalysts for diesel soot combustion [J]. Applied Catalysis B：Environmental，2016，197：125-137.

[225] Guo L，Liu L，Zhu X，et al. Effect of Mg/Al molar ratios on NO reduction activity of CO using Ce-La/$MgAl_2O_{4-x}$ catalysts [J]. Journal of Fuel Chemistry and Technology，2017，45（6）：723-730.

[226] Liang Q，Wu X，Weng D，et al. Oxygen activation on Cu/Mn-Ce mixed oxides and the role in diesel soot oxidation [J]. Catalysis Today，2008，139（1）：113-118.

[227] Sousa-Aguiar E，Vera L，Zotin F. A Fourier transform infrared spectroscopy study of La，Nd，Sm，Gd and Dy-containing Y zeolites [J]. Microporous and Mesoporous Materials，1998，25（1）：25-34.

[228] Rahimi N，Karimzadeh R. Catalytic cracking of hydrocarbons over modified ZSM-5 zeolites to produce light olefins：a review [J]. Applied Catalysis A：General，2011，398（1-2）：1-17.

[229] Li Y，Liu H，Zhu J，et al. DFT study on the accommodation and role of La species in ZSM-5 zeolite [J]. Microporous & Mesoporous Materials，2011，142 (2-3)：621-628.

[230] Gong T，Zhang X，Bai T，et al. Coupling conversion of methanol and C_4 hydrocarbon to propylene on La-modified HZSM-5 zeolite catalysts [J]. Industrial & Engineering Chemistry Research，2012，51 (42)：13589-13598.

[231] Wang X，Zhao Z，Xu C，et al. Effects of light rare earth on acidity and catalytic performance of HZSM-5 zeolite for catalytic cracking of butane to light olefins [J]. Journal of Rare Earths，2007，25 (3)：321-328.

[232] Liu J，Du Y，Liu J，et al. Design of MoFe/Beta@CeO_2 catalysts with a core-shell structure and their catalytic performances for the selective catalytic reduction of NO with NH_3 [J]. Applied Catalysis B：Environmental，2017，203：704-714.

[233] Liu J，Liu J，Zhao Z，et al. Fe-Beta@CeO_2 core-shell catalyst with tunable shell thickness for selective catalytic reduction of NO_x with NH_3 [J]. AIChE Journal，2017，63 (10)：4430-4441.

[234] Choudhary V，Mulla S，Rane V. Surface basicity and acidity of alkaline earth-promoted La_2O_3 catalysts and their performance in oxidative coupling of methane [J]. Journal of Chemical Technology & Biotechnology，1998，72 (2)：125-130.

[235] Sławomir K，Otremba M，Taniewski M. The catalytic performance in oxidative coupling of methane and the surface basicity of La_2O_3，Nd_2O_3，ZrO_2 and Nb_2O_5 [J]. Fuel，2003，82 (11)：1331-1338.

[236] Rahmani S，Meshkani F，Rezaei M. Preparation of Ni-M (M：La，Co，Ce，and Fe) catalysts supported on mesoporous nanocrystalline γ-Al_2O_3 for CO_2 methanation [J]. Environmental Progress & Sustainable Energy，2019，38 (1)：118-126.

[237] Tang S，Qiu F，Lu S. Effect of supports on the carbon deposition of nickel catalysts for methane reforming with CO_2 [J]. Catalysis Today，1995，24 (3)：253-255.

[238] Liu S，Xu L，Xie S，et al. Partial oxidation of propane to syngas over nickel supported catalysts modified by alkali metal oxides and rare-earth metal oxides [J]. Applied Catalysis A General，2001，211 (2)：145-152.

[239] Al-Doghachi F，Rashid U，Taufiq-Yap Y. Investigation of Ce promoter effects on the tri-metallic Pt，Pd，Ni/MgO catalyst in dry-reforming of methane [J]. RSC Adv，2016，6 (13)：10372-10384.

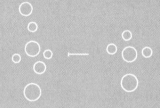

第二章　催化裂化反应原理与重油分子转化模式研究

流化催化裂化（FCC）是炼油工业二次加工的核心工艺，在重油轻质化方面发挥了关键作用，可将馏程大于 350℃的重油大分子原料（包括减压蜡油、常压渣油、减压渣油、焦化蜡油、脱沥青油等），在固体酸催化剂作用下，反应温度 450～530℃，反应压力 0.1～0.3MPa，转化为液化气、汽油、柴油等轻质燃料和低碳烯烃（如乙烯、丙烯、丁烯）等化工原料，同时副产干气和焦炭，未转化部分称作油浆。FCC 工艺在我国的炼油工业中占有极为重要的地位，承载了 60％的重油加工任务，提供了大约 70％的汽油、30％的柴油以及 40％的丙烯。

就催化裂化催化剂来说，自 1936 年催化裂化实现工业化以来，从最初天然白土发展到无定形硅酸铝催化剂和沸石/分子筛催化剂，如 X 型沸石、Y 型沸石、ZSM-5 沸石以及各种新型沸石材料催化剂，这些沸石催化材料多数采用了稀土进行改性处理。那么，原料油烃分子在催化裂化催化剂上如何发生反应，稀土催化对反应有什么影响？这些反应又如何决定产品分布？

在催化裂化条件下，原料油气分子在催化剂表面发生诸如裂化、氢转移、异构化、脱氢、环化、缩合等系列复杂的反应，这些反应涉及正碳离子化学理论。到目前为止，国内出版涉及正碳离子化学原理的代表性著作主要有：1999 年，高滋等[1]编写了《沸石催化与分离技术》；2013 年，许友好[2]发表了专著《催化裂化化学与工艺》；2015 年，陈俊武和许友好出版了《催化裂化工艺与工程》（第三版）[3]。这些著作对正碳离子化学和催化裂化反应化学进行了比较系统的论述，本书参考上述著作的部分要点，作为炼油稀土催化反应机理认识的重要基础。

在简要认识正碳离子化学的基础上，本章总结了国内外催化裂化反应原理探索及其发展，阐述了基于正碳离子反应的单/双分子反应机理和减少汽油烯烃生成的反应模式研究，分析了稀土催化与氢转移、异构化以及芳构化等关键反应的构效关系。以重油大分子高效转化为研究对象，重点论述了世界主要催化剂公司在重油转化模式方面各具特色的研究进展，探索了正碳离子在重油大分子转化中的关键作用和实现的技术途径，对于开发重油高效催化材料和催化剂技术具有一定的指导意义。

第一节　正碳离子化学

一、正碳离子化学发展简史

关于正碳离子化学发展历史，许友好在《催化裂化化学与工艺》一书中进行了极为精炼的总结[2]。一般来说，正碳离子（carbocations）包括经典的三配位 R_3C^+ 正碳离子（carbenium）和非经典的五配位 R_5C^+ 正碳离子（carbonium）。1902 年，Baeyer 和 Villiger 提出了 R_3C^+ 的概念，但是由于大多数烃类的非离子态特性，此概念长期不被科学家所接受，直到 1922 年，正碳离子反应中间体的概念才被 Meerwein 在解释莰烯在液相中的 Wagner 重排反应时重新认识。1947 年，Hansford 首先提出了基于正碳离子的裂化反应机理，1949 年，Greensfelder 和 Thomas 解释了固体酸催化剂上发生的负氢离子转移和氢转移反应。1972 年，Olah 对正碳离子进行了分类，将含有一个碳三配位的离子称为 carbenium，而含有一个碳五配位的离子称为 carbonium。1984 年，Haag 和 Dessau 提出了以五配位正碳离子反应机理来解释烷烃的催化裂化反应历程。通过众多科学家的不懈努力，1987 年，国际纯粹与应用化学联合会（IUPAC）终于认可了正碳离子的定义。正碳离子化学逐步发展成为人们认识催化裂化反应和其他酸催化反应的科学基础，众多科学家开展了持续的研究工作。

二、正碳离子的类型与形成

1. 正碳离子的类型

正碳离子包括经典正碳离子和非经典正碳离子，一般情况下指经典正碳离子[2]。

经典的正碳离子又称三配位正碳离子，是一个中心缺电子的碳原子结构，中心碳原子和周围三个原子通过 sp^2 杂化键结合在一起形成 3 个 σ 键的平面结构。其结构如下：

20 世纪 60 年代，Olah 等证实了在超强酸介质中存在三配位的正碳离子，当 $(CH_3)_3CF$ 溶于 SbF_5/SO_2ClF 溶液时，^{13}C NMR 测得叔碳原子的化学位移为 335.2，比正常的叔碳原子的化学位移向低场移动约 300，如此强的去屏蔽效应是由叔碳原子由 sp^3 杂化轨道变为 sp^2 杂化轨道，正电荷主要集中在叔碳原子引起的，从而证实 carbenium 是稳定的正碳离子。1984 年，Maciel 首次利用 NMR 技术检测到 $AlCl_3$ 固体表面存在三苯甲基正碳离子，1989 年，Haw 等利用 ^{13}C CP/MAS NMR 检测到了 HY 沸石表面存在 1,3-二甲基环戊二烯基正碳离子。

非经典正碳离子又称五配位正碳离子，很不稳定，碳与 8 个电子以价环的方式形成五配位结构，价环由一个包含 3 个原子中心和 2 个电子的"特殊键"所构成。下面的结构式展示了五配位正碳离子的形成过程。

2. 经典正碳离子的生成

（1）烯烃在 B 酸中心得到 H^+ 生成正碳离子

$$R^1—CH=CH—R^2 + HZ \rightleftharpoons \left[R^1—CH\overset{H^+}{=}CH—R^2 \right] + Z^- \rightleftharpoons$$

$$R^1—CH_2—\overset{+}{CH}---R^2 + Z^-$$

（2）烷烃在 L 酸中心失去 H^- 生成正碳离子

$$R^1—CH_2—CH_2—R^2 + LZ \rightleftharpoons R^1—CH_2—\overset{+}{CH}—R^2 + HL + Z^-$$

（3）饱和烃通过非经典正碳离子中间体生成正碳离子

Haag 和 Dessau[4]提出饱和烃分子在 500℃以上，可在 B 酸中心上形成五配位（或四配位，如 $C_6H_7^+$）的非经典正碳离子中间体，此中间体发生 β 断裂转化为较小的烷烃和经典正碳离子。此机理可由催化裂化产品中存在氢气得到证明，反应表示如下：

$$R^1 - CH_2 - CH_2 - R^2 + HZ \Longrightarrow R^1 - CH_2 - \overset{+}{CH_3} - R^2 + Z^-$$

$$R^{1+} - CH_3 - CH_2 - R^2 \qquad R^1 - CH_2 - \overset{+}{CH} - R^2 + H_2$$

3. 非经典正碳离子的生成

（1）烷烃分子与 B 酸中心质子 H^+ 结合产生

$$R - CH_2 - CH_2 - CH_3 + HZ \Longrightarrow R - CH_2 - \overset{+}{CH_3} - CH_3 + Z^-$$

（2）经典正碳离子对烷烃分子 σ C—C 键的攻击产生

$$R - CH_2 - \overset{+}{CH_2} + R - CH_2 - CH_2 - CH_3 \Longrightarrow R - CH_2 - CH_2 - \overset{+}{CH_2} - CH_2 - CH_3$$
$$|$$
$$R$$

五配位正碳离子能量高，很容易发生裂化反应生成 H_2 或烷烃分子与之补偿的三配位正碳离子，其反应式如下：

$$R - CH_2 - \overset{+}{CH_3} - CH_2 - CH_3 \Longrightarrow R - CH_2 - \overset{+}{CH} - CH_2 + CH_3 + H_2$$

$$R - CH_2 - \overset{+}{CH_3} - CH_2 - CH_3 \Longrightarrow R - \overset{+}{CH_2} + CH_3 - CH_2 - CH_3$$

三、正碳离子的反应

分子内的单分子反应和分子间的双分子反应是经典正碳离子发生的两种主要反应类型，而非经典正碳离子主要发生 β 断裂生成经典正碳离子，这里主要描述经典正碳离子的反应。

1. 单分子反应

（1）裂化反应

裂化反应是正碳离子发生的重要反应，一般发生在带正电荷的 β 位的 C—C 键上，生成一个较小的正碳离子和 α-烯烃：

$$RCH_2\overset{+}{C}HCH_2 - CH_2CH_2R^1 \Longrightarrow RCH_2 - CH = CH_2 + \overset{+}{C}H_2CH_2R^1$$

由于伯正碳离子较不稳定，会继续发生氢转移生成稳定的仲或叔正碳离子，再继续进行裂化，直到生成较稳定的丙基正碳离子，因此裂化产物中 C_3 或 C_4 产物较多，而 C_1 和 C_2 产物较少。

（2）异构化反应

正碳离子的异构化反应可划分为三种类型[3]：Ⅰ型反应是正电荷中心位置因负氢离子转移而改变；Ⅱ型反应是由烷基 R 转移发生的，使正碳离子骨架碳发生改变，但是支链度没有改变；Ⅲ型反应是正碳离子骨架发生重排反应，伴随着支链度的改变。这三种类型异构化反应分别表示如下：

Ⅰ型异构化反应：

$$CH_3-CH_2-CH_2-CH_2-\overset{+}{C}H-CH_3 \longrightarrow CH_3-CH_2-CH_2-\overset{+}{C}H-CH_2-CH_3$$

Ⅱ型异构化反应：

$$CH_3-CH_2-CH_2-\overset{\overset{R}{|}}{C}H-\overset{+}{C}H-CH_3 \longrightarrow CH_3-CH_2-\overset{+}{C}H-\overset{\overset{R}{|}}{C}H-CH_2-CH_3$$

Ⅲ型异构化反应：

如图 2-1 所示[2]，Ⅲ型异构化反应涉及质子化环烷丙烷正碳离子（PCP-protonated cyclopropane）中间体的形成和反应，实际上，Ⅱ型异构化反应也可能涉及这种非经典正碳离子的形成和反应过程，只不过其反应速率快于Ⅲ型反应。

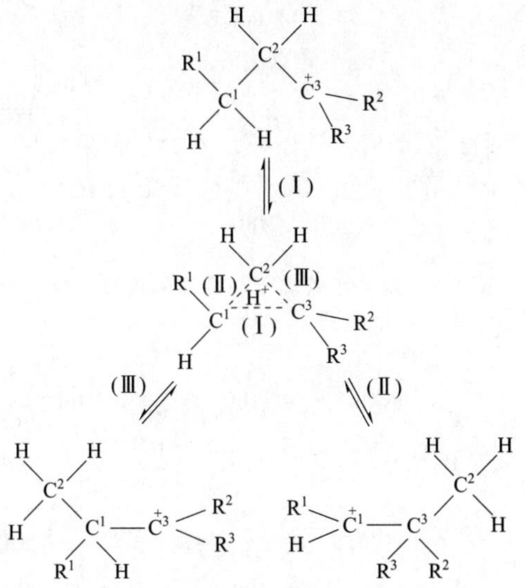

图 2-1 伴随支链程度变化的正碳离子异构化反应

（3）环化反应

Brandeberger 等[5]于 1976 年提出了正庚烯在新鲜催化剂上环化的两种不同反应机理。第一种机理 ［图 2-2(a)］涉及 5 个碳的环状非经典正碳离子的中间体生成，涉及一个

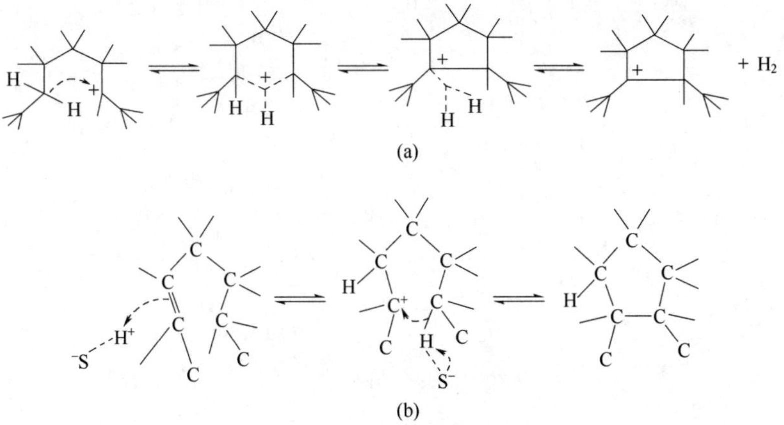

(a)

(b)

图 2-2 烷基正碳离子直接环化反应机理

质子固定在正庚烯双键上，同时在另一个碳上抽取一个质子以实现环的封闭。

第二种机理［图 2-2(b)］涉及催化剂上的一个酸性位和一个碱性位的协调作用，从而避免需要一个环状正碳离子中间体的生成。涉及烯烃质子化形成一个烷基正碳离子，随后是环的封闭，这是由于碱性位从正碳离子上吸取一个质子，从而释放形成带正电荷的 σ 键所需的电子。

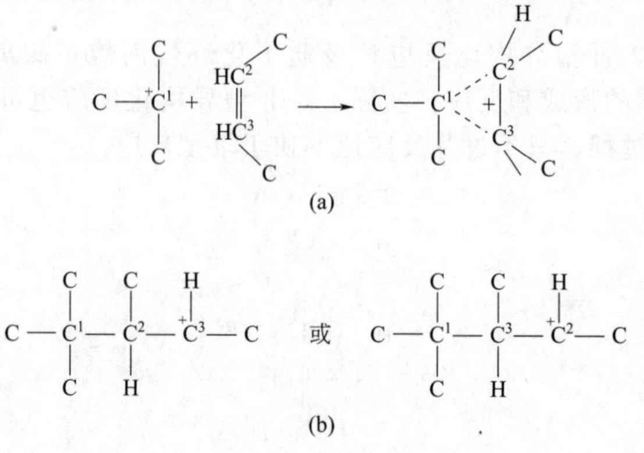

(a)

(b)

图 2-3　烷基正碳离子与烯烃的烷基化反应

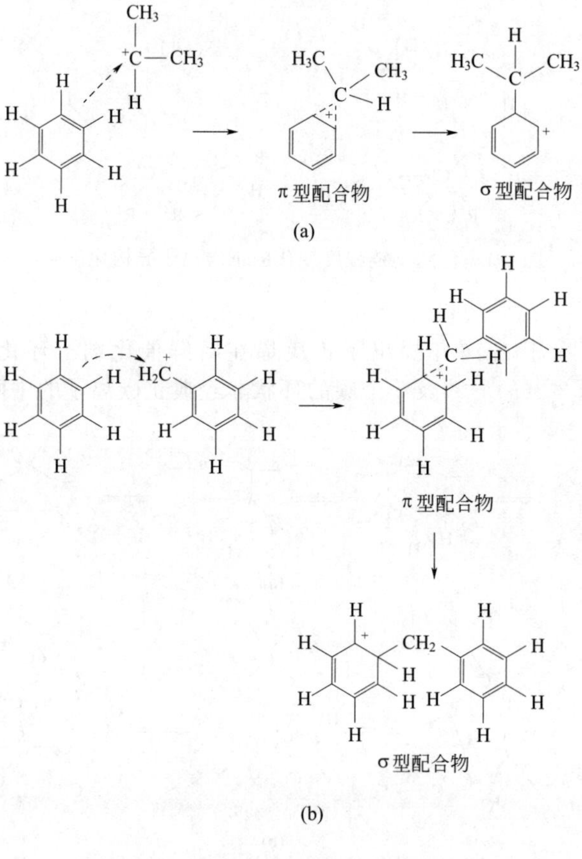

(a)

(b)

图 2-4　正碳离子与芳香环的烷基化反应

另外，正碳离子环化反应还包括烯烃正碳离子的环化反应和芳环上的环化反应[2]。

2. 双分子反应

正碳离子的双分子反应主要涉及它与烯烃、芳烃和烷烃的反应，这三种类型反应分别表示如下[2]：

（1）与烯烃的反应

由烯烃加入一个正碳离子，形成一个更大的正碳离子（图 2-3），这与一个质子快速结合一个烯烃分子类似。

（2）与芳烃的反应

正碳离子对芳香核 π 键的攻击导致烷基芳香烃生成（图 2-4）。

（3）与烷烃的反应

正碳离子与烷烃分子形成三中心二电子的非经典正碳离子，然后断裂形成新的 C—H 键，其负氢离子转移机理如图 2-5 所示。另外，还包括烷基转移反应。

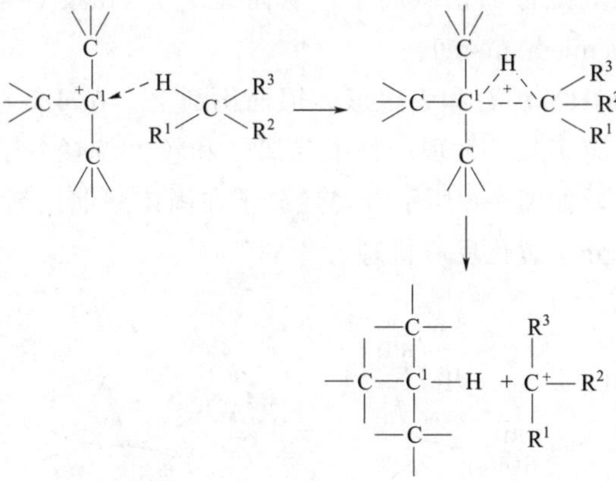

图 2-5　链烷烃和正碳离子之间的负氢离子转移

第二节　催化裂化反应机理

在认识上述正碳离子化学和反应的基础上，可以进一步讨论催化裂化过程中烃类分子发生系列复杂反应涉及的反应机理的认识历程。

一、双分子裂化反应机理

1947 年，Hansford 首先提出了 β 断裂（scission）机理，认为催化裂化反应完全以三配位正碳离子中间体进行，该机理最早揭示了烷烃催化裂化的正碳离子反应特性，解释反应物中存在大量烯烃和烷烃的原因，比较准确地预测了烷烃分子发生催化裂化的产物分布，典型的案例是预测了正十六烷在硅酸铝催化剂上的裂化反应产物分布。正碳离子可由烷烃分子失去一个负氢离子或者烯烃分子质子化而得。所形成的正碳离子，除进行骨架重排外，还可从另一个烷烃分子上抽取一个负氢离子，生成一个新的烷烃分子和一个新的正碳离子，即所谓的负氢离子转移反应。这些正碳离子也可以进行 β 断裂反应生成一个烯烃分子和一个更小的正碳离子。这表明，以正碳离子作为链载体（chain carrier），将 β 断裂反应和负氢离子转移反应关联起来，其中涉及两个分子的反应，因此称作双分子裂化反应机理（classical bimolecular mechanism）。一般认为，三配位正碳离子产生于以下几种途径：

① Lewis 酸（简称 L 酸）从烷烃分子上抽取一个负氢离子后生成；
② 烯烃在 Brønsted 酸（简称 B 酸）上吸附反应后生成；
③ B 酸的质子直接攻击烷烃分子的 C—H 键，随后分解生成。

二、单分子裂化反应机理

双分子裂化反应机理不能很好地解释在 L 酸中心上产生的经典正碳离子如何迁移到 B 酸中心上发生 β 断裂反应。直到 1984 年，Haag 和 Dessau[4] 提出烷烃分子可以直接在 B 酸中心上形成非经典的五配位的正碳离子，从而提出了 Haag-Dessau 单分子裂化反应机理（protolytic cracking mechanism）。

他们在 HZSM-5 和 HY 沸石和无定形硅铝催化剂上，在 623～823K 之间对正己烷和三甲基戊烷进行裂化反应实验，发现产物中除烯烃和较大烷烃分子外，还存在较多氢气、甲烷和乙烷。由此得出，如图 2-6 所示，烷烃分子在固体酸催化剂上的反应不仅存在双分子裂化反应，也存在单分子裂化反应机理。

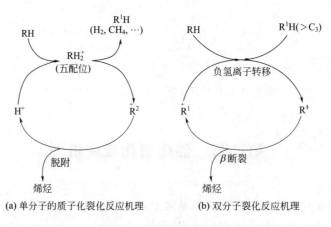

(a) 单分子的质子化裂化反应机理　　(b) 双分子裂化反应机理

图 2-6　裂化反应机理

单分子裂化反应机理认为，烷烃的 C—C 键和 C—H 键可以在固体酸 B 酸上质子化为五配位的非经典正碳离子，由于不稳定，极易分解成一个烷烃分子和对应的三配位正碳离子。该机理较好地解释了烷烃分子的自催化裂化特性：反应初期，烷烃分子通过质子化裂化反应和 β 断裂产生烯烃，反应特征以单分子裂化为主，随着反应转化率提高，烯烃达到一定浓度，烯烃在 B 酸中心上吸附反应产生了大量三配位正碳离子，从而双分子反应占主导地位。他们进一步实验发现：高温、低烃分压和低转化率对单分子反应有利，而低温、高烃压和较高转化率对双分子反应有利。而且，沸石催化材料的结构对单/双分子反应的程度有重要影响，如 HZSM-5 沸石由于其孔径较小会抑制双分子反应，从而有利于单分子反应的进行。

尽管单分子裂化反应机理可以较好地解释低转化率下的某些 $C_3 \sim C_6$ 烷烃在 HZSM-5 沸石上的裂化反应结果，但是在高转化率下，更大的烷烃分子在类似 Y 型沸石上的反应主要呈现双分子反应特征。Williams 等[6]在单双分子反应机理基础上，引入低聚裂化反应机理作为双分子反应的补充，这可以更好地解释催化过程中生成大于原料的产物分子和催化剂结焦失活等现象。与双分子裂化反应不同的是，通过低聚裂化反应形成的三配位正碳离子产生负氢离子转移反应后，所生成的较大分子烷烃会继续保留在催化剂表面，并与其他三配位正碳离子发生负氢离子转移反应，直至形成焦炭前驱物。

三、链反应机理

前面按照对催化裂化反应机理的认识先后简单区分为单分子裂化机理和双分子裂化机理，明显割裂了它们之间的内在联系，难以解释复杂的催化裂化反应过程的许多实验现象：比如前面提到的普遍存在的反应结焦现象以及通常存在产物烷烃与烯烃的摩尔比大于 1 的情况。针对如何关联单/双分子反应机理，更好地解释催化裂化反应过程，化学家们进一步提出了催化裂化链反应机理（chain reaction mechanism）模式。

1. 裂化链反应机理的提出和基本描述

经典的单分子质子化反应机理认为烷烃分子与分子筛表面酸中心作用，发生 β 裂解生成一个小的烷烃分子和一个与之互补的正碳离子，正碳离子快速脱附成为一个烯烃分子，这种两步裂化机理的结果必然导致裂化产物中的烯烃和烷烃的比率等于 1。但是大量数据表明[7-9]，多数裂化产物的烷烃大于烯烃，出现了所谓"过量烷烃"或"过量氢"的问题，由此引起了众多研究者探索催化裂化过程新的反应机理模式[9-16]。

Kissin[10]系统总结了烷烃和烯烃的催化裂化反应机理，对比分析了不同反应机理的特征，涉及不同的经典正碳离子（三配位）机理、碳鎓离子（五配位）机理、包含正碳离子和碳鎓离子的链反应机理以及氧鎓离子（H_3O^+）机理。其中对于在酸催化烯烃裂化反应中形成烷烃的现象，进行了简要分析。

$$CH_2 =\!\!=CH-CH_2-CH_2-R \longrightarrow CH_3-CH_2-CH_2-CH_2-R$$
$$CH_2 =\!\!=C(CH_3)-CH_2-R \longrightarrow CH_3-CH(CH_3)-CH_2-R$$

如上式所示，如何解释氢的来源存在争议，但基本认为第一个氢来自酸催化剂的 OH 基团，第二个氢则来源于其他烃类反应底物（如芳烃溶剂）。

实际上，早在 1973 年，Aldridge 等[11]就提出了"诱导期"（induction period）的概念，即烷烃所形成的正碳离子浓度达到稳态后裂化反应速率加快。Gates 在其著作中论述了裂化反应以链反应的形式进行，正碳离子是链反应的载体。McVicker 等建立了正碳离子链反应的具体模型。直到 1993 年，Zhao 等[12]首次明确提出了烷烃裂化反应链机理的概念，包括链引发、链传递和链终止三个基元反应步骤。

（1）链引发

链引发（initiation）是由活性中心进攻反应物分子生成活泼物种而开始的。普遍认同的观点是烷烃裂化是经过正碳离子进行的，但是，在烷烃原料中，起始的正碳离子是如何形成的却长期存在争论。

① 最初认为烷烃原料中存在痕量杂质烯烃或者发生热裂化产生少量烯烃，发生质子化作用形成正碳离子[13]，这种观点缺乏足够的证据逐渐被放弃。

② 认为 L 酸中心是引发剂[14,15]，由于 L 酸是缺电子的，容易从烷烃分子中抽取一个氢负离子，剩下部分随即成为正碳离子。这种观点基于催化剂活性与 B 酸和 L 酸之和而不是与 B 酸呈线性关系，由此推测这两种酸存在相互作用，共同影响裂化反应进程。催化剂经过高温处理容易形成较多的焦炭和芳烃也是由于 L 酸保留率高的缘故[16]。但是 L 酸的这种作用并不十分清楚。

③ 认为 B 酸中心是引发剂。最初由 Olah[17] 在研究烷烃在液体超强酸体系中的反应时提出，随后许多学者比较了液体强酸与催化剂固 B 酸的相似性，认为烷烃分子也可以直接在催化剂表面强 B 酸上进行质子化裂解[18]：

$$C_n H_{2(n+1)} + H^+ S^- \longrightarrow C_n H_{2(n+1)+1}^+ + S^- \longrightarrow C_i H_{2i+2} + C_{n-i} H_{2(n-i)+1}^+ + S^-$$

上述反应式中，烷烃分子吸附在 B 酸上首先形成五配位的正碳离子过渡态，过渡态物种分解生成一个小的烷烃分子和一个与之互补的三配位正碳离子。Corma 等[19,20]研究了不同酸中心在正庚烷催化裂化反应中的作用，B 酸与烷烃分子作用可有两种方式：进攻 C—H 键或 C—C 键，采用分子轨道计算表明进攻 C—C 键可以获得能量最稳定的构型，裂化产物中未发现氢气进一步证实了上述结论。Abbot 等[21]研究了烷烃在 HY 沸石上的反应机理，提出链的引发也是在 B 酸中心上形成五配位的正碳离子。Simon 等[22]采用 AM1 分子轨道法计算表明，在酸性沸石上，质子酸进攻烷烃分子，形成的过渡态直接分解获得较小的烷烃和烯烃分子。

可以看出，链引发是以单分子裂化反应为基础的，目前有关形成五配位正碳离子的链引发机理已得到广泛认同。

（2）链传递

链引发完成之后，在催化剂酸性中心表面上生成正碳离子。链传递（propagation）过程涉及气相烃分子与表面正碳离子之间的歧化反应（disproportionation）[23]，正碳离子夺取烷烃分子的一个负氢离子或烷基负离子得以饱和，而原来的烷烃则转化为新的正碳离子；同时正碳离子也可以发生 β 裂解生成一个小的烯烃分子和一个与之互补的正碳离子。这样，正碳离子链载体传递反应下去。可以看出，这里所述的歧化反应相当于双分子氢转移反应。

链传递是裂化反应的最主要反应步骤，这阶段发生的反应包括 β 断裂反应，比如生成各种烯烃；异构化反应，生成支链度较高的异构化产物；与大分子原料烷烃分子进行氢转移反应，生成新的三配位正碳离子和较小的烷烃分子，发生所谓的歧化反应；与烯烃分子进行叠合反应，生成更大的正碳离子等。其中正碳离子和烷烃分子之间发生的氢转移反应，具有典型的双分子反应特征，是影响产物烷烃/烯烃比和裂化反应产品的重要反应。

（3）链终止

链终止（termination）反应有三种主要方式：①表面三配位正碳离子的脱附形成烯

烃，催化剂的 B 酸中心得以恢复，又可以重新引发新的反应链；②三配位正碳离子从供氢体捕获到一个负氢离子转化成烷烃分子，链反应终止；③正碳离子自身不断释放负氢离子变成严重缺氢的焦炭前驱物。在反应达到稳态后，链终止反应速率等于链引发速率。

1990 年，Wielers 等[24]提出了"裂化机理比率（CMR）"的概念，用于表示单分子质子裂化反应机理和双分子氢转移反应机理之间的发生比例。

1992 年，Shertukde 等[25]尝试用链反应机理的概念对异丁烷和正戊烷在 HY 沸石上的裂化反应进行描述，其中以异丁烷为例描述的链反应过程如图 2-7 所示。

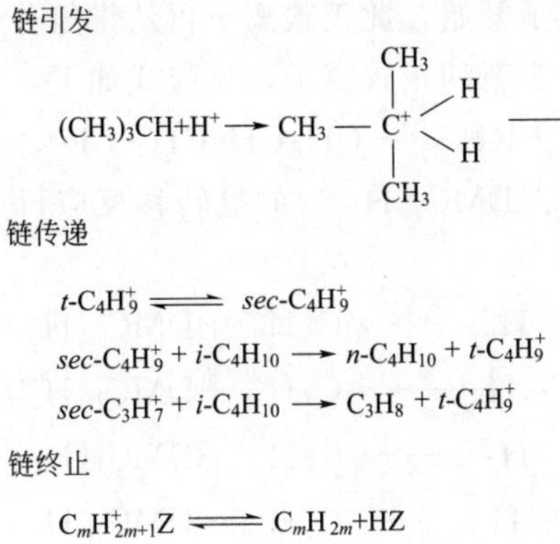

链引发

$$(CH_3)_3CH+H^+ \longrightarrow CH_3-\underset{CH_3}{\overset{CH_3}{C^+}}\underset{H}{\overset{H}{\Big\langle}} \begin{array}{l} \longrightarrow H_2+t\text{-}C_4H_9^+ \\ \longrightarrow CH_4+sec\text{-}C_3H_7^+ \end{array}$$

链传递

$$t\text{-}C_4H_9^+ \rightleftharpoons sec\text{-}C_4H_9^+$$

$$sec\text{-}C_4H_9^+ + i\text{-}C_4H_{10} \longrightarrow n\text{-}C_4H_{10} + t\text{-}C_4H_9^+$$

$$sec\text{-}C_3H_7^+ + i\text{-}C_4H_{10} \longrightarrow C_3H_8 + t\text{-}C_4H_9^+$$

链终止

$$C_mH_{2m+1}^+Z \rightleftharpoons C_mH_{2m}+HZ$$

图 2-7　异丁烷裂化的链反应过程

Shertukde 等认为裂化反应产物分布主要取决于稳态条件下的正碳离子浓度，链反应机理可以满意地解释异丁烷和正戊烷的裂化产物分布。此外，当反应温度为 673K 时，对于低碳烯烃来说，β 裂解反应对产物分布的影响可以忽略。

Shertukde 等还提出了"链长"的概念。链长是衡量链反应最重要的参数，定义为通过负氢离子转移反应消耗的反应物分子和通过质子化裂化反应消耗的反应物分子之比，实际上就是链传递过程中双分子反应速率与引发过程中单分子反应速率的比值。他们在实验中计算了水热和化学不同改性的 DY、SY 和 LZY 沸石上发生裂化反应的链长数据：异丁烷在 DY 和 SY 上反应的链长分别为 4、8，而正戊烷在三个沸石上反应的链长分别为 8、8、15。可见，链长与沸石催化剂的性质和反应物种类有关。

Zhao 等[12]研究己烷异构体在 HY 沸石上的裂化反应时，明确提出了链反应机理，认为单分子裂化反应和双分子裂化反应机理是统一在催化裂化反应链反应中相互关联的两个反应过程。链引发和链终止以单分子裂化反应为主，而链传递主要发生双分子氢转移反应（或负氢离子转移反应），他们比较系统和定量化描述了烷烃催化裂化反应的不同反应途径概率、平均分子量减少、体积膨胀和催化剂失活等现象，并计算了链反应机理的"动力学链长"（cracking chain length），其定义为总反应速率与引发反应的速率之比，其数值可以从 1 到无穷大。单分子反应和双分子反应对总转化率的贡献随着链长的变化而改变。应用催化裂化链反应机理的概念，择形裂化可以理解为对动力学链长的影响，这是通过改变双分子传递反应的途径来实现的。

2. 传统氢转移反应的作用和局限

负氢离子是双分子裂化反应的基元反应，也是氢转移反应的基元反应，Corma

等[26,27]曾对负氢离子转移（hydride transfer）和氢转移（hydrogen transfer）两种反应进行了区分：链传递的负氢离子转移反应只涉及一个活性中心，而生成焦炭的氢转移反应则涉及两个相邻活性中心的吸附和反应过程。在沸石催化剂上负氢离子的转移反应的活性中间体与吸附的非经典五配位正碳离子相似，它们与酸性中心的作用力仅为库仑力。双分子裂化反应的结果是产物的烷烃与烯烃分子之比小于 1，而氢转移反应的产物特征是烷烃与烯烃分子之比大于 1。

氢转移反应是分子筛催化裂化特征反应之一[1,28]，氢转移反应是一个双分子放热反应，由烯烃接受一个质子形成正碳离子开始，此正碳离子再从供氢分子中夺取一个氢负离子生成一个烷烃，供氢分子则形成一个新的正碳离子，反应式如下：

$$CH_3C^+HCH_3 + RH \longrightarrow CH_3CH_2CH_3 + R^+$$

Mariclly[29]研究了二甲基四氢萘（$DMC_{10}H_{10}$）的氢转移反应行为，提出了如下的反应路径：

$$i\text{-}C_4H_8 + DMC_{10}H_9^+ \longrightarrow t\text{-}C_4H_9^+ + DMC_{10}H_8$$

$$t\text{-}C_4H_9^+ + DMC_{10}H_8 \longrightarrow i\text{-}C_4H_{10} + DMC_{10}H_7^+$$

$$i\text{-}C_4H_8 + DMC_{10}H_7^+ \longrightarrow t\text{-}C_4H_9^+ + DMC_{10}H_6$$

$$t\text{-}C_4H_9^+ + DMC_{10}H_{10} \longrightarrow i\text{-}C_4H_{10} + DMC_{10}H_9^+$$

这表明二甲基四氢萘的氢转移反应促使烯烃转化为烷烃，环烷环则转化成芳香环。也就是说氢转移过程包括两个步骤，先发生负氢离子转移，再发生质子转移。

利用负氢离子转移基元反应概念，1976 年，M. L. Poustma 提出了 C_3 烯烃环化生成芳烃的反应机理，其反应路径如下[30]：

烯烃参与的氢转移反应主要有以下几种：

① 烯烃与环烷烃反应生成烷烃与芳烃：

$$3C_nH_{2n} + C_mH_{2m} \longrightarrow 3C_nH_{2n+2} + C_mH_{2m-6}$$

② 烯烃之间发生反应生成烷烃和芳烃：

$$4C_nH_{2n} \longrightarrow 3C_nH_{2n+2} + C_nH_{2n-6}$$

③ 环烯之间发生反应生成环烷烃和芳烃：

$$3C_mH_{2m-2} \longrightarrow 2C_mH_{2m} + C_mH_{2m-6}$$

④ 烯烃与焦炭前身物反应生成烷烃与焦炭。

氢转移过程中氢的来源主要有以下的几方面：①环烯和环烷脱氢生成芳烃。②烯烃通过环化生成环烷烃和芳烃，如正十六烯生成正碳离子后，能自身烷基化形成环状结构。生成的环正碳离子异构化后能吸取一个负离子生成环烷烃，或失去质子生成环烯烃，环烯烃进一步反应，直到生成芳烃。③烯烃还会从芳香族化合物和其他少氢的烃类中吸取负离子生成更多的饱和烃和焦炭。从上面的讨论可知，在氢转移过程中，烯烃一方面作为氢的接受者生成饱和物，另一方面也作为氢的给出者，本身成为正碳离子或不饱和物。经过连续的氢转移后，更加缺氢的不饱和物或芳烃很难移动而强烈地吸附在催化剂表面上，最后生成焦炭。所以氢转移反应可以显著降低汽油烯烃含量，但是势必造成产物中焦炭产率大幅度上升，同时由于大量二次反应的发生，导致柴油分子的过度转化，致使产品分布中柴油产率明显下降。

Pine 等[31]研究了不同水热老化 Y 沸石的晶胞尺寸与裂化反应性能的关系。结果表明，不同方式改性的 Y 型分子筛，可以归结到老化稳定的晶胞尺寸上，可根据其大小预测裂化反应产物。从它们之间的关联可以获得如图 2-8 所示的裂化反应产物的差异路径图。也就是说，老化晶胞参数越小，铝含量和酸密度越低，铝配位处于孤立状态（isolated），则获得更多的烯烃产物；相反，老化晶胞参数越大，则铝含量和酸密度越高，铝配位处于拥挤状态（congested），更容易发生氢转移反应，导致产物以烷烃为主。

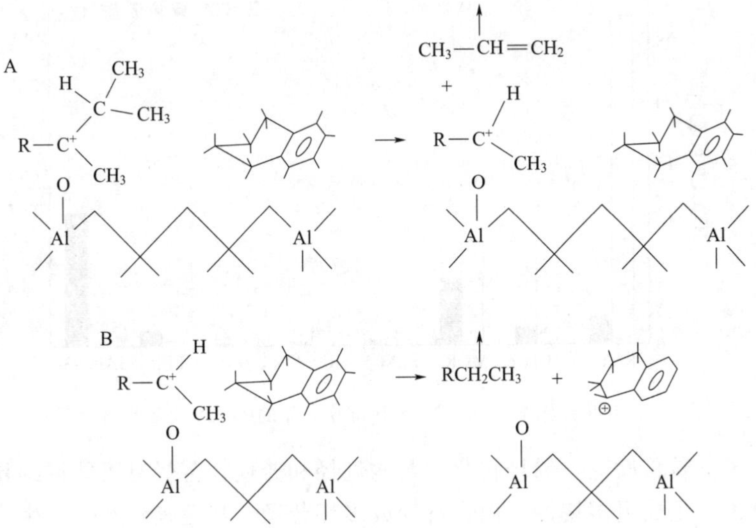

图 2-8　低密度和高密度酸中心上的裂化反应产物对比

（A：低密度酸中心产生更多的烯烃产物；B：高密度酸中心利于氢转移反应得到更多的烷烃产物）

另外的研究还表明[32,33]，Y 型分子筛的晶胞尺寸对氢转移活性和焦炭产率有明显的对应关系，随着晶胞尺寸变小，减少了双分子氢转移反应发生的概率，导致裂化反应过程的氢转移活性下降，从而降低了焦炭产率。

高永灿等[34]对催化裂化过程的氢转移反应进行了研究。对比 VGO 在 HZSM-5 和USY 催化剂上的反应，表明 USY 催化剂较大的孔体积和酸密度以及强的酸性中心有利于氢转移反应发生；而 HZSM-5 具有特定交叉孔道结构，且孔口较小，对参加氢转移反应的烃分子具有择形作用，由于催化剂的活性中心密度小，从而抑制了部分氢转移反应，表现出其氢转移活性指数低于 USY 催化剂。随着反应温度升高，氢转移反应活性下降，而且其反应活化能较低，说明氢转移反应在催化裂化条件下属于快速且容易发生的反应，能强烈影响裂化产物的组成和产品分布。另外，催化裂化反应过程中由于焦炭对催化剂表面活性中心的污染和覆盖，改变了相应的酸性质和空间结构，活性中心数和氢转移活性均下降。

朱华元等[35]考察了正己烷在几种不同分子筛上的氢转移反应，从图 2-9 看出，在相近转化率下，大孔的 REY 分子筛氢转移反应活性（HTA）最高，Beta 和 MOR 分子筛次之，中孔的 MFI 分子筛（ZSM-5、RPSA、ZRP-5）及小孔的 FER 分子筛较低；磷铝分子筛 SAPO-34 的孔虽然不小，但由于稳定性差，裂化活性很低，因而在几乎没有氢转移反应活性的情况下焦炭选择性却很高。同时，REY 的焦炭选择性较差，而 Beta 具有较高的氢转移反应活性和良好的焦炭选择性。另外，分子筛的氢转移反应性能同时受骨架硅铝摩尔比的影响，硅铝摩尔比的提高直接导致分子筛氢转移反应活性下降，同时也降低了焦炭产率。说明在小分子烷烃的裂化反应中，起催化作用的分子筛或催化材料不仅需要有合适的孔结构，还必须具有合理的硅铝比。

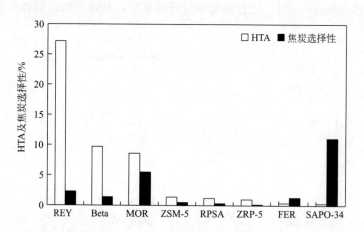

图 2-9 相近转化率（10%）下不同分子筛的 HTA 及焦炭选择性

通过双分子氢转移反应，烯烃转化为异构烷烃和芳烃，芳烃有可能继续释放负氢，饱和其他烯烃分子，生成更多烷烃，而自身变成多环芳烃，甚至是焦炭。以生成芳烃脱附或不脱附为界，可将氢转移反应分为以下两类。

Ⅰ型氢转移反应[36,37]：

$$3C_nH_{2n} + C_mH_{2m} \longrightarrow 3C_nH_{2n+2} + C_mH_{2m-6}$$
烯烃　环烷烃　　　链烷烃　　芳烃

$$RCH_2CH_2CH_2CH_2CH = CH_2 + R^+ \longrightarrow$$

$$R\overset{+}{C}HCH_2CH_2CH_2CH = CH_2 + RH \xrightarrow{\text{环化}} R- \bighexagon + R- \overset{+}{\bighexagon} \xrightarrow{\text{H变位}} R- \overset{+}{\bighexagon} \xrightarrow{-H^+} R- \bigbenzene$$

Ⅱ型氢转移反应[36]：

$$C_nH_{2n-2}, C_mH_{2m-6} \xrightarrow[\text{烷基化、缩合}]{\text{失H}}$$

"焦炭"

$$C_nH_{2n} \xrightarrow{\text{加H}} C_nH_{2n+2}$$

许友好[38]对上述两种类型的氢转移反应进行了研究，结果表明，低硅铝比的分子筛催化剂由于酸密度高，导致氢转移速度增加，生成的缺氢分子难以脱附并继续释放负氢，饱和其他烯烃分子，而自身直到生成焦炭，主要发生Ⅱ型氢转移反应；而高硅铝比的分子筛催化剂具有较低的酸密度，导致氢转移速度减弱，生成的缺氢分子在一定条件下能够脱附，从而形成较多的芳烃和较少的焦炭，主要发生Ⅰ型氢转移反应。由于高温有利于脱附反应，提高反应温度和降低反应空速，发生Ⅰ型氢转移反应的速度增加。另外，在再生后的催化剂上发生Ⅱ型氢转移反应的速度要高于待生催化剂，与再生催化剂具有高强度的酸性中心有关。

总之，按照传统的裂化反应理论，氢转移是FCC过程中伴随裂化反应发生的特征反应之一。在催化裂化反应进程中，正碳离子的裂化发生在带正电荷的碳原子的 β 位，C—C键断裂，生成一个烯烃小分子和一个新的小正碳离子。这个小正碳离子或经过质子转移后再继续裂解，或与另一大烃分子作用生成小的烃分子和一个新的大正碳离子，使催化裂化反应继续进行。一次裂化反应产生大量烯烃，所形成的烯烃经过双分子氢转移反应，一部分作为氢的接受者生成饱和烃，另一部分作为氢的给出者，经过连续的氢转移后，最后生成焦炭。催化剂的酸强度和酸密度以及孔道构形都影响氢转移活性。为了降低裂化汽油的烯烃含量，必须大幅度提高催化剂的酸性密度，即反应活性，提高二次反应发生的概率。结果是裂化汽油的烯烃产率下降，牺牲了汽油辛烷值，焦炭产率大幅增加，同时由于大量二次反应的发生，导致柴油分子的过度转化，致使产品分布中柴油产率明显下降。

四、稀土与关键催化反应

催化裂化过程涉及一系列复杂的化学反应，除了发生裂化反应（α 或 β 断裂），同时伴随发生一些关键催化反应，如氢转移反应、异构化反应和芳构化反应，稀土催化与这些反应密切相关，强烈影响催化反应的产品分布和产品质量。

1. 稀土催化与氢转移反应

在炼油催化过程中，氢转移反应发挥了重要作用，直接影响产物分布和产品性质，其活性高则催化反应的汽油产率增加，汽油烯烃含量低，重油转化能力增强，但是汽油辛烷值和低碳烯烃产率下降。因此，如何根据实际需要调变催化剂和催化反应的氢转移反应活性十分重要。稀土及其氧化物与催化材料和催化剂的氢转移活性密切相关。

张剑秋等[39]对改性Y型分子筛的氢转移进行了比较系统的研究，表明稀土的加入会改变分子筛的酸性，从而提高分子筛的氢转移活性（HTI定义为裂化反应产物的烷烃与烯烃之比），但同时会使分子筛的焦炭选择性变差，焦炭产率明显增加（表2-1）。

表 2-1　稀土改性的 Y 型分子筛的氢转移活性评价结果

分子筛	RE_2O_3(质量分数)/%	x/%	y(焦炭)/%	y(烯烃)/%	HTI
HY	0	54.22	5.92	8.89	4.5
REHY-1	3.1	53.51	6.95	7.91	5.2
REHY-2	6.5	55.24	7.89	7.18	5.7
REHY-3	10.2	54.90	11.19	6.57	6.0

为了改善氢转移反应的焦炭选择性，还考察了磷等元素改性对氢转移活性的影响。结果表明，含稀土 Y 型分子筛中适量磷的加入改变了其表面酸性，不但增加了分子筛表面的酸密度，还改变了酸强度，通过对烃类吸、脱附性能的改变使分子筛表面发生"选择性氢转移反应"，既可以提高分子筛的氢转移性能，又可以改善其焦炭选择性。磷作为一种无机元素，它的引入会使分子筛的酸性发生变化，从而影响分子筛的催化性能。随着分子筛中 $w(P_2O_5)$ 的增加，分子筛的氢转移指数升高，液相烯烃产率和焦炭产率降低；当 $w(P_2O_5)=5\%$ 时氢转移指数曲线出现一个峰值，氢转移指数达到最大值 6.4，同时，液相烯烃产率曲线和焦炭产率曲线在该处为一个峰谷；分子筛中的 $w(P_2O_5)$ 继续增加时，氢转移指数开始明显降低，液相烯烃产率和焦炭产率也开始上升。这说明，适当增加 $w(P_2O_5)$ 会提高分子筛的氢转移活性，降低烯烃产率，抑制焦炭的生成，但过高的 $w(P_2O_5)$ 反而会使液相烯烃和焦炭产率增加，氢转移指数下降（图 2-10、图 2-11）。

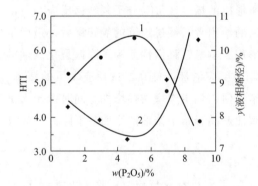 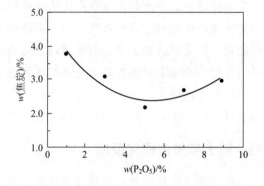

图 2-10　分子筛中磷质量分数与氢转移　　　图 2-11　相近转化率下分子筛的磷
　　质量数和液相烯烃产率的关系　　　　　　质量分数与焦炭产率的关系
　　　　1—HTI；2—液相烯烃含量

杜军等[40,41]采用气相超稳方法和稀土离子交换相结合，能使高硅 Y 沸石中稀土含量达到 6%～9%。由于在 $SiCl_4$ 气相超稳过程中，Y 型分子筛在脱铝过程中可以直接利用 $SiCl_4$ 的硅源进行补硅，从而保证晶体结构完整，孔道通畅，有利于提高金属离子的交换度；同时由于金属离子交换度的提高，增加了改性沸石的酸强度，使其强酸中心和酸密度能合理配置，有效地实现了催化剂 L 酸和 B 酸的协调效应，因而所制成的 REGHSY 分子筛具有较强的酸性和良好的水热活性稳定性。在晶胞参数相近的条件下，有效地提高了高硅 Y 沸石的裂化活性和氢转移活性，是重油裂化催化催化剂的良好活性组元。

2. 稀土催化与异构化反应

异构化反应是一类重要的炼油催化反应，裂化产物之一的汽油组分的异构化程度与其辛烷值密切相关。一般来说，随着烯烃含量增加，催化汽油的研究法辛烷值上升，而马达法辛烷值变化不明显，但是异构化（支链化）程度越高则汽油马达法辛烷值越大。在催化裂化反应化学中，趋于平衡的真正异构化反应是在烯烃和芳烃存在下发生的，通常是先生成烯烃后再进行异构化，而生成芳烃的过程本身也是一种异构化反应。稀土含量对催化剂的异构化性能具有较大影响，如表 2-2 所示[42]，无论是 HY 还是 USY 分子筛，其加入稀土后的 BI 异构化指数（定义为液相裂化产物中 C_5 与 C_6 的异构烷烃之和与其正构烷烃之和的比值）增加，但是 REUSY 分子筛的 BI 异构化指数大于相近稀土含量的 REHY-1，这是因为 USY 分子筛经过了超稳化处理，酸强度增加，有利于改善其异构化性能。另外，当继续增加稀土含量，REHY-3 的 BI 异构化指数反而下降了，这是由于过高的稀土含量大幅度提高了氢转移反应活性，致使其正构烷烃增加幅度大于异构烷烃的变化。可见，适宜含量的稀土改性可以改善催化裂化过程的异构化反应。

表 2-2　不同稀土含量的 Y 型沸石的异构化反应性能

沸石类型	HY	USY	REUSY	REHY-1	REHY-2	REHY-3
RE_2O_3（质量分数）/%	0	0	3.0	3.1	6.5	10.2
转化率（质量分数）/%	54.22	52.85	53.19	54.51	55.24	54.90
气体产率（质量分数）/%	37.86	39.53	35.51	34.02	31.34	27.09
液体产率（质量分数）/%	56.22	55.65	58.63	59.03	60.77	61.72
焦炭产率（质量分数）/%	5.92	4.82	5.86	6.95	7.89	11.19
异构烷烃（IP）/%	39.7	31.3	40.2	41.8	43.5	42.2
环烷烃（NP）/%	5.9	5.0	4.2	5.1	5.0	7.0
BI 异构化指数	6.7	6.3	9.6	8.2	8.7	6.0

3. 稀土催化与芳构化反应

芳构化反应是一个复杂的反应过程，涉及裂化、环化、脱氢、异构化以及氢转移等反应步骤，狭义的芳构化过程指环烷烃的异构脱氢反应。汽油中芳烃含量对其辛烷值的影响尤为重要。张剑秋[42]以正十二烷为模型化合物，研究了不同稀土改性 Y 分子筛的芳构化性能。结果表明，稀土的加入对 Y 型分子筛的芳烃生成有较大影响，HY 和 USY 分子筛在加入稀土后，芳烃生成能力均提高。REHY-1 和 REUSY 尽管稀土含量相同，但其液相产物中的芳烃含量却有差别，这是由其氢转移活性差异引起的。稀土的加入有利于芳烃生成，主要是通过提高分子筛的酸密度增加分子筛表面的氢转移反应，但稀土含量也不是越多越好。当稀土含量从 6.5% 增加到 10.2%，液相产物中的芳烃含量却在减少，说明过高的稀土含量会引起芳烃生成反应的减少。这是由于稀土交换度较高时，伴随分子筛表面的酸密度增加，其强酸位也会增加，这将引起过裂化反应的增加，减少了烯烃的聚合和异构化等反应，从而减少生成芳烃的反应中间物，因此导致芳烃选择性下降（表 2-3）。

表 2-3　不同稀土含量的 Y 型沸石的芳构化反应性能

沸石类型	HY	USY	REUSY	REHY-1	REHY-2	REHY-3
RE_2O_3(质量分数)/%	0	0	3.0	3.1	6.5	10.2
转化率(质量分数)/%	54.22	52.85	53.19	54.51	55.24	54.90
气体产率(质量分数)/%	37.86	39.53	35.51	34.02	31.34	27.09
液体产率(质量分数)/%	56.22	55.65	58.63	59.03	60.77	61.72
焦炭产率(质量分数)/%	5.92	4.82	5.86	6.95	7.89	11.19
液体中芳烃含量/%	11.2	9.5	12.5	14.1	15.8	12.0

在上述研究的基础上，通过 Zn 物种的优化改性，Y 型分子筛的芳构化反应性能得到进一步改善，从而提出了图 2-12 所示的芳构化反应机理模式。

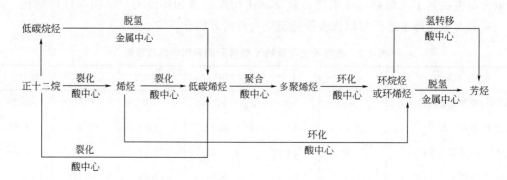

图 2-12　正十二烷在 Y 型分子筛上生成芳烃的反应历程示意图

在 Zn 改性前，芳烃的生成主要发生在酸性中心上，加入锌以后，其金属活性中心增加了由脱氢生成芳烃的反应。Y 型分子筛较高的酸密度使脱氢反应受到抑制，但锌的加入促进了裂化生成的低碳烷烃生成芳烃的反应，少量烯烃的聚合反应也有利于芳烃的生成反应。稀土和锌的共同作用，使分子筛的酸强度和酸类型得到优化，在分子筛表面发生的裂化、氢转移、聚合等反应达到有利于生成芳烃的平衡状态，从而提高芳烃产率。

五、裂化反应机理研究进展

Corma 等[19]在研究正庚烷的裂化时，针对不同酸中心在催化裂化反应中的作用，提出如图 2-13 所示的裂化反应机理。

长链正构烷烃在催化剂上裂化所生成的裂化产物中含有大量的异构烷烃，同时，正构烷烃的裂化速度随着碳数增加几乎呈现指数增长，经典正碳离子机理难以解释这种实验结果。对此，Sie[43,44]对经典正碳离子反应机理进行了一定的修正，提出了质子化环丙烷反应机理（PCP）。该反应机理认为引发段形成的非经典正碳离子经过了一个质子化环丙烷中间体过程。正构烷烃在酸性催化剂上异构化反应机理见图 2-14。

如图 2-14 所示，质子化环丙烷中间体可以发生 β 裂解分别产生叔正碳离子和 α-烯烃，其中叔正碳离子可以经过负氢离子转移反应而生成异构烷烃。因此，正构烷烃通过质子化环丙烷中间体裂化后主要生成异构烷烃和直链烯烃，同时也可以解释为什么裂化产物中 C_1、C_2 产物少，而 C_3 产物相对较多，并且随着正构烷烃的碳数增加，反应速率快速上升。

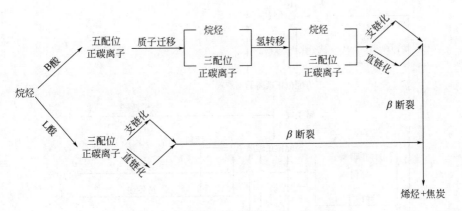

图 2-13　在两种酸中心作用下的裂化反应机理

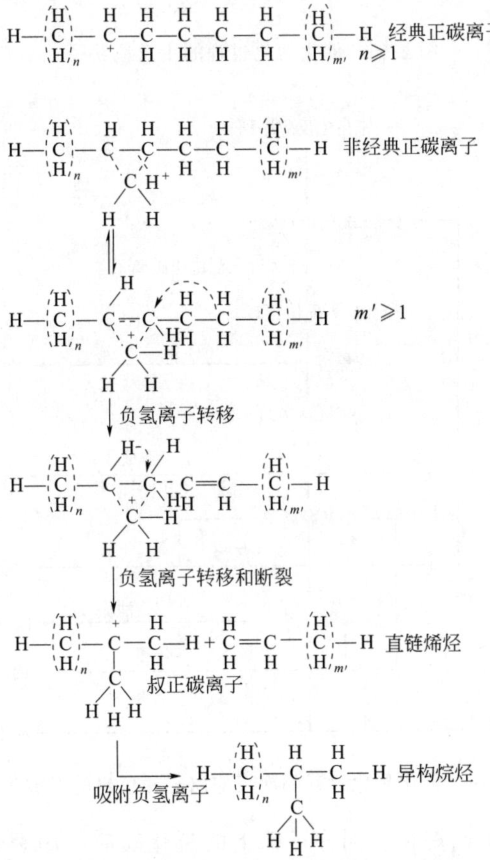

图 2-14　直链烷烃质子化环丙烷裂化反应机理

在 Zhao[12] 等提出的动力学链长的基础上，Wojciechowski[23,45] 对烷烃裂化反应过程进行了深入的定量研究工作，提出了如图 2-15 和图 2-16 所示的催化裂化过程的主、次反应路径和焦炭的生成机理。

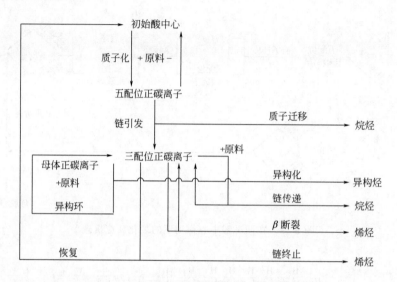

图 2-15　催化裂化过程的主反应路径

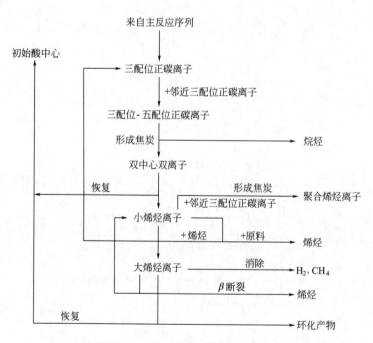

图 2-16　催化裂化过程的次反应路径和焦炭的形成机理

阎立军等[46] 研究了正己烷在不同分子筛上的裂化反应，用裂化反应链机理的观点统一了正己烷裂化反应中的单、双分子两种反应机理，提出了"裂化反应链长（CCL）"的概念，并将裂化反应链长与分子筛的孔结构进行了关联。结果表明，在孔径较大的 Y、β

分子筛上，正己烷裂化反应有着较大的 CCL 值，这意味着双分子的链传递反应在裂化反应中占主要地位，有利于仅在链传递段中生成的异构烷烃的选择性；而在 ZSM-5、Ferrierite 等小孔径的分子筛上，正己烷裂化反应的 CCL 值较小，接近其理论极限值 2，表明裂化反应主要由单分子的链引发和链终止反应来完成，其结果导致产物中烯烃选择性较高。

在裂化反应链反应过程中，人们对链传递步骤的双分子反应比较感兴趣。Wielers[24] 和 Corma[47] 认为，裂化反应中的双分子反应是通过双位吸附的 Langmuir-Hinshelwood（L-H）机理进行的，是两个吸附在相邻酸位上的正碳离子或反应物分子之间的反应。另外的研究者倾向于单位吸附的 Rideal 机理。Wojciechowski[23] 认为双分子反应发生于吸附在酸位上的正碳离子和气相中的反应物分子之间；按此机理，双分子反应和单分子反应一样，都在单个酸位上进行。阎立军等[48] 研究了正己烷在不同硅铝比的 Y、β 两个系列分子筛上的裂化反应过程。结果表明，与分子筛的孔结构相比，酸密度对正己烷裂化反应链长基本上没有影响，也就是说酸密度的变化并不改变单、双分子反应的发生比例；双分子反应和单分子反应都是在单个酸位上完成的。因此，他们认为裂化反应中的双分子反应符合 Rideal 机理。综合阎立军等[46,48] 的主要实验结果，催化裂化链反应的单、双分子反应机理的统一反应模式可以描述为图 2-17 所示的反应路径[2]。

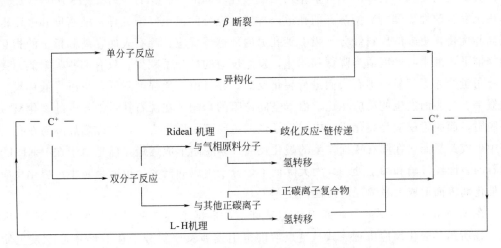

图 2-17　基于 carbenium 反应的单分子和双分子反应机理

综合催化裂化链反应机理，链传递反应主要是通过进料分子和表面 carbenium 之间的负氢离子或烷基负离子转移的双分子反应进行的，而且这种双分子反应过程将进料分子转化为烷烃的同时并不伴随烯烃的生成，从而可以改变裂化产物中烷烃和烯烃的比例。只有当 carbenium 足够大发生 β 裂解或者脱附时才产生烯烃。也就是说，如果能够让裂化反应尽可能通过链传递反应进行，即增加"动力学链长"或者"裂化反应链长"，减少 carbenium 的 β 裂解或者脱附过程，这样就可以大幅度提高裂化产物的烷烃比例，达到降低裂化汽油烯烃含量的目的。而不是传统的催化裂化反应机理所认为的那样，烯烃首先产生，通过有烯烃参与的氢转移反应来饱和烯烃，伴随过多的二次反应使柴油产率大幅度降低和焦炭产率迅速上升。按照催化裂化链反应机理，只要所设计的催化剂具有适宜的酸密度、酸强度以及空间结构，能够促进链传递反应发生，并减少 carbenium 的 β 断裂以及脱附过程，就可以达到通过链传递反应来调节裂化产物的选择性和烯烃含量的目的。因此，笔者等[49]提出了对 Y 型分子筛进行磷和稀土复合改性处理，如图 2-18 所示。

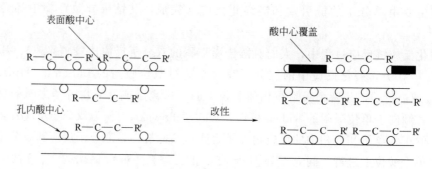

图 2-18　酸性中心的修饰效应对反应的导向作用

经过磷和稀土复合改性，部分稀土离子与 Y 型沸石超笼中的钠离子发生交换作用，进而在水热处理过程中迁移进入方钠石笼中，另一部分稀土则极有可能与磷发生相互作用形成超细的 RE-P-O 复合氧化物，覆盖在沸石的外表面上，并占领部分酸性活性中心，同时部分磷还会与沸石表面的铝羟基作用形成酸性较弱的 P—OH。如图 2-18 所示，经过磷和稀土复合改性处理，Y 型沸石的孔道内部经过充分的稀土修饰处理，酸密度和强度得以提高和优化，更多的原料烃分子吸引到孔道内部进行反应；沸石表面在磷和稀土的相互作用修饰下，酸中心密度适当降低和弱化，发生反应的烃分子减少，只有那些吸附能力强的大分子量烃才更容易在沸石表面进行裂化反应，并且由于酸强度降低，可以降低焦炭生成的概率。与表面发生的反应相比，由于空间位阻的影响，在沸石孔道中发生的裂化反应不易脱附，而脱附反应是裂化反应中产生烯烃的主要基元反应之一，这样烯烃不易在孔道反应中生成；然而，在沸石表面发生的裂化反应极易脱附形成烯烃，但是由于在 P-RE-USY 沸石的表面经过磷和稀土处理，大大降低了烃分子生成的概率，也就是减小了裂化反应中在催化剂表面形成大量烯烃的可能性。

在 Wojciechowski 等[23]研究工作的基础上，根据上述实验结果，笔者等[49]提出了图 2-19所示的裂化反应机理模式。链反应的链引发涉及原料分子在 B 酸中心上发生质子化裂解反应，质子化裂解反应是一种歧化反应。在质子化裂解反应引起的链引发过程和脱附产生烯烃的终止反应之间，任何含有正碳离子的酸性中心上都存在大量烃分子的转化反应。这些反应就组成了链反应的传播过程。在链传播过程中，以三配位正碳离子为中心（相当于质子酸），原料烃分子与其相互作用形成五配位正碳离子（相当于 L 酸），发生歧化反应形成一个分子烷烃和新的三配位正碳离子，在三配位正碳离子和五配位正碳离子之间就形成了一个反应链。这样，每一个原料烃分子的转化并不产生烯烃分子，而是生成一个烷烃分子。只有当发生 β 裂解或正碳离子试图脱附时才生成烯烃分子。可以设想的是，由于空间位阻作用，与发生在沸石外表面的烃分子转化反应相比，在沸石孔道活性中形成的正碳离子不易脱附，通过脱附形成烯烃的可能性减小。如果经过改性，沸石孔道的活性中心得以增强和优化，同时表面活性中心得以减少和弱化，那么，在沸石孔道中发生的链

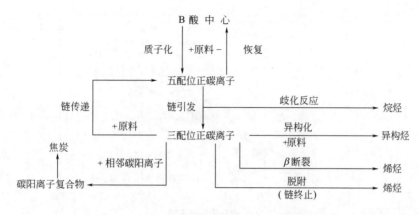

图 2-19　减少催化裂化汽油烯烃生成的反应路径

传递反应就会得到强化，在表面发生脱附基元反应的概率下降，从而达到减少烯烃生成的目的。

中国石油兰州化工研究中心依此反应模式开发了 LBO 系列新型汽油降烯烃催化剂，在国内市场得到了大面积推广应用，支撑了汽油质量从国Ⅱ升级到国Ⅲ换代技术[50]，所形成的科技成果"新型 FCC 汽油降烯烃催化剂的研制与工业化开发"获得了 2004 年国家科技进步二等奖。LBO 系列催化剂的成功开发提升了中国炼油催化剂的自主创新能力和国际竞争实力，致使国际催化剂大公司的同类产品纷纷退出中国市场。

第三节　重油分子裂化模式研究进展

长期以来，针对催化裂化反应化学的基础研究，大多采用烃类模型化合物进行研究，可以获得直观的烃类反应化学认识，形成了较为丰富的催化裂化反应原理的理论知识。但是，这些理论认识至今只能部分解释实际的重油大分子的催化裂化反应行为。在实际运行的催化裂化反应中，人们更关注重油大分子的直接转化效果。也就是说，如何将催化裂化反应原理认识和重油大分子的转化关联起来，从而指导开发重油高效转化的催化材料和催化剂以及催化裂化反应工艺，显得十分重要。

为此，国内外的石油炼制科学家进行了持续研究，从不同角度阐述了重油催化裂化的反应历程，深化了对重油大分子催化转化的认识。

一、国外重油催化裂化反应研究

石油烃分子是结构复杂的含有多环芳烃的烃类混合物，如图 2-20 所示[51]，重油大分子在原油馏分中具有最高碳数，且大多以多环或稠环芳烃的形式存在，在分子筛孔道内存在明显的扩散限制，因此，要求催化剂体系对重油大分子应具有高度可接近性和良好的裂化能力。渣油分子直径一般在 2nm 以上，难以直接进入裂化催化剂分子筛主活性中心的微孔（孔直径 0.7～0.8nm）内进行裂化反应，因此，重油分子的裂化首先要求重油催化

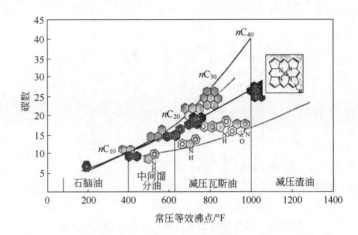

图 2-20　石油烃分子的馏程分布

剂具有可接近的活性中心。一般来说，渣油分子裂化反应过程可分为：

① 大分子烃先在大孔（孔直径大于 10nm）和中孔（孔直径 2～10nm）内外表面裂化。

② 预裂化烃分子进一步在中孔内裂化。

③ 适中烃分子在沸石微孔内选择性裂化。

1. Albemarle 公司的可接近活性中心重油转化模式

1993 年，荷兰的 Akzo-Nobel 公司（2004 年被美国的 Albemarle 公司收购）研发人员首次提出了催化剂活性中心可接近性的概念[52]，其模型如图 2-21 所示，开放性的孔口可以让大分子进入孔内发生预裂化，预裂化产物进入催化剂内孔，与孔道内的活性中心接触发生选择性裂化反应。如果孔口开放不被结焦所堵塞，反应的高价值产物能够快速从孔道中扩散出来，缩短在孔内的停留时间，则减少了发生氢转移反应和缩合生焦等二次反应。

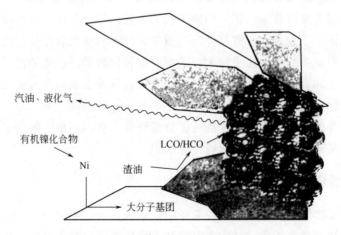

图 2-21　活性中心可接近性模型示意图

基于上述认识，在第十七届世界石油大会上，Albemarle 公司进一步提出了催化裂化催化剂的可接近性指数[53]，认为可接近性指数（akzo accessibilty index，AAI 指数）是判定催化裂化催化剂性能的重要参数，可表征重油反应物分子进入催化剂孔道和从催化剂表面离开的传质能力，与催化剂的重油转化能力相关联。AAI Test 可以快速筛选催化剂的重油转化性能，测试方法是根据液相中有机大分子向催化剂的扩散速率，采用在线 UV 光谱仪检测大分子向催化剂的渗透速率。AAI 指数越大，则大分子向催化剂的扩散速率越快，催化剂的重油转化能力越强，从而成为快速表征 FCC 催化剂重油转化能力的方法。平衡催化剂的积炭量随着新鲜催化剂 AAI 指数增大而减少，老化处理和金属沉积对催化剂 AAI 指数影响较大，特别是铁离子的沉积会使催化剂的可接近性大大降低。Albemarle 公司根据这个表征方法，将其开发的 ADZ 分子筛技术和 ADM 基质技术与适当黏结剂技术进行组合，产生了所谓的 CAT（catalyst assembly technology）组合技术。CAT 技术的协同作用能够产生一个独特的催化剂结构，有利于石油烃类化合物快速吸附和脱附，从而提高重油大分子的裂化能力。

2. GRACE 公司的重油梯次转化模式

美国的 GRACE Davison 是世界上最有影响力的 FCC 催化剂制造公司，对重油大分子的催化转化模式进行了持续不断的探索研究。Zhao 等[51]系统阐述了催化裂化过程中塔底油大分子的裂化反应模式，如图 2-22 所示，塔底油大分子的裂化反应路径主要有三种方式：

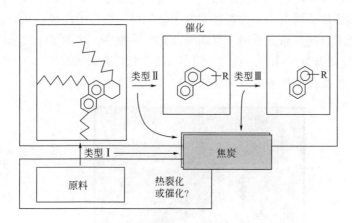

图 2-22　塔底油裂化反应机理

（1）原料汽化和预裂化

渣油原料的沸点一般在 538~593℃之间，而提升管的底部混合区域的典型温度为 578℃，因此，有部分渣油原料难以汽化。液体分子的扩散速率比气相分子的扩散速率慢 2~3 个数量级。为促使渣油分子转化，需要催化剂提供 10~60nm 的有效中孔结构，这部分孔结构主要来自催化剂的基质组分。

（2）烷基芳烃的脱烷基化

典型 FCC 原料只含有少量烷烃。裂化产物中的汽油和液化气直接来自烷基芳烃的脱烷基反应。烷基的侧链碳原子数范围为 1~20，经过裂化反应，产物的侧链数变成 2~4。烷基芳烃的脱烷基反应主要由沸石组分完成，不同催化材料的反应表明，USY 的相对反应速率是硅铝材料的 61 倍。

（3）环烷芳烃的转化

这个反应较难进行，主要依赖催化剂的基质的中孔结构与沸石组分的外表面进行反应。

从上述反应模式看出，其中Ⅰ和Ⅲ的转化主要由基质和基质与沸石组分的协同作用来完成。裂化催化剂组成中，重油分子可接近的裂化活性中心主要由基质部分提供。前面Albemarle公司的研究表明，重油转化能力与重油催化剂表面的可接近性相关，当催化剂基质孔表面性质相近时，增加基质中5nm以上中孔的孔体积和表面积有利于改善催化剂的重油转化能力。这种裂化反应模式突出了催化剂的基质孔结构对重油大分子的决定性作用，目前获得了较为广泛的认同。

3. BASF公司的DMS分布式基质重油转化模式

与上述重油转化模式认识不同的是，2003年，美国的Engelhard公司（2006年被德国的BASF公司收购）开创性地提出了DMS（distributed matix structure）分布式基质结构的概念[54]。如图2-23所示，不同于"半合成"制备FCC催化剂方式，这种"原位晶化"的制备方式优化了催化剂的内部孔结构，分子筛和基质以类似化学键形式结合，产生了所谓的"化学基质"，分子筛活性中心充分暴露，增强了原料烃分子向位于高分散分子筛晶体外表面的预裂化活性中心扩散的速率。由于预裂化发生在分子筛活性中心上，而不是仅仅在无定形活性基质上，充分发挥了分子筛选择性裂化的优势，从而大幅度提高重油转化能力，增加了目的产品（汽油＋柴油＋液化气）收率，减少了干气和焦炭产率。基于DMS技术，该公司开发了Rescue™、Advantage™、MaxiMet™、Converter™催化剂/助剂技术，进一步提高催化剂的渣油裂化和抗重金属污染性能。

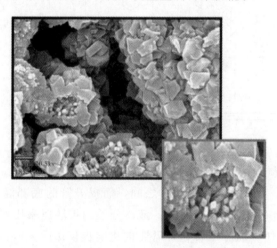

图 2-23　DMS基质为重油大分子扩散和裂化提供了充分的孔隙度

DMS基质与分子筛活性组分类似化学键合在一起，不能通过分离得到真实的DMS基质。为此，Stockwell等[55]对硅铝氧化物前驱体，组成通式$Al_2SiO_2(OH)_4$，通过高温热处理和水热合成（或抽提处理）模拟制备了DMS基质，其组成相当于含有8％SiO_2的3∶2莫来石（或γ-Al_2O_3）。图2-24是含有模拟DMS基质的前驱体抽提物的压汞仪孔体积分布图。可以看出，粗颗粒尖晶石相具有较少的中孔和大孔分布，而随着DMS比例增

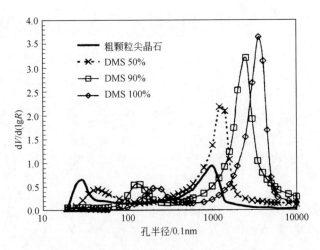

图 2-24　模拟 DMS 基质的压汞仪孔体积分布

加，孔径变大，大孔分布急剧上升，显示了 DMS 具有十分发达的孔结构，其比表面积为 $30\sim190m^2/g$，孔直径范围 $5\sim50nm$。同时，这种大孔结构具有丰富的 L 酸，总 L 酸量 $162\sim444\mu mol/(g\cdot m)$，典型 DMS 基质 FCC 催化剂的 L 酸量为 $308\mu mol/(g\cdot m)$。这种特殊结构的基质可有效降低活性中心的堵塞作用，减少扩散路径，极大地改善了催化剂的扩散性能。

二、国内重油催化裂化反应研究

1. 中国石化的分区协同重油转化模式

中国石化石油化工科学研究院持续研究了重油催化裂化转化过程，重点探索了提升管催化裂化反应相区的各自不同的反应特征[56]。从前面讨论的催化反应化学基础分析，由于双分子裂化反应涉及正碳离子与气相中的烷烃分子之间的负氢离子转移反应，导致烃类分子的反应链增长，从而有利于裂化反应的发生。进一步分析表明，强化双分子裂化反应可以提高重油转化能力，增加汽油烯烃含量，利于提高汽油辛烷值；强化双分子氢转移反应则可以降低汽油烯烃含量，减少干气生成；强化单分子反应则有利于提高低碳烯烃选择性。因此，不同的反应模式可以获得不同的产品分布。然而，现有的催化裂化工艺过度强化单一的反应模式，这就难以满足市场对催化裂化生产工艺的多方面需求。为此，许友好提出了开发 FCC 家族工艺的多维反应模式[2,56]，在同一反应工艺过程中能够实现多种不同类型的最优反应模式组合，提出了如图 2-25 所示的不同维度的催化裂化反应模式。

按照图 2-25 所做的分类，硅酸铝催化剂的流化床催化裂化工艺、短反应时间的沸石催化剂的提升管催化裂化工艺、渣油催化裂化工艺以及选择性催化裂化（HSCC）工艺的反应化学均为一维反应结构；沸石催化剂的流化床催化裂化工艺、多产异构烷烃的催化裂化（MIP）工艺的反应化学均为二维反应结构；多产丙烯的催化裂化工艺（如 DCC、ARGG 和 MIP-CGP）的反应化学均为二维反应结构或多维反应结构。

其中，针对重油高效转化的需求，MIP 工艺设计了两个新型串联的反应相区（图 2-26）[57]，在不同的反应区内设计与烃类反应相适应的工艺条件并充分利用专用催化

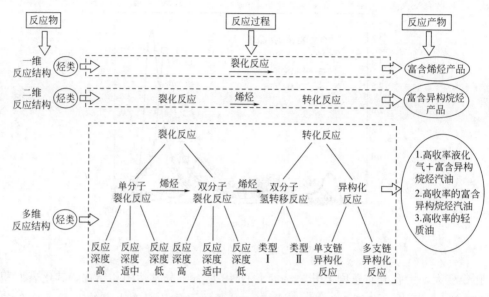

图 2-25　一维、二维和多维反应结构模式示意图

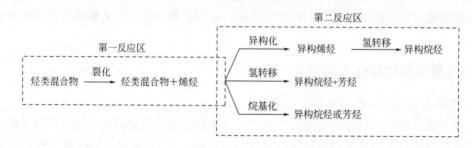

图 2-26　MIP 工艺反应相区及其反应特征示意图

剂结构和活性组元。第一反应区是快速床反应器，采用有利于正碳离子生成的反应条件，一般为高温（500～530℃）、短接触时间（约 1s）和大剂油比（6～8），有利于大分子裂化为小分子的 C—C 键的单分子裂化反应进行。第二反应区通过扩径并维持一定藏量催化剂而成为床层反应器，采用适中的温度（490～510℃）、低质量空速（15～30h⁻¹）和长反应时间（＞4s）的操作条件，不仅利于发生氢转移反应和异构化反应，并且促进了二次裂化反应，从而使烃类分子发生单分子反应和双分子反应的深度和方向得以控制，重油大分子在新型反应系统内选择性转化为富含异构烷烃的低烯烃、低硫和高辛烷值汽油。由于第二反应区的床层反应器的剂油比大、反应时间长，更有利于重油的进一步转化及柴油转化为汽油和液化气，有利于提高总液收率，从而实现重油分子的高效转化。

　　唐津莲等[58]对比分析了不同催化裂化反应工艺的原料性质和产品分布，如表 2-4 所示。

　　分析表 2-4 数据，可以看出：以加氢重油为原料时，与 FDFCC 工艺相比，MIP 工艺的转化率提高 6.35 个百分点，总液收率增加 3.44 个百分点，汽油产率提高 11.61 个百分点，干气产率降低 1.63 个百分点，油浆产率降低 3.06 个百分点，表明 MIP 工艺的重油转

表 2-4　不同催化裂化反应工艺加工不同原料时的产品分布对比

项目		加氢重油		加氢蜡油		常压渣油	
		MIP	FDFCC	MIP-CGP	FCC	MIP	TSRFCC
原料油性质	密度(20℃)/(kg/m³)	921.6	922.7	898.0	900.0	907.6	914.8
	残炭/%	3.35	2.32	0.26	0.64	5.22	5.47
	S/%	0.33	0.46	0.44	0.17	0.16	0.31
	N/%	0.36	0.39	≤0.1	0.19	0.22	0.33
产品分布/%	干气	2.52	4.15	3.14	3.81	3.53	4.87
	液化气	16.91	21.79	19.33	18.28	11.41	13.62
	丙烯	5.41	6.27	7.00	5.48		
	汽油	46.66	35.05	49.48	44.94	46.09	43.15
	轻柴油	23.70	26.99	21.24	24.68	27.49	23.27
	油浆	1.59	4.65	1.58	2.97	3.04	6.15
	焦炭	8.62	7.37	5.23	5.32	8.44	8.94
转化率/%		74.71	68.36	77.18	72.35	69.47	70.58
总液收率/%		87.27	83.83	90.05	87.90	84.99	80.04
轻质油收率/%		70.36	62.04	70.72	69.62	73.58	66.42
汽柴比		1.97	1.30	2.33	1.82		
汽油性质	烯烃/%	17.6	22.5	19.0	12.9	36.3	36.7
	RON	90.3	91.6	93.5	91.7	89.6	88.3
	MON	81.3	81.6	82.6	81.0	79.0	78.0
	S/(μg/g)	298	298	150	400	79	80

化能力强。另外，与 FDFCC 工艺相比，MIP 工艺的轻质油收率提高 8.32 个百分点，汽柴比增加 0.67 个单位；汽油烯烃体积分数降低 4.9 个百分点，研究法辛烷值（RON）较低，马达法辛烷值（MON）相近，硫含量相近。

以加氢蜡油为原料时，与 FCC 工艺相比，MIP-CGP 工艺的转化率提高 4.83 个百分点，总液收率增加 2.15 个百分点，汽油产率提高 4.54 个百分点，液化气产率提高 1.05 个百分点，干气产率降低 0.67 个百分点，焦炭产率相近，油浆产率降低 1.39 个百分点，表明 MIP-CGP 工艺的重油转化能力强。另外，与 FCC 工艺相比，以加氢蜡油为原料的多产液化气与汽油方案的 MIP-CGP 工艺的轻质油收率与丙烯产率高，分别提高 1.10 个百分点、1.52 个百分点，汽柴比提高 0.51 个单位；二者的汽油烯烃含量都较低，烯烃体积分数均低于 20%，而 MIP-CGP 工艺的汽油辛烷值高，硫含量较低。

以渣油为原料时，在原料性质与转化率大致相当的情况下，与 TSRFCC 工艺相比，MIP 工艺的总液收率增加 4.95 个百分点，汽油产率提高 2.94 个百分点，柴油收率提高 4.22 个百分点，油浆产率降低 3.11 个百分点，进一步表明 MIP 工艺的重油转化能力强。另外，与 TSRFCC 工艺相比，以渣油为原料多产汽油方案的 MIP 工艺的轻质油收率提高 7.16 个百分点；二者的汽油硫含量及烯烃含量相近，但 MIP 工艺的汽油辛烷值高，RON

提高 1.3 个单位。

目前，MIP 工艺和 MIP-CGP 工艺在国内的炼油市场得到了大面积推广应用，在提高重油转化能力、满足清洁汽油生产等方面发挥了极为重要的作用，形成的科技成果"多产异构烷烃的催化裂化工艺（MIP）工业应用"和"生产汽油组分满足欧三排放标准并增产丙烯的催化裂化工艺技术（CGP）的研究开发与工业应用"分别获得 2004 年和 2006 年国家科技进步二等奖，为国内清洁汽油生产和炼化转型升级做出了突出贡献。

2. 中国石油的正碳离子裂化重油转化模式

在重油催化裂化技术领域，中国石油石油化工研究院以分子筛/基质催化材料和新型重油裂化催化剂制备为主要研究开发方向。他们着重研究了重油分子在各种改性 Y 型分子筛和不同中大孔基质的催化转化行为。采用相同的基质类型，发现随着催化剂中 Y 型分子筛含量增加，油浆产率显著降低，表明重油转化能力得以迅速增强，这是催化裂化催化剂技术领域的基本共识，如图 2-27 所示。但是如何解释分子筛在重油转化方面的作用，中国石油研发人员[59]提出了关于重油大分子催化裂化转化的新反应模式。

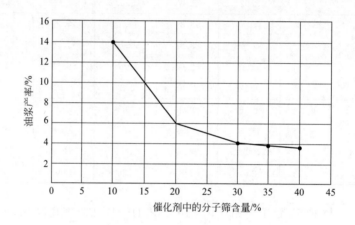

图 2-27　催化剂中分子筛含量与油浆产率的关系

（反应条件：小型固定流化床，催化剂藏量 200g；反应原料为 30％减压渣油＋70％宽馏分的新疆油；反应温度 500℃，剂油比 4，空速 15h⁻¹）

众所周知，分子筛裂化催化剂一般由分子筛活性组分（如各种改性 Y、ZSM-5 等）和基质组成（各种氧化铝、高岭土和黏结剂），其中分子筛提供主要的反应活性中心，但是其孔道尺寸通常在 0.5～0.8nm，而重油大分子的尺寸一般大于 2.5nm，平均在 5nm（表 2-5）。也就是说，重油大分子是难以直接进入分子筛孔道进行反应的，只能按照前面所述，它们只能先在基质孔道（通常大于 2nm）和催化剂外表面进行预裂化，然后进行梯次反应生成液化气、汽油、柴油等裂化产物。当催化剂中分子筛含量增加时，基质的中大孔的孔道和比表面积都将减小，不利于重油大分子的预裂化，但是油浆产率却明显降低了，按照已有的认识难以完全解释。

本章的第二节系统描述了催化裂化反应的正碳离子化学和催化裂化的链反应机理，现有的烃类裂化反应模式主要建立在较小的模型化合物反应的基础上，与实际的催化裂化反

表 2-5　FCC 典型原料油的组成和动态直径

组成	C 数	动态直径/nm
VGO	15～30	<2.5
AR(常压渣油)	>35	>2.5
VR(减压渣油)	>40	约 5.0(2.5～15)
胶质	>40	>5.0
沥青质	>50	5.0～10.0

应存在较大差距。基于上述重油反应的实验数据和正碳离子催化化学基础，提出了"正碳离子晶内产生、晶外传递、表面裂解重油"的新认识，如图 2-28 所示。主要学术观点包括以下两个方面：

图 2-28　正碳离子转化重油的反应新模式

（1）分子筛晶内持续产生正碳离子

部分重油分子在催化剂载体上发生预裂解反应，产生小分子，如果小分子的直径小于 Y 型分子筛的孔口，则可能扩散进入 Y 型分子筛晶体内部的超笼之中。这种小分子烃类，尤其是烯烃分子接受晶体内部活性中心释放的 H 质子，产生正碳离子。其中一部分正碳离子在晶体内部发生相应的链传递反应，而另一部分正碳离子则通过扩散离开超笼，这部分正碳离子对重油分子的高效转化非常关键。

（2）分子筛晶外传递正碳离子实现重油高效转化

从分子筛晶体孔道迁移出来的正碳离子与重油分子接触，形成非经典五配位正碳离子，发生 β 断裂形成另一个三配位正碳离子和烃类分子。这种单分子断裂反应与在催化剂载体活性中心的吸脱附反应有本质不同，不会产生焦炭。断裂产生的小分子烃可以进入晶体内部形成新的正碳离子，其中一部分继续从分子筛孔道中迁移出来，开始另一个链反应的循环。如此往复，实现重油分子高效转化的新模式。

由于一般的正碳离子的"存活寿命"很短，同时带负电性的分子筛骨架结构对正电荷的吸引力也会抑制正碳离子从孔道向外的迁移作用，因此很难直接研究正碳离子进行重油分子的裂化反应模式。如何验证这一带有假说性质的学术观点面临很大的挑战。为此，申宝剑教授团队[60]进行了开拓性基础研究工作，获得了富有价值的实验结果。根据正碳离子化学，正碳离子的结构组成对其稳定性影响很大，烯丙型正碳离子甚至比叔正碳离子更加稳定。在催化裂化条件下，苯乙烯可以接受一个质子生成较稳定的苄基型正碳离子（图 2-29）。

基于上述认识，他们选取 1,3,5-三异丙基苯为模拟反应原料，分别向其中添加一定量的可生成较稳定正碳离子的化合物，考察反应产物的变化。以具有不同孔道大小和酸性质的分子筛为催化剂活性组分，对 1,3,5-三异丙基苯转化率、丙烯选择性与加入不同的可生成较稳定正碳离子的化合物进行关联，以此来研究正碳离子在重油催化裂化过程中的作用。表 2-6 是 1,3,5-三异丙基苯、苯乙烯和烯丙基氯的物性参数。

$$H_2C=CH-CH_2-Cl \xrightarrow{\text{沸石-H}^+} H_2C=CH-\overset{+}{C}H_2 + Cl^- \qquad (2)$$

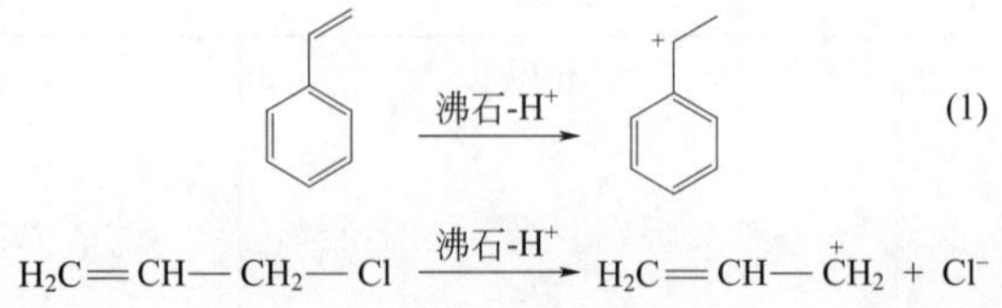

图 2-29 苯乙烯和烯丙基氯生成稳定正碳离子的模式

表 2-6 1,3,5-三异丙基苯、苯乙烯和烯丙基氯的物性参数

试剂名称	熔点/℃	沸点/℃	分子量	生产单位	级别
1,3,5-三异丙基苯(1,3,5-TIPB)	−14～−11	232～236	204.35	Alfa Aesar 公司	分析纯
苯乙烯	−31	145～146	104.15	Alfa Aesar 公司	分析纯
烯丙基氯	−134.5	44～45	76.53	Alfa Aesar 公司	分析纯

以 1,3,5-TIPB 为裂化反应原料，常规 USY 催化剂和较低反应温度区间（137～297℃）条件下的转化率和产物分布发生了有趣的变化。添加了苯乙烯之后，1,3,5-TIPB 的转化率增加大于 3.0 个百分点。对于动力学直径（0.95nm）较大的 1,3,5-TIPB 来说，该分子不能进入 Y 型分子筛（孔口直径为 0.74nm）的孔道内部与活性中心充分接触，只能在分子筛的外表面发生反应，导致 1,3,5-TIPB 的转化率较低；当添加了苯乙烯后，由于苯乙烯动力学直径较小，能进入 Y 型分子筛的孔道与活性位接触，苯乙烯可接受一个质子生成较为稳定的苄基型正碳离子。苄基型正碳离子的稳定性较好，且分子的动力学直径较小，所以有机会以苄基型正碳离子的形式扩散到分子筛的孔道外面，与动力学直径大的 1,3,5-TIPB 相遇，形成非经典的五配位正碳离子，并发生 β 断裂反应，使 1,3,5-TIPB 转化率升高。

另外的实验还表明，以外表面酸性被覆盖的改性 HY 分子筛为催化剂，加入烯丙基氯的 1,3,5-TIPB 的转化率为 4，而纯的 1,3,5-TIPB 反应的转化率为零。由于 1,3,5-TIPB 只能在分子筛外表面发生催化裂化反应，当 HY 分子筛的表面酸性被覆盖后，1,3,5-TIPB 在其表面基本不发生裂化反应。但是，在这个反应体系中添加正碳离子前驱体化合物——烯丙基氯后，1,3,5-TIPB 却发生了部分裂化反应，这可以有两种解释：①正碳离子前驱体化合物——烯丙基氯在分子筛晶体内部生成了稳定正碳离子——烯丙基正碳离子，然后传递到分子筛晶体外部，促进了 1,3,5-TIPB 的裂化反应；②烯丙基氯发生分解直接生成正碳离子，促进了 1,3,5-TIPB 的裂化反应。但是无论哪种解释都有理由推测正碳离子在气相中存在的可能性，这在一定程度上间接说明催化裂化反应中正碳离子"晶内产生，晶外传递，表面裂解"的设想具有可行性。但是，还有待进一步深入研究，获得气相中存在正碳离子的直接证据。

实际上，这种正碳离子促进重油转化的反应模式在催化裂化反应工艺中得到了一定程度的验证。一般认为，烯烃易于生成正碳离子，然后去攻击烷烃，抽取其中一个负氢离子，生成正碳离子。在反应体系中有烯烃存在时，将引发正碳离子的迅速生成[61]。中国石化石油化工科学研究院开发的 MGD（maximum gas and diesel）工艺在提升管下部回炼了部分高烯烃含量的汽油，虽然这部分汽油是在高苛刻度下反应，但是焦炭和干气产率不高，而且重油转化效率得到改善[62]。这主要是因为该工艺将这部分汽油的反应时间控制在毫秒之内，快速产生了大量正碳离子，并立即上升和重油原料接触，其带进去的丰富正碳离子使反应导向发生改变，有效促进了重油大分子的裂化和链传递反应。

基于上述正碳离子重油分子反应模式的设想，要开发高效的重油转化催化剂，就不能像传统的方式过分强化催化剂基质的重油转化能力，只要求基质/载体具有一定能力的重油预裂化功能，适当产生能够引发正碳离子的小分子即可，从而尽量避免催化剂基质酸性中心引起的积炭生焦行为。应该把重油的转化功能转移到分子筛上，强化分子筛晶体产生正碳离子的能力。也就是说，分子筛持续产生正碳离子是催化剂重油高效转化的根本保证。因此提出了如下的重油裂化催化剂设计理念：①要求分子筛活性组分具有更高的热和水热稳定性，能够持续产生正碳离子；更大的酸密度，反应活性高，能够产生足够多的正碳离子；更短的扩散路径，由于正碳离子寿命很短，必须缩短晶内到晶外的扩散路径，实现正碳离子向重油分子的有效传递，要求分子筛活性中心的晶粒小。②要求基质具有较低的反应活性，与传统催化剂较高的活性载体不同，较低的载体活性可以减少积炭生焦趋势；更加发达的载体孔结构，增加重油大分子进入孔道产生小分子烃的概率，为正碳离子的产生创造条件。

中国石油石油化工研究院在上述理论认识的基础上发展了正碳离子化学，形成了新的分子筛改性和重油催化裂化催化剂的制备平台技术，开发了 LDO 系列重油转化能力强、焦炭选择性好的新型催化裂化催化剂，成功出口欧美炼油催化剂市场，在国内外得到了推广应用。开发形成的科技成果"高汽油收率低碳排放系列催化裂化催化剂工业应用"获得2017 年度国家科技进步二等奖。

综合分析，国内外的研发机构和炼油催化剂公司从不同角度认识和发展了重油催化裂化反应模式，并指导了催化裂化工艺、催化新材料以及催化剂技术开发，各自都取得了重要的应用开发成果。其中 Grace 公司和 Albemarle 公司从强化单分子裂化反应模式出发，更多强调裂化反应活性中心的可接近性，要求基质组分具有发达的中大孔结构，因此它们开发的重油裂化催化剂具有很好的焦炭选择性，但是，在催化装置中往往表现出单程重油转化能力不强的特点，需要反应装置具有较高的剂油比；BASF 公司则强化了双分子裂化反应模式，基于特有的原位晶化催化剂技术，高岭土经过高温和水热晶化处理，其分子筛和基质以类似化学键方式结合，催化剂具有发达的活性大孔结构，显示了重油裂化能力强和抗金属污染性能优越的特点，但是，其焦炭选择性有待改善；国内研发机构则从中国油品市场需求和催化装置特点出发，强调了双分子裂化和双分子氢转移反应模式的平衡。中国石化主要从催化裂化反应工艺的优化设计出发，开发了适合重油转化和清洁油品生产的多产低碳烯烃系列工艺技术，提升了中国炼油工艺技术的创新水平；中国石油重点从高活性稳定性分子筛和适宜中大孔基质材料设计出发，发展了正碳离子对重油大分子的持续裂化反应模式，成功开发了系列重油高效转化降烯烃裂化催化剂产品，增强了中国炼油催化剂的国际竞争能力。

　　需要指出的是，上述关于重油大分子的转化模式的认识还在不断完善之中，比如中国石油提出的正碳离子转化重油分子的反应新模式，与目前的认识水平和基本理论存在一些矛盾之处，尚需进一步实证和检验。但是，有理由相信，随着今后对催化裂化反应原理的深入研究和正碳离子检测水平/精度的不断提高，会有更多证据揭示正碳离子与重油分子高效裂化反应的关联性。

参考文献

[1] 高滋，何鸣元，戴逸云. 沸石催化与分离技术［M］. 北京：中国石化出版社，1999：38-40.

[2] 许友好. 催化裂化化学与工艺［M］. 北京：科学出版社，2013：32，40，55，63-65，80.

[3] 陈俊武，许友好，刘昱，等. 催化裂化工艺与工程：上册［M］. 3 版. 北京：中国石化出版社，2015：154.

[4] Haag W O，Dessau R M. Duality of mechanism for acid-catalyzed paraffin cracking［C］. Berlin：Proceedings of 8th International Congress on Catalysis，Ⅱ 305-Ⅱ 316，1984.

[5] Brandenberger S G，Callender W L，Meerbott W K. Mechanisms of methylcyclopentane ring opening over platimum-alumina catalysts［J］. J Catal，1976，42：282-287.

[6] Williams B A，Ji W，Miller J T，et al. Evidence of different reaction mechanism during the cracking of n-hexane on H-USY zeolite［J］. Appl Catal A：Gen，2000，203（1）：179-190.

[7] Wojciechowski B W. Hydrogen transfer in catalytic cracking［J］. ACS Petrol Chem：Division Preprints，1994，39（1-4）：360-366.

[8] Shigeishi R，Garforth A，Harris I，et al. The conversion of butanes in HZSM-5［J］. J Catal，1991，130（2）：423-439.

[9] Abbot J，Wojciechowski B W. Hydrogen transfer reactions in the catalytic cracking of paraffins［J］. J Catal，1987，107（2）：451-462.

[10] Kissin Y V. Chemical mechanism of catalytic cracking over solid acidic catalysts：alkanes and alkenes［J］. Catalysis Reviews：Science and Engineering，2001，43：1-2，85-146.

[11] Aldridge L P，Mclaughlin J R，Pope C G. Cracking of n-hexane over LaX catalysts［J］. J Catal，1973，30（2）：409-416.

[12] Zhao Y，Bamwenda G R，Wojciechoski B W. Cracking selectivity patterns in the presence of chain mechanisms，the cracking of 2-methylpentane［J］. J Catal，1993，142（2）：465-489.

[13] Scherzer J，Ritter R E. Ion-exchange ultrastable Y zeolites. 3. gas oil cracking over rare earth-exchanged ultrastable Y zeolites［J］. Ind Eng Chem Prod Res Dev，1978，17（3）：219-223.

[14] Borodzinski A，Corma A，Wojciechowski B W. The nature of the active sites in the catalytic cracking of gas-oil［J］. Can J Chem Eng，1980，58（2）：219-229.

[15] Corma A，Fornes V，Ortega E. The nature of acid sites on fluorinated γ-Al$_2$O$_3$［J］. J Catal，1985，92（2）：284-290.

[16] Rajagopalan K，Peters A W. Effect of exchange cations and silica to alumina ratio of faujasite on coke selectivity during fluid catalytic cracking［J］. J Catal，1987，106（2）：410-416.

[17] Olah G A，White A M. Stable carbonium ions. XLIX. protonated dicarboxylic acids and anhydrides and their cleavage to oxocarbonium ions［J］. J Am Chem Soc，1967（18）：4752-4756.

[18] Abbot J，Wojciechowski B W. Catalytic reactions of n-hexane on HY zeolite［J］. Can J Chem Eng，1988，66（5）：825-830.

[19] Corma A，Planelles J，Sanchez J，et al. The role of different types of acid sites in the cracking of alkanes on zeolite catalysts [J]. J Catal，1985，93（1）：30-37.

[20] Corma A，Miguel P J，Orchilles A V. Can macroscopic parameters，such as conversions and selectivity，distinguish between difference cracking mechanisms on acid catalysts [J]. J Catal，1997，172（2）：355-369.

[21] Abbot J，Wojciechowski B W. The mechanism of paraffin reactions on HY zeolite [J]. J Catal，1989，115（1）：1-15.

[22] Collins S J，O'Malley P J. A theoretical description for the monomolecular cracking of C-C bonds over acidic zeolites [J]. J Catal，1995，153（1）：94-99.

[23] Wojciechowski B W. The reaction mechanism of catalytic cracking：quantifying activity，selectivity，and catalyst decay. Catal Rev-Sci Eng [J]，1998，40（3）：209-328.

[24] Wielers A F H，Vaarkamp M，Post M F M. Relation between properties and performance of zeolites in paraffin cracking. J Catal [J]，1991，127（1）：51-66.

[25] Shertukde P V，Mercelin G，Gastave A S，et al. Study of mechanism of the cracking of small alkane molecular on HY zeolites [J]. J Catal，1992，136（2）：446-462.

[26] Corma A，Miguel P J，Orchilles A V. The role of reaction temperature and cracking catalyst characteristics in determining the relative rates of protolytic cracking，chain propagation，and hydrogen transfer [J]. J Catal，1994，145（1）：171-180.

[27] Corma A，Liois F，Monton J B，et al. Reply to Comments on A. Corma et al. On the compensation effect in acid-base catalyzed-reactions on zeolites [J]. J Catal，1994，148（1）：415-416.

[28] Weekman V W Jr. Kinetics and dynamics of catalytic cracking selectivity in fixed-bed reactors [J]. Ind Eng Chem Proc Des Dev，1969，8（3）：385-391.

[29] Marilcly C. Acido-basic catalysis-application to refining and petrochemistry [J]. Paris：Editions Technip，2006：1-279.

[30] Poustma M L. Mechanistic considerations of hydrocarbon transformations catalyzed by zeolites [J]. ACS：Monograph，1976：437-551.

[31] Pine L A，Macher P J，Wachter W A. Prediction of cracking catalyst behavior by a zeolite unit cell size model [J]. J Catal，1984，85（2）：466-476.

[32] Ritter R E，Creighton J E，Roberie T G，et al. National Petroleum Refiners Associations Annual Meeting AM-86-45，1986.

[33] Leuenbenger E L，Bradway R A，Leskowicz，M A，et al. National Petroleum Refiners Associations Annual Meeting，AM. 89-50，1989.

[34] 高永灿，张久顺. 催化裂化过程中氢转移反应的研究 [J]. 炼油设计，2000，30（11）：34-38.

[35] 朱华元，何鸣元，张信，等. 正己烷在几种不同分子筛上的氢转移反应 [J]. 石油炼制与化工，2001，32（9）：39-42.

[36] Venuto P B，Hamilton L A，Landis P S. Organic reactions catalyzed by crystalline aluminosilicates Ⅱ，Alkylation reactions：mechanistic and aging considerations [J]. J Catal，1966，5（3）：484-493.

[37] Venuto P B，Landis P S. Organic catalysis over crystalline aluminosilicates [J]. Advan Catal，1968，18：259-337.

[38] 许友好. 氢转移反应在烯烃转化中的作用探讨 [J]. 石油炼制与化工，2002，33（1）：38-41.

[39] 张剑秋，田辉平，达志坚，等. 磷改性 Y 型分子筛的氢转移性能考察 [J]. 石油学报（石油加工），2002，18（3）：70-74.

[40] 杜军，李峥，达志坚，等. 提高高硅 Y 型沸石稀土含量的研究 [J]. 石油炼制与化工，2002，33（2）：24-27.

[41] 杜军，李峥，钱婉华，等. 气相法制备 FCC 催化剂活性组元的探索 [J]. 石油炼制与化工，2003，34（2）：42-45.

[42] 张剑秋．降低汽油烯烃含量的催化裂化新材料探索 [D]．北京：石油化工科学研究院，2001．

[43] Sie S T. Acid-catalyzed cracking of paraffinic hydrocarbons，1. discussion of existing mechanisms and proposal of a new mechanism [J]. Ind Eng Chem Res，1992，31：1881-1889.

[44] Sie S T. Acid-catalyzed cracking of paraffinic hydrocarbons，2. evidence for the protonated cyclopropane mechanism from catalytic cracking experiments [J]. Ind Eng Chem Res，1993，32（3）：397-402.

[45] Cumming K A，Wojciechowski B W. Hydrogen transfer，coke formation，and catalyst decay and their role in the chain mechanism of catalytic cracking [J]. Catal Rev-Sci Eng，1996，38（1）：101-157.

[46] 阎立军，傅军，何鸣元．正己烷在分子筛上的裂化反应机理研究Ⅰ．正己烷在分子筛上的裂化反应链长 [J]．石油学报（石油加工），2000，16（3）：15-26．

[47] Corma A，Ochilles A V. Formation of products responsible for motor and research octane of gasolines produced by cracking-The implication of framework Si/Al ratio and operation variables [J]. J Catal，1989，115（2）：551-566.

[48] 阎立军，傅军，何鸣元．正己烷在分子筛上的裂化反应机理研究Ⅱ．双分子反应遵循 Rideal 机理．石油学报（石油加工），2000，16（4）：6-12.

[49] Liu C，Gao X，Zhang Z，et al. Surface modification of zeolite Y and mechanism for reducing naphatha olefin formation in catalytic cracking reaction [J]. Appl Catal A：Gen，2004，264：225-228.

[50] 刘从华．新型降烯烃 FCC 催化剂的研制、应用和减少汽油烯烃生成的反应机理 [D]．兰州：中国科学院兰州化物所，2005．

[51] Zhao X J，Cheng W C，Rudesill J A. FCC bottoms cracking mechanisms and implications for catalyst design for resid applications [C]. NPRA Annual Meeting，AM-02-53，2002.

[52] O'Connor P，Humphies A P. Accessibility of functional sites in FCC. ACS Preprints，1993，38（3）：598-603.

[53] Morgado J E，Almeida M B B，Pimenta M P D. Catalyst accessibility：a new factor on the performance of FCC units [C]. Rio de Janeiro：Preprints 17th World Petroleum Congress，2002.

[54] McLean J B. Advanced catalyst matrix technology for bottoms conversion and metals passivation in resid FCC [C]. NPRA Annual Meeting，AM-02-28，2002.

[55] Stockwell D M，Liu X，Nelson P J，et al. Distributed matrix structures-novel technology for high performance in short contact FCC applications [J]. ACS Preprints，2003，48（3）：216-219.

[56] 许友好．催化裂化过程反应化学多维反应结构的研究 [D]．北京：石油化工科学研究院，2006．

[57] 许友好，张久顺，龙军．生产清洁汽油组分的催化裂化新工艺 MIP [J]．石油炼制与化工，2001，32（8）：1-5.

[58] 唐津莲，崔守业，程从礼．MIP 技术在提高液体产品收率上的先进性分析 [J]．石油炼制与化工，2015，46（4）：29-32.

[59] 高雄厚，刘从华，孙书红，等．中国石油 FCC 催化剂研制与开发 [C]．兰州：2010 年中国石油催化裂化技术国际研讨会，2010．

[60] 申宝剑，高雄厚，刘从华，等．正碳离子在重油催化裂化过程的作用研究 [C]．兰州：中国石油兰州化工研究中心，2015．

[61] Corma A，Orchilles A V. Current views on the mechanism of catalytic cracking [J]. Micropor Mesopor Mat，2000，35/36：21-30.

[62] 陈祖庇，张久顺，钟乐燊，等．MGD 工艺技术的特点 [J]．石油炼制与化工，2002，33（3）：21-25.

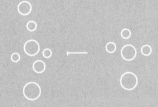

第三章 稀土改性分子筛原理与技术开发

以微孔分子筛/沸石以及多孔分子筛为主体的多孔材料，它们共同的特征是具有规则的孔道结构，其中包括孔道与窗口的大小尺寸和形状、孔道的维数、孔道的走向以及孔壁的组成与性质。根据国际分子筛协会（IZA）统计，1970 年微孔分子筛的独立结构共有27 种，1996 年为 98 种，截至 2019 年 4 月则增加到 248 种[1]，呈现快速上升态势。但是，真正具有商业开发前景的沸石并不多，2009 年仅有 18 种[2]。广泛应用于炼油化工过程的分子筛包括 A 沸石、八面沸石（FAU）的 X 和 Y 型分子筛、MFI 结构的 ZSM-5 分子筛和 TS-1 分子筛、β 沸石、丝光沸石、SAPO 系列沸石、MCM 系列沸石分子筛等。

第一节 常见分子筛的结构与性质

国内近年出版的涉及分子筛/沸石领域的专著主要包括陈俊武和曹汉昌[3]编著的《催化裂化工艺与工程》、徐如人等[4]著述的《分子筛与多孔材料化学》以及高滋等[5]主编的《沸石催化与分离技术》等。这些专著比较系统地论述了沸石分子筛的结构与性质，本书参考其部分要点，作为稀土改性沸石分子筛论述的基础。

构成沸石分子筛的骨架元素是硅、铝以及配位的氧原子，也可以用磷、镓、锗、钛、钒、铬、铁等元素替代或部分取代骨架硅、铝，从而形成杂原子型分子筛。沸石分子筛的原始结构单元是 SiO_4、AlO_4 等四面体，其中硅或铝都是以高价氧化态的形式存在，采取 sp^3 杂化轨道与氧原子成键，键长分别是：Si—O 键 0.161nm，Al—O 键 0.173nm，由于硅或铝的原子半径大大低于氧原子半径，因此，它们处于氧原子组成的四面体的包围之中。硅氧或铝氧四面体，可以通过顶点互相连接，形成各种骨架结构，以平面结构式表示为：

$$
\begin{array}{ccccccc}
 & | & & | & & | & \\
 & O & & O & & O & \\
 & | & & | & & | & \\
—O— & Si & —O— & Si & —O— & Al & —O— \\
 & | & & | & & | & \\
 & O & & O & & O & \\
 & | & & | & & | & \\
—O— & Al & —O— & Si & —O— & Si & —O— \\
 & | & & | & & | & \\
 & O & & O & & O & \\
 & | & & | & & | & \\
\end{array}
$$

在上述结构中，由于铝是正三价，即铝氧四面体带有一个负电荷，因此需要有带正电的阳离子中和，从而使整个骨架呈现电中性。以硅氧和铝氧四面体为结构单元，首尾连接构成多元环，多个多元环相互连接，构成更大的笼状结构，笼与笼相互连接构成分子筛的晶体结构。这种逐级的连接方式见图 3-1[3]，图 3-1（a）表示沸石分子筛的原始结构单元 SiO_4、AlO_4 四面体；各四面体之间以氧桥相连，其中 AlO_4 四面体之间不能直接连接，而必须间隔 SiO_4 四面体，这称之为 Loewenstein 规则，也就是说 Al—O—Al 连接是被禁止的。这些四面体单元以氧原子连接成二级单元，如图 3-1（b）所示；由二级结构单元相互连接构成三级结构单元或多面体，如图 3-1（c）所示；最后由多面体单元组成各种特定的沸石晶体结构，如图 3-1（d）所示。

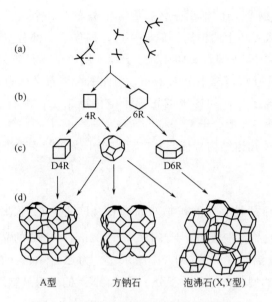

图 3-1　基本单元的连接与沸石结构的形成

一、A 型分子筛

A 型分子筛（LTA）又称为 Linde A 沸石，它的结构与氯化钠相似，属于立方晶系，空间群 Fm$\bar{3}$c，晶胞参数 $a = 2.461$nm。它的理想晶胞组成为：

$$Na_{96}(Al_{96}Si_{96}O_{384}) \cdot 216H_2O$$

它具有三维骨架结构和三维八元环孔道体系，相当于 8 个十四面体笼（简称 β 笼），这八个 β 笼位于立方体的 8 个顶点上，以四元环通过 T—O—T 键相互连接，围成一个二十六面体笼（简称 α 笼），α 笼直径为 1.14nm，是 A 型沸石的主要孔笼。α 笼之间通过八元环沿三角晶轴方向相互贯通，形成一个晶胞，如图 3-2 所示。

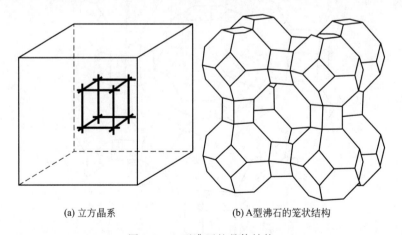

（a）立方晶系　　　　　　（b）A 型沸石的笼状结构

图 3-2　A 型沸石的晶体结构

每个 β 笼由 24 个 TO$_4$ 四面体组成，四面体的中心位于 β 笼的 24 个顶点上。每个 β

笼还有 12 个起电荷平衡作用的钠离子，其中 8 个分布在 8 个六元环附近，4 个分布在 3 个八元环附近。由于八元环上的钠离子偏向一边，挡住了一部分空间，使 NaA 沸石的有效孔径为 0.4nm，所以 NaA 沸石又叫 4A 分子筛。用离子半径较大的钾离子交换沸石中的钠离子，则沸石的孔径可以缩小至 0.3nm，因此 KA 沸石又称为 3A 型沸石。反之，用二价的钙离子交换钠离子，八元环上的正离子空位出来了，沸石的孔径增加至 0.5nm，所以，CaA 沸石又称为 5A 型分子筛。

由于 A 沸石的上述孔道结构特征，其广泛用作干燥剂以及洗涤剂中的离子交换剂。

二、八面沸石

X 型和 Y 型分子筛都具有天然矿物八面沸石（FAU）的骨架结构，属于六方晶系，空间群 $Fd\bar{3}m$，NaX 的晶胞参数为 $a=2.486\sim2.502nm$，NaY 的晶胞参数为 $a=2.460\sim2.485nm$。习惯上把硅铝比（SiO_2/Al_2O_3 摩尔比）为 $2.2\sim3.0$ 的称为 X 型分子筛，硅铝比大于 3.0 的称为 Y 型分子筛。X 型分子筛（13X）的理想晶胞组成为：

$$Na_{86}(Al_{86}Si_{106}O_{384})\cdot264H_2O$$

Y 型分子筛的理想晶胞组成为：

$$Na_{56}(Al_{56}Si_{136}O_{384})\cdot264H_2O$$

它具有三维骨架结构和三维十二元环孔道体系。它们的结构单元和 A 型沸石相同，也是 8 个 β 笼，只是排列方式不同。在 X 和 Y 型沸石中，β 笼是按金刚石晶体式样排列的，金刚石结构中每一个碳原子由一个 β 笼代替，相邻的 β 笼通过六元环以 T—O—T 键连接。八面沸石的骨架结构如图 3-3 所示[6]。

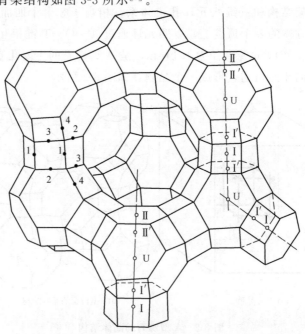

图 3-3　八面沸石的骨架结构与非骨架位置分布

• 表示骨架上不同的氧 O1、O2、O3、O4；◦ 表示非骨架位置

β笼按上述方式连接时围成一个二十六面体笼，称为八面沸石笼或超笼，又叫α笼，其直径为 1.8nm，是八面沸石的主要孔壁。八面沸石笼之间通过十二元环沿三个晶轴方向互相贯通，形成一个晶胞。十二元环是八面沸石的主要窗口，其孔径为 0.74nm。

八面沸石的阳离子分布在一定位置上。这些位置有时用 S_1、S_2、S_3、S_4、S_5 和 U 来表示[5]，有时亦可用 S_I、S'_I、S'_{II}、S_{II}、S_V 表示，表 3-1 列出了这些位置的名称和数目，表 3-2 列出了各种笼的结构特征。

表 3-1 八面沸石中阳离子分布的位置和数目

位置名称	数目	在结构中的位置
S_1(S_I)	16	六方柱笼中心
S_2(S'_I)	32	β笼中，距六方柱笼的六元环中心约 1Å
S_3(S'_{II})	32	β笼中，距八面沸石笼的六元环中心 1Å
S_4(S_{II})	32	α笼中，距 S_3 所指的六元环中心约 1Å
S_5(S_V)	16	十二元环中心附近
S_{III}	48	广义指八面沸石笼壁附近位置（O2 附近）
U	8	β笼中心

注：$1Å = 10^{-10} m$。

表 3-2 八面沸石各种笼的结构特征

笼	面数	环的构成	硅铝氧四面体数目	晶穴		窗口直径/nm（元环数）
				直径/nm	体积/nm³	
六方柱笼	8	2 个六元环 6 个四元环	12			0.28(6)
方钠石笼（β笼）	14	8 个六元环 6 个四元环	24	0.66	0.160	0.26(6)
八面沸石笼（α笼）	48	4 个十二元环 4 个六元环 18 个四元环	48	1.18	0.850	0.74(12)

八面沸石的骨架结构类型可以描述为 β笼层的 ABCABC 堆积。由于八面沸石具有较大的空体积（约占 50%）和三维十二元环孔道体系[4]，而且随着八面沸石的阳离子类型和含水数目在改性过程中发生变化，沸石结构的阳离子分布也发生改变。因此，属于八面沸石结构的 Y 型分子筛在催化方面有着极为重要的应用，本书将在后面加以重点论述。

三、丝光沸石

丝光沸石（MOR）属于正交晶系，空间群 Cmcm，晶胞参数为 $a = 1.81nm$，$b = 2.05nm$，$c = 0.75nm$，其理想晶胞组成为：

$$Na_8(Al_8Si_{40}O_{96}) \cdot 24H_2O$$

丝光沸石具有三维骨架结构和二维十二元环/八元环孔道体系。其结构中有大量的五元环，两个五元环共边成对连接，然后再与另一对五元环通过氧桥连接形成四元环。由一串五元环和四元环组成的链状结构又围成八元环和十二元环。图 3-4 是丝光沸石晶体结构中的一层在 c 轴方向的投影图，图 3-5 是其骨架结构和链构成[4]。丝光沸石的晶体就是由许多这样的层叠起来的。需要指出的是，层上的原子并不在一个平面上，而且层与层之间也不是正对着的，相互之间有一定的位移。所以丝光沸石的主要孔道窗口是十二元环，但其孔径比八面沸石小，孔口呈椭圆形，尺寸 0.65nm×0.70nm。

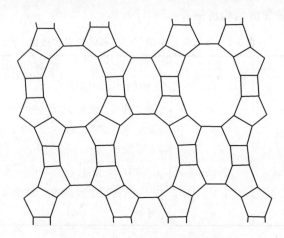

图 3-4　丝光沸石的结构投影图

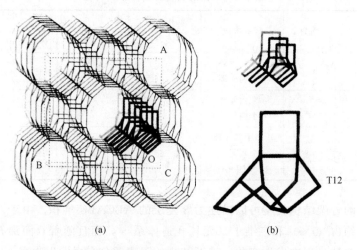

(a)　　　　　　　　　(b)

图 3-5　丝光沸石的骨架（a）及由 T12 单元构成的链（b）

丝光沸石的主孔道之间由八元环孔道沟通，八元环孔道尺寸为 0.26nm×0.57nm。丝光沸石的孔道体系是二维的，但是八元环孔道较小，一般的分子不易通过，而只能由主孔道出入。另外，由于晶体结构中存在堆垛层错缺陷，主要孔道被堵塞，使有的丝光沸石的有效孔径只有 0.4nm，这类丝光沸石被称为"小孔丝光沸石"。

丝光沸石晶胞中有八个阳离子，其中四个位于主孔道周围的八元环孔道中，另外四个位置不固定。丝光沸石是重要的催化与吸附分离材料，广泛应用于石油加工与精细化工工业。

四、ZSM-5 分子筛

ZSM-5 分子筛（MFI）属于正交晶系，空间群 Pnma，晶胞参数为 $a=2.007$nm，$b=1.992$nm，$c=1.342$nm，其理想晶胞组成为：

$$Na_n(Al_nSi_{96-n}O_{192})\cdot 16H_2O$$

其中 n 代表 Al 原子数，从 0 到 27 变化，硅铝比可在较大范围改变。

ZSM-5 分子筛具有三维骨架结构和三维十元环孔道体系。它属于高硅五元环型（Pentasil）沸石，其基本结构单元由八个五元环组成，这种基本结构单元通过共边连接成链状结构，然后再围成沸石骨架。图 3-6 是 ZSM-5 分子筛的孔道结构和网层结构图。ZSM-5 分子筛的晶体就是由许多这样的层叠起来的，其主要孔道窗口为十元环，孔径尺寸为 0.54nm×0.56nm。

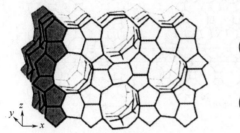

(a) 平行于(100)晶面的网层结构　　　　(b) 孔道结构

图 3-6　ZSM-5 分子筛的网层结构和孔道结构

ZSM-5 分子筛的孔道体系是三维的，平行于 z 轴的十元环孔道呈直线形，孔径为 0.51nm×0.55nm；平行于 x 轴的十元环孔道呈之字形，其拐角约 150°，孔径为 0.53nm×0.56nm。

由于 ZSM-5 分子筛独特的孔道结构，开辟了择形催化的新概念，使过去按分子化学类别进行催化反应发展至按分子大小进行催化反应。ZSM-5 分子筛是目前最重要的分子筛催化材料之一，广泛应用于石油化工、煤化工与精细化工等催化领域。

五、β 分子筛

β 分子筛（BEA）是沸石分子筛家族中结构最复杂的材料之一。1967 年 β 沸石由 Mobil 公司首次报道，它结晶于四乙基铵离子和钠离子的硅铝凝胶。其结构测定一直在不断完善中，直到 1988 年，Newsam[7] 和 Higgins[8] 各自联合应用电子衍射、高分辨率透射电镜和计算机模拟等技术才确定了 β 沸石的晶体结构。

β 分子筛属于四方晶系，空间群为 P4₁22，晶胞参数为 $a=1.26$nm，$c=2.62$nm；十二元环孔道，孔道结构为（100）12 0.66nm×0.67nm⟷（001）12 0.56nm×0.56nm。其理想晶胞组成为：

$$Na_7(Al_7Si_{57}O_{128})\cdot xH_2O$$

β 分子筛由两种结构非常相近的多型体 A 和 B 通过层错共生的结构形成（简称 A 型

体和 B 型体），两种多型体的比例是 A：B＝44：56，它们由同一中心对称的层状结构单元堆积而成。空间群为 $P4_122/P4_322/C2/c$。

β分子筛是典型的层错共生结构，其层是由 16 个 T 原子构成的次级结构单元在平面上沿着两个方向拓展形成的，该二维层具有中心对称。沸石的一个层状结构单元以垂直于其平面的轴（即 c 轴）旋转 90°得到其相邻层。如图 3-7 所示[7]，由于该层具有四方结构，其沿着 a 轴和 b 轴方向的视图非常类似。

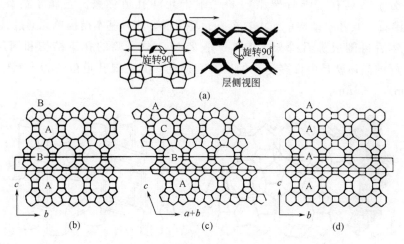

图 3-7　β沸石结构示意图

（a）二维层状结构与相邻层状结构；（b）～（d）二维平面上三种周期性连接

β分子筛是唯一具有三维十二元环直通道体系的大孔高硅沸石，其独特的孔道结构使其表现出一些优势：与 Y 型八面沸石相比，硅铝比可调范围大，水热稳定性和酸性可调性能优越；与 ZSM-5 沸石相比，较大的微孔孔径有利于体积较大的分子的扩散。因此，β沸石在水热稳定性、分子择形性、抗结焦性以及疏水性等方面呈现出优异的性能，可用于低压加氢裂解、加氢异构化、脱蜡、芳构化、烯烃异构化和烃类转化等石油加工与化学工业催化领域。

第二节　分子筛的离子交换性能与酸性

一、分子筛的离子交换性能

分子筛具有的一个重要性质就是骨架上的阳离子具有可交换性，一般合成的沸石/分子筛是钠型的，实际应用的分子筛催化材料往往是经过不同阳离子交换的各种改性分子筛。对于沸石/分子筛的交换性能，毛学文[9]进行了比较系统的论述。

1. 分子筛中阳离子的可交换性是它的最基本和最重要的性质

分子筛的阳离子不在骨架上，而是在骨架外中和 $[AlO_4^-]$，如下面所示：

因此，分子筛中的阳离子波动性较大，可以被其他阳离子交换。由于具有离子交换特性，所以分子筛常被用作离子交换剂。

分子筛中阳离子在常温下的交换过程是可逆的，与化学反应一样，受离子平衡浓度的影响。NaY 沸石可以用不同金属离子进行交换，主要包括稀土金属、碱土金属、过渡态金属离子等。

Sherry[10] 和 Haynes[11] 等比较全面地论述了各种金属离子的交换性能。含有多价阳离子的沸石比单价阳离子沸石的活性高，同时，反应活性随着硅铝比的增加和碱土金属离子半径减小而上升，碱土金属的离子半径与电场强度有关。

2. 分子筛交换等温线

Sherry[12] 研究了不同类型的一价阳离子与 NaX 和 NaY 八面沸石的交换特性，实验所用八面沸石性质列于表 3-3，无水 NaX 的晶胞组成为 $Na_{85}(AlO_3)_{85}(SiO_2)_{107}$，无水 NaY 的晶胞组成为 $Na_{50}(AlO_2)_{50}(SiO_2)_{142}$。将沸石和一定的交换液装入聚乙烯瓶中，在水浴中指定温度下保持 24h，达到交换平衡，然后快速过滤分离。在下列交换等温曲线中，纵坐标上 Z 表示沸石上阳离子的交换度，横坐标上 S 表示平衡溶液中阳离子的摩尔浓度。

表 3-3 所用八面沸石的化学组成

分子筛		SiO_2	Al_2O_3	Na_2O
NaX	%（质量分数）	46.8	32.2	21.0
	mmol/g	7.79	3.16	3.38
NaY	%（质量分数）	65.6	20.9	12.1
	mmol/g	10.92	2.05	1.96

（1）Cs^+ 或 Rb^+ 交换八面沸石

研究表明[12]，用 Cs^+ 或 Rb^+ 交换 NaX、NaY，由于 Cs^+ 和 Rb^+ 离子半径较大，大于进入方钠石笼的通道直径，约为 0.24nm，因此，它不能完全交换掉 NaX 和 NaY 分子筛中的 Na^+，可以交换掉超笼中的 Na^+。对于 NaX 沸石，在 85 个钠离子中，Cs^+ 不能交换处于 S_I 位置上的 16 个 Na^+，其最大交换度只能达到 81%；在 NaY 沸石情况下，在 50 个钠离子中，Cs^+ 不能交换处于 S_I 位置上的 16 个 Na^+，其最大交换度可达 68%（图 3-8）。Rb^+ 与八面沸石的交换特性与此相似（图 3-9）。

分析上述等温曲线可知，用 Cs^+ 交换 NaX 是可逆的 S 形交换曲线，用 Cs^+ 交换 NaX 及用 Na^+ 交换 CsY，两者交换平衡点都落在同一条交换等温线上；但是，对于 NaY 来说，这种交换是不可逆的。可以推断出，NaX 沸石具有更多的离子键特性，而 NaY 沸石的离子键特性很少。

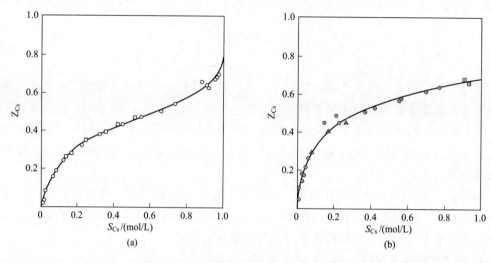

图 3-8　Cs^+ 与八面沸石交换的等温曲线

（交换温度 25℃，摩尔浓度 0.1mol/L）

（a）NaX 沸石：○$Cs_S^+ + Na_Z^+$，□$Na_S^+ + Cs_Z^+$；（b）NaY 沸石：◎$Cs_S^+ + Na_Z^+$，▲$Na_S^+ + Cs_Z^+$

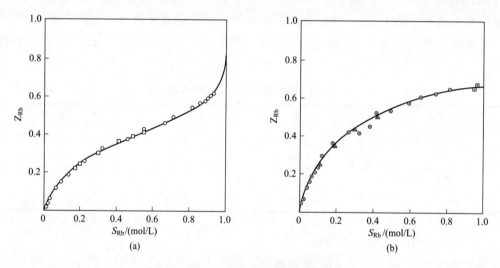

图 3-9　Rb^+ 与八面沸石交换的等温曲线

（交换温度 25℃，摩尔浓度 0.1mol/L）

（a）NaX 沸石：○$Cs_S^+ + Na_Z^+$，□$Na_S^+ + Cs_Z^+$；（b）NaY 沸石：◎$Cs_S^+ + Na_Z^+$，▲$Na_S^+ + Csb_Z^+$

（2）Tl^+ 和 Ag^+ 与八面沸石的交换

Tl^+（2.88Å）可以完全交换掉 NaX 中的 Na^+，$S_{Tl} = 1mol/L$，$Z_{Tl} = 1$；但不能交换 NaY 中的 16 个 Na^+（图 3-10），最大交换度只有 68% 左右。

Ag^+（0.252nm）可以完全交换掉 NaX 和 NaY 中的 Na^+。Ag^+ 和 Tl^+ 的等温交换特性与它们的离子大小和强极化性能相关，表明它们与所有类型的阴离子之间产生强的键合作用（图 3-11）。

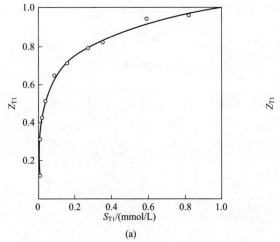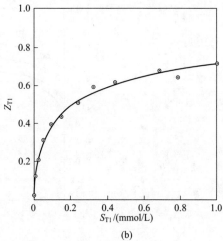

图 3-10　Tl^+ 与八面沸石交换的等温曲线

（交换温度 25℃，摩尔浓度 0.1mol/L）

（a）NaX 沸石：○ $Tl_S^+ + Na_Z^+$；（b）NaY 沸石：◉ $Tl_S^+ + Na_Z^+$

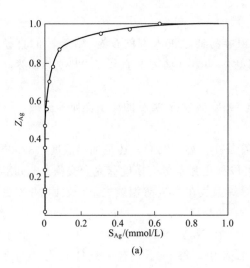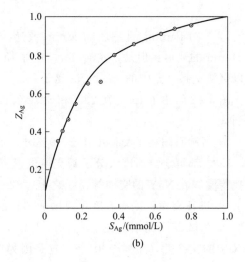

图 3-11　Ag^+ 与八面沸石交换的等温曲线

（交换温度 25℃，摩尔浓度 0.1mol/L）

（a）NaX 沸石：○ $Ag_S^+ + Na_Z^+$；（b）NaY 沸石：◉ $Ag_S^+ + Na_Z^+$

（3）RE^{3+} 与八面沸石的交换

在常温下，La^{3+} 不能交换 NaX 或 NaY 型沸石中 S_I 位置上的 16 个 Na^+，因其交换速度非常慢（图 3-12）[13]。

应该指出，La^{3+} 与 NaX 和 NaY 分子筛的交换水平是有差别的。100℃下，在 1mol/L $LaCl_3$ 溶液中，经过 13 天的交换可得到 La 交换度 99％的 LaX 沸石，但是同样条件下，经过 47 天的交换才能得到 La 交换度 92％的 LaY 沸石。

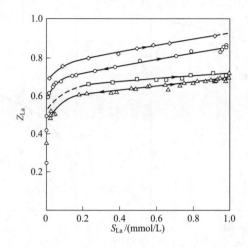

图 3-12　不同温度下，La 与八面沸石交换的等温曲线

（交换摩尔浓度 0.1mol/L，采用 LaCl$_3$）

$\circ$ La$_S^{3+}$ + 3NaX $\underset{}{\overset{25℃}{\rightleftharpoons}}$ LaX$_3$ + 3Na$_S^+$ ；$\triangle$ La$_S^{3+}$ + 3NaY $\underset{}{\overset{25℃}{\rightleftharpoons}}$ LaY$_3$ + 3Na$_S^+$

$\diamond$ La$_S^{3+}$ + 3NaX $\underset{}{\overset{82.2℃}{\rightleftharpoons}}$ LaX$_3$ + 3Na$_S^+$ ；$\square$ La$_S^{3+}$ + 3NaY $\underset{}{\overset{82.2℃}{\rightleftharpoons}}$ LaY$_3$ + 3Na$_S^+$

　　La^{3+} 的 Pauling 直径是 0.23nm，它应该很容易通过进入方钠石笼（β 笼）的直径为 0.244nm 的通道。但是，水合 La^{3+} 的半径可达 3.96Å（动力学直径 7.92Å），显然，它难以直接交换 β 笼中的 16 个 Na 离子。

　　图 3-12 给出了 La^{3+} 在 25℃和 82.2℃下与 NaX 及 NaY 沸石的离子交换等温线。可以看到：

　　① 当沸石阳离子交换度小于 50％时，不管是在室温（25℃）还是加热温度（82.2℃）下，La^{3+} 都可定量地进入分子筛交换位置，可以称之为定量交换度（完全交换）。NaX 的交换等温线在 NaY 的交换等温线之上，82.2℃等温线在 25℃等温线之上，表明 NaX 更易与 La^{3+} 进行交换，提高温度可以增加沸石的 RE^{3+} 交换度。

　　② 在极限情况下（S_{La} = 1.0mol/L），La^{3+} 在 NaY 中的交换度（约 68％）低于在 NaX 中的交换度（84％～90％）。这是因为在 LaX 中，每个 La^{3+} 有 9 个 H$_2$O 分子与之水合，而在 LaY 中，水合 La^{3+} 含 15 个水分子。要脱去更多的水分子需要提供更多的能量，而在同样条件下，要完全剥去 La^{3+}(H$_2$O)$_n$ 上的水分子是更不容易的。La^{3+} 的水合热焓为 900～1000kcal/mol。尽管水合 La^{3+} 在室温下进入 β 笼是非常缓慢的，但在加热状态下，则可以加速这一过程。这里要注意考虑到 La^{3+} 的水合平衡问题。

　　由此可见，在沸石离子交换过程中，存在着空间效应，大的离子或水合离子很难进入 β 笼中。这就是 RE^{3+} 交换中要进行中间焙烧的原因。

　　另外，对于 NaX 沸石来说，其与 Y（钇）和 La 离子的交换曲线存在一定差异（图 3-13）。在交换温度 25℃和摩尔浓度 0.1mol/L 条件下，La^{3+} 的定量交换度较大，继续增加溶液的阳离子摩尔浓度，沸石上的 La^{3+} 交换度逐渐增加到极限值约 0.8，但是沸石上的 Y^{3+} 交换度基本不变，只有当溶液中的 Y^{3+} 摩尔浓度超过 0.27mol/L 时，沸石的

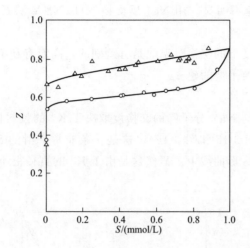

图 3-13　La^{3+} 或 Y^{3+} 与八面沸石交换的等温曲线

（交换温度 25℃，摩尔浓度 0.1mol/L）

△ La$_S^{3+}$ + 3NaX $\longrightarrow$ LaX$_3$ + 3Na$_S^+$

○ Y$_S^{3+}$ + 3NaX $\longrightarrow$ YX$_3$ + 3Na$_S^+$

Y^{3+} 交换度才快速增加到 0.8。这是因为，Y^{3+} 的离子半径小于 La^{3+} 的离子半径，其水合离子更容易自由进出沸石的超笼孔道，只有当溶液的 Y^{3+} 摩尔浓度大于一定数值时，才能够在浓度效应作用下提高沸石的 Y^{3+} 交换度。这对于沸石与不同类型稀土交换条件的优化具有很好的指导意义。

（4）NH$_4^+$（3.0Å）在 NaX 和 NaY 沸石上的交换

研究表明[12]，当用 NH$_4^+$ 交换 NaY 沸石时，并不是所有的 Na$^+$ 都能被一次交换下来，每个晶胞中有 16 个 Na$^+$ 是不能被 NH$_4^+$ 交换的。25℃下，NH$_4^+$ 对 NaY 的一次交换度最多也不超过 68%（图 3-14）。提高铵盐投料量可增加 Y 沸石上的交换度，但在 $Z_{NH_4^+}$ =

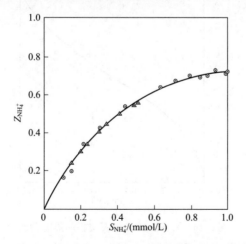

图 3-14　NH$_4^+$ 与 NaY 沸石交换的等温曲线

（交换温度 25℃，摩尔浓度 0.1mol/L；◉ NH$_{4S}^+$ + Na$_Z^+$；▲ Na$_S^+$ + NH$_{4Z}^+$）

0.5 以上时，效果越来越不明显。用 Na^+ 反交换 NH_4-Na-Y 沸石，数据落在了同一条曲线上。

应该指出，不同温度下的交换等温线是有差别的，高温有利于交换平衡的实现，也有利于在更高水平下的交换平衡的建立。

（5）K^+ 对 NaY 的交换

研究表明[12]：K^+ 与 NaY 分子筛的交换度取决于 K^+ 的投料比，当投料比足够高时，交换度可达到 100%（图 3-15 和图 3-16）。这是一条非常平滑的 S 形曲线，曲线中的正、反交换数据都落到这条 S 形曲线上。显然这是由于 K^+ 的直径很小，足以进入 β 笼和六角棱柱中。

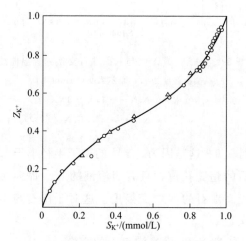

图 3-15　K^+ 与 NaX 沸石交换的等温曲线

（交换温度 25℃，摩尔浓度 0.1mol/L；○ $K_S^+ + Na_Z^+$；△ $Na_S^+ + K_Z^+$）

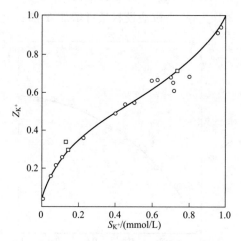

图 3-16　K^+ 与 NaY 沸石交换的等温曲线

（交换温度 25℃，摩尔浓度 0.1mol/L；○ $K_S^+ + Na_Z^+$；□ $Na_S^+ + K_Z^+$）

3. 竞争交换

当采用混合阳离子（如 RE^{3+} 及 NH_4^+）溶液对 NaY 沸石进行交换时，会在不同交换阳离子间产生竞争交换问题。竞争交换与离子浓度和离子价数及半径有关，还与 pH 有关，因为 H^+ 也可作为第三种阳离子参与竞争交换。

（1）不同交换离子浓度的影响

有人指出[13]，在用 RE^{3+} 交换 X、Y 型沸石时，存在静电选择效应（electro selective effect），即在低的总交换当量下，沸石将优先选择最高正电荷的阳离子，而在高的总交换当量下，沸石更容易与电荷低的阳离子进行交换（图 3-17）。这表明，交换溶液的离子浓度低有利于提高稀土利用率。因此，在进行稀土交换时，特别是混合离子交换时应控制交换溶液的总摩尔浓度。

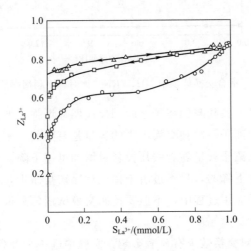

图 3-17　不同 La 摩尔浓度对 NaX 沸石交换曲线的影响

（△ 0.020mol/L；□ 0.100mol/L；○ 1.28mol/L）

（2）不同 NH_4^+/RE^{3+} 比的交换效果

笔者[14]研究了 NH_4^+/RE^{3+} 混合体系交换 Y 型分子筛的竞争交换和交换效率问题，获得了一些规律性认识。

分子筛进行稀土交换时，首要考虑的是稀土利用率问题。由于氧化钠会中和分子筛的酸中心，在高温时破坏分子筛的晶体结构，所以改性的一个主要目的是尽量降低分子筛中的氧化钠。一般来说，交换体系中 pH 值越低，越有利于降低体系的氧化钠。为了有效降低分子筛中的氧化钠，往往采用稀土和铵盐混合交换的方式。在混合交换过程中，影响稀土利用率的因素较多，实验中重点考察了 NH_4^+/RE^{3+} 对稀土利用率的影响。固定 RE 投料量和交换体系的 pH 值（3.5～4.0），NH_4^+/RE^{3+} 对稀土利用率的影响见图 3-18。可以看出，随着 NH_4^+/RE^{3+} 比增加，稀土利用率急剧下降，氧化钠没有明显变化，这表明在一定的稀土和交换体系的 pH 值下，提高投铵量对降低分子筛的氧化钠没有作用，反而会大大降低稀土利用率。这是因为在稀土和铵盐混合交换体系中，存在稀土和铵盐与钠离子的竞争反应：

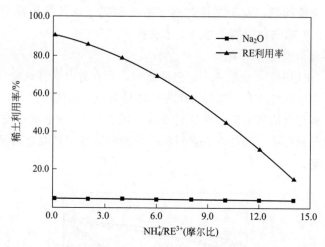

$$3NaY + RE^{3+} \rightleftharpoons REY + 3Na^+$$
$$NaY + NH_4^+ \rightleftharpoons NH_4Y + Na^+$$

图 3-18　混合交换体系中 NH_4^+/RE^{3+} 比对稀土利用率的影响

当铵盐投料量增加时，铵盐与钠离子之间的反应明显增强，严重抑制了稀土与钠离子的交换过程，同时由于钠离子一次被交换出去的容量是有限的，不会随着交换试剂的增加无限增加，从而导致稀土离子含量随着铵盐投料量增加迅速下降。当然，随着铵盐投料量增加，铵盐的利用率也是下降的，只不过由于稀土远比铵盐昂贵，人们更加注重稀土的利用率罢了。因此，在实际应用过程中，不但要控制交换试剂的总量，而且应严格控制铵盐和稀土的比例。

由于交换体系 pH 值对交换效果有显著影响，实验中进一步考察了在不同 NH_4^+/RE^{3+} 比时，交换体系 pH 值对氧化钠和稀土利用率的影响。实验结果见图 3-19 和图 3-20。从图 3-19 看出，随着体系 pH 值变化，在高 NH_4^+/RE^{3+} 比时，分子筛的氧化钠含量变化不明显，而在较低 NH_4^+/RE^{3+} 比时，氧化钠含量随着交换体系 pH 值的变化发生了比较明显的变化。从图 3-20 看出，随着体系 pH 值变化，在高 NH_4^+/RE^{3+} 比时，稀土利用率处于较低水平，随着交换体系 pH 值增加而显著提高；而在较低 NH_4^+/RE^{3+} 比时，稀土利用率处于较高水平，随着交换体系 pH 值增加而缓慢上升。这是因为在稀土和铵盐混合交换体系中，除了存在前面所述的稀土和铵盐与钠离子的竞争反应之外，还存在稀土离子在不同 pH 值条件下的络合形态问题。在较低的 pH 值时，稀土主要以三价阳离子（RE^{3+}）形态出现，这时一个稀土离子可以交换掉三个钠离子，而在较高的 pH 值时，稀土可能以二价阳离子 $RE(OH)^{2+}$ 或一价阳离子 $RE(OH)_2^+$ 形态甚至零价阳离子 $RE(OH)_3$ 形态出现，那么，它们就只能交换掉一个、两个或不能交换钠离子，对氧化钠含量有影响。在较低的 NH_4^+/RE^{3+} 比时，这种影响比较突出，导致分子筛氧化钠随着体系 pH 值变化而变化；而在较高 NH_4^+/RE^{3+} 比时，由于钠离子主要由铵盐来交换，而铵盐存在形态基本与体系 pH 值变化无关，因此随着体系 pH 值变化，分子筛的氧化钠变化不明显。

总之，沸石的离子交换度深受交换体系的离子平衡影响。该离子平衡取决于交换离子

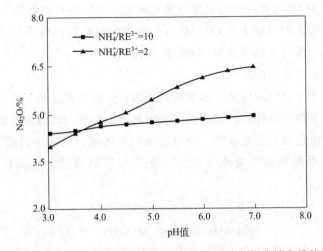

图 3-19 不同 NH_4^+/RE^{3+} 比（摩尔比）时 pH 值与氧化钠含量的关系

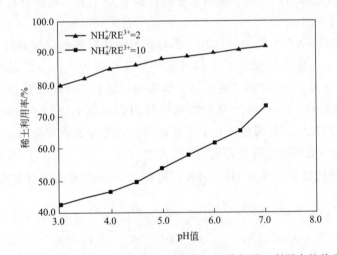

图 3-20 不同 NH_4^+/RE^{3+} 摩尔比下交换 pH 值与稀土利用率的关系

的浓度、投料比、温度以及共存离子的影响；当交换离子或水合离子尺寸较大时，其离子直径大小是重要的影响因素。另外，离子的静电场强度对交换速度和交换中的优先性也会产生重大影响。

二、分子筛的固体酸性特征

1. Y 沸石的晶格氧和结构羟基

识别沸石骨架中的氧原子类别很重要，这将为沸石酸性的分析奠定基础。因为这些氧与未来沸石的酸性羟基有直接的关系。

（1）八面沸石的晶格氧位置

如图 3-3 所示，沸石分子筛硅铝骨架上的氧原子依其所处环境的不同，分为四类氧原子：规定把六方棱柱四元环共用棱上的氧原子定为 O1，处在六棱柱四元环与 β 笼六元环共用棱上的氧原子为 O2，六棱柱四元环与 β 笼四元环共用棱上的氧原子为 O3，β 笼四元环与其六元环共用棱上的氧原子为 O4。在沸石骨架中只有这四种骨架氧原子，它们中的每一个与附近的 H$^+$ 相结合都可成为一种酸性 OH 基。

（2）阳离子水解与沸石的酸性

按照多价阳离子水合解离理论，多价阳离子水合解离可产生质子酸和非质子酸。一价碱金属阳离子沸石是没有酸性的，当它被多价阳离子取代后，可以显示良好的酸性和催化活性，其中水是产生酸性的必要条件。研究表明，含水沸石中多价阳离子处于水合状态，加热失去部分水，金属阳离子对水分子的极化作用逐渐增强，从而释放出质子，反应如下：

$$M^{2+} + H_2O \rightleftharpoons M(OH_2)^{2+}$$

$$M(OH_2)^{2+} \rightleftharpoons M(OH)^+ + H^+$$

在金属阳离子与钠型沸石分子筛交换中，金属离子呈现水合离子形态，由于金属离子对水分子的电离极化作用，产生了类似质子酸性的 B 酸中心，在焙烧过程中，部分 B 酸中心可以转化为 L 酸中心。

多价阳离子水解会产生结构性羟基，所形成的结构羟基的位置如何分布呢？需要指出的是，不是每个晶格氧都变成了结构羟基，而只有很少一部分的晶格氧变成—OH，它们一般都靠近骨架 Al 附近的位置上。实验表明，最重要的羟基有 O1—H 和 O3—H，它们都是与 Si 相连的。O3—H 羟基伸向六棱柱内部，处于烃分子不可接近的位置上。O1—H 羟基指向超笼中，它们是烃分子可接近的。红外光谱研究表明，在红外吸收谱带上，位于 3640cm^{-1} 处的吸收峰代表超笼中的羟基（O1—H），而位于 3550cm^{-1} 处的吸收峰代表 β 笼中的结构羟基（O3—H）。另外，还有 3740cm^{-1} 对应沸石末端的 SiOH，其酸

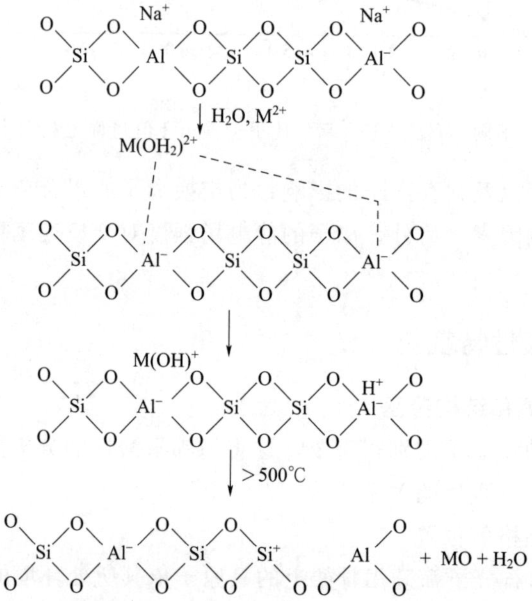

图 3-21   沸石离子交换与酸性中心产生的反应模式

性较弱[15]。

Ward[16]对碱土金属沸石离子交换和酸性中心的形成提出了如图 3-21 所示的反应模式。

所生成的 M(OH)$^+$ 和 H$^+$ 均位于带负电的铝氧四面体附近，且 1 个 M^{2+} 可交换两个 Na$^+$。M^{2+} 对水分子的极化可在沸石当中产生 1 个质子酸，它与骨架氧作用生成酸性羟基（Si—OH）。红外光谱证明，碱土金属 Y 型沸石脱水后，出现表征酸性羟基的光谱带 3645cm^{-1}（图 3-22）。吡啶吸附后也存在 1540cm^{-1} 的 B 酸特征峰，与 HY 一样，碱土金属沸石也具有酸性羟基和催化反应活性。

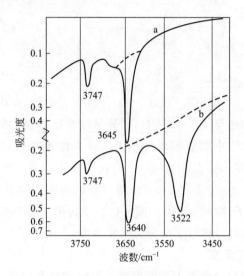

图 3-22　CaY 沸石的红外光谱
a—500℃活化；b—700℃活化

阳离子半径越小，电荷越大，对水的极化能力越强，质子酸的酸性越大。其催化活性随阳离子半径减小而增加。从表 3-4 看出，二价金属的烷基化活性顺序为 MgY＞CaY＞SrY＞BaY，与其离子半径大小正好形成反比关系。

表 3-4　丙烷-苯在不同类型离子交换 Y 上的烷基化反应性能

分子筛催化剂	离子交换度（质量分数）/%	产品组成(质量分数)/%		异丙苯产率（相对丙烯质量分数）/%	阳离子半径/nm
		异丙苯	多烷基苯		
NaY		微		微	0.098
MgY	80	19.8	9.8	37.4	0.078
CaY	75	16.6	11.9	32.8	0.106
SrY	80	6.5	7.8	10.6	0.127
BaY	63	0.8	1.4	1.4	0.143
REY	—	20.0	10.8	38.2	—
硅铝	—	8.3	1.8	13.7	—

注：REY 的反应温度为 200℃，其他均为 250℃。

NaY 分子筛经 RE^{3+} 或 NH_4^+ 离子交换及焙烧后，也可在结构中产生酸性羟基。La^{3+} 交换 NaY 时，酸性—OH 的产生来自多价阳离子对水分子的极化作用：

$$La(OH_2)^{3+} + O\text{-沸石} \longrightarrow La(OH)^{2+} + HO\text{-沸石}$$

由于沸石中三价稀土离子比碱土金属具有更强的极化作用，可以产生更多的质子酸，因此其催化活性也比碱土金属高（表 3-4），表现为在较低的温度下具有更高的异丙苯产率。

当 NH_4^+ 交换 NaY 沸石和热处理时会发生如下结构变化：

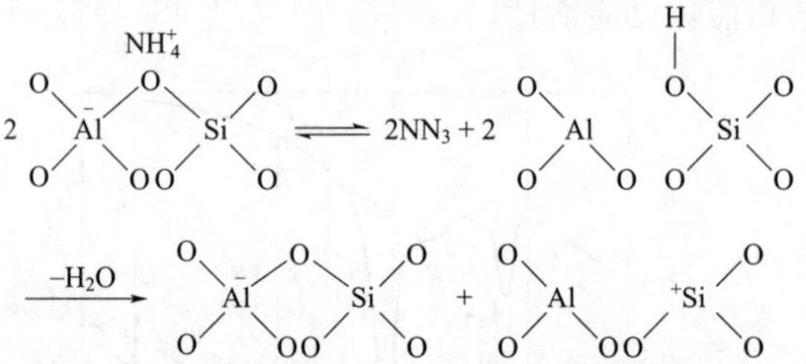

在焙烧过程中，当加热至 350℃，NH_4Y 分子筛脱氨形成 HY，由于质子很小，有极强的极化能力，容易与晶格中的氧形成羟基，具有 B 酸性特征，在吸附吡啶红外光谱中出现 $1540cm^{-1}$ 吸收峰；提高焙烧温度至 450℃，则发生脱水，此时的分子筛会在吡啶吸附的红外光谱中出现 $1542cm^{-1}$ 和 $1455cm^{-1}$ 吸收峰，表明同时存在 B 酸和 L 酸中心（非质子酸）。可以看出，分子筛中 B 酸和 L 酸可以发生转化，两个 B 酸中心转化成一个 L 酸中心，这种转化是可逆的，L 酸与水结合又生成 B 酸。

2. 分子筛的酸性及其含义

由前面讨论可知，沸石分子筛上多价阳离子水解和热处理可以产生不同的酸性中心，具有催化反应活性。分子筛上的这种固体酸性来自晶格氧原子上的质子（结构羟基）、补偿电荷阳离子、氧缺陷位置的三配位铝原子及阳离子状态的非骨架铝位置。

沸石与其他固体物质不同，它介于固体和液体之间，可以称为"固态液体"。由于其开放结构，其骨架上的所有原子都分布在孔腔和孔道上，绝大部分（孔道足够大）的骨架原子都能直接和反应分子接触，这与分子在溶液中的存在相似。因此，它具有许多无机酸溶液的特点。Barthomeuf[17] 列举了两者的相似性：

① 阳离子和质子的流动性：如上所述，沸石骨架外的阳离子是移动的，质子（H^+）也是可移动的，可以从一个氧的位置移动到另一个氧上。

② 骨架上原子的移动性：骨架上的铝可以在反应中或在水热条件下脱除，Si 原子也可以发生迁移，氧原子可在含有 Ca、La 的沸石上进行可逆移动。

③ 沸石可以作为离子化溶液或者电解质溶液：多价阳离子对水分子的极化和对其他不同分子的离子化作用表明其与电解质的相似性。

④ 沸石上的过渡金属复合物：沸石不但可以通过离子交换引入其他阳离子，也可以在沸石孔腔中形成不同的金属复合物。

⑤ 酸性特征：沸石上的质子化的 B 酸、L 酸及其质子的流动性，其性质均与溶液相似。

与无机酸的化学通式 $XO_n(OH)_m$ 相似，沸石也可以用 $TO_n(OH)_m$ 的通式表示，其中 $T=Al+Si$。对于沸石的 TO_4 四面体，$n+m=2$，n 越大则酸性越强。比如 HY 沸石，其化学式为 $H_{56}(AlO_2)_{56}(SiO_2)_{136}$，可以简化为 $TO_{1.71}(OH)_{0.29}$，其中 $T=0.29(Al)+0.71(Si)=1$。实际上沸石上每个晶胞中有一定数量的 T 原子，构成一种三维的缩多酸，因而就存在骨架上的正电和负电离子互相排斥。随着距离间的差别，产生不同酸强度分布，这与缩多酸溶液的现象类似。对强酸分布与铝原子在骨架上的位置及其相互作用的认识，为沸石改性调变酸性提供了理论支撑。

然而，更多的时候，人们将分子筛看成固体酸，要描述沸石中固体酸的酸性，必须从酸性位置性质、酸性强度和酸位置浓度三个方面加以说明。

3. 分子筛固体酸表征方法

分子筛表面的固体酸性可以从酸类型、酸强度、酸量和酸位的微观结构进行描述。如前面所述，沸石酸类型可分为 Brønsted 酸（B 酸）和 Lewis 酸（L 酸）。B 酸是质子给予体，表现为沸石骨架上的硅羟基（ $-SiOH$ ）；L 酸是电子对受体，产生于骨架氧缺陷位置的三配位铝、沸石中的非骨架铝以及某些交换位置附近的多价阳离子。NH_4^+ 型沸石脱 NH_3 后产生 B 酸，进一步加热，发生脱羟基反应，产生 L 酸。这个反应是可逆的，L 酸水合可还原为 B 酸。它们是两种不同类型的酸，对烃类催化反应的影响不同，因而在产物分布上也有所差别。酸强度表示固体酸上吸附碱性物质的脱附温度，脱附温度越高则酸强度越大。酸量又称酸密度，表示为样品单位质量或单位表面积上酸位的量。

目前，表征分子筛的固体酸性的方法主要有 Hammett 指示剂法、红外光谱法、程序升温热脱附法、吸附微量热法等。

（1）Hammett 指示剂法

描述酸强度和酸浓度的最直接的定量方法是 Hammett 指示剂法，由 Walling 在 20 世纪 50 年代初提出，利用吸附在固体表面的指示剂的变色方法来测定。酸强度定义为固体表面的酸中心使吸附其上的中性碱指示剂转变为共轭酸的能力，用 Hammett 酸度函数 H_0 来表示。在稀相溶液中，H_0 与 pH 值相似，其值越负，表明酸性越强。一般采用正丁胺非水溶液滴定法[18]。

$$H_0=pK_a+lg([B]\times[BH^+]^{-1})$$
$$H_0=pK_a+lg([B]\times[AB]^{-1})$$

其中 K_a 是固体酸的离解平衡常数，而 $[B]$、$[BH^+]$、$[AB]$ 是中性盐基，用 pK_a 值可表示固体酸的强度。

表 3-5 列出了几种常见的 Hammet 指示剂的酸性数值与显色变化。

测定中加入某种指示剂，然后滴入正丁胺溶液，至指示剂变色。这样消耗的正丁胺量就可描述该强度以上的固体酸的总量。依次用不同的指示剂就可测出各种酸强度范围的固体酸的数量。整个测定都在密闭的无水气氛下进行。用 Hammet 指示剂法测出的是 B 酸与 L 酸的总和。

稀土交换的 X 型沸石具有较宽的酸中心强度分布，当稀土交换度大于 50% 时，表征酸强度的 H_0 可在 4～-8 之间变动（图 3-23）[19]；HY 沸石的酸中心强度分布较窄，H_0

表 3-5　Hammet 指示剂与酸强度

指示剂	pK_a	相当于 H_2SO_4 浓度/%	颜色	
			酸型	碱型
二甲基黄	$+3.3$	3×10^{-4}	红	黄
2-氨基-5-偶氮甲苯	$+2.0$	5×10^{-3}	红	黄
二肉桂丙酮	-3.0	48	红	黄
苯亚甲基乙酮	-5.6	71	黄	无色
蒽酮	-8.2	90	黄	无色

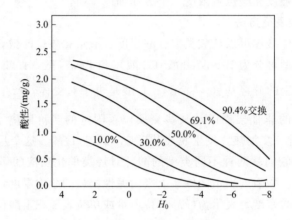

图 3-23　稀土交换对 X 沸石酸强度分布的影响

在 $-4 \sim -8$ 之间，USY 沸石的 H_0 在 $-11.3 \sim -8.7$ 之间。沸石的固体酸性随稀土交换度增加而增加，而且强酸中心增加更多。REY 甚至具有 $H_0 < -12.8$ 的强酸中心（图 3-24）。这是因为稀土具有很强的极化作用，沸石中的水合稀土离子能够极化较多的质子酸，稀土交换度高的 Y 型分子筛具有较多的 B 酸中心，酸中心密度增大。

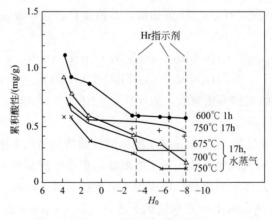

图 3-24　REY 的酸性分布

（2）红外光谱法

红外光谱法可测定分子筛固体酸的酸类型、酸强度和酸量，一般采用吡啶（PyH）、

NH_3 或 CO 等作为探针分子。吡啶为强碱性分子，其氮原子上的电子对具有极强的质子亲合势，易与 L 酸或 B 酸作用形成络合物，其作用模式如图 3-25 所示。在红外光谱上，吡啶与 L 酸的络合物的特征吸收带为 $1455cm^{-1}$，吡啶与 B 酸的络合物的特征吸收带为 $1540cm^{-1}$。

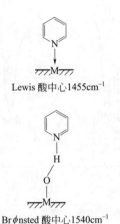

图 3-25　吡啶吸附在 B 酸和 L 酸中心上模型图

另外，采用不同的探针分子，它们与 L 酸和 B 酸形成络合物的吸收带是不同的（表 3-6），可以看出，氨和哌啶（六氢吡啶）与 B 酸形成的络合物分别出现 $1475cm^{-1}$ 和 $1610cm^{-1}$ 吸收带，而吸附 L 酸时则出现 $1630cm^{-1}$ 和 $1450cm^{-1}$ 吸收带。

表 3-6　两种酸性中心的红外吸收峰

项目	B 酸/cm^{-1}	L 酸/cm^{-1}
氨	1475	1630
吡啶	1545	1450
哌啶	1610	1450

如图 3-26 所示，HY 沸石的红外光谱中出现 $3640cm^{-1}$ 和 $3550cm^{-1}$ 吸收带，其中 $3640cm^{-1}$ 对应大笼的酸性羟基，$3550cm^{-1}$ 对应小笼羟基。在 200℃ 吸附吡啶后，$3640cm^{-1}$ 吸收带基本消失，出现了 $1540cm^{-1}$ 吸收带，而小笼吸收带仍然存在，这是因为吡啶的分子筛尺寸较大，不能进入沸石小笼，而只能进入大笼之中，与其中的 B 酸中心形成络合物；HY 沸石经过 500℃ 焙烧，部分 B 酸转化成 L 酸，这时吡啶吸附的沸石中会出现 $1455cm^{-1}$ 吸收带[15]。另外，随着焙烧温度升高，HY 的 B 酸和 L 酸含量呈现有趣的变化（图 3-27），当温度低于 450℃，HY 沸石含有 B 酸含量很高，L 酸含量很低，继续升高焙烧温度，B 酸含量大幅降低，L 酸含量明显增加。这是因为发生了酸性羟基结构变化。

（3）程序升温热脱附法

分子筛样品吸附碱性分子（如氨、吡啶、正丁胺等）后，进行程序升温脱附，吸附在弱酸位上的碱性分子首先脱附，随着温度的升高，最后放出的是最强酸位上吸附的碱性分

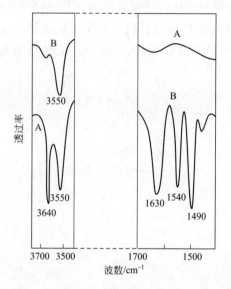

图 3-26　HY 沸石 200℃吸附吡啶前（A）和后（B）的红外光谱图

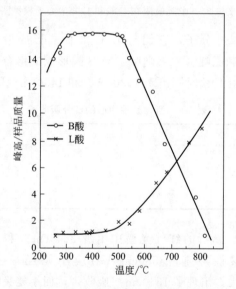

图 3-27　HY 沸石的酸量随焙烧温度变化

子，从而得到程序升温脱附谱图（TPD）。图 3-28 为 HZSM-5 分子筛的 NH₃-TPD 谱[5]，一般存在两个峰，低温峰（LT）表示弱酸位脱出的 NH_3，全硅沸石也存在这个低温峰，高温峰（HT）是强酸位脱出的 NH_3，由各自的峰面积得到弱酸位和强酸位的酸量，峰温表示酸性强度，脱附温度越高，酸性越强。

　　在交换后的沸石上存在各种强度的固体酸性。制备方法不同，酸强度存在差异，在 NH₄Y、HY 和 REY 分子筛中，酸强度呈现不同分布。这种分布随交换阳离子的种类、交换度、焙烧条件以及骨架 SiO_2/Al_2O_3 比而变化。一般说来，提高骨架硅铝比，会提高酸强度，但减少了酸数量。骨架 SiO_2/Al_2O_3 比对酸强度的影响是静电场强度变化的

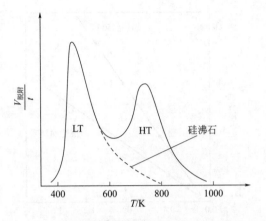

图 3-28　HZSM-5 分子筛的 NH_3-TPD 谱图

(Si/Al＝30，10K/min)

结果。

从根本上讲，质子酸的强度是酸性羟基（－OH）中 H^+ 自由移动能力的表现。那些受到较强束缚力（静电作用力）的质子，O—H 间有强的共价键性质，很少能挣脱出来形成自由 H^+，表现为较弱的酸性；而离子性强的 O—H 键表现为强酸性。

如图 3-29 所示，随着 Y 分子筛中 La 含量增加，NH_3-TPD 图表征的弱酸和强酸均减少，而中强酸含量上升[20]，表明稀土的引入降低了强酸和弱酸的数量，增加了中强酸数量，从而根据实际反应需要控制催化反应的活性和选择性。

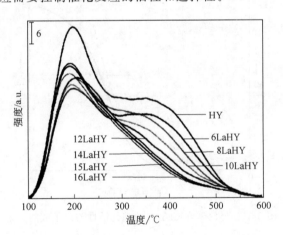

图 3-29　不同 La 含量 Y 分子筛的 NH_3-TPD 图

4. 分子筛酸性与催化活性

1933 年，Gayer 提出了固体酸的酸性就是催化活性中心的概念，此后，固体酸的酸性与催化活性的关联性研究持续不断。许友好[15]比较系统地论述了无定形硅铝和分子筛的酸性与催化活性的关系。其中邻二甲苯在硅酸铝催化剂上的异构化反应展示了固体酸性与其催化活性的关系，如图 3-30 所示，催化剂的质子酸浓度越大，则其催化活性越高，几乎呈现出线性增加关系，而且反应温度越高，活性增加幅度越大。

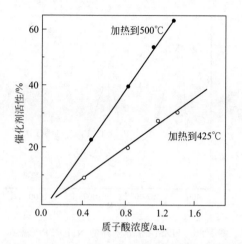

图 3-30 邻二甲苯在硅铝催化剂上的异构化反应活性与质子酸浓度的关系

　　研究发现[21]，随着 Ca^{2+} 交换度增加，CaY 的质子酸和催化活性基本不增加，当交换度达到 40% 左右，两者同步急剧上升，只有达到一定的交换度后，异丙苯的裂化活性急剧增加。这是因为只有 Na^+ 被交换掉一定数量后，其质子酸才会明显增加，从而引起催化活性快速上升（图 3-31）。异丙苯在 LaY 上的转化率变化与此相似，随着反应温度升高，引起催化活性发生突变点的 La^{3+} 交换度有所下降，但是这种关系曲线的形状没有明显变化（图 3-32）。

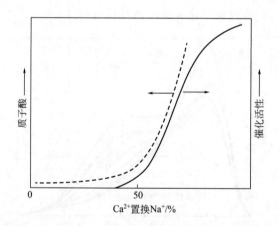

图 3-31 异丙苯在 CaY 上的催化活性与质子酸的关系

　　催化裂化反应类型与催化剂酸强度的关系如图 3-33 所示[22]，线长短表示反应所需酸性的强弱，可以看出，烯烃的骨架异构化反应需要较强的酸性，双键异构化所需酸性较弱，顺反异构化的最弱；烷基化和裂化反应所需酸性最强，氢转移反应可在较弱的酸性中心上发生。因此，增加酸性中心的强度，会提高裂化反应与氢转移反应的比值，从而改变反应选择性。

　　随着 Y 沸石中稀土含量增加，氢转移活性明显上升，这是因为沸石表面的酸量及酸密度随着稀土含量增加而变大。从表 3-7 看出，稀土增加时，弱酸中心减少，强酸中心上

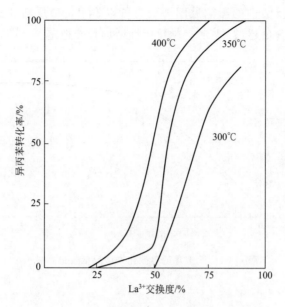

图 3-32 La³⁺ 交换度对 LaY 催化活性的影响

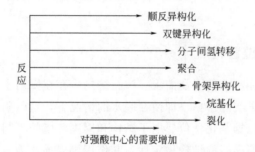

图 3-33 催化裂化反应类型与催化剂酸强度的关系

表 3-7 不同稀土含量 Y 型分子筛的 NH₃-TPD 酸性

沸石类型		REHY-1	REHY-2	REHY-3
RE₂O₃(质量分数)/%		3.10	6.50	10.20
酸量/(mmol/g)		2.246	2.432	2.639
酸密度/(μmol/m²)		3.56	3.80	4.15
高峰温度 /℃	Ⅰ	210	219	230
	Ⅱ	342	353	378
酸强度分布 /%	弱酸	27.78	20.38	11.45
	强酸	72.22	79.62	88.55

升。这是因为稀土离子具有较强的极化作用，它通过吸引 O—H 键的电子增加了质子 H 的流动性，从而提高质子酸的强度和数量，氢转移反应活性增强，也会引起焦炭产率上升，不利于改善产品分布。因此，应根据实际反应需求，控制沸石分子筛中的稀土含量。

稀土对裂化催化剂微反活性的影响见图 3-34，可以看出，微反活性随着稀土含量增加快速上升，但是当稀土含量超过 2% 时，微反活性增加趋于稳定。

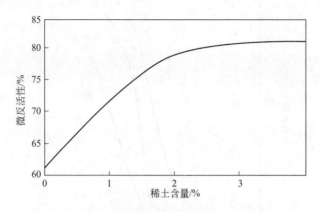

图 3-34　稀土含量对催化剂微反活性的影响

第三节　沸石阳离子位置与稳定性

一、八面沸石阳离子位置特点

由于内在的结构特征和电荷平衡需求，沸石结构中存在阳离子固有的位置，它们不同程度地被沸石中的阳离子实际占据。即使在脱水的情况下，这些阳离子也可以无屏蔽地显露在沸石孔内的表面，根据其化学价、电子结构和周围环境的不同，产生其特有的化学性能，并在一定程度上影响沸石的结构稳定性。其作用可以描述为：①沸石的酸性和催化活性与骨架外阳离子密切相关；②骨架外阳离子用于平衡骨架 $[AlO_4^-]$ 四面体产生的负电荷，这些阳离子是可以被其他阳离子交换的；③八面沸石由于 Na^+ 的强碱性，使 NaX 或 NaY 不显示酸性，也没有裂化活性；④沸石骨架外阳离子的位置不是任意的，而是其分布服从一定的规律。

如第一节所述，图 3-3 和表 3-1 描述了八面沸石中的阳离子的位置和晶格氧分布，应该指出，上述阳离子位置是阳离子可以占据的位置，而不是每个位置上都一定占有阳离子。因为上述位置数是明显多于每个晶胞中的实际阳离子数的。那么在八面沸石中钠离子具体如何分布呢？文献进行了总结[9]：①未灼烧的水合 NaX、NaY 的 S_1+S_2 位上 Na^+ 总数在 16～32 之间，S_3+S_4 位上 Na^+ 总数 ≤32；②NaY 脱水后，$S_1(S_I)$ 位上有 7.5 个 Na^+，$S_2(S_I')$ 位上有 20 个 Na^+，$S_3(S_{II}')$ 位上有 30 个 Na^+。

然而，八面沸石中阳离子位置受哪些因素影响呢？主要包括三个方面：

① 优先选择高配位（氧原子）的阳离子位置。即选择负电荷密度最大的位置（S_I）。在 S_I 位置，六个负氧离子按八面体方向配位，形成的电荷密度最大。阳离子进入此位置后，可使体系处于最低能量状态。而 S_{II}' 位置只是被氧原子三重配位，所以负电荷密度

较低。

② 邻近阳离子的静电斥力也将影响阳离子对交换位置的选择。因为这种斥力的存在，同样会使体系能量上升，变得不稳定。所以，同时占据一个六元环平面两侧的位置，特别是同时占据 S_{II} 和 S'_{II} 的位置是不利的，因而也是不会发生的。这就是前面说过的脱水 NaY 中，Na^+ 不首先充满 16 个 S_I 位置，而是只在其中安排 7.5 个 Na^+，而在 $S'_I(S_2)$ 放 20 个、$S'_{II}(S_3)$ 放 30 个的原因。这样可使 S_I、S'_I 上的阳离子不共享任何一个六元环。

③ 交换阳离子自身的大小，将影响其可能进入的位置。NH_4^+ 动力学直径为 0.3nm，它不能直接进入孔径 0.28nm 的 β 笼，而只能占据 S'_{II} 位置。水合 $La^{3+}(H_2O)$，直径 0.792nm，也不能进入 β 笼，只能在 S_{II} 位置。但是经过焙烧，水合 La^{3+} 脱去外层水，直径变为 0.244nm，即可方便地进入 β 笼，占据负电荷密度最大的位置。这就是 RE^{3+} 交换后容易被反交换及需要焙烧的原因。

表 3-8 列出了几种沸石的阳离子在不同位置的分布。

表 3-8　几种交换沸石的阳离子位置

类型	脱水状况	S_I	S'_I	S'_{II}	S_{II}
NaY	强烈脱水	$7.5Na^+$	$20.2Na^+$	$31.2Na^+$	
KY	强烈脱水	$12.0K^+$	$14.6K^+$	$31.0K^+$	
CaY	强烈脱水	$14.2Ca^{2+}$	$2.6Ca^{2+}$	$11.4Ca^{2+}$	
LaY	420℃脱水	$11.7La^{3+}$	$2.5La^{3+}$	$1.4La^{3+}$	
NaCeY	部分脱水	$3.4Na^+$	$11.5Ce^{3+}$	$10.7Na^+$	$16H_2O$

二、沸石的化学稳定性和热稳定性

沸石的化学稳定性是指沸石在酸碱介质存在下结构的稳定性。沸石中的 Al 容易被酸溶解，是因为沸石的骨架结构开放，Al 可以直接和酸接触。一般来说，沸石的硅铝比越高，耐酸性越强。在适当控制 pH 条件下，沸石的结晶度可以保持较高，X 或 Y 型分子筛若与酸性溶液直接混合进行交换，则沸石的结构很容易遭到破坏。

沸石的硅铝比不但影响耐酸性，与其热稳定性关系也很大。图 3-35 为八面沸石的硅铝比与其差热峰温度的关系曲线[23]。可以看出，沸石的硅铝比越高，差热的放热峰越高。放热峰出现的温度就是沸石的晶相破坏的温度。除了用差热表征沸石热稳定性外，还可以用 XRD、红外光谱法以及物理吸附法等手段进行表征。

不同离子交换可以改变沸石的热稳定性。图 3-36 为不同离子交换对 X、Y 沸石的热稳定性影响曲线。可以看出：①沸石的硅铝比越高，其热稳定性越好；②不同离子交换的热稳定性差异大，有些离子交换使其热稳定性降低，比如铜交换沸石的稳定性下降；③交换度对热稳定性有影响，大多数情况下，其热稳定性随交换度增加而改善。

在炼油催化裂化反应过程中，催化剂面临高温和水蒸气的苛刻水热条件，沸石催化材料的水热稳定性尤为重要。表 3-9 为不同离子交换的 Y 沸石的裂化活性变化[23]。

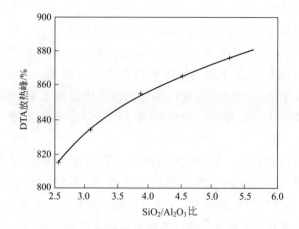

图 3-35　八面沸石的硅铝比与热稳定性的关系

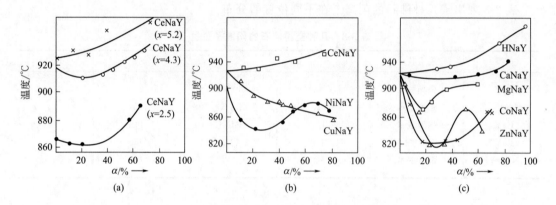

图 3-36　不同离子交换对八面沸石热稳定性的影响

表 3-9　不同离子交换的 Y 沸石的裂化活性

沸石类型	裂化活性（质量分数）/％	
	新鲜催化剂	处理后催化剂[1]
HY	93	50
CaY	78	40
MgY	83	40
REY	84	70

① 在 732℃、100％水蒸气下处理 8h，催化剂含 10％沸石。

从表 3-9 看出，含 HY 的新鲜催化剂具有很高的裂化活性，但是处理后催化剂的裂化活性下降快，含 CaY、MgY 沸石的催化剂的裂化活性下降幅度更大。经过水热处理，REY 催化剂的裂化活性高达 70％，表明 REY 沸石具有很好的水热稳定性。

不同的离子交换度、交换和焙烧改性条件都会影响稀土离子在 Y 型沸石中的分布，从而会进一步改变 REY 沸石的水热稳定性和反应活性，这是研究开发稀土离子交换和改性技术的化学基础，推动了炼油稀土催化技术的广泛应用。这部分将在后面重点论述。

第四节　稀土改性原理与催化作用

一、稀土的交换与焙烧改性

分子筛在催化裂化中的广泛应用是与它的酸性密切相关的。但合成的 Na 型沸石，由于大量碱性 Na⁺ 的存在，掩蔽了沸石内在的固有酸性特性。因此，必须对合成的 Na 型沸石进行改性处理，使其催化剂活性能充分显现出来。一般是采用其他阳离子交换 Na 型沸石中的钠离子。

多价阳离子交换的沸石分子筛由于阳离子存在的静电场作用，使吸附在分子筛表面上的烃分子的 C—H 键发生极化作用，从而产生催化活性，且阳离子价态越高、静电场越强，活性越高。由于稀土离子的电子结构和高价阳离子特性，使其在分子筛催化过程中发挥了不可替代的作用。

一般来说，稀土改性沸石/分子筛是通过稀土离子交换和焙烧两个主要过程实现的，其改性示意流程如图 3-37 所示（以 NaY 为例）。

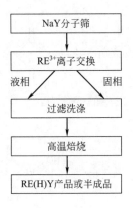

图 3-37　稀土改性 NaY 分子筛的示意图

在图 3-37 所示的流程中，通常采用液相离子交换法，NaY 分子筛制成 100～150g/L 的浆液，然后在搅拌下加入稀土溶液（一般为混合稀土，以镧和铈为主），如氯化稀土、硝酸稀土，有时也加入其他阳离子（NH₄⁺），如氯化铵、硝酸铵进行混合交换，调节体系 pH 值为 3～6，在 60～100℃ 之间交换 1～2h，然后过滤、洗涤，进行干法焙烧或湿法焙烧 1～3h，温度 500～650℃，获得"一交一焙"RE(H)Y 产品。如果是 RE(H)Y 半成品，往往还需要进行一次稀土交换和焙烧处理，得到二交二焙的 RE(H)Y 分子筛。其中，干法焙烧指将过滤形成的湿滤饼在 70～100℃ 之间烘干，然后进行焙烧，而湿法焙烧则是将分子筛湿滤饼直接在 30%～100% 的水蒸气气氛下进行焙烧处理；若采用固相离子交换法，则将制成的 NaY 分子筛滤饼与稀土溶液或沉淀物，如氢氧化稀土、磷酸稀土等，混合均匀，然后进行湿法焙烧处理。如果分子筛交换的稀土含量较低，一般小于 4%，而且采用超稳的焙烧条件，则可以获得 REUSY 分子筛，这是目前炼油稀土催化过程最常见的稀土改性方式。

二、稀土改性发生的化学变化

稀土改性沸石/分子筛主要起三个方面的作用，尽可能除去钠离子、稳定分子筛骨架结构和调变分子筛的酸性，为炼油分子筛催化奠定基础。这三个方面的作用是通过稀土交换度、稀土在分子筛骨架外的位置分布来实现的。首先分析一下稀土在改性分子筛过程中发生了哪些重要的物理和化学变化。

J. Scherzer 详细描述了 Y 型分子筛稀土改性过程中，经过热和水热处理时所发生的极为复杂的变化历程[22]。

干法焙烧处理（或热处理）发生如下变化：

a. 骨架脱水与脱羟基。

b. 水合稀土离子的脱水：$RE(H_2O)_n^{3+} \longrightarrow RE(H_2O)^{3+} + (n-1)H_2O$

c. 水解：$\qquad\qquad\quad RE(H_2O)^{3+} \longrightarrow RE(OH)^{2+} + H^+$

d. 离子迁移：$\qquad\quad [RE(OH)^{2+}]_{\alpha笼} \longrightarrow [RE(OH)^{2+}]_{\beta笼}$

e. 氧化：$2Ce(OH)^{2+} + 0.5O_2 + 2H^+ \longrightarrow 2Ce(OH)^{3+} + H_2O$

f. 形成羟基络合物：

$$2RE(OH)^{2+} \xrightarrow{T} \left[RE\underset{O}{\overset{O}{\rightleftarrows}}RE \right]^{4+}$$

湿法焙烧处理（或水热处理）发生的变化为：

水热分解：

$$\left[RE\underset{OH}{\overset{HO}{\rightleftarrows}}RE \right]^{4+}Y \xrightarrow{水蒸气} (HO)_2RE\underset{OH}{\overset{HO}{\rightleftarrows}}RE(OH)_2 + H_4Y$$
$$\downarrow$$
$$RE_2O_3 \cdot 3H_2O$$

脱铝：

$$Si{-}O{-}\overset{\displaystyle Si}{\underset{\displaystyle Si}{\overset{|}{\underset{|}{Al}}}}{-}O{-}Si \xrightarrow{水蒸气} Si{-}OH \quad HO{-}Si + Al(OH)_3$$

如上所示，在干法焙烧时，稀土交换的 Y 型分子筛经过焙烧后，稀土离子部分脱除水合分子，失水的稀土离子从 α 笼迁移到 β 笼中，同时，β 笼中的钠离子被置换进入 α 笼，由二次交换的稀土或其他阳离子除去。β 笼中的稀土离子在高温干法焙烧中先被氧化成四价离子，继续反应形成多环羟基化合物。这些羟基化合物在水汽存在下，稀土离子最终生成氧化物，分子筛骨架发生部分脱铝。如果焙烧发生在水热条件下，则羟基稀土阳离子 $RE(OH)^{2+}$ 从 α 笼到 β 笼的迁移过程要优于笼中氧桥稀土阳离子的形成过程。而水热条件是羟基稀土阳离子存在的前提，所以水热条件比单纯的热处理能更有效地促进羟基稀土阳离子的迁移，更有利于提高 Y 型分子筛的骨架稳定性。

三、稀土的交换度与离子定位

阳离子在分子筛中的定位状况对分子筛的酸性、活性和结构稳定性有显著影响。通常采用 X 射线衍射法测定阳离子在八面沸石结构中的定位及其移动性。李宣文[24]等利用镧离子与吡啶的相互作用在红外光谱中出现的 $1445cm^{-1}$ 的特征吸收带，考察了镧离子在 LaHY 分子筛中随交换度变化的定位状况。镧离子交换度（稀土交换上量/钠被全部交换的稀土上量×100%）对 LaHY 分子筛羟基吸收带的影响如图 3-38 所示。可以看出，所有 LaHY 分子筛样品都有 $3740cm^{-1}$、$3685cm^{-1}$、$3650cm^{-1}$、$3540cm^{-1}$ 吸收带。$3740cm^{-1}$ 为硅铝骨架末端的 SiOH 或无定形 SiO_2 的吸收带；$3685cm^{-1}$ 为脱铝位上 SiOH 的吸收带，表明脱铝过程可能发生在深度焙烧或酸性体系中（pH＝3.3）；$3650cm^{-1}$ 为酸性羟基的特征吸收带，由 O1H 组成，定位于超笼（α 笼），它能与碱性分子作用并进行离子交换；$3540cm^{-1}$ 是由镧上羟基引起的吸收带，定位在方钠石笼中（β 笼）。从图 3-38 还看出，$3540cm^{-1}$ 吸收带随着镧交换度增加而变强，这与吡啶吸附无关，不是酸性羟基。$3650cm^{-1}$ 吸收带的强度，既取决于镧的交换度，又与吡啶的吸附量有关，当镧交换度超过 69%，该吸收带的强度呈现下降趋势，表明出现在超笼中的镧羟基导致酸性减弱。

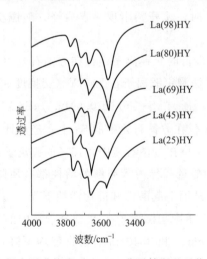

图 3-38　镧离子交换度对 LaHY 分子筛羟基吸收带的影响

吡啶在 LaHY 上吸附后的红外光谱如图 3-39 所示，$1540cm^{-1}$ 为质子酸（B 酸）与吡啶形成的 PyH^+ 的特征吸收带，$1455cm^{-1}$ 为吡啶与路易斯酸（L 酸）形成的 Py—Al═的特征吸收带，而 $1490cm^{-1}$ 是 B 酸和 L 酸共同与吡啶作用形成的吸收带，$1445cm^{-1}$ 为吡啶与 La^{3+} 作用的特征吸收带。由图 3-39 还看出，随着镧交换度的增加，$1540cm^{-1}$ 吸收带先增强而后在交换度超过 69% 后又降低了，与图 3-38 所示的 $3650cm^{-1}$ 酸性羟基变化

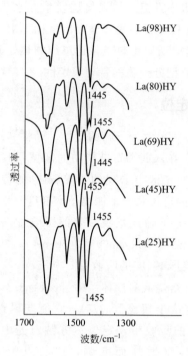

图 3-39　镧离子交换度对 LaHY 上吡啶吸收带（1445cm^{-1}）的影响

相似，显示了 B 酸的性质。另外，当镧交换度较低时，在 LaHY 上不出现 1445cm^{-1} 吸收峰，只有在交换度达到 69% 时，才开始出现一点肩峰，随镧交换度上升而增强，表明与吡啶作用的镧离子数目增多。

由此看出，当镧交换度较低时，镧离子定位在方钠石笼中，交换度越高则超笼中的镧离子越多，通过 X 射线衍射法测定镧离子在 LaHY（交换度 98%）的分布为：

$$S_{I}:(2.3\pm0.2)La^{3+}\,;S_{I}':(14\pm0.6)La^{3+}\,;S_{II}:(3\pm0.3)La^{3+}$$

这说明绝大多数 La^{3+} 定位在方钠石笼中的 S$_I'$ 上，经过计算可知：13% 的镧离子定位在六方柱内，72% 的镧离子定位在方钠石笼中，15% 的镧离子定位在超笼里。当镧交换度达到 69% 时，正丁胺滴定的酸量和异丙苯裂解的活性都有所降低，这是因为镧离子出现在超笼中导致其 B 酸减少，从而引起酸性和催化活性下降[24]。

实验还表明，脱气温度严重影响镧离子在 Y 型分子筛中的定位和羟基状态，如图 3-40 所示。提高脱气温度，3650cm^{-1} 和 3540cm^{-1} 吸收带均下降，在 650℃ 真空脱气 2h 后，它们几乎完全消失，说明过高的脱气温度脱掉了骨架上的酸性羟基（3650cm^{-1}）和镧上羟基（3540cm^{-1}）。随着方钠石笼的镧羟基脱除，正电荷过剩，定位在 S$_I'$ 的镧离子变得极不稳定，由于正电荷相互排斥，一部分镧离子发生移动，与六角棱柱上六个 O3 呈现六配位状态，另一部分镧离子移出方钠石笼，进入超笼中，定位在 S$_{II}$ 上，与吡啶形成 1445cm^{-1} 吸收带，可用红外光谱鉴定。此外，将深度脱气的分子筛样品吸水 72h，这两个羟基峰几乎完全恢复，表明镧离子在 Y 型分子筛的笼中具有可逆移动性。

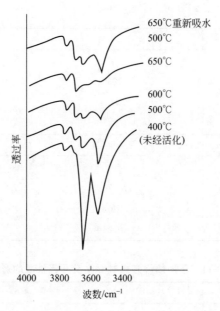

图 3-40　脱气温度对 La(80)HY 羟基吸收带的影响

四、焙烧方式与稀土离子迁移

REY 分子筛是工业上较早成功应用的一种分子筛，在制备过程中要求以较少的离子交换步骤和焙烧处理得到高交换度改性产物。早期一般采用"两交两焙"的制备流程。舒兴田等[25]在研究中发现，稀土交换的 Y 型沸石在焙烧时引入水汽气氛，与空气中焙烧相比，能够制得更低氧化钠和更高稳定性的 REY 产品。

在水汽气氛中焙烧比在空气中焙烧增加了 REY 分子筛的热和水热稳定性及催化活性，这是因为在水蒸气中焙烧比在空气中焙烧更有利于分子筛中的稀土离子从超笼向方钠石笼迁移。稀土离子在超笼与方钠石笼中的分布状况可从 XRD 分析的 2θ 为 11.8°衍射峰与 2θ 为 12.4°衍射峰的相对强度之比（R 值）得到解释，该比值越大说明方钠石笼中的稀土离子越多[26]。

申建华等[27]对比考察了不同焙烧方式对 LaY 和 CeY 分子筛性能的影响，分别列于表 3-10 和表 3-11。从 3-10 看出：与空气中焙烧样品相比，流动水蒸气中焙烧样品的 R 值较大，其比表面积和 533 晶面衍射峰也较高。表明水蒸气气氛有利于更多的 La³⁺ 迁移到沸石小笼中，而且对 LaY 的结构具有一定的保护作用；另外，水热处理后的晶胞收缩幅度较小，这表明方钠石笼中 La³⁺ 较多时，能抑制 LaY 分子筛的水热脱铝，从而提高 LaY 的水热稳定性。对于 CeY，也可以从表 3-11 看到类似的结果。

表 3-10　不同焙烧方式对 LaY 分子筛性质的影响

样品编号	LaY-1	LaY-2
焙烧条件	流动空气	流动水蒸气
RE_2O_3（质量分数）/%	10.2	10.2
R	1.6	2.9

样品编号	LaY-1	LaY-2
XRD 533 峰高		
新鲜样/nm	223	240
老化样/nm	97	159
保留率/%	43	66
比表面积/(m²/g)	544	646
晶胞参数		
新鲜样/nm	2.474	2.473
老化样/nm	2.455	2.458
差值/nm	−0.019	−0.015

表 3-11　不同焙烧方式对 CeY 分子筛性质的影响

样品编号	CeY-1	CeY-2
焙烧条件	流动空气	流动水蒸气
RE₂O₃(质量分数)/%	10.4	10.4
R	1.6	3.7
XRD 533 峰高		
新鲜样/nm	214	232
老化样/nm	74	165
保留率/%	35	71
比表面积		
新鲜样/(m²/g)	606	661
老化样/(m²/g)	281	566
保留率/%	46	86
晶胞参数		
新鲜样/nm	2.472	2.469
老化样/nm	2.452	2.456
差值/nm	−0.020	−0.013

　　但是，对比表 3-10 和表 3-11，焙烧方式对 LaY 和 CeY 的影响还是有所不同，在空气中焙烧，LaY 比 CeY 水热稳定性好，533 晶面衍射峰较高。原因在于 CeY 中的 Ce^{3+} 在空气中易氧化为 Ce^{4+}，所形成的 CeO_2 难以迁移进入方钠石笼中，导致 CeY 的方钠石笼中稀土相对较少，其稳定性差。然而，在水汽焙烧条件下，CeY 比 LaY 水热稳定性好，这与 CeY 中 Ce^{3+} 更多迁移入方钠石笼中有关。对 LaY 而言，其 533 晶面衍射峰保留率提高约 50%，而 CeY 的这个数值却提高了 100%，其比表面积保留率也提高约 90%。这充分表明，水汽焙烧能显著改善 REY 的水热稳定性，而且水汽焙烧对 CeY 的水热稳定性的改善幅度大于 LaY。

　　万焱波等[28]也研究了焙烧方式对 REY 的影响,如图 3-41 所示。随着焙烧中引入水蒸气比例增加,在 XRD 谱图上,REY 分子筛的 R 值明显增加,表明水汽焙烧确实促进了稀土离子更多迁移进入方钠石笼中。如图 3-42 所示,1442cm^{-1}吸收带为超笼中的稀土离子与吡啶作用的吸收峰,3540~3530cm^{-1}吸收带为小笼中稀土相关的羟基峰;水汽焙烧 REY 的 1442cm^{-1}吸收带明显低于空气中焙烧的 REY,但是,其 3540~3530cm^{-1}的吸收带却强得多,这表明经过水蒸气条件下焙烧处理,明显减少了 REY 分子筛超笼中的稀土离子,促使稀土离子更多进入方钠石笼中,从而有利于降低分子筛的钠含量。

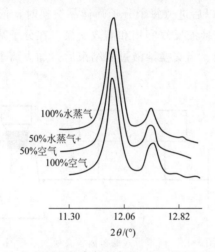

图 3-41　不同焙烧条件制备的 REY 的 XRD 对比

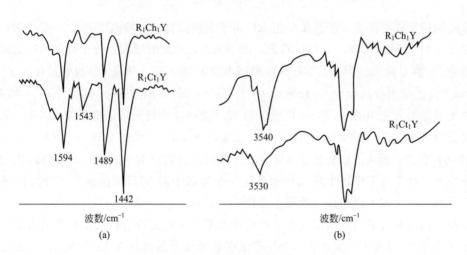

图 3-42　两种分子筛吸附吡啶的红外光谱对比

R$_1$Ch$_1$Y—"一交一焙"水汽焙烧 REY;R$_1$Ct$_1$Y—"一交一焙"空气焙烧 REY

五、交换方式与稀土改性分子筛性质

　　常规稀土交换是在反应罐中进行液相间歇式交换,一般称为罐式交换,随着工业带式过滤机的广泛应用,分子筛制造企业开始采用带式滤机进行稀土交换。Lee 等[29]比较系统地研究了稀土与 Y 型分子筛颗粒的柱式交换过程的动力学模型，其分子筛颗粒仍是采用有黏结剂的颗粒。对于由直接合成的 NaY 分子筛粒子与水形成的滤饼的交换柱，由于涉及浆料本身许多物性以及不同的滤饼形成过程，导致滤饼透隙性差异较大。

马跃龙等[30]在现有研究基础上，对稀土离子与分子筛滤饼柱交换过程进行了一些规律性的研究。图 3-43 是模拟带式滤机离子交换实验的示意图，在真空度 0.04MPa 下，将分子筛浆料倒入布氏漏斗中，得到厚度为 1.0cm、固含量 30％的 NaY 分子筛滤饼。用新鲜稀土交换液（E0）过滤分子筛滤饼一次，收集滤液（E1），用 E1 过滤另一个 NaY 分子筛滤饼，收集滤液（E2）；以后进行每个分子筛样品交换时，依次用 E2、E1、E0 进行所谓的三段逆流交换，实现交换液反复利用和高效交换。在分子筛滤饼刚刚形成、表面还未出现龟裂前开始加交换溶液。当交换溶液过滤结束后，加去离子水进行水洗，获得稀土交换分子筛样品。

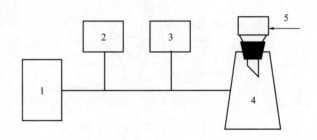

图 3-43　模拟带式滤机离子交换的示意图
1——段带交；2—二段带交；3—三段带交；4—交换液回收；5—交换洗涤液

首先采用罐式交换方式进行了 1 组 RE 离子交换试验，交换温度 80℃、交换时间 1h，结果如图 3-44 所示。从图 3-44(a) 看出，随着 RE 投料量的增大，分子筛的 RE 交换度增大，残余 Na 含量降低。但最终 RE 交换度基本稳定在 0.66，相应 RE 投料量在 0.8 以上。由于 NaY 分子筛单位晶胞中 S_I 位置有 16 个 Na^+，S_{II} 和 S_{III} 中共有 37 个 Na^+，如果 RE 水合离子只能与大笼中的 S_{II} 和 S_{III} 位置上的 Na^+ 交换，则最大理论交换度为 0.7。采用模拟带式交换方式进行 RE 离子交换，交换液温度为 80℃，结果如图 3-44(b) 所示。从图 3-44(b) 看出，最大 RE 交换度稳定在 0.7 左右，只需要 10min 就可以达到罐式交换的离子交换度。这是由于模拟带式交换体系是一个类似于液-固反应的固定床反应体系，交换液反复利用，实现了快速高效的稀土交换。

目前，国内外大多数炼油催化剂生产企业都采用带式交换进行稀土和其他离子交换。

邱丽美等[31]对离子交换法和一步沉积法引进铈离子的改性 Y 分子筛进行了研究。如图 3-45 所示，采用离子交换的改性方式，当交换的 Ce_2O_3 含量为 12％（JH-12），基本不出现表征大笼稀土羟基的 1445cm^{-1} 吸收带，直到 Ce_2O_3 达到 16％（JH-16、JH-16-EB）才出现该吸收带。如图 3-46 所示，采用一步沉积法，当 Ce_2O_3 沉积量为 8％，已经隐约出现 1445cm^{-1} 吸收带，结合 XRD 和 XPS 分析，可以认为，当 Ce_2O_3 含量低于 14％，通过离子交换法引进的铈离子能够迁移进入 β 笼，而采用一步沉积法引进的 Ce_2O_3 不超过 4％时，也可以进入 β 笼，但是，超出的更多铈离子则难以进入了。

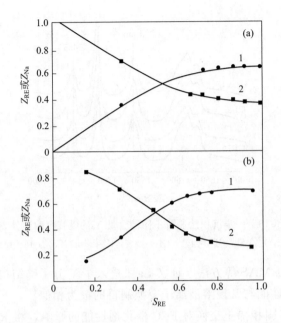

图 3-44　模拟交换 RE 投料量（S_{RE}）与 RE 交换度（Z_{RE}）和 Na⁺ 含量的关系

（a）罐式交换；（b）模拟带式交换

1—Z_{RE}；2—Z_{Na}

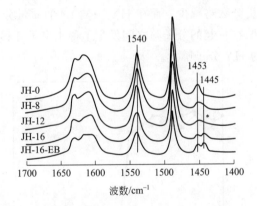

图 3-45　离子交换法制备不同铈含量 Y 的吡啶吸附红外光谱

[Ce_2O_3 含量：JH-0=0，JH-8=8％，JH-12=12％，JH-16=16％，JH-16-EB=16％（二倍）]

Karge 等[32]通过 $LaCl_3$ 与 NH_4Y 之间的固态离子交换反应制备了 LaY 分子筛催化剂，与常规方法相比，该方法仅一步就可以制备高交换度的 LaY 分子筛。采用原位红外光谱证实，固态离子交换并不必须在水蒸气的存在下也可发生。在进行催化反应之前，只要将催化剂接触少量水蒸气约两分钟，通过固相交换稀土离子的水解作用即可产生活性 B 酸位。用于正癸烷的裂解反应，固相离子交换和常规溶液离子交换制备的催化剂的反应性能相当。他们[33]进一步研究了水合 NaY 与金属氯化物之间的固态离子交换反应，这类反应称为接触诱导离子交换反应（contact induced ion exchange），可在室温下发生。将 $LaCl_3 \cdot 7H_2O$ 与 NaY 分子筛混合制备了 LaNaY 分子筛。采用 XRD、^{27}Al MAS NMR、

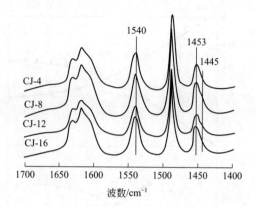

图 3-46　一步沉积法制备不同铈含量 Y 的吡啶吸附红外光谱
（Ce_2O_3 含量：CJ-4＝4％，CJ-8＝8％，CJ-12＝12％，CJ-16＝16％）

^{29}Si MAS NMR、^{23}Na MAS 等方法，证实 La^{3+} 进入了 Y 分子筛结构中，用于乙苯的酸催化歧化反应，其反应性能与常规溶液离子交换制得的极为相似。

刘亚纯[34]研究了固相稀土交换对 FCC 催化剂性能的影响，将 REY 和 NH_4Y 分别压制成圆片，在 570℃下进行水热焙烧处理 2h 制得 REY-HY，用 SEM-EDS 分别测试水热处理前后分子筛圆片轴向上的稀土含量变化，如图 3-47 所示。可以看出，在水热处理之前，REY 一侧 La 的质量分数较高，而 NH_4Y 一侧 La 的质量分数为零；在水热处理之后，REY 一侧 La 的质量分数略减少，而在 HY 一侧 La 的质量分数有所增加。这表明经过水热焙烧，两个紧密贴在一起的分子筛之间发生了稀土离子迁移现象，稀土可从高浓度的 REY 迁移到无稀土的 HY 分子筛上。

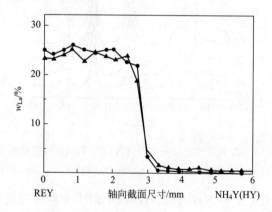

图 3-47　水热处理前后分子筛圆片轴向上 La 含量分布
●REY-NH_4Y（水热处理前）；▲REY-HY（水热处理后）

另外，将 REY 与 HY 分别水热老化再 1∶1 混合制备（REY$_S$＋HY$_S$）样品，并将 REY 与 HY 先 1∶1 混合，然后水热处理制备（REY＋HY)$_S$ 样品。通过 XRD 分析，可以发现（REY＋HY)$_S$ 样品的半峰宽比（REY$_S$＋HY$_S$）的半峰宽略窄。这是因为，如图 3-48 所示，在水热老化时，REY 的稀土有少量向无稀土的 HY 的晶内迁移，一方面对

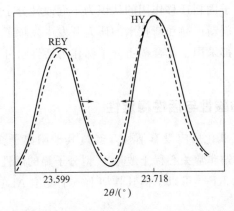

图 3-48　RE^{3+} 迁移对 REY 和 HY 分子筛 XRD 衍射峰的影响

HY 的骨架起了稳定作用，减弱了 HY 的脱铝程度，促使 (REY＋HY)$_S$ 样品中 HY 的晶胞参数比 HY$_S$ 的增大，特征衍射峰向左移动；另一方面，又增加了 REY 的骨架脱铝，促使 (REY＋HY)$_S$ 样品中的晶胞参数比 REY$_S$ 的减小，特征衍射峰向右移动。两个特征衍射峰的相向移动，就表现为 (REY＋HY)$_S$ 样品的半峰宽变窄，这进一步证实在分子筛颗粒之间发生了固相迁移。

　　上述固相稀土离子迁移作用会对催化剂的反应性能会带来什么变化呢？如表 3-12 所示，与 REY 和 HY 分别制成催化剂并老化后再 1∶1 混合的 C$_{REY}$＋C$_{HY}$ 相比，采用 REY 与 HY 按 1∶1 混合制备的 C$_{REY+HY}$ 催化剂老化样品的转化率高 1.77 个百分点，相应的轻质油收率及总液收率分别高 3.19 个百分点和 2.51 个百分点，而焦炭产率却较低，显示了更优的反应选择性。这种反应性能上的差别归结于在水热老化时不同分子筛颗粒之间发生了稀土离子迁移，使得 HY 的活性得到提高，而 REY 的焦炭选择性得到改善，不同类型分子筛在反应中表现出协同效应，从而改善了催化剂的催化裂化反应性能。

表 3-12　不同分子筛制备方式对催化剂反应性能的影响（重油微反评价）

催化剂		C$_{REY+HY}$	C$_{REY}$＋C$_{HY}$	C$_{REHY}$
分子筛配比		$m_{REY}∶m_{HY}=1∶1$	$m_{REY}∶m_{HY}=1∶1$	
分子筛含量（质量分数）/%		25	25	25
产品分布（质量分数）/%	干气	1.65	1.89	1.76
	液化气	10.51	11.19	10.45
	汽油	52.38	49.36	49.95
	柴油	20.59	20.42	21.51
	重油	9.26	11.19	10.66
	焦炭	5.61	5.95	5.47
转化率（质量分数）/%		70.16	68.39	67.63
轻质油收率（质量分数）/%		72.97	69.78	71.46
总液收率（汽油＋柴油＋液化气）（质量分数）/%		83.48	80.97	81.91
焦炭选择性（质量分数）/%		8.00	8.70	8.09

分子筛中存在稀土离子固相迁移作用的认识为不同改性分子筛的复合技术开发提供了理论基础，并在炼油催化剂新产品和新技术的研究开发中发挥了重要作用。目前，80％以上的催化裂化催化剂技术都采用了复合稀土分子筛作为活性组分。这在后面催化剂技术中会有进一步论述。

六、稀土改性分子筛的酸性与活性稳定性

NaY 型分子筛对酸式催化反应没有活性，经过其他阳离子交换可以制成具有很高活性的催化剂。研发人员首先非常关心稀土改性 Y 型分子筛的酸性与活性稳定性的变化。

交换到 Y 型分子筛的 RE^{3+} 可以平衡其骨架上三个配位 Al 电子，如下式：

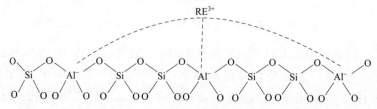

一般认为，阳离子价态越高，则其电场越强，极化水分子筛形成羟基的能力越大，有利于提高催化反应活性。1966 年，Venuto[35] 较早提出了 RE 改性分子筛酸中心的形成模型：

$$RE^{3+} \cdot H_2O + 3 \left[\begin{matrix} O \\ Si \\ O \end{matrix} \begin{matrix} O \\ Al^- \\ O \ O \end{matrix} \right] \Longleftrightarrow$$

$$RE(OH)^{2+} + 2 \left[\begin{matrix} O \\ Si \\ O \end{matrix} \begin{matrix} O \\ Al^- \\ O \ O \end{matrix} \right] + \left[\begin{matrix} O \ OH \\ Si \\ O \end{matrix} \begin{matrix} O \\ Al \\ O \end{matrix} \right]$$

1969 年，Ward[36] 则认为稀土羟基与水分会进一步水解：

$$RE(OH)^{2+} \cdot H_2O + 2 \left[\begin{matrix} O \\ Si \\ O \end{matrix} \begin{matrix} O \\ Al^- \\ O \ O \end{matrix} \right] + \left[\begin{matrix} O \ OH \\ Si \\ O \end{matrix} \begin{matrix} O \\ Al \\ O \end{matrix} \right] \Longleftrightarrow$$

$$RE(OH)_2^+ + \left[\begin{matrix} O \\ Si \\ O \end{matrix} \begin{matrix} O \\ Al^- \\ O \ O \end{matrix} \right] + 2 \left[\begin{matrix} O \ OH \\ Si \\ O \end{matrix} \begin{matrix} O \\ Al \\ O \end{matrix} \right]$$

稀土氢 Y（REHY）型分子筛则具有很高的活性和稳定性，关于 RE 与 H 之比对这类催化剂活性和稳定性的影响，佘励勤等[37] 进行了系统研究。在较宽的镧交换度范围，控制氧化钠含量均小于 0.2％，考察不同处理条件和 La 交换度对 LaHY 分子筛的表面酸性、异丙苯裂解活性的影响，并分析了镧交换度对 LaHY 分子筛活性、稳定性的影响规律。

表 3-13 是镧交换度对稀土改性分子筛热和水稳定性的影响。可以看出，起始 NaY 的崩塌峰温度是 900℃，随着镧交换度的增加，崩坍峰温度升高，改性分子筛热稳定性增加；540℃热处理的比表面积与起始 NaY 的相差不大，540℃水热处理样品在镧交换度小于 58％时比表面积下降明显，而 800℃水热处理的比表面积明显降低，当镧交换度超过

58%以后比表面积上升并维持在同一水平；晶胞参数测定表明，LaNH₄Y晶胞参数比起始NaY大，随着镧交换度的增加略微上升，水热处理后，所有LaHY样品的晶胞参数都减小，但当镧交换度超过80%时，晶胞参数趋于稳定。这表明，随着镧交换度增加，改性分子筛的崩塌温度升高，比表面积保留值上升，较高的镧交换度抑制了分子筛脱铝，从而改善了水热结构稳定性。

表 3-13 镧交换度对稀土改性分子筛性质的影响

项目	La 交换度(质量分数)/%								起始 NaY
	25	36	41	58	80	88	96	102	
LaNH₄Y 崩塌峰/℃	972	996	990	1014	1008		1008		900
比表面积/(m²/g)									
540℃焙烧后	965	1082	1063	1051	1041	977	1057	998	1044
540℃水热处理后	880	908	954	1123	1021	1019	1018	1008	
800℃水热处理后	360	264	283	645	665	632	636	699	
晶胞参数/nm									
LaNH₄Y	2.473		2.473					2.478	2.467
540℃焙烧后	2.468	2.470	2.468	2.472	2.475	2.475	2.476	2.477	
540℃水热处理后	2.451	2.457	2.458	2.461	2.466	2.468	2.472	2.475	
800℃水热处理后	2.433	2.437	2.437	2.445	2.457	2.457	2.460	2.463	

注：测定结果已经过交换 La、H 后样品质量变化的校正。

图 3-49 为镧交换度与 LaHY 分子筛的反应活性和酸性的关系，可以看出，LaHY 对异丙苯的裂解活性在 La^{3+} 交换度 25%～70% 之间无明显变化，当交换度增加到 80%，反应活性和表面酸性明显同步降低。经过 540℃水汽处理，上述分子筛的酸量降低，主要降低了强酸中心（H_0 小于 8.2 的酸量），其活性和酸性随 La^{3+} 交换度变化的规律与水汽处

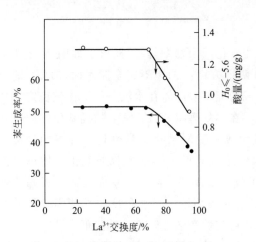

图 3-49 镧交换度与 LaHY 分子筛的
反应活性和酸性的关系

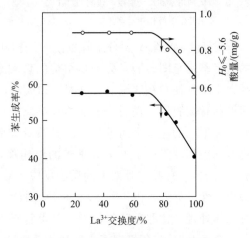

图 3-50 540℃水汽处理 LaHY 分子筛的
反应活性与酸性

理前的变化相似（图 3-50）。分析表 3-14 和图 3-51 可以看出，进一步提高水汽处理温度至 800℃，LaHY 分子筛的反应活性和酸性都显著降低，强酸中心（H_0 小于 -8.2）酸量降至 0，但是使用芳基甲醇指示剂证明仍存在质子酸中心，La^{3+} 交换度 80% 左右的酸性和活性达最大值。这是因为，对于异丙苯裂化生成苯的反应，发挥催化作用的酸性中心主要来自 H_0 小于 -5.6 的中强酸性中心，而强酸中心基本不起作用；当 La^{3+} 交换度小于 80%，La 离子主要定位在方钠石笼中，超笼中的羟基基本不变，异丙苯的裂化活性不变，继续增加 La^{3+} 交换度，超笼中出现镧离子，会取代部分酸性羟基，从而使异丙苯裂化活性降低。

表 3-14　800℃ 水汽处理后 LaHY 的活性和酸性

La^{3+} 交换度（质量分数）/%	苯生成率（质量分数）/%		酸量/（mg/g）				
	15mg[①] 320℃	10mg[①] 290℃	$H_0 \leqslant -8.2$	$\leqslant -5.6$	$\leqslant -3.3$	$\leqslant +3.3$	$H_R \leqslant -6.6$[②]
36	17.1	5.5	0	0.10	0.15	0.25	0.10
45	19.2						
58	21.0		0	0.10	0.45	0.50	0.10
65	37.1		0	0.30	0.45	0.65	0.30
69	37.5	17.3					
78	41.8		0	0.40	0.60	0.65	0.40
81	40.3	24.5	0	0.40	0.60	0.65	0.40
88	40.2						
92	39.7						
96	31.3		0	0.30	0.50	0.65	0.30
98	29.8	14.2					

① 催化剂用量和反应温度，进料量 $2\mu L$。

② 采用芳基甲醇作指示剂。

对于 La 改性 Y 型分子筛发生的结构和酸性变化，佘励勤等[37]提出了如图 3-52 所示的脱羟基示意图。镧对分子筛结构的影响来自两个方面：①在不完全脱水时，La^{3+} 的半径大小刚好使它在 β 笼中与氧配位和成键，形成的配位多面体在水汽条件下比较稳定，从而抑制骨架脱铝，提高分子筛的水热稳定性；②在热处理时，HY 发生脱羟基化作用可在两个骨架上的羟基之间进行，会导致骨架脱氧生成三配位铝的 L 酸性位，理想的骨架结构遭到破坏，降低了 HY 分子筛的结构稳定性。综合分析，LaY 的脱羟基化作用可以部分通过 La 上羟基与骨架上的质子反应，减少了骨架上氧的缺陷位，从而提高分子筛骨架的稳定性。另外，由于与 LaY 相比，HY 骨架上的羟基较多，裂化反应性能强，但是经过水热处理，这些羟基部位发生严重脱铝反应，稳定性和活性随之大幅降低。

佘励勤等[38]还研究了不同稀土改性 Y 沸石的红外光谱特征和异丙苯裂解反应活性。如图 3-53 所示，USLaHY 在 $3690cm^{-1}$ 出现很强的脱铝特征羟基吸收带，是来自大笼中的缺铝空位产生的 Si—OH，而 USY 则不存在这个吸收带，是因为 Si 重排转移反应彻底，

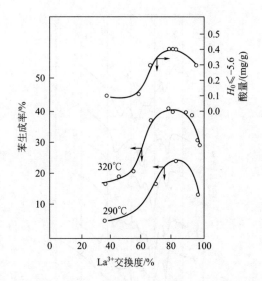

图 3-51　800℃水汽处理 LaHY 分子筛的反应活性与酸性

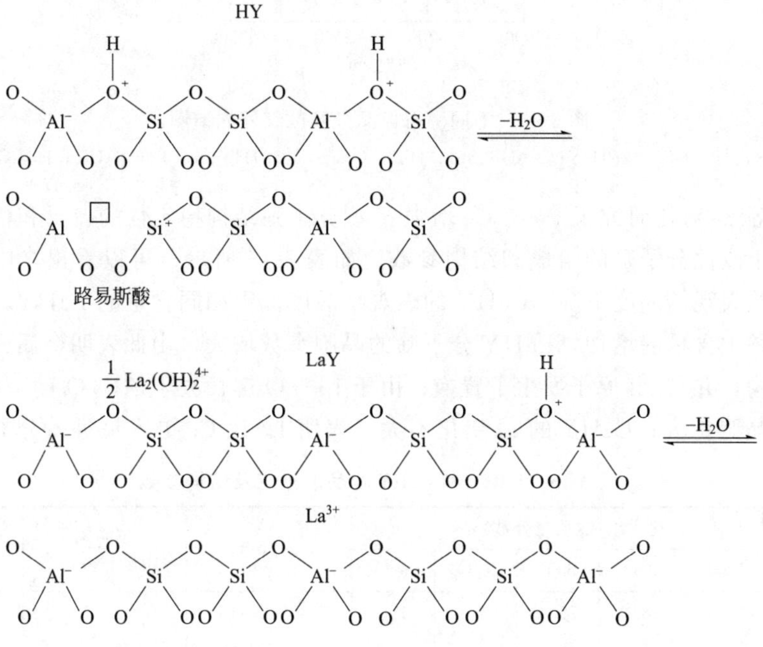

HY

路易斯酸

LaY

La³⁺

图 3-52　HY 与 LaY 脱羟基过程的对比

缺铝空位被填补了；同时，表征 USLaHY 大笼羟基的吸收带 3650cm^{-1} 较弱，与酸量测定的较少酸量是一致的。另外的实验表明，含 La 与不含 La 的超稳型沸石的异丙苯裂化初活性都很高，其中 LaHUSY 最高；但是，经过 800℃水汽处理后，不含 La 的超稳反应活性几乎为零，而含 La 的超稳 Y 仍能保留相当高的活性，并随 La 含量的上升而增加。这是因为超稳 LaHY 沸石兼有超稳 Y 的热稳定性好和 LaHY 酸中心的水热稳定性高的优点。

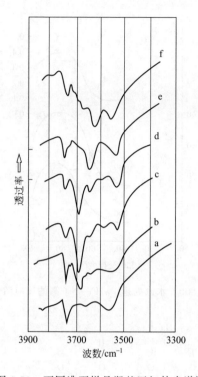

图 3-53　不同沸石样品羟基区红外光谱图

a—USY；b—USLa(26)HY；c—USLa(44)HY；d—USLa(58)HY；e—La(58)HY；f—LaHUSY

于善青等[39]对比研究了 La 与 Ce 增强 Y 型分子筛结构稳定性的差异和机制。他们首先测定了稀土改性分子筛的组成和结构参数，如表 3-15 所示。可以看出，La 或 Ce 的引入使得分子筛表观结晶度下降，CeHY 的表观结晶度低于相同含量的 LaHY；从晶胞参数来看，随着稀土含量的增加，LaHY 分子筛的晶胞参数增大，由此表明金属元素进入了分子筛骨架结构，并与 Al 原子发生了置换；由于 La—O 键长大于 Al—O 键，所以 La 的引入使分子筛晶胞扩大；CeHY 的 a_0 变化不大，表明 La 比 Ce 更容易进入分子筛骨架结构；

表 3-15　LaHY 和 CeHY 样品的组成及结构参数

样品	化学组成(质量分数)/%					a_0/nm	结晶度(质量分数)/%	结晶保留度(质量分数)/%
	Na_2O	Al_2O_3	SiO_2	Ce_2O_3	La_2O_3			
LaHY-2%	0.083	18.7	79.4	—	1.5	2.459(2.416)	55.9(16.0)	28.6
LaHY-4%	0.022	18.9	77.8	—	3.1	2.458(2.421)	66.0(32.6)	49.4
LaHY-8%	0.033	19.2	72.8	—	7.6	2.461(2.426)	59.7(29.9)	50.1
LaHY-14%	0.021	18.3	67.7	—	13.7	2.466(2.437)	51.3(28.8)	56.1
CeHY-2%	0.116	18.3	80.2	1.1	—	2.458(2.416)	57.6(16.7)	29.0
CeHY-4%	0.047	18.1	76.6	4.4	—	2.456(2.417)	56.7(21.2)	37.4
CeHY-8%	0.042	18.2	73.2	7.5	—	2.458(2.418)	48.5(15.0)	30.9
CeHY-14%	0.073	16.4	68.8	13.3	—	2.458(2.418)	37.9(11.0)	29.0

注：括号内为分子筛经过 800℃、100%水汽处理 8h 后的数据。

当分子筛经过 800℃ 和 100% 水汽处理 8h 后，LaHY 分子筛结晶保留度大于 CeHY。另外，进行 ^{29}Si MAS NMR 谱图分析和相应计算，结果如图 3-54 所示。随着稀土含量增加，分子筛骨架 Si/Al 比逐渐降低，骨架 Al 含量增加，非骨架 Al 含量降低；CeHY 的 Si/Al 比大于相同稀土含量的 LaHY，非骨架 Al 含量较高，表明 La 能更好地稳定分子筛骨架结构。通过 DFT 计算从理论上阐述了稀土稳定分子筛骨架的内在原因，与 Ce 相比，La 与分子筛的相互作用能更大，Al—O 作用力更强，更有利于稳定分子筛的骨架结构。

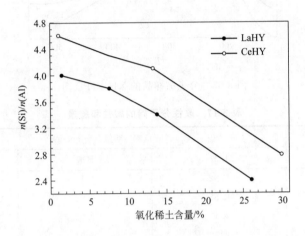

图 3-54　LaHY 和 CeHY 分子筛的骨架 Si/Al 比

于善青等[40]进一步研究了稀土离子调变 Y 型分子筛结构稳定性和酸性的机制，他们采用液相离子交换和干法焙烧的方法制备不同稀土含量的改性 Y 分子筛，不同稀土含量分子筛的组成与结构参数见表 3-16。可以看出，HY 和 USY 的氧化钠含量约 0.33%（质量分数），不同稀土改性 Y 分子筛的氧化钠含量均小于 0.1%（质量分数），稀土含量大约 2%、4%、8%、14%，并测试了这些样品的 NH$_3$-TPD、吡啶吸附酸性/酸量以及与骨架硅铝摩尔比的关系，分别见图 3-55、图 3-56 和表 3-17。

表 3-16　样品的组成及结构参数

样品	化学组成（质量分数）/%				a_0/nm	结晶度（质量分数）/%	结晶保留度（质量分数）/%	$n(Si)/n(Al)$
	Na$_2$O	Al$_2$O$_3$	SiO$_2$	RE$_2$O$_3$				
HY	0.298	20.4	78.8	0.0	2.462(2.417)	82.6(22.0)	26.6	3.7
USY	0.273	24.0	74.5	0.0	2.451(2.415)	78.4(42.1)	53.7	5.3
REHY-2	0.083	18.7	79.4	1.5	2.457(2.416)	55.9(26.0)	46.5	4.9
REHY-4	0.022	18.9	77.8	3.1	2.458(2.421)	66.0(32.6)	49.4	4.4
REHY-8	0.033	19.2	72.8	7.6	2.461(2.426)	59.7(29.9)	50.1	3.8
REHY-14	0.021	18.3	67.7	13.7	2.466(2.437)	51.3(28.8)	56.1	3.4

注：括号内为分子筛经过 800℃、100% 水汽处理 8h 后的数据；a_0 为晶胞参数。

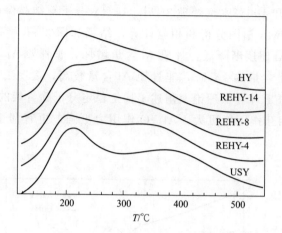

图 3-55 分子筛样品的 NH₃-TPD 图

表 3-17 改性分子筛的酸性和酸量

样品	酸量/(mmol/g)		
	L 酸	B 酸	总计
HY	0.32	1.18	1.50
REHY-4	0.55	0.92	1.47
REHY-8	0.45	0.90	1.35
REHY-14	0.32	0.94	1.26
USY	0.61	0.82	1.43

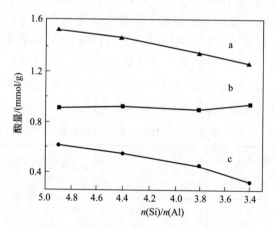

图 3-56 分子筛酸量与骨架硅铝摩尔比的关系
a—总酸量；b—B 酸量；c—L 酸量

从表 3-16 可以看出，随着稀土含量增加，改性分子筛的晶胞参数增大，表明稀土离子的引入能抑制分子筛晶胞收缩；经过高温水汽处理，分子筛的晶胞参数和相对结晶度明显降低，但随着稀土含量增加，改性分子筛的结晶保留度上升，说明稀土离子的引入确实改善了分子筛的结构稳定性。

从图 3-55 可以看出，HY 分子筛以 150～250℃的低温脱附峰为主，说明其以弱酸为主，数量较大；USY 分子筛在 350～450℃出现明显的高温脱附峰，存在较多的强酸中心；随着稀土含量增加，350～450℃的高温脱附峰降低，250～350℃的中高温脱附峰逐渐增大，表明稀土的引入有利于降低 Y 型分子筛强酸中心，增加中强酸中心数量。

从表 3-17 和图 3-56 可以看出，HY 分子筛的 B 酸和总酸量最大，USY 分子筛的 L 酸量最大；随着稀土含量增加，改性分子筛的 L 酸和总酸降低，B 酸/L 酸比值增加；随着分子筛骨架硅铝比降低，总酸量和 L 酸量降低，B 酸量缓慢增加。由于吡啶的分子动力学尺寸较大，不能进入分子筛的六方柱笼和方钠石笼，测得的 B 酸和 L 酸只能是分子筛外表面和超笼中的酸性中心。这表明稀土离子可以进入方钠石笼或六方柱笼，对超笼中的 B 酸影响较小，但是由于抑制了骨架脱铝，增加了 B 酸/L 酸的比值，有效调变了酸性。

综上所述，稀土离子能够增强 Y 型分子筛的结构稳定性，也能调变其酸性，使分子筛的强酸中心数量减少，中强酸数量增多，其中 REHY 的 B 酸中心数量较 HY 少，比USY 分子筛多。进一步利用密度泛函理论（DFT）计算表明，位于 Y 型分子筛 β 笼 I′位的 RE(OH)$^{2+}$ 有利于 B 酸强度的增大，在实验结果和理论计算的基础上，他们提出了如图 3-57 所示的机理模型[40]。通过液相离子交换，RE^{3+} 对周围 H$_2$O 产生极化和诱导作用，有效吸引 H$_2$O 中 OH$^-$ 生成 RE(OH)$^{2+}$，在水热条件下，RE(OH)$^{2+}$ 可由分子筛超笼迁移入 β 笼的 I′位，并与分子筛骨架 O2 和 O3 相互作用，增强了骨架 Al 和相邻 O 原子之间的结合力，从而稳定了分子筛的骨架结构。

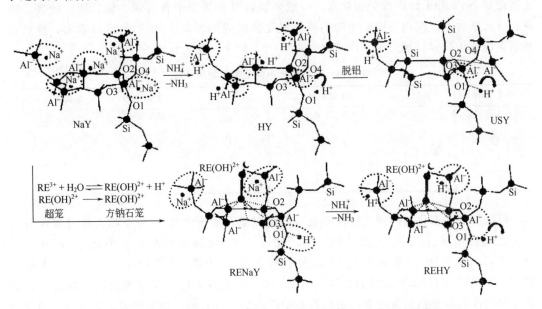

图 3-57　稀土离子调变 Y 型分子筛的结构稳定性和酸性的机理模型

HY 分子筛在热和水热处理时，骨架 Al 易脱除产生非骨架铝，随着骨架铝的减少，[AlO$_4$]$^-$ 间排斥力减弱，导致 B 酸强度增大；另外，脱铝产生的非骨架铝可能与分子筛酸性基团中 Al 周围的氧原子发生作用，增大 B 酸强度，因此，由 HY 脱铝产生的 USY 的 B 酸最强。就 REHY 来说，由于进入分子筛 β 笼I′位的 RE(OH)$^{2+}$ 抑制了分子筛骨架铝的脱除，减少了非骨架铝的生成，而且使分子筛骨架 O1 的负电荷减弱，Al—O1 键长变短，导致 O1—H 的相互作用减弱，H^+ 容易释放，从而使 REHY 分子筛的 B 酸强度大于 HY 分子筛，弱于 USY 分子筛。因此，分子筛的 B 酸强度排序为：USY＞REHY＞HY。

对于酸中心数量，分子筛被 NH_4^+ 交换并脱除后形成 HY，酸中心数量显著增多，在热或水热处理条件下，分子筛骨架易脱除生成 USY。通常一个 $[AlO_4]^-$ 对应一个 H^+，所以骨架 Al 数目的减少导致分子筛酸中心数量降低。对于稀土改性 Y 分子筛，RE^{3+} 水解产生的 $RE(OH)^{2+}$ 进入 Y 型分子筛 β 笼交换两个 Na^+，同时水解产生的 H^+ 交换超笼中的一个 Na^+，经过 NH_4^+ 交换和脱除 NH_3 生成 REHY 分子筛，因此 REHY 的酸中心数量小于 HY 分子筛。由于 β 笼的 $RE(OH)^{2+}$ 抑制了骨架脱铝，所以 REHY 的酸中心数量大于 USY 分子筛。从而，分子筛的酸中心数量排序为：USY＜REHY＜HY。

于善青等建立的上述机理模型比较全面地阐述了稀土离子增强 Y 型分子筛结构稳定性和酸性调变的机制，为稀土改性分子筛和催化裂化催化剂的设计制备以及反应性能评价提供了坚实的理论依据。

第五节　稀土改性分子筛类型与特点

炼油稀土催化过程采用的 Y 分子筛往往是经过稀土改性的，工业上通常采用混合稀土溶液对 NaY 分子筛进行交换处理。一般来说，混合稀土中含有镧、铈、镨、钕等，以镧、铈元素为主。国内不同矿土中的稀土氧化物组成列于表 3-18[41]，可以看出，独居石和氟碳铈镧矿均以铈镧为主，两者之和占比 70％以上，铈占比近 50％。

表 3-18　不同矿土中稀土氧化物的分布

稀土矿源	独居石/％	氟碳铈镧矿/％	稀土矿源	独居石/％	氟碳铈镧矿/％
铈	46	50	钐	3	1
镧	24	24	钆	2	0.5
钕	17	10	其他	2	0.5
镨	6	4			

根据所制备催化剂的理化特性和反应性能需求，稀土改性 Y 分子筛大致可以区分为三种类型：高稀土 Y 分子筛 [RE_2O_3：10％～20％（质量分数）]、中稀土 Y 分子筛 [RE_2O_3：5％～10％（质量分数）] 以及低稀土 Y 分子筛 [RE_2O_3：1％～5％（质量分数）]，分别相当于 REY、REHY 以及 REUSY。世界各大石油催化剂公司根据各自开发催化剂的性能需求和制备特点，采用各具特色的交换方式和焙烧处理等工艺条件，通过合理调变分子筛酸性和结构稳定性，研制开发了种类繁多品种各异的不同稀土改性分子筛产品。

一、高稀土 Y 分子筛技术

高稀土 Y 的 RE_2O_3 含量一般在 10％～20％之间。典型 NaY 分子筛的组成为

$Na_{56}(Al_{56}Si_{136}O_{384}) \cdot 264H_2O$，干基组成为 $Na_2O \cdot Al_2O_3 \cdot 4.86SiO_2$，氧化钠含量 13.6%。如果将钠离子全部交换成正三价的 La^{3+}、Ce^{3+} 稀土离子，离子交换度为 100%，则 REY 中的氧化稀土含量 21.7%。一般来说，根据催化剂制备需要，这种高稀土 Y 分子筛的氧化稀土含量控制在 10%~20% 之间。

1. 传统 REY 分子筛的工业生产

早期采用稀土改性 Y 型分子筛的主要目的是尽可能提高稀土交换度和反应活性，传统 REY 的氧化稀土含量一般在 18%~21%。

1973 年，中石化石油化工科学研究院研究了以 NaY 沸石制备稀土 Y 分子筛的"二交二焙"的工艺流程[15]，根据氯化稀土的投料方式，可以分为逆流循环（甲流程）和分开投料（乙流程），见图 3-58，推荐工艺条件列于表 3-19。

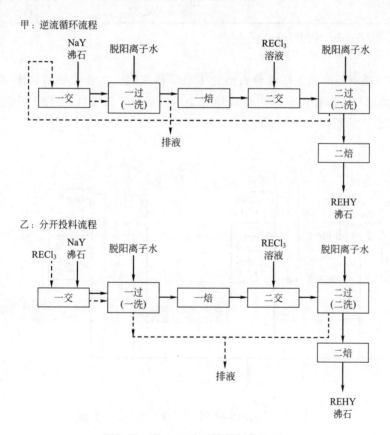

图 3-58　稀土 Y 分子筛的制备流程

表 3-19　制备 REY 分子筛的交换与焙烧工艺条件（NaY 投料 1kg[①]）

第一次交换	逆流循环流程	分开投料流程	第二次交换	逆流循环流程	分开投料流程
投料质量比(NaY 沸石：$RECl_3$)	—	1：0.27	投料质量比(NaY 沸石：$RECl_3$)	1：0.4	1：0.13
交换溶液浓度/(g/L)	—	35	交换溶液浓度/(g/L)	35	35
工作溶液 pH 值	3	2.5~3	工作溶液 pH 值	2.5~3	2.5~3

续表

第一次交换	逆流循环流程	分开投料流程	第二次交换	逆流循环流程	分开投料流程
交换平衡后 pH 值	4.5～5	5	交换平衡后 pH 值	3	5
交换溶液体积/L	约 11.5②	7.8	交换溶液体积/L	11.5	3.7
交换温度/℃	90±5	90±5	交换温度/℃	90±5	90±5
交换时间/h	1	1	交换时间/h	1	1
洗涤水 pH 值	3～4	3～15	洗涤水 pH 值	3～4	3～4
洗涤水用量/L	15	15	洗涤水用量/L	15	15
			焙烧温度/℃	550±50	550±50
			焙烧时间/h	2	2

① 以 550℃灼烧基计算，实际投料为 NaY 湿滤饼。

② 由二交后循环来的溶液。

1975 年，南京石油化工厂联合石油化工科学研究院、大连化物所、南京大学、南开大学、兰州炼油厂等单位组成国内会战领导小组，进行了稀土 Y 型分子筛的半工业试生产[42]，其试生产流程如图 3-59 所示。

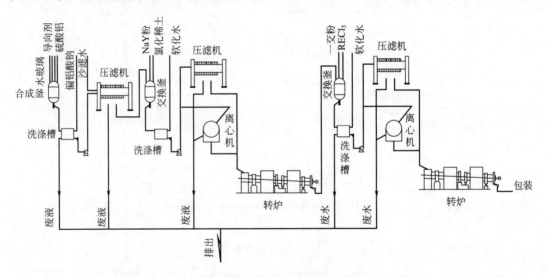

图 3-59 国内早期 REY 工业试生产工艺流程

在图 3-59 所示的制备流程中，自制的 NaY 分子筛经过两次交换两次焙烧的所谓"两交两焙"工艺制备稀土 Y 分子筛产品。首次试生产合成了 9 批 NaY 分子筛，相对结晶度 77.5%～90.0%，硅铝比 4.5～5.2，氧化钠 9.24%～10.26%，比表面积 962～1157m²/g，差热放热峰温度 880～915℃，合格率大于 90%，达到"分子筛裂化催化剂协调会"暂定指标要求。采用液相离子交换：一交 RECl₃ 工作溶液浓度 35g/L，氧化稀土投料比例 21%～25%，pH 4.5～5.5；二交 RECl₃ 工作溶液浓度 15g/L，氧化稀土投料比例估计 9%～11%，pH=3.5；均在 90～95℃下交换 1h；采用干法焙烧处理，温度（550±50）℃/2h。

表 3-20 是一焙分子筛的分析数据，表 3-21 是二焙分子筛的分析数据。可以看出，一焙分子筛的氧化稀土含量约 14.5%，氧化钠约 5.0%；二焙分子筛的氧化稀土含量 19.1%～20.5%，氧化钠 1.7%～2.2%；合格率均大于 98%。

表 3-20　一焙分子筛的分析数据

批号	化学组成(质量分数)/%					吸苯量/(mg/g)	比表面积①/(m²/g)	差热放热峰温度/℃	电镜平均粒径/μm
	Na₂O	RE₂O₃	Al₂O₃	SiO₂	Fe₂O₃				
1#	5.7	14.19	19.29	60.80	0.29	204	880	945	0.5～0.8
2#	5.0	14.39	18.91	61.68	0.24	212	940	940	0.5～0.8
3#	4.9	14.80	19.22	60.58	0.30	201	933	930	0.5～0.8

① B 点法测定（$p/p_s=0.05$），甲醇吸附剂。

表 3-21　二焙分子筛的分析数据

批号	化学组成(质量分数)/%					吸苯量/(mg/g)	比表面积①/(m²/g)	差热放热峰温度/℃	电镜平均粒径②/μm	备注
	Na₂O	RE₂O₃	Al₂O₃	SiO₂	Fe₂O₃					
5#	1.7	20.6	19.0	—	0.65	177	—	—	—	综合所测
24#	1.7	20.4	20.8	—	0.70	175	893	—	—	综合所测
14#	2.2	19.7	18.0	—	0.80	170	863	—	—	综合所测
混 26#、27#、28#	2.2	19.14	18.43	59.1	0.36	187	834	968	0.5～0.8	南京石化厂测
混 1#、2#、3#	1.9	19.06	18.61	58.8	0.35	186	937	945	0.5～0.8	南京石化厂测
混 4#、5#、6#、7#	2.2	19.12	18.41	58.6	0.37	183	857	975	0.5～0.8	南京石化厂测

① B 点法测定（$p/p_s=0.05$），甲醇吸附剂。

② 电子显微镜测试由南京大学提供。

综合分析，经过简单计算其一交的稀土表观利用率（分子筛稀土上量与稀土投料量的百分比）可达 70%，二交的稀土表观利用率可达 55%，经过焙烧后的分子筛保持了较高的比表面积，差热放热峰明显增加，表明首次半工业试生产取得了成功。

随后，这种传统的 REY 制备方法在兰州催化剂厂得以生产应用至今，也在国内周村催化剂厂和长岭催化剂厂等生产企业得到推广应用。高稀土 Y 分子筛显示了很高的微反活性和氢转移活性，在炼油稀土催化裂化催化剂的研制开发中发挥了巨大作用。

2. DOY 高效降烯烃增产柴油分子筛催化材料

（1）稀土对改性分子筛性质的影响

在炼油催化剂研发和应用中，传统 REY 显示了很高的氢转移活性，具有突出的降低催化裂化汽油烯烃的功能。在 2000 年前后，国内汽油质量面临从国二标准向国三标准升级的迫切需求，需要大幅度降低汽油的烯烃含量，国内外炼油催化剂研发机构开始高度关注高稀土 Y 分子筛的开发工作，一时成为分子筛催化材料领域的研发热点。笔者[14]系统研究了稀土改性 Y 分子筛的反应规律，并研制了 DOY 高效降烯烃分子筛催化材料，在降低汽油烯烃和提高柴油收率方面显示了独特的反应功能。

　　提高氢转移活性的核心技术是增加催化剂的稀土含量，但稀土含量过高会影响催化剂的反应选择性和水热稳定性，因此考察稀土含量对沸石分子筛水热稳定性的影响十分重要。为了开发出这种特殊的分子筛，进行了稀土含量对其晶胞尺寸和水热稳定性影响的实验，实验结果如图 3-60、图 3-61 所示。从图 3-60 可以看出，随着分子筛中稀土离子增加，分子筛的稳定性增加，稀土含量在 4%～8% 之间，改性分子筛的水热稳定性最好，继续增加稀土含量，分子筛的稳定性又有所降低。图 3-61 表明，随着稀土含量增加，改性分子筛老化处理后的晶胞尺寸增加。催化剂老化后的晶胞尺寸与裂化汽油的烯烃含量有明显的对应关系，晶胞尺寸越大，烯烃含量越低。

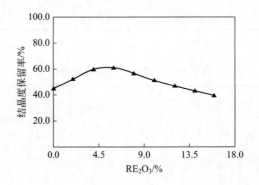

图 3-60　稀土含量对改性 Y 分子筛水热稳定性的影响

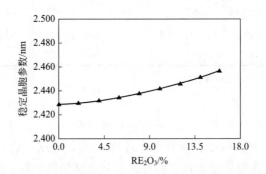

图 3-61　稀土含量对改性 Y 分子筛稳定晶胞尺寸的影响

　　沸石分子筛经过稀土元素改性可以明显提高其水热稳定性和相应裂化催化剂的反应活性。随之而来的问题却是催化反应的焦炭产率增加，产品选择性变差，另外，汽油的辛烷值也有所下降。为了解决裂化催化剂活性、选择性之间的矛盾，采取了向沸石分子筛及其裂化催化剂中引入磷元素的方法来改善其综合反应性能[43,44]。一般认为[45]，磷元素改性对沸石有以下影响：降低酸性，减少孔道的有效尺寸，覆盖外表面的酸性中心，脱除部分铝含量。张剑秋等[46]考察了磷改性 Y 型分子筛的氢转移性能，认为引入适量磷元素，Y型分子筛的总酸量增加，强酸中心数量降低，从而在提高分子筛的氢转移反应活性的同时，改善了反应产品的选择性。但是，现有沸石分子筛引入磷技术的改性过程复杂，对于磷与其他改性元素，如稀土和磷钠之间的相互作用及其对分子筛改性过程的影响研究甚少，缺乏分子筛磷改性过程的系统研究。

稀土和磷元素分别改性 Y 型沸石可以提高分子筛的骨架稳定性和酸性中心密度。但由于反应活性和焦炭选择性之间存在较大矛盾，这种单独改性技术难以在实际应用过程中取得理想的反应效果。在上述研究基础上，笔者等[14,47,48]提出了对 Y 形分子筛采用稀土和磷复合改性的技术思路。在实验中考察了磷与稀土相互作用对交换体系酸度的影响以及磷对稀土的迁移作用。

（2）稀土与磷的相互作用及其对交换体系酸度的影响

在磷和稀土复合改性分子筛的交换过程中，发生的一个明显变化是磷和稀土共存前后交换体系的 pH 值迅速下降。实验方法是将 Y 沸石、水和磷化合物混合交换一定时间后，再加入不同量的稀土，测试加入稀土前后交换体系的 pH 值变化，实验结果见表 3-22。可以看出，在投磷量为 1.3%，外加稀土为 1.5%时，pH 值降幅为 0.75；当投磷量不变时，随着稀土加入量增加，pH 值降幅增加。加入稀土后引起的酸度变化来自两个方面，一是稀土溶液自身的 pH 值较低，一般只有 1.5 左右，稀土的加入会引起体系 pH 值的自然下降；二是磷酸与稀土发生了如下所示的沉淀反应：

$$RECl_3 + H_3PO_4 \longrightarrow PEPO_4 \downarrow + 3HCl$$

中强酸 H_3PO_4 转变成强酸 HCl，导致体系 pH 值急剧下降。当交换体系中不存在磷时（表 3-22 的样品 N-18），即使外加稀土达到 9.0%，体系 pH 值才下降 0.34，对比有磷时降幅达到 2.79（RE-5）。这从另一个方面说明磷与稀土之间发生的沉淀反应是体系 pH 值下降的主要因素。因此在稀土和磷共存前，应将交换体系的 pH 值提高，以避免体系酸度过度降低（pH 值低于 3.0）对分子筛结晶度的破坏。

表 3-22 稀土和磷共存前后对交换体系酸度的影响

编号	投磷量(质量分数) /%	外加稀土(质量分数) /%	交换浆液 pH 值		pH 值变化
			稀土引入前	稀土引入后	
RE-1	1.3	1.5	3.85	3.10	−0.75
RE-2	1.3	3.0	3.80	3.02	−0.78
RE-3	1.3	4.5	3.82	2.92	−0.90
RE-4	1.3	6.0	3.84	2.72	−1.12
RE-5	1.5	9.0	5.80	3.01	−2.79
N-18	0	9.0	3.36	3.02	−0.34

注：除 N-18 外，其余分子筛交换后体系的 pH 值由氨水调至所需。

从上面讨论可以知道，磷与稀土共存时，不可避免存在磷与稀土的沉淀反应，形成的沉淀产物磷酸稀土的性质和特点无疑会对分子筛的改性过程和产物性能产生影响，因此在实验室考察了这种沉淀产物的性质。

在适合的 pH 值条件下，将稀土溶液和磷化合物溶液混合，搅拌，升温至 40~50℃，立刻产生白色沉淀。将这种沉淀物分离、干燥，测试其物相组成，见图 3-62。这种沉淀物为磷酸稀土，这表明稀土和磷化合物可以迅速发生反应形成沉淀物。图 3-63 是这种沉淀物的 NH₃-TPD 分析，从图 3-63 可以看出，在 100℃和 200~300℃之间有明显的 NH₃ 吸附峰，表明磷酸稀土沉淀物存在弱和中强酸性。Takita 等[49]的研究也表明，磷酸镧和磷酸铈具有明显的中强酸性，催化了异丁烷氧化脱氢生成异丁烯的化学反应，而且这种催化作用正是来自磷酸稀土的固体酸性特征。这表明磷酸稀土沉淀相具有一定的酸性催化特性。可以推测，在稀土和磷复合改性分子筛的交换体系中，其相互作用形成的超细沉淀化合物也能起到调变分子筛酸性的作用。

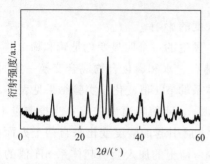
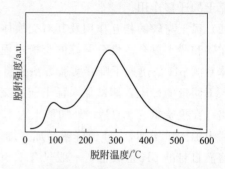

图 3-62　磷酸稀土沉淀相的 XRD 谱图　　图 3-63　磷酸稀土沉淀相的 NH$_3$-TPD 谱图

（3）磷含量对分子筛活性的影响和稀土的迁移作用考察

笔者等[50]系统表征和评价了磷和稀土复合改性 Y 分子筛的性能特点。由图 3-64 和表 3-23 可以看出，当分子筛中氧化稀土含量为 15％～16％时，随着分子筛中磷含量增加，B 酸和 L 酸含量均有所降低，但 B 酸下降幅度较大，导致 B 酸/L 酸的比值下降，微反活性减小，这在一定程度上表明磷与稀土发生了相互作用，而且这种作用对沸石分子筛的酸性中心具有一定的覆盖，导致分子筛的反应活性降低，但是其稳定性却增加了。IR图中波数在 1445cm^{-1}附近与稀土离子相关的吸收峰也发生了明显变化（图 3-64），并随磷含量增加而下降，这都表明磷与稀土发生了一定的相互作用，起到了调变分子筛酸性和稳定骨架的作用。当沸石分子筛中磷含量达到 1％以后，磷含量对分子筛活性的影响趋于平缓。另外，由图 3-65 看出，随着高稀土分子筛中磷含量增加，沸石的结晶度有所下降，结晶度保留率先增加，在磷含量为 1.2％左右达到最大值，继续增加磷含量，结晶度保留率则下降；沸石的微反活性则随着磷含量增加而降低，在磷含量超过 1％以后趋于平稳。

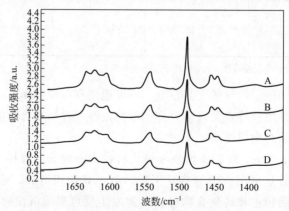

图 3-64　不同磷含量的改性分子筛的红外酸性图（RE$_2$O$_3$＝15％～16％）

P 含量　A—P＝0；B—P＝0.5％；C—P＝1.0％；D—P＝1.5％

表 3-23　磷含量对改性分子筛性质的影响

磷含量/%	产物性质			沸石稳定性/%	微反活性(4h)/%
	Na₂O(质量分数)/%	RE₂O₃(质量分数)/%	B酸/L酸		
0	1.53	15.40	2.09	35	82
0.5	1.31	15.87	1.43	49	77
1.0	1.35	15.77	1.14	51	72
1.5	1.48	15.30	1.06	58	71

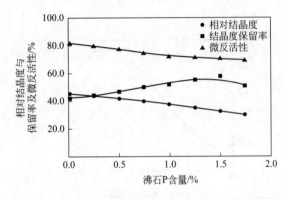

图 3-65　磷含量对高稀土 REUSY 分子筛性能的影响

从上面分析可知，稀土改性分子筛的稳定性提高的一个重要因素来自方钠石笼中聚合稀土阳离子的存在抑制骨架脱铝，而存在的先决条件则是交换后的稀土离子由超笼向方钠石笼中的迁移。同时还表明水热条件比单纯的热处理更有效地促进了羟基稀土阳离子的迁移，更有利于提高分子筛的稳定性。因此，REUSY 沸石的水热稳定性高于 USY 沸石。而合适的磷含量进一步提高了改性分子筛稳定性的原因何在呢？

由于基于 XRD 谱图的 R 值分析可以表征稀土离子在超笼和方钠石笼中的分布[26]，对改性分子筛的 R 值进行了对比分析。磷含量对改性 Y 分子筛衍射峰的影响见图 3-66，

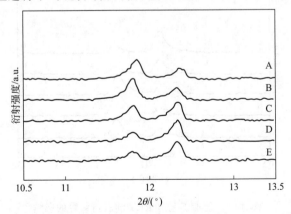

图 3-66　磷含量对改性 Y 分子筛衍射峰的影响（RE₂O₃＝15％～16％）

A—P＝1.5％；B—P＝1.0％；C—P＝0.5％；D—P＝0.25％；E—P＝0

对 R 值的影响见图 3-67。随着磷含量增加，R 值逐渐增加，在 1%～1.5% 之间达到最大值。这表明磷促进了稀土离子由超笼向方钠石笼中的迁移。由于稀土离子由超笼向方钠石笼迁移的推动力源自方钠石笼中富集的骨架负电荷，且离子迁移的数量决定于骨架负电荷和骨架外的阳离子之间的电荷平衡，当磷引入分子筛后，在焙烧过程中，磷可能进入分子筛骨架，负三价的磷酸根离子增加了分子筛骨架的负电性，因此增强了方钠石笼骨架电荷对稀土羟基离子的吸引力，从而促进稀土离子由超笼向方钠石笼中的迁移。但是过多的磷存在时，由于磷酸根离子之间存在二聚或多聚过程，一方面聚合过程削弱了磷酸根离子的负电荷，另一方面磷酸根离子自身体积的增大对稀土离子迁移通道有一定的阻碍作用，因而又降低了 R 值。

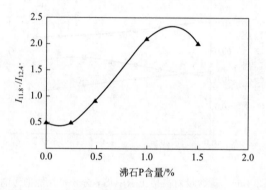

图 3-67　磷含量对改性 Y 分子筛 R 值的影响（$RE_2O_3 = 15\% \sim 16\%$）

另外，还对 REY 沸石的后改性方式进行了考察，实验结果见图 3-68。当 REY 沸石只经过铵交换和干燥处理，$2\theta = 12.4°$ 位置的衍射峰强度有所增加，这是因为在交换过程中，部分稀土离子和 Na^+ 先从方钠石笼通过反交换迁移到超笼，改变了稀土离子在超笼和方钠石笼中的分布。经过高温焙烧，处于超笼中的稀土离子获得动力，重新向方钠石笼迁移。在交换过程中同时引入部分磷化合物，则改性沸石经过干燥、焙烧处理，$2\theta =$

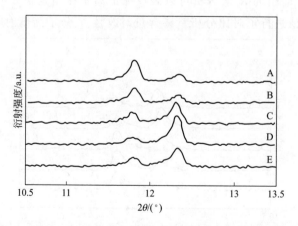

图 3-68　处理工艺对 REY 沸石衍射峰的影响

A—REY+NH_4+P+焙烧；B—REY+NH_4+P+干燥；C—REY+NH_4+焙烧；

D—REY+NH_4+干燥；E—REY

11.8°处的衍射峰强度明显增强。这表明磷通过交换进入沸石骨架或孔道中，由于磷酸根与稀土离子之间存在强烈的化学作用，在一定程度上促进了稀土离子从超笼向方钠石笼中的迁移作用。

综合分析，对于 Y 型沸石，稀土和磷改性可以发挥如下作用：①方钠石笼中存在的聚合稀土阳离子一方面可以抑制骨架脱铝，提高水热稳定性，另一方面，过多的稀土含量又阻止了水热过程中沸石骨架的超稳化作用，影响沸石稳定性的进一步提高。这两个方面作用的结果是沸石中的稀土含量控制在合适范围，可以使沸石的水热稳定性达到最优。②稀土改性可以提高沸石的酸密度和酸强度，增加沸石的反应活性。③磷可以调变沸石的酸性，由于 P—OH 羟基的酸性强度比 Al—OH 羟基酸性强度弱，适宜的磷含量可以减少沸石的弱酸和强酸，增加中强酸量。④磷改性 HY、USY 沸石可以提高沸石的酸密度，增加其反应活性。⑤磷改性 REUSY、REY 沸石，沸石的酸密度降低，但是由于磷酸根离子促进了稀土离子从超笼向方钠石笼的迁移作用，进一步提高了沸石结构稳定性。⑥稀土和磷复合改性 Y 型沸石，采用分步改性方法，一方面可以让部分稀土离子进入沸石孔道，增加沸石结构稳定性和孔道酸性，另一方面，由于稀土和磷之间存在强烈的化学作用，所形成的超细 P-RE-O 复合氧化物会覆盖部分表面活性中心，从而降低表面脱附反应速率。这有利于减少催化裂化反应过程的汽油烯烃生成。

（4）几种高稀土 Y 分子筛的性能对比研究

在系统研究基础上，笔者等[14,50]提出了磷和稀土复合改性 Y 型分子筛（DOY 分子筛）的新工艺路线；以二交二焙 REY 为基础，采用磷后交换和焙烧处理制备的分子筛为 SOY 分子筛。分别从理化性质、酸性、XRD 物相分析、DTA 分析、水热稳定性等方面对几种高稀土 Y 进行了对比研究。

从表 3-24 可以看出，三种改性分子筛的氧化稀土含量相近，都属于稀土 Y 分子筛类型，但是 DOY 分子筛晶胞参数较低，表明分子筛骨架发生了轻度超稳，对提高稳定性是有利的；DOY 和 SOY 含有相近的磷含量，REY 的结晶度稍高；与 SOY 相比，DOY 分子筛的制备工艺更为简化。首次定义 DOY 这种高稀土和低晶胞参数的分子筛为超稳稀土 Y 分子筛。

表 3-24　几种改性分子筛的典型理化性质

样品	制备工艺	结晶度/%	a_0/nm	P/%	RE_2O_3/%
DOY	二交二焙	44	2.467	1.25	16.46
REY	二交二焙	47	2.475	0	16.80
SOY	三交三焙	45	2.474	1.18	17.40

从图 3-69 和表 3-25 可以看出，三种改性分子筛的固体酸类型均为 B 酸和 L 酸，与 REY 相比，DOY 和 SOY 两种分子筛的酸量和 B 酸/L 酸比值均有所降低，表明经过磷改性处理，分子筛表面的酸中心有一定覆盖，且这种改性对 B 酸影响更大，导致 B 酸/L 酸比值降低。同时看到，图 3-69 中波数在 $1445cm^{-1}$ 附近与稀土离子相关的吸收峰也发生了明显变化，REY 的峰高明显高于 DOY 和 SOY 的对应峰高，这都表明磷与稀土发生了相

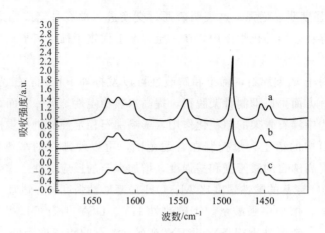

图 3-69　几种改性分子筛的红外酸性图

a—REY；b—DOY；c—SOY

表 3-25　几种改性分子筛的酸性特点

样品	B酸/a. u.	L酸+B酸/a. u.	B酸/L酸比值
DOY	0.40	0.91	0.81
REY	0.83	1.43	1.38
SOY	0.34	0.76	0.81

互作用，可以调变分子筛的酸性。

　　从图 3-70 看出，三种改性分子筛的衍射特征峰尖锐，具有完整的晶体结构，与 REY 分子筛相比，DOY 和 SOY 分子筛在 $2\theta=11.8°$ 和 $12.4°$ 的衍射峰存在差异，也就是参数 R 值（$R=I_{11.8°}/I_{12.4°}$）有所不同，越大则在一定程度上表示稀土进入方钠石笼中越多，分子筛结构越稳定。DOY 和 SOY 的 R 值高于 REY 的，那么，推测它们的水热稳定性优于 REY 的稳定性。另外，仔细观察，还可以发现三种改性分子筛在 $2\theta=28°\sim29°$ 也存在一定差异，DOY 在该区域的宽峰包高于 SOY 和 REY，对比图 3-71，可以认为是在 DOY

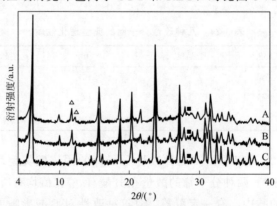

图 3-70　几种改性分子筛的 XRD 分析

A—DOY；B—SOY；C—REY

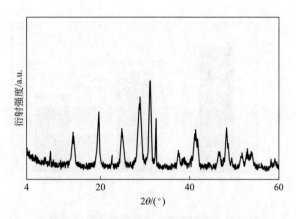

图 3-71　磷和稀土复合沉淀相的 XRD 分析

制备过程中形成了部分磷酸稀土沉淀物所致，由于形成的沉淀物较少和稀土氧化物的衍射吸收较强，使 DOY 衍射强度稍弱。

从图 3-72 看出，DOY、REY、SOY 三种改性分子筛的差热崩塌温度依次为 1002℃、991℃和 985℃，表明 DOY 的热稳定性较好，这与 DOY 在制备过程中采用了超稳化处理有关，晶胞参数越低，热稳定性越好。在相同条件下，将三种改性分子筛在 800℃、100％水蒸气条件下老化处理 2h，测试其相对结晶度的变化，以老化后相对结晶度与老化前相对结晶度之比称为结晶度保留率，如图 3-73 所示。可以看出，DOY 的结晶度保留率最高，SOY 次之，REY 最差，这表明 DOY 的水热稳定性最好。这是磷和稀土复合改性

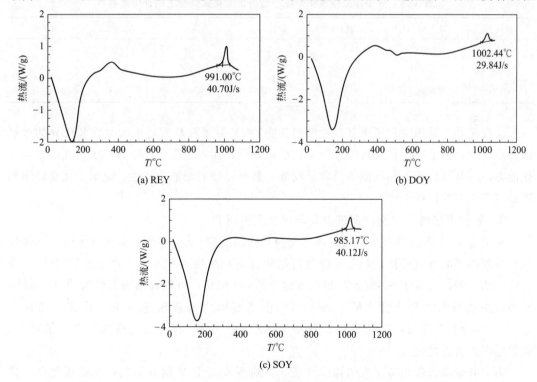

图 3-72　几种改性分子筛的 DTA 差热分析

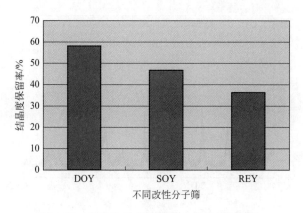

图 3-73　几种改性分子筛的水热稳定性对比

以及超稳化处理的结果。

为了考察分子筛的反应性能,将这三种分子筛分别作为活性组分,按相同的方案制成微球催化剂,在小型固定流化床装置上进行评价,实验结果列于表 3-26。可以看出,催化剂 A 的烯烃含量最低,柴油收率和柴/汽比最高,重油产率低;催化剂 C 的焦炭产率最高,烯烃含量较低;催化剂 B 的烯烃含量最高,焦炭产率低。表明 REY 经过磷改性可以显著降低催化剂的焦炭产率,增加柴油产率;与 SOY 相比,含有 DOY 分子筛的催化剂具有更好的柴油收率和低的烯烃含量。

表 3-26　分子筛微球催化剂在小型固定流化床装置上的评价结果

催化剂	分子筛/%	柴油/%	重油/%	焦炭/%	柴/汽比	汽油烯烃/%
A	DOY	22.26	6.59	8.26	0.465	14.45
B	SOY	21.20	7.01	8.22	0.419	16.59
C	REY	20.53	7.64	8.66	0.418	15.69

综合来看,采用磷和稀土复合改性制备的 DOY 分子筛具有适中的酸性和优异的水热活性稳定性,由于在制备过程中进行了超稳化处理,在固定床反应中显示了很强的重油转化能力,同时焦炭产率和汽油烯烃含量较低,具有良好的柴油选择性,显示了优良的降烯烃和多产柴油的特性[48,50]。

3. 液-固工艺稀土 Y 分子筛的制备与稀土定位研究

所谓液-固工艺技术,是指通过液相交换和固相沉淀/沉积将稀土引入分子筛,在焙烧过程控制离子的有效迁移,对分子筛进行结构稳定和酸性调变。稀土离子迁移进入 Y 沸石的方钠石笼,定位于 S'_{II} 位置并和六方柱笼的 O3 配位,可以抑制沸石骨架脱 Al,增强 Y 沸石的热与水热稳定性;稀土离子定位于超笼则会抵消超笼 B 酸,并成为结焦中心[24]。工业上广泛采用二交二焙工艺制备 REY 分子筛,存在工艺流程复杂、能耗大、装置生产能力低的缺点。

为了有效降低催化裂化汽油烯烃含量,针对现有稀土 Y 制备工艺存在流程复杂、稀土利用率不高的问题,宋家庆等[51]发明了液-固工艺制备稀土 Y 的新方法,这种制备方法的特征在于将 NaY 分子筛浆液与或不与铵盐交换，然后与稀土溶液进行离子交换，交换 pH＝2.5～7.5，交换温度 5～100℃，然后用碱性溶液调节体系 pH 值为 8～11，搅拌、过滤、干燥，在 200～950℃进行水汽焙烧处理，然后经过洗涤、过滤和干燥获得 CDY 分子筛。这种稀土改性分子筛的方法由于在一次液相离子交换之后，采用碱性物质使溶液中剩余的稀土离子沉淀为氢氧化物，避免稀土流失，在焙烧过程中使稀土离子发生固相离子迁移进入方钠石笼，钠离子则被交换至分子筛超笼之中，随后易于被洗出分子筛，称作液-固制备工艺。与传统稀土 Y 制备方法相比，CDY 分子筛只采用了一次焙烧过程，稀土含量在 12％～22％之间可调，稀土利用率 100％，且不存在非骨架铝，在超笼中没有稀土离子，有效提高了分子筛在催化反应中的超笼利用率。

潘晖华等[52]对比研究了传统工艺和液-固工艺制备的 LaY 分子筛中稀土离子的定位差异。他们在实验室以 NaY 分子筛（相对结晶度 88％，Na_2O 质量分数 13.6％，晶胞参数 2.468nm）为原料，采用传统液相交换的二交二焙工艺制备的 REY 记作 LNY-L（La_2O_3 17.2％，Na_2O 1.7％），而以液-固交换一交一焙工艺（简称液-固工艺）制备的 REY 记作 LNY-SL L（La_2O_3 17.2％，Na_2O 1.6％），其 XRD 谱图见图 3-74。可以看出，两种分子筛都具有完整的 Y 型分子筛的特征峰，但是在 11.8°和 12.4°处的相对峰高之比存在差异，LNY-SL 的两峰高之比更大，表明液-固工艺制备的稀土 Y 有更多的稀土离子进入了 β 笼或六方柱笼。

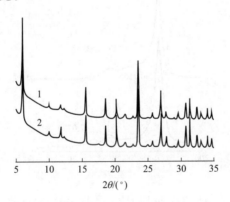

图 3-74　两种稀土 Y 分子筛的 XRD 分析
1—LNY-L；2—LNY-SL

采用多晶 XRD Rietveld 结构精修，对比研究了这两种 REY 的结构特征，结果表明：进入方钠石笼的 La 离子定位在 S_I' 位置，与骨架 O3 形成配位，从而稳定沸石骨架，提高沸石水热稳定性。与传统工艺相比，采用液-固新工艺制备的 LaY 分子筛的 La 离子与 O3 的距离更短，因而两者作用力更强，La 离子更好地稳定了分子筛的骨架结构[52]。

甘俊等[53]系统论述了 CDY 分子筛的结构特征和反应性能。表 3-27 列出了 CDY 分子筛中原子的配位、温度因子和占比情况。可以看出，CDY 的 La 离子均位于方钠石笼的 S_2（S_I'）位，而钠离子则分布在超笼中。

从图 3-75 可以看出，CDY 和 REHY 都存在明显的四配位 Al（化学位移约 60）和五配位 Al（化学位移约 14），但是，CDY 在化学位移 2 附近没有峰存在，未能检测到非骨

表 3-27　CDY 分子筛中原子的配位、温度因子和占比

原子	x	y	z	温度因子	占比
Si1	−0.05552	0.12878	0.03516	1.57525	0.71716
Al1	−0.05552	0.12878	0.03516	1.57525	0.28284
O1	−0.11212	0.11212	0.00000	2.11551	0.50000
O2	−0.00404	−0.00404	0.14881	0.63300	0.50000
O3	0.17307	0.17307	−0.04064	1.42757	0.50000
O4	0.18056	0.18056	0.32677	0.77909	0.50000
La1	0.06740	0.06740	0.06740	7.98692	0.08124
Na1	0.24027	0.24027	0.24027	1.41142	0.03549
OH	0.16469	0.16469	0.16469	9.02901	0.07209
OW1	0.47997	0.47997	0.47997	26.94523	0.18963
OW2	0.15873	0.55649	0.00594	21.28939	0.56412
OW3	0.23002	0.23002	0.23002	29.53019	0.29778

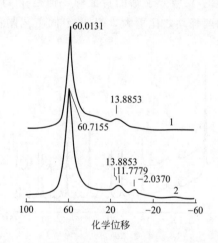

图 3-75　CDY 和 REHY 的 ^{27}Al MAS NMR 谱图
1—CDY；2—REY

架铝，说明分子筛结构完整。从图 3-76 可以看出，CDY 在 1540cm^{-1} 处的峰强度约为 REHY 的 2 倍，而 1450cm^{-1} 处的峰却十分微弱，这表明 CDY 具有很强的 B 酸中心和较弱的 L 酸中心，具有很高的 B 酸/L 酸比值，预示具有突出的正碳离子反应能力。

　　中国石化催化剂公司长岭分公司工业化开发了 CDY 分子筛和 CDC 重油裂化催化剂，显示了较低的油浆产率和很高的汽油收率，但是柴油收率大幅度降低，这与国内开发的第一代汽油降烯烃催化剂的缺点是相似的。

　　为了加工钒、镍等重金属的原料油，甘俊等[53]报道了高稳定性 DOSY 分子筛的研制思路和性能特点。DOSY 分子筛制备方法的特征在于稀土与外加铝同时部分沉淀在 Y 分子筛上，然后进行水热焙烧；水热焙烧后，分子筛上的稀土以两种形态存在，部分稀土

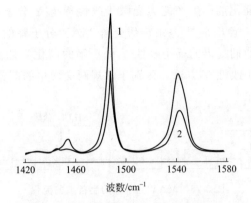

图 3-76　CDY 和 REHY 的吡啶吸附 IR 谱图
1—CDY；2—REHY

La^{3+} 进入分子筛小笼中，另一部分稀土以 CeO$_2$ 形式分散于分子筛外表面，与钒物种发生反应生成 CeVO$_4$，保护分子筛骨架免受破坏[54]。如表 3-28 所示，两种分子筛都具有较高的氧化稀土含量（18%～20%），与 REY 相比，DOSY 分子筛表面的 La/Ce 摩尔比较低，且低于本体的数值；DOSY 的表面 CeO$_2$ 高达 34.52%，约为 REY 表面的 7.5 倍。DOSY 分子筛的性质特点也可以从 XRD 图谱看出，它在 $2\theta = 28°～29°$ 有一处弥散峰，表明存在氧化稀土沉积相，见图 3-77。另外的实验显示含有 DOSY 分子筛的催化剂具有更低的汽油烯烃含量和硫含量，重油转化能力强。

表 3-28　DOSY 分子筛和 REY 分子筛的稀土氧化物分布

样品	本体组成			表面组成		
	La$_2$O$_3$/%	CeO$_4$/%	La/Ce 摩尔比	La$_2$O$_3$/%	CeO$_4$/%	La/Ce 摩尔比
DOSY	7.25	11.13	0.34	4.33	34.52	0.13
REY	8.04	11.81	0.72	2.37	4.61	0.54

注：表面和本体稀土氧化物组成以质量分数表示。

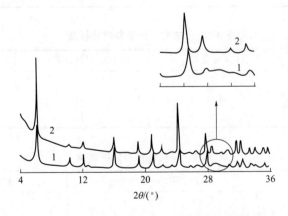

图 3-77　DOSY 和常规 REY 的 XRD 谱图
1—DOSY；2—REY

针对兰州石化公司催化剂厂生产能力受限于改性稀土 Y 分子筛生产周期长、制备工艺复杂、成本高的问题，笔者等[48,55]系统研究了 MAY 分子筛的短流程制备方法，以改善分子筛的综合性能。他们提出的稀土改性 Y 分子筛的简化工艺流程如图 3-78 所示，是一种"两交一焙"的稀土改性 Y 方法，区别于常规两交两焙的制备工艺。

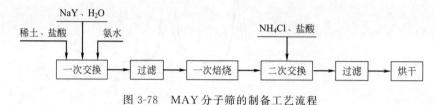

图 3-78 MAY 分子筛的制备工艺流程

常见的氯化稀土溶液有富镧和富铈的两种，他们对比研究了镧、铈元素改性对 Y 分子筛性质的影响。采用"两交一焙"的改性工艺，"一交"时分别以氯化镧、氯化铈、混合稀土溶液的形式，离子交换引入 10％～13％的氧化稀土，然后经过焙烧和"二交"，分别制得"一焙"分子筛和"二交"分子筛，实验结果列于表 3-29、表 3-30。可以看出，在稀土上量相当的情况下，用氯化镧交换制得的分子筛要比用氯化铈交换制得的分子筛结晶度高 4 个百分点，也比混合稀土溶液交换制得的分子筛的高 2 个百分点。由于水蒸气焙烧的 CeY 比 LaY 晶胞收缩较明显[27]，有较多的骨架铝被脱除，这表明采用氯化镧进行离子交换有利于提高稀土 Y 分子筛的骨架稳定性。用三种改性分子筛制备成模式催化剂，微反活性见表 3-31。采用镧元素改性分子筛制备成的模式催化剂，比采用铈元素和混合稀土元素改性分子筛初始 533 峰值高 4～7 个单位，微反活性高 2 个单位。这说明采用镧元素改性有利于提高分子筛的稳定性和反应活性。

表 3-29 "一焙"分子筛理化性质

改性稀土溶液	Na$_2$O(质量分数)/%	RE$_2$O$_3$(质量分数)/%	相对结晶度(C/C_0)/%
氯化镧	3.85	11.89	50
氯化铈	3.58	12.89	48
混合稀土	3.66	10.23	49

表 3-30 "二交"分子筛理化性质

改性稀土溶液	Na$_2$O(质量分数)/%	RE$_2$O$_3$(质量分数)/%	结晶度/%
氯化镧	1.39	12.65	59
氯化铈	1.31	13.15	55
混合稀土	1.30	13.09	57

表 3-31 模式催化剂分析数据

改性稀土溶液	老化前 533 峰高/mm	微反活性(4h)/%
氯化镧	79	82
氯化铈	72	80
混合稀土	73	80

基于上述实验结果，他们着重对纯 La 元素进行改性 Y 分子筛的研究工作。镧离子的存在形态影响降钠效果和在 Y 型分子筛中的位置分布，交换溶液的 pH 值是决定稀土镧离子存在状态的主要因素。实验中一次交换时加入 20%（以氧化镧计）的氯化镧溶液，然后用 1∶1 的盐酸调节浆液 pH 值。交换 pH 值对"一交"分子筛的羟基分布影响见图 3-79 和表 3-32。

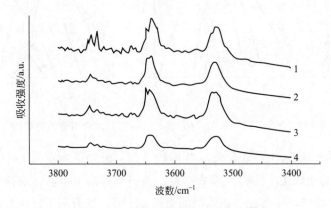

图 3-79　不同 pH 值对分子筛羟基分布的影响

1—pH=3；2—pH=4；3—pH=5；4—pH=6

表 3-32　LaNaY 分子筛的羟基测试结果

编号	pH 值	峰高/cm^{-1}			H_{3540}/H_{3650}
		3740	3650	3540	
1	3	5.93	11.10	9.37	0.844
2	4	3.76	13.83	11.84	0.856
3	5	3.44	12.09	10.87	0.899
4	6	2.14	6.53	6.97	1.067

阳离子在分子筛中的位置分布对于 Y 型分子筛的酸性、活性和结构稳定性有重要影响[24]。一般说来，LaNaY 分子筛都有 3740cm^{-1}、3685cm^{-1}、3650cm^{-1}、3540cm^{-1} 四个吸收带。3740cm^{-1} 为硅铝骨架末端的 SiOH 或杂质 SiO$_2$ 上羟基的吸收带；3685cm^{-1} 为脱铝位上 SiOH 的吸收带，脱铝过程可能发生在酸性交换体系或深度焙烧过程中；3650cm^{-1} 为酸性羟基的特征吸收带，这种羟基由 O1—H 组成，并且定位在大笼中（α笼），它能与碱性分子作用并可进行离子交换；3540cm^{-1} 主要是由小笼（β笼或方钠石笼）中镧上羟基引起的吸收带。

从图 3-79 和表 3-32 看出，随着交换浆液 pH 值的升高，H_{3540}/H_{3650} 值也持续升高，这说明随着 pH 值升高，镧离子更多的是以 La(OH)$_2^+$ 的正一价离子形式存在，可与 NaY 分子筛上方钠石笼中的钠离子进行交换，从而定位在方钠石笼中。但是当交换 pH 值为 6 时，上述所有的分子筛羟基峰明显下降，表明稀土交换效果降低了，不利于交换分子筛中的氧化钠。这是因为随着 pH 值的变化，稀土离子形成不同的羟基络合物，如图 3-80 所示[56]。当 pH 值小于 4.5 时，体系的 [OH]$^-$ 浓度很低，达不到与 RE^{3+} 发生水化作用的

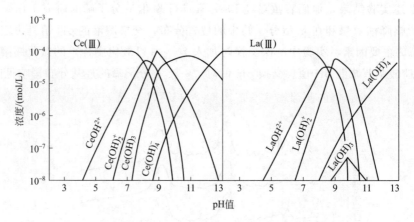

图 3-80 1.0×10^{-4} mol/L Ce(Ⅲ)、La(Ⅲ) 水解组分的对数图

临界浓度，所以稀土以 La^{3+} 形式存在；当 pH＝5 时，开始有少量的 $La(OH)_2^+$ 产生；当 pH 值大于 6 时，稀土以 $La(OH)_2^+$ 形式存在，进一步提高 pH 值，则稀土将形成复杂的多元羟基络合物。所以，应当控制适当高的交换 pH 值，既有利于稀土羟基络合物与钠离子的交换，又可推动稀土向小笼的迁移。

在新型高稀土分子筛的制备过程中，为有效地提高稀土的利用率，可以加入沉淀剂使浆液中剩余的稀土离子通过沉淀反应捕集在分子筛的表面上。在稀土沉淀过程中，可能的影响因素有：沉淀 pH 值、沉淀时间、沉淀温度及沉淀溶液浓度。在综合分析基础上，确定了正交实验的因素-水平，见表 3-33，并选用 $L_9(3^4)$ 正交实验方案，以沉淀稀土量为主要目标进行实验，实验结果列于表 3-34。

表 3-33 因素与水平设计表

水平	因素 A (沉淀时间)/min	因素 B (pH 值)	因素 C (温度)/℃	因素 D (溶液浓度)/(g/L)
1	A1	B1	C1	D1
2	A2	B2	C2	D2
3	A3	B3	C3	D3

表 3-34 $L_9(3^4)$ 正交实验结果

编号	A	B	C	D	沉淀量/g
1	A1	B1	C1	D1	14.40
2	A1	B2	C2	D2	99.94
3	A1	B3	C3	D3	98.84
4	A2	B1	C2	D3	70.44
5	A2	B2	C3	D1	99.96
6	A2	B3	C1	D2	99.98
7	A3	B1	C3	D2	95.40

续表

编号	A	B	C	D	沉淀量/g
8	A3	B2	C1	D3	99.82
9	A3	B3	C2	D1	99.96
K_1	71.393	60.080	71.400	71.440	—
K_2	90.127	99.907	90.113	98.440	—
K_3	98.393	99.927	98.400	90.033	—
R	27.000	39.847	27.000	27.000	—

从表 3-34 可看出，因素 B（溶液的 pH 值）是影响稀土沉淀的主要因素，其级差 R 为 39.847，远大于其余因素的级差值，其他影响因素基本相当。综合分析四个因素的实验结果表明，最佳的实验方案为，比较长的沉淀时间（A3）、高的沉淀体系 pH 值（B2）、高的反应温度（C3）和适中反应浓度（D2），从而确定了优化的稀土沉淀反应工艺方案。

在稀土交换的 Y 沸石焙烧过程中引入水蒸气，能促进稀土水合离子从大笼中向小笼中的迁移作用，从而改善稀土离子在 Y 型沸石中的分布，减少高温对沸石骨架结构的破坏，有效提高沸石的水热活性和稳定性。

为提高稀土利用率，实验中在稀土离子经过充分交换后，在交换体系中加入氢氧根离子，可将交换溶液中存在的游离态稀土离子以 $RE(OH)_3$ 沉淀的形式完全引入改性分子筛中，在超稳焙烧时，以 $RE(OH)_3$ 形式存在的沉淀稀土分解并迁移到分子筛骨架中，起稳固分子筛骨架结构的作用。不同焙烧温度制备分子筛的结晶度和酸性羟基分析结果见图 3-81 和图 3-82。

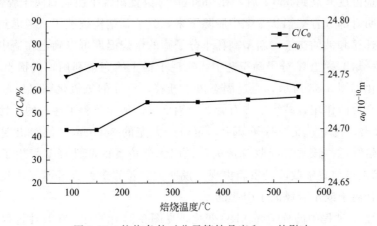

图 3-81　焙烧条件对分子筛结晶度和 a_0 的影响

由图 3-81 可以看出，随着焙烧温度的升高，焙烧后分子筛的结晶度在 150～250℃ 之间有较大上升。这可能是由于在 250℃ 以下焙烧时，分子筛中的吸附水不能完全脱除，导致测试分子筛结晶度较低，焙烧温度在 250℃ 以上时，分子筛中的吸附水全部脱除，而分子筛晶体结构也未被破坏，因此结晶度变化不大。晶胞参数 a_0 随着焙烧温度的升高，出现先升高后降低的变化趋势，在 350℃ 达到最高。这可能是因为，焙烧温度在 150～350℃

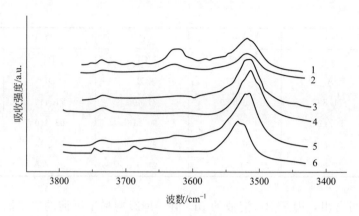

图 3-82　不同焙烧条件下分子筛的羟基分布

1—90℃；2—150℃；3—250℃；4—350℃；5—450℃；6—550℃

之间时，稀土离子出现了迁移，当稀土离子迁移到 Y 型分子筛的方钠石笼中时会引起 a_0 的变大。焙烧温度在 450℃ 以上时，由于在水汽焙烧的条件下 Y 型分子筛部分骨架铝出现脱除现象，引起 a_0 下降。

由图 3-82 可以看出在不同焙烧条件下分子筛的羟基分布情况，$3650cm^{-1}$ 为酸性羟基的特征吸收带，这种羟基由 O1H 组成，并且定位在大笼中；$3540cm^{-1}$ 主要是由镧上羟基引起的吸收带。90℃ 焙烧以及 150℃ 焙烧的条件下，$3650cm^{-1}$ 位置的酸性羟基特征吸收带非常明显，说明大笼中存在羟基。当焙烧温度达到 250℃ 以上，$3650cm^{-1}$ 位置的酸性羟基特征吸收带便消失了。由此可见，焙烧温度升高后（大于 250℃），大笼中不存在水合镧离子。焙烧温度升高到 550℃ 后，在 $3685cm^{-1}$ 位置出现了明显归属于脱铝位上 SiOH 的吸收带，说明有部分骨架铝从骨架中脱除下来，分子筛结构被破坏。考虑到焙烧温度低不利于稀土的迁移和钠的交换，新型高稀土分子筛的焙烧温度可以确定在适中的范围内。

在"二交一焙"稀土 Y 分子筛工艺中，实现了稀土的完全利用，高稀土 Y 在改性过程中的羟基变化如图 3-83 所示。通过固态离子迁移，沉淀的氢氧化镧可以起到通过交换引入稀土离子类似的作用，减缓了沸石骨架脱铝反应，从而改善了沸石的活性稳定性。由图 3-83 可以看出，在"一交"分子筛上，定位于大笼的 $3650cm^{-1}$ 位置出现了明显吸收带，而在"一焙"后，该位置吸收峰消失，说明大笼位置的酸性羟基发生了迁移。而在"二交"分子筛上该位置吸收峰又重新出现，说明大笼位置的酸性羟基又出现了，这可能是大笼中的水合离子或水合镧离子引起的。

高稀土改性 Y 过程中的分子筛 XRD 变化，见图 3-84。可见，在改性过程中 Y 型分子筛的特征 X 射线衍射峰明显，表明晶体结构比较完整，但都低于 NaY 分子筛，这与较高的稀土含量引起改性分子筛的衍射强度降低相关。另外，与 NaY 相比，"一交"分子筛在衍射峰位 18°～21° 之间的两峰相对强度明显变化，这可能与"一交"过程引入的稀土水合离子大部分存在于大笼有关；经过"一焙"后，改性分子筛在该衍射位置的相对强度与 NaY 基本一致，这是由于稀土水合离子在焙烧过程中从大笼迁入小笼中造成的；"二交"分子筛的衍射强度有所增加与铵根离子置换 Na 离子后对 X 射线吸收减弱有关。

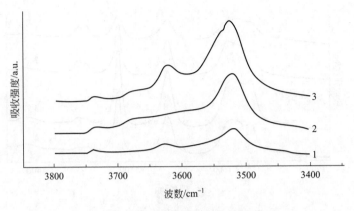

图 3-83　分子筛改性过程中羟基的变化
1—"一交"分子筛；2—"一焙"分子筛；3—"二交"分子筛

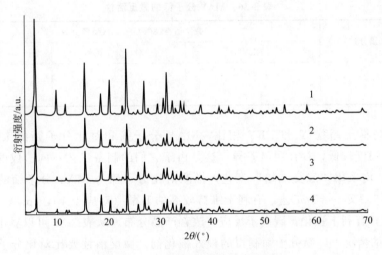

图 3-84　分子筛改性过程中的 XRD
1—NaY 分子筛；2—"一交"分子筛；3—"一焙"分子筛；4—"二交"分子筛

从表 3-35 可以看出，MAY 分子筛与其他分子筛相比，晶胞参数较高，在氧化钠和稀土含量相当的情况下，结晶度比对比分子筛高 4 个单位，较 REY 分子筛高 11 个单位，崩塌温度比对比分子筛低 10℃，较 REY 分子筛高 21℃。

表 3-35　三种分子筛的理化性质

分子筛	Na$_2$O(质量分数)/%	RE$_2$O$_3$(质量分数)/%	C/C$_0$/%	崩塌温度/℃	a$_0$/nm
REY	1.60	16.36	42	983	27.74
MAY	1.30	17.73	53	1004	24.77
对比分子筛	1.54	15.78	49	1014	24.72

MAY 分子筛与几种对比分子筛的红外酸性分析见图 3-85，微反活性列于表 3-36。可

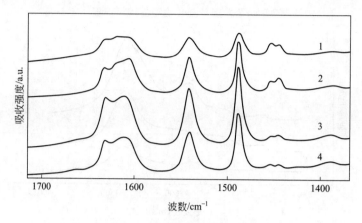

图 3-85 改性分子筛红外酸性分析

1—高稀土超稳 Y；2—REY；3—对比分子筛；4—MAY

表 3-36 **MAY 分子筛的微反活性**

分子筛用量(质量分数)/%	微反活性(800℃×6h)(质量分数)/%		
	REY	对比分子筛	MAY
25	65	70	71
35	65	72	78

以看出，与高稀土超稳 Y 和 REY 相比，MAY 分子筛和对比分子筛的 L 酸（对应于 1450cm^{-1}）强度较低，存在明显差异，这是由于它们的制备工艺不同造成的。高稀土超稳 Y 和 REY 均采用"二交二焙"工艺，推测对比分子筛与 MAY 分子筛的制备工艺相似，采用了"二交一焙"工艺，有利于维持较高的 B 酸（对应于 1540cm^{-1}）和很高的 B 酸/L 酸比例，有利于强化正碳离子反应，改善产品分布。从表 3-36 可以看出，在分子筛用量为 25% 的情况下，新分子筛制得的模式催化剂，微反活性要比对比分子筛高 1 个百分点，比 REY 高 6 个百分点。在分子筛含量为 35% 的情况下，新分子筛制得的模式催化剂，微反活性要比对比分子筛高 6 个百分点，比 REY 高 13 个百分点，显示了新分子筛反应活性高的特点。

采用 MAY 分子筛制备的新型重油裂化催化剂的反应性能评价列于表 3-37、表 3-38。可以看出，与 LBO-16 催化剂相比，新型重油裂化催化剂的重油产率降低了 0.76 个百分点，焦炭产率略有上升，转化率提高 1.6 个百分点，轻收增加 1.01 个百分点，总液收率上升 0.55 个百分点。从表 3-38 可以看出，两者的汽油烯烃含量基本相当，但是新型重油裂化催化剂的芳烃含量增加 4.85 个百分点，汽油研究法辛烷值提高 1 个百分点，显示更为优良的反应性能。

针对 CDY 分子筛和 MAY 分子筛存在焦炭产率较高的问题，笔者等[57,58]发明了通过液-固工艺制备"一交一焙"稀土 Y 及其催化剂的新方法。该方法通过先交换稀土再引入磷化合物然后焙烧处理。所制备的含稀土和磷复合改性 Y 型分子筛晶胞参数为 2.450～2.479nm，氧化钠 2.0%～6.0%，磷 0.01%～2.5%，氧化稀土 11%～23%。其中改性 Y

表 3-37　新型重油裂化催化剂的反应性能评价

项目	新型重油裂化催化剂	LBO-16 降烯烃剂	差值
产品分布(质量分数)/%			
干气	2.19	2.15	0.04
液化气	15.86	16.32	−0.46
汽油	52.14	50.35	1.79
柴油	15.89	16.67	−0.78
重油	5.51	6.27	−0.76
焦炭	7.81	7.58	0.23
总计	99.41	99.34	0.07
转化率(质量分数)/%	78.00	76.40	1.60
轻收(质量分数)/%	68.03	67.02	1.01
总液收率(质量分数)/%	83.89	83.34	0.55

表 3-38　汽油组成分析

编号	新型重油裂化催化剂	LBO-16	差值
汽油组成(体积分数)/%			
正构烷烃	4.90	4.98	−0.08
异构烷烃	37.11	40.57	−3.46
烯烃	14.80	14.95	−0.15
环烷烃	5.69	6.93	−1.24
芳烃	37.36	32.51	4.85
汽油辛烷值			
MON	82.6	82.5	0.1
RON	93.5	92.5	1.0

分子筛中未交换进入分子筛的稀土与磷反应形成复合氧化物均匀分布在分子筛的表面上，使稀土得到完全利用。这种改性方法可使稀土大部分位于 Y 分子筛的方钠石笼中，增加了分子筛在高温水热环境下的稳定性，对分子筛的结构酸性起到良好的调变作用。与现有技术相比，该技术改性分子筛具有较大的晶胞参数，表明其结构完整，非骨架铝碎片少，使得分子筛活性高、孔道畅通，有利于反应物分子顺利进入分子筛超笼反应，从而提高重油转化能力，所制备的催化剂还显示出良好的焦炭选择性。

4. 稀土含量的优化与高稀土 Y 的研究进展

从前面分析可知，高稀土分子筛的稀土含量在较大范围内变化，如何确定有效的稀土含量使稀土 Y 具有优异的反应性能对炼油稀土催化过程十分重要。李斌等[59]对几种典型的高稀土 Y 分子筛进行了表征和理论计算，获得了一些规律性认识。他们采用的三种典型的工业稀土 Y 分子筛的化学组成列于表 3-39 中，图 3-86 是三种分子筛的 NH_3-TPD 谱图，酸性数据列于表 3-40 中。

表 3-39　几种工业稀土 Y 分子筛的化学组成

名称	SiO_2/Al_2O_3(骨架)	RE_2O_3(质量分数)/%	Na_2O(质量分数)/%	H_2O(质量分数)/%
LZ-1	4.16	19.1	1.5	6.30
LZ-2	4.88	7.1	1.0	4.70
LZ-3	4.41	16.4	1.6	4.91

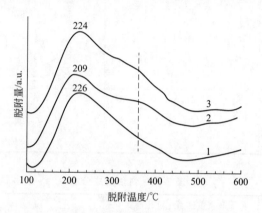

图 3-86　三种分子筛的 NH_3-TPD 谱图

1—LZ-1；2—LZ-2；3—LZ-3

表 3-40　几种工业稀土 Y 分子筛的酸性分析

名称	B 酸量/(mmol/g)	L 酸量/(mmol/g)	总酸量/(mmol/g)	NH_3-TPD/(mmol/g)
LZ-1	0.422	0.210	0.632	0.58
LZ-2	0.510	0.235	0.745	0.86
LZ-3	0.524	0.182	0.706	0.88

　　可以看出，随着稀土含量增加，NH_3-TPD 图中高温脱附峰逐渐消失，低温脱附峰向高温方向移动，表明稀土增多减少了分子筛的强酸中心，增加了中强酸量，LZ-2 和 LZ-3 的 NH_3-TPD 总酸量基本相当，进一步增加稀土含量至 19.1%，则总酸量急剧下降；吡啶红外吸附酸性分析表明，LZ-2 的总酸量最大，L 酸量最高，LZ-3 的 B 酸量最高，总酸量也是随着稀土增加至 19.1%降至最低。

　　他们进一步采用 Rietveld 对分子筛结构进行精修，计算程序为 Fullprof 2000 软件，所取的峰形函数为 Split pseudovogit 函数，经过 3600 个点衍射强度的计算值 Yi(c) 和观察值 Yi(o) 多次拟合修正，获得了精确的结构参数。计算结果表明：①LZ-1 分子筛晶胞中 17.49 个 RE^{3+}仅有 12.98 个 RE^{3+}定位在方钠石笼 S'_I 位置，其余 4.51 个 RE^{3+}无序分布在超笼中，Na^+ 则几乎全部定位在六方棱柱笼中 S'_I 位，31.71 个 H_2O 定位在方钠石笼 S'_{II} 位置，与 S'_I 位的 RE^{3+}配位；②LZ-2 分子筛晶胞中 5.61 个 RE^{3+}全部定位在方钠石笼 S'_I 位置，超笼中没有游离的 RE^{3+}，Na^+ 则几乎全部定位在六方棱柱笼中 S'_I 位，21.68 个 H_2O 定位在方钠石笼 S'_{II} 位置，与 S'_I 位的 RE^{3+}配位；③LZ-3 分子筛晶胞中

14.36 个 RE^{3+} 仅有 11.99 个 RE^{3+} 定位在方钠石笼 S_I' 位置，其余 2.27 个 RE^{3+} 无序分布在超笼中，8 个 Na^+ 定位在六方棱柱笼中 S_I 位，其余 2 个 Na^+ 无序分布在超笼中，29.31 个 H_2O 定位在方钠石笼 S_{II}' 位置，与 S_I' 位的 RE^{3+} 配位。稀土离子在方钠石笼中的分布见图 3-87，稀土离子与水和骨架氧的配位情况见图 3-88。

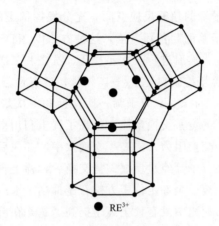

图 3-87　稀土离子在方钠石笼中的分布

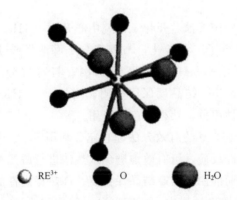

图 3-88　方钠石笼中稀土离子与水和骨架氧的配位

　　稀土离子的高电价致使水分子极化，有效吸引着 OH^-，使 H^+ 呈现一定程度的游离状态，有利于增加分子筛的中强酸量，因此，定位于方钠石笼的 S_I' 位的 RE^{3+} 减缓了 RE^{3+} 取代 H^+ 引起的酸量下降；游离在超笼中的 RE^{3+} 不能与水形成定位配位，因此无法极化水，从而减少分子筛的总酸量。

　　分子筛结构测定表明，Y 型分子筛的方钠石笼中 S_{II}' 位的阶次为 32，因此能定位于 S_{II}' 位的 H_2O 最多为 32 个。如果在方钠石笼中 S_I' 位定位的一个 RE^{3+} 能够配位到 S_{II}' 的三个 H_2O，就能极化出最多的 H^+，从而方钠石笼中 S_I' 位定位的 RE^{3+} 最佳数目接近 11 个。因此，制备 FCC 催化剂时，可以考虑将稀土改性 Y 分子筛中稀土投料量控制在每个晶胞含 11 个稀土离子，并通过适当的交换和焙烧条件使其全部定位在方钠石笼的 S_I' 位上，最大限度稳定分子筛骨架结构，并极化出最多的 H^+，完全发挥超笼在催化反应中的大分子裂化作用。

邱丽美等[31]研究了铈离子引入方式对其在 Y 型分子筛中定位的影响，通过 XPS、XRD、Py-IR 等分析方法研究了离子交换引入 Ce_2O_3 的最大适宜含量为 14％，确保在水热焙烧过程中稀土离子完全迁移进入 β 笼中，大致相当于改性 Y 分子筛晶胞中含有 12 个稀土离子（根据文献［59］中 LZ-3 的稀土离子分布进行推算）。

为了有效利用 Y 型分子筛的超笼反应空间，充分发挥稀土的改性作用，高雄厚等[60]发明了一种超稳稀土 Y 分子筛的制备新方法，这种方法以 NaY 分子筛为原料，经过稀土交换反应和分散与交换反应，然后进行一次超稳化、洗涤和二次超稳化处理，获得的超稳稀土 Y 分子筛的氧化稀土含量控制在 12％～15％时，具有最强的重油转化能力和优异的产品分布。该方法的特点在于在 NaY 分子筛一次交换和一次焙烧过程中，不加入铵离子溶液，避免了其与稀土离子的竞争交换反应，提高了稀土利用率。同时采用分散剂交换技术，降低了分子筛颗粒间的交换阻力，提高了交换效率，并在后续水汽焙烧中使稀土离子全部进入方钠石笼，体现在分子筛经过反复铵盐交换后，稀土含量不降低，而且滤液中几乎检测不到稀土离子；稀土离子全部定位于方钠石笼抑制了水汽老化过程的骨架脱铝，提高了分子筛的活性稳定性，超笼中没有稀土离子提高了超笼在重油转化方面的作用，改善了焦炭选择性。采用这种分子筛开发的重油裂化催化剂具有重油转化能力强、总液收率和轻质油收率高的特点[61]。

基于上述专利技术，中国石油兰州化工研究中心开发了 HRSY-3 超稳稀土 Y 分子筛，并在兰州石化催化剂厂进行了工业转化，与现有分子筛改性技术相比，铵盐降低 60％，氧化钠低于 1％，稀土利用率从 70％提高到 90％；与对比分子筛相比，水热处理后（800℃、100％水蒸气处理 2h）结晶度保留率明显增加[62]。HRSY-3 成为重油高效转化和降低汽油烯烃的理想活性组分，获得了广泛应用。

气相 $SiCl_4$ 法是制备高硅 Y 的有效方法，它充分利用 $SiCl_4$ 提供的外来硅源，通过同晶取代一次完成脱铝和补硅反应，可有效地避免水热法进行脱铝补硅反应时易发生晶格塌陷、结构破坏的现象，从而能制备出高结晶保留度、高热稳定性的分子筛。但是，对含稀土的 Y 型分子筛进行气相超稳过程中，存在着分子筛中稀土离子流失的问题，形成分子筛晶内笼中稀土离子空位，影响分子筛的裂化活性、热稳定性及水热稳定性。针对此问题，周灵萍等[63]对气相超稳分子筛进行稀土改性处理，使气相超稳中形成的稀土离子空位部分得以恢复，分子筛结构得以优化，从而显著提高分子筛的裂化活性及结构稳定性，并考察了优化改性后的分子筛及其催化裂化性能。

他们首先通过设计和优化，采取气相超稳方法制备了一系列不同稀土含量的稀土高硅 Y 分子筛 HRY，氧化稀土含量变化范围为 8％～13％，晶胞参数在 2.455～2.460nm 之间，如表 3-41 所示。图 3-89 的 XRD 分析表明，通过气相超稳处理，RENaY 大笼中的稀土离子被部分脱除，小笼中的稀土离子基本完整地保留下来；随着稀土含量升高，2θ 为 12.40°的衍射峰的强度逐渐增强，说明大笼中得以保留的稀土离子逐渐增多。

通过对 HRY 分子筛进行稀土处理，平均提高稀土含量 2.8％～4.0％，制备了系列较高稀土含量 RHRY 分子筛。如图 3-90 所示，RHRY 分子筛大笼中稀土离子含量均有不同程度的提高。由图 3-91 可看出，RENaY 分子筛的差热崩塌温度为 971℃，经气相超稳

表 3-41　HRY 分子筛的物化性质

样品	RE$_2$O$_3$(质量分数)/%	Al$_2$O$_3$(质量分数)/%	SiO$_2$(质量分数)/%	C_R(质量分数)/%	a_0/nm	T_{DTA}/℃
HRY-73	8.3	14.9	72.9	32.6	2.455	1013
HRY-124	9.3	15.7	70.7	37.1	2.455	1008
HRY-96	10.3	17.1	67.4	38.8	2.458	1001
HRY-150	11.7	16.8	65.4	36.0	2.457	1005
HRY-128	12.3	19.3	63.1	47.7	2.460	988
HRY-140	13.3	16.9	64.4	37.1	2.460	1005

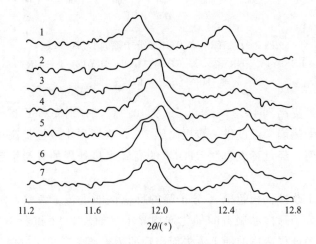

图 3-89　HRY 分子筛的 XRD 图

1—RENaY；2—HRY-73；3—HRY-124；4—HRY-96；5—HRY-150；

6—HRY-128；7—HRY-140

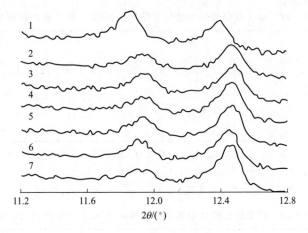

图 3-90　RHRY 分子筛的 XRD 图

1—RENaY；2—RHRY-73；3—RHRY-124；4—RHRY-96；5—RHRY-150；

6—RHRY-128；7—RHRY-140

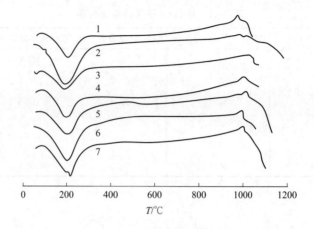

图 3-91   HRY 和 RHRY 分子筛的 DTA 曲线

1—RENaY；2—HRY-73；3—RHRY-73；4—HRY-96；5—RHRY-96；

6—HRY-128；7—RHRY-128

后，其差热崩塌温度提高到 1013℃、1001℃及 1013℃，分别提高了 17～42℃，再经过稀土优化改性后，其差热崩塌温度进一步提高了 7℃，表明稀土改性提高了分子筛的热稳定性。另外的测试表明，经过稀土改性 RHRY 的高温水热处理的骨架铝数目增加，结构稳定性上升。

另外，还对稀土改性气相超稳 Y 分子筛的反应性能进行了考察，结果表明，无论是小试还是中试放大分子筛样品制备的催化剂均显示（如表 3-42 和表 3-43 所示），由于稀土改性能使气相超稳过程造成的稀土流失而出现的稀土离子空位得以修复，从而使得分子筛的结构更加优化稳定，所制备的催化剂的 MAT 活性明显增加，重油转化能力增强，汽油产率大幅上升，总液收率（汽油＋柴油＋液化气）明显提高，催化汽油烯烃含量有效降低[64]，综合反应性能得以改善。

表 3-42   稀土优化改性中试分子筛催化剂 ACE 评价的产品分布

样品	活性组分	MA[①]（质量分数）/%	n(焦炭)/n（原料油）	产品分布(质量分数)/%					
				干气＋损失	液化气	焦炭	汽油	柴油	油浆
SSC-21	ZSY-4	52	7.03	1.41	14.54	5.88	45.46	19.08	13.63
SSC-26	RZSY-4	65	5.00	1.51	15.44	6.60	49.00	16.69	10.76
SSC-22	ZSY-5	62	7.03	1.53	17.43	6.21	48.94	16.93	8.96
SSC-29	RZSY-5	72	5.00	1.58	16.92	6.51	52.67	15.01	7.31

① 微反活性通过 RIPP 92—90 标准方法测得，原料油为大港轻柴油（馏程范围 239～351℃），反应温度为 (460±1)℃，原料油进油量为 (1.56±0.02)g，进油时间 70s，催化剂量 5g。

注：原料为武混三；裂化温度为 500℃；催化剂老化条件：800℃，100%水蒸气，17h。

表 3-43   稀土优化改性中试分子筛催化剂 ACE 评价的汽油组成

样品	转化率/%	焦炭选择性/%	汽油族组成/%					RON	MON
			正构烷烃	异构烷烃	烯烃	环烷烃	芳烃		
SSC-21	67.28	8.7	3.41	30.77	28.61	8.41	28.66	84.4	82.7

续表

样品	转化率/%	焦炭选择性/%	汽油族组成/%					RON	MON
			正构烷烃	异构烷烃	烯烃	环烷烃	芳烃		
SSC-26	72.55	9.1	3.79	33.55	17.81	8.65	36.15	84.5	81.6
SSC-22	74.11	8.4	3.34	31.63	24.80	8.47	31.52	84.4	82.0
SSC-29	77.68	8.4	3.71	33.50	16.88	8.38	37.46	85.3	81.3

作为世界上最大的 FCC 催化剂制造公司，Grace Davison 公司一直在致力于开发和改进超稳 Y 沸石的制备工艺。该公司针对降低催化汽油烯烃含量的需求，开发了高活性稳定性的 Z-17 超稳稀土 Y 分子筛[65]。如图 3-92 所示，与常规 REUSY 相比，Z-17 显示了很高的水热活性稳定性，抗 Na、V、Ni 等重金属污染能力强；与常规稀土 Y 相比，可以在催化裂化反应中降低汽油烯烃含量 4 个单位以上，显示了良好的反应性能。

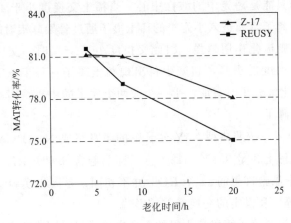

图 3-92　Z-17 与 REUSY 的水热稳定性对比

二、中稀土 Y 分子筛技术

中稀土 REHY 的 RE_2O_3 含量一般在 5%～10% 之间。研究人员早期将稀土改性 Y 分子筛用于炼油稀土催化反应时，当时认为稀土交换度越大，则反应活性越高，所以总是制备成最大交换度的稀土 Y 分子筛。但同时发现，采用稀土 Y 进行催化裂化反应时，焦炭产率高，降低了目的产品收率。因此又提出了中等稀土改性 Y 分子筛的概念和制备方法，其氧化稀土含量可以定义在 5%～10%。

1974 年，北京大学化学系分子筛研究小组考察了不同稀土交换度的稀土改性 Y 分子筛的异丙苯裂化活性[66]，表 3-44 为不同稀土交换度对 Y 分子筛裂化活性的影响。可以看出，随着稀土交换度增加，异丙苯的转化率（裂化活性）上升，在交换度为 45% 时，裂化活性最高，继续提高稀土交换度则裂化活性呈现下降趋势。他们测试了稀土改性分子筛的酸度，表明稀土交换度为 45% 时各种酸强度的酸量达到了最大值，如表 3-45 所示。

表 3-44　不同稀土交换度 Y 分子筛的异丙苯裂化活性

稀土交换度/%		0	27	45	67	78	89
摩尔转化率/%	3min 反应	49.7	52.6	60.4	54.6	55.5	53.6
	1min 反应	50.5	59.7	68.7	59.7	61.9	58.6

表 3-45　不同稀土交换度 Y 分子筛的酸度测试

稀土交换度/%		0	27	45	67	78	89
酸度/(mg$_{eq}$正丁胺/g 分子筛)	$H_0 \leqslant -5.6$	—	0.70	0.90	0.65	0.65	0.65
	$H_0 \leqslant -3.0$	0.038	0.80	1.30	0.90	0.85	0.70
	$H_0 \leqslant +3.3$	0.049	1.20	2.00	1.5	1.50	1.50

由于测试酸度的正丁胺分子和用于反应的异丙苯原料分子只能进入分子筛的超笼中，所以发生催化作用的只能是超笼中的酸性中心。当稀土交换度小于 45%，超笼中主要是以结构羟基存在的氢离子，而进入小笼中的稀土离子通过骨架硅铝对超笼中的结构羟基起极化作用，稀土越多则极化作用越强，因此交换度小于 45% 时，交换度越大，裂化活性越高。但是，随着交换度的提高，超笼中将出现稀土离子，每个 RE^{3+} 将取代三个氢质子，而每个 RE^{3+} 极化水分子时只能产生一个或两个质子酸中心，因此，随着稀土交换度增加裂化活性反而下降了。

稀土交换度为 45%，按照典型 NaY 分子筛的干基组成 Na$_2$O·Al$_2$O$_3$·4.86SiO$_2$ 计算，大约相当于氧化稀土含量 9.8%、每个分子筛晶胞含 8.6 个 RE^{3+}。当然，这与前面李斌[59]等计算的每个晶胞理想的 11 个 RE^{3+} 并不相同，是因为实验结果往往受实验条件（如焙烧温度和气氛等）和设定的交换度差异影响。

根据北京大学化学系分子筛研究小组的上述实验成果，国内研究机构纷纷开展了中等稀土氢 Y 分子筛的制备工作，减少了稀土的使用量，并研制了性能优良的稀土氢 Y 催化裂化催化剂，取得了良好的应用结果。

国内兰州炼油化工总厂石化研究院较早开展了 REHY 分子筛的研究开发工作，该院首先采用"三交二焙工艺"制备了 REHY 分子筛，开发成功了 LC-1 全合成催化裂化催化剂，在青岛石油化工厂催化裂化装置应用显示了较低的焦炭产率和较高的汽油辛烷值。由于采用的 REHY 分子筛经过了多次交换和多次焙烧，存在制备工艺复杂和生产成本较高的问题，因此，又开展了"二交一焙"的 REHY 分子筛的简化制备工艺研究[67]。通过对比不同的制备方案，最终确定了如图 3-93 所示的制备工艺流程，实验中详细考察了各种影响交换效率的因素，其中 NH$_4$Cl 投料量对交换效率的影响见表 3-46，稀土投料量对交换效率的影响见表 3-47。

从表 3-46 可以看出，增加 NH$_4$Cl 投料量有利于降钠，但是稀土的利用率明显下降。这是由于稀土离子和铵根离子之间与钠离子存在竞争交换，综合考虑 NH$_4$Cl 投料量不宜大于 12%，也就是 NH$_4$Cl 与 RE$_2$O$_3$ 质量之比不大于 1.2，能够保证稀土定量交换到分子筛上。从表 3-47 可以看出，随着氯化稀土投料量增加，分子筛的氧化稀土上量增加，但

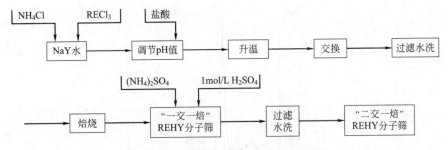

图 3-93　REHY 分子筛的制备工艺流程

表 3-46　NH_4Cl 投料量对交换效率的影响

NH_4Cl/RE_2O_3 投料比例	交换分子筛组成(质量分数)/%		533 峰高[①]/mm	稀土利用率 (质量分数)/%
	Na_2O	RE_2O_3		
0/10	7.50	10.00	230	约 100
12/10	4.99	8.05	245	87.3
17/10	4.31	7.46	257	80.9
24/10	4.30	6.51	250	70.6
50/10	4.36	4.73	250	51.3

① 指 Y 型分子筛 533 晶面的衍射强度,可表示为相对结晶度。

表 3-47　氯化稀土投料量对交换效率的影响

NH_4Cl/RE_2O_3 投料比例	交换分子筛组成(质量分数)/%		533 峰高/mm	稀土利用率 (质量分数)/%
	Na_2O	RE_2O_3		
12/10	5.01	7.71	248	83.6
12/13	4.22	7.89	241	70.0
12/15	4.43	8.67	238	64.2
12/18	4.82	8.90	236	55.1
120/20	4.30	9.45	234	53.0

是稀土利用率显著降低,当氧化稀土加入比例为 10% 时,能够维持较高的稀土利用率和降钠效果。

　　实验还考察了焙烧温度对改性分子筛性质的影响,焙烧前后的 REHY 分子筛的羟基红外谱图分析见图 3-94,可以看出,未焙烧样品 (Lab-19) 的 IR 图中没有出现表征稀土离子进入小笼的羟基峰 ($3526cm^{-1}$),焙烧样品 (Lab-5、Lab-6、Lab-14) 有明显的 $3526cm^{-1}$ 吸收带,表明稀土离子进入了分子筛的小笼中。同时发现当焙烧温度低于 600℃,"二交"存在氧化稀土反交换流失的问题,因此要控制焙烧温度不低于 600℃,确保 REHY 分子筛稀土能够定位在小笼中而不被反交换。最后优化制得的 REHY 分子筛的主要性质如表 3-48 所示,这种"二交一焙"REHY 分子筛氧化钠含量为 1.5%,氧化稀土含量为 8%,相对结晶度为 58%~60%,晶胞参数 2.468~2.469nm,具有较为理想的物化性质,并在 LC-8 催化剂研制中显示了良好的反应性能[67]。

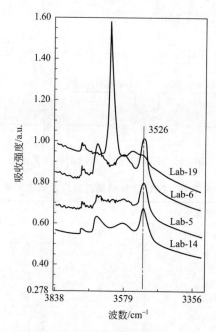

图 3-94　稀土氢 Y 分子筛羟基的红外光谱图

Lab-19 为"一交"样品；Lab-5、Lab-6、Lab-14 为焙烧样品

表 3-48　REHY 分子筛的主要性质

制备工艺	交换分子筛组成(质量分数)/%		相对结晶度	晶胞参数/nm
	Na$_2$O	RE$_2$O$_3$	(C/C_0)/%	
1♯一交一焙	4.38	8.03	58	
2♯一交一焙	4.71	8.23	57	
3♯二交一焙	1.64	8.21	58	2.468
4♯二交一焙	1.43	8.11	60	2.469

　　虽然"二交一焙"的 REHY 显示了较好的反应性能，但由于分子筛的晶胞参数较大，在实际应用中存在活性稳定性较差的问题。高雄厚等[68]发明了一种降低汽油烯烃含量的 FCC 催化剂及其制备方法，该专利包含一种磷和稀土复合改性 Y 沸石（PREY）的制备方法，将稀土和铵盐混合交换的 Y 沸石经过水热焙烧处理后，与磷化合物反应，然后进行第二次焙烧处理。其中 RE$_2$O$_3$/Y 沸石为 0.02～0.18，铵盐/Y 沸石为 0.1～1.0，P/Y 沸石为 0.003～0.05，焙烧温度 250～750℃，水汽条件 5%～100%，时间 0.2～3.5h。PREY 分子筛有如下的特征：磷含量 0.2%～3%，晶胞参数 2.445～2.465nm，结晶度 60%～80%，稀土含量 2%～12%。优化实例中改性分子筛的氧化稀土含量为 7%～10%，由于进行了水汽超稳化处理，晶胞参数在 2.450～2.460nm 之间，分子筛结构更加稳定，用以制备的催化裂化催化剂显示了重油转化能力强和汽油烯烃低的特点。

　　兰州石化公司石化研究院在上述专利的基础上，开发了 HRSY-1 超稳稀土 Y 分子筛技术和 LBO-12 降低汽油烯烃催化剂[69]，在国内得到了推广应用。由于 HRSY-1 分子筛稀土含量适中，并且进行了超稳化处理，成为兰州石化催化剂厂的主导分子筛产品，在系列催化裂化催化剂新产品生产中发挥了支撑作用。

1995 年，石油化工科学研究院（RIPP）开始进行降低催化裂化汽油烯烃含量分子筛和催化剂的基础研究，于 1999 年开发出了高氢转移和低焦炭产率的 REHY 型分子筛 MOY，同年在长岭催化剂厂成功地进行了工业试生产。

高益民[70]介绍了 MOY 分子筛的设计思路和性能特点，从控制氢转移深度出发，对中等稀土含量的 REHY 分子筛进行特殊氧化物（碱性）处理，通过这种氧化物与稀土的相互作用调变了分子筛的酸性。表 3-49 和表 3-50 列出了特殊氧化物含量对分子筛结构和活性稳定性的影响。在 4h 或 17h 水热老化条件下，分子筛中引入大约 4% 的特殊氧化物，USY 的结晶度和中等稀土 REHY 的结晶度明显增加，高稀土 REY 的结晶度反而下降，说明引入一定的这种氧化物，稳定了 USY 和 REHY 分子筛的骨架结构，但是不利于 REY 分子筛的结构稳定性。另外，从表 3-50 可以看出，随着氧化物含量的增加，分子筛晶胞参数减小，结晶度下降，表明过高的氧化物含量会影响分子筛的结构稳定性。

表 3-49　氧化物改性对不同分子筛结构稳定性的影响（800℃水热处理）

样品	RE$_2$O$_3$（质量分数）/%	氧化物（质量分数）/%	0h		4h		17h	
			a_0/nm	结晶度（质量分数）/%	a_0/nm	结晶度（质量分数）/%	a_0/nm	结晶度（质量分数）/%
USY	0	0	2.454	77	2.427	47	2.424	41
	0	4.0	2.450	77	2.428	55	2.426	50
REHY	8.0	0	2.461	63	2.433	32	2.429	21
	8.0	4.3	2.461	61	2.435	36	2.427	25
REY	16	0	2.469	49	2.445	32	2.437	18
	16	4.1	2.466	47	2.441	27	2.437	10

表 3-50　氧化物含量对 MOY 分子筛结构稳定性的影响（800℃水热处理）

样品	氧化物（质量分数）/%	0h		4h		17h	
		a_0/nm	结晶度（质量分数）/%	a_0/nm	结晶度（质量分数）/%	a_0/nm	结晶度（质量分数）/%
MOY-1	2.1	2.460	54	2.435	35	2.431	30
MOY-2	3.8	2.458	54	2.435	35	2.430	27
MOY-3	5.7	2.456	51	2.433	35	2.423	19
MOY-4	7.7	2.453	49	2.430	29	2.421	14

表 3-51 为 NH$_3$-TPD 测定的改性氧化物含量对 MOY 分子筛酸强度的影响。可以看出，随着改性氧化物含量从 0 增加至 6.0%，表征中强酸中心（250～350℃）的脱附量从 42.4% 一直上升到 55.9%，强酸中心（>350℃）的脱附量从 19.8% 降低至 10.0%，弱酸中心（150～250℃）酸量略有降低。这表明，特殊氧化物改性有效增加了分子筛的中等

强度酸量，抑制了强酸中心数量。一般来说，焦炭的生成主要由强酸中心产生，强酸中心的减少和中等强酸中心的增加有利于提高分子筛异构化性能及改善焦炭选择性。

表 3-51 改性氧化物含量对 MOY 分子筛酸强度的影响

氧化物(质量分数)/%	NH₃ 脱附量		
	150～250℃	250～350℃	＞350℃
0	37.8	42.4	19.8
0.51	37.1	43.2	19.7
0.97	35.3	47.5	17.2
1.7	36.5	48.3	15.2
2.4	36.9	50.9	12.2
3.5	34.9	51.4	13.7
4.1	33.9	54.8	11.4
6.0	34.1	55.9	10.0

通过上述研究，采用特殊氧化物改性中等稀土含量 REHY 分子筛制备了 MOY 分子筛，对比考察了 REHY 分子筛改性前后的反应性能，将它们分别制备成分子筛含量相同的催化剂，经 800℃水热老化 17h，在小型固定流化床装置上进行了评价，结果如表 3-52 所示。评价表明，MOY 分子筛催化剂比 REHY 分子筛催化剂的焦炭降低 0.4 个百分点，

表 3-52 含 MOY 分子筛催化剂的固定流化床反应结果

催化剂	REHY	MOY	差值
产品分布(质量分数)/%			
干气	1.5	0.9	−0.6
液化气	13.0	12.7	−0.3
C₅ 汽油	51.4	51.2	−0.2
柴油	20	20.6	+0.6
重油	8.2	9.1	+0.9
焦炭	5.9	5.5	−0.4
转化率(质量分数)/%	71.8	70.3	−1.5
总液收率(质量分数)/%	84.4	84.5	+0.1
焦炭/转化率	0.082	0.078	−0.004
汽油组成(质量分数)/%			
正构烷烃	4.20	4.31	+0.11
异构烷烃	42.13	47.52	+5.39
烯烃	28.7	25.9	−2.80
环烷烃	10.14	6.89	−3.25
芳烃	14.83	15.38	+0.55

注：反应条件为反应温度 500℃，空速 20h⁻¹，剂油比 5；反应原料为武混三 (VGO＋20％VR)。

柴油收率增加 0.6 个百分点，重油产率增加 0.9 个百分点，催化汽油烯烃含量下降 2.80 个百分点，异构烷烃增加 5.39 个百分点，显示了一定的降低汽油烯烃含量和减少焦炭产率的良好反应性能。

稀土、碱土金属等对 REY、USY 分子筛催化剂具有钝钒效果，然而稀土和碱土金属的碱性较强，能够中和 REHY 的酸性中心，导致它们对 REHY 分子筛催化剂钝钒效果很不理想，如表 3-53 所示[71]，碱性越强的捕钒氧化物组分对 REHY 的酸性破坏越大，MAT 裂化活性越低。对此，潘慧芳等[71]发明了一种新的载体制备方法，将过渡金属（Zr、Ti、Mn）氧化物复配含磷化合物作为添加组分加入催化剂基体中，对基体进行化学改性，从而对 REHY 分子筛催化剂具有良好的抗钒性能，如表 3-54 所示。

表 3-53　捕钒组分对不同类型 Y 分子筛催化剂的钝钒效果

分子筛类型	分子筛含量（质量分数）/%	高岭土（质量分数）/%	钝钒组分（10%）	MAT/%
USY	35	50	无	48.30
USY	35	40	MgTiO$_3$	56.43
REY	18	67	无	49.75
REY	18	57	MgTiO$_3$	59.70
REHY	35	50	无	52.55
REHY	35	40	MgTiO$_3$	43.83
REHY	35	40	MgO	25.98
REHY	35	40	CaSnO$_3$	21.62

从表 3-54 可以看出，基体中加入 10% TiO$_2$ 时，对 USY、REY、REHY 分子筛催化剂都有明显的捕钒效果，当钒含量为 5000×10^{-6} 时，MAT 提高 3~8 个单位，比积炭下降 20%~28%。

表 3-54　TiO$_2$ 对不同类型 Y 分子筛催化剂的钝钒效果

分子筛类型	钝钒组分	MAT/%	积炭量（质量分数）/%	比积炭/%
REHY	无	52.55	7.48	14.23
REHY	TiO$_2$,10%	56.41	6.30	11.17
USY	无	48.30	5.49	13.44
USY	TiO$_2$,10%	53.13	5.80	10.92
REY	无	49.75	8.09	16.26
REY	TiO$_2$,10%	56.84	5.80	11.96

周益民等[72]进一步考察了上述捕钒组分对 REHY 分子筛催化剂的捕钒效果的影响。从图 3-95 和图 3-96 可以看出，随着 MO-1（可能为过渡金属 Zr、Ti、Mn 之一）含量增加，比积炭的变化规律与 MAT 的曲线分布相对应，即 MAT 高，对应的比积炭低。如 MO-1 加入量为 1%，比积炭为 10.52%，未加入 MO-1，比积炭为 14.23%，降低了 26.07%；当 MO-1 为 2% 时，比积炭降至最低值 9.42%，随后比积炭开始上升，直至达

到 14.96％，此时 MO-1 加入量为 20％。可以看出，MO-1 加入量为 2％，MAT 提高 11.26 个百分点，比积炭最低，下降了 33.8％，捕钒效果最佳。综合分析表明，MO-1 作为捕钒组分加入催化剂基质中，在水热老化的高温下，过渡金属 M 的离子半径（0.068nm）与 V^{5+} 的离子半径（0.0665nm）十分相近，V^{5+} 的 101 晶面可以被金属 M 部分取代，改变了 V_2O_5 的晶体结构，阻止后者夺取分子筛骨架的氧，削弱了钒对分子筛的毒害作用，从而显示了良好的捕钒效果。

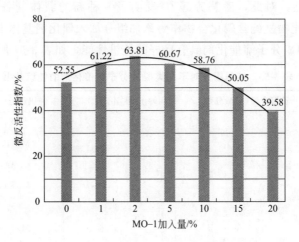

图 3-95　MO-1 加入量对 REHY 分子筛催化剂 MAT 的影响

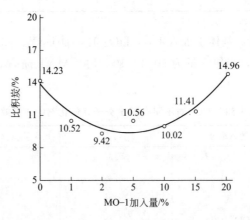

图 3-96　MO-1 加入量对 REHY 分子筛催化剂的捕钒效果

为了增强 REHY 分子筛的结构稳定性，臧高山等[73]考察了在改性分子筛制备中引入 SiO_2 的影响。以 NaY 为原料，外加一定量的二氧化硅，经稀土、铵交换和磷酸氢二铵反应，然后过滤、水洗、干燥和焙烧，制得富硅的 REHY 分子筛。不同硅改性 REHY 分子筛的化学组成列于表 3-55。制备的富硅 REHY 的氧化稀土含量在 9.5％左右，氧化钠小于 0.75％，磷含量在 0.8％～0.9％之间，是一种典型的中等稀土 REHY 分子筛。

外加硅对 REHY 分子筛的相对结晶度、酸量以及模式催化剂（采用 80％对应分子筛和 20％载体混合而成）微反活性的影响分别见图 3-97～图 3-99。

表 3-55 富硅 REHY 分子筛的化学组成（以质量分数表示）

样品号	外加 SiO$_2$/%	SiO$_2$/%	RE$_2$O$_3$/%	Na$_2$O/%	P/%
S	—	53.08	5.84	3.26	0.000
0	0	56.61	9.60	0.57	0.870
1	5	58.92	9.33	0.56	0.836
2	10	60.48	9.32	0.63	0.802
3	15	63.30	8.91	0.57	0.885
4	25	66.98	9.63	0.74	0.895

注：S 样品为 REHY 分子筛，取自周村催化剂厂。

从图 3-97 可以看出，随着二氧化硅外加量增加，REHY 分子筛的相对结晶度先上升，在 5%～10% 之间达到最大，继续增加外加硅含量，相对结晶度下降，所制备的模式催化剂微反活性的变化与此相似（图 3-98）。这是因为外加硅会产生游离态的活性 SiO$_2$，在高温焙烧或水热处理时更易发生固相迁移作用，利于及时插入在脱铝过程中形成的骨架空位，从而提高分子筛骨架的稳定性和完整性，使分子筛的相对结晶度随着外加硅引入而上升。然而，由于外加硅是无定形物质，加入过多会降低分子筛中的有效结晶度。而且，外加硅能够促进分子筛在水热焙烧脱铝过程中发生硅迁移，使部分骨架中的 Al—O 键被 Si—O 键取代，由于 Si—O 键键长（0.161nm）比 Al—O 键键长（0.173nm）短，从而发生晶胞收缩。另外，随着外加二氧化硅增加，REHY 分子筛的弱酸量呈下降趋势，中强酸量先下降后上升，最后呈下降趋势；强酸量的变化是先下降后上升，在 SiO$_2$ 外加量大于 10% 时，强酸量变化趋于稳定，总酸量的变化同中强酸量的变化相似（图 3-99）。由此表明，外加硅对分子筛的酸量分布有调变作用，可以根据实际需要控制外加硅的含量。

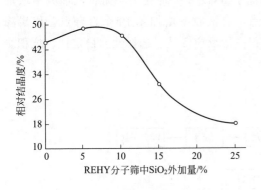

图 3-97 外加硅对 REHY 分子筛
相对结晶度的影响

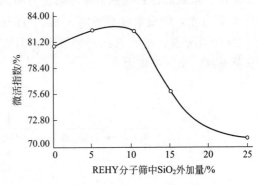

图 3-98 外加硅对 REHY 分子筛模式
催化剂微反活性的影响

实验还表明，外加硅具有一定的抗镍污染作用，当浸渍 Ni 3000μg/g 时，采用富硅 REHY 制备模式催化剂的焦炭产率和比积炭（焦炭/转化率）下降了。这是因为富硅催化剂可以抑制镍在催化剂表面上的分散，使镍晶粒变大，同时生成惰性的 NiSiO$_3$，使 Ni 保持 Ni^{2+} 状态，而难以被还原为 Ni$^+$；同时，Ni/SiO$_2$ 的 Ni 晶粒增长要比 Ni/Al$_2$O$_3$ 的 Ni 晶粒增长速度快，促使 Ni 晶粒长大，减少了 Ni 的活性基团，进一步抑制了 Ni 的脱氢

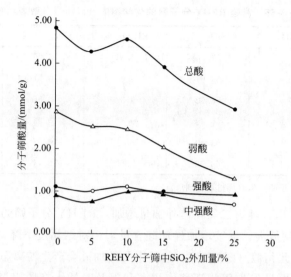

图 3-99 外加硅对 REHY 分子筛酸量的影响

活性。

在上述发明研究的基础上，隋述会[74]进行了 PZ 新型富硅 REHY 分子筛的制备技术开发（图 3-100），采用外加硅源和稀土进行 Y 分子筛改性处理，以提高分子筛的硅铝比，改善了水热稳定性。将放大合成的 PZ 分子筛和常规 REHY 分子筛分别制成 PZ-300 催化剂和 RHZ-300 催化剂，两个催化剂均人工污染钒 $1600\mu g/g$ 和镍 $1200\mu g/g$，污染催化剂在 $620\sim630℃$ 条件下焙烧 2.5h，再在 $770\sim775℃/100\%$ 水蒸气条件下处理 4h，然后在小型提升管评价装置进行反应性能评价，实验数据列于表 3-56。对比分析，PZ-300 催化剂的裂化活性、抗积炭性和抗重金属污染能力明显优于 RHZ-300 催化剂，而且汽油收率增加 4.48 个百分点，轻质油收率增加 3.62 个百分点，总液收率增加 4.19 个百分点，焦炭降低 0.29 个百分点，显示了 PZ-300 催化剂具有很高的反应活性、选择性、稳定性、抗积炭及抗重金属污染污染能力。

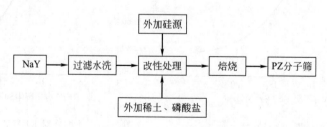

图 3-100 PZ 分子筛制备流程

从前面讨论可知，保持分子筛较高的稀土含量和结构稳定性是制备中等稀土 Y 分子筛的技术关键。现有方法普遍存在分子筛稀土含量高则难以超稳化，或者先超稳又难以提高稀土含量的矛盾。对此，石油化工科学研究院通过研究发现，将四氯化硅气相法制备高硅 Y 型沸石（简称 GHSY）与稀土离子交换相结合制备了 REGHSY 中等稀土高硅 Y 分子筛，氧化稀土含量 6%～9%，晶胞参数约 2.445nm，较好地解决了上述关键技术问题。

表 3-56　提升管评价结果

项目	RHZ-300	PZ-300	差值
活性/%	65.4	67.9	+2.5
比积炭/%	7.48	6.55	-0.93
产品分布(质量分数)/%			
干气	1.32	1.33	+0.01
液化气	9.63	10.20	+0.57
汽油	48.66	53.14	+4.48
柴油	21.54	20.68	-0.86
重油	14.03	10.12	-3.91
焦炭	4.82	4.53	-0.29
合计	100	100	
转化率(质量分数)/%	64.43	69.20	+4.77
轻质油收率(质量分数)/%	70.20	73.82	+3.62
总液收率(质量分数)/%	79.83	84.02	+4.19

杜军等[75]系统研究了 REGHSY 分子筛的制备特点和反应性能。他们首先对比了几种制备方法获得的稀土超稳 Y 分子筛的物理化学性质，如表 3-57 所示，REUSY 是将常规水热处理获得的 USY 与氯化稀土交换、过滤和干燥制得的；REFUSY 是将上述 USY 依次经过氟硅酸铵/HCl、氯化稀土处理制得的。可以看出，三种改性分子筛的晶胞参数约 2.445nm，氧化钠均低于 1.0%，崩塌温度均大于 1000℃，除了 REUSY 的氧化稀土低于 3.0%外，其他两种改性分子筛的氧化稀土可以控制在 6.0%～9.0%之间。

表 3-57　几种稀土超稳 Y 分子筛的主要物理化学性质

沸石类型	晶胞参数/nm	崩塌温度/℃	RE_2O_3(质量分数)/%	Na_2O(质量分数)/%
REGHSY-1	2.443	1052	7.5	0.21
REGHSY-2	2.445	1030	6.4	0.35
REGHSY-4	2.447	1028	7.7	0.32
REGHSY-5	2.448	1015	8.4	0.59
REGHSY-6	2.447	1025	8.8	0.75
REUSY-1	2.445	1001	1.2	0.93
REUSY-2	2.453	1002	2.8	0.65
REFUSY	2.453	1015	8.1	0.35

四氯化硅气相法在 Y 型分子筛的超稳化过程中容易将动力学半径为 0.687nm 的 $SiCl_4$ 引入沸石的孔道内，以 $SiCl_4$ 引入的 Si 源能够及时补入深度脱铝产生的 Al 空位，这样一步完成脱铝和补硅的同晶取代反应，再通过水洗后清除残存的硅铝碎片，所制备 GHSY 分子筛的晶格塌陷少、结晶度高、孔道畅通，有利于提高稀土离子的交换度和稀土含量。

与此对应，在常规的 USY 超稳过程中，填补深度脱铝产生的 Al 空位主要来自骨架硅源，其骨架硅的迁移速度只取决于沸石结构原子的键合活化能和原子间的位阻效应，因而脱铝补硅不能同步进行，Si 不能及时补入缺 Al 空位，大量的晶格缺陷和塌陷碎片堵塞了后续的稀土交换迁移的通道，使常规 REUSY 通过交换引入的氧化稀土难以超过 3.0%。另外，由于 REFUSY 的脱铝碎片在氟硅酸铵/HCl 的处理中得到了清除，其稀土含量也可以有效提高。

进一步研究了几种稀土超稳 Y 分子筛的酸性稳定性和水热性稳定性。无论在 150℃还是 200℃的脱附条件下，REGHSY 的 B 酸/L 酸比值均高于 REUSY，并随着高温水热老化时间的延长，其比值下降相对缓慢，较高的 B 酸/L 酸比值稳定性表明分子筛的骨架结构完整性较好（图 3-101）；同时，USY 经过氟硅酸铵/HCl 处理的 REFUSY 维持了较高的稀土含量，其 B 酸/L 酸比值稳定性也优于常规 REUSY。从表 3-58 可以看出，随着水热老化时间延长，与 REUSY 相比，REGHSY 和 REFUSY 的晶胞参数较大，比表面积和微反活性保留度较高，说明它们具有更高的水热结构稳定性。从红外羟基谱图分析看，REGHSY 的硅羟基峰（约 $3736cm^{-1}$）保持相对稳定，进一步验证了其骨架结构稳定性（见图 3-102）。

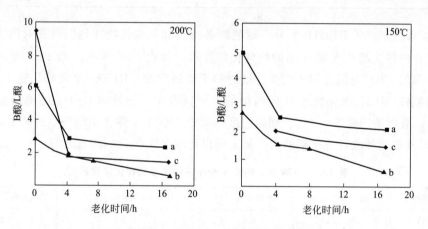

图 3-101　几种稀土超稳 Y 的酸性稳定性分析

a—REGHSY；b—REUSY；c—REFUSY

表 3-58　几种稀土超稳 Y 分子筛的水热稳定性表

沸石类型	晶胞参数/nm	比表面积/(m²/g)	比表面积保留度/%	微反活性[①]/%	RE₂O₃(质量分数)/%
REGHSY					
原料 GHSY	2.448				0
新鲜沸石	2.447	652			7.7
800℃,4h	2.431	464	71	88	
800℃,17h	2.429	336	52	74	
REUSY					
原料 USY	2.453				0
新鲜沸石	2.452	620			2.8

续表

沸石类型	晶胞参数/nm	比表面积/(m²/g)	比表面积保留度/%	微反活性[①]/%	RE₂O₃(质量分数)/%
800℃,4h	2.430	424	68	82	
800℃,17h	2.420	157	25	66	
REFUSY					
原料 FUSY	2.453				0
新鲜沸石	2.452	632			8.1
800℃,4h	2.432	475	75	89	
800℃,17h	2.428	282	45	79	

① 反应条件：原料油为大港直馏轻柴油，剂油质量比 3。

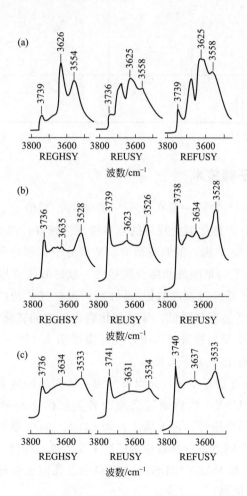

图 3-102 几种超稳稀土 Y 分子筛的红外羟基谱图

（a）未处理；（b）800℃，100%水汽处理 4h；（c）800℃，100%水汽处理 17h

将 REGHSY、REUSY 和 REFUSY 三种沸石与相同的载体组分分别制备 C-1、C-2 和 C-3 催化剂，经过 800℃水汽老化处理后进行重油微反评价实验（见表 3-59）。可以看出，C-1 和 C-3 催化剂的大于 330℃未转化馏分相当，均大幅低于 C-2 催化剂，显示了很高的转化率和汽油产率，且氢转移指数（$\sum C_4^0 / \sum C_4^=$）较大，表明高稀土高硅 Y 型沸石具有很强的重油裂化能力和良好的氢转移活性，有利于降低催化汽油的烯烃含量。

表 3-59　几种稀土超稳 Y 分子筛催化剂的反应性能

催化剂	C-1(REGHSY)	C-2(REUSY)	C-3(REFUSY)
产品分布①(质量分数)/%			
干气	0.9	1.0	1.1
液化气	15.8	14.9	16.3
汽油	65.6	57.9	64.7
柴油	12.8	14.8	12.9
>330℃馏分	3.1	9.6	3.3
焦炭	1.8	1.8	1.7
转化率(质量分数)/%	84.1	75.6	83.8
$\sum C_4^0 / \sum C_4^=$	2.8	1.7	2.6

① 剂油质量比 3，反应温度 500℃。

三、低稀土 USY 分子筛技术

低稀土 USY 的 RE_2O_3 含量一般在 1%～5%之间。Y 型分子筛晶胞参数越低，则其热和水热结构稳定性越好，催化裂化反应的焦炭选择性越好，汽油辛烷值越高，因此，20世纪 60 年代就开始了超稳 Y 沸石的制备研究。Y 型分子筛超稳化有高温水热处理以及各种化学改性方法，如 EDTA/草酸液相络合脱铝法、氟硅酸铵液相脱铝补硅法、$SiCl_4$ 气相脱铝补硅法等。Y 型分子筛经过深度脱铝/补硅后，虽然其骨架结构得以大幅度稳定，但是超稳 Y 分子筛的裂化活性明显降低，导致催化裂化反应的转化率下降，产品收率减少。所以，在各种超稳 Y 分子筛的制备过程中，往往需要引入 1%～5%的氧化稀土进行改性处理，这就是所谓的低稀土 Y 分子筛技术。

低稀土 USY 的制备方法有多种，大致可分为：①先超稳后上稀土，Y 分子筛先化学脱铝或水热超稳制备成 USY，然后通过交换或者沉积稀土元素再水热焙烧处理，获得 REUSY，如化学/水热联合进行，再上稀土，如 LD-4、ADZ 系列分子筛技术；②先上稀土后超稳，降钠和上稀土同时进行制备成 RE-NH_4Y，然后进行一次或多次水热焙烧、洗涤处理，获得 REUSY，如 DASY/RDSY、HRSY-4；③固相补硅与上稀土同步进行，如 SRNY 分子筛（CHZ 催化剂）。

佘励勤等[38]在国内较早研究了几种低稀土 Y 分子筛的制备方法和性质特点，分别见图 3-103 和表 3-60。

从表 3-60 可以看出，先上稀土后超稳制备的 USLaHY 分子筛的稀土能达到较高含量，而先超稳后上稀土的 LaHUSY 通过交换最多可以引入氧化稀土 3.90%（另外的实验

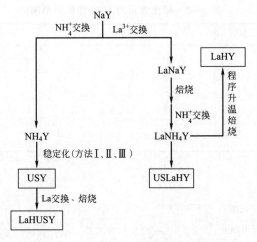

图 3-103　几种低稀土 Y 分子筛的制备方法

表 3-60　几种低稀土 Y 分子筛的主要物化性质

项目	La_2O_3（质量分数）/%	a_0/nm	比表面积/(m²/g)		
			未处理	940℃/2h	800℃水汽
LaHY	4.74	2.462		148	568
USLaHY	4.74	2.450	938	525	559
LaHUSY	3.90	2.445	834	636	653

为 2.8%，见表 3-57），其晶胞参数可降至较低水平，比表面积也较小。由于 LaHUSY 的晶胞参数低，即使经过 940℃高温处理或 800℃水汽处理，比表面积仍维持最高，而未超稳处理的 LaHY 的比表面积最低，表明其高温稳定性差。综合分析，先超稳后上稀土，由于晶胞参数可以控制在较低的水平，改性分子筛的稳定性好，是制备低稀土 Y 分子筛的比较理想的方法。

1. 先超稳后上稀土

张乐[76]系统考察了超稳 Y 分子筛引入适量稀土的影响规律。实验中采用的超稳 USY 的主要组成为：Al_2O_3 23.70%，SiO_2 75.36%，Na_2O 0.36%，其他 0.58%。对上述 USY 样品进行不同稀土（La）含量的等体积浸渍改性，然后经过焙烧和水热老化处理（800℃/100%水蒸气/6h）。实验结果列于表 3-61。可以看出，随着氧化稀土含量增加，改性 USY 的晶胞参数增大，表明引入稀土阻止了分子筛脱铝；同时从表中 R 值变化可以看出，引入氧化稀土小于 8%，几乎检测不到 $2\theta=12.4°$ 的衍射峰，表明水热处理可以使稀土离子完全进入方钠石笼中，当氧化稀土含量达到 12%时，超笼中可能滞留少量稀土离子。

从图 3-104 可以看出，随着稀土含量增加，改性 USY 分子筛的弱酸（约 200℃）与强酸（约 400℃）的酸量随着稀土含量的增加而降低，适量稀土改性可以增加分子筛的中强酸量，有利于提高 USY 的裂化反应活性。从吡啶吸附红外酸性表征分析（图 3-105），

表 3-61 稀土含量对 USY 性质的影响

氧化稀土含量(质量分数)/%	晶胞参数/nm	R 值($I_{11.8°}/I_{12.4°}$)
1	2.450	2516/0
4	2.452	2026/0
8	2.455	1462/0
12	—	1111/61
16	2.461	818/66

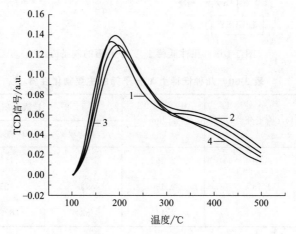

图 3-104 稀土含量对 USY 分子筛 NH_3-TPD 酸性的影响

La_2O_3 含量：1—0；2—1%；3—4%；4—8%

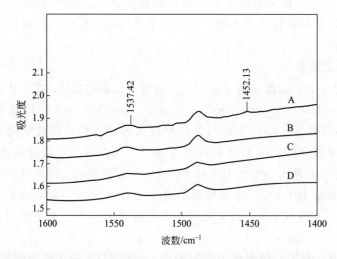

图 3-105 稀土含量对 USY 分子筛吡啶吸附红外酸性的影响

La_2O_3 含量：A—0；B—1%；C—4%；D—8%

B 酸（1537cm^{-1}）和 L 酸（1452cm^{-1}）的特征谱带的强度随着稀土含量的增加先减小后略有增大，这是因为稀土含量增加，替换下来的质子（H$^+$）增多，B 酸下降，继续增加稀土，由于稀土离子对水的强极化作用，形成了新的 H$^+$，使 B 酸的酸量增大；L 酸一般来自三配位骨架铝和非骨架铝，稀土离子的加入会抑制分子筛骨架脱铝，因此 L 酸酸量降低，随后 L 酸酸量又有所增加，是因为随稀土离子含量增加，与 USY 分子筛水热产生的（AlO）$^+$相互作用，导致 L 酸酸量增大。波数在 3640cm^{-1}处对应的是超笼的酸性羟基，当稀土含量较低时，稀土离子可以全部进入方钠石笼，因此对该羟基影响较小；对于 3600cm^{-1}附近的羟基峰，其对应的是阳离子位的非骨架铝碎片所产生的羟基，没有稀土离子时，这个峰很强，表明其在水热处理过程中存在严重的脱铝现象；当稀土含量达到 4%（图 3-106），该羟基吸收带明显减弱，随着稀土含量增加，有效抑制了分子筛非骨架铝的产生，从而使 USY 结构稳定性得以提高。综合分析可知，适当稀土含量（氧化稀土小于 4%）改性 USY 分子筛可以增加中强酸量，并稳定分子筛骨架，从而改善 USY 的裂化反应性能。

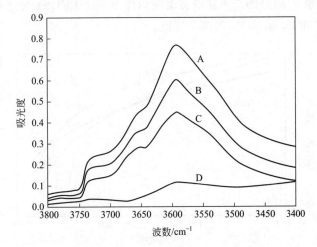

图 3-106　稀土含量对 USY 分子筛红外羟基的影响（350℃）

La$_2$O$_3$含量：A—0；B—1%；C—2%；D—4%

孙书红等[77]考察了采用化学脱铝（如草酸）、离子交换与水热处理相结合的工艺制备低稀土 Y 分子筛。其中，以有机酸与稀土的沉淀化合物形式引入稀土，或者以离子交换引入稀土，得到不同稀土的 Y 型分子筛。结果表明，在分子筛制备过程中以沉淀方式引入的稀土，只有少部分进入小笼，大部分以独立相形式存在；在水热处理过程中，沉淀稀土不影响分子筛的晶胞收缩，具有抗钒污染能力，而以离子交换引入的稀土具有抑制分子筛脱铝、保持较大的晶胞参数的作用，有利于提高催化剂的微反活性。庞新梅等[78]采用类似的技术制备了 RE-NHSY 分子筛，并以该分子筛活性组分开发了 LD-4 抗钒超稳 Y 催化剂，显示了比常规抗钒催化剂更高的汽油收率和更低的焦炭产率。

杜军等[75]对比了几种先超稳 Y 分子筛改性工艺和产品性能，与单纯铵离子交换和水热超稳＋后上稀土工艺相比，采用气相脱铝补硅、氟硅酸铵液相脱铝补硅＋后上稀土工艺制备的稀土 Y 分子筛可以获得较高的稀土上量，有利于提高改性分子筛和对应催化剂的反应活性和稳定性，这是由于后者在脱铝补硅过程中保持了分子筛的结构稳定，非骨架铝较少，促进了后续通过离子交换后引入稀土。

1983 年，Union Carbide 公司成功开发了一种骨架富硅的超稳 Y 分子筛，后来被命名为 LZ-210，采用氟硅酸铵液相脱铝补硅的方法，在液相中发生如下络合脱铝和补硅的反应：

$$O \overset{Na^+}{\underset{O}{\overset{|}{Al}}} O + (SiF_6)^{2-} \longrightarrow O \overset{O}{\underset{O}{Si}} O + (AlF_5)^{2-} + NaF$$

固体　　　　溶液　　　　　　　固体　　　　溶液

LZ-210 分子筛骨架完整，羟基空穴少，结晶度高，但是由于液相脱铝补硅反应受扩散控制，其表面硅铝比高于晶体内部，缺铝表面导致裂化反应活性低于水热法 USY，因此往往需要进行少量稀土改性得到 RE-LZ-210 分子筛，显示了比 REHY 和 REUSY 更好的高温水热活性稳定性（图 3-107）[79]。另外，随着稀土含量增加，RE-LZ-210 的微反活性增加，异构 C_4 烯烃和总 C_4 烯烃的产率在较宽范围内优于对比 REUSY 分子筛（图 3-108）[80]，同时显示了更高的 MON 和 RON 汽油辛烷值。

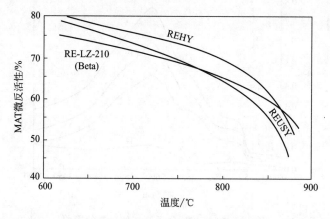

图 3-107　三种稀土改性 Y 的水热稳定性（100％水蒸气下处理 20h）

分子筛骨架铝和非骨架铝的均匀分布十分重要，水热法的表面富铝与化学脱铝补硅法的表面缺铝都有缺陷。Y 型分子筛进行水热处理与无机/有机酸洗相结合，或化学脱铝补硅联合水热处理，可以制备更加理想的超稳 Y 分子筛。1986 年，Albemarle 公司（原 AKZO Nobel）报道了一种称为 ADZ 的超稳分子筛，首先制备成 NH_4Y，经过适中的水热处理形成一个富铝表面，再进行化学处理脱除部分非骨架铝形成一个贫铝的外层，晶胞参数维持在约 2.455nm。其特点是表面铝分布较为均匀，介于水热法的富铝表面和骨架富硅的缺铝表面之间[81]。为了改善裂化活性，ADZ 系列分子筛也进行了不同含量的稀土改性。

在 ARCO 提升管中型装置上对比考察了 ADZ、RE-USY 和 USY 分子筛的反应性能[82]。原料油是科威特 VGO，全部辛烷值数据用 ASTM 试验机测定的。随着分子筛中稀土含量增加，汽油 RON 辛烷值降低（图 3-109），MON 辛烷值有所增加（图 3-110），

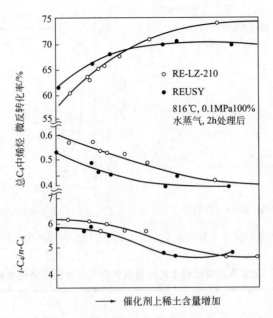

图 3-108　几种分子筛稀土含量对微反活性和 C_4 烯烃产率的影响

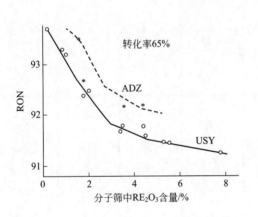

图 3-109　汽油 RON 与稀土含量的关系　　　图 3-110　汽油 MON 与稀土含量的关系

ADZ 分子筛催化剂都优于对比 USY 分子筛催化剂；同时，随着稀土含量增加，ADZ 分子筛催化剂的汽油产率高于对比 USY 分子筛催化剂（图 3-111），焦炭产率却低于后者（图 3-112）。这种反应性能的差异来自 ADZ 独特的超稳和改性技术，也可以看出氧化稀土对超稳 Y 分子筛催化裂化反应性能的促进作用。

　　Shu 等[83]在 USY 分子筛浆液中引入不同的稀土元素（氯化稀土形态，大约相当于 USY 中含氧化镧约 5%），再加入薄水铝石、碱式氯化铝以及黏土，混合均匀，经过喷雾干燥，在 593℃焙烧 1h，制备了低稀土超稳 Y 微球催化剂。他们考察了不同稀土元素对 VGO 原料（减压瓦斯油）催化裂化反应性能的影响。保持相同的稀土物质的量，含有不同元素的新鲜催化剂和老化失活催化剂的性质列于表 3-62 中，可以看出，含钇（Y）的催化剂具有低的晶胞参数和高的比表面积，而且经过水热失活处理，几种催化剂的晶胞参

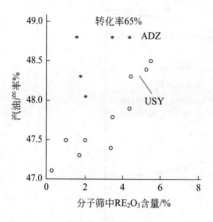

图 3-111　汽油产率与稀土含量的关系

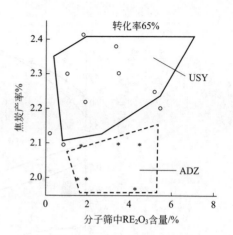

图 3-112　焦炭产率与稀土含量的关系

表 3-62　含有不同类型稀土的新鲜催化剂及老化失活催化剂的性质

项　目	La$_2$O$_3$ 催化剂	Y$_2$O$_3$ 催化剂	Ho$_2$O$_3$ 催化剂	Er$_2$O$_3$ 催化剂	Yb$_2$O$_3$ 催化剂
Al$_2$O$_3$(质量分数)/%	48.6	47.5	48.5	48.1	46.3
La$_2$O$_3$(质量分数)/%	1.93	0.05	0.04	0.04	0.04
Na$_2$O(质量分数)/%	0.42	0.38	0.39	0.40	0.40
RE$_2$O$_3$(质量分数)/%	2.02	1.36	2.22	2.43	2.44
Y、Ho、Er 或 Yb 的氧化物(质量分数)/%	0.01	1.32	2.03	2.27	2.23
新鲜催化剂					
比表面积/(m^2/g)	311	334	328	329	320
分子筛表面积(ZSA)/(m^2/g)	258	276	270	272	263
载体表面积(MSA)/(m^2/g)	57	58	58	57	56
晶胞参数/nm	2.453	2.449	2.450	2.450	2.450
失活催化剂					
比表面积/(m^2/g)	197	218	217	215	212
分子筛表面积(ZSA)/(m^2/g)	152	172	172	170	169
载体表面积(MSA)/(m^2/g)	45	46	45	45	43
晶胞参数/nm	2.428	2.427	2.428	2.427	2.427
ZSA 保留率/%	58.9	62.3	63.7	62.5	64.3

数相近，但是含钇催化剂维持了较高的比表面积。反应性能评价表明（表 3-63），随着稀土元素离子半径缩小，达到相同转化率所需剂油比降低（表示反应活性增加），同时油浆产率下降，汽油收率上升。这说明降低稀土元素的离子半径有利提高稀土催化剂的反应活性和增强重油转化能力。进一步研究发现，含钇催化剂的动态转化率比相应的 La 改性催化剂的动态转化率高（图 3-113），与 La 改性分子筛相比，Y 改性分子筛的单位骨架铝的活性高 20%。

表 3-63　不同稀土类型的 FCC 催化剂的活性及裂化反应产品分布

转化率	75%				
稳定离子	La	Y	Ho	Er	Yb
RE^{3+}半径/nm	0.103	0.088	0.090	0.089	0.087
剂油比	6.2	4.9	5.4	5.8	5.5
产品分布(质量分数)/%					
氢气	0.04	0.03	0.03	0.03	0.03
干气	1.6	1.6	1.5	1.6	1.6
总 C$_3$	6.0	5.8	5.8	5.9	5.8
总 C$_4$	11.9	11.7	11.5	11.7	11.7
汽油	52.5	52.7	53.1	52.8	52.9
柴油	19.0	19.1	19.3	19.5	19.5
重油	6.0	5.9	5.7	5.5	5.5
焦炭	3.0	3.2	3.1	3.0	3.0

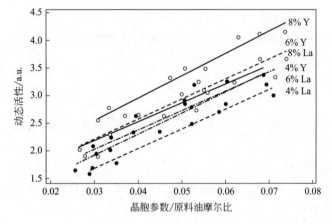

图 3-113　不同稀土改性催化剂的动态活性与晶胞参数/原料油摩尔比的关系

[动态活性＝转化率/(100%－转化率)]

基于稀土元素 Y 的改性技术，Grace 公司开发了 Alcyon 和 ACHIEVE™ 催化裂化催化剂[83]，已在 20 多套工业装置进行应用，显示了与实验室研究相似的转化率高、油浆产率低和汽油收率高的特点（表 3-64）。

表 3-64　ACHIEVE™ 工业应用性能

项目	对比剂	ACHIEVE™
焦炭(质量分数)/%	2.7	2.7
剂油比	6.9	6.4
转化率/%	76.0	77.4
氢气(质量分数)/%	0.05	0.05

项目	对比剂	ACHIEVE™
干气(质量分数)/%	1.0	1.0
丙烯(质量分数)/%	4.5	4.5
总 C_3(质量分数)/%	5.6	5.7
总 C_4 烯烃(质量分数)/%	5.5	5.5
总 C_4(质量分数)/%	12.7	12.9
汽油(质量分数)/%	54.0	55.1
柴油(质量分数)/%	17.2	16.9
重油(质量分数)/%	6.8	5.7

2. 先上稀土后超稳

对于稀土改性 Y 分子筛来说，如果稀土含量较低，往往也采用先上稀土后进行超稳处理的制备工艺。许友好[15]系统总结了稀土与 Y 分子筛交换发生的主要化学反应。

（1）离子交换发生在 RE^{3+} 浓度较高时

$$H^+[Z]+RE^{3+} \longrightarrow RE^{3+}[Z]+H^+$$

$$H^+ + Al[Z]+RE^{3+} \longrightarrow RE^{3+}[Z]+Al^{3+}+H^+$$

当交换体系 pH 值较低时，稀土将与分子筛的骨架铝离子进行交换，往往会造成分子筛骨架破坏作用。

（2）离子交换发生在酸浓度较高时

$$Al[Z]+H^+ \longrightarrow H^+[Z]+Al^{3+}$$

当交换体系 pH 值较低时，质子酸与分子筛的骨架铝离子进行交换，往往会造成分子筛骨架破坏作用。

（3）非骨架铝的溶解

$$AlO(OH)+H^+ \longrightarrow Al^{3+}+H_2O$$

（4）骨架铝的溶解

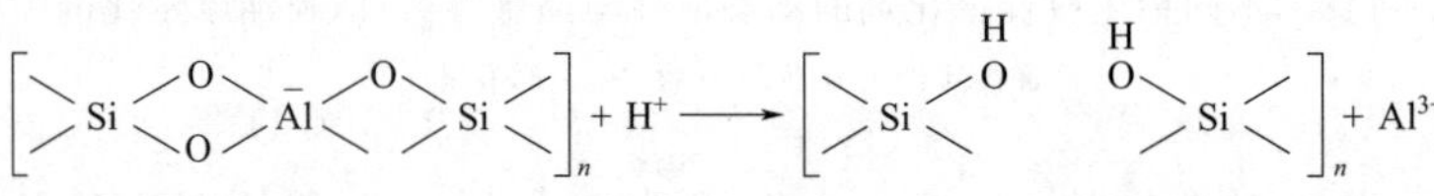

随着交换体系酸度增强，有利于后两个反应的发生，即有利于非骨架铝和骨架铝的溶解，改性分子筛的硅铝比增加，离子交换能力下降，不利于稀土上量。当 pH 值降至 2.0 时，基本上发生非骨架铝的溶解反应，此时分子筛的硅铝摩尔比可达 8.0，当 pH 值为 1.5 时，会发生分子筛骨架破坏作用。

石油化工科学研究院系统研究了 Y 分子筛的交换、超稳化以及稀土的改性作用，在制备经典的低稀土超稳 Y 分子筛（DASY/RDSY）时采用了如图 3-114 所示的制备工艺，1987 年完成了工业放大试生产。这是一个典型的"两交两焙"的分子筛改性制备工艺，一交采用铵和稀土混合交换，交换除去 NaY 分子筛约 60% 的氧化钠，然后过滤、洗涤、干燥，进行水汽焙烧处理，然后进行二次交换（也可以再上部分稀土）和水汽焙烧处理。

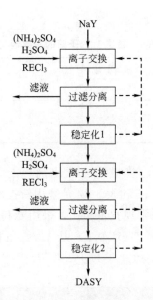

图 3-114　DASY 分子筛的制备工艺示意图

在高温水汽超稳处理时，由于骨架脱铝反应快，而骨架稳定化较慢，往往导致骨架破坏严重，但是在交换中引入 2%～3% 的氧化稀土时，分子筛骨架脱铝会有所减缓，得以维持较高的结晶度和裂化反应活性。如表 3-65 所示，稀土改善了 DASY 分子筛催化剂的 MAT 反应活性。

表 3-65　稀土改善了 DASY 分子筛催化剂的 MAT 反应活性

催化剂编号	86-411	86-412
活性组分	DASY	DASY
RE_2O_3(质量分数)/%	无	2～3
比表面积/(m^2/g)	211	213
水热处理	100%水汽，770℃/5h	
MAT/%	62	69
转化率/%	73	73
焦炭产率(质量分数)/%	1.4	1.4

　　由于水热法制备的 NaY 分子筛晶化浆液中含有大量未反应的无定形胶体，在后续改性分离中难以有效除去，致使稀土改性 Y 的结晶度低，热稳定性和分散性差。刘璞生等[84]发明了一种稀土超稳 Y 型分子筛及制备方法，他们对新鲜 NaY 分子筛浆液分离滤饼进行 2～8 倍的碱液淋洗，优选碱液浓度 0.01～0.1mol/L、碱液温度 40～80℃，然后进行稀土交换、过滤、洗涤，再进行后续一次或二次超稳焙烧处理，由此制得了低稀土超稳 Y 分子筛。如表 3-66 所示，与对比 R-8 改性 Y 分子筛相比，该发明制备的 S-4 分子筛具有相近的低稀土含量，结晶度较高，氧化钠含量低，崩塌温度高，晶胞参数和颗粒度较低。另外的实验表明，采用这种低稀土超稳 Y 分子筛制备的催化剂具有磨损指数低、汽

油收率高和重油转化能力强的特点。

表 3-66　超稳 Y 分子筛的主要理化性能

样品	Na$_2$O(质量分数)/%	RE$_2$O$_3$(质量分数)/%	C/C_0/%	a_0/nm	崩塌温度/℃	$D(0,5)$/μm
S-4	0.65	3.98	52	2.449	1019	2.79
R-8	0.93	4.11	47	2.454	1005	3.45

在上述发明专利的基础上，兰州石化催化剂厂与兰州化工研究中心联合开发了 HRSY-4 分子筛产品[85]。图 3-115 和表 3-67 是采用新技术前后超稳 Y 型分子筛颗粒尺寸的变化情况。可以看出：与对比常规技术相比，采用专利新技术制备的改性分子筛的颗粒分散性更好，具体表现在分子筛 $D(V,0.5)$ 从 $4.77\mu m$ 降低至 $2.72\mu m$；$D(V,0.9)$ 从 $33.09\mu m$ 降低至 $10.21\mu m$，降幅达 69% 以上。

(a) 对比REUSY　　　　　　　　　　(b) 分散改性后REUSY

图 3-115　采用分散技术前后 REUSY 分子筛的 SEM 图

表 3-67　采用分散技术前后 REUSY 分子筛的粒径分布

编号	$D(V,0.1)$/μm	$D(V,0.5)$/μm	$D(V,0.9)$μm
对比 REUSY	0.69	4.77	33.09
分散改性后 REUSY	0.61	2.72	10.21

图 3-116 是采用分散技术前后超稳 Y 型分子筛孔结构分析。可以看出，采用分散技术后超稳分子筛的孔体积还有所增加，这可能与分散技术清理了孔道和粘连处的硅铝杂质有关。

为了考察 Y 型分子筛分散性能提高后对反应性能的影响，采用原技术和分散技术分别制备了相同改性元素含量的超稳 Y 型分子筛，并在 ACE 装置上进行了反应性能的对比评价，结果如表 3-68 所示。评价表明，与原技术改性分子筛制备的催化剂相比，采用分散技术改性分子筛制备的催化剂重油产率降低 1.87 个百分点，汽油收率增加 2.39 个百分点，总液收率提高了 1.63 个百分点，表现出了良好的产品选择性。

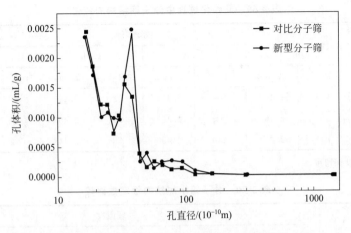

图 3-116　采用分散技术前后 REUSY 分子筛孔径分布

表 3-68　分散性不同的两种分子筛反应性能对比评价结果（以质量分数表示）

分子筛类型	原技术制备	分散技术制备
焦炭/%	5.38	5.57
干气/%	2.39	2.44
液化气/%	20.16	20.06
汽油/%	47.06	49.45
柴油/%	14.68	14.01
重油/%	10.33	8.46
总液收率/%	81.90	83.53

3. 稀土和固相补硅同步进行

闵恩泽院士团队[86]在研究中发现，在交换 Y 分子筛中引入 RE(OH)$_3$ 后，在水热焙烧中可以延缓脱铝反应，增加分子筛的结晶度保留率，但是不能同时改善分子筛的结构稳定性。通过详细分析分子筛水热超稳的化学过程得到了这样的启示：提高分子筛水热结构稳定性的关键是减少分子筛的骨架空位，而仅仅减缓脱铝反应是不够的，必须在水热处理时强化硅的插入反应。因此，他们又研究了稀土和硅同步引入的 RE(OH)$_3$-SiO$_2$-NH$_4$Y 体系。

在 Y 型分子筛上同时沉积 RE(OH)$_3$ 和无定形二氧化硅，经过铵交换后进行水热处理，制备了 SRNY 分子筛。在研究中获得了这样的规律性认识：①引入无定形 SiO$_2$ 后，在保持了较高的结晶度保留率时，分子筛的晶胞参数明显降低。如表 3-69 所示，经过相同的 2h 水热处理，SRNY 分子筛的结晶度保留率高达 89%，晶胞参数下降至 2.440nm，与 NH$_4$Y 的收缩水平相当，表明水热处理时促进了硅及时插入空位的反应，导致晶胞收缩，水热结构稳定性提高了。②在更为苛刻的水热老化条件下处理 SRNY 分子筛，其水热结构稳定性也是极为优良，如表 3-70 所示，在各种高温水热条件下都显示了高很多的结晶度保留率，这是由于硅及时插入分子筛骨架有效增强了分子筛的水热结构稳定性。

表 3-69   超稳化过程中分子筛结构的变化

分子筛	处理时间							
	0h		0.5h		1.0h		2.0h	
	CR/%	a_0/nm	CR/%	a_0/nm	CR/%	a_0/nm	CR/%	a_0/nm
SRNY	100	2.460	94	2.452	92	2.448	89	2.440
RNY	100	2.465	94	2.462	92	2.459	90	2.450
NH$_4$Y	100	2.460	90	2.450	88	2.448	82	2.440

注：CR 指结晶度保留率。

表 3-70   分子筛水热结构稳定性比较

分子筛	处理温度		
	760℃	800℃	820℃
	CR/%	CR/%	CR/%
SRNY	91	86	82
RE(OH)$_3$NH$_4$Y		25	
NH$_4$Y	65	48	34

四、其他分子筛改性技术

在炼油稀土催化技术领域，除了稀土改性 Y 分子筛，研发人员十分重视以 ZSM-5 为主的其他分子筛的稀土改性方法与反应性能特征。宁明才[87]对比研究了多种元素改性 ZSM-5 的间二甲苯（MX）异构化的反应性能，结果表明，La-Zn 双金属改性的效果较优，1％La-0.5％Zn/HZSM-5 显示了相对更好的间二甲苯异构化性能，提高了对二甲苯的选择性。这是因为双金属的负载使得分子筛催化剂上 B 酸含量减少，催化剂的催化活性下降，B 酸/L 酸的减小优化了分子筛的酸性分布，使得目的产物选择性提高；强 B 酸所占比例有所减少，弱 B 酸比例有所加大，有利于催化间二甲苯的异构化，过多的强 B 酸虽也是反应位，但会伴随歧化、烷基转移等副反应的发生。

由甲苯和甲醇烷基化制取对二甲苯是生产聚酯原料对苯二酸的新技术。用改性 ZSM-5 沸石作催化剂，甲苯与甲醇在此催化剂上进行烷基化反应可选择性地制取对二甲苯，从而避免了邻、间、对二甲苯难以分离所带来的问题。早期多采用 P、Mg、Cd、Sb 等非稀土化合物改性 ZSM-5 分子筛，获得了高对二甲苯选择性的研究结果，但催化剂很快失活，不利于工业化生产。

李书纹等[88]采用含稀土的氨水合成了 RE-ZSM-5 分子筛，考察了甲苯-甲醇合成对二甲苯的反应性能，发现 RE-ZSM-5 催化剂上，甲苯转化率达 20.7％，对二甲苯选择性达 98.7％，甲基化选择性为 93.2％，经 50h 连续运转仍未失活，显示了对二甲苯合成的高选择性。稀土的作用在于提高催化剂的热稳定性和抗积炭性，而减少催化剂表面上的 L 酸中心和保留适当强度 B 酸中心是提高甲苯-甲醇烷基化催化剂稳定性能的必要条件。李明慧等[89]则以氨水和有机胺合成的 ZSM-5 原粉为晶种，以硫酸铝、水玻璃为原料合成了

ZSM-5 分子筛，研究了碱土金属和稀土改性处理对甲苯-甲醇烷基化反应的影响。实验进一步表明（图 3-117）：碱土和稀土改性 ZSM-5 催化剂表面酸中心数减少，酸强度下降，稳定性增加，对二甲苯选择性明显提高。

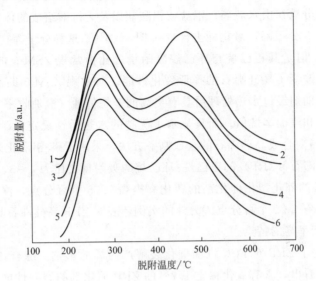

图 3-117　碱土和稀土金属改性 HZSM-5 前后的 NH₃-TPD 图

1—HZSM-5；2—HZSM-5-MgO；3—HZSM-5-CaO；4—HZSM-5-SrO；

5—HZSM-5-BaO；6—HZSM-5-RE₂O₃

张立东等[90]在 ZSM-5 分子筛水热合成中引入适量的稀土氧化物，制备了系列分子筛催化剂，考察了在苯与乙醇反应过程中的催化反应性能。结果表明：适量稀土氧化物的引入，可以合成出较高结晶度的 ZSM-5 分子筛；苯与乙醇的反应活性稍有下降，但乙苯选择性从 83.25%（HZSM-5）提高到 91.35%（La-ZSM-5），这是由于引入稀土氧化物后，催化剂的 L 酸量增加，抑制了乙苯继续烷基化生成二乙苯或多烷基苯，所以乙苯的选择性得以提高。而且，稀土改性明显改善了 ZSM-5 分子筛催化剂的反应稳定性（图 3-118）。

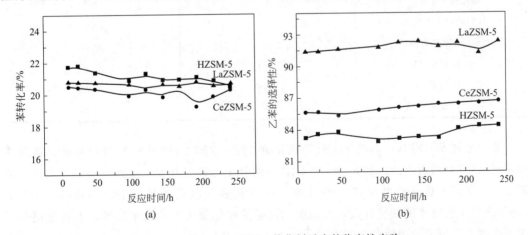

图 3-118　稀土改性 ZSM-5 催化剂反应的稳定性实验

20 世纪 90 年代，在中国炼油催化材料领域取得的一个重大成果是舒兴田和何鸣元团队[91-93]发明了一种含稀土五元环高硅沸石（ZSM-5）的制备方法。它是以 REY 或 REHY 沸石为晶种，采用异晶导向的方法，突破了通过常规离子交换无法引入稀土离子的空间限制，将该晶种均匀分散在由水玻璃、铝盐或铝酸盐以及无机酸组成的体系中，通过晶化反应获得了 RE-ZSM-5 分子筛，氧化稀土含量 0.5%～3%。这种分子筛在 XRD 上具有典型的 ZSM-5 衍射峰，但是其正己烷与环己烷吸附量之比由常规 ZSM-5 的约 2 提高到 7 以上，孔道变窄明显改变了高硅沸石的择形裂化性能。与常规 ZSM-5 助剂相比，添加有这种稀土高硅沸石的助剂经过水热处理后具有更高的辛烷值桶（汽油收率×汽油辛烷值）以及较高的汽油收率和汽油辛烷值，而且显示了优越的水热活性稳定性。付维等[94]进一步改进了 REY 异晶导向合成高硅沸石的合成制备方法，采用了磷-铝活化处理技术，制备的含磷和稀土的高硅沸石（ZRP）的正己烷/环己烷的吸附量之比为 4～5，与常规 ZSM-5 相比，采用 ZRP 制备的催化裂化催化剂的转化率提高 7.75 个百分点，汽油产率低 2.45 个百分点，丙烯产率高 4.29 个百分点。另外的实例还表明 ZRP 高硅沸石具有汽油收率高和异丁烯/异戊烯总产率高的特点。

邵潜等[95]研究了 ZRP 对 FCC 汽油催化裂解产丙烯的影响，综合该研究的实验数据列于表 3-71。可以看出，含有氧化稀土 1.2% 的 ZRP 催化剂的裂解性能发生了显著变化，原料烯烃的转化率从 44.47% 大幅提高到 74.32%，丙烯收率从 6.53% 剧增到 15.68%，并且改变了三烯（乙烯、丙烯和丁烯）的选择性，丙烯选择性从低于丁烯的第二上升到超过丁烯成为第一。酸性测试表明，含有氧化稀土的催化剂 D 的强酸量达到 88.9%，而不含稀土的相同硅铝比的催化剂 A 仅有 10.76%，表明稀土改性提高了沸石酸强度，所引起的酸性变化可能是导致汽油裂解性能变化的重要原因。

表 3-71　稀土改性对 FCC 汽油裂解反应的影响

催化剂	A	D
活性组分	ZSM-5	ZRP
氧化稀土含量/%	无	1.2
原料烯烃转化率/%	44.47	74.32
裂解汽油烯烃含量/%	24.73	18.20
C_2H_4收率/%	0.39	3.67
C_3H_6收率/%	6.53	15.68
C_4H_8收率/%	7.85	10.81

基于上述发明专利，石油化工科学研究院开发了 ZRP 系列具有 MFI 结构的高硅沸石和系列催化剂/助剂产品。1996 年，"ZRP 系列分子筛研究开发"被评为国家十大科技成就之一，支撑了具有世界领先水平的重油深度裂解制取低碳烯烃 DCC（deep catalytic cracking）工艺技术的成功开发，并推向国际炼油催化裂化工艺技术市场，大幅度提升了中国炼油工艺技术的国际竞争实力。

韩蕾等[96]总结了稀土改性 ZSM-5 的酸性变化和轻烃裂解反应特点，认为稀土元素不仅可以调节酸强度和酸分布，也可以增加 ZSM-5 分子筛的表面碱度，提高脱氢反应的同时也可以抑制碱性烯烃产物的再吸附。稀土金属中空 f 轨道的存在对修饰 HZSM-5 分子筛的酸强度很重要，可为 L 酸性位的形成提供位置；稀土金属改性 HZSM-5 不仅可以修饰酸性位的数量，也可以改变酸类型的比例（B 酸/L 酸）；由于稀土氧化物的某些基本特性，也可以修饰 HZSM-5 的碱度。

王晓宁等[97]用浸渍法制备了稀土改性 HZSM-5 分子筛催化剂及其对混合 C_4 烃的裂解性能，发现 RE 改性后催化剂的裂解活性明显增加，其中轻稀土改性比重稀土改性表现出更好的增产低碳烯烃活性；轻稀土 La、Pr、Nd、Sm、Gd 改性催化剂的乙烯和丙烯总收率在 625℃时达到最高，比未改性的 HZSM-5 催化剂高 3%～4%，而重稀土中只有 Yb/HZSM-5 表现出较好的裂解活性。稀土阳离子的电子结构数据分析表明，重稀土阳离子比轻稀土阳离子的 f 层电子数多，这似乎不利于混合 C_4 裂解多产低碳烯烃，但 Yb/HZSM-5 催化剂上的低碳烯烃收率反而提高，可能与 Yb^{2+} 的 f 层电子为全满有关。酸性测试表明，分子筛催化剂的总酸量、B 酸与 L 酸的比值与催化裂解活性之间存在密切关系。系列稀土引入 HZSM-5 后，除 Gd/HZSM-5 外，NH_3-TPD 总酸量均增加，由大到小的顺序：弱酸数量为 Sm、Nd、Pr、Eu、Ce、La、HZSM-5、Gd；强酸数量为 Nd、Eu、La、Sm、Ce、Pr、Gd、HZSM-5；总酸数量为 Nd、Sm、Eu、Pr、Ce、La、HZSM-5、Gd。RE 改性 HZSM-5 引起的酸量增加原因有两点，一是 RE^{3+} 增强了 HZSM-5 的骨架稳定性，从而提高了固体酸的热稳定性；二是分子筛骨架中硅羟基和铝羟基由于 RE^{3+} 的引入而被极化，因此分子筛骨架的电子云密度增加，酸中心的强酸量增加了。关联 Py-IR 酸性与催化活性发现总酸的 L 酸/B 酸值越大，丙烯的收率和丙烯/乙烯之比越高。

王鹏等[98]在 550℃、常压、加入水蒸气的条件下，研究稀土 La 和 Ce 改性 ZSM-5 分子筛上 FCC 汽油的催化裂解反应。结果表明，稀土 La 和 Ce 改性可以提高 ZSM-5 分子筛的总酸量和强酸量，从而使 FCC 汽油转化率，特别是烯烃裂解反应的转化率明显提高，烯烃反应的选择性和气相产物乙烯、丙烯、丁烯，特别是丙烯的选择性显著增加。分子模拟计算结果表明，如图 3-119 所示，La^{3+} 和 Ce^{4+} 位于 ZSM-5 分子筛 Z 形孔道的拐弯处，距离孔壁的距离为 0.3～0.4nm，使得弯道处的体积明显减小，导致烯烃裂解反应能垒、环化反应能垒、叠合反应能垒均有不同程度的增加，但裂解反应能垒增加的幅度最小，从而提高了烯烃裂解反应的选择性。

Yang 等[99]以水为探针分子，利用密度泛函理论（DFT）计算了各种金属改性 ZSM-5 的结合能，发现其大小降序排列为 La/ZSM-5＞Ca/ZSM-5＞Mg/ZSM-5＞K/ZSM-5＞Rb/ZSM-5＞Na/ZSM-5＞Zn/ZSM-5（＞H/ZSM-5），这个排序与其水热稳定性是对应的。这从理论上解释了 La 改性可以明显提高 ZSM-5 的水热稳定性。李延锋等[100]采用 DFT 计算了 La 引入 ZSM-5 分子筛后的结构参数和化学能的变化，进一步解释了改性 ZSM-5 稳定性提高的原因。引入的镧与分子筛骨架的四个 O 原子成键，将铝包埋，增加了分子筛孔壁厚度，增大了水分子攻击铝的空间位阻，抑制了水分子对 Al—O 键的弱化，从而延缓 Al—O 键的断裂，提高分子筛的水热稳定性。同时，水分子在镧改性的分子筛上的吸附能为 30.3kJ/mol，而未改性分子筛上水的吸附能分别为 55.2kJ/mol 和 39.7kJ/mol，

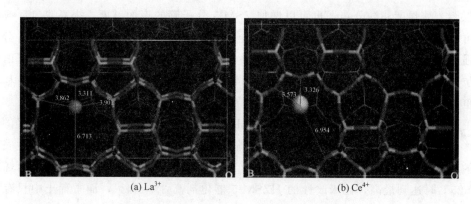

(a) La^{3+} (b) Ce^{4+}

图 3-119   稀土离子在 ZSM-5 孔道中的位置

（图中的数据单位为 0.1nm）

表明镧改性分子筛不容易被极性水分子攻击；改性前后 ZSM-5 分子筛的脱铝水解能分别为 111.7kJ/mol 和 175.7kJ/mol，也证实了镧改性 ZSM-5 分子筛提高了水热稳定性。

    Xue 等[101]系统表征了 P 和 P-La 改性 ZSM-5 的酸性、羟基密度，并与 1-丁烯的裂解性能进行了关联，取得了富有价值的理论认识和研究成果。他们采用沉积法对 ZSM-5 进行相应元素改性。在 ZSM-5 中引入 4％La 后，NH$_3$-TPD 强酸量下降，弱酸和中强酸量增加（图 3-120），他们推断 HZSM-5 中引入 La 能够减少分子筛中 B 酸性位的总量，是引入的 La^{3+}交换了分子筛中的羟基，尽管水分子和 La^{3+}配合物水解可能会产生一些新的酸性位，但是，La/HZSM-5 中 B 酸性位的数量随着 La 负载量的增加而减小。由于 P/ZSM-5 催化剂在水汽处理过程中会发生磷的流失现象，他们考察了在 P/ZSM-5 中引入 La 的酸性和羟基变化。图 3-121 为 P/ZSM-5 中引入 La 的示意图。当 La 原子多于 P 时，由于 La 易与磷形成微小晶粒的 LaPO$_4$化合物，影响了 P 化合物对 ZSM-5 分子筛的改性作用，导致水汽老化（100％水蒸气，800℃老化 4h）后的酸量大幅度降低（图 3-122 中 0.9P-Z-S 和 La-0.9P-Z-S 对比）；如果 P 原子多于 La，则富余的磷仍能够起到稳定 ZSM-5 和调变其酸性的作用，同时 La 可与分子筛的质子形成 La-OH，总酸量基本不变，酸性稳定性得到

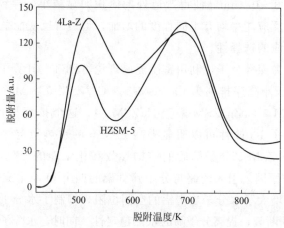

图 3-120   HZSM-5 稀土改性前后的 NH$_3$-TPD 图

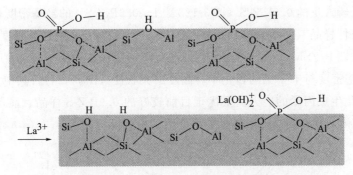

图 3-121　La 引入 P/ZSM-5 的示意图

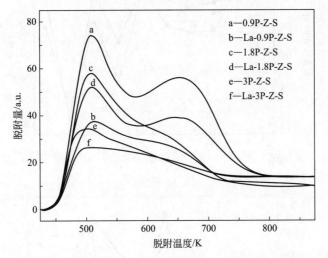

图 3-122　蒸汽处理 P 和 P-La 改性 ZSM-5 的 NH_3-TPD 图

改善。

他们还通过 D_2/OH 同位素交换测定了改性分子筛的羟基密度，如图 3-123 所示，除

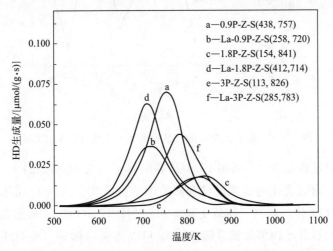

图 3-123　蒸汽处理的 P 和 P-La 改性 ZSM-5 的 D_2/OH 同位素交换谱图

[样品括号中的数值表示 D_2/OH 同位素交换测试对应峰值的羟基密度($\mu mol/g$)]

了 La 改性较低磷含量的 0.9P-Z-S（图 3-123 中 La-0.9P-Z-S）的羟基密度有一定程度降低外，其他 La 改性样品（图 3-123 中 La-1.8P-Z-S、La-3P-Z-S）的羟基密度都得到了提高，而且发现 La 改性 P/ZSM-5 分子筛在水热处理后磷含量基本不流失。实验进一步揭示了改性分子筛的羟基密度与 1-丁烯的转化率有高度的关联性（图 3-124），其中 La-1.8P-Z-S 样品的 1-丁烯转化生成丙烯的能力甚至优于目前较好的 0.9P-Z-S 样品，显示磷和稀土复合改性 ZSM-5 催化剂具有提高低碳烯烃裂解能力的良好反应性能。

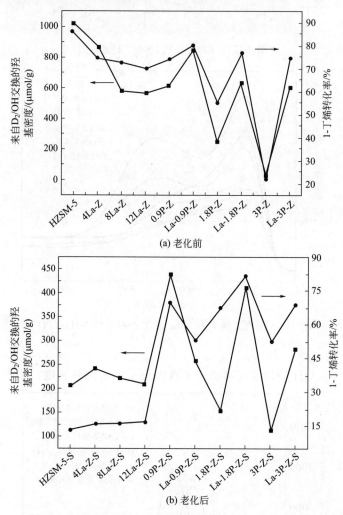

图 3-124　改性 ZSM-5 的羟基密度与 1-丁烯转化率的关系

另外，Li（李延锋）等[102]利用 DFT 计算阐释了改性 ZSM-5 的 La 定位、酸性变化和反应性能特征。通过优化的团簇模型和热力学分析证实引入的 La 定位在对称 Al-O 六元环的直通道的 T11 位，相当于烃裂化温度 677℃时以 La(OH)$_2^+$ 的形态存在，并由其羟基与晶格氧之间存在分子内弱氢键所确认；La 可以将强 B 酸位（Si-OH-Al）转化成弱 B 酸中心，其伸缩振动频率以 Si-OLa(OH)$_2$-Al 出现在 3742cm^{-1}、3762cm^{-1} 处。La 改性使 ZSM-5 分子筛的孔道变窄和 B 酸性变弱，其择形裂化性能和焦炭选择性得到明显改善。

其他学者却认为,稀土元素改性不会影响 ZSM-5 催化剂的酸性,但对分子筛的碱度影响很大。Yoshimura 等[103]发现,在 P/HZSM-5 的基础上,采用 La_2O_3 改性的分子筛表现出了很好的催化性能,在催化裂解石脑油时,乙烯和丙烯的总收率接近 60%。但是,Wakui 等[104]却观察到负载质量分数为 10%La 后,ZSM-5 的酸数量和酸强度几乎不变。与此对应,CO_2-TPD 分析的分子筛碱度却明显改变,由于 La 负载量增加,在 70℃ 计算得到的 CO_2 吸附量增加,这说明 La 的负载可以在分子筛表面形成碱性位点。随着 La 负载量的增加,烯烃在 La/HZSM-5 上的吸附减少,因此,抑制烯烃吸附,从而阻止双分子反应是乙烯和丙烯高收率的主要原因。稀土元素的引入可以修饰分子筛的碱度,可以说,减少像乙烯、丙烯和丁烯这样碱性裂解产物的再吸附是提高低碳烯烃收率的内在原因。Lee 等[105]在 P 改性的 ZSM-5 上负载不同量的 La,考察 La 负载量对 C_5 抽余液催化裂解性能的影响。结果表明,随着 La 含量增加,分子筛的碱度增加,而酸量下降。LaX-P/C-ZSM-5 分子筛的酸碱性质与 C_5 转化率和低碳烯烃收率是密切相关的(图 3-125)。C_5 转化率随着催化剂的酸量降低而下降,随着分子筛碱量增加,轻烯烃转化率增大,BTX 选择性减小。

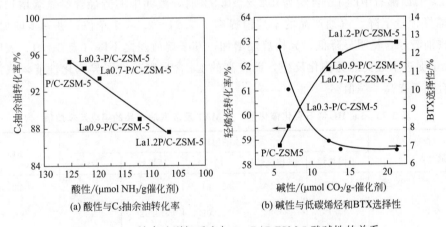

图 3-125 C_5 抽余油裂解反应与 La-P/C-ZSM-5 酸碱性的关系

韩蕾等[96]指出,在双分子反应机理中,氢转移反应不仅发生在反应物和吸附态正碳离子之间,主要反应产物也会和吸附态正碳离子反应,确定氢转移活性的关键是有多少产物被吸附并参与氢转移反应。催化剂的碱度可以抑制产物的再吸附,因此碱度是决定氢转移活性的重要因素。合适的 La 含量可以使分子筛有适度的酸强度和碱度,使 C_5 催化裂解的低碳烯烃产率最大化。

刘兴玉等[106]采用离子交换和浸渍相结合的方法制备了 La/HL 沸石,考察了 La 含量和 La/HL 沸石添加量对催化裂化反应性能的影响。如表 3-72 所示。可以看出,在催化剂中分子筛总量不变的条件下,当 La/HL 沸石加入量为 1%～5% 时,微反活性和汽油收率随 La/HL 加入量的增加而增大,而当 La/HL 沸石加入量大于 5% 时,它们反而有所降低;La/HL 沸石的加入可降低比焦炭,当其加入量为 5% 时,比焦炭下降率达 22.25%,当加入量大于 10% 时,比焦炭则随之上升。这可能是因为 La/HL 沸石的加入优化了催化剂的孔分布和孔结构，利于大分子烃类的转化，比焦炭的下降来自 La/HL 沸石良好的热稳定性和水热稳定性，加入量太大则稀释了催化剂的反应活性。

表 3-72 不同 La/HL 沸石添加量的裂化催化剂的 MAT 评价结果

活性组分	MAT 活性 /%	气体产率 （质量分数）/%	汽油产率 （质量分数）/%	焦炭 （质量分数）/%	比焦炭[①] /%
30%REUSY	66.87	12.25	50.13	0.3219	0.4814
29%REUSY+1%La/HL	70.09	11.89	51.26	0.3274	0.4671
27%REUSY+3%La/HL	70.44	12.49	54.03	0.2972	0.4219
25%REUSY+5%La/HL	72.05	13.38	54.95	0.2697	0.3743
20%REUSY+10%La/HL	67.67	11.44	51.69	0.3096	0.4575
10%REUSY+20%La/HL	53.17	10.55	36.89	0.3102	0.5834

① 比焦炭定义为焦炭除以 MAT 活性。

当 La/HL 沸石中的 La 含量为 0.2%～0.5% 时，汽油中的芳烃含量显著增加，异构烷烃与烯烃含量下降，汽油产品的辛烷值提高了 1.24～2.06 个单位；进一步增加 La 含量，则汽油芳烃含量明显降低，异构烷烃增加，其辛烷值随之下降（表 3-73）。表明较低的 La 含量促进了烃类的芳构化反应，而较高的 La 含量则改性了异构化性能，汽油芳烃组分更有利于提高辛烷值。

表 3-73 La/HL 沸石裂化催化剂[①] 上 MAT 反应汽油产品的组成及辛烷值

La 含量 （质量分数）/%	汽油组成/%					RON
	正构烷烃	异构烷烃	烯烃	环烷烃	芳烃	
0	4.53	43.00	23.61	15.29	13.57	89.10
0.20	4.81	34.84	21.08	16.52	22.75	91.16
0.50	4.81	41.87	16.95	14.72	21.65	90.34
1.0	4.21	41.28	37.63	11.54	5.34	88.31
1.5	4.53	50.53	23.21	14.65	7.08	87.63
5.0	4.66	54.70	22.42	11.15	7.06	87.14

① 催化剂活性组分为 25%REUSY+5%La/HL。

总之，稀土改性方式及其与其他元素的相互作用影响 ZSM-5 分子筛的性质和结构，稀土改性分子筛可以引起几个主要变化：①适当弱化强 B 酸中心，改变酸性比例（B 酸/L 酸）；②强化 Al—O 键键能，阻止脱铝反应，提高分子筛结构与水热活性稳定性；③分子筛孔道窄化改善了择形反应性能；④分子筛的碱性调变作用，利于单分子裂化性能。总之，可以根据实际反应特征与需求，进行单独稀土或者稀土与其他元素复合改性处理，达到最优的反应结果。

参考文献

[1]　IZA structure commission. 2020，http：//www. iza-structure. org/databases.

[2]　Vermeiren W，Gilson J P. Impact of zeolites on the petroleum and petrochemical industry [J]. Topics in Catalysis，2009，52 (9)：1131-1161.

[3]　陈俊武，曹汉昌. 催化裂化工艺与工程 [M]. 北京：中国石化出版社，1995.

[4]　徐如人，庞文琴，霍启升，等. 分子筛与多孔材料化学 [M]. 2 版. 北京：科学出版社，2019.

[5]　高滋，何鸣元，戴逸云. 沸石催化与分离技术 [M]. 北京：中国石化出版社，1999.

[6]　Scherzer J，Bass J L，Hunter F D. Structural characterization of hydrothermally treated lanthanum zeolites. Ⅰ. framework vibrational spectra and crystal structure [J].Journal of Chemical Physics，1975，79 (12)：1194-1199.

[7]　Newsam J M，Treacy M M J，Koetsier W T，et al. Structural characterization of zeolite Beta [J]. Proceedings of the Royal Society of London，Series A-Mathematical and Physical Sciences，1988，420 (1859)：375-405.

[8]　Higgins J B，LaPierre R B，Schlenker J L，et al. The framework topology of zeolite Beta [J]. Zeolites，1988，8 (6)：446-452.

[9]　毛学文. 分子筛与分子筛催化剂的理论与实践——（Ⅲ）分子筛的酸性与催化活性 [M]. 兰州：兰州石化公司石化研究院，1996.

[10]　Sherry H S. The ion-exchange properties of zeolites，In：ion exchange [M]. New York：Marcel Dekker Inc，1969.

[11]　Haynes H W J. Chemical，physical and catalytic properties of large pore acidic zeolites [J]. Catalysis Reviews-Science and Engineering，1978，17 (2)：273-336.

[12]　Sherry H S. The ion-exchange properties of zeolites，Ⅰ：univalent ion exchange in synthetic faujasite [J].Journal of Chemical Physics，1966，70 (4)：1158-1168.

[13]　Sherry H S. The ion exchange properties of zeolites，Ⅲ：rare earth ion exchange of synthetic faujasites [J]. Journal of Colloid and Interface Science，1968，28 (2)：288-292.

[14]　刘从华. 新型降烯烃 FCC 催化剂的研制、应用和减少汽油烯烃生成的反应机理 [D]. 兰州：中国科学院兰州化学物理研究所，2005.

[15]　许友好. 催化裂化化学与工艺 [M]. 北京：科学出版社，2013.

[16]　Ward J W. The nature of active sites on zeolites：Ⅲ. the alkali and alkaline earth ion-exchanged forms [J].Journal of Catalysis，1968：10 (1)：34-46.

[17]　Barthomeuf D. A general hypothesis on zeolite physiochemical properties：applications to adsorption，acidity，catalyst and electrochemistry [J]. Journal of Chemical Physics，1979，83 (2)：249-256.

[18]　梁文杰，阙国和. 石油化学 [M]. 2 版. 山东：中国石油大学出版社，2009.

[19]　Moscou L，Mone R. Structure and catalytic properties of thermally and hydrothermally treated zeolites：acid strength distribution of REX and REY [J]. Journal of Catalysis，1973，30 (3)：417-422.

[20]　Deng C S，Zhang J J，Dong L H，et al. The effect of positioning cations on acidity and stability of the framework structure of Y zeolite [J]. Scientific Reports，2016，6：23382-23395.

[21]　Bathomeuf D. Acidic and catalytic properties of zeolites：molecular sieves——Ⅱ. Chapter 38 [M]. Washington D C：ACS，1977.

[22]　Scherzer J. Octane-enhancing zeolitic FCC catalysts：scientific and technical aspects [J]. Catalysis Reviews-Science and Engineering，1989，31 (3)：215-354.

[23]　McDaniel C V，Maher P K. Zeolite Chemistry and Catalysis [M]. Monograph：ACS，1976.

[24] 李宣文，余励勤，刘兴云. 镧离子在 Y 型分子筛中的定位和移动性的红外光谱研究 [J]. 催化学报，1982，3（1）：34-42.

[25] 舒兴田，何鸣元，冯景琨，等. 一种稀土 Y 分子筛的制备方法：CN91101221.4 [P]. 1991-10-19.

[26] Olson D H，Kokotailo G T，Charnell J F. The crystal chemistry of rare earth faujasite-type zeolites [J]. Journal of Colloid and Interface Science，1968，28（2）：305-314.

[27] 申建华，毛学文. 焙烧气氛对 REY 沸石分子筛结构稳定性的影响 [J]. 石油化工，1996，25（5）：325-329.

[28] 万焱波，舒兴田. 水蒸气焙烧对 REY 分子筛性能的影响 [J]. 石油炼制与化工，1997，28（9）：20-23.

[29] Lee T Y，Lu T S，Chen S H，et al. Lanthanum-NaY zeolite ion exchange. 2. Kinetics [J]. Industrial & Engineering Chemistry Research，1990，29：2024-2027.

[30] 马跃龙，达志坚，何鸣元，等. 稀土离子与 NaY 分子筛滤饼柱的交换过程 [J]. 石油化工，2003，19（4）：82-86.

[31] 邱丽美，郑金玉，卢立军，等. 铈离子引入方式对其在 Y 型分子筛中定位的影响 [J]. 石油学报（石油加工），2018，34（6）：1155-1162.

[32] Karge H G，Marrodinova V，Zhang Z，et al. Comparison of lanthanum Y catalysts obtained by solid-state ionexehange and ionexehange in solution [J]. Applied Catalysis，1991，75（1）：343-357.

[33] Karge H G，Pal-Borbely G，Beyer H K. Solid-state ion exchange in zeolites，Part 6：system LaCl₃/NaY zeolites [J]. Zeolites，1994，14：512-518.

[34] 刘亚纯. 固态离子交换引入稀土对 FCC 催化剂的改性研究 [D]. 长沙：湖南师范大学，2003.

[35] Venuto P B，Hamilton L A，Landis P S，et al. Organic reactions catalyzed by crystalline aluminosilicates：Ⅱ. alkylation reactions：mechanistic and aging considerations [J]. Journal of Catalysis，1966，5（3）：484-493.

[36] Ward J W. The nature of active sites on zeolites：Ⅷ，rare earth Y zeolite [J]. Journal of Catalysis，1969，13（3）：321-327.

[37] 余励勤，刘兴云，李宣文. 镧氢 Y 型分子筛的催化活性、水热稳定性与活性中心特征的研究 [J]. 催化学报，1980，1（4）：268-280.

[38] 余励勤，刘兴云，李宣文. 超稳 LaHY 型沸石的制备、催化性质与结构特征 [J]. 石油炼制与化工，1982，5：10-20.

[39] 于善青，田辉平，代振宇，等. La 或 Ce 增强 Y 型分子筛结构稳定性的机制 [J]. 催化学报，2010，31（10）：1263-1270.

[40] 于善青，田辉平，朱玉霞，等. 稀土离子调变 Y 型分子筛结构稳定性和酸性的机制 [J]. 物理化学学报，2011，27（11）：2528-2534.

[41] 陈俊武，许友好. 催化裂化工艺与工程 [M]. 3 版. 北京：中国石化出版社，2015.

[42] 南京石油化工厂. 稀土氢 Y 型分子筛的半工业试生产 [J]. 石油炼制与化工，1975，5：39-47.

[43] Chamberlain O R，Falabella S E，Corma C A. Process for preparing a modified Y zeolite：EP0667185B1 [P]. 1995-02-08.

[44] Pine L A. Cracking with co-matrixed zeolite and p/alumina：US4584091 [P]. 1986-01-28.

[45] Hannus I，Kiricsi I，Fejes P，et al. Interaction of phosphorus trichloride with zeolites [J]. Zeolites，1996，16（2/3）：142-148.

[46] 张剑秋，田辉平，达志坚，等. 改性 Y 型分子筛的氢转移性能考察 [J]. 石油学报（石油加工），2002，18（3）：70-74.

[47] 刘从华，张海涛，丁伟，等. 一种超稳稀土 Y 分子筛活性组分及其制备方法：CN02155600.8 [P]. 2005-08-24.

[48] 刘从华，高雄厚，张海涛，等. 一种多产柴油的降烯烃裂化催化剂及其制备方法：CN02155601.6 [P]. 2006-03-29.

[49] Takita Y，Sano K，Murya T，et al. Oxidative dehydrogenation of iso-butane to iso-betene Ⅱ. rare earth phosphate catalysts [J]. Applied Catalysis A：General，1998，170（1）：23-31.

[50] 刘从华，沈兰，邓友全，等. P-RE-USY 沸石的稳定性、酸性和裂化反应特性 [J]. 燃料化学学报，2004，32（2）：244-248.

[51] 宋家庆，范菁，何鸣元. 一种稀土 Y 分子筛及其制备方法：CN200410058089.3 [P]. 2007-10-24.

[52] 潘晖华，何鸣元，宋家庆，等. LaY 沸石中 La 离子定位的研究 [J]. 石油学报（石油加工），2007，23（3）：87-91.

[53] Gan J，Wang T，Liu Z，et al. Recent progress in industrial zeolites for petrolchemical applications [C]. Beijing：Studies in surface science and catalysis. Proceedings of the 15th International Zeolites Conference，2007.

[54] 李明罡，何鸣元，罗一斌，等. 一种 REY 分子筛的制备方法：CN200610087535.2 [P]. 2010-08-25.

[55] 刘从华，丁伟，张志国，等. 新型高稀土 MAY 分子筛的制备与反应性能研究 [C]. 兰州：中国石油兰州化工研究中心，2008.

[56] 任俊. 稀土矿物浮选 pH 的作用及理论计算 [J]. 有色矿冶，1992，3：17-21.

[57] 刘从华，张志国，丁伟，等. 一种改性 Y 分子筛：CN200910079170.2 [P]. 2012-03-10.

[58] 刘从华，张志国，丁伟，等. 一种含改性 Y 分子筛的催化裂化催化剂：CN200910092838.7 [P]. 2013-02-13.

[59] 李斌，李士杰，李能，等. FCC 催化剂中 REHY 分子筛的结构与酸性 [J]. 催化学报，2005，26（4）：301-306.

[60] 高雄厚，张海涛，谭争国，等. 一种超稳稀土 Y 型分子筛及其制备方法：CN201110420931.3 [P]. 2013-06-19.

[61] 高雄厚，张海涛，谭争国，等. 一种重油催化裂化催化剂及其制备方法：CN201110419922.2 [P]. 2013-06-19.

[62] Gao X H，Liu C H，Sun S H，et al. Recent advances in fluid catalytic cracking on heavy oil upgrading [M]. Lanzhou：Lanzhou University Press，2011.

[63] 周灵萍，李峥，张蔚琳，等. 结构优化分子筛的制备及其催化裂化性能Ⅰ. 结构优化分子筛的制备及其表征 [J]. 石油学报（石油加工），2006，10：121-124.

[64] 周灵萍，李峥，张蔚琳，等. 结构优化分子筛的制备及其催化裂化性能Ⅱ. 结构优化分子筛的催化裂化性能 [J]. 石油学报（石油加工），2006，10：125-128.

[65] 李健. 催化裂化反应再生系统斜管上松动点的合理设置 [J]. 炼油技术与工程，2003，9：16-18.

[66] 北京大学化学系石油化学专业工农兵学员分子筛研究小组. 稀土交换度对稀土-氢-Y 型分子筛裂化活性影响的初步研究 [J]，北京大学学报（自然社会版），1974，S1：108-114.

[67] 孙书红，庞新梅. LC-8 裂化催化剂的研究 [C]. 兰州：兰州炼油化工石化研究院，1995.

[68] 高雄厚，刘从华，张忠东，等. 一种降低汽油烯烃含量的 FCC 催化剂及其制备方法：CN00105235.7 [P].2005-05-18.

[69] 刘从华，张忠东，邓友全，等. 降低汽油烯烃含量裂化催化剂 LBO-12 的研制与开发 [J]. 石油炼制与化工，2003，34（1）：24-28.

[70] 高益民. 改性 MOY 分子筛在降烯烃 FCC 催化剂中的应用 [J]. 工业催化，2003，11（7）：12-16.

[71] 潘惠芳，张忠东，周益民，等. 对金属钒进行捕集的烃类裂化沸石催化剂及制备方法：CN98100550.0 [P]. 1999-08-25.

[72] 周益民，潘惠芳，沈志虹，等. REHY 分子筛催化裂化催化剂的抗钒剂研究 [J]. 石油炼制与化工，1997，28（10）：28-32.

[73] 臧高山，潘慧芳. 外加硅对 REHY 分子筛及其催化剂性能的影响 [J]. 石油炼制与化工，1998，29（2）：47-50.

[74] 隋述会. 新型富硅 REHY 分子筛及其催化剂的研制 [J]. 石化技术与应用，2001，119（6）：362-364.

[75] 杜军，李峥，达志坚，等. 提高高硅 Y 型沸石稀土含量的研究 [J]. 石油炼制与化工，2002，33（2）：24-27.

[76] 张乐. 低稀土超稳 Y 分子筛的改性研究及表征 [D]. 兰州：兰州交通大学，2014.

[77] 孙书红，庞新梅，刘从华，等. 稀土形态与 FCC 催化剂性能关系的研究 [J]. 燃料化学学报，2001，29：43-45.

[78] 庞新梅，孙书红，丁伟. 抗钒化学超稳分子筛的研制 [J]. 石化技术与应用，2002，20 (4)：227-229.

[79] Letzsch W，Michaelis D，Pollock J D. New LZ-210 zeolites produce superior FCC performance [C]. San Antonio：NPRA Annual Meeting，1987.

[80] Pellet R J，Long G N，Rabo J A，et al. Molecular sieve effects in carboniogenic reactions catalyzed by siliconaluminophosphate molecular sieves [J]. Studies in Surface Science and Catalysis，1986，28：843-849.

[81] De Kroes B，Groenanboom C J，Connor P O. A review of catalyst deactivation in fluid catalytic cracking [J]. Akzo Catalysts Symp，1986.

[82] 李大东. 荷兰 AKZO 公司 1988 年催化剂年会概况 [J]. 石油炼制，1989，9：43-50.

[83] Shu Y，Travert A，Schiller R，et al. Effect of ionic radius of rare earth on USY zeolite in fluid catalytic cracking：fundamentals and commercial application [J]. Topicin Catalysis，2015，58：334-342.

[84] 刘璞生，张忠东，高雄厚，等. 一种稀土超稳 Y 型分子筛及制备方法：CN201310034868.9 [P]. 2014-08-06.

[85] 高雄厚，刘从华，张忠东，等. 催化裂化催化剂的研制与工业应用 [C]. 兰州：中国石油兰州化工研究中心，2014.

[86] 闵恩泽. 工业催化剂的研制与开发——我的实践与探索 [M]. 北京：中国石化出版社，1997.

[87] 宁明才. 二甲苯异构化催化剂性能改进及成型条件研究 [D]. 北京：北京化工大学，2013.

[88] 李书纹，王祥生. 在含混合稀土的 ZSM-5 沸石催化剂上甲苯-甲醇合成对二甲苯的研究 [J]. 石油学报（石油加工），1989，5 (2)：11-17.

[89] 李明慧，杨毅，王井. 碱土和稀土金属化合物对 H-ZSM-5 沸石催化剂改性的反应性能 [J]. 大连轻工业学院学报，2004，23 (1)：11-14.

[90] 张立东，李钒，周博，等. 稀土改性 ZSM-5 分子筛催化乙苯合成的研究 [J]. 天津化工，2016，30 (3)：30-33.

[91] 舒兴田，何鸣元，付维，等. 含稀土五元环结构高硅沸石及合成：CN89108836.9 [P]. 1993-04-14.

[92] 付维，舒兴田，祝惠华，等. 含稀土的五元环结构高硅沸石的制备方法：CN90104732.5 [P]. 1995-02-15.

[93] Shu X，He M，Fu W，et al. Rare earth-containing high-silica zeolite having pentasiltype structure and process for the same：US5232675 [P]. 1993-08-03.

[94] 付维，舒兴田，何鸣元，等. 具有 MFI 结构含磷和稀土的分子筛：CN95116458.9 [P]. 2000-02-16.

[95] 邵潜，李阳，田辉平，等. ZRP 沸石对 FCC 汽油催化裂解产丙烯的影响 [J]. 石油学报（石油加工），2007，23 (2)：8-11.

[96] 韩蕾，欧阳颖，罗一斌，等. 不同元素改性 ZSM-5 分子筛在轻烃催化裂解中的应用 [J]. 石油学报（石油加工），2018，34 (2)：419-429.

[97] 王晓宁，周新宇，姜桂元，等. 稀土改性 HZSM-5 分子筛催化裂解混合 C_4 烃制低碳烯烃性能的研究 [J]. 稀土，2008，29 (5)：30-35.

[98] 王鹏，代振宇，田辉平，等. La、Ce 改性对 ZSM-5 分子筛上烯烃裂解制丙烯反应的影响及其作用机理 [J]. 石油炼制与化工，2013，44 (5)：1-5.

[99] Yang G，Wang Y，Zhou D，et al. Density functional theory calculations on various M/ZSM-5 zeolites：interaction with probe molecule H_2O and relative hydrothermal stability predicted by binding energies [J]. Journal of Molecular Catalysis A：Chemical，2005，237：36-44.

[100] 李延锋，朱吉钦，刘辉，等. 镧改性提高 ZSM-5 分子筛水热稳定性 [J]. 物理化学学报，2011，2 (1)：52-58.

[101] Xue N，Liu N，Nie L，et al. 1-Butene cracking to propene over P/HZSM-5：effect of lanthanum [J]. Journal

of Molecular Catalysis A：Chemical，2010，327（1）：12-19.

［102］ Li Y，Liu H，Zhu J，et al. DFT study on the accommodation and role of La species in ZSM-5 zeolite［J］.Microporous and Mesoporous Materials，2011，142：621-628.

［103］ Yoshimura Y，Kijima N，Hayakawa T，et al. Catalytic cracking of naphtha to light olefins［J］. Catalysis Surveys From Japan，2001，4（2）：157-167.

［104］ Wakui K，Satoh K I，Sawada G，et al. Catalytic cracking of n-butane over rare earth-loaded HZSM-5 catalysis ［J］. Studies in Surface Science and Catalysis，1999，125（99）：449-456.

［105］ Lee J，Hong U G，Hwang S，et al. Catalytic cracking of C_5 raffinate to light olefins over lanthanum-containing phosphorous-modified porous ZSM-5：effect of lanthanum content［J］. Fuel Processing Technology，2013，109（2）：189-195.

［106］ 刘兴玉，丁淑芳，潘慧芳. 镧改性 HL 沸石在烃类催化裂化催化剂中的应用［J］. 催化学报，2004，25（10）：797-800.

④

第四章 稀土抗金属污染作用原理与技术开发

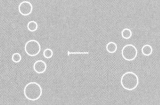

石油中通常会有不同数量的金属化合物,主要为钒、镍、钠、铁等,它们在催化裂化反应过程中会发生转化并沉积到催化剂表面上,引起催化剂中毒失活。国内的多数原油属于陆相沉积生成,镍含量高于钒含量几倍,而国外的多数原油属于海相沉积生成,钒含量反而高出数倍。随着世界范围原油重质化和劣质化日趋严重,而且我国原油对外依存度不断上升,加工中东和美洲地区原油比例增加,原油中金属含量呈现逐步上升的趋势[1-3]。全球石油中钒的含量变化很大,如表 4-1 所示[4],加拿大和美国原油含钒约 $250\mu g/g$、镍约 $100\mu g/g$,委内瑞拉原油钒含量约 $180\sim470\mu g/g$、镍约 $50\sim85\mu g/g$,是全球石油含钒量超高的几个国家。另外的石油含钒相对较高的国家在中东,例如伊朗石油含 $101\mu g/g$ 的钒,埃及石油含约 $79\mu g/g$ 的钒,其他国家石油含钒量都低于 $60\mu g/g$。

表 4-1　世界原油金属钒、镍及非金属硫含量

国家	油田/油品	API 度	硫(质量分数)/%	钒/($\mu g/g$)	镍/($\mu g/g$)
加拿大	Athabasca(Alberta)	6.5	4.2	250	100
美国	Santa Barbara Channel(off California)	17.4	5.15	248	105
委内瑞拉	Eastern Heavy Blend	8.2	3.84	464	85
	Melones(light)	20.1	2.10	197	49.6
	Melones(heavy)	9.9	3.32	342	81.9
	Morichal,Monagas(light)	12.4	2.12	176	56.7
	Morichal,Monagas (heavy)	9.6	4.13	399	80.4
挪威	Statfjord(North Sea)	38.4	0.27	0.53	1.03
英国	Beryl(North Sea)	36.5	0.42	3.7	0.8
	Buchan(North Sea)	33.7	0.84	19	4
阿尔及利亚	Zarzaitine	43.0	0.07	1	3
安哥拉	Malongo,Cabinda (offshore)	31.7	0.17	2.4	15.9
喀麦隆	Kole(offshore)	34.9	0.30	9	27
刚果	Emeraude(offshore,Djeno blend)	26.9	0.33	1	23
埃及	Belayim,Gulf of Suze	27.5	2.20	79.4	54.6
加蓬	Lucina Marine	39.5	0.05	12.2	1.3
	Mandji	30.5	1.10	48	50
科特迪瓦	Espoir(offshore)	31.4	0.32	1.7	5.8
利比亚	Sarir	38.3	0.18	6	14
尼日利亚	Brass River	40.9	0.09	2.0	1.7
	Qua Iboe(offshore)	35.8	0.12	0.3	3.3
突尼斯	Ashtart,Gulf of Gabes(offshore)	29.0	1.00	20	9
伊朗	Foroozan (feriddon offshore)	31.3	2.50	36	11
	Saroosh(Cyrus offshore)	18.1	3.30	101	35
沙特/科威特	Khafji(offshore)	28.5	2.85	55	16
	Wafra(Burgan)	23.3	3.37	34	6.8

续表

国家	油田/油品	API 度	硫(质量分数)/%	钒/(μg/g)	镍/(μg/g)
阿联酋	Abu Al Bu Khoosh,Abu Dhabi(offshore)	31.6	2.00	12	7
印度尼西亚	Fateh,Dubai(offshore)	31.1	2.00	42	14
	Arimbi,Java(offshore)	31.8	0.20	0.9	2.6
	Cinta,Sumatra(offshore)	33.4	0.08	0.1	9.5
马来西亚	Pulai(offshore)	42.5	0.02	1.4	0.1
	Tapis(offshore)	44.3	0.02	0.002	0.17

金属对石油加工催化剂的影响更加突出，其中，FCC 催化剂的中毒失活的程度随金属种类不同而有所差异，也随金属沉积数量增加而加重。通常金属中毒属于永久性和不可逆性，但是可以采用重金属钝化剂，如稀土、锑、铋、锡等化合物对原料进行处理，使重金属结合生成无毒性的合金，以达到减轻中毒的目的。同时，也可以通过特殊的化学方法使沉积在催化剂上的重金属与催化剂分离，使催化剂活性恢复到较高的水平。沉积在催化剂上的重金属在新鲜状态时毒性较大，经过在反应-再生的环境中不断循环，其毒性会逐渐减弱达到平衡状态。

第一节　金属对催化剂的影响与作用机理

一、石油中金属化合物及其转化

金属元素在石油中的存在形态主要包括三种：以乳化状态分散于石油中的水所含的盐类、悬浮于石油中的矿物质微粒、结合于有机化合物或络合物中。石油中毒害较大的镍、钒主要以有机螯合物的形式存在，其中以卟啉螯合物为主，同时存在非卟啉螯合物。对于金属卟啉，1934 年 Treibs 首先从石油沥青中发现了钒卟啉，1948 年 Glebovskaya 等鉴定出了镍卟啉[5]。由于石油卟啉在结构上与生物来源的叶绿素（镁卟啉）和血红素（铁卟啉）非常相似，因而 Treibs 等认为石油卟啉是石油有机起源的重要证据，并依此创立了石油卟啉起源学说。目前，在石油中已鉴定的金属卟啉螯合物有玫红卟啉（RHODO）、脱氧叶红初卟啉（DPEP）、初卟啉（ETIO）三种类型，其中，ETIO 和 DPEP 是两种主要类型[1]，如图 4-1 所示。每一类型的卟啉都由系列同系物构成，碳原子数一般从 25 至 39，有时可到 60。石油卟啉类型分布及其转化对研究石油的成因和地质结构具有重要意义，例如，随着石油埋藏深度的加深和地层温度的升高，DPEP 型卟啉不断向 ETIO 型卟啉转化。此外，由于石油卟啉所络合的金属（如镍和钒）对催化裂化和加氢催化剂都具有严重的危害作用，因此，它也是石油加工过程所要考虑的重要因素之一。

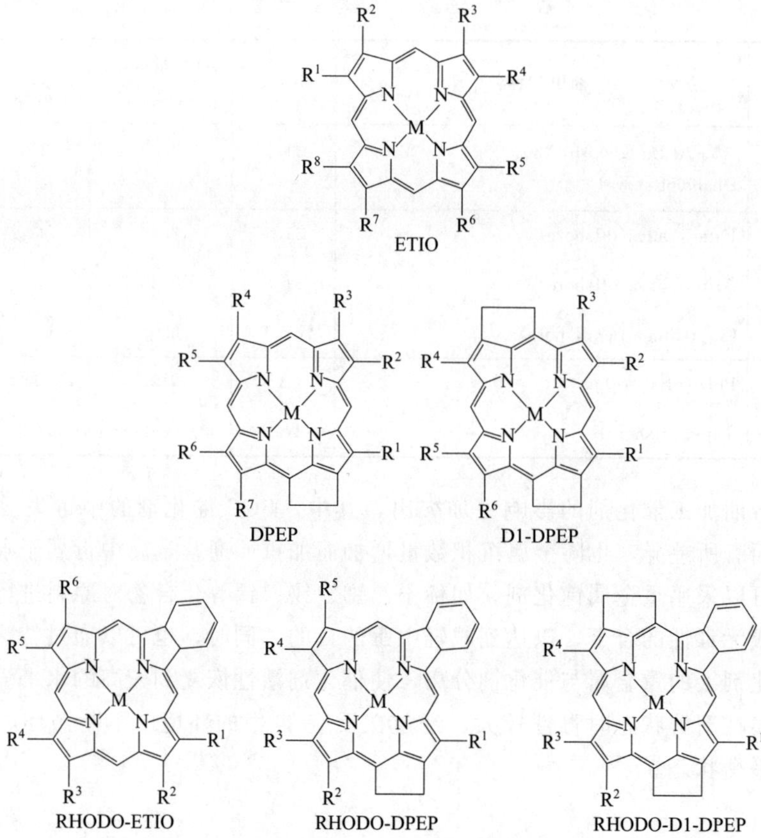

图 4-1 石油中金属卟啉的类型

二、金属对催化剂的破坏作用

原油中的污染金属包括钒、镍、钠、铁等，其中钒、镍对加氢处理催化剂和催化裂化催化剂性能有较大的影响[6-9]。

1. 金属对加氢催化剂性能的影响

在重油加氢处理过程中，脱除的金属会以硫化物的形式沉积在催化剂表面上，因此原料油中的金属严重影响加氢催化剂的反应性能。金属沉积物引起催化剂中毒的主要原因在于堵塞了催化剂孔道，阻止原料接近其活性中心。催化剂最初的失活是由微孔中的积炭造成的。此外，金属引起催化剂失活的另一个原因是金属沉积对催化剂活性相的污染。加氢处理催化剂之所以具有活泼的催化活性，是由于其载体表面存在着活性相[10]，如 Co-Mo-S 相和 Ni-Mo-S 相。在重油加氢过程中，钒的沉积物（VS）可能和活性相发生如下反应：

$$NiMoS + VS \longrightarrow VMoS + NiS \qquad ①$$
$$NiMoS + VS \longrightarrow MoS + NiVS \qquad ②$$
$$NiMoS + VS \longrightarrow VS + NiS + MoS \qquad ③$$

在这些反应中，活性相中的镍或是被钒取代（反应①），或是被 VS 捕获（反应②），或者整个活性相在钒作用下分解（反应③）。沉积物对活性相的破坏直接导致了钴或镍的助催化作用消失，尽管有 VMoS 相伴随形成，但同镍或钴相比，钒的促进作用有限。

2. 金属对裂化催化剂性能的影响

在催化裂化过程中，原料中的金属配合物发生分解，镍和钒沉积在催化剂上，导致催化剂中毒[6,7]。镍和钒毒害催化剂的作用方式不同，这些重金属多以有机化合物的形式存在，少部分以无机盐的形式存在，而镍和钒几乎全部以卟啉络合物的形式存在。在裂化和再生条件下，这些重金属化合物分解，并将携带的重金属沉积在催化剂上，随着催化剂的循环使用，所沉积的重金属不断增加，最终达到一个平衡金属含量。重金属对催化剂性能的影响主要表现为反应转化率降低、氢气和焦炭产率上升而汽油产率下降等。为直观地描述各种污染金属的影响，有人试图把镍、钒等污染金属的毒性并在一起来表示，但随着人们认识的深入，现在认为镍与钒的作用机理不同，它们对催化剂的活性和选择性的影响均不一样。镍主要改变催化剂的选择性，对活性影响不大，但若催化剂上镍的含量大于$20000\mu g/g$,催化剂的脱氢活性增强，生焦量增加，汽油产率下降，也会间接引起催化剂活性降低；钒虽然也有脱氢作用，但是所引起的更大毒害作用是破坏催化剂的沸石分子筛骨架结构，导致催化剂反应活性下降，重油转化能力降低，严重影响目的产品收率。研究还表明[11]，镍污染的催化剂基本不受水蒸气处理的影响，而钒污染催化剂在水蒸气作用下则会出现严重失活现象。

陈俊武等[12]阐述了钒或镍单独存在时对催化剂活性和选择性的影响，如图 4-2～图 4-5所示，图中以微反活性或比表面积表示其活性稳定性。图 4-6、图 4-7 则是采用 UOP 活性试验方法进行的金属污染性能评价。从上述图可以看出，钒造成的催化剂失活作用比镍大得多，尤其在水热条件下的失活程度远高于热处理条件。不同类型的催化剂抗金属污染性能差别很大，稀土含量高的 Y 沸石不如稀土含量较低的超稳 Y 沸石。另外的实验还表明，在相近污染条件下（2200$\mu g/g$,水热处理），比如采用 REY 为活性组分的 CRC-1 的 MAT 微反活性为 30％，而采用低稀土超稳 Y 为活性组分的 ZCM-7 催化剂则保持了较高活性，可达 51％。

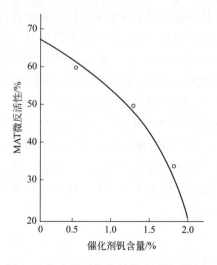

图 4-2　钒含量对催化剂微反活性的影响

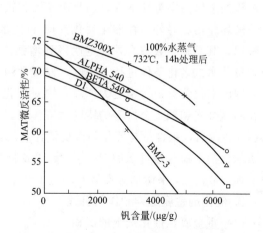

图 4-3　钒对几种工业催化剂微反活性的影响

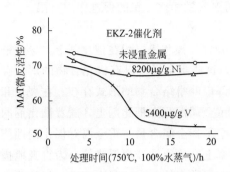

图 4-4 不同金属对催化剂微反活性的影响

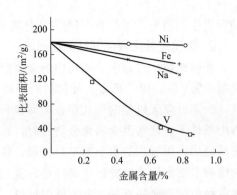

图 4-5 不同金属对催化剂比表面积的影响

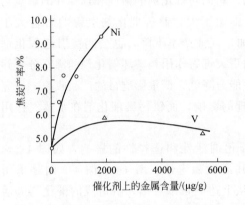

图 4-6 不同金属含量对焦炭产率的影响
（UOP 标准活性试验，金属浸渍在平衡催化剂上）

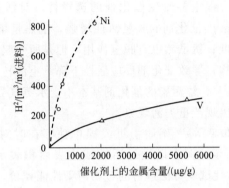

图 4-7 不同金属含量对氢气产率的影响
（UOP 标准活性试验，金属浸渍在平衡催化剂上）

  有人调查了美国 43 套工业催化裂化装置的平衡催化剂金属含量分布情况[13]，并与其微反活性进行了关联（图 4-8），可以看出，随着平衡催化剂上 Ni＋V 含量增加，其微反活性明显降低。与实验室金属污染试验相比，在相同金属含量的条件下，工业平衡剂的活性降低幅度较小，这主要是工业平衡剂上金属含量是逐步累积完成的，随着时间延长，前期沉积的金属污染毒性下降，而且由于镍和钒之间的相互作用，镍的存在可以减弱钒对活性的破坏作用。另外，在催化裂化反应-再生的循环系统中，催化剂的分子筛组分发生骨架脱铝，其晶胞参数减小，稳定性得到增强。ARCO 公司对催化剂活性、选择性与其金属含量及水汽老化条件进行了关联，发现大约只有 1/3 的镍具有脱氢活性[12]。

  国内催化装置镍污染更为严重，镍对催化剂微反活性的影响比较明显[11]，这与同时存在的碱金属和碱土金属等的协同污染作用有关。平衡催化剂上镍含量与微反活性的关系如图 4-9 所示，钒含量与催化剂微反活性及汽油选择性的关系如图 4-10 所示。可以看出，平衡催化剂上镍含量每增加 $1000\mu g/g$，平衡催化剂微反活性降低 2.4 个百分点，而钒含量每增加 $500\mu g/g$，平衡剂微反活性降低 1.9 个百分点。

3. 催化剂金属污染的作用机理

（1）重金属在催化剂上的沉积

一般认为，镍和钒的卟啉化合物随原料油首先在裂化反应段与催化剂接触，并沉积在

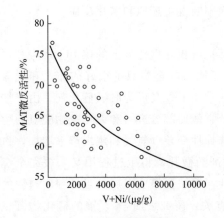

图 4-8 工业平衡催化剂活性
与 Ni+V 含量的关系

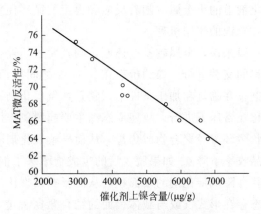

图 4-9 平衡催化剂上镍含量与微反
活性的关系（再生器密相温度 660～700℃）

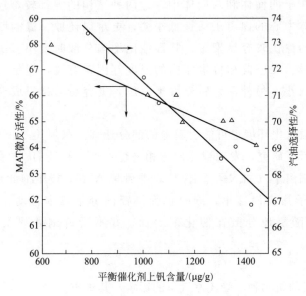

图 4-10 平衡催化剂上钒含量的影响
（再生温度：△—680～710℃，○—670～690℃）

催化剂表面。它们既可能沉积在催化剂的基质上，也可能沉积在沸石的表面和孔隙内，但由于催化剂的基质比表面积较大，因此多数重金属化合物首先沉积到催化剂的基质上[14]。研究表明[15]：镍和钒的卟啉化合物在还原气氛下较稳定，500℃时经过 30min 才完全分解。实际工业装置中，催化剂在反应汽提段内停留时间较短，且处在烃类蒸气和裂化所产生的氢形成的还原气氛中，因此这些重金属有机化合物来不及完全分解就随催化剂进入再生器中。在再生器的高温（700℃）氧化环境下，卟啉化合物分解加速（氧化环境中镍卟啉和钒卟啉的分解温度分别为 430～470℃和 360～450℃），并最终以氧化态（Ni^{2+}、V^{5+}、V^{4+}）形式沉积在催化剂上。当再生后的催化剂重新进入反应器时，处在还原气氛状态，此时将有部分高价金属氧化物被还原（$Ni^{2+} \rightarrow Ni^0$，$V^{5+} \rightarrow V^{4+} \rightarrow V^{3+}$）。这些沉积在催化剂上的重金属将随着反应和再生的循环往复而不断发生还原和氧化反应。

（2）镍的作用机理

一般来说，金属越易被还原，则其脱氢活性越高。沉积在催化剂上的镍由于反应和再生过程的交替进行，镍的价态在 $0 \sim +2$ 之间变动。还原后的金属镍是很好的加氢和脱氢催化剂。在临氢和加压条件下，它是加氢催化剂；在常压下，又成为脱氢催化剂。由于催化裂化在常压下进行，故还原态镍主要起脱氢作用。它能使部分进料和裂化产物脱氢而生成油状多环芳烃聚合物或焦炭，从而导致催化剂的选择性变差（氢气和焦炭产率增加，目的产品收率下降）。如果脱氢后的生成物堵塞了催化剂的微孔，再生过程中又未被完全烧掉，就会降低催化剂的表面积，从而影响其裂化活性。镍被还原成金属的难易程度与镍的氧化态存在形式（或与载体表面的结合紧密程度）有关。研究表明[16]，镍的氧化物沉积主要有两种形态，一种是氧化镍状颗粒，主要存在于富硅的基质上（氧化硅或脱铝沸石），这种形式易被还原；另一种是与氧化铝形成 $NiAl_2O_4$ 表面尖晶石结构，此时尖晶石中的镍离子可存于四面体和八面体中，这两种结构的镍都较难还原，但四面体中心的镍离子比八面体中心的镍离子活性低很多，更难以还原。镍的脱氢活性还与其分散性有关，还原态的镍比较容易聚集，其毒性比均匀分散时要小。镍颗粒大小与镍的浓度、氧化铝的数量、反应器和再生器内的温度等因素有关，但是，高温水蒸气处理并不影响镍微粒的大小。另外，金属镍聚集以后，更容易与锑形成合金，被钝化的比例较大。

再生器内的高温氧化环境也可能引起镍的部分迁移。张凤美等[17]利用 XPS 对分子筛表面的镍迁移进行了研究，发现镍能向体相进行移动，并且 H^+ 的存在有利于此种移动，而骨架外金属阳离子（如 Na^+、RE^{3+}、非骨架 Al^{3+}）能阻抑此种移动。在高温水汽作用下，铝在分子筛表面富集，同时也促进镍向分子筛内移动。Upson 等[11]利用 SIMS 研究发现，镍随机地分散在催化剂表面，并不受苛刻处理条件的影响而发生移动。

（3）钒的作用机理

处于裂化反应段的钒物种，受还原气氛的影响，其价态（V^{4+}、V^{3+}）一般较低，对催化剂不会造成较大的影响，当低价钒随催化剂一起进入再生器后，处于高温氧化环境中，很容易被氧化生成高价的 V_2O_5，其熔点较低（675℃），在再生器中将以液态流体形式存在，钒的可迁移性增强，有利于它在分子筛周围聚集并进而对其进行破坏。当钒开始在催化剂表面沉积时，其分布是随机的，但随着在装置内停留时间延长，钒将发生颗粒内迁移而聚集于沸石晶粒上[11]。它可与催化剂上的钠形成 $Na_xV_2O_5$（x 为 $0 \sim 0.44$），此时钒以高价态存在[18]。

Pompea 等[15]对 V_2O_5 和 REY 分子筛混合体系进行了考察，发现除沸石和 V_2O_5 相的衍射峰以外，出现了新的衍射峰。这是由钒酸稀土（$REVO_4$，熔点为 $540 \sim 640$℃）产生的，$REVO_4$ 的形成过程如下：

$$2Z(O)_{1.5}RE(晶体相) + V_2O_5 \longrightarrow 2REVO_4(无定形相)$$

上述反应要从沸石中夺去氧原子，会破坏分子筛，而且氧化钠的存在可以加速其破坏过程。

另外，V_2O_5还可以发生颗粒间的迁移，Leta[19]用 SIMS 观察平衡催化剂时，发现加入时间短的催化剂颗粒上的 V/Ni 比值高于加入时间长的颗粒，说明钒从加入时间长、钒含量高的颗粒向新加入的钒含量低的颗粒上迁移，发生了颗粒之间的迁移作用。钒所引起的催化剂失活可分为两种情况：一种是 V_2O_5 物种堵塞催化剂的孔隙或酸中心而引起的可逆失活；另一种是 V_2O_5 与沸石组分反应破坏其晶格而引起的不可逆失活，当 V_2O_5 熔融时会在催化剂表面流动，堵塞孔道或进入沸石中，如果 V_2O_5 浓度较高而催化剂表面较小时，该熔融体会覆盖在催化剂微球表面，使颗粒发生黏结，从而影响其流化性（在再生器的高温环境中）。由于水蒸气的存在，V_2O_5 可与水蒸气反应生成挥发性的钒酸 $VO(OH)_3$，其酸性类似于磷酸，与沸石作用时能促进 Y 沸石水解而破坏其晶体结构[20]，所以水蒸气处理后沉积钒的沸石样品结晶度下降幅度较大。

综合上述分析，钒的沉积、迁移和对 REY 分子筛催化剂的破坏作用可以描述为：

① 低价钒被氧化

$$V^{3+}、V^{4+} \xrightarrow[\text{再生}]{O_2} V_2O_5(V^{5+})$$

② 水汽下形成矾酸

$$V^{5+} \xrightarrow[\text{再生}]{H_2O} H_3VO_4$$

③ 钒-钠低共熔物形成

$$H_3VO_4 \xrightarrow[\text{催化剂}]{Na^+} V_2O_5 \cdot nNa_2O$$

④ 钒-稀土低共熔物形成

$$H_3VO_4 \xrightarrow[\text{催化剂}]{RE} REVO_4$$

（4）镍钒共存的作用机理

金属之间的相互作用对催化裂化的影响是相当复杂的，似乎还存在一定的争议。有文献表明[21~23]：在水热条件下，钒的存在能抑制镍的脱氢作用，减少焦炭的生成，而镍的存在能抑制钒对分子筛骨架的脱铝作用；镍和钒同时存在对焦炭的生成和催化裂化活性的降低不会产生协同效应。虽然不能确定镍与钒之间是何种相互作用，但推测可能是镍与被钒破坏的无定形铝作用而较难以被还原，而钒与镍的相互作用使得钒的流动性减小。然而，Escobar 等[24]却得出了相反的结论，实验观测到镍和钒同时存在时分子筛的表面积比其单独污染时小，他们认为这种差异是由于采用的钒污染水平不同造成的，Yang 等[21,22]采用了较高的钒污染量（7500~10000μg/g），而他们的钒污染水平只有 3000~6000μg/g。但是，有人使用 500~4000μg/g 的钒污染量，却发现镍的存在能缓解钒对分子筛的破坏[25]。分析可知，出现上述不同的实验结果主要原因在于实验方法存在差异，如果同步引入钒、镍两种金属离子，由于它们之间存在强烈的相互作用，会形成复合氧化物，其破坏作用会有所降低；但是，如果它们是分步引入的，则它们的破坏作用是叠加的。实际上，在工业装置中，由于镍和钒往往是随原料同步沉积在催化剂上，所以，它们的破坏作用往往有所减缓。

（5）其他金属的作用机理

催化剂制备过程残存的碱金属及原料中的碱金属和碱土金属对催化剂也有毒害作用，它们对催化剂反应活性的影响见图 4-11 和图 4-12[26]。可以看出，钠对活性的影响最大，钾的影响较小，而镁与钙对活性的影响相似，影响程度介于钠与钾之间；与制造中引入的钠相比，原料油中的钠对催化剂活性的影响更大。

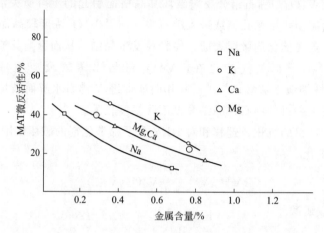

图 4-11　水热条件下，碱金属和碱土金属对平衡催化剂活性的影响

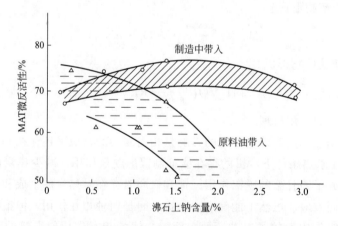

图 4-12　不同来源钠含量对催化剂活性的影响

（实验条件：510℃，剂油比 3～4，WHSV 30～40h⁻¹）

碱金属和碱土金属以离子状态存在时，可以吸附在催化剂的酸性中心上起中和作用，降低了反应活性。这些碱金属和碱土金属与沸石分子筛发生固相离子交换时，在苛刻的水热条件下，能够破坏分子筛结构。其中，钙和镁以无机物形式进入催化装置，在高温再生时，易转化成氧化物，难以与分子筛发生离子交换，因此，它们对催化剂的毒害相对较小，但当钙含量大于 1%，也会破坏分子筛结构。在苛刻的高温水汽下，如果发生了离子交换，镁比钠的影响还要严重。

钠的影响更为突出，它一方面能够中和催化剂酸性中心而降低反应活性；另一方面，它是一种助熔剂，能够降低催化剂的熔点，在再生温度下，足以使污染部位发生熔化，同时破坏分子筛与基质结构。与钒相比，钠在水汽条件下优先与分子筛骨架反应，造成较大破坏。在水热条件下，钠破坏分子筛骨架的过程如图 4-13 所示，在较低温度下，NaOH 可造成催化剂中分子筛结构的崩塌，即水与分子筛作用，分子筛内的钠与水作用，形成 NaOH 溶液，对分子筛骨架造成破坏[27]。

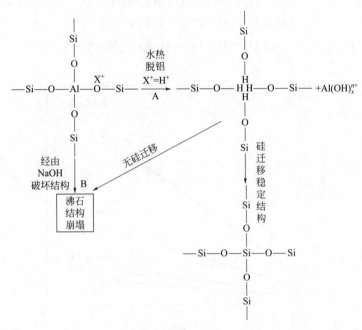

图 4-13　水热条件下，钠破坏分子筛骨架的示意图

钒与钠具有协同破坏作用，钠可与钒共同作用形成熔点更低、迁移性更强的钒酸钠（$V_2O_5 \cdot n Na_2O$），加速对催化剂的破坏作用。

$OH^{\delta-}$ 进攻 Si—O 键发生亲核反应，破坏分子筛的骨架结构，Na 的存在促进了亲核反应速率，如下所示：

$$H_2O + Na^+ Y \rightleftharpoons NaOH + H^+ Y$$

$$NaOH \rightleftharpoons Na^{\delta+} + OH^{\delta-}$$

杜晓辉[28]研究了钒钠共存时的协同破坏作用，如图 4-14 所示，在不同钒含量时，随着氧化钠增加，分子筛结构破坏速率（k）呈现出迅速上升的趋势。这表明钠和钒存在协同作用加剧了分子筛结构的破坏作用。

这种破坏作用的一级反应速率常数随钒或钠的增加而增大，其反应历程可进一步描述为[29]：

$$V_2O_5 + 3H_2O \Longleftrightarrow 2H_3VO_4$$

$$V_2O_5 + H_2O \Longleftrightarrow 2HVO_3$$

$${}^*[VO_2]^+ + H_2O \Longleftrightarrow HVO_3 + {}^*H^+$$

$$*[VO_2]^+ + 2H_2O \Longleftrightarrow H_3VO_4 + {}^*H^+$$

$$H_3VO_4 \Longleftrightarrow HVO_3 + H_2O$$

$$HVO_3 + Na^+Y \Longleftrightarrow NaVO_3 + H^+Y$$

$$NaVO_3 + H_2O \Longleftrightarrow HVO_3 + NaOH$$

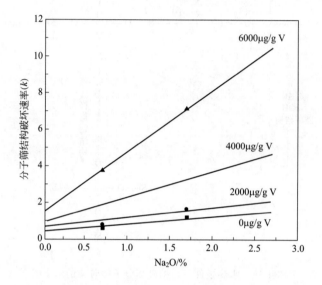

图 4-14　钒钠协同作用对 Y 型分子筛结构破坏速率的影响

（6）Y 型分子筛在金属作用下的结构破坏路径

杜晓辉[28]在综合研究的基础上，提出了 Y 型分子筛在金属作用下的破坏路径，如图 4-15 所示。在高温水热条件下，分子筛会脱除部分羟基，从而处于亚稳状态，这时 Al 原子很容易从分子筛骨架脱出来形成非骨架铝。分子筛水解脱铝形成 Si—OH 空穴，如果 SiO$_2$ 没有及时进入空穴形成稳定的骨架结构，分子筛的骨架结构就会遭到破坏，钒的存在会加速水热脱铝（路径 A）。钠对分子筛的破坏作用是脱硅的作用（路径 B），在高温水热条件下，钠离子与水蒸气反应形成 NaOH。生成的 NaOH 在水蒸气的作用下发生部分离子化，形成的 Na$^{\delta+}$OH$^{\delta-}$ 会进攻 Si—O 键，进而破坏分子筛结构。其中，水蒸气的存在对部分离子化起决定性作用。在路径 B 中，NaOH 的形成是控速步骤，钒的存在会加速破坏作用。首先，钒与水蒸气形成 H$_3$VO$_4$，H$_3$VO$_4$ 与 Na$^+$ 反应生成 Na$_3$VO$_4$，它作为中间产物水解之后形成 H$_3$VO$_4$ 和 NaOH。当稀土本身定位在分子筛方钠石笼中时，钒与稀土反应生成 REVO$_4$，导致分子筛的 RE—O—RE 键的消失，从而加速分子筛结构破坏（路径 C）。

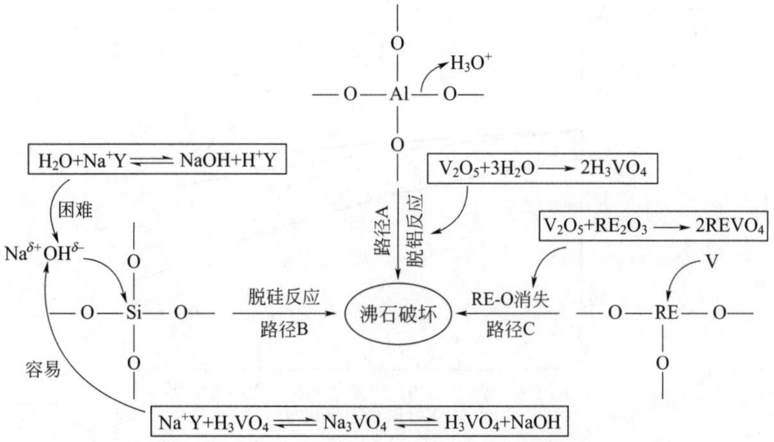

$$-\text{O}-\underset{\underset{|}{\overset{|}{\text{O}}}}{\overset{\overset{\text{O}}{|}}{\text{Al}}}-\text{O}- \quad \longrightarrow \text{H}_3\text{O}^+$$

$\boxed{\text{H}_2\text{O}+\text{Na}^+\text{Y} \rightleftharpoons \text{NaOH}+\text{H}^+\text{Y}}$

$\boxed{\text{V}_2\text{O}_5+3\text{H}_2\text{O} \longrightarrow 2\text{H}_3\text{VO}_4}$

$\boxed{\text{V}_2\text{O}_5+\text{RE}_2\text{O}_3 \longrightarrow 2\text{REVO}_4}$

困难

路径A 脱铝反应

$\text{Na}^{\delta+}\text{OH}^{\delta-}$

脱硅反应 路径B　→　沸石破坏　←　RE-O消失 路径C

容易

$-\text{O}-\text{Si}-\text{O}-$　　　$-\text{O}-\text{RE}-\text{O}-$

$\boxed{\text{Na}^+\text{Y}+\text{H}_3\text{VO}_4 \rightleftharpoons \text{Na}_3\text{VO}_4 \rightleftharpoons \text{H}_3\text{VO}_4+\text{NaOH}}$

图 4-15　Y 型分子筛结构破坏的反应路径

第二节　稀土存在方式及抗金属污染作用

原油中的钒和镍是污染裂化催化剂的主要金属，如何抑制它们的破坏作用受到高度关注。钒的破坏作用主要是攻击催化剂中的沸石/分子筛活性组分，导致其晶体结构崩塌而降低反应活性。从钒的破坏过程分析，抑制 V_2O_5 和钒酸的生成，抑制钒物种在沸石体相的迁移是钝钒的关键问题；钝镍的重点在于降低其分散性，抑制低价镍的脱氢活性。稀土金属元素具有特殊的 f 电子结构，不同的存在形态表现出较大的结构性能差异，其氧化物显示了一定的碱性或酸性，在钝化钒、镍以及其他金属污染方面具有特殊的功效。

一、稀土类型的影响

关于稀土的抗金属污染作用，目前研究较多的是 La、Ce、Y 等元素及其化合物，对其作用过程存在不同的认识。

罗一斌等[30]采用长岭催化剂厂生产的 SRY 超稳 Y 分子筛，分别与适量的氧化镧和氧化铈固体机械混合并研磨均匀，得到 La-SRY 和 Ce-SRY。将这三种分子筛污染不同的钒含量，测定 820℃、100％水蒸气老化 4h 后的微反活性，如图 4-16 所示。可以看出，SRY 的下降幅度最大，La-SRY 次之，Ce-SRY 最小。同时，在相同水热老化条件和钒含量下，La-SRY 的比表面积下降 $59\text{m}^2/\text{g}$，而 Ce-SRY 的比表面积仅下降 $47\text{m}^2/\text{g}$。这说明，沉积氧化铈比氧化镧具有更强的抗钒污染和保护分子筛结构的能力。通过 XPS 测定 800℃水热老化 4h 前后的样品发现，在相同钒含量下 La-SRY 分子筛表面 La 的浓度减少 12％，而 Ce-SRY 分子筛表面 Ce 的浓度降低 36％。这可以解释为，在高温水蒸气下稀土与钒形成钒酸稀土经扩散进入分子筛体相，从而超出了能谱的检测深度，表明 Ce 比 La 更容易与分子筛表面的钒作用。

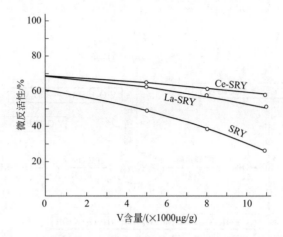

图 4-16 不同稀土元素 Y 分子筛在钒污染下的微反活性

宗保宁等[31]进一步将上述不同稀土改性超稳 Y 分子筛制备成催化剂，在小型固定流化床装置上进行了评价（表 4-2），可以看出，钒污染后，SRY-C 催化裂化反应转化率从 69.37% 下降至 57.20%，而焦炭与转化率之比从 0.102 增加至 0.113，表明钒破坏了分子筛的结构，同时产生无定形 Al_2O_3，导致催化剂的活性下降，焦炭选择性变差。加入少量 Ce_2O_3 和 La_2O_3 后，Ce-SRY-C 和 La-SRY-C 催化裂化反应转化率分别增至 72.75% 和 70.56%，焦炭与转化率之比分别增至 0.105 和 0.111，表明稀土元素优先与钒反应，从而保护了分子筛的结构。这进一步证实了 Ce 的抗钒污染性能优于 La。

表 4-2 小型固定流化床的评价结果

催化剂	V 含量 /(μg/g)	产品分布/%						转化率 /%	液体产率 /%	焦炭 /转化率
		干气	液化气	汽油	柴油	油浆	焦炭			
SRY-C	0	2.06	15.00	45.25	21.52	9.11	7.06	69.37	81.77	0.102
SRY-C	8000	1.76	10.56	38.40	24.99	17.81	6.47	57.20	73.95	0.113
Ce-SRY-C	8000	1.82	16.39	46.90	19.53	7.72	7.63	72.75	82.82	0.105
La-SRY-C	8000	2.12	15.46	45.13	20.77	8.67	7.85	70.56	81.36	0.111

Liu 等[32]似乎得出了与上述研究截然不同的结论，他们对比研究了 La_2O_3 和 CeO_2 改性 USY 分子筛的抗钒污染性能，将这些稀土氧化物与 USY 分子筛进行物理混合，然后充分研磨均匀。分别采用这些改性分子筛制备了催化剂样品（CatUSY/La_2O_3、CatUSY/CeO_2），并沉积不同含量的钒，在 800℃ 水汽条件下处理 4h，在 ACE（advanced catalytic evaluation）上进行裂化反应评价。催化剂样品的比表面积和 ACE 转化率随 RE/V 比例发生变化，见图 4-17 和图 4-18。可以看出，随着 RE/V 比例增加，催化剂的比表面积增加，ACE 转化率增加；对比不同类型稀土，La_2O_3 改性的 CatUSY/La_2O_3 的比表面积和 ACE 转化率明显高于 CeO_2 改性样品，显示了更强的抗钒污染性能。

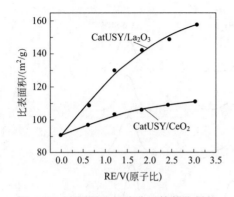

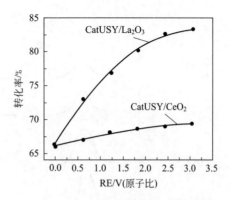

图 4-17　不同稀土超稳分子筛催化剂的
比表面积随 RE/V 比例的变化

图 4-18　不同稀土超稳分子筛催化剂的
转化率随 RE/V 比例的变化

对于稀土的抗钒污染性能，为什么研究者会得出看似完全不同的结论呢？这主要是因为所采用稀土的形态存在差异。宗保宁等使用的氧化铈主要以 Ce_2O_3 形态存在，对于同为三价的镧和铈来说，Ce_2O_3 与钒物种的相互作用能力更强。而 Liu 等采用的却是 CeO_2，在改性过程中采用干焙处理方式，由于四价铈氧化物稳定性更好，与金属氧化物反应的活性低，La_2O_3 更容易与钒物种形成钒酸稀土。

二、离子形态稀土的引入

稀土在催化剂中的存在形态主要包括离子和氧化物独立相两种。从第三章讨论可知，这两种形态对于稀土改性分子筛来说，稀土发挥的作用存在很大差异。通过交换方式在 Y 型分子筛中引入稀土主要是稳定分子筛结构，改善其酸性特征，提高固体酸反应活性；而通过沉淀、浸渍和外加稀土氧化物方式引入稀土，这种形态的稀土主要发挥抗金属污染的功能。离子形态稀土可以通过稀土溶液直接加入或浸渍和稀土溶液交换分子筛两种方式引入，这里先讨论稀土以离子形态引入分子筛、基质或催化剂的抗金属污染性能。

罗一斌等[30]考察了几种改性分子筛的抗钒金属污染性能，如图 4-19 所示，SRY 是一种超稳分子筛，Ce-SRY 是氧化铈与 SRY 分子筛的物理混合物，REY 是稀土离子交换 Y 分子筛。可以看出，随着钒含量增加，分子筛的 533 晶面衍射峰降低，表明分子筛结晶度遭到破坏，致使结晶度有所下降，其中 Ce-SRY 分子筛的结晶度保持最好，SRY 分子筛次之，而 REY 分子筛的结晶度遭到严重破坏，当钒含量大于 0.8% 时，其结晶度几乎完全丧失。由稀土改性过程可知，REY 分子筛中的稀土是以 RE^{3+} 的离子形态存在于分子筛晶内的，而 Ce-SRY 分子筛中的稀土是沉积在催化剂表面，两者稀土的位置不同。在水热条件下，当稀土以离子（RE^{3+}）形态存在于分子筛晶内时，会加重钒对分子筛结构的破坏；当以氧化稀土形态分散沉积在分子筛表面时，钒会首先与稀土作用，形成稳定的钒酸稀土化合物，减弱了钒对分子筛骨架铝的攻击，起到了保护分子筛结构的作用。

一般认为，以离子形态在分子筛中引入稀土，引入量较少时稀土进入分子筛的小笼，使分子筛的骨架结构更加稳定；引入量较大时，稀土会以氧化物形式聚集在分子筛表面[33]。

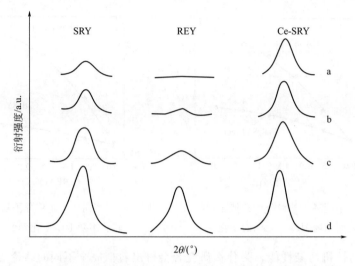

图 4-19　不同钒含量分子筛 XRD 的 533 晶面衍射峰

（800℃、100％水气处理 4h，钒质量分数为：a—1.0％；b—0.8％；c—0.5％；d—0.0％）

　　Moreira 等[34]研究了在 HUSY 分子筛中以沉淀、浸渍和离子交换三种方式引入稀土元素 Ce，经过钒污染后，发现如果 V-Ce-非骨架铝多组分之间存在相互作用，将会强烈影响钒物种的还原与迁移过程，也能够抑制铈氧化物的烧结作用。通过 HRTEM 和 FTIR 表征，证明了以浸渍法在 HUSY 中引入 Ce 会促使 V-Ce-非骨架铝之间产生强烈的相互作用，而且在水蒸气作用下没有发现独立的 CeO_2 和 V_2O_5 相。如图 4-20(a) 所示，铈浸渍 USY 经过钒沉积后的样品 VCeIMP 的 $3602cm^{-1}$ 的吸收带明显降低，而且当 Ce 含量从 2％～3％增加到 8％ [图 4-20(a) 中 8CeIMP]，则沉积钒后的该吸收带降幅更大，该降幅越大表明 V-Ce-非骨架铝之间的相互作用越强烈[35]，则其对钒的钝化作用就越大，反过来也证明 Ce 与钒的相互作用是通过该羟基来实现的。对于另外两种引入 Ce 的离子交换法 [图 4-20(b)] 和沉淀法 [图 4-20(c)] 样品，该羟基吸收带的变化并不明显。

　　Moreira 等[36]进一步研究了 HUSY 分子筛中以沉淀、浸渍和离子交换三种方式引入稀土 La 的分布和抗钒污染性能差异。一般来说，XPS 表征样品表面一定深度的元素分布，ICP 则分析样品本体的元素分布。由表 4-3 可以看出，LaPP（沉淀）的 $(La/Al)_{XPS}$/$(La/Al)_{ICP}$ 为 1.41（最大），LaEX（交换）的比值是 0.12（最小），表明沉淀法引入的 La 主要分布在分子筛表面，交换法引入的钒主要分布在分子筛孔道和孔洞之中，而 LaIM（浸渍）的比值 0.32 介于其中，表明 La 分布更为均匀。当样品沉积钒以后，VHUSY 的 $(V/Al)_{XPS}$ 值 0.015 大于 $(V/Al)_{ICP}$ 值 0.006，VLaPP（沉淀）的 $(V/Al)_{XPS}$ 值 0.030 大于 $(V/Al)_{ICP}$ 值 0.016，而 VLaIM（浸渍）和 VLaEX（交换）的 $(V/Al)_{XPS}$ 值却小于 $(V/Al)_{ICP}$ 值，表明钒主要分布在沉淀法稀土样品的表面、交换法和浸渍法样品的孔道和孔洞之中（表 4-4）。另外，对比 $(La/Al)_{XPS}$ 值，LaEX 从 0.009 增加到 VLaEX 的 0.026，而 LaIM 引入钒前后的该值变化不大，表明浸渍法引入钒没有导致 La 分布发生明显变化，由此产生了更有利于增强抗钒污染能力的 V-La 相互作用。

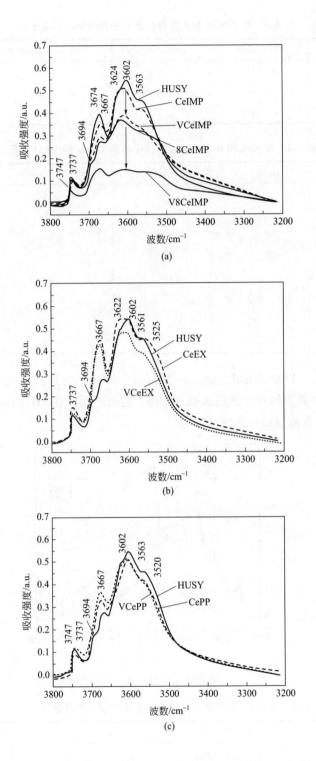

图 4-20　几种分子筛的羟基振动红外光谱

VCeIMP—钒-铈浸渍 USY；VCeEX—钒-铈交换 USY；VCePP—钒-铈沉淀 USY

表 4-3 由 XPS 和 ICP 测得含镧分子筛的 La/Al 原子比

催化剂	$(La/Al)_{XPS}$	$(La/Al)_{ICP}$	$(La/Al)_{XPS}/(La/Al)_{ICP}$	La I /La II
LaIM	0.024	0.076	0.32	0.65
LaPP	0.201	0.143	1.41	0.86
LaEX	0.009	0.073	0.12	0.73

表 4-4 由 XPS 和 ICP 测得含钒分子筛的 La/Al 和 V/Al 原子比

催化剂	$(La/Al)_{XPS}$	$(La/Al)_{ICP}$	$(V/Al)_{XPS}$	$(V/Al)_{ICP}$
VHUSY	—	—	0.015	0.006
VLaIM	0.017	0.076	0.004	0.015
VLaPP	0.180	0.143	0.030	0.016
VLaEX	0.026	0.073	0.010	0.020
VHUSYst	—		0.003	
VLaIMst	0.008		0.007	
VLaPPst	0.113		未测	
VLaEXst	0.011		0.010	

如图 4-21 所示，以浸渍方式引入 La 的样品的 $3602cm^{-1}$ 羟基吸收带最低，也表明这个样品中，La 与非骨架铝存在强烈的相互作用，这与上面所述 HUSY 浸渍铈的吸收带特征相似，预示其具有较强的抗钒污染能力。

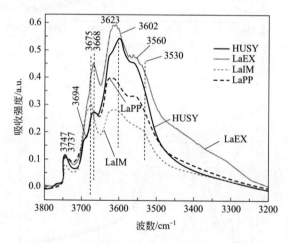

图 4-21 几种分子筛的羟基振动红外光谱

表 4-5 正己烷裂化反应和异丙醇脱氢反应结果

催化剂	正己烷裂化反应			异丙醇脱氢	
	活性[①]	烯烃/烷烃 (质量比)	丙烯 (质量分数)/%	活性[②]	丙烯/异丙基醚[③] (摩尔比)
HUSY	628	0.9	23	45.5	0.36

续表

催化剂	正己烷裂化反应			异丙醇脱氢	
	活性[①]	烯烃/烷烃（质量比）	丙烯（质量分数）/%	活性[②]	丙烯/异丙基酯[③]（摩尔比）
VHUSY	389	0.8	28	25.6	0.19
LaEX	418	0.7	26	39.7	0.13
VLaEX	355	0.7	32	15.7	0.09
LaPP	394	0.7	26	36.1	0.17
VLaPP	274	0.8	30	38.6	0.16
LaIM	307	1.0	29	18.5	0.16
VLaIM	297	1.0	34	18.8	0.14
HUSYst	196	2.6	40	—	—
VHUSYst	127	3.9	48	—	—
LaEXst	218	2.0	41	—	—
VLaEXst	127	4.1	44	—	—
LaPPst	296	2.0	44	—	—
VLaPPst	259	2.1	45	—	—
LaIMst	279	2.2	45	—	—
VLaIMst	256	3.3	52	—	—

① μmol（转化的正己烷）/[g（催化剂）·min]。

② mmol（转化的异丙醇）/[g（催化剂）·h]。

③ 每摩尔异丙醇转化为丙烯和异丙基酯。

注：正己烷反应温度 773K，催化剂水汽处理温度 873K；异丙醇脱氢反应温度 373K。

从表 4-5 可以看出，对于正己烷裂化反应，几种引入 La 沉积钒后经过水汽处理的分子筛催化剂活性变化为 VLaIMst/LaIMst（浸渍）＝0.91＞VLaPPst/LaPPst（沉淀）＝0.88＞VLaEXst/LaEXst（交换）＝0.58。这表明，以浸渍法引入稀土后经过钒污染和水蒸气处理，反应活性降低幅度最小，而采用其他方法引入稀土，其活性下降幅度都比较大。虽然以浸渍法引入稀土的分子筛催化剂的反应活性最低，但是沉积钒后活性下降幅度小，表明其抗金属污染能力强。这是因为，采用浸渍法引入的稀土比较均匀地分布在孔道和表面上；以沉淀方法引入稀土则大部分分布在表面，可以明显抑制钒物种的迁移反应；而采用离子交换法的稀土主要分布在孔道中，其抗钒污染性能较差。另外，对于异丙醇脱水反应，以浸渍法和沉淀法在 HUSY 上引入 La，经过钒污染后，其反应活性不降或略有增加，但是，对于以交换法引入稀土或者不引入稀土的分子筛催化剂来说，钒污染的活性明显降低。

李雪礼等[37]考察了在催化剂成胶过程中引入不同形态稀土的抗钒污染性能，他们对比了以离子和氢氧化物（经氨水沉淀）形态引入稀土的实验效果。结果表明，在催化剂成胶体系中引入的这两种形态稀土均能与 V 化合物在高温下发生反应生成钒酸稀土，从而对重金属起到钝化作用。基于此，他们在制备稀土含量较高的 FCC 抗钒助剂时，在成胶过程中以离子形态引入稀土，获得了一种新型抗钒助剂样品（实验剂），并与目前广泛使用的某抗钒助剂（参比剂）进行了对比。在常规主催化剂中，分别加入这两种抗钒助剂15％进行对比评价实验。两个复配剂的主要组成见表4-6，对比评价结果列于表4-7。可以看出，两个复配剂的氧化钠和氧化稀土含量基本相同，钒污染量约5000$\mu g/g$，具有可比性。

表 4-6　抗钒助剂及钒污染复配 FCC 催化剂的主要组成

项 目	Na_2O(质量分数)/%	RE_2O_3(质量分数)/%	V(质量分数)/%
实验剂	0.01	9.21	
参比剂	0.28	9.92	
实验复配剂	0.10	3.79	0.49
参比复配剂	0.11	3.93	0.50

表 4-7　参比复配剂和实验复配剂的反应性能评价

项 目	参比复配剂	实验复配剂
产品分布(质量分数)/%		
干气	3.80	3.58
液化气	19.29	19.08
汽油	45.29	46.44
柴油	12.80	13.08
重油	7.29	7.11
焦炭	11.53	10.71
转化率(质量分数)/%	79.91	79.81
总液收率(质量分数)/%	77.38	78.60
轻质油收率(质量分数)/%	58.09	59.52
生焦因子	2.90	2.71

从表4-7可以看出，与参比复配剂相比，实验复配剂的焦炭、干气和重油产率均较低，汽油产率高1.15个百分点，总液收率高1.22个百分点，显示了更好的产品分布和重油转化性能，说明在制备助剂的成胶过程中，采用离子形态引入稀土的制备工艺是可行的。

综合分析来看，以离子形态引入稀土的抗金属污染性能存在较大差异，当通过离子交换形式引入分子筛中，其抗金属污染性能最差，基本上不能起到抗金属污染作用，但是以浸渍方式在分子筛和催化剂基质上引入稀土离子，则可以较为充分地发挥稀土抗金属污染的作用。这对于工业上研究开发抗钒污染技术具有重要指导意义。

三、独立相稀土氧化物

对于稀土抗金属污染作用，除了离子形态的稀土引入方式外，更多的研究工作集中在如何以稀土氧化物独立相形式引入分子筛改性和催化剂制备过程中。以独立相存在的稀土氧化物可以优先与钒物种发生如图4-22所示的化合反应，分子筛的结构得到保护[28]。

何鸣元等[38]开展了稀土改性分子筛的系列基础研究工作，获得了许多有益的启示：

① 发现在碱性条件下沉积到 Y 型分子筛表面的稀土氢氧化物，在水热焙烧过程中发

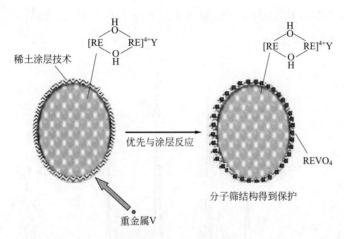

图 4-22　重金属钒优先与稀土氧化物涂层反应的示意图

生向分子筛晶内的迁移。在氢离子刻蚀后用俄歇能谱进行观察，可以看到稀土中的 La 与 Ce 从分子筛颗粒表面至内部大致呈均匀分布。水热过程中稀土向分子筛晶内的迁移阻抑了铝向晶外的迁移，减缓了脱铝的速度，从而使固相补硅得以和脱铝保持同步，同时大大提高了水热焙烧所得的高硅 Y 型分子筛的结晶保留度。

② 实验结果已证实稀土向晶内的迁移及 Y 型沸石超笼中少量稀土离子的存在。采用吡啶吸附红外光谱表征进一步证实了，由于超笼中存在稀土离子，使脱铝过程所产生的羟基铝阳离子 $[Al(OH)]^{2+}$ 被堵塞在方钠石笼中。由此可解释在水热脱铝过程以及催化剂使用过程中稀土所起的抑制脱铝速度和提高分子筛结晶保留度的稳定作用。

③ 由于部分稀土离子的存在以及稀土对分子筛骨架的稳定作用，稀土对提高分子筛的催化活性有利。

④ 进入晶内的具有弱碱性的稀土氧化物，能中和分子筛超笼中部分强酸中心，从而降低酸中心密度。因而，与无稀土氧化物的常规 USY 分子筛相比，在同样晶胞大小的条件下沉积稀土氧化物的高硅 Y 型分子筛具有更低的氢转移活性，有利于选择性的提高。沉积的稀土氧化物及其在分子筛制备过程中的迁移，使分子筛自身具有优异的抗钒性能。应用于重油加工时不需要再另行加入捕钒剂。

在上述基础研究的基础上，何鸣元院士团队相继申报和获得了多件有关稀土改性分子筛的发明专利[39-41]，在 RNY 的制备中突破了传统的以稀土金属离子交换在沸石中引入稀土金属的方法，以沉淀 $RE(OH)_3$ 在分子筛中引入稀土金属，具体为下面所述的任一方法：a. 将 $RECl_3$ 溶液均匀地分散在晶化后的 NaY 型分子筛碱性溶液中，待生成的$RE(OH)_3$沉淀在分子筛浆液中分散均匀后，经过滤、洗涤、铵交换、焙烧等步骤制得含稀土改性 Y 分子筛；b. 将 NH_4OH 或其他碱（如 NaOH、KOH 等）与 $RECl_3$ 溶液按分子比（3.0～4.0）∶1 进行反应制得胶状 $RE(OH)_3$，经过滤、洗涤后均匀地分散在 USY 分子筛浆液中，获得稀土改性 USY 分子筛；c. 将任何方法制成的 RE_2O_3 经过充分研磨后，均匀地分散在 USY 浆液中，制得稀土改性 USY 分子筛。

后来，他们又设计了外加硅源的技术方案，在水热处理过程中加速了硅的插入反应，创制了 SRNY 分子筛，其 XRD 特征峰如图 4-23 所示，可以看出，该分子筛在 $2\theta=27°\sim29°$ 具有明显的氧化稀土的弥散峰。

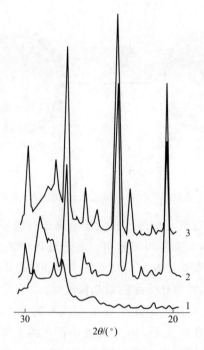

图 4-23　SRNY 分子筛的 XRD 特征谱图
1—RE_2O_3 或 $RE(OH)_3$；2—常规 NH_4Y 分子筛；3—SRNY 分子筛

在水热处理时，稀土氢氧化物向沸石晶内迁移，发生如下变化：

$$RE(OH)_3 + H[Y] \xrightarrow[\text{高温}]{H_2O} RE(OH)_2^+[Y] + H_2O$$

$$RE(OH)_2^+Y + H[Y] \xrightarrow[\text{高温}]{H_2O} RE(OH)^{2+}[Y] + H_2O$$

这样，沉淀的氧化稀土可以起到通过交换引入稀土金属离子同样的作用，减缓了沸石骨架脱铝反应，从而改善沸石的活性稳定性。

将 SRNY、USY、REY、REUSY 四种沸石沉积钒之后再进行老化，以正十四烷为原料在脉冲微反上评价了反应活性变化，结果列于表 4-8 中。可以看出，无污染钒时，SRNY 分子筛的反应活性最低，但是钒污染后，该分子筛的活性下降最小，随着钒含量增加，反应活性基本不变，只有当钒含量增加到 $20000\mu g/g$ 时，其反应活性才进一步有所降低，而其他分子筛被钒污染以后，反应活性急剧下降。这表明以沉淀稀土方式制备的 SRNY 分子筛具有优异的抗钒污染能力。

张亮[42]研究了在催化剂中引入不同形态稀土的抗金属污染性能。对比分析在分子筛上交换稀土、分子筛上沉淀稀土以及基质上沉淀稀土的实验效果，所制备催化剂的理化性能列于表 4-9 中，可以看出，催化剂 1 具有较低的氧化钠、3.00% 的五氧化二磷以及约 2% 氧化稀土，催化剂 2~3 的稀土含量增至 3%，属于比较典型的重油裂化催化剂组成。

表 4-8　不同钒含量污染后分子筛的反应活性对比

钒含量/(μg/g)	0	5000	10000	15000	20000
$n\text{-}C_{14}$转化率(质量分数)/%					
SRNY	47.9	41.9	44.3	44.2	39.6
USY	50.8	23.5	3.3	3.9	3.3
REY	100.0	81.5	11.9	7.9	2.2
REUSY	97.1	82.4	56.3	6.3	6.6

表 4-9　不同稀土引入形式及位置的催化剂组成

项目	催化剂 1	催化剂 2	催化剂 3	催化剂 4
稀土位置及引入形式	不加 RE	分子筛离子交换 1.0%RE	基质加沉淀 1.0%RE	分子筛沉淀 1.0%RE
SiO_2(质量分数)/%	54.21	53.92	54.07	53.87
Al_2O_3(质量分数)/%	36.05	35.85	36.68	35.97
Na_2O(质量分数)/%	0.11	0.09	0.10	0.10
RE_2O_3(质量分数)/%	2.05	2.95	3.04	2.92
P_2O_5(质量分数)/%	3.00	2.97	3.06	2.98

　　将这四个催化剂进行约 $5000\mu g/g$ 的镍污染，其理化性质和反应性能分别列于表4-10、表 4-11，催化剂金属污染、老化和反应条件为：①有机重金属盐实验室循环污染。人工配制原料油，反应温度 $505℃$，再生温度 $640℃$，预热温度 $320℃$，催化剂装剂量100g，汽提时间 30min，再生时间 20min，剂油比 2.5，循环污染反应 4 次。②水热老化：在 $800℃$、100%水蒸气下处理 6h。③ACE 评价：典型重油催化裂化原料，反应温度 $530℃$，再生温度 $700℃$，剂油比 5，空速 $12h^{-1}$。表 4-12～表 4-15 的催化剂金属污染、老化和反应条件与此相同。

　　从表 4-10 可以看出，催化剂中引入稀土后，其比表面积和微反活性得以增加，与以交换方式引入稀土的催化剂 2 相比，以沉淀方式引入稀土的催化剂 3 和催化剂 4 的微反活性增加。从表 4-11 可以看出，催化剂中引入稀土后，反应转化率上升，液化气增加，干气减少，其中氢气下降明显，H_2/CH_4 摩尔比降低；以沉淀方式在分子筛中引入稀土的催化剂 4 的转化率和总液收率增加最大，以沉淀方式在基质中引入稀土的催化剂 3 的 H_2/CH_4 摩尔比最低。这表明在催化剂中引入稀土后，催化剂的抗镍污染能力增强。从前面分析可知，镍可与氧化铝形成 $NiAl_2O_4$ 表面尖晶石结构，可存在于四面体和八面体中，对分子筛的结构造成一定破坏，并堵塞分子筛的孔道，降低了催化剂的比表面积和孔体积。在催化剂中引入稀土，它可优先与氧化镍形成 $NiREO_3$，阻止铝酸镍的形成，从而减少镍的破坏作用。其中，在分子筛中以交换方式引入的稀土具有稳定分子筛结构的作用，其发挥抗镍污染的性能有限，因此，催化剂 2 的反应活性和反应选择性改善幅度较低。相对来说，在分子筛中沉淀稀土，能够避免镍与分子筛中的铝反应而破坏分子筛结构，因此，催化剂 4 的反应活性与转化率最高，而在基质中引入沉淀稀土，则全面抑制了镍的脱氢活性，从而催化剂 3 的 H_2/CH_4 摩尔比最低。

表 4-10　稀土引入方式对镍污染催化剂理化性质的影响

项目	催化剂 1	催化剂 2	催化剂 3	催化剂 4
Ni/(μg/g)	4700	5200	5100	4900
比表面积/(m²/g)	203	208	208	212
孔体积/(mL/g)	0.24	0.23	0.26	0.24
微反活性/%	69	73	75	76

表 4-11　稀土引入方式对镍污染催化剂反应性能的影响

项目	催化剂 1	催化剂 2	催化剂 3	催化剂 4
Ni/(μg/g)	4700	5200	5100	4900
物料平衡(质量分数)/%				
干气	3.41	3.26	3.37	3.44
H₂	0.42	0.21	0.20	0.26
CH₄	1.22	1.18	1.23	1.25
液化气	20.65	21.90	22.32	22.79
汽油	49.62	48.75	49.29	50.41
柴油	11.96	10.91	10.65	10.05
重油	5.04	5.97	4.94	3.77
焦炭	9.32	9.21	9.43	9.54
总计	100	100	100	100
转化率(质量分数)/%	83.00	83.11	84.41	86.18
H₂/CH₄(摩尔比)	2.75	1.42	1.30	1.66
总液收率(质量分数)/%	82.23	81.56	82.26	83.25
轻质油收率(质量分数)/%	61.58	59.66	59.94	60.41

　　将这些催化剂进行约 $5000\mu g/g$ 的钒污染，其理化性质和反应性能分别列于表 4-12、表 4-13。从表 4-12 可以看出，催化剂中引入稀土后，其比表面积和微反活性得以增加，在基质中引入沉淀稀土的催化剂 3 的反应活性最高。从表 4-13 可以看出，催化剂中引入稀土后，反应转化率上升，汽油产率上升，柴油产率降低，液化气增加，氢气有所降低，H_2/CH_4 摩尔比下降；其中，以交换方式在分子筛中引入稀土的催化剂 2 的转化率和总液收率增加最大，同时焦炭产率最大，催化剂 4 的 H_2/CH_4 摩尔比最低。这表明在催化剂中引入稀土后抗钒污染能力增强。由于钒能够以五氧化二钒或钒酸的形式破坏分子筛结构，可以大幅度降低催化剂的反应活性，在催化剂中引入稀土，可优先与氧化钒形成 $REVO_4$，从而降低钒的破坏作用。其中，在分子筛中以交换方式引入的稀土具有稳定分子筛结构的作用，当氧化钒与其反应后，其抗钒作用下降，但是催化剂 2 的反应活性反而高于催化剂 4，这可能是因为引入的部分交换稀土以沉积形式进入分子筛发挥了抗金属污染作用，使催化剂 2 显示了最强重油转化能力，提高了总液收率。另外，由于钒具有很强的迁移流动性，在基质中引入沉淀稀土能够抑制钒的流动性，从而催化剂 3 具有最高的反

应活性。另外，对比表 4-11 和表 4-13，可以发现，与镍污染相比，钒污染催化剂具有更高的 H_2/CH_4 摩尔比，这可能与钒污染催化剂具有较低的反应活性有关。

表 4-12　稀土引入方式对钒污染催化剂理化性质的影响

项目	催化剂 1	催化剂 2	催化剂 3	催化剂 4
V/(μg/g)	5100	4900	4900	5100
比表面积/(m²/g)	188	198	213	195
孔体积/(mL/g)	0.23	0.24	0.25	0.24
微反活性/%	55	66	67	65

表 4-13　稀土引入方式对钒污染催化剂反应性能的影响

项目	催化剂 1	催化剂 2	催化剂 3	催化剂 4
V/(μg/g)	5100	4900	4900	5100
物料平衡(质量分数)/%				
干气	3.30	3.42	3.36	3.18
H_2	0.78	0.68	0.66	0.61
CH_4	1.07	1.16	1.14	1.06
液化气	13.87	16.13	16.28	16.48
汽油	45.84	47.94	47.51	46.94
柴油	17.38	15.10	15.13	15.15
重油	10.49	7.75	8.29	8.87
焦炭	9.12	9.66	9.43	9.38
总计	100	100	100	100
转化率(质量分数)/%	72.14	77.15	76.57	75.98
H_2/CH_4(摩尔比)	5.83	4.69	4.63	4.60
总液收率(质量分数)/%	77.09	79.17	78.91	78.57
轻质油收率(质量分数)/%	63.21	63.04	62.63	62.09

将上述催化剂进行约 5000μg/g 钒和约 5000μg/g 镍混合污染后，其理化性质和反应性能列于表 4-14、表 4-15。可以看出，在催化剂中混合污染钒和镍以后，其理化性质和反应性能变化与催化剂单独污染钒的变化趋势相近，对比表 4-11、表 4-13 和表 4-15，可以看出，镍-钒混合污染催化剂的 H_2/CH_4 摩尔比介于各自单独污染催化剂之间，这表明镍和钒之间存在一定的相互作用，抵消了金属各自存在时对催化剂性能的破坏作用。

表 4-14　稀土引入方式对镍、钒污染催化剂理化性质的影响

项目	催化剂 1	催化剂 2	催化剂 3	催化剂 4
Ni/(μg/g)	4700	5200	5100	4900
V/(μg/g)	5100	4900	4900	5100

续表

项目	催化剂 1	催化剂 2	催化剂 3	催化剂 4
比表面积/(m²/g)	204	209	208	206
孔体积/(mL/g)	0.23	0.24	0.25	0.23
微反活性/%	57	63	61	59

表 4-15　稀土引入方式对镍、钒污染催化剂反应性能的影响

项目	催化剂 1	催化剂 2	催化剂 3	催化剂 4
Ni/(μg/g)	4700	5200	5100	4900
V/(μg/g)	5100	4900	4900	5100
物料平衡(质量分数)/%				
干气	3.47	3.38	3.32	3.37
H_2	0.67	0.49	0.47	0.54
CH_4	1.17	1.22	1.20	1.20
液化气	16.42	18.24	17.85	17.41
汽油	48.38	49.07	48.49	48.30
柴油	14.36	13.32	13.85	14.38
重油	7.62	6.02	6.82	6.90
焦炭	9.75	9.97	9.67	9.64
总计	100	100	100	100
转化率(质量分数)/%	78.02	80.66	79.33	78.72
H_2/CH_4(摩尔比)	4.58	3.21	3.13	3.60
总液收率(质量分数)/%	79.16	80.63	80.19	80.09
轻质油收率(质量分数)/%	62.74	62.39	62.34	62.68

　　镍和钒对催化剂反应性能的影响是复杂的，它们对催化剂的焦炭选择性都有较大的影响，但作用机理有所不同。沉积在催化剂表面的镍由于自身的脱氢催化作用，使催化剂氢气产率增大的同时焦炭选择性变差；沉积在催化剂中的钒则是作用于分子筛，导致分子筛结构崩塌而产生非骨架铝，形成 L 酸活性中心，使催化剂活性下降的同时焦炭选择性变差。

　　从氢气产率来看（表 4-15），不论以何种形式引入稀土，H_2 产率和 H_2/CH_4 比均降低，表明稀土具有较好的抗镍作用。以沉淀形式将稀土元素引入催化剂基质中，一方面 RE_2O_3 具有一定的抗镍作用，同时水热过程产生的非骨架铝与镍所形成的镍铝尖晶石也具有一定的抗镍效果；另一方面，RE_2O_3 在抗镍的同时使得其对钒的捕获能力有所下降，使催化剂 3 氢气产率最低，转化率较催化剂 2 下降，重油产率上升；以沉淀形式在分子筛中引入稀土，RE_2O_3 对钒的钝化作用增强，对镍的钝化作用相对较弱，形成的较多镍铝尖晶石可能阻塞孔道，覆盖部分活性中心，导致催化剂 4 氢气产率较高；以离子交换形式将稀土元素引入分子筛中，RE^{3+} 抗镍、钒作用较弱，但是它对分子筛稳定性和活性的增

强作用不可忽视，同时镍、钒之间可能形成焦钒酸镍而降低两种金属的破坏作用，其反应如下[43]：

$$2NiO + V_2O_5 \longrightarrow Ni_2V_2O_7$$

反而促使催化剂 2 具有较低的氢气产率和重油产率，显示了较好的抗金属污染性能。

总体而言，在催化剂中不同位置引入不同形态的稀土均具有一定的抗镍、钒污染作用。稀土以 RE_2O_3 独立相存在于催化剂中具有良好的抗镍、钒作用，沉淀于催化剂基质中的稀土对镍的钝化作用较强，沉淀于催化剂分子筛表面的稀土元素对钒的钝化作用较强。因此，根据不同的使用要求，可以通过不同方式引入稀土，从而达到改善催化剂抗金属污染性能的目的。

四、稀土复合氧化物

稀土元素的氧化物单独用作催化剂时活性较差，但与其他金属形成复合物，却显示出许多优异的反应性能，如提高催化剂的储氧和放氧能力，增进晶格氧的流动性，提高催化剂反应活性和热稳定性[44]。因此，研究者也在积极寻求开发稀土与其他元素复合的抗金属污染技术。

1. 稀土与磷形成的化合物

除稀土元素和稀土氧化物外，研究者进一步探索了稀土与其他元素复合物的抗金属污染性能。笔者等[45-48]较早研究了磷酸稀土对分子筛和催化剂抗金属污染和反应性能的影响，开发了系列具有较强抗钒污染能力的降低汽油烯烃催化剂。在此基础上，杜晓辉[28]对比研究了磷酸稀土与 La_2O_3 和 CeO_2 的抗钒作用。

将 USY 分别沉淀负载 La_2O_3、CeO_2 和 $LaPO_4$ 制备了稀土改性分子筛样品，其主要理化性质列于表 4-16。可以看出，四个分子筛样品的 Na_2O 含量相同，负载稀土分子筛的比表面积和微孔体积略有降低，如果排除负载组分对测量时质量稀释的影响，则稀土组分对比表面积和孔体积影响不大。微反评价数据表明，负载 La_2O_3、CeO_2 样品的反应活性明显增加，而负载 $LaPO_4$ 样品变化不大，这是因为稀土氧化物与分子筛晶相发生固相迁移，部分稀土离子进入分子筛晶内，从而提高了分子筛的活性。

表 4-16　稀土改性分子筛的理化性质

样品	Na_2O(质量分数)/%	RE_2O_3[①](质量分数)/%	比表面积/(m²/g)	微孔体积/(mL/g)	MAT[②]/%
USY	0.31	—	664.7	0.30	50
La-USY	0.31	4.30	609.2	0.28	57
Ce-USY	0.31	4.00	623.3	0.28	55
LaPO-USY	0.31	4.20	629.0	0.27	51

① 对应于 La_2O_3 或 Ce_2O_3 含量。

② 800℃、100%水蒸气处理 17h。

四个分子筛样品的 XRD 物相分析如图 4-24 所示，均为 Y 型分子筛的特征衍射峰，并未观测到稀土氧化物及 $LaPO_4$ 的特征峰，这可能是由于相应组分含量较少且高度分散，

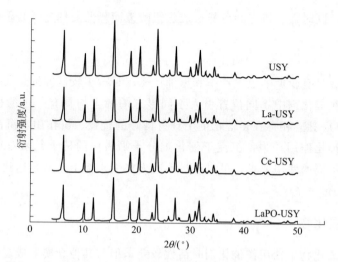

图 4-24　几种稀土改性 USY 的 XRD 谱图

超出了 XRD 的检测极限。

采用沉淀法在分子筛中引入稀土元素时，稀土组分会优先分布于分子筛表面。为了进一步分析样品的结晶相及负载组分的分布情况，采用 HRTEM 对分子筛进行了表面分析（图 4-25）。结果表明，在 La-USY 和 Ce-USY 样品中没有发现任何 La_2O_3 或 CeO_2 的负载相［图 4-25 的（a）和（b）］，但在电镜图片中，有一些白色斑点存在。Qin 等[49]研究表明，这些斑点是在碱性条件下分子筛脱硅形成的介孔。与 La-USY 和 Ce-USY 不同的是，在 LaPO-USY 谱图上观测到了 $LaPO_4$ 晶相的存在，这表明 $LaPO_4$ 主要分布在分子筛表面，而 La_2O_3 或 CeO_2 则主要分布于分子筛晶内。

采用 Rietveld 方法对稀土改性分子筛样品进行 XRD 全谱拟合，目的是从分子结构分析稀土氧化物在改性 USY 分子筛中的分布。首先通过元素分析计算得到 La-USY 组成 $La_{4.20}Si_{164.71}Al_{27.29}O_{384}$ 和 Ce-USY 组成 $Ce_{4.15}Si_{165.51}Al_{26.49}O_{384}$。结构精修后 Rietveld 精修参数见表 4-17。可以看到，R_{wp} 和 R_p 较小，表明精修参数可信。其表征目的在于获取稀土在分子筛方钠石笼中的分布情况，可根据稀土离子的占位信息与一般等效点系数相乘得到稀土离子在某一位置的数量。结果表明（表 4-18），在 La-USY 中，2.55 个镧进入方钠石笼定位于 S'_I 位，也就是 1.69％镧以 La_2O_3 独立相存在，没有以交换方式进入分子筛晶内；在 Ce-USY 中，1.65 个镧进入方钠石笼定位于 S'_I 位，2.41％铈以 CeO_2 独立相存在，没有以交换方式进入分子筛晶内。而 LaPO-USY 样品，镧以稳定的 $LaPO_4$ 形式存在，没有与分子筛发生晶相迁移。

通过 XPS 对分子筛表面稀土元素含量进行半定量分析，图 4-26 为负载稀土组分的三种样品分子筛表面稀土原子浓度比（RE/Al，XPS）与通过化学分析法测定的体相中元素含量比（RE/Al，chemical analysis），明显看到，体相中 RE 的含量高于分子筛表面的含量，这是由于稀土离子进入了分子筛晶内而超出了 XPS 的检测深度。对比分析，表面稀土原子浓度依次升高：La-USY＜Ce-USY＜LaPO-USY。

在 LaPO-USY 中，由于 $LaPO_4$ 非常稳定，稀土不可能与分子筛发生离子交换，因此

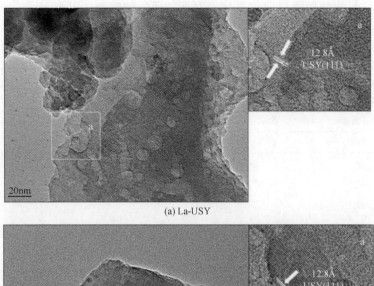

(a) La-USY

(b) Ce-USY

(c) LaPO-USY

图 4-25　几种稀土改性 USY 的 HRTEM 图

LaPO$_4$ 以独立相分散于分子筛表面。而在 La$_2$O$_3$ 和 CeO$_2$ 负载的分子筛中，可以发生固相迁移作用，稀土离子能够进入分子筛小笼中，由于 S$_1'$ 位置特殊的稳定 6 配位结构，四价态的铈不能稳定存在，只有三价态的铈才能与之配位。

另外，CeO$_2$ 和 Ce$_2$O$_3$ 的吉布斯自由能存在较大差异，CeO$_2$ 表现出更高的稳定性[50]：

$$\Delta_f G^{\ominus}(CeO_2, 298.15K) = -1024.6kJ/mol$$
$$\Delta_f G^{\ominus}(Ce_2O_3, 298.15K) = -1706.2kJ/mol$$

与镧相比，铈更倾向于以四价氧化态存在，四价铈抑制了其向分子筛小笼的迁移作用[51]。因此，Ce-USY 与 La-USY 相比，前者样品中存在更高的稀土氧化物独立相。

表 4-17　几种改性 USY 的 Rietveld 精修参数

样品	La-USY	Ce-USY	LaPO-USY
空间群		Fd3m	
零点偏移	1.56243	1.23526	1.24586
半峰宽			
U	536.23	603.21	556.68
V	−300.15	−287.56	−232.12
W	21.36	25.68	30.25
X	0.68	1.01	0.49
Y	34.17	30.11	24.40
非对称性参数	5.3268	5.5471	4.6981
R_{wp}	0.1013	0.0963	0.1143
R_p	0.0839	0.0851	0.0837

表 4-18　稀土离子在分子筛中的分布

样品	总 RE[①] (RE_2O_3)/%	交换 RE/总 RE/%	La_2O_3 相 /%	CeO_2 相 /%	$LaPO_4$ 相 /%
La-USY	4.30	2.61	1.69	—	—
Ce-USY	4.00	1.59	—	2.41	—
LaPO-USY	4.20	—	—	—	4.20

① 由化学分析测得分子筛的总 RE 含量。

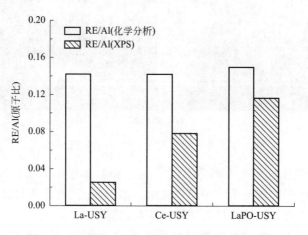

图 4-26　几种稀土改性 USY 表面稀土原子浓度比

为了考察 La_2O_3、CeO_2 和 $LaPO_4$ 对分子筛水热稳定性的影响以及抗钒效果，对 USY、La-USY、Ce-USY 和 $LaPO_4$-USY 在钒污染前后，分别在不同温度、100％水蒸气气氛下老化 2~17h。表 4-19 为新鲜样品不同老化温度下分子筛的结晶度保留率数据。实验表明，La-USY 和 Ce-USY 的结晶度保留率明显高于 USY，且 La-USY 高于 Ce-USY，这是因为镧和铈离子迁移到分子筛小笼，稳定了分子筛结构，提高了分子筛的活性。同时，由于镧离子更多地定位于小笼，表现出更高的水热稳定性。而 LaPO$_4$-USY 的结晶度保留率与 USY 相比略有升高，表明 LaPO$_4$ 对分子筛的性能影响不大。

表 4-19　不同老化温度下分子筛的结晶度保留率（无钒污染）

老化温度	老化时间/h	结晶度保留率/%			
		USY	La-USY	Ce-USY	LaPO-USY
1073K	2	73.00	90.51	87.10	77.94
	4	72.34	86.58	81.03	76.30
	8	66.23	80.96	73.53	69.67
	17	58.71	68.00	63.69	65.34
1053K	2	75.25	93.60	93.64	81.63
	4	75.54	91.05	88.40	78.86
	8	71.92	83.07	81.02	76.30
	17	66.31	81.49	74.51	72.76
1033K	2	79.77	98.07	95.02	85.18
	4	79.06	94.42	91.60	81.81
	8	74.44	88.99	87.89	77.47
	17	71.24	87.22	82.88	77.20
1013K	2	85.75	98.72	96.04	87.37
	4	82.66	95.17	91.45	85.00
	8	80.04	93.94	87.20	82.06
	17	75.35	88.64	86.09	80.23

对上述分子筛进行了不同钒含量污染实验，表 4-20~表 4-22 为老化后的结晶度保留率。当钒污染量为 2000μg/g 时，分子筛的结晶度保留率变化趋势与未污染样品保持一致：La-USY＞Ce-USY＞LaPO$_4$-USY＞USY。当钒含量升高时，样品的结晶度保留率变化趋势发生改变：LaPO$_4$-USY＞Ce-USY＞La-USY＞USY。

表 4-20　不同老化温度下分子筛的结晶度保留率（V=2000μg/g）

老化温度	老化时间/h	结晶度保留率/%			
		USY	La-USY	Ce-USY	LaPO-USY
1073K	2	74.14	81.03	77.66	77.56
	4	72.20	76.92	75.40	74.69
	8	66.18	68.81	65.71	64.39
	17	58.69	66.27	62.06	59.96

老化温度	老化时间/h	结晶度保留率/%			
		USY	La-USY	Ce-USY	LaPO-USY
1053K	2	78.87	86.83	85.71	80.60
	4	76.06	82.43	81.04	76.44
	8	69.93	77.10	70.85	70.21
	17	60.39	65.85	60.85	60.91
1033K	2	78.89	88.08	85.72	82.15
	4	79.60	84.61	83.17	80.45
	8	75.43	80.70	79.66	76.74
	17	70.16	74.37	71.02	71.11
1013K	2	83.26	88.41	89.58	85.18
	4	82.05	88.21	85.95	80.99
	8	77.19	84.38	81.33	80.59
	17	75.12	79.66	77.79	76.74

表 4-21　不同老化温度下分子筛的结晶度保留率（V=4000μg/g）

老化温度	老化时间/h	结晶度保留率/%			
		USY	La-USY	Ce-USY	LaPO-USY
1073K	2	69.68	73.32	73.29	75.00
	4	65.20	63.52	66.41	69.31
	8	52.16	53.86	56.33	62.21
	17	38.15	38.35	39.43	50.09
1053K	2	76.45	79.13	80.07	81.71
	4	72.74	68.34	74.23	73.41
	8	63.67	62.28	65.67	67.59
	17	48.69	50.69	51.86	61.36
1033K	2	80.36	81.18	81.60	82.08
	4	76.98	80.87	79.62	78.50
	8	65.94	71.20	72.63	73.40
	17	54.13	55.52	66.83	67.97
1013K	2	81.75	83.86	83.21	85.90
	4	79.11	80.10	81.79	81.33
	8	72.95	75.74	77.01	76.70
	17	69.07	70.61	71.53	72.46

采用稀土沉淀法改性时，由于稀土氧化物在分子筛中会发生固相迁移，在高温焙烧和水热处理过程中部分进入分子筛晶内，在较低钒含量时，大部分钒首先与独立存在的 La_2O_3 或 CeO_2 发生反应，生成稳定的 $REVO_4$，此时，分子筛自身的稳定性起主要作用。而随着钒污染量加大，一部分钒与稀土组分发生作用而钝化，另一部分钒则造成分子筛结构的破坏。

表 4-22 不同老化温度下分子筛的结晶度保留率（V＝6000μg/g）

老化温度	老化时间/h	结晶度保留率/%			
		USY	La-USY	Ce-USY	LaPO-USY
1073K	2	63.62	64.05	67.79	73.56
	4	63.06	56.65	56.90	65.02
	8	44.52	37.14	38.89	53.22
	17	24.43	24.18	27.45	31.56
1053K	2	73.93	74.03	74.89	77.14
	4	68.08	65.44	67.59	70.81
	8	58.12	54.79	55.21	64.45
	17	38.35	42.01	42.24	54.49
1033K	2	76.23	80.54	83.17	81.88
	4	69.70	72.82	73.96	75.48
	8	63.56	65.42	66.25	71.83
	17	49.62	53.19	54.64	61.52
1013K	2	77.55	86.57	85.97	84.69
	4	77.36	76.97	80.15	79.76
	8	69.82	74.00	73.23	80.44
	17	64.70	65.02	66.02	74.36

由前面分析可知，CeO_2 比 La_2O_3 更多地独立存在于分子筛表面，表现出更好的抗钒效果；$LaPO_4$ 不与分子筛发生固相迁移，完全独立分散于分子筛表面，表现出优异的抗钒作用。研究表明[52]：磷酸盐与钒之间的反应可能为氧化还原反应，同时其他金属磷酸盐也可能替代稀土元素起到抗钒作用，具有良好的应用前景。

通过对 USY、La-USY、Ce-USY 和 $LaPO_4$-USY 样品的结晶度数据进行反应动力学分析，获得了如图 4-27 所示的 $\ln k_c$ 与 $1/T$ 的关系曲线，根据阿伦尼乌斯公式计算得到反应活化能 E_a（表 4-23）。可以看出，USY、La-USY、Ce-USY 和 $LaPO_4$-USY 样品经过钒污染其结构破坏的反应活化能数据依次升高：$LaPO_4$-USY＞Ce-USY＞La-USY＞USY。在相同的反应机理下，活化能越高，表明骨架破坏的反应速率越低，从而分子筛的结晶度下降越慢，其稳定性越好。

表 4-23 四种样品结构破坏的活化能数据

样品	$E_a^{①}$/(kJ/mol)
USY＋V	112
La-USY＋V	116
Ce-USY＋V	122
$LaPO_4$-USY＋V	130

① 在不同钒含量下由阿伦尼乌斯图计算得到的平均活化能数据。

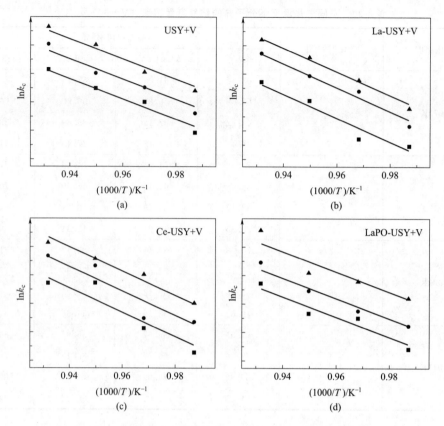

图 4-27　钒含量对四种样品的 $\ln k_c$ 与 $1/T$ 影响的关系曲线

钒含量：■ 2000μg/g；● 4000μg/g；▲ 6000μg/g

分子筛的铝有三种结构，即四、五、六配位铝，在[27]Al NMR 谱中，分别对应于不同的化学位移范围，其中 $\delta 60$ 对应骨架四配位铝，$\delta 50$ 对应骨架扭曲四配位铝，$\delta 30$ 对应非骨架五配位铝，$\delta 0$ 对应非骨架六配位铝[53]。图 4-28 是 USY 和 LaPO$_4$-USY 钒污染样品的[27]Al NMR 谱。可以看出，USY 在化学位移 60 处出现的信号峰归属于四配位骨架铝峰，而在 0 处的峰几乎观察不到，表明 USY 保持了较好的晶体结构；经过水热处理后，大部分四配位的骨架铝转变为界于四配位和六配位之间的铝物种，可归属于扭曲的骨架铝和非骨架铝，是分子筛结构遭到破坏的结果；经过钒污染的 USY 样品在水热处理后，0 处的信号更加明显，表明其晶体结构破坏更加严重；对于 LaPO$_4$-USY 来说，经过钒污染和水热处理后，其非骨架铝信号明显降低，进一步表明 LaPO$_4$ 确实显示了优良的抗钒效果，保护了分子筛的结构。

综上所述，磷酸稀土显示了较强的抗钒污染能力，那么，它是如何与钒物种相互作用而具有这种功能的呢？

钒的外层电子分布为 3d^{3}4s^2，除 V^{5+} 外，其他低氧化态钒离子均具有 EPR（电子顺磁共振）响应。由于 V^{4+} 具有较大的作用截面，通过 EPR 可以较为准确地检测 V^{4+} 的质量分数，检测极限可达几百微克每克。将 LaPO$_4$＋V$_2$O$_5$ 混合物在 600℃ 水热处理不同时间，检测其 EPR 谱图（图 4-29）。可以看出，水热处理前的样品不能检测到 V^{4+} 信号，

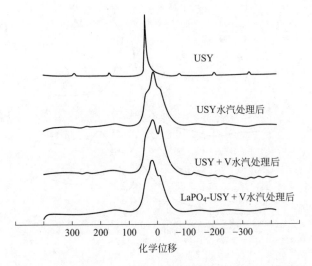

图 4-28　USY 和 LaPO-USY 钒污染样品的[27]Al NMR 谱图

表明钒以 V^{5+} 价态存在；水热处理后样品出现了低价态钒的精细结构谱图[54]，推测钒被部分还原了 [图 4-29(a)]；由于 $La_2O_3 + V_2O_5$ 在水热条件下会生成钒酸稀土，钒以 V^{5+} 价态存在，难以在 EPR 谱图中检测到低价钒的超精细结构谱峰 [图 4-29(b)]。

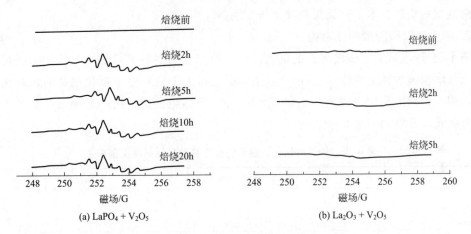

(a) $LaPO_4 + V_2O_5$　　　　　　　　　　(b) $La_2O_3 + V_2O_5$

图 4-29　两种氧化物与 V_2O_5 作用的 EPR 谱图

　　为了确定 $LaPO_4 + V_2O_5$ 是否发生了氧化还原反应，将该混合物水热处理前后样品进行 H_2 TPR 测试，如图 4-30 所示。结果表明，水热处理前，在 545℃出现还原峰，水热处理后，分别在 498℃和 683℃出现还原峰。比照不同价态钒的还原温度[55]，可以推测 545℃为 V^{5+} 价态的还原峰，498℃和 683℃为 V^{3+} 和 V^{4+} 的还原峰。

　　综合上面的谱图分析，基本可以确认 $LaPO_4 + V_2O_5$ 混合物在水热条件下，发生了如下的氧化还原反应：

$$LaPO_4 + V_2O_5 \longrightarrow La(V_xO_y)PO_4 + O_2$$

　　上式中，$LaPO_4$ 中 V^{5+} 被部分还原成 V^{4+} 和 V^{3+}，并释放出氧气。这样，由于在高温水热条件下，V_2O_5 与 $LaPO_4$ 发生了氧化还原反应，V_2O_5 将难以形成低温共熔物或生

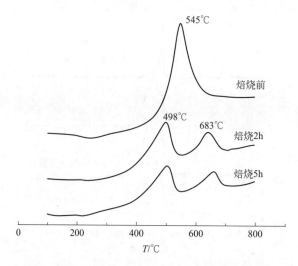

图 4-30 $LaPO_4$ 与 V_2O_5 混合物的 H_2 TPR 谱图

成钒酸，其破坏分子筛骨架结构的主要路径被阻断了，从而在一定程度上提高了钒污染条件下分子筛结晶度保留率。这个初步结论对于研究高效抗钒污染技术具有重要启示作用，如果能够寻找到在高温水热条件下对 V_2O_5 具有还原作用的元素或者氧化物，那么就可能开发出抗钒污染新技术，这无疑拓展了研究思路。

2. 稀土与碳酸形成的化合物

伍小驹等[56]研究了碳酸稀土的抗钒性能，他们分别制备了 CAT-1（未加碳酸稀土）、CAT-2（添加碳酸稀土胶体）、CAT-3（添加碳酸稀土干粉）三个催化剂样品，对比测试了催化剂在钒污染前后（浸渍法上钒 $2500\mu g/g$）的晶胞参数、结晶度保留率和微反活性等性质变化，分别列于表 4-24、表 4-25。

表 4-24 催化剂钒污染前后的晶胞参数和结晶度保留率

项目	晶胞参数 a_0/nm			结晶度保留率[①]/%		
	CAT-1	CAT-2	CAT-3	CAT-1	CAT-2	CAT-3
新鲜样品	2.466/2.452	2.468/2.455	2.468/2.455	70.5	71.2	70.9
800℃,4h 老化样品	2.432/2.427	2.434/2.429	2.435/2.429	52.1	68.3	67.9
800℃,17h 老化样品	2.430/2.424	2.432/2.426	2.433/2.426	38.5	59.2	58.9

① 结晶度保留率以 NaY 分子筛为标准样品。

表 4-25 钒污染催化剂的微反活性

催化剂	CAT-1	CAT-2	CAT-3
微反活性(800℃,4h)/%	65.8	77.3	77.0
微反活性(800℃,17h)/%	45.4	60.8	61.5

可见，无论是新鲜还是经过不同条件的老化，添加碳酸稀土的样品，其相应分子筛的晶胞参数都有增大趋势，这是由于部分稀土离子迁移到分子筛笼中，阻止了分子筛晶胞的

收缩（表 4-24）；对于新鲜样品来说，几种分子筛样品的结晶度保留率差别不大，但水蒸气老化后，钒污染分子筛的结晶度保留率发生明显变化。CAT-2 和 CAT-3 的分子筛结晶度保留率明显高于 CAT-1，尤其是水热老化后的数据高 20 个百分点。由于沉积在催化剂上的钒在高温水热处理时会进入分子筛的孔道中，破坏其结构，降低催化剂反应活性。在催化剂中加入的碳酸稀土在高温下会发生分解，形成的氧化稀土可与五氧化二钒或钒酸反应生成稳定的稀土钒酸盐，从而阻止钒进入分子筛孔道，提高分子筛结晶度保留率。另外，催化剂中引入碳酸稀土后，其微反活性指数明显提高，无论是碳酸稀土胶体还是干粉，样品 4h 微反活性均增加约 11 个百分点，样品 17h 的微反活性高 15～16 个百分点（表 4-25）。

综合分析，在催化剂中引入碳酸稀土，可以显著增强催化剂的抗钒污染能力，使催化剂在钒污染条件下减少分子筛晶胞收缩，维持较高的反应活性。

在上面研究的基础上，中国石化长岭分公司催化剂厂以碳酸稀土为抗钒组元进行了抗钒裂化催化剂工业试生产，催化剂工业产品的物化指标均可满足使用要求，反应性能评价列于表 4-26。可以看出，与空白催化剂相比，加入碳酸稀土后的工业催化剂的抗钒污染能力明显改善，其重油转化能力强，重油产率减少 6.64 个百分点，汽油和液化气分别上升 4.86 和 2.03 个百分点，目的产品收率增加 5.38 个百分点，显示了良好的抗钒污染性能。

表 4-26　碳酸稀土抗钒催化剂工业品的评价结果[①]

稀土类型	碳酸稀土	空白
产品分布(质量分数)/%		
氢气	0.06	0.08
干气	2.55	2.10
液化气	14.01	11.98
汽油	50.40	45.54
柴油	18.43	19.94
重油	6.65	13.29
焦炭	7.96	7.09
轻质油＋液化气(质量分数)/%	82.84	77.46
转化率(质量分数)/%	74.98	66.79

① 评价条件：原料油 20%减渣＋80%减蜡，剂油比 5.0，反应温度 500℃；催化剂钒污染量 2500μg/g，老化条件：800℃、17h、100%水蒸气。

3. 稀土与镁形成的复合物

单独采用氧化镁作为抗钒污染组分时，它与催化剂的氧化硅会发生如下不利反应：

$$2MgO + SiO_2 \longrightarrow Mg_2SiO_4$$

这样，分子筛的骨架结构会遭到破坏，降低催化剂的反应活性。

Y（钇）是一种非传统的稀土元素，也具有一定的抗金属污染能力，由此，Etim 等[57]考察了 Y/MgO 复合氧化物的抗金属污染性能，在含有 1%钒的 USY 分子筛中加入

10%这种复合氧化物，其 BET 比表面积从 $15.7\mathrm{m}^2/\mathrm{g}$ 增加到 $125.7\mathrm{m}^2/\mathrm{g}$，微孔体积从 $0.00094\mathrm{cm}^3/\mathrm{g}$ 上升到 $0.0462\mathrm{cm}^3/\mathrm{g}$，显示了较好的抗钒污染能力；添加不同含量 Y-Mg-O 复合物的钒污染催化剂的 MAT 反应性能列于表 4-27 中，其中反应原料为蜡油。可以看出[58]，随着复合氧化物含量增加，H_2 产率明显降低，转化率上升，汽油产率持续上升，表明该复合氧化物降低了金属的脱氢活性，有利于提高催化剂的重油转化率。综合分析认为，该复合氧化物与钒酸物种发生了如下反应：

$$\mathrm{MgO(Y_2O_3)(s)} + 2\mathrm{H_3VO_4(g)} \longrightarrow \mathrm{MgO(s)} + 2\mathrm{YVO_4(s)} + 3\mathrm{H_2O(g)}$$

其中，氧化钇优先与钒酸生成钒酸钇，阻止了钒物种的迁移破坏作用，从而保护分子筛骨架结构，提高催化剂的反应活性。

综合分析，稀土与其他元素形成的复合氧化物可以改变其氧化物性质，进而改进抗金属污染性能。

表 4-27 不同含量 Y-Mg-O 复合物对催化剂抗钒性能的影响（MAT）

催化剂	0%（质量分数）Y-Mg-氧化物	3.0%（质量分数）Y-Mg-氧化物	5.0%（质量分数）Y-Mg-氧化物	7.5%（质量分数）Y-Mg-氧化物
物料平衡/%				
H_2	0.23	0.13	0.09	0.06
干气	2.01	3.55	2.28	3.44
C_3	0.13	2.93	1.19	0.18
丙烯	0.08	2.72	0.35	0.44
C_4	6.44	10.39	8.67	5.45
液化气	6.57	13.32	9.86	5.63
汽油	29.32	34.37	42.48	45.56
柴油	30.08	23.78	22.50	22.79
焦炭	9.45	8.89	9.92	10.08
总液收率（质量分数）/%	88.74	87.56	87.84	86.48
转化率（质量分数）/%	47.35	60.13	64.54	64.71

第三节　稀土抗金属污染催化剂/助剂

针对世界范围炼厂加工高金属含量的劣质原料油需求，由于稀土及其氧化物具有特殊的抗金属污染作用，各大催化剂公司和研发机构合作开发了系列稀土抗金属污染的催化剂/助剂产品，取得了良好的应用效果。

一、稀土抗金属催化剂技术

1. CHV-1 抗钒催化裂化催化剂

由于国内塔里木原料油和中东原料油的钒含量较高，严重影响催化剂的反应活性，

1997 年初中国石油化工集团公司将开发抗钒催化裂化催化剂列为重点攻关课题。宗保宁等[59]研究了稀土类型和不同含量对催化剂性质的影响，从表 4-28 可以看到，如果稀土以离子形式处于分子筛晶内（REY），当催化剂上钒污染达到 8mg/g 时，分子筛结构遭到完全被破坏，微反活性下降 55 个百分点；而不含稀土的催化剂，钒污染 10mg/g 时，结晶度保留率仍有 30％，微反活性下降 29 个百分点；当催化剂表面沉积 3％的氧化铈，钒污染 11mg/g 时，结晶度保留率为 39％，微反活性仅下降 5 个百分点；如果表面沉积 3％的氧化镧，当钒污染 11mg/g，结晶度保留率为 31％，微反活性下降 17 个百分点。这表明，沉积在催化剂上的稀土氧化物能够优先与钒反应，生成钒酸稀土，从而保护催化剂中分子筛的结构，而处于分子筛晶内的稀土离子同样容易与钒反应，也生成钒酸稀土，却加剧了钒对分子筛结构的破坏；X 射线光电子能谱（XPS）研究发现，稀土比四配位铝更容易与钒反应，生成稳定的钒酸稀土，而且铈与钒的反应较镧更容易进行，因此铈抗钒能力更强。

在上述研究的基础上，发明了一种抗钒中毒的烃类裂化催化剂[60]，将混合稀土溶液用氨水、磷酸氢铵或磷酸铵、碳酸铵或它们的混合物作为沉淀剂进行沉淀，再将其与载体和分子筛浆液混合喷雾干燥成型。因此，石油化工科学研究院提出了以下稀土抗钒催化剂的制备技术路线：①以水热化学法抽铝补硅分子筛 SRY 为主活性组分，这种分子筛骨架硅铝含量比较高，非骨架铝含量很少，从而水热稳定性高，氢转移反应活性低，表现出优异的焦炭和干气选择性，利于多掺炼渣油；②采用酸强度低的大孔氧化铝为黏结剂，增强大分子与活性中心的可接近性，提高催化剂裂化重油的能力；③以硅铝比较高的 MFI 型分子筛 RPSA 作为择形裂化组分，这种分子筛水热活性稳定性优异，中孔部分较丰富，可以选择性地裂化汽油和柴油馏分中的直链烃，以增加液化气和丙烯产率，从而提高汽油辛烷值；④将富铈稀土氧化物沉积在催化剂表面，它优先与钒生成稳定的化合物，避免钒对分子筛结构的破坏，达到抗钒的目的；⑤选择中等活性的载体，以协调催化剂的活性和选择性，采用高岭土作为载体中的填料，改善载体孔分布，以有利于大分子的裂化。

表 4-28 稀土类型和位置对抗钒能力的影响①

催化剂组成	钒含量 /(mg/g)	晶胞参数 a_0/nm	结晶度保留率 /%	微反活性 /%
REY,载体	0	2.449	67	72
	5	2.448	25	35
	8	—	0	17
	11	—	0	15
USY,载体	0	2.428	52	60
	5	2.425	40	51
	8	2.422	36	47
	10	2.421	30	31

续表

催化剂组成	钒含量 /(mg/g)	晶胞参数 a_0/nm	结晶度保留率 /%	微反活性 /%
USY,载体,氧化铈	0	2.429	55	67
	5	2.425	48	66
	8	2.424	45	64
	11	2.422	39	62
USY,载体,氧化镧	0	2.429	57	70
	5	2.426	41	61
	8	2.423	35	56
	11	2.421	31	53

① 催化剂在820℃、100%水蒸气下老化4h。

通过实验室和中试放大研究，所制备催化剂（工业牌号CHV-1）在小型固定流化床进行了评价，表明该催化剂的抗钒镍污染的反应性能略优于进口抗钒催化剂。1997年8～11月，在长岭炼油化工总厂催化剂厂生产CHV-1催化剂1000t；并于1997年9月4日开始进行工业试验，到1997年12月15日，共用CHV-1催化剂600t，占系统催化剂藏量的90%。其工业标定结果和生产汽油方案的生产统计与原有国产催化剂、进口抗钒催化剂的试验数据列于表4-29中。可以看出，与原国产催化剂标定结果相比，CHV-1催化剂的油浆产率下降3.85个百分点，焦炭产率下降0.23个百分点，轻质油收率增加3.17个百分点，液化气增加0.25个百分点，催化剂单耗由1.8kg/t下降至1.4kg/t，汽油辛烷值增加1.8个单位；与国外20世纪90年代中期抗钒催化剂的反应性能相当，可以完全替代进口催化剂。

表 4-29 抗钒催化剂工业标定结果和生产统计数据

项目	工业标定结果			1997-11-01～12-10 生产统计
	原国产催化剂	进口催化剂	CHV-1	
原料油性质				
密度(20℃)/(g/cm³)	0.9043	0.9043	0.9108	0.8993
残炭/%	6.00	6.05	6.30	6.39
镍含量/(μg/g)	5.2	2.6	5.6	5.6
钒含量/(μg/g)	13.6	14.0	18.0	18.0
平衡催化剂性质				
活性/%	57	56	57	63
镍含量/(μg/g)	3.50	3.88	3.50	3.50
钒含量/(μg/g)	7.6	8.7	8.7	8.5
催化剂单耗/(kg/t)	1.80	1.35	1.40	1.40
产品分布(质量分数)/%				
液化气	9.97	9.03	10.22	11.71

续表

项目	工业标定结果			1997-11-01～12-10 生产统计
	原国产催化剂	进口催化剂	CHV-1	
汽油	40.24	43.11	43.13	46.64
柴油	27.80	29.81	28.08	24.38
油浆	8.77	4.60	4.92	3.63
焦炭	9.57	9.48	9.34	9.23
干气＋损失	3.65	3.97	4.31	4.41
轻质油收率(质量分数)/%	68.04	72.92	71.21	71.02
总液收率(质量分数)/%	78.01	81.95	81.43	82.73
汽油辛烷值(RON)	88.9	90.1	90.7	90.7

2. LV-23 抗金属污染裂化催化剂

针对炼厂加工高钒原油存在重油转化能力不足的问题，石油化工科学研究院以活性氧化铝作为基质中的固钒组元和稀土氧化物作为沸石的抗钒组元，采用 REUSY 和 REY 分子筛作为催化剂的主要活性组元，并在催化剂基质中形成比较理想的酸分布和孔分布，从而研制了 LV-23 抗钒重油裂化催化剂，并联合兰州炼油化工总厂催化剂厂进行了工业转化[61]。图 4-31 和图 4-32 为 LV-23 与进口对比剂在实验室进行的对比评价结果，可以看出，与进口对比剂相比，LV-23 催化剂显示了较高的活性，较好的稳定性；具有更强的抗重金属镍和钒污染的能力；产品选择性强，特别是重油裂化能力强、汽油产率高、焦炭产率低。

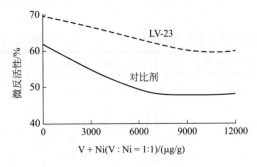

图 4-31　两种催化剂在不同金属
污染水平下的微反活性

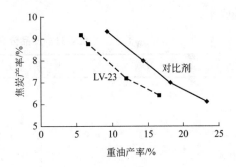

图 4-32　两种催化剂的焦炭产率与
重油产率的关系

1997 年，LV-23 催化剂在茂名石化公司炼油厂第三套 1.5×10^6 t/a 重油 FCC 装置上进行了工业应用，表 4-30 是使用 LV-23 前后装置的产品分布[61]。在原料油密度增大，芳香烃、胶质、沥青质含量增加等总体裂化性能变差的情况下，与对比进口催化剂相比，采用 LV-23 催化剂的液化气产率增加 2.3 个百分点，汽油产率增加 5.43 个百分点，柴油产率下降 5.11 个百分点，干气产率降低 1.17 个百分点，油浆产率降低 0.4 个百分点，焦炭产率降低 1.07 个百分点。这表明，LV-23 催化剂具有更好的产品选择性和重油裂化能力，显示了优良的抗重金属能力。

表 4-30　LV-23 催化剂的工业标定结果

项目	对比剂	LV-23
产品分布(质量分数)/%		
干气	4.51	3.34
液化气	12.10	14.40
汽油	43.98	49.41
柴油	25.22	20.11
油浆	4.53	4.13
焦炭	8.38	7.31
损失	1.28	1.30
合计	100.00	100.00
转化率(质量分数)/%	70.25	75.63
轻质油收率(质量分数)/%	69.20	69.52
总液收率(质量分数)/%	81.30	83.92

1998 年 4 月,LV-23 催化剂在该公司另一套 80×10^4 t/a 的催化装置上进行了工业应用,该装置加工减压馏分油和减压渣油,装置平衡剂活性由使用前的 60% 增加到 68%,装置的产品分布列于表 4-31[62]。可见,与国产 LCS-7B 催化剂相比,LV-23 催化剂的干气和焦炭产率明显下降,轻油(柴油+汽油)收率以及总液收率(柴油+汽油+液化气)分别提高了约 5 个百分点和 3 个百分点,进一步表明该催化剂有较好的选择性和较高的轻油收率。

表 4-31　产品分布 (以质量分数形式表示)　　　　　　　单位:%

项目	LCS-7B	LV-23[①]
干气	6.29	2.34
液化气	10.14	8.67
汽油	42.53	45.31
柴油	24.04	26.35
油浆	8.20	8.97
焦炭	7.96	7.56
损失	0.54	0.50
酸性气	0.30	0.30
轻质油收率	66.57	71.66
总液收率	76.71	80.33

注:LV-23 催化剂占系统藏量的 53%。

LV-23 催化剂在国内众多重油催化裂化装置以及非洲炼油装置取得了较好的应用效

果，成为一种比较典型的重油裂化催化剂，受到用户青睐[63]。

此外，国内还开发了 DOS 稀土抗金属污染催化剂[64]、LHO-1 稀土抗重金属重油裂化催化剂[65]等，均显示了较好的抗钒污染效果。

二、稀土抗金属助剂技术

1. 稀土抗金属污染助剂

增田立男[66]对比考察了各种氧化物在溶液中对钒的吸附量，从表 4-32 可以看出，MgO 和 La_2O_3 的吸附量较大，相当于 HY 沸石的 8 倍。这表明氧化物对钒的吸附类似酸碱反应，酸碱的相互作用是影响吸附能力的关键因素，而与其比表面积无关。从 HY 和 REY 沸石的吸附量来看，含有镧和铈混合稀土的 REY 对钒的亲和力大，这是导致 REY 沸石抗钒污染能力差的主要原因。另外，从图 4-33 分析，在钒污染条件下，添加不同金属氧化物的 HY 沸石的结晶度保留率存在较大差异，与其电负性密切相关。电负性越小，如碱性金属 Mg 和 La，则其与钒的亲和性力大，HY 分子筛的结晶度保留率越高，而在 SiO_2、TiO_2 等非碱性物质中却看不出添加效果。这表明通过添加比所用沸石分子筛具有更高亲和力和碱性的金属氧化物，其耐钒性能会得到改善。

表 4-32 NH_4VO_3 溶液中钒的吸附情况

金属氧化物	吸附量[①]（质量分数）/%		比表面积/（m^2/g）
	2h	8h	
MgO	90	96	68
La_2O_3	85	91	<10
γ-Al_2O_3	39	46	232
θ-Al_2O_3	24	29	119
α-Al_2O_3	9	10	<10
α-Fe_2O_3	9	11	<10
ZrO_2	7	8	<10
TiO_2	9	10	20
SiO_2	8	9	243
HY	9	12	601
REY	18	26	543

① 吸附量（%）=（钒吸附量/45.6）×100，处理温度为 100℃。

Grace Davison 公司以稀土金属氧化物为固钒活性组分，以酸改性偏高岭土（AMTK）为基质，采用铝溶胶为黏结剂制备了固钒助剂[67]，其理化性质见表 4-33。这种固钒助剂不含有分子筛，比表面积和反应活性较低，堆积密度高，因此，实际使用的添加量不大，一般不会影响主催化剂的反应活性与流化性能。

另外，Grace Davison 公司较早开发了以稀土为主要抗钒组分的 RV^{4+} 稀土助剂，在多套工业装置上取得了成功应用[67]。

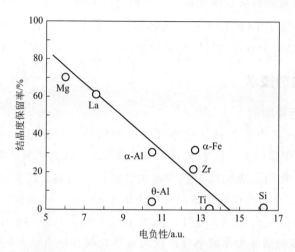

图 4-33 金属离子的电负性与 HY 分子筛的结晶度保留率的关系

[V_2O_5/金属氧化物/HY＝10/18/72（质量比），800℃空气中焙烧 2h]

表 4-33 Grace Davison 公司 RE_2O_3/AMTK 固钒剂的理化性质

项目	Orion822	固钒剂 A	固钒剂 B	固钒剂 C
化学组成（质量分数）/%				
RE_2O_3	1.4	26.7	26.2	23.6
MgO	—	2.7	3.1	—
Al_2O_3	33.0	33.7	33.5	45.2
比表面积/(m^2/g)	286	153	57	32
孔体积（水滴法）/(mL/g)	0.41	0.46	0.26	0.24
磨损指数/%	7	7	4	6
堆积密度/(g/mL)	0.74	0.75	0.98	0.8～1.0

图 4-34 和图 4-35 分别说明了 RV^{4+} 稀土助剂在平衡剂中所占比例对脱钒率及固钒因子的影响。其中脱钒率＝（助剂上钒含量×助剂在平衡剂中的比例）/平衡剂中钒含量，固钒因子＝助剂上钒含量/平衡剂上钒含量。脱钒率反映了平衡剂中钒转移到助剂上的程度，多次工业试验的脱钒率维持在 5%～25%。随着助剂在平衡剂中所占比例增加，脱钒率上升。固钒因子直接反映了助剂对钒的吸附能力，多次试验的固钒因子在 1～8 之间。随着助剂在平衡剂中的比例增加，固钒因子呈现上升趋势，当助剂比例为 5% 时，固钒因子维持在 4～6。

图 4-36～图 4-38 从不同方面描述了 RV^{4+} 固钒助剂对主催化剂使用性能的影响。可以看出，加入固钒助剂后，能够加工钒含量更高的原料油（图 4-36），平衡剂的微反活性更高，而且，随着钒含量增加微反活性和比表面积的下降幅度变缓和了（图 4-37 和图 4-38）。这表明，RV^{4+} 固钒助剂对主催化剂的沸石分子筛具有明显的保护作用。

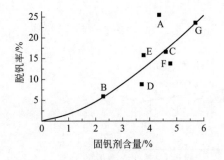

图 4-34　固钒剂含量与脱钒率的关系

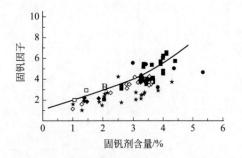

图 4-35　固钒剂含量与固钒因子的关系

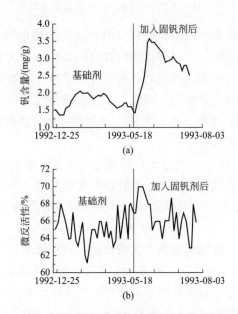

图 4-36　固钒剂改善了催化剂的耐钒性能

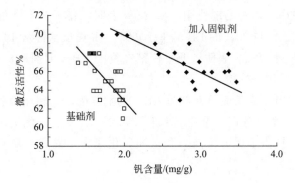

图 4-37　固钒剂改善了催化剂的微反活性

2. 高活性稀土抗钒助剂

研究表明[68,69]，沉积在催化剂上的稀土氧化物可以优先与钒反应，生成钒酸稀土，从而保护催化剂中分子筛的结构，而在分子筛晶内的稀土离子反而加速了分子筛结构的破

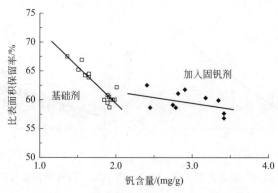

图 4-38　固钒剂改善了催化剂的比表面积

坏，氧化铈较氧化镧更容易与钒反应，因而具有更强的抗钒能力。刘宏海等[70]对比考察了黏结剂工艺催化剂与原位晶化工艺催化剂的抗钒污染性能，认为前者的分子筛与基质是机械混合的，其相互作用力很弱，而后者的基质与分子筛是以类似化学键相连，其分子筛具有更好的稳定性和抗金属污染能力；同时，基于酸碱化合反应原理，在原位晶化催化剂上添加具有碱性的 M_2O_3 氧化物（推测为稀土氧化物）后，其抗钒污染能力进一步增强，所制备助剂显示了优越的抗钒性能。

郑淑琴等[71]发明了一种含 Y 型分子筛的催化裂化抗钒助剂及其制备方法。主要制备途径如下：高岭土浆液经喷雾成型后，在其特征放热峰的温度下焙烧，经水热晶化，制备成含有 $10\%\sim30\%$ NaY 分子筛的助催化剂，然后对其进行改性处理、添加捕钒组分，制成 Na_2O 含量为 $0.3\%\sim0.6\%$、Al_2O_3 为 $35\%\sim50\%$、RE_2O_3 为 $3\%\sim12\%$ 的抗钒助剂。这种助剂具有裂化活性高、抗钒能力强、结构稳定、使用灵活等优点，采用这种助剂，可以明显提高 FCC 催化剂的反应活性，尤其适合于高钒进料的催化裂化装置。

为了大幅提高氢转移活性和抗金属污染性能，在 LB-2 催化剂的基础上进一步引入了混合稀土活性组分，研究开发了 LB-5 抗重金属型降烯烃催化剂/助剂，氧化稀土含量显著提高。2003 年，在兰州石化公司进行了 LB-5 催化剂/助剂的生产，由于其氧化稀土含量高，在实际应用中往往作为助剂使用[72]。试验表明：将工业平衡催化剂（镍加钒的质量分数为 12000×10^{-6}）与 20% 的 LB-5 进行复配，4h 微反活性从 46% 增加到 68%，17h 微反活性从 23% 上升到 44%，表明工业平衡剂在复配 LB-5 助剂后，催化活性显著提高，显示出优良的抗重金属污染性能。

从表 4-34 可以看出，当工业平衡剂与 LB-5 助剂复配后，转化率和汽油收率分别提高 4.58 个百分点和 4.02 个百分点，重油产率下降 4.2 个百分点，焦炭产率有所降低。表明 LB-5 助剂具有很强的抗重金属污染能力和重油裂化能力，提高了复配剂的目的产品收率（液化气＋汽油＋柴油）。

表 4-34　小型固定流化床评价结果

项目	工业剂	复配剂
产品分布（质量分数）/%		
干气	2.33	2.55

项目	工业剂	复配剂
液化气	14.71	15.40
汽油	44.99	49.01
柴油	17.40	16.78
重油	11.86	7.66
焦炭	7.83	7.48
转化率(质量分数)/%	69.86	74.44
汽油 MON	80.1	80.2

在兰州石化公司原料动力厂催化装置上进行了 LB-5 助剂的工业应用试验,平衡催化剂的镍+钒超过 10mg/g。试验表明,随着助剂的加入,平衡剂的比表面积和孔体积增加,微反活性大幅增加;在使用 80 天以后,活性稳定在 65%～70%,提高了 10 个百分点以上。从标定数据可知,使用该助剂后,液化气产率下降 0.50 个百分点,汽油增加 0.81 个百分点,柴油上升 0.86 个百分点,同时干气下降 0.92 个百分点,焦炭降低 0.39 个百分点,催化剂单耗减少 0.63kg/t(表 4-35),进一步证实了 LB-5 是一种优良的抗重金属助剂。

表 4-35 工业应用结果

项目	工业剂	复配剂
加工量/(t/h)	53.31	55.57
渣油掺炼率(质量分数)/%	13.4	12.59
产品分布(质量分数)/%		
干气	4.37	3.45
液化气	10.58	10.08
汽油	43.65	44.46
柴油	29.40	30.26
油浆	3.68	3.97
焦炭	7.33	6.94
损失	0.99	0.84
催化剂单耗/(kg/t)	1.95	1.32

第四节 稀土抗金属污染技术展望

从前面讨论可知,稀土元素的特殊电子结构和氧化物性质,使稀土在抗金属(尤其是钒)污染方面具有不可替代的独特作用。由于世界范围内的原料油日趋劣质化,重金属含量呈现上升趋势,对催化剂抗金属污染性能提出了更高要求。因此,围绕如何更好地发挥稀土的抗金属作用、炼化技术，研发者仍将继续探究各种稀土元素的精细结构形态及其与其他元素复合的抗金属污染性能，比如进行稀土化合物的纳米化抗金属功效研究、稀土元素与碱土金属和过渡金属的复合作用研究、稀土元素抗金属作用与促进催化反应的多功能作用研究等。

参考文献

［1］ 徐海，于道永，王宗贤，等．镍和钒对石油加工过程的影响及对策［J］．炼油设计，2000，30（11）：1-5.

［2］ Wormsbecher R F，Peters A W，Maselli J M．Vanadium poisoning of cracking catalyst：mechanism of poisoning and design of vanadium tolerant catalyst system［J］．J Catal，1986，100（1）：130-137.

［3］ 王荣，王荣华，陈世宏，等．某地区钻井固废中重金属含量分析［J］．油气田环境保护，2015，25（3）：57-59.

［4］ 席歆，姚谦，胡克俊．国外含钒石油渣提钒生产技术现状［J］．世界有色金属，2001（05）：36-40.

［5］ 刘长久，张广林．石油和石油产品中非烃化合物［M］．北京：中国石化出版社，1991：347.

［6］ 张剑坡，刘风立，李会欣．重油催化裂化装置抗重金属镍污染的措施［J］．工业催化，2005，18（5）：57-62.

［7］ 孙利，沈本贤．重油催化裂化的金属钝化剂［J］．化学工业与工程技术，2001，22（1）：9-13.

［8］ 张孔远，燕京，吕才山．重油加氢脱金属催化剂的性能及沉积金属的分布研究［J］．石油炼制与化工，2004，35（8）：30-33.

［9］ Grzechowiak J R，Wereszczako-Zielin′ska I，Mrozin′ska K．HDS and HDN activity of molybdenum and nickel-molybdenum catalysts supported on alumina-titania carriers［J］．Catal Today，2007，119：23-30.

［10］ Topsoee H，Clausen B S，Topsoee N Y，et al．Recent basic research in hydrodesulfurization catalysis［J］．IndEngChem Fund，1986，25（1）：25-36.

［11］ Upson L，Jaras S，Dalin I．Metals-resistant FCC catalyst gets field-test［J］．Oil Gas J，1982，80（38）：135-140.

［12］ 陈俊武，许友好，刘昱，等．催化裂化工艺与工程［J］：上册．3版．北京：中国石化出版社，2015：431-432，436.

［13］ Elvin F J．Reactivation and passivation of equilibrium FCCU catalyst［C］．San Antonio：NPRA Annual Meeting，1987.

［14］ 张剑坡，李会欣．抗重金属 FCC 催化剂的研究进展［J］．石油化工，2000，29（5）：368-373.

［15］ Pompea R，Jaroasb S，Vannerbergb N．On the interaction of vanadium and nickel compounds with cracking catalyst［J］．ApplCatal，1984，13（1）：171-179.

［16］ Schivavello M，Lo Jacono M，Cimino A．Catalytic activities of nickel oxide supported on . gamma. -and. eta. -aluminas for the nitrous oxide decomposition［J］．The Journal of Physical Chemistry，1971，75（8）：1051-1059.

［17］ 张风美，陶龙骧，郑禄彬．载镍超稳 Y 分子筛表面性质的 XPS 研究［J］．石油学报（石油加工），1990，6（2）：27-31.

［18］ Larocca M，De Lasa H，Farag H，et al．Cracking catalyst deactivation by nichel and vanadium contaminants［J］．Ind Eng Chem Res，1990，29（11）：2181-2191.

［19］ Leta D P．Vanadium-zeolite interaction in fluidized cracking catalysts［J］．ACS Divison Petroleum Chemistry Preprints，1988，33（4）：636-638.

［20］ Wormsbecher R F，Peters A W，Maselli J M．Vanadium poisoning of cracking catalysts：mechanism of poisoning and design of vanadium tolerant catalyst system［J］．J Catal，1986，100（1）：130-137.

［21］ Yang S，Chen Y，Li C．The interaction of vanadium and nickel in USY zeolite［J］．Zeolites，1995，15（1）：77-82.

[22] Yang S J, Chen Y W, Li C P. Vanadium nickel interaction in Rey zeolite [J]. ApplCatal A: Gen, 1994, 117 (2): 109-123.

[23] Tatterson D F, Mieville R L. Nickel/vanadium interactions on cracking catalyst [J]. Ind Eng Chem Res, 1988, 27 (9): 1595-1599.

[24] Escobar A S, Pereira M M, Pimenta R D M, et al. Interaction between Ni and V with USHY and rare earth HY zeolite during hydrothermal deactivation [J]. ApplCatal A: Gen, 2005, 286 (2): 196-201.

[25] Santos L T, Grisolia R G, Pimenta R D, et al. Cyclohexane as a probe to nickel vanadium interaction in FCC catalysts [J]. Stud Surf Sci Catal, 2001, 139: 343-350.

[26] Letzsch W S, Wallace D N. FCC catalysts sensitive to alkali contaminants [J]. Oil Gas J, 1982, 80 (48): 58, 63-68.

[27] Xu M T, Liu X S, Madon R J. Pathways for Y zeolite destruction: the role of sodium and vanadium [J]. J Catal, 2002, 207 (2): 237-246.

[28] 杜晓辉. 钒对 Y 型分子筛的破坏作用及抗钒技术研究 [D]. 兰州：西北师范大学, 2015.

[29] Pine L A. Vanadium-catalyzed destruction of USY zeolites [J]. J Catal, 1990, 125 (2): 514-524.

[30] 罗一斌, 包信和, 宗保宁. 稀土在催化裂化催化剂中抗钒作用的研究 [C]. 第九届全国催化学术会议, 1998 (10): 349-350.

[31] 宗保宁, 罗一斌, 舒兴田, 等. 稀土在催化裂化催化剂中的抗钒作用 I. 稀土对催化剂反应性能的影响 [J]. 石油学报（石油加工）, 1999, 15 (1): 27-31.

[32] Liu P, Cui Y, Gong G, et al. Vanadium contamination on the stability of zeolite USY and efficient passivation by La_2O_3 for cracking of residue oil [J]. MicroporMesopor Mat, 2019, 279: 345-351.

[33] 于善青, 田辉平, 朱玉霞, 等. 稀土改性 Y 型分子筛的超极化^{129}Xe NMR 研究 [J]. 石油学报（石油加工）, 2013, 29 (5): 745-751.

[34] Moreira C R, Herbst M H, de la Piscina P R, et al. Evidence of multi-component interaction in a V-Ce-HUSY catalyst: is the cerium-EFAL interaction the key of vanadium trapping? [J]. MicroporMesopor Mat, 2008, 115: 253-260.

[35] Moreira C R, Pereira M M, Alcobé X, et al. Nature and location of cerium in Ce-loaded Y zeolites as revealed by HRTEM and spectroscopic techniques [J]. MicroporMesoporMat, 2007, 100: 276-286.

[36] Moreira C R, Homs N, Fierro J L, et al. HUSY zeolite modified by lanthanum: effect of lanthanum introduction as a vanadium trap [J]. MicroporMesoporMat, 2010, 133: 75-81.

[37] 李雪礼, 谭争国, 曹庚振, 等. 稀土基催化裂化抗钒助剂的研究与应用 [J]. 石化技术与应用, 2015, 33 (1): 26-29.

[38] 何鸣元, 舒兴田, 谭经品. SRNY 分子筛催化剂的研究与开发 [J]. 石油炼制与化工, 1993, 24 (7): 22-29.

[39] 舒兴田, 李才英, 何鸣元. 含稀土氧化物的分子筛及其制备：CN86107531A [P]. 1988-08-03.

[40] 李才英, 舒兴田, 何鸣元. 含稀土氧化物的分子筛及其制备：CN86107598A [P]. 1988-06-22.

[41] 舒兴田, 冯景琨, 李茹华, 等. 含稀土的富硅分子筛裂化催化剂：CN1034680 [P]. 1989-08-16.

[42] 张亮. 稀土对催化裂化催化剂的影响及抗镍钒作用的研究 [D]. 兰州：兰州交通大学, 2013.

[43] 徐爱菊, 照日格图, 林勤, 等. 焦钒酸镍的 X 射线光电子能谱及其氧化脱氢催化性能的研究 [J]. 功能材料, 2007, 38 (9): 1489-1491.

[44] 武汉大学化学系, 等. 稀土元素化学分析 [M]. 北京：科学出版社, 1981：256.

[45] 刘从华, 张海涛, 孙书红, 等. 一种提高沸石分子筛催化活性的方法：CN02103911.9 [P]. 2004-11-24.

[46] 刘从华, 张忠东, 邓友全, 等. 降低汽油烯烃含量裂化催化剂 LBO-12 的研制与开发 [J]. 石油炼制与化工, 2003, 34 (1): 24-28.

[47] 刘从华, 高雄厚, 张海涛, 等. 一种多产柴油的降烯烃裂化催化剂及其制备方法：CN02155601.6 [P]. 2006-03-29.

［48］ 刘从华. 新型降烯烃 FCC 催化剂的研制、应用和减少汽油烯烃生成的反应机理 ［D］. 兰州：中国科学院兰州化物所，2005.

［49］ Qin Z，Shen B，Yu Z，et al. A defect-based strategy for the preparation of mesoporous zeolite Y for high-performance catalytic cracking ［J］. J Catal，2013，298：102-111.

［50］ And P W，Ledford J S. Effect of crystallinity on thephotoreduction of cerium oxide：a study of CeO_2 and Ce/Al_2O_3 catalysts ［J］. Langmuir，1996，12（7）：1794-1799.

［51］ Lee E F，Rees L V. Effect of calcination on location and valency of lanthanum ions in zeolite Y ［J］. Zeolites，1987，7（2）：143-147.

［52］ Trujillo C A，Uribe U N，Aguiar L A O. Vanadium traps for catalyst for catalytic cracking：US6159887A ［P］. 1998.

［53］ 蒋子江. 核磁共振（NMR）法在分子筛的合成、结构及其性能研究上的应用 ［J］. 材料导报，1997，11（5）：49-51.

［54］ 谭丽，汪燮卿，朱玉霞，等. 钒污染 FCC 催化剂上钒的价态变化及其对催化剂结构的影响 ［J］. 石油学报（石油加工），2014，30（3）：391-393.

［55］ 刘宇健，龙军，朱玉霞，等. 不同氧化数的钒氧化物及 FCC 催化剂上沉积钒的程序升温还原表征 ［J］. 石油学报（石油加工），2005，21（5）：28-35.

［56］ 伍小驹，张烈清，杨应强，等. 碳酸稀土在裂化催化剂中的抗钒作用 ［J］. 稀土，2001，22（6）：10-12.

［57］ Etim U J，Xu B，Ullah R，et al. Effect of vanadium contamination on the framework and micropore structure of ultra stable Y-zeolite ［J］. J Colloid Interf Sci，2016，463：188-198.

［58］ Etim U J，Bai P，Ullah R，et al. Vanadium contamination of FCC catalyst：understanding the destruction and passivation mechanisms ［J］. Appl Catal A：Gen，2018，555：108-117.

［59］ 宗保宁，罗一斌，舒兴田，等. 抗钒催化裂化催化剂 CHV-1 的研制与开发 ［J］. 石油炼制与化工，1999，30（5）：5-8.

［60］ 宗保宁，罗一斌，舒兴田，等. 一种抗钒中毒的烃类裂化催化剂的制备：CN1073614C ［P］. 2001-10-24.

［61］ 张久顺，王亚民，范中碧，等. 新型重油抗钒裂化催化剂 LV-23 的开发与工业应用. 石油炼制与化工，1999，30（8）：5-9.

［62］ 徐元辉，梁扬升. LV-23 抗钒催化剂在重油催化裂化装置上的工业应用 ［J］. 石油炼制与化工，2001，32（8）：40-42.

［63］ 肖菊，孟伟. LV-23 重油裂化催化剂的工业应用 ［J］. 炼油设计，2000，30（12）：26-29.

［64］ Gan J，Wang T，Liu Z，et al. Recent progress in industrial zeolites for petrolchemical applications ［J］. Studies in Surface Science and Catalysis，2007，170：1567-1577.

［65］ 郭健，张忠东，王宁生，等. LHO-1 重油专用催化裂化催化剂 ［J］. 石化技术与应用，2005，23（6）：429-431.

［66］ 增田立男，黄木林. 重金属对沸石系 FCC 催化剂的影响 ［J］. 石油炼制译丛，1991，8：1-3.

［67］ 桂跃强. 抑制裂化催化剂钒中毒的固钒剂 ［J］. 炼油设计，2001，31（4）：56-59.

［68］ 宗保宁，罗一斌，舒兴田，等. 稀土在催化裂化催化剂中的抗钒作用 Ⅰ. 稀土对催化剂反应性能的影响 ［J］. 石油学报（石油加工），1999，15（1）：27-31.

［69］ 刘秀梅，韩秀文，包信和. 稀土在催化裂化催化剂中的抗钒作用 Ⅱ. 稀土的抗钒机理 ［J］. 石油学报（石油加工），1999，15（4）：39-45.

［70］ 刘宏海，张永明，段长艳，等. 新型抗钒助剂的研究 ［J］. 石油化工，2000，29（7）：490-493.

［71］ 郑淑琴，张永明，刘宏海，等. 一种含 Y 型分子筛的催化裂化抗钒助剂及其制备方法：CN1334314A ［P］. 2002-02-06.

［72］ 郑淑琴，高雄厚，张海涛，等. 全白土抗重金属助剂 LB-5 的性能及工业应用 ［J］. 炼油技术与工程，2004，34（11）：35-37.

⑤

第五章　稀土在烟气污染物转化技术中的应用

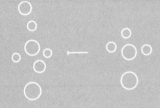

美国 1970 年发布的清洁空气法案（CAA）开启了人们通过立法控制空气污染物排放的进程。工业烟气污染是空气污染物的主要来源，其中炼油工业排放总量较大，且污染物控制难度高，一直是各国政府环保部门关注的重点。

催化裂化（FCC）是炼油厂最主要的二次加工过程之一，FCC 再生烟气中除含有 H_2O 和 CO_2 等温室气体外，还含有 SO_x、NO_x、CO 等空气污染物。近年来，各国限制催化裂化烟气污染物排放的法规越来越严格。美国国家环保局自 2000 年起，在 CAA 的基础上，开始探索与炼油企业谈判签署核准令（consent decree）的方式，以灵活推进炼油企业经济高效减排[1]。对催化裂化烟气污染物的长期减排目标是 SO_2 25μL/L（约 71.5mg/m³）、NO_x 20μL/L（约 41mg/m³），有些协议中还限定了颗粒物（与烧焦规模关联）和 CO 限值（最低限值为 100μL/L）。我国生态环境保护部发布的《石油炼制工业污染物排放标准》（GB 31570—2015）自 2017 年 7 月 1 日起实施，对 FCC 烟气 SO_2、NO_x 和颗粒物的限值和特别限值见表 5-1，特别限值中 SO_2 已经低于 20μL/L。目前，越来越多省市已开始执行特别限值，有些地区在重污染天气还执行更为严格的临时限值。欧洲、日本、印度等的环保部门也在不断更新 FCC 烟气污染物排放标准，不再详述。

表 5-1 《石油炼制工业污染物排放标准》FCC 烟气排放限值

污染物	限值/(mg/m³)	特别限值/(mg/m³)
SO_2	100	50
NO_x	200	100
粉尘	50	30

总的来看，如何确保烟气污染物达标排放已成为催化裂化装置面临的普遍而紧迫的问题。因而大多数炼厂为催化裂化装置增加了一系列烟气后处理设施，包括各种形式的脱硫（如湿法洗涤 WGS）、脱硝（如选择性催化还原 SCR、选择性非催化还原 SNCR、低温氧化 LoTOx）、除尘除雾（如静电除尘 ESP、湿法静电除尘 WESP、布袋除尘）等，以实现烟气污染物达标排放。据不完全统计，我国炼油企业约 90% 以上的 FCC 装置安装了湿法洗涤设施，约 50% 以上的装置安装了脱硝设施。

对于已建成投用烟气后处理设施的催化裂化装置，污染物达标排放压力相对较小，例如 SCR 通常可将外排烟气 NO_x 降低到 50mg/m³ 以下，湿法脱硫（WGS）可将 SO_2 和粉尘同时降低到 20mg/m³ 甚至 10mg/m³ 以下。但后处理装置不仅投资和运行成本高，而且近年来二次污染问题及其对装置运行的影响受到越来越多的关注，主要包括蓝烟和拖尾问题，下沉烟羽对厂区及周边的生产和生活环境造成较严重的影响；废水盐（TDS）含量高，造成污水处理费用增加、达标排放负荷加重等；结垢和腐蚀风险增加，影响装置长周期运行。这种情况下，应用烟气环保助剂可以有效弥补后处理装置的不足，大幅降低其操作负荷，降低运行成本，减少二次污染[2]。

对于部分初始污染物排放浓度不很高、装置区空间受限或其他原因暂未建成或尚未投用烟气后处理设施的催化装置，则主要是通过原料性质和加工量调控、操作参数调整、脱硫脱硝助剂结合静电和布袋除尘等措施控制污染物排放。这种情况下，使用催化助剂对于实现烟气污染物达标排放往往具有关键作用，对提高装置的操作弹性和经济效益具有重要意义[2]。

因此，烟气污染物催化转化助剂与后处理技术结合使用、优势互补，是 FCC 烟气及其二次污染物综合治理的发展方向和必然趋势。

烟气污染物催化转化助剂通常包括 CO 助燃剂、SO_x 转移剂、降低 NO_x 排放助剂及具有多功能的催化助剂。这些助剂通常为固体助剂，粒度分布与 FCC 催化剂相近，可通过小型加料器加注到催化裂化再生器内或者随 FCC 催化剂一起加注。此类助剂通常以金属元素为活性组分，CO 助燃剂主要是催化 CO 和再生空气中 O_2 的反应；SO_x 转移剂主要是催化低价态硫化物如 H_2S、SO_2 与 O_2 的氧化反应并进行捕集；降低 NO_x 排放则以催化 CO 和 NO_x 反应为主，新的 NO_x 减排助剂还关注 NH_3 等前驱物的选择性催化氧化和催化分解使其转化为 N_2。稀土元素如 Ce 具有储放氧功能，对于催化烟气污染物氧化还原反应具有较高的活性，是催化助剂中常用的活性组分。此外，稀土元素的类型和负载方式及其与其他金属元素的协同作用依然是本领域的研究热点。本章第一、二、三节将分别对上述几种助剂的催化作用原理、国内外研发现状、设计与制造技术、工业应用情况和未来发展趋势进行介绍，并侧重讨论稀土元素的作用及其应用。

除催化助剂外，烟气后处理过程中 SCR 技术也涉及催化作用，其催化剂多为蜂窝状规整材料，以催化 NH_3 对 NO_x 的还原反应为主，通常以固定床方式置于余热锅炉中温段中。所用活性组分也以金属元素为主，较少使用稀土元素，但有少量通过添加稀土元素调变反应路径、拓宽适用范围的研究报道。本章第四节将对 SCR 催化剂催化原理、研发和应用情况、设计制造、未来发展趋势及稀土元素的潜在应用前景进行归纳和讨论。

第一节　CO 助燃与稀土催化

一、CO 助燃剂研发背景

催化裂化反应过程中，重质油在催化剂表面裂化成气体及轻质烃，同时催化剂表面出现积炭并导致活性明显降低。为了恢复催化剂的裂化活性并提供所需的热量，必须进行再生烧焦，烧去催化剂内外表面中大部分焦炭，以恢复至满足反应需求的催化剂活性，烧焦再生过程中催化剂上的积炭氧化生成 CO_2 和 $CO^{[3,4]}$。

催化裂化装置的再生过程，可以分为完全再生和不完全再生的情况，不完全再生装置中，再生器中氧含量受到限制，尾气中含有较大量的 CO，在 CO 锅炉中进一步氧化生成 CO_2，此过程释放的热量可进一步回收利用[5-7]。

在完全再生的情况下，催化裂化催化剂上的积炭在再生器中被完全氧化为 CO_2，但在部分催化裂化装置中，受再生器尺寸及装置负荷制约，部分 CO 未能在密相床内完全燃烧，随着再生烟气带至稀相继续燃烧，导致稀相尾燃、超温，严重影响催化裂化装置长周期安全运行[8,9]。

此外，CO 排入大气不仅造成能源损失，也会污染环境。解决上述问题的主要手段就是采用再生烟气 CO 燃烧助剂（简称 CO 助燃剂）。目前，多数催化裂化装置使用 CO 助燃剂以促进 CO 在密相床层内燃烧生成 CO_2，避免 CO "后燃" 放热，从而防止超温对再生器与催化剂结构、性能的破坏；同时可回收烧焦时产生的大量热量，使再生温度有所增加，提高催化剂的再生效率，降低再生剂炭含量，提高了催化剂的活性，并在一定程度上改善了选择性，从而起到降低催化剂循环量、减少催化剂消耗和提高轻质油收率等效果；此外，还使再生烟气中 CO 含量大大降低，防止大气污染[10-17]。

20 世纪 70 年代中期，Mobil 公司首先研究成功了 CO 助燃剂，并转让给 Grace、AKZO 等公司生产。1975 年美国首先在催化裂化装置中使用了 Pt 基 CO 助燃剂技术。自 1975 年首次工业试验以来，美国已有 60％以上的 FCC 装置采用了 CO 助燃剂。20 世纪 70 年代末，我国也研制成功 CO 助燃剂，并投入工业使用。

二、CO 助燃剂反应机理

对 CO 的燃烧反应已经进行了许多研究，一般认为其反应机理是自由基链式反应[16]。目前普遍认为，在 CO 的燃烧反应中铂、钯助燃剂效果明显，尤其是铂对 CO 的催化转化效果为最好。

CO 在 Pt 助燃剂上的氧化机理可表示如下：

$$O_2 + 2Pt \longrightarrow 2PtO$$
$$CO + Pt \longrightarrow PtCO$$
$$PtO + PtCO \longrightarrow 2Pt + CO_2$$
$$CO + PtO \longrightarrow Pt + CO_2$$

CO 在 Pt 助燃剂上的反应比较复杂，在催化反应的同时出现了一些中间态宏观基团。尽管如此，在上述反应中，由于 Pt 的存在，确实改变了 CO 的反应历程，大大地降低了其反应所需的活化能，加快了 CO 的反应速度，缩短了反应时间，具有明显的经济和社会效益。

三、贵金属 CO 助燃剂

1. 贵金属 CO 助燃剂的开发及应用

贵金属助燃剂的活性组分是铂、钯等贵金属，载体是 Al_2O_3 或 SiO_2-Al_2O_3[18,19]。贵金属活性组分的含量通常在 $300 \sim 800\mu g/g$。一般催化剂藏量中铂当量达到 $1 \sim 2\mu g/g$ 时，就可以使再生烟气中的 CO 含量降至 $1000\mu g/g$ 以下。对 CO 氧化反应的机理存在两种不同观点：一是 Pt 先吸附氧再与气态的 CO 发生反应生成 CO_2；二是氧和 CO 同时吸附在固体表面，然后再彼此发生反应生成 CO_2。使用助燃剂可选用 CO 完全燃烧操作方案，烟气中的 CO 在助燃剂作用下全部转化为 CO_2，产生的热量最多，催化剂的再生也充分；也可选用 CO 部分燃烧方案，即催化剂再生过程中生成的 CO 部分转化为 CO_2，产生的热量有限，潜在的热量未能充分发挥。通常热量过剩的装置，或装置材质受限制不宜采用高的再生温度时，多用助燃剂实现 CO 部分再生操作。CO 部分燃烧操作是通过控制氧含量的办法实现的。采用部分再生还可以实现掺渣油的裂化。掺入渣油裂化时虽生成热量较多，但因采用 CO 部分再生，有部分潜在热量被 CO 带走，因而还能保持装置的热平衡。

采用助燃剂实现 CO 完全燃烧可使 CO 在再生器密相床层基本烧净，因而能够防止 CO 的二次燃烧（尾燃），还可减少 CO 和 SO_x 的排放，减轻它们对环境的污染。助燃剂的质量不仅与所含贵金属铂、钯的量有关，也与贵金属的分散有关。此外，还与基质的类型、助燃剂的耐磨性和密度等有关。助燃剂的加入量通常为每吨藏量催化剂中含助燃剂 $2\sim5\mathrm{kg}$。

贵金属助燃剂的加入方式主要有以下几种[17]：①将助燃活性组分负载于 FCC 催化剂上，例如将贵金属作为裂化催化剂的组分之一；②液体助燃剂，通常是将贵金属的油溶性盐加入催化裂化原料油中，或将贵金属的水溶性盐注入催化裂化过程所使用的水蒸气中；③固体助燃剂，是将活性组分负载于载体上制备成独立的助燃剂颗粒，与 FCC 催化剂混合使用，也可以分开使用。国外早期多使用助燃催化剂，即在裂化催化剂中加入铂等 CO 氧化助燃组分而制成，其优点是使用简便。但由于助燃组分已添加到催化剂上，故引发或终止 CO 氧化的时间都较长，故而以后又发展了单独添加的固体助燃剂和液体助燃剂。由于固体助燃剂无腐蚀，且效果迅速，因此炼油厂多采用固体助燃剂。

目前，国内已有 30 多家催化剂厂生产十几个品种的助燃剂，其活性组分多以 Pt 和 Pd 为主，而载体一般以 $\gamma\text{-}Al_2O_3$ 为主。石油化工科学研究院开发的 CO-CP 助燃剂，采用 RC 基质，其形成的晶体缺陷尺寸与铂、钯原子大小相当，恰好可用作镶嵌后者的能量"陷阱"。与 Al_2O_3 基质相比，Pt 和 Pd 的电子云密度强烈移向 RC 基质，显著增强了后者的相互作用，无论是 CO 氧化活性，还是 Pt(Pd) 晶粒尺寸的增大趋势，RC 基质都具有明显的优势。CO-CP 助燃剂的使用效果如图 5-1 所示。

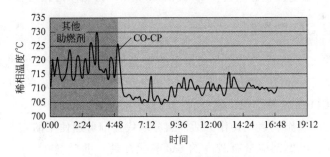

图 5-1 CO-CP 助燃剂的使用效果

贵金属助燃剂（特别是 Pt 基助燃剂）的使用通常造成再生烟气 NO_x 排放大幅增加，这在实验室和工业实践中都已得到验证。而使用非 Pt 贵金属如 Pd、Ir 等替代 Pt 可显著降低 NO_x 排放，因而随着环保法规对 NO_x 排放限制的日益严格，非 Pt 助燃剂（也称低 NO_x 型助燃剂）得到了快速的推广和应用，例如，美国很多炼油厂与国家环保局（EPA）签署的协议（consent decree）要求使用低 NO_x 型助燃剂。国内外主要催化剂厂商及研究机构推出的非 Pt 助燃剂主要以 Pd 为活性组分，例如 Albemarle 公司的 ELIMINO$_x$ 助剂，BASF 公司的 OxyClean 助剂，Grace Davison 的 XNO$_x$ 助剂，Johnson Matthey

（Intercat）公司的 COP 系列助燃剂，RIPP 早年开发的 4 号助燃剂及最新研制的非贵金属型（Ⅱ型）RDNO$_x$ 助剂等，此外，国内不少企业也生产 Pd 助燃剂。

2. 稀土在贵金属 CO 助燃剂中的应用

许多研究者发现，助燃剂的有效性不仅取决于贵金属的负载量，而且还取决于贵金属的分散度、所用的载体材料的类型以及耐磨性和密度等特性。

贵金属的分散度对于贵金属催化剂的活性影响有大量的文献报道[20-23]，研究结果表明：贵金属的分散度越好，其表观活性越高，活性衰减速度越慢。贵金属催化剂失活的主要原因之一是催化剂上的贵金属发生了聚集现象，形成大颗粒的聚集体，导致与反应物接触的概率大为降低。稀土元素的加入可以明显提高贵金属的分散度，且有效缓解贵金属的聚集，提高催化剂的长周期活性以及活性稳定性[24-32]。

在 CO 助燃剂领域，也有许多的研究论文表明：增加 Pt 的分散度，不仅可以降低贵金属的用量，且可以有效提高 CO 助燃剂的活性及稳定性，对 CO 助燃剂长效作用具有重要的意义。石油化工科学研究院在前期 CO 助燃剂的研究基础上，结合 FCC 再生烟气 NO$_x$ 排放助剂（RDNO$_x$-Ⅱ）的开发经验（详见本章第三节），开发出了新型 CO 助燃剂（CO-CP）。

CO-CP 采用稀土元素对助燃剂载体进行了改性，使得 Pt 与载体表面的结合更加牢固，分散性更好，同时采用了新型晶化载体以及特制的浸渍工艺，可以大大提高 Pt 在载体表面的分散度。

采用微反评价装置，对 CO-CP 助燃剂的活性、活性稳定性进行了评价，并与市售助燃剂进行了对比，评价结果表明：CO-CP 助燃剂具有较高的助燃活性和优异的水热稳定性，CO-CP 助燃活性稍高于同样加入量的 Pd-3，接近于 1.0% 的 Pt-2 的助燃活性水平。CO-CP 助剂的活性稳定性较好，经 SO$_2$ 失活处理后，仍能保持相对较高的 CO 助燃活性。

四、非贵金属型 CO 助燃剂

由于贵金属型 CO 助燃剂需要用到昂贵的贵金属，且受限于 CO 助燃剂的使用方式，无法实现贵金属元素的回收利用，因此为了减少贵金属用量，提高 CO 助燃剂的经济效益，非贵金属型 CO 助燃剂受到了研究者们的普遍重视[14,33-36]。

采用较廉价的非贵金属氧化物作为活性组分取代目前普遍使用的铂助燃剂，至少需要解决三个方面的问题：助燃剂应具有较高的 CO 氧化活性；助燃剂在经过还原-氧化循环处理后须保持较高的 CO 氧化活性；助燃剂应能抵抗硫中毒。此外，非贵金属元素在再生器水热气氛下是否会向主剂迁移而对其裂化活性和选择性造成不利影响，也是需要关注的问题。非贵金属助燃剂按其氧化物类型大致可分为：①稀土钙钛矿型氧化物如 La$_x$Sr$_{1-x}$MnO$_3$，它活性好、稳定性高，但因其表面积小、耐硫性能差而使应用受到限制；②负载型复合氧化物，如ⅠB、ⅣB、ⅥB、Ⅷ族氧化物，或添加少量稀土氧化物，这些催化剂活性高，稳定性好，制备简单易行；③尖晶石相氧化物，如 CuCr$_2$O$_3$ 尖晶石，但其活性目前尚不够理想。

1. 钙钛矿型 CO 助燃剂

钙钛矿是指一类陶瓷氧化物，其分子通式为 ABO$_3$。此类氧化物最早被发现，是存在于钙钛矿石中的钛酸钙（CaTiO₃）化合物，因此而得名[37-42]。由于此类化合物结构上有许多特性，在凝聚态物理方面应用及研究甚广，所以物理学家与化学家常以其分子公式中各化合物的比例（1∶1∶3）来简称之，因此又名"113结构"，呈立方体晶形。立方体晶体常具平行晶棱的条纹，系高温变体转变为低温变体时产生聚片双晶的结果。

　　钙钛矿型复合氧化物 ABO₃ 是一种具有独特物理性质和化学性质的新型无机非金属材料，所属晶系主要有正交、立方、菱方、四方、单斜和三斜晶系，其结构如图 5-2 所示[43-45]，A 位离子通常是稀土或者碱土等具有较大离子半径的金属元素，它与 12 个氧配位，形成最密立方堆积，主要起稳定钙钛矿结构的作用；B 位一般为离子半径较小的元素（一般为过渡金属元素，如 Mn、Co、Fe 等），它与 6 个氧配位，占据立方密堆积中的八面体中心，由于其价态的多变性使其通常成为决定钙钛矿结构类型材料很多性质的主要组成部分。

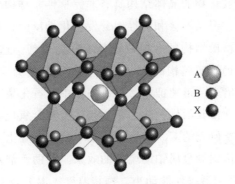

图 5-2　钙钛矿型复合氧化物结构

　　钙钛矿型复合氧化物的 A 位和 B 位皆可被半径相近的其他金属离子部分取代而保持其晶体结构基本不变，因此在理论上它是研究催化剂表面及催化性能的理想样品。由于这类化合物具有稳定的晶体结构、独特的电磁性能以及很高的氧化还原、氢解、异构化、电催化等活性，作为一种新型的功能材料，在环境保护和工业催化等领域具有很大的开发潜力[46-48]。与简单氧化物相比，钙钛矿结构可以使一些元素以非正常价态存在，具有非化学计量比的氧，或使活性金属以混合价态存在，使固体呈现某些特殊性质。由于固体的性质与其催化活性密切相关，钙钛矿结构的特殊性使其在催化方面得到广泛应用。

　　1952 年 Parravano 发现钙钛矿型复合氧化物可用于 CO 的催化氧化反应，此后，对 ABO₃ 型化合物的废气处理及功能应用的研究日益增多[49]。人们在吸附、催化机理等基础理论研究上取得了长足的进步，且不断发掘新的钙钛矿材料，并逐渐应用于现代工业和环保能源领域。

　　钙钛矿材料对 CO 的催化性能依赖于材料表面的吸附性能，Tascon 等研究发现，室温下 $LaBO_3$ 对 CO 的吸附量取决于 B^{3+} 阳离子的电子构型，当 B 离子为三价铁离子时吸附量最大。

　　同时，钙钛矿材料对氧气也有良好的吸附作用，Kremenic[50]报道了 $LaMO_3$（M＝Cr、Mn、Fe、Co、Ni）对氧气的吸附，其中 Mn 和 Co 的吸附量最大。Seiyama[51]在 1023K 时发现了 $La_{1-x}Sr_xCoO_3$ 的 2 个氧 TPD 峰，低温下的吸附峰（α峰）吸附的是自由氧，而高温下的吸附峰（β峰）吸附的是晶格氧。α峰的强度由 $La_{1-x}Sr_xCoO_3$ 的值决定，这可以由化学非计量比和结构缺陷来解释。Yokoi 等[52]指出：$LaMO_3$（M＝Cr、Mn、Fe、Co、Ni）随 M 原子量的增大，M—O 之间的键级减小，α峰对应的温度值下降。O_2 的 TPD 过程中，温度对 O_2 脱附的作用受 O_2 与 M^{3+} 金属离子的电子作用影响。虽然 A 位取代对氧脱附的 β 峰影响很大，但 M 阳离子是这种作用的主导因素。Zhu 等[53]研究类钙钛矿结构 $La_{2-x}Sr_xCuO_4$（$x=0$，0.5，1.0）的 O_2-TPD 结果表明：氧吸附一般发生在结构中的氧空位，且其吸附量随 Sr 掺杂量的增加而增加。

钙钛矿型复合氧化物作为 CO 助燃剂的载体一般为 γ-Al_2O_3 等，它们会与复合氧化物发生化学反应，部分活性组分受到破坏后形成无催化活性的含铝钙钛矿或含铝尖晶石，使得负载后活性普遍下降。北京大学的科研人员在结构化学的研究基础上发现莫来石的晶体结构与钙钛矿型稀土复合氧化物的晶体结构具有非完整性，结构参数不匹配，十分有利于稀土氧化物的附着与分散，但又不会和活性组分发生化学反应，是一种理想的载体。天津石化公司研究院开发了钙钛矿结构的金属氧化物 CO 助燃剂。这种助燃剂以 Al_2O_3 和高岭土为载体，活性组分为钙钛矿结构的金属氧化物，负载量为 10％～15％。而且该剂的投放量为 Pt 剂的 1.5～2 倍亦可迅速抑制二次燃烧。中国石化集团公司工程公司则对传统的氧化铝载体进行高温处理使其活性钝化，不致与稀土复合氧化物发生化学反应，使活性组分充分发挥作用。这两家研究的 CO 助燃剂经过小型固定流化床评价及工业应用试验证明其助燃效果良好，可以达到贵金属铂助燃剂的效果。该助燃剂具有如下特点：可以降低排气中 NO_x 的排放量；再生器操作波动小，密相温度、温差及 CO_2、CO、O_2 含量比较稳定；对 CO 的催化氧化反应速率较慢。

2. 复合氧化物 CO 助燃剂

20 世纪 20 年代人们就发现复合氧化物对 CO 的氧化具有很好的活性，但当时仅从军事的方向出发，应用于防毒面具。20 世纪 70 年代以来，随着非贵金属助燃剂的兴起，对复合氧化物 CO 助燃剂的研究也取得长足的进展。其中过渡金属 Cu、Co、Cr、Ni 等金属氧化物具有较高活性，而且当这些金属氧化物中的两种或多种按一定的比例混合加入时，其活性将大为提高，这种现象称为协同效应。如对 Cu-CoO/Al_2O_3 复合氧化物催化剂来说，Cu 与 Co 的用量对催化剂的活性和选择性有较大的影响，随着 Cu 的加入量的增加，活性可以达到一个最大值。而对 Cu-Cr 催化剂来说，其中主要的活性组分是 Cu，Cr 只起到助催化剂的作用。

石油大学（北京）[54]开发的非贵金属复合氧化物 CO 助燃剂 SYW 系列，以 Cr、Cu、Co、Mn、Ni、Fe 等过渡金属作为活性组分，它们可以是氧化物、硫化物等其他化合物，载体一般为氧化铝，也可以是小孔分子筛或其他硅铝化合物[36]。评价数据表明，这种助燃剂在助燃性能上可以达到铂助燃剂的水平，而且不会影响催化裂化反应及其催化剂的使用性能。

非贵金属 CO 助燃剂的工业试验已证明助燃效果可达到与 Pt 剂相当的水平，同时 NO_x 排放有所降低。但非铂 CO 助燃剂的广泛应用尚有一个过程，还需要做大量工作。

五、催化裂化助燃脱硝剂

随着催化裂化装置环保要求的不断提高，对于催化裂化烟气的排放要求也日趋严格，且为了保证催化裂化主剂的活性，对助剂的加入量有了一定的限制，在这种背景下，同时具备 CO 助燃和脱硝功能的助剂，受到了研究者和工业界的普遍重视[55-59]。

助燃脱硝剂以低温活性氧化铝（即 $\gamma\text{-}Al_2O_3$）为载体，利用其充足的酸性中心和相对较大的孔径，通过化学手段对其改性，按比例负载一定比例的贵重金属、稀有金属为主的多组分及稀土氧化物，根据不同金属的外层电子结构、化合物的晶体构型及其在再生系统中所起的作用，按比例、按顺序进行负载。再进行后处理，保证其松装密度、比表面积、孔容和磨损指数等符合反应再生系统的操作要求。且不含对主催化剂有害的相关金属（如 Fe、Ni、V、Cu 等），不会导致催化剂中毒，也不会强化脱氢裂化和生焦作用，长期使用不会对分子筛催化剂的活性和轻质油产品的分布收率产生明显的不利影响[60]。

脱硝助燃剂是两效合一的催化裂化助剂，在保留 CO 助燃作用的同时，强化其对 NO_x 的选择性还原催化能力，确保脱硝率在 50% 以上。关于助燃脱硝剂的脱硝反应机理及其开发过程，请参看本章第三节的相关内容。

六、CO 助燃剂研发方向

今后，CO 助燃剂的开发仍要从以下三方面进行：

（1）开发非贵金属 CO 助燃剂

重点是进一步提高其助燃活性和水热稳定性，例如对钙钛矿稀土复合氧化物型 CO 助燃剂，要解决助燃速度慢、失活快的问题；对过渡金属负载型助燃剂，要避免在使用过程中对催化裂化产品分布造成不利影响。

（2）提高金属活性组分的分散度和利用率

开发高分散贵金属 CO 助燃剂，使贵金属粒子以纳米级甚至原子尺度均匀分散在载体上，可提高其利率，在达到同样助燃效果的情况下，节省贵金属用量。

（3）开发多功能型 CO 助燃剂

随着环保法规对催化裂化装置 SO_x、NO_x 等排放限制的日益严格，同时控制多种污染物排放是助剂技术发展的重要方向之一。例如可同时控制烟气 CO 和 NO_x 排放的低 NO_x 型助燃剂在近年得到快速推广应用。

第二节　烟气硫转移剂与稀土催化

一、烟气硫转移剂开发和应用情况

1. 硫转移剂的作用原理

SO_x 转移助剂是催化裂化过程中用于降低再生烟气硫氧化物排放的一类助剂，又称为硫转移催化剂（或硫转移剂）。

通常催化裂化原料油中含有 0.3%～3.0% 的硫，以有机硫化物的形式存在，而在渣油中硫的含量可达 4.0%。在 FCC 加工过程中，经裂化后进料中的硫大约 50% 以 H_2S 形式进入气体，40% 进入液体产品，其余的 10% 进入焦炭沉积在裂化催化剂上，在再生器烧焦过程中焦炭中的硫氧化为 SO_2 和 SO_3，统称为 SO_x，SO_x 会随再生器烟气排入大气，对环境造成污染。

原料质量是影响 FCC 装置排放 SO_x 的最重要因素，硫的分布受原料中硫种类和硫含量的影响很大，进料中的硫含量和特定的硫种类决定了潜在的 SO_x 排放量。通常，进料中约 10% 的硫进入 SO_x，对于不同的原料和操作条件，这个值会在 5%～30% 之间变化，例如加工加氢处理油时，进入焦炭中的硫占进料硫的比例可达到 15% 以上。烟气中 SO_x 的浓度范围一般为 200～3000$\mu g/g$，SO_x 中 SO_2 和 SO_3 的相对含量受氧气含量和温度等再生条件的影响很大。

SO_x 转移剂掺混于 FCC 催化剂内，一起在反应器和再生器之间循环。在再生器内，SO_x 转移剂可促进烟气中 SO_2 的氧化并吸附，SO_3 在助剂表面形成稳定的金属硫酸盐。金属硫酸盐随再生剂进入提升管反应器，在还原气氛中，硫酸盐中的硫以 H_2S 的形式释放出来，与裂化反应生成的 H_2S 一起，作为硫黄回收装置的原料，进行硫的回收。脱附硫后的 SO_x 转移剂，循环到再生器，又具备了捕集 SO_x 的能力。图 5-3[3] 示出了 SO_x 在再生器和反应器中所发生的化学反应。

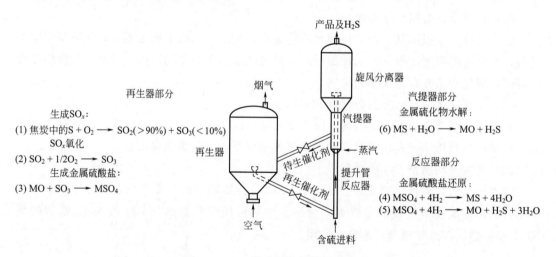

再生器部分

生成 SO_x：
(1) 焦炭中的 $S + O_2 \longrightarrow SO_2(>90\%) + SO_3(<10\%)$
  SO_x 氧化
(2) $SO_2 + 1/2O_2 \longrightarrow SO_3$
生成金属硫酸盐：
(3) $MO + SO_3 \longrightarrow MSO_4$

汽提器部分

金属硫化物水解：
(6) $MS + H_2O \longrightarrow MO + H_2S$

反应器部分

金属硫酸盐还原：
(4) $MSO_4 + 4H_2 \longrightarrow MS + 4H_2O$
(5) $MSO_4 + 4H_2 \longrightarrow MO + H_2S + 3H_2O$

产品及 H_2S、旋风分离器、汽提器、蒸汽、烟气、再生器、待生催化剂、再生催化剂、提升管反应器、空气、含硫进料

图 5-3　SO_x 转移剂的催化反应机理

一般来说，催化裂化再生烟气中 SO_3 的浓度范围通常为总 SO_x 含量的 20% 以下，但在一些特殊工况下，如高度富氧再生，烟气中 SO_3 在 SO_x 中所占比例会更高，理论计算值参见图 5-4[61]。较早的工业装置数据表明，在再生器的烧焦反应中，SO_2 是烟气中 SO_x 的主要组分，占 90% 以上。近年来，随着硫转移剂的大范围推广应用，证实了部分 FCC 再生装置，特别是对于一些过剩氧含量较高的完全再生装置，烟气中的 SO_3 能占到总 SO_x 的接近一半[62,63]。

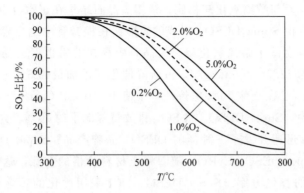

图 5-4 SO_2 和 SO_3 的平衡关系曲线

2. 硫转移剂的开发和工业应用

早在 20 世纪 60～70 年代，国外针对硫转移剂的研制工作就已经开展，80 年代初期，世界上主要的 FCC 催化剂制造商都有了较为成熟的硫转移剂技术。近些年，国外几大主要的催化剂公司都对其硫转移助剂产品进行了更新换代，但由于稀土价格的攀升，以及避免稀土的非选择性催化氧化助燃 CO，具有相同 SO_x 减排效率的低稀土含量的助剂开发成了趋势。

Albemarle（AKZO-Nobel）提供了多种可用于 FCCU 的 SO_x 降低助剂，包括 $KDSO_x^{TM}$、$DuraSO_x^{TM}$、SO_x $MASTER^{TM}$、SO_x MASTER-2 和 SO_x $DOWN^{TM}$。尤其是 SO_x MAS-TER^{TM} 和 SO_x MASTER-2，受到了广泛的关注，因为这些助剂与许多常规替代品不同，它们不包含稀土金属铈，因为稀土铈的非选择性催化氧化反应会导致在 FCCU 中将 CO 助燃为 CO_2，炼厂将努力避免在 FCCU 中特别是在不完全燃烧再生模式下，将 CO 氧化为 CO_2。此外，出于对稀土经济形势的考虑，也为 SO_x $MASTER^{TM}$ 和 SO_x MASTER-2 应用于完全燃烧装置打开了大门。SO_x $MASTER^{TM}$ 不含铈或钒。另外，该助剂除水滑石外还由非稀土化合物组成，以提供与含稀土的助剂相当的性能。Albemarle 将无稀土 SO_x-$MASTER^{TM}$ 与含铈 SO_x $DOWN^{TM}$ 助剂的使用进行了比较。SO_x $MASTER^{TM}$ 助剂的几个优点包括：首先，由于不存在铈，SO_x $MASTER^{TM}$ 助剂不会将 CO 氧化为 CO_2，而当 CO 浓度超过 5% 时，发现 SO_x $DOWN^{TM}$ 催化剂有助燃效果。其次，就初始活性和活性衰减而言，SO_x $MASTER^{TM}$ 与含稀土的 SO_x $DOWN^{TM}$ 不同。SO_x $MASTER^{TM}$ 的初始活性比含铈的 SO_x $MASTER^{TM}$ 略低，因此需要添加额外数量的 SO_x $MASTER^{TM}$ 才能实现类似的 SO_x 减排。然而，在最初引入催化剂之后，SO_x $MASTER^{TM}$ 可保持 SO_x 还原活性的时间是传统助剂的 2～4 倍。与竞争性的铈基助剂相比，使用 SO_x $MASTER^{TM}$ 的成本仍有望降低 70%。

BASF（Engelhard）提供 SO_x CAT^{TM} Extra 助剂以减少 FCCU 产生的 SO_x 排放。为了应对更高的稀土价格，BASF 推出了新的 $EnviroSO_x$ $FCCSO_x$ 减排助剂，该助剂宣传其具有与 SO_x CAT Extra 相同的性能优势，但稀土氧化物的含量却减少了 10%。据该公司称，$EnviroSO_x$ 将使炼油厂以较低的成本满足 SO_x 排放法规，并将 SO_x 排放降低至 $700 \mu g/g$ 以下。

Grace 的 SO_x 减排助剂已在全球 100 多个装置实现工业应用。Super $DESO_x$ 基于专有的镁铝尖晶石结构,与游离氧化镁相比,镁铝尖晶石结构在正常再生条件下能更有效地形成稳定的硫酸盐。由 Super DESO$_x$ 形成的硫酸镁在提升管中也更容易被还原,因为氧化铝尖晶石中镁的碱度低于游离氧化镁。尖晶石中存在的钒也促进提升管中硫酸镁的还原。典型的使用量为 22.7~909.1kg/d,占新鲜催化剂添加量的 5%~10%(质量分数)。目前,Super DESO$_x$ 已在全球 70 多家炼油厂中使用。在 BP Castelon 炼油厂的 FCCU 中进行的一次试运行中,Super DESO$_x$ 将 SO$_x$ 排放量降低了约 70%。为应对稀土材料的恶性通货膨胀,Grace 迅速开发了三种新的 DESO$_x$ 品牌产品:Super DESO$_x$ OCI、Super DESO$_x$ MCD 和 Super DESO$_x$ CeRO。随着稀土材料价格的上涨,这些产品旨在为炼厂提供具有成本效益的替代方案。Super DESO$_x$ OCI 采用优化的铈含量制造,但保留了 Super DESO$_x$ 的基于尖晶石的配方的性能优势,显示出与 Super DESO$_x$ 相似的性能。为最大程度地分散铈而制造的 Super DESO$_x$ MCD,其配方进一步降低了铈含量。Super DESO$_x$ MCD 的商业应用表明,要提供与 Super DESO$_x$ OCI 类似的性能,需要高出 15%~25%(质量分数)的剂量。Super DESO$_x$ CeRO 的配方不含稀土。Super DESO$_x$ OCI 和 Super DESO$_x$ MCD 在欧洲和北美市场都得到了广泛认可,在欧洲和北美市场,催化 SO$_x$ 控制技术得到了广泛的应用。Super DESO$_x$ CeRO 被用于有限的工业应用中,稀土的成本并没有高到广泛使用 Super DESO$_x$ CeRO 的水平。鉴于近来稀土材料价格下降的趋势,据说 Grace 的 Super DESO$_x$ OCI 和较小程度上的 Super DESO$_x$ 为炼油厂提供了目前最具成本效益的催化 SO$_x$ 控制选择。尽管降低了稀土含量,但是从应用情况来看,成本并没有明显降低。

Johnson Matthey(INTERCAT)提供六种减少 SO$_x$ 排放的助剂:Ultra Lo-SO$_x$、Lo-SO$_x$ PB、Super SO$_x$ GETTER、Super SO$_x$ GETTER-Ⅱ、Super SO$_x$ GETTER-Ⅱ DM 和 Super NoSO$_x$。Super SO$_x$ GETTER-Ⅱ 的开发旨在降低稀土氧化物的含量,同时随着稀土材料价格的上涨保持稳定的性能。大多数炼厂都使用 Super SO$_x$ GETTER-Ⅱ,但每种等级的助剂都是针对各个 FCC 的特定操作量身定制的。Johnson Matthey 声称,Ultra Lo-SO$_x$ 助剂兼具快速的 SO$_x$ 吸收速率和最高的 SO$_x$ 吸附能力。Ultra Lo-SO$_x$ 是使用专有的镁化合物和微球开发而成的,这种微球旨在快速获取硫物质。该公司已经进行了实验室测试,将 Ultra Lo-SO$_x$ 与其他 SO$_x$ 减排助剂进行了比较,发现 Ultra Lo-SO$_x$ 能够将 SO$_x$ 的反应性和吸收率提高两倍。Super SO$_x$ GETTER 基于类水滑石 [Mg$_6$Al$_2$(OH)$_{18}$·4.5H$_2$O],可最大程度地提高含硫再生气体对高反应性镁物质的可及性。Johnson Matthey 发现,类水滑石化合物的吸附能力优于尖晶石技术。对 Super SO$_x$ GETTER 进行了工业试验,发现与同类产品相比,SO$_x$ 的降低效率提高了 80%。Super SO$_x$ GETTER 由于其优异的物理性能而特别适用于遇到催化剂稀释问题的 FCCU。为了减少稀土材料的数量,Johnson Matthey 开发了 Super SO$_x$ GETTER-Ⅱ,其铈含量比 Super SO$_x$ GETTER 少 50%。助剂的 SO$_x$ 减排性能已确定达到或超过上一代设计的水平,并且低铈助剂,已用于 30 多种商用 FCCU 中。此外,该公司正在开发第三代 Super SO$_x$ GETTER 助剂 Super SO$_x$ GETTER-Ⅲ,其铈含量将低于 Super SO$_x$ GETTER-Ⅱ。烟道气中存在的过量氧气也会对 SO$_x$ 助剂的性能产生重大影响,而 SO$_x$ 减排助剂在以完全燃烧模式运行的再生器中往往更有效。

国内关于硫转移剂的研究较国外稍晚些，最初的研究始于 20 世纪 80 年代末，由中国石油化工总公司指派石油化工科学研究院进行脱除 SO_x 助剂的研究工作。石油化工科学研究院研制了 RSO_x-7 型硫转移剂并将其在小型提升管 FCC 装置上进行了试验，随着 RSO_x 型硫转移剂加入量的增加，烟气中 SO_x 浓度降低。当加入量增加 5％时，SO_x 能减少 83％。同时汽油、焦炭产率基本不变，柴油产率、转化率变化也不大。加入的硫转移剂对催化裂化产品的分布无不利影响。借此机会，石油化工科学研究院建立了研究硫转移剂方面的实验室制备、评价方法、小试载体研究以及中试放大和评价方法等，为我国硫转移剂研究工作的进一步发展奠定了坚实的基础[64]。2000 年开发出 RFS 硫转移剂，分别在中石化长岭分公司、中石油兰州炼油厂和中石化齐鲁石化分公司三家催化剂厂完成了工业试生产。

近年来，烟气湿法洗涤装置 WGS（wet gas scrubber）在我国一些主要炼油厂得到大范围的推广应用，但由于 SO_3 在大气中容易形成气溶胶，使得湿法脱硫塔针对 SO_3 的脱除效率不理想。较难脱除的 SO_3 及循环液盐含量较高都可能造成蓝烟和烟气拖尾。通过加注硫转移剂，一方面可高效捕集 SO_3，避免在脱硫塔中形成 SO_3 气溶胶造成拖尾和蓝烟现象；另一方面，还可显著降低 SO_2 浓度从而降低碱液用量和脱硫塔负荷，有助于减少循环液和废水盐含量，间接上也有利于缓解烟气拖尾。且 SO_x 转移助剂无需设备投资，加注方式灵活。新的环保标准对 FCC 再生烟气 SO_x 限制进一步严格，SO_x 转移剂的开发和应用进入新的快速发展阶段。RIPP 进一步优化和完善了 SO_x 转移剂的配方和制备工艺[65,66]，主要包括：①采用共胶法制备技术，不仅简化了载体制备流程，而且制备出具有双孔结构的改性镁铝尖晶石载体。图 5-5[67] 为双孔改性镁铝尖晶石载体与常规镁铝尖晶石载体的孔分布曲线对比，可以看出，双孔改性镁铝尖晶石载体孔体积增加，尤其孔分布曲线中出现了中孔峰，这有利于提高活性中心的可接近性，改善助剂在反应器中的还原再生性能。②开发了全新的活性组元连续过量浸渍技术（Ce^{3+} 扩散与吸附机理见图 5-6）[68]，由碱性镁铝尖晶石载体选择性地定量吸附浸渍液中的 Ce^{3+}，浸渍液中的 Ce^{3+} 很容易扩散进入载体孔内，形成准纳米型 CeO_2，克服了堵孔和 CeO_2 分散不均匀以及生产的连续性等问题，助剂的硫转移性能进一步提高。2009 年 4 月在中国石化催化剂分公

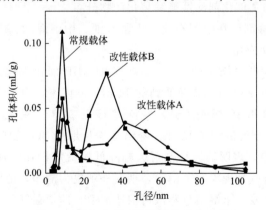

图 5-5　镁铝尖晶石载体的孔分布曲线

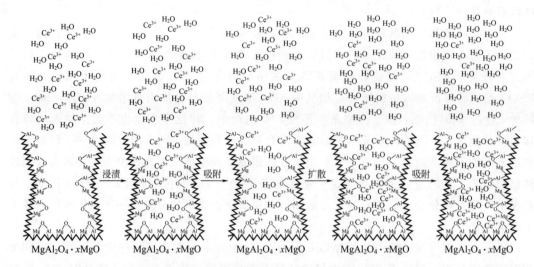

图 5-6　连续过量浸渍过程中 Ce^{3+} 扩散与吸附机理

司进行了新一代高效 FCC 再生烟气 SO_x 转移剂 RFS09 的工业放大试生产。此外，中国石油兰州石化研究院、北京三聚环保、北京大学、石油大学、华东师范大学、北京化工大学、西北大学等单位也进行了 SO_x 转移剂的研究和开发工作。

2015 年以来，增强型 RFS 硫转移剂由石科院在常规 RFS09 硫转移剂基础上开发成功（商品牌号沿用 RFS09 或 RFS09-PRO）并得到广泛工业应用，首先是针对 SO_x 捕集提高了关键活性组分的含量；同时对储氧组分和还原添加剂组分的含量进行了调整，使其与主活性组分含量的变化相适应，以进一步提高助剂在低过剩氧含量，甚至不完全再生条件下对 SO_x 的脱除效率；此外，对助剂制备工艺进行了优化，以在活性组分含量大幅提高的情况下保持较好的耐磨损性能，避免助剂跑损对 SO_x 脱除效率及装置操作造成不利影响。从中国石化催化剂齐鲁分公司工业生产数据来看，物化指标均达到质量指标要求，耐磨损性能相对以往大幅改善。从催化性能模拟评价来看（图 5-7）[2]，增强型 RFS 硫转移剂与对比样品相比，对 SO_2 的捕集性能更强；经过还原再生处理后，相对对比样品的优势更为明显。此外，增强型硫转移剂使用过程中对装置操作无特殊要求，不产生明显的尾燃或助燃效应，而且不影响主催化剂的性能和裂化产物分布。

增强型 RFS 硫转移剂已在中国石化、中国石油、中国海油、中国化工、地方炼厂等30 余套催化装置上成功应用。

从国内某采用完全再生操作的 120×10^6 t/a 的 MIP 催化裂化装置的应用情况来看，烟气 SO_2 质量浓度由约 263mg/m^3 降低到约 14mg/m^3 以下，SO_2 脱除率达到 94% 以上；SO_3 由约 527mg/m^3 降低到 16mg/m^3，脱除率接近 97%。脱硫塔碱液消耗总量由约150kg/h 降低到稳定加剂时的约 15kg/h，降幅基本与烟气 SO_2 脱除率一致；外排废水中 TDS 均呈明显下降趋势，表明硫转移剂可大幅降低脱硫塔操作负荷，同时有利于降低废水盐含量排放；脱硫塔蓝烟现象完全消除，烟气外观更为清净，拖尾情况显著改善，烟羽更多情况下接近直立排放，末端白色蒸汽可快速消散，即使在气象条件不利时拖尾长度相对以往也大幅缩短，未再出现蓝灰色烟雾沉降于厂区及周边的情况。

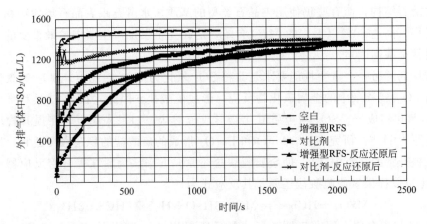

图 5-7　SO_2 吸附捕集性能对比评价结果

从国内某采用不完全再生操作的 $480 \times 10^6 \mathrm{t/a}$ 的催化裂化装置的应用情况来看，SO_2 脱除率约为 55%，SO_3 脱除率约为 77%，总 SO_x 脱除率约为 61.1%，碱液消耗总量由约 2000kg/h 降低到至 1000kg/h 以下，降幅达 50% 以上；外排废水盐含量显著降低；烟气拖尾情况得到明显改善。

从增强型 RFS 硫转移剂的工业应用情况来看，针对完全再生工况再生烟气中 SO_x 的脱除率可以达到 90% 以上，SO_3 的脱除率可达 95% 以上。通过对大量 FCC 装置再生烟气污染物排放调研发现，大多数含不完全再生工况的 FCC 装置的再生烟气中除含 SO_2 外，还含较高浓度的 H_2S。H_2S 很难在硫转移剂活性中心上吸附反应，在 CO 锅炉中依旧会转化成 SO_x。因而在含不完全再生工况的 FCC 装置中应用时，硫转移剂的脱硫效率也会受到较大影响，烟气 SO_x 脱除率通常在 70% 以下。石油化工科学研究院的研究和工业实践表明，硫转移剂能够有效解决湿法脱硫难以解决的蓝烟和烟气拖尾问题；同时，硫转移剂可以预先脱除大部分 SO_x，从而大大降低湿法洗涤装置的负荷，减少碱液用量等操作费用；还可以降低再生烟气酸露点，延长 FCC 装置甚至 WGS 装置自身的运转周期。因而两种技术可以根据成本效益核算结合使用。

烟气 SO_x 浓度对硫转移剂相对 SO_x 捕集活性的影响很大，SO_x 浓度越高，相对捕集活性越高。烟气过剩氧含量高，SO_3 的平衡浓度高，硫转移剂的相对捕集活性高。再生温度对相对 SO_x 捕集活性影响不太大。提升管反应器出口温度越高，越有利于硫转移剂循环过程中活性的恢复。SO_x 捕集能力（PUF）一般在 $10 \sim 25 \mathrm{kg}\ SO_2/\mathrm{kg}$ 助剂。

PUF 为单位质量硫转移剂捕集的 SO_2 质量。低 SO_2 浓度下，助剂固相吸附捕集效率低于液相喷淋捕集效率，因而增量助剂费用将高于碱液费用。但若 SO_2 浓度高，助剂在总费用上的节余优势会非常明显。即使通过助剂直接实现达标排放，经济上也是有利的。此外，过剩氧偏低的情况下，PUF 较低，硫转移剂经济性下降，优选的控制指标也将提高。可以根据成本核算硫转移剂的最优加注量。

3. 影响硫转移剂性能的因素

硫转移剂吸收再生烟气中的 SO_3 能力是其主要性能要求。它与助剂中 MgO 的量呈正比。更多的 MgO 意味着更多的 SO_3 被捕集，从而助剂消耗更小。如今最有效的硫转移剂是基于水滑石结构，而有些仍使用尖晶石类型的基质。水滑石跟尖晶石替代物相比，能够允许高得多（高达 50% 以上）的 MgO 含量，这在完全燃烧再生器中是最重要的，因为吸附容量通常是限制因素。

硫转移剂的另一个重要性能要求是其将 SO_2 氧化为 SO_3 的能力。SO_2 要氧化为 SO_3 才可能与 SO_x 转移剂中的金属氧化物反应，形成硫酸盐。因此，在 SO_x 转移剂中都含有促进 SO_2 氧化的成分。SO_3 与金属氧化物形成硫酸盐，如果太稳定，在提升管反应器内则难以还原为 H_2S。研究表明，MgO 和 La_2O_3 形成的硫酸盐的稳定程度适宜。以往的看法是，在提升管的气氛中，H_2 使金属硫酸盐还原。近来认为，在提升管反应器内，烃类（HCS）也可以提供氢使硫酸盐还原，其反应式为：

$$MSO_4 + HCS \Longrightarrow MO + 3H_2O + H_2S + (HCS-8H)$$

这里 M 代表金属。研究表明，钒（V）既促进 SO_2 氧化为 SO_3，与 MgO、La_2O_3 之类的金属氧化物复配，又可使金属硫酸盐和硫化物在提升管内更容易释放出 H_2S（即促进金属硫酸盐的还原和 SO_x 转移剂的再生）。因此，当今的 SO_x 转移剂均含有 1%～25% 的 V_2O_5[69]。

在完全燃烧装置中，大多数 SO_x 助剂的氧化能力足以实现正向氧化。但是，在部分燃烧应用中，有限的氧含量可能是一个障碍。还原态的硫化物如硫化氢（H_2S）羰基硫（COS）也存在，它们很难在硫转移剂活性中心上吸附反应，但在 CO 锅炉中依旧会转化成 SO_x。因而在含不完全再生工况的 FCC 装置中应用时，硫转移剂的脱硫效率会受到较大影响。

在大多数装置再生器运行时，越倾向于部分燃烧，则 SO_x 减少的可能性就越小。图 5-8[70] 显示了"最大 SO_x 减少水平"与烟气中 CO 存在量的关系，包括 CO 水平与 SO_x 减少之间的理论关系：

$$最大 SO_x 减少水平 = 100\% - (CO\% \times 10)$$

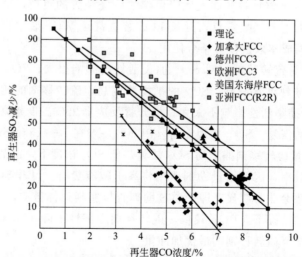

图 5-8 随着 CO 浓度变化的最大 SO_x 减少水平

FCC 装置的操作变量和助剂本身的性能对 SO_x 转移剂的使用效率有很大影响。可归纳为以下几点：

烟气过剩氧含量。SO_3 的平衡浓度高，SO_x 转移剂的相对捕集活性高。在许多 FCCU 中，氧气的可获得性是硫转移过程中的限速步骤。但当过剩氧浓度高于一定程度时，SO_x 助剂的效率也不会再继续提高。

烟气 SO_x 浓度对 SO_x 转移剂相对 SO_x 捕集活性影响很大，根据 Grace 的数据，当 SO_x 浓度为 $500\mu L/L$ 时相对捕集活性为 0.33；SO_x 浓度为 $1000\mu L/L$ 时，相对捕集活性为 0.60；SO_x 浓度为 $1500\mu L/L$ 时，相对捕集活性高达 0.81。

CO 助燃剂会促进 SO_2 转化为 SO_3，从而增强 SO_x 的脱除。过剩氧的存在下也会产生更高浓度的 SO_3，因此，SO_x 转移剂在完全再生过程中更有效。

较低的再生温度往往有利于 SO_3 的形成，这是因为再生器中良好的空气分布和混合有利于 SO_3 的捕集。但再生温度对相对 SO_x 捕集活性影响不会太大。镁铝尖晶石的结构能经受得住较高的温度，但当与裂化催化剂一块水热老化时，硫转移助剂的性能可能会变差，这是因为 Si 导致的中毒失活。有研究表明，当再生温度由 629℃升到 732℃时，$DESO_x$ 剂的半衰期下降 70%。工业试验的数据表明，在再生温度为 718℃时，$DESO_x$ 剂的有效寿命大约 14d。此外，硫转移剂的加入量与所用催化裂化催化剂的焦炭选择性密切相关，因为生焦率下降，在烟气中每小时生成的 SO_x 量下降，要达到同样的 SO_x 排放水平，硫转移剂的加入量就可以更少。

增加催化剂循环速率可增加用于 SO_3 吸收的新鲜金属氧化物的利用率，从而减少 SO_x 的排放。

较大的再生器主剂藏量会影响硫转移助剂的效率。低效的汽提会增加进入再生器的硫量，从而增加 SO_x 排放量。

硫转移助剂本身要求好的物理完整性，以承受 FCCU 的苛刻水热环境。例如耐磨损性能，表观堆密度和粒度分布等因素都对硫转移助剂在装置中的保留至关重要。硫转移剂的 MgO 含量是影响硫转移助剂性能的重要因素。SO_x 分子必须接近助剂的活性位。需要优化的助剂配方，提高在再生器和反应器中的氧化/还原反应效率，增加活性 MgO 的含量以及增加相应的铈和钒的用量。

综上，SO_x 转移剂最佳使用条件为：再生器空气分布器布风均匀；反应器/汽提段温度高，汽提效果好；合适的 SO_x 浓度（成本核算最佳）；再生器旋风分离效率高，催化剂保留率高；CO 完全燃烧。

二、稀土在烟气硫转移剂中的应用

1. 稀土在金属氧化物型硫转移剂中的应用

早在 20 世纪中期人们就发现金属氧化物具有氧化吸硫能力，一直试图努力寻找一种具有较高吸硫能力的无机氧化物。19 世纪 70 年代，Lowell 等[71]选取了 47 种金属氧化物，通过热力学计算的方法研究其吸附 SO_2 的能力，并根据实验结果从中优选出作为吸附剂吸附潜力最大的 16 种金属氧化物，其中就包括稀土 Ce。但当时只针对硫酸盐热分解的可能性进行了研究，没有考虑吸附 SO_x 后形成的硫酸盐在还原气氛中再生的可能性。

由于硫酸镁的分解温度很高，所以作为吸附剂潜力最大的 16 种金属并没有包括 Mg。80 年代，Wu 等[72]对硫酸盐的分解和还原条件进行了进一步研究，将优选的金属氧化物范围进一步缩小，其中也包括稀土铈。Yoo 等[73]发现，CeO_2 作为一种氧化型的催化剂，促进硫化物形成的速度快，可以用来氧化 SO_2，在催化裂化再生条件下 CeO_2 具有极好的氧化性能，并且在 FCC 再生器 1％～3％的过剩氧条件下，很容易快速再生。所以稀土氧化物尤其是 CeO_2 适合作为用于 SO_x 脱除的氧化型催化剂。而相比之下，其他金属氧化物，例如铁，虽然也是一种氧化型的催化剂，但是可能会促进焦炭的形成，从而影响催化裂化的产品分布并导致更多的 SO_2 生成。那个年代的很多专利[74,75]选取稀土等金属氧化物用于硫的减排。有研究[76]探讨了 La_2O_3、CeO_2、Pr_6O_{11} 和 Nd_2O_3 等稀土混合物的脱硫性能，发现镧和铈的混合物脱硫性能最佳。专利 US4001375[77]提出了 CeO_2 吸附 SO_2，随后通过氢气还原生成 H_2S 去克劳斯单元硫黄回收，从而可以除去烟气中的 SO_2。

单纯地用稀土氧化物作为硫转移剂的活性组元，其硫转移效果并不好。SO_2 属于酸性氧化物，所以碱性物质更适合作为吸附剂。氧化镁等碱性较强的金属氧化物更容易将 SO_2 氧化成 SO_3 进而发生吸附形成硫酸盐；而且碱性金属氧化物在还原条件下能将高价硫还原为低价硫，使硫酸盐分解，恢复吸硫活性。早在 1949 年美国 Amoco 公司就曾使用硅镁催化裂化催化剂使焦炭中的硫转化为 H_2S 释放到干气中，从而减少了烟气中的 SO_x 排放，但脱硫效果较差。研究者还尝试将碱性金属氧化物如 MgO、CaO、Al_2O_3 单一使用、物理混合使用或将其引入分子筛裂化催化剂上等除去 SO_x[78-80]，虽然均能脱除一定量的 SO_x，但效果十分有限且暴露出一些应用上的缺陷：MgO 堆密度小，耐磨性差，且吸附 SO_x 后形成的 $MgSO_4$ 很难在反应器条件下还原成 MgO，因而不适合循环使用；CaO 存在与 MgO 相似的问题，形成的 $CaSO_4$ 较难被还原，限制了其作为 SO_x 转移剂的可能性；Al_2O_3 虽然耐磨性较好，但形成的 $Al_2(SO_4)_3$ 稳定性不够，导致其在再生器中易发生分解，很难达到满意的吸附量。20 世纪 70 年代开始，降低 FCC 装置 SO_x 排放的研究热潮开始出现。氧化铝和氧化硅是裂化催化剂中常用的成分，其酸性和裂化活性较低，人们在研究硫转移剂初期将其作为脱硫助剂的一种普遍成分。虽然这些元素在与稀土元素（尤其是铈）一起使用时显示出了有效的作用，但它们容易失活，吸附 SO_x 的能力有限，寿命短且 SO_x 脱除效率低。后来经过更多的研究[81,82]，表明 MgO、Al_2O_3、La_2O_3 和 CeO_2 基的催化剂更适合 FCC 系统。

由于碱性氧化物与 SO_2 的吸附和反应能力较弱，而对 SO_3 的吸附作用更强，因此，在催化裂化烟气脱硫的过程中，SO_2 转变成 SO_3 的速度和能力决定了硫转移剂的脱硫速度和吸硫能力。贵金属对 SO_2 的脱除具有非常高的活性，且也能减少 CO 排放，但其价格过于昂贵，在实际中并不十分有效。为了改善催化裂化单元脱硫剂的吸硫能力，稀土等金属逐渐应用到其中。目前认为稀土的主要作用是促进 SO_2 进一步氧化为 SO_3，从而促进 SO_x 被吸收。例如 Ce 有 Ce^{4+} 和 Ce^{3+} 两种价态，在贫氧和富氧的状态下，氧化铈会靠价态的交替变化起吸储氧和释放氧的作用；在脱除 SO_x 的过程中，CeO_2 氧化 SO_2 成为 SO_3，同时自身又被还原为 Ce_2O_3，SO_3 快速吸附在 MgO 上形成 $MgSO_4$，之后 Ce_2O_3 又吸收气体氧恢复为 CeO_2。

研究人员起初尝试用稀土等元素直接对催化裂化催化剂进行改性,希望 FCC 催化剂兼具降低烟气 SO_2 含量的功能。这种形式的硫转移剂制备方法比较简单,但制备的硫转移剂的脱硫效率较低[83-85],这是因为在原有催化裂化催化剂基础上进行稀土改性,形成的硫酸盐以 $Al_2(SO_4)_3$ 为主,稳定性较差。如果将碱土金属氧化物浸渍到催化裂化催化剂上,在苛刻的催化裂化操作条件下其活性难以维持。很多商业分子筛中含有稀土氧化物,主要用于稳定其结构,维持活性,并不能脱除 SO_x。研究人员还试图将氧化镁或镁铝尖晶石与稀土同时引入催化裂化催化剂中以达到更好的脱硫效果,但是碱性的氧化镁会影响催化裂化催化剂主要的酸性位,很大程度上会影响催化裂化催化剂的裂化活性,造成产品收率减少,汽油的辛烷值降低等。这些所带来的经济损失是脱除烟气中的含硫化合物带来的效益无法补偿的。在此背景下,越来越多的研发人员尝试向催化裂化装置中添加独立的脱硫助剂的形式进行烟气脱硫。这种方式可以根据加工原料的变化、烟气中 SO_2 的浓度以及脱硫助剂的活性和烟气排放要求等添加不同性质的硫转移助剂和不同量的硫转移助剂,技术操作更灵活,选择空间更大。这需要助剂具有较高的脱硫活性,以减少添加量,减少主剂的稀释。

2. 稀土在尖晶石型硫转移剂中的应用

镁铝尖晶石中氧化物呈立方紧密堆积排列,这种饱和结构使其具有更好的热稳定性,而且镁铝尖晶石的表面酸性较弱,机械强度比 γ-Al_2O_3 要高得多,集成了氧化镁和氧化铝两种材料的优点,具有较高的吸硫能力,形成的硫酸盐又比较稳定,在还原条件下容易再生恢复吸硫活性,20 世纪 80 年代开始,尖晶石类的硫转移助剂成了新的研究方向。Yoo 等研究了多种尖晶石材料用于提高 SO_x 转移剂的性能,其中包括 $MgAl_2O_4$、$MnAl_2O_4$、$FeAl_2O_4$、$CoAl_2O_4$、$SnAl_2O_4$、$ZnAl_2O_4$、$NiAl_2O_4$、$MgCr_2O_4$、$ZnFe_2O_4$ 等,发现 $MgAl_2O_4$ 是作为 SO_x 转移剂基本材料的最佳选择。他们对比研究了 CeO_2/MgO、CeO_2/Al_2O_3 和 CeO_2/$MgAl_2O_4$ 的脱 SO_x 性能,发现 CeO_2/$MgAl_2O_4$ 的 SO_x 转移性能远优于其他两种化合物。Dimitriadis 等[86]也对比了 CeO_2/Al_2O_3、CeO_2/MgO、CeO_2/$MgAl_2O_4$ 的氧化吸硫性能和还原性能,发现具有尖晶石结构的催化剂性能最好。处于尖晶石结构中的氧化镁比氧化镁晶格空间位阻更大,因此有利于缓解硫酸盐的分解,所以 CeO_2/$MgAl_2O_4$ 比 CeO_2/γ-Al_2O_3 的活性高。而 CeO_2/Al_2O_3 在吸收 SO_2 后形成硫酸铝,但硫酸铝的热稳定较差,高温(>430℃)下会发生分解,不适用于催化裂化再生条件。CeO_2/MgO 对 SO_3 的吸收能力比相应的 Al_2O_3 催化剂高 3.5 倍,形成的硫酸盐为非常稳定的 $MgSO_4$,在 670℃ 开始分解,能够适应催化裂化的再生环境。但是,在催化裂化反应器中,硫酸镁还原形成氧化镁恢复吸硫活性的能力较低,有部分活性位失活。另外,在 FCC 过程中还要考虑硫转移剂的耐磨损强度,氧化镁较软,将氧化镁与氧化铝混合使用,可以使其既具有氧化镁较高的吸硫能力,又具有较好的机械强度和还原性能。

Yoo 等[87,88]发明了一种用于减少 SO_2 排放的改进剂。该材料含碱土金属、铝尖晶石和一种或多种促进 SO_2 向 SO_3 转化的金属复合物组成,主要在镁铝尖晶石中引入铈或铂。Bertolacini[89]介绍了一种脱除 SO_2 的吸附剂,该吸附剂由无机氧化物和稀土金属结合,稀土可以是镧、铈、镨、钐和镝中的一种。Amoco 公司开发的 SO_x 脱除剂[90]主要成分为含铈的镁铝尖晶石，脱硫率可达 70%。

在 $CeO_2/MgAl_2O_4$ 基础上，又有很多研究者在镁铝尖晶石中引进其他一些过渡金属组分，如铁、钒和铜的氧化物，希望在提高氧化吸硫性能的同时，改善硫酸盐的低温还原性能。V_2O_5 是一种氧化催化剂，能高效促进 SO_2 氧化成 SO_3，在再生器中可以加快再生器中 SO_2 的氧化速率和反应器中硫酸盐还原为 H_2S 的速率，使硫转移剂具有高活性并快速再生。但过量的 V_2O_5 会毒害主催化剂中的分子筛，导致失活。所以，在前期硫转移剂的组成中一直没有得到广泛的应用。而 Bhattacharyya[91] 提出了使用含钒和铈的镁铝尖晶石型硫转移剂，其中氧化镁含量为 $36\%\sim40\%$，并有 $10\%\sim14\%$ 氧化铈和 $2\%\sim3\%$ 氧化钒。目前所使用的 SO_x 转移剂大多含有 $1\%\sim2.5\%$ 的钒。

稀土金属氧化物的氧化能力是公认的，但何种稀土氧化物与镁铝尖晶石组合在一起能进一步提高硫转移剂的脱硫活性值得研究。崔秋凯[92] 考察了稀土金属的种类以及稀土金属的含量对硫转移剂性质的影响。图 5-9 为不同稀土金属对硫转移剂性能的影响。从图中可以看出，含铈的硫转移剂能长时间保持较高的脱硫活性。而含镧的硫转移剂虽然初始的脱硫活性较高，但随着反应时间的延长，硫转移剂快速失活，尾气中 SO_2 的浓度随反应时间的延长几乎呈线性增长。这说明含铈镁铝尖晶石与 SO_2 的反应性能以及传输晶格氧的能力或其氧化 SO_2 的能力要优于镧镁铝尖晶石。因此，无论从反应性能的角度考虑还是从稀土的价格考虑，选择铈作为活性组分更适合。

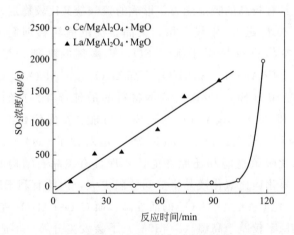

图 5-9　稀土种类对硫转移剂性能的影响

除了稀土元素的种类，稀土金属在硫转移剂中所占的比例也是影响硫转移剂反应性能的重要参数。铈在氧化 SO_2 生成 SO_3 反应中起到重要的催化作用，但并不是吸硫活性中心，不具有吸硫能力，不会形成 $Ce(SO_4)_2$ 或 $Ce_2(SO_4)_3$。在 $CeO_2/MgAl_2O_4 \cdot MgO$ 中，CeO_2 氧化 SO_2 生成 SO_3，同时自身被还原成 Ce_2O_3；MgO 吸附 SO_3 生成 $MgSO_4$，而 Ce_2O_3 吸附气相氧又重新被氧化成 CeO_2 得到恢复。所以在 $CeO_2/MgAl_2O_4 \cdot MgO$ 中 CeO_2 起到氧化 SO_2 生成 SO_3 的作用，而 MgO 与 SO_3 反应形成 $MgSO_4$。这样在镁铝尖晶石表面就存在铈和镁两种活性中心的相互竞争或协同作用，从而镁铝尖晶石的铈含量对其脱硫活性有一最佳值，当铈含量在 8%（质量分数）时的脱硫活性最高[85]。

刘逸锋等[93]基于密度泛函理论模拟构造了 O_2 单分子和 SO_2、O_2 双分子在 CeO_2 (111) 和 $MgAl_2O_4$(111) 中 O 空位表面可能产生的吸附构型；利用 LST/QST 方法搜索 SO_2 氧化反应过程，计算各步反应能垒。结果表明，CeO_2(111) 比 $MgAl_2O_4$(111) 具有更好的 SO_2 催化效果，其中 CeO_2 在反应中起到了晶格 O 传递作用，并进一步推断 SO_3 的脱附过程是整个反应的速率控制步骤。

尖晶石类型 SO_x 转移剂仍然存在不足，即作为主要吸附 SO_x 的 MgO 组分含量较低，因而吸硫量受到影响，限制了其在 FCC 装置中的工业化应用。提高 MgO 含量意味着要提高 SO_x 转移剂中的镁铝摩尔比例，因而寻找高镁铝摩尔比的 SO_x 转移剂成为重点研究方向之一。

3. 稀土在水滑石型硫转移剂中的应用

20 世纪 80 年代后期，意识到镁物种对 SO_x 吸附的重要性和有效性，阿克苏诺贝尔 (Akzo Nobel) 申请了在 FCC 中使用水滑石和相关化合物以减少 SO_x 排放的专利[94,95]，在硫转移剂中吸收 SO_2 的主要成分是阴离子黏土和载体材料。此外，该硫转移剂含有几种稀土金属，优选铈或镧。水滑石基化合物通常每摩尔 Al 含 3~4mol 的 Mg，而尖晶石每 2mol 的 Al 仅含 1mol 的 Mg。早期的水滑石技术要求对其进行支撑或约束，导致效果不佳。1997 年，INTERCAT 公司开发了一种自支撑水滑石，克服了以前的技术障碍，SO_x GETTER 硫转移剂是镁铝水滑石，它有层状结构，SO_x 易接近。随着商业利用率的提高，这些产品的性能一直在不断发展。SO_x 助剂中所含的 MgO 含量已增加，以提高有效性。提高 MgO 含量的同时物理性能没有任何降低。一些较新的产品包含超过 55% 的 MgO。这些产品有效地实现了较低藏量占比情况下的超低 SO_x 排放量。

具有水滑石或钙钒石的层面结构的阴离子白土也随着水滑石类硫转移剂的发展被逐渐运用到催化裂化烟气硫转移剂中。与尖晶石类硫转移剂相比，具有水滑石结构的硫转移剂具有较高的氧化镁含量，并且表观骨架密度及抗磨强度都较好[96]。

还有一些非尖晶石材料和稀土配合使用，也取得了不错的效果。例如 MgO-La_2O_3-Al_2O_3 和 MgO-$(La/Nd)_2O_3$-Al_2O_3 这类三元氧化物等。以氧化铈和氧化钒作为活性组分时，脱除 SO_2 的效果显著[97]，但是需要使用大量的、价格相对比较昂贵的稀土金属。Polato 等[98]研究了铈镁铝水滑石中的镁铝比变化对脱除 SO_x 性能的影响。结果表明，在 Mg/Al 摩尔比为 1 的脱硫剂中存在方镁石和尖晶石两种相态，具有此结构的脱硫剂吸附 SO_x 的性能最好，再生能力较强。在稀土水滑石的基础上发展起来的含有氧化铈和氧化钒的水滑石或类水滑石型脱硫助剂也表现出很好的氧化吸硫能力和还原性能[99]。Polato 等[100]还合成了 MnMgAlCe 复合氧化物并用于脱 SO_2 性能研究，发现 SO_x 转移剂在吸附量和吸附速率上进一步得到提高改善。然而，稀土金属的引入虽然能达到良好的促进效果，却同时也增大了其生产成本，因此近些年一些研究提出了用其他过渡金属替代稀土金属作为促进剂。

三、发展趋势分析

硫转移剂经过了金属氧化物向尖晶石型和水滑石类化合物过渡发展的阶段，目前采用硫转移助剂方式脱除催化裂化烟气中 SO_x 的效率已经达到较高水平。但原油质量不断下降、环保标准日益严苛，并且近年来湿法脱硫蓝烟拖尾和二次污染等问题凸显，未来炼化企业对硫转移剂的需求会越来越多，对硫转移剂脱除效率的要求也会越来越高。稀土元素在硫转移剂中起到的作用难以替代，但相应的成本、助燃问题等因素都需要考虑在内。更高的 SO_x 捕集能力、更好的还原性能、可调变的助燃活性是未来硫转移剂的研发方向。

第三节　烟气脱硝助剂与稀土催化

一、烟气脱硝助剂简介

1. 脱硝助剂的作用原理

催化裂化原料中的氮含量在 $0.05\%\sim0.5\%$ 之间，以有机氮化物的形式存在，可分为吡啶衍生物、胺、吡咯衍生物和酰胺四类，碱性氮一般占总氮的 30% 左右。在裂化反应中，这些碱性氮化物极易吸附到催化剂的酸性位上。催化裂化反应过程中，原料中的氮约 $40\%\sim50\%$ 进入焦炭沉积到待生催化剂上（碱性氮 100% 进入焦炭）。再生过程中，焦炭中的氮化物大部分转化为 N_2，只有约 $2\%\sim5\%$（也有 $5\%\sim20\%$ 说法）氧化形成 NO_x，其中大部分（约 95% 以上）是 NO，随烟气被排放到大气中，对环境造成污染。

一般认为，催化裂化烟气中 NO_x 成因主要有以下三种：热力型 NO_x、燃料型 NO_x 和快速型 NO_x。催化裂化再生过程中热力型和快速型 NO_x 非常少，大部分是燃料型 NO_x。虽然目前对 FCC 再生过程中 NO_x 的形成与转化机理尚不十分明确，但已形成大致统一的认识（如图 5-10 所示）。焦炭中的氮化物主要通过还原态中间物质（HCN、NH_3 等）进一步氧化生成 NO_x（主要是 NO），生成的 NO_x 可以被再生器中的 CO 和焦炭等物质还原为 N_2。由于再生温度还不够高，再生空气中的 N_2 氧化生成 NO_x 的反应（$N_2 + O_2 \longrightarrow NO_x$）可以忽略。热力学计算表明，只有当温度高于 1760℉ 和有过量 O_2 存在下，N_2 直接氧化才有意义。

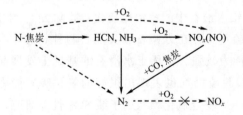

图 5-10　FCC 再生器内 NO_x 的形成与转化机理

根据以上分析，FCC 再生器中生成 NO_x 的主要反应是：

$$焦炭中 N \longrightarrow HCN(或 NH_3)$$
$$HCN(或 NH_3) + O_2 \longrightarrow NO$$

其竞争反应为：

$$HCN + O_2 (或 NO) \longrightarrow N_2$$

$$NH_3 + O_2 (或 NO) \longrightarrow N_2$$

可将生成的 NO_x 还原的反应是：

$$NO + C \longrightarrow N_2 + CO_x$$

$$NO + CO \longrightarrow N_2 + CO_2$$

其竞争反应是：

$$C + O_2 \longrightarrow CO_2$$

$$CO + O_2 \longrightarrow CO_2$$

由以上反应式可见，增加再生器的还原气氛可以减少 NO_x 排放；降低 NO_x 排放的助剂的作用是减少 NO_x 的生成或催化 NO_x 的还原反应。

不完全再生装置烟气中 NO_x 的形成过程与完全再生不同，再生器出口含氮化合物主要以 NH_3、HCN 形式存在，基本不含 NO_x；在烟气进入下游 CO 锅炉后，NH_3、HCN 等含氮化合物氧化生成 NO_x（在模拟 CO 锅炉工况下，NH_3 约 20%～40% 转化为 NO_x）。通过控制 CO 锅炉温度、调节出口 CO 浓度等措施可以在一定程度上降低 NO_x 排放，但影响装置操作弹性。采用助剂将 NH_3 等还原态氮化物在再生器中转化，可从根源上减少进入 CO 锅炉的 NO_x 前驱物，从而降低烟气 NO_x 排放。

2. 脱硝助剂的开发和工业应用

影响 FCC 装置再生烟气 NO_x 的关键因素之一是 FCC 进料的氮含量。此外，再生器采用 CO 部分燃烧方式还是完全燃烧方式、待生剂分布器的机械设计、主风和待生剂接触的均匀性、烟气过剩氧含量、铂基 CO 助燃剂的使用、Sb 基金属钝化剂的使用都有不同程度的影响。例如图 5-11 给出了在完全再生装置上，烟气中的 NO_x 量与过剩氧含量的关联[3]。在 CO 部分燃烧的催化裂化装置，大量的 NO_x 来源于 CO 锅炉，情况更为复杂。通常再生烟气中的 NO_x 含量在 50～500μL/L 之间，但也有部分炼厂的 NO_x 含量偏高，达到 1000～3000μL/L。

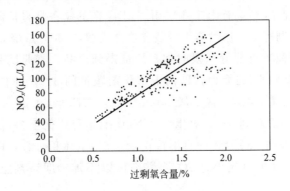

图 5-11 再生烟气中 NO_x 与过剩氧含量的关联

控制再生烟气 NO_x 排放的技术途径主要有：①原料油加氢预处理，降低其氮含量；②再生器设计和操作优化（如采用逆流再生等）；③再生烟气后处理技术，即 FCC 再生烟气选择性催化还原（SCR）和选择性非催化还原（SNCR）等；④使用降低 NO_x 排放的助剂。原料油加氢预处理可以从源头上减少焦炭中的氮化物，从而减少烟气中 NO_x 的生成。

采用 NO_x 助剂的方式最为简便，操作灵活且无需设备投资，也无需对现有设备和操作条件进行改变，并且不会产生新的污染物。

1997 年，Grace Davison 公司开发了 $DeNO_x$ 产品，用于在不助燃 CO 的情况下减少 NO_x。通常，$DeNO_x$ 以催化剂藏量的 0.15%～2.5%（质量分数）的比例添加，可将 NO_x 排放降低 15% 至 60% 以上。Grace 还开发了另一种 NO_x 降低添加剂 GDNOX1，它声称具有快速降低 NO_x 排放的能力。Albemarle（Akzo Nobel）公司开发了 KDNOX-2001、KNO_xDOWN 降低 NO_x 排放助剂；BASF（Engelhard）公司推出 $CLEANO_x$ 降低 NO_x 排放助剂。所发表的使用结果表明，NO_x 排放的降低幅度大多在 40%～70%，BASF 也指出，用非 Pt-低 NO_x 的 CO 助燃剂代替 Pt-CO 助燃剂将进一步减少 NO_x 排放，如果炼厂选择继续使用 Pt-CO 助燃剂并且即使添加了 NO_x 助剂时依然遇到了高 NO_x 排放，注入锑可以帮助降低 NO_x 排放，但这和每个装置不同的操作条件有很大关系。INTERCAT 公司已推出牌号为 NOXGETTER 的 A 型和 B 型降低 NO_x 排放助剂，A 型在某装置应用，NO_x 排放下降 60%；B 型在另一装置应用，仅占催化剂藏量的 0.1%，NO_x 排放下降 40%～50%。某工业催化裂化装置，在烟气过剩氧含量 0.5%～2.0% 情况下，未使用 NOXGETTER 助剂时，NO_x 含量在 $40\sim140\mu L/L$；使用该剂后 NO_x 在 $20\sim60\mu L/L$，NO_x 脱除 60%～70%。NOXGETTER 助剂占系统催化剂藏量 1%～2% 就能达到理想的 NO_x 去除率。据报道，由于专有的载体制备技术和向载体浸渍铂的技术，在铂含量相同等级的情况下，INTERCAT 公司的铂基 CO 助燃剂 COP-850 助燃功能强得多。在某炼厂应用，较之于铂含量 $800\mu g/g$ 的对比剂，助燃剂加入量减少 56%，即向 FCC 装置加入的 Pt 减少 53%。结合助燃剂的先进的加入系统，使用这类铂基 CO 助燃剂仍能维持低的 NO_x 排放。

国内关于降低 NO_x 助剂的研究已取得显著成效。洛阳石化工程公司开发的 LDN-1 降低 NO_x 助剂已在某 FCC 装置上工业应用。LDN 剂的制备是将拟薄水铝石、水、稀土盐、铝溶胶按一定比例打浆，用喷雾干燥装置喷雾成型，550℃ 焙烧 5h。然后，用活性金属溶液进行等体积浸渍，再静置一段时间，焙烧得到产品。工业试验结果表明：LDN-1 剂具有良好的脱烟气 NO_x 的能力，助剂占催化剂藏量的 3%，并且每天按催化剂单耗 3% 补入，可使再生烟气中 NO_x 含量从 $1400\mu L/L$ 左右降至 $600\mu L/L$ 以下。当助剂补入量由催化剂单耗的 3% 提高到 5%，再生烟气 NO_x 含量可降低至 $330\mu L/L$，脱 NO_x 率达 75%。工业试验期间烟气 CO 含量一直维持在 0.005%（体积分数）以下，再生器稀密相温差不超过 10℃，未发生过尾燃，CO 助燃剂可以不加。即该剂也有充分的 CO 助燃功能。

北京大学的稀土助剂 RE-Ⅱ 有良好的 CO 助燃能力，成功地在两套 FCC 装置上使用，这两套装置原先一直使用铂 CO 助燃剂防止二次燃烧，实现 CO 完全燃烧。A 装置使用 RE-Ⅱ 后，稀密相温差下降近 4℃。应用数据表明，与 Pt 剂相比，使用稀土剂 90d 后，A 装置烟气中的 CO 含量下降了 67%，使用 RE-Ⅱ 剂 60d 后，B 套装置烟气中的 CO 含量下降了 97%。这表明稀土剂降 CO 的能力更强。表 5-2[3] 列出了两套装置在稀土剂试验各阶段再生器烟气中 NO 含量的变化，可以看出，与 Pt 剂相比，NO 含量明显下降。A 套 FCC 装置使用稀土剂 90 天后，烟气 NO 大约下降 69%；B 套 FCC 装置使用稀土剂 60 天后，烟气 NO 下降了 93%。

表 5-2　两套催化裂化装置在稀土剂试验各阶段再生器烟气中 NO 含量的变化

项目	烟气中 NO 含量 /($\mu L/L$)		
	平均值	最低值	最高值
A 装置			
Pt 剂标定 (取 8 天)	319	261	429
RE 剂标定 (取 7 天)	317	240	394
RE 剂用 30 天后 (取 7 天)	244	80	295
RE 剂用 60 天后 (取 7 天)	47	23	81
RE 剂用 90 天后 (取 7 天)	100	71	132
B 装置			
Pt 剂标定 (取 8 天)	1099	526	1398
RE 剂用 30 天后 (取 7 天)	231	12	1080
RE 剂用 60 天后 (取 7 天)	72	32	106

中国石化石油化工科学研究院（简称石科院）在 20 世纪 80 年代开发 Pd 助燃剂的基础上，又进行了多年的探索研究，建立了能更客观地评价助剂在 FCC 装置中使用性能的评价方法，开发出降低 FCC 再生烟气 NO_x 排放助剂 $RDNO_x$（分为 I、II 两种型号）。I 型为非贵金属助剂，主要是通过催化 CO 对 NO_x 的还原反应以降低 NO_x 排放；II 型为贵金属助剂，是用于替代传统的 Pt 助燃剂，在等效助燃 CO 的同时减少 NO_x 的生成。两类助剂可以单独使用，也可以结合使用。性能评价数据表明，将 0.4%~0.9% 的 II 型与 2%~4% 的 I 型助剂结合使用，可在不对 FCC 产品分布造成明显不利影响的情况下，降低再生烟气 NO_x 排放 50%~65%。$RDNO_x$ 助剂于 2013 年在中国石化催化剂分公司完成了工业试生产。由于 Pd 的助燃活性略低于 Pt，因而 Pd 助燃剂的用量或贵金属负载量通常要稍高于 Pt 助燃剂。RIPP 开发的 II 型 $RDNO_x$ 助剂对传统助剂在贵金属负载工艺方面进行了改进，提高了贵金属的分散度，同时与 Ce 改性氧化铝载体技术相结合，改善了 Pd 的水热稳定性并且对 CO 氧化反应有协同作用。因而，可以在使用量相近的情况下实现与 Pt 助燃剂相当的 CO 助燃活性，同时 NO_x 排放大幅降低。

2016 年以来，石油化工科学院在 $RDNO_x$ 助剂方面进行了持续的技术创新和质量升级，开发出 $RDNO_x$-PC 系列通用型降 NO_x 助剂。一方面采用独特的复合金属元素活性中心，辅以高稳定性载体，具有极高的还原态氮化物（NH_3、HCN 等）催化转化活性，在再生烟气中含氧或无氧时，均可实现 NH_3 的高效转化，且有优异的催化选择性，基本不生成 NO_x，从而通过在根源上消除 NO_x 前驱物实现 NO_x 大幅减排；另一方面，可以高效化学吸附 NO，从而催化 CO 对 NO 的还原反应，进一步消除再生器中生成的 NO_x。

基于上述技术原理，RDNO$_x$ 助剂可适用于不同类型和不同再生模式的催化装置，对烟气 NO$_x$ 脱除效率大幅提高，而且快速加注不造成 NO$_x$ 反弹，适用于在装置消缺、检修开工等应急情况下稳定控制 NO$_x$ 排放。RDNO$_x$ 系列助剂应用过程中对裂化催化剂的活性、选择性和产品分布无明显不利影响。

图 5-12 为 RDNO$_x$-PC 助剂工业产品催化性能评价数据[2]，可以看出，PC1 和 PC2 助剂对 NH$_3$ 的转化率分别达到 85％和近 100％，且无明显 NO$_x$ 生成，催化活性和选择性均达到设计目标。

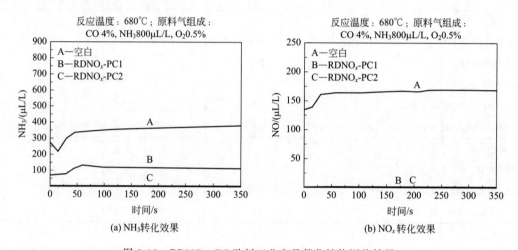

图 5-12　RDNO$_x$-PC 助剂工业产品催化性能评价结果

RDNO$_x$ 系列助剂由石科院开发、中国石化催化剂齐鲁分公司生产，已在中国石化、中国石油、地炼企业等 10 余套催化装置上成功应用[101-105]，NO$_x$ 减排效果显著。可针对不同装置的具体需求，灵活调变助剂的配方和催化性能，帮助炼厂以最优的成本实现 NO$_x$ 达标排放。

国内某采用完全再生操作的 65×10^{4}t/a DCC 装置，2017 年 8 月烟气中 NO$_x$ 质量浓度在 350mg/m^3 左右，通过降低主风量和汽提蒸汽量等非常规工艺措施，NO$_x$ 勉强达到 200mg/m^3 左右，但随主风机功率变化而存在较大波动，且装置操作弹性受到极大限制。为更有效地控制再生烟气 NO$_x$，避免环保超标风险，恢复装置操作弹性、确保装置稳定运行，2017 年 8 月 24 日起试用 RDNO$_x$-PC2 助剂。在经快速加注累积到系统藏量约 2.5％后，于 9 月底按进料计 0.03kg/t 进行稳定加注时，NO$_x$ 稳步降低，稳定在 ≤70mg/m^3，实现了在无脱硝设施情况下直接达到最新环保限值要求。同时，装置主风量逐步恢复，操作弹性大幅增加，同等工况下烟气 NO$_x$ 降低幅度在 80％以上，图 5-13 为 RDNO$_x$-PC2 助剂应用前后烟气中 NO$_x$ 浓度和过剩氧含量变化趋势[103]。基于烟气 NO$_x$ 质量浓度可稳定达标，装置自 2017 年 10 月底开始逐步降低助剂加入量。2018 年以来，加入量已降低到 30kg/d，约占新鲜剂补充量的 1.5％，烟气 NO$_x$ 排放仍可稳定达到环保限值要求。

国内某采用不完全再生操作的 105×10^{4}t/a MIP-CGP 装置，2016 年以前 CO 锅炉出口混合烟气 NO$_x$ 排放浓度约 200～280mg/m^3，高于 2017 年起执行的新标准（≤200mg/m^3）。

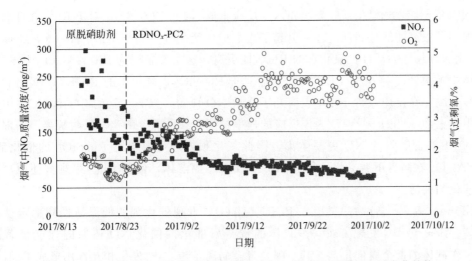

图 5-13　RDNO$_x$-PC2 助剂应用前后烟气中 NO$_x$ 浓度和过剩氧含量变化趋势

2016 年 8 月开始试用 RDNO$_x$-PC 系列助剂，在助剂占系统藏量 2% 时，CO 锅炉出口烟气 NO$_x$ 质量浓度降低 30% 以上，在无烟气脱硝设施情况下实现 NO$_x$ 直接达标排放。

在国内另一套采用不完全再生操作的 100×10^4 t/a 的催化装置上的 RDNO$_x$-PC2 的工业应用结果表明：助剂按新鲜剂 2% 稳定加注后，主要产品收率均保持稳定，表明助剂对产品分布无明显影响。应用 RDNO$_x$ 助剂后，将再生器出口的 NH$_3$ 体积分数由 660μL/L 降至 200μL/L 左右，降幅接近 70%，减少了生成 NO$_x$ 的前驱物，在较低外排 CO 体积分数下有效控制烟气 NO$_x$ 排放（质量浓度达 30mg/m³ 以下），能够减少甚至停止 SCR 注氨，从而降低锅炉结盐的风险，并控制废水氨氮排放（质量浓度由约 150mg/L 降低到 40~60mg/L）。再生器出口 CO 体积分数降低了 1%~1.5%（达到约 4.3%），锅炉超负荷运行情况得到有效缓解；同时锅炉出口外排烟气 CO 体积分数降低，结合工况的调整，可将锅炉出口 CO 的体积分数由 12000μL/L 降低至 4000μL/L 以下，使锅炉能量利用效率更高，并降低了湿法静电的运行风险。通过助剂的加注，可节约瓦斯及 SCR 注氨成本共计约 192.2 万元/年，并能够大幅减少废水氨氮排放及烟气 CO 的排放，具有显著的经济效益及社会效益。

二、稀土在烟气脱硝助剂中的应用

1. 稀土在贵金属类脱硝助剂中的应用

贵金属类的脱硝助剂是最早被研究和应用的一类脱硝助剂，常用的贵金属组分为 Pt、Pd、Ir、Ru、Rh。Kobylinski 等[106]研究了贵金属 Ru、Pt、Pd、Rh 分别负载在 Al$_2$O$_3$ 上的催化剂，并对催化 CO 还原 NO 的活性和 NO 转化为 N$_2$ 的选择性进行了排序：Ru＞Rh＞Pt＞Pd。贵金属种类、负载量、反应物浓度、反应温度等因素均会影响 NO 的还原。CO 预处理能促使活性相的形成，从而增强贵金属催化剂的活性。研究发现，Ru 基催化剂经过反复的氧化还原，稳定性会显著下降[107]。对于 Ir，在高温富氧条件下催化活性最高，且 Ir 和 Ir$_2$O 活性相共存有利于 NO 的还原，NO 和 CO 在 Ir 表面会形成 NCO 物种，随之 NCO 迁移到载体 Al_2O_3 表面和 NO 反应生成 N_2 和 CO_2[108]。对于 Rh，在低温条件下表现出了很高的活性[109]，这也引起了人们的广泛关注。对于 $Rh/\gamma\text{-}Al_2O_3$，还原态的 Rh 催化 NO 还原的活性比氧化态的 Rh 活性更高，这主要是因为 $Rh/\gamma\text{-}Al_2O_3$ 中零价 Rh 和载体中的氧离子存在相互作用[110]。而对于 Rh/SiO_2，氧化态的 Rh/SiO_2 催化 NO 还原活性更高，在反应条件下 Rh 表面几乎全被 NO 覆盖，只有少量的 CO 和 NCO 中间物种吸附在上面。Hecker[111]认为该反应的速率控制步骤是 NO 的化学吸附解离。而部分氧化态的 Rh 表面吸附的 NO 更易解离，因此氧化预处理可以提高 Rh/SiO_2 的催化活性。$Rh/\gamma\text{-}Al_2O_3$ 在高温下容易烧结形成 $Al_{2-x}Rh_xO_3$ 固溶体，使得 Rh^{3+} 很难被还原，从而导致催化剂失活[112]。

Granger 等[113]尝试将 Ce 引入 $Pt\text{-}Rh/Al_2O_3$，发现催化剂的低温活性和稳定性都有所提高。Bera 等[114]发现 CeO_2 作载体的贵金属催化剂催化 NO 还原的性能显著高于 Al_2O_3 作载体的贵金属催化剂。其原因是贵金属离子与 Ce^{4+} 发生相互作用形成了固溶体，使得贵金属离子嵌入，从而促使了氧空位的形成，氧空位可以促进 NO 的吸附解离，从而提高了贵金属催化剂的活性和选择性。另外，贵金属离子价态越低，固溶体产生的氧空位越多，NO 还原活性和 N_2 选择性越高，即 $Ce_{1-x}Pd_xO_{2-\delta} > Ce_{1-x}Rh_xO_{2-\delta} > Ce_{1-x}Pt_xO_{2-\delta}$[115]。

在这方面，石油化工科学研究院也做了一些工作，$RDNO_x\text{-}II$ 助剂载体中进行了 Ce 改性，一方面提高贵金属的稳定性，抑制团聚失活；另一方面发挥辅助助燃作用，从而可以提高助剂的催化活性和选择性[116]。北海工业应用数据表明，可与在助燃活性更高的情况下，保持烟气 NO_x 排放相当或略有降低[117]。

虽然贵金属催化剂在低温条件下仍可以保持较高活性，但其成本高且对 N_2 的选择性差，并且在高温下容易发生颗粒聚集。因此非贵金属催化剂逐渐开始成为新的研究热点。

2. 稀土在金属氧化物类脱硝助剂中的应用

过渡金属氧化物催化剂常用于 CO 的氧化及 NO 的还原。Shelef 等[118]尝试在 $Al_2O_3\text{-}SiO_2$ 载体上负载不同的过渡金属，并对其催化 CO＋NO 反应的活性进行了排序，依次为：$Fe_2O_3 > CuCr_2O_4 > Cu_2O > Cr_2O_3 > NiO > Pt > Co_3O_4 > MnO > V_2O_5$。另外，$Fe_2O_3$ 和 Cr_2O_3 催化剂的中间产物 N_2O 的生成量较低，具有较高的 N_2 选择性。这归因于 O_2 气氛对 Fe_2O_3 和 Cr_2O_3 催化剂表面的毒化作用。当反应温度高于 300℃时，提高 CO 的浓度，CO 与 O_2 的反应速率比 CO 与 NO 的反应速率更快。Rewick 等[119]在探究 Cu、Cu/SiO_2 以及 $Cu/CuAl_2O_4$ 催化剂在 CO＋NO 反应中的催化活性时发现，NO 在铜表面解离化吸附步骤的活化能不受载体的影响。Cu/SiO_2 催化剂的脱硝活性和稳定性最好，这主要是因为 Cu 活性组分在 SiO_2 表面能达到较好的分散，从而能够与 NO 发生更强的相互作用达到活化 NO 的目的，大幅提高了催化剂的脱硝性能。CuO/Al_2O_3 催化剂的稳定性较差，这是因为在水热条件下，在催化剂的活性位上 CO 和 H_2O 存在竞争关系，降低了催化剂的活性和选择性[120]。另外，O_2 浓度对其催化活性也有较大的影响。当体系处于富氧条件下时，NO 几乎不转化。Stegenga 等[121]发现 $CuO\text{-}Cr_2O_3/Al_2O_3$ 催化剂在 O_2 存在条件下，具有较高的催化 CO＋NO 反应活性和水热稳定性；而且 N_2 选择性随着反应温度升高而变高。但是如果原料中含有 SO_2，会造成催化剂失活且活性不可恢复。

稀土元素（CeO_2）凭借其优异的储/释氧能力（$2CeO_2 \longrightarrow Ce_2O_3 + 1/2O_2$）和较强的还原性能，在 NO 脱除中应用较为广泛[122]。

Parthasarathi 等[123]对比了 Cu/CeO_2 催化剂和纯 CeO_2 以及 Zr、Y、Ca 等掺杂的 CeO_2 催化剂作用于 CO 还原 NO 的反应，发现纯 CeO_2 为载体或者活性组分会严重影响催化剂的脱硝性能，这是因为纯 CeO_2 热稳定较差且比表面积较低。而 Cu/CeO_2 催化性能最好。NO 的转化率在温度低于 300℃时近 100%，而且 NO 不会被氧化为 NO_2。Jiang 等[124]研究了 CeO_2、$\gamma\text{-}Al_2O_3$、CuO/CeO_2、$CuO/\gamma\text{-}Al_2O_3$ 和 CeO_2 改性的 $CuO/\gamma\text{-}Al_2O_3$ 催化剂的还原性和反应特性，发现将 CeO_2 引入 CuO/Al_2O_3，可以利用 CeO_2 较好的还原性能，并同时保持 $\gamma\text{-}Al_2O_3$ 载体的高比表面积和高稳定性。在此基础上，Ge 等[125]探究了 CeO_2 的分散度对催化剂催化 CO 还原 NO 性能的影响。以不同浓度的醋酸溶液为溶剂，采用湿法浸渍法制备 CeO_2 改性的 Al_2O_3，可以显著改善 CeO_2 在 $\gamma\text{-}Al_2O_3$ 上的分散，通过调节醋酸溶液的浓度来控制 CeO_2 纳米粒子的尺寸。发现醋酸溶液浓度越高，CeO_2 粒径越小，分散度越好。在 CeO_2 粒径为 5nm 时，Cu 负载的催化剂是 NO+CO 反应的最高活性位。

采用离子掺杂（如 Zr^{4+}、Sn^{4+} 和 La^{3+}）对 CeO_2 进行改性，可提高铈基催化剂的稳定性和催化性能[126-128]。Yao 等[129]采用共沉淀法制备了一系列的固溶体 $Ce_{0.67}M_{0.33}O_2$（M=Zr^{4+}、Ti^{4+}、Sn^{4+}），这些固溶体的活性和选择性都比纯 CeO_2 高，Zr^{4+}、Ti^{4+}、Sn^{4+} 嵌入 CeO_2 晶格中会导致 CeO_2 的晶粒尺寸的减小和还原性能的提高，显著提高催化剂催化 NO 还原活性和 N_2 选择性。晶粒尺寸的减小有利于比表面积的增大和表面 Ce^{3+} 的增多，利于催化剂与 NO 和 CO 反应物的接触及促进对 CO 物种的吸附。还原性能的提高使得催化剂能够产生更多的氧空位。固溶体上 CO+NO 反应机理为吸附解离机理。NO 的解离是该反应的关键性步骤。而氧空位能够弱化 N—O 键，促进 NO_x 的分解。另外，Ilieva 等[130]在 CeO_2 中引入 La^{3+}，发现也促进了氧空位的形成，提高了 $Au/CeO_2\text{-}La_2O_3$ 催化剂催化 CO 还原 NO 的活性。

虽然 Cu 基催化剂具有较好的催化活性，但是其有脱氢作用，会影响 FCC 的产物分布。而且 Cu 容易迁移，严重影响 FCC 催化剂的裂化活性和选择性[131]。因此，Cu 基催化剂并不适用于催化剂裂化再生烟气脱硝过程。离子掺杂改性的 CeO_2 更具有研究价值。

3. 稀土在复合金属氧化物类脱硝助剂中的应用

复合金属氧化物催化剂主要包括钙钛矿类、尖晶石类等类型的催化剂。

钙钛矿型复合氧化物是指 ABO_3 型立方晶系，其中 A 位多是大粒径阳离子，对氧原子 12 配位，多为碱金属、碱土金属和稀土金属元素；而 B 位为小粒径阳离子，对氧原子 6 配位，多数是 3d、4d 以及 5d 的过渡金属元素。钙钛矿复合氧化物的组成和结构可以在很大范围内进行调变使其表现出不同的催化活性[132]。

钙钛矿 ABO_3 中 A 离子被其他价态不同的金属离子取代可导致氧空位的产生或 B 离子价态的变化，从而使其催化活性发生较大的变化。钙钛矿催化剂上 NO+CO 的反应机理也是吸附解离机理。而氧空位在 NO 吸附和解离过程中起到至关重要的作用。钙钛矿型

复合氧化物 ABO_3 中 A 通常为 La，加入 K、Cu、Sr、Ce 等元素会对其催化活性产生很大影响。Belessi 等[133]尝试用 Sr^{2+} 和 Ce^{4+} 同时取代 $LaFeO_3$ 的 La^{3+}，发现 $La_{1-x-y}Sr_xCe_yFeO_3$ 的催化活性明显高于 $La_{0.5}Ce_{0.5}FeO_3$ 和 $La_{0.5}Sr_{0.5}FeO_3$，这是因为 Sr^{2+} 的引入促进了氧空位的生成，增强了 NO 的解离吸附。根据 Forni 等[134]的研究，由于 La^{3+} 的离子半径（1.16Å）比 Ce^{4+} 的离子半径（0.97Å）大，在 $LaCoO_3$ 中的部分 La^{3+} 被 Ce^{4+} 取代以后，其催化活性有所下降，这是因为 Ce^{4+} 的取代弱化了催化剂中体相氧的迁移，从而减少了表面氧空位的产生。Teraoka 等[135]发现 $La_{1-x}K_xMnO_3$ 催化剂中的 La^{3+} 被 Li^+、K^+、Cs^+ 和 Sr^{2+} 部分取代后，NO+CO 反应转化率提高，这是由于 La^{3+} 被 K^+ 取代后，为保持电荷平衡，高价态的 Mn^{3+}/Mn^{4+} 会增多，另外焙烧过程中还形成了 $K_2Mn_4O_8$ 尖晶石结构。Zhang 等[136]在 $LaFeO_3$ 中引入 Cu 后，发现催化剂的活性提高 20% 左右，这归因于 Cu 的掺入产生了更多氧空位，且增强了 $LaFe_{0.8}Cu_{0.2}O_3$ 的还原能力，促进了 CO 的氧化和氧空位的再生。

在催化 NO+CO 反应过程中，ABO_3 钙钛矿型复合氧化物相比于 Rh/Al_2O_3 等贵金属具有更高的活性，但其比表面积（$<10m^2/g$）低，在高温（$>750℃$）条件下，催化剂容易烧结，影响钙钛矿型催化性能的发挥。虽然通过微乳液法、溶胶-凝胶法、柠檬酸络合法等能在一定程度上提高钙钛矿的比表面积，但是仍不能很好地解决这一难题。Peter 等[137]尝试将 $La_2Cu_{1-x}Fe_xO_4$ 和高比表面积的 $MgAl_2O_4$ 载体结合，制备了一系列 $La_2Cu_{1-x}Fe_xO_4/MgAl_2O_4$ 催化剂，大幅度提高了 $La_2Cu_{1-x}Fe_xO_4/MgAl_2O_4$ 的比表面积，促进了活性组分的分散，显著提高了 NO 催化还原活性。

FCC 烟气中存在着大量的 SO_2，而 SO_2 是影响钙钛矿型复合物催化 NO 还原活性的重要因素。Zhang 等[138]通过 FTIR、TPD 等方法表征发现，SO_2 浓度不同，催化剂失活机理不同。当 SO_2 的浓度较低时（$<20\mu L/L$），SO_2 会在钙钛矿氧空位发生化学吸附并在其表面形成少量的亚硫酸盐和硫酸盐。SO_2 和 NO 在这个过程中存在竞争吸附，SO_2 占据了 NO 的吸附活性位而导致脱硝活性降低。当停止通入 SO_2 时，其活性恢复，属于可逆性失活；而当 SO_2 浓度较高时（$>80\mu L/L$），会形成大量的体相硫酸盐并导致催化剂结构的破坏，造成不可逆的失活。为提高钙钛矿型复合物催化剂的抗 SO_2 中毒能力，Qin 等[139]在 $LaFeO_3$ 中引入适量的 Ce，发现 $LaFeO_3$ 的稳定性有所提高，但是，硫酸盐的形成仍会造成催化剂的不可逆失活。因此，SO_2 失活也是钙钛矿型复合物催化剂应用的一个瓶颈。

三、发展趋势分析

受助剂生产成本的制约，近年来非贵金属脱硝助剂受到更多关注。对催化裂化再生过程中 NO 生成机理的深入研究，也为脱硝助剂的研发提供了多种思路，可以将 NO 还原或直接分解，也可针对 NO 生成过程中的中间产物进行选择性高效催化转化。随着人们对炼厂废水氨氮、COD 等指标的关注，不完全再生的脱硝助剂受到越来越多的重视。针对不同再生模式对 CO 不同的要求，在关注助剂脱硝性能的同时也要兼顾助燃性能的调变。

更好地了解 SO_x 的转移机理以及焦炭燃烧化学与 NO_x 的形成或破坏之间的关系无

疑将有助于开发新的和改良的硫转移剂和脱硝助剂。在新环保标准实施及烟气后处理设施普遍应用的背景下，大幅提高助剂对烟气污染物的转化效率，与后处理技术结合使用、优势互补，降低后处理装置操作负荷和二次污染，甚至通过助剂技术直接实现烟气 SO_x 与 NO_x 达标排放已成为环保助剂发展的推动力和必然趋势。

烟气环保助剂仍将是未来一段时期的研究热点。如前所述，针对烟气中的 SO_2，期望将其氧化，因为 SO_3 更容易被硫转移剂的活性组元（MgO）捕捉，最终将 SO_x 从烟气中转移到硫黄回收装置；而针对 NO，期望将其还原，利用再生过程中的 CO 将 NO 还原为无害的 N_2。SO_x 转移剂的控制步骤是 SO_2 氧化为 SO_3，需要氧化气氛；NO_x 降低剂则需要还原气氛，因此，SO_x 和 NO_x 的浓度关系成反比[140]。在 FCCU 再生器中开发一种同时脱除 SO_x 和 NO_x 的添加剂是一个巨大的挑战。

将污染物组合催化转化、保障装置达标排放及长周期平稳运行、兼顾裂化产物分布等方向是未来烟气环保助剂的持续发展方向。

第四节　SCR 脱硝与稀土催化

一、SCR 催化剂的研发背景

1. 工业生产中 NO_x 来源

氮氧化物（NO_x）导致酸雨、光化学烟雾和臭氧层破坏等，是大气主要污染物之一，控制 NO_x 排放是大气污染防治中的一项重要任务。自 2013 年 9 月国务院发布《大气污染防治计划》（简称"大气十条"）以来，大气环境质量显著改善，大气污染特征由传统的硫酸型污染为主转变为硝酸盐及有机颗粒为主的复合污染特征，故加大对 NO_x 和挥发性有机物（VOCs）的控制将是下一步大气环境治理的工作重点[141-144]。

氮氧化物（NO_x）是大气中常见的主要气态污染物之一，会造成严重的环境问题，包括酸雨、光化学烟雾、臭氧消耗和温室效应，还会加速二次气溶胶和 PM2.5 等细颗粒的形成。氮和氧的化合物有 N_2O、NO、NO_2、N_2O_3、N_2O_4 和 N_2O_5，统称为氮氧化物（NO_x），其中 NO 和 NO_2 是空气质量恶化的首要因素。NO 的毒性不是很大，尚不清楚对生物体的危害作用，但在大气中容易逐渐氧化为 NO_2。经动物实验认为，NO_2（棕红色气体）的毒性约为一氧化氮的 5 倍[145,146]。NO_2 会强烈刺激呼吸器官，并且能迅速破坏肺细胞，可能会导致人体或动物产生哮喘病、支气管炎、肺气肿和肺癌等。

人类活动产生的 NO_x，主要来自各种燃煤（油）炉窑、机动车和柴油发动机的排气，其次是化工生产中的硝酸生产、硝化过程、炸药生产及金属表面处理等过程。这其中，由燃料高温燃烧产生的 NO_x 约占 90%（NO 高达 95%，其余主要是 NO_2）[147-149]。燃烧过程中形成的 NO_x 分为三类，即燃料型 NO_x、热力型 NO_x 和瞬时型 NO_x。

燃料型 NO_x 是由燃料中的氮化合物在燃烧中氧化而成，由于燃料中氮的热分解温度低于燃料燃烧温度，在 600～800℃ 时就会生成燃料型 NO_x，它在燃料燃烧 NO_x 产物中

占 $60\%\sim80\%$。由于一般燃料的燃烧过程由挥发分燃烧和焦炭燃烧两个阶段组成，故燃料型 NO_x 的形成也由气相氮的氧化（挥发分）和焦炭中剩余氮的氧化（焦炭）两部分组成，其中挥发分 NO_x 占燃料型 NO_x 大部分。

空气中氮在高温下氧化产生的 NO_x，称为热力型 NO_x。热力型 NO_x 的生成和温度关系很大，在温度足够高时，热力型 NO_x 的生成量可占到 NO_x 总量的 30%，随着反应温度 T 的升高，其反应速率按指数规律增加。当 $T<1300℃$ 时 NO_x 的生成量不大，而当 $T>1300℃$ 时 T 每增加 $100℃$，反应速率增大 $6\sim7$ 倍。

燃料挥发物中碳、氮化合物高温分解生成的 CH 自由基和空气中氮气反应生成 HCN 和 N，再进一步与氧气作用以极快的速度生成 NO_x，称为瞬时型 NO_x。在燃烧过程中瞬时型 NO_x 生成量很小，且和温度的关系不大。对燃烧设备而言，瞬时型 NO_x 与热力型 NO_x 和燃料型 NO_x 相比，其生成量要少得多，一般在总 NO_x 生成量的 5% 以下。但随着 NO_x 排放标准的日益严格，对于某些碳氢化合物气体燃料的燃烧，瞬时型 NO_x 的生成也应该得到重视。

2. 工业生产中 NO_x 控制方法与 SCR 技术

燃烧生成的 NO_x 控制主要有三种方法：燃料脱硝、低氮燃烧技术和烟气脱硝。前两种方法属于燃烧控制，通过选择和改变燃烧条件和改进生产技术，例如燃料再燃、烟气再循环（FGR）和低 NO_x 燃烧器，可以有效地减少燃烧过程中产生的 NO_x 量。第三种方法属于后燃烧处理，即烟气脱硝技术，它指的是在烟道尾部安装反硝化装置，通过该反硝化装置，烟气中的 NO_x 通过物理和化学反应转化为无害的氮和其他物质。由于其良好的脱氮性能和简单的操作，该技术已广泛用于燃煤电厂。通常固体燃料的含氮量为 $0.5\%\sim2.5\%$，燃料脱硝难度很大，成本很高，目前尚无成熟技术。低氮燃烧技术成本低，应用广泛，但其 NO_x 去除率只能达到 $15\%\sim30\%$，难以满足当前的环保要求[150,151]。

烟气脱硝效率可达 80% 以上，但成本较高。目前主要包括选择性非催化还原技术以及选择性催化还原技术[152,153]。

选择性非催化还原技术（SNCR）[153] 是指无催化剂的作用下，在烟气温度 $850\sim1100℃$ 范围内，将还原剂喷入烟气中，还原剂迅速热分解成 NH_3 并与烟气中的 NO_x 反应生成 N_2 和 H_2O，脱硝效率 $30\%\sim60\%$。

SNCR 方法不使用催化剂，利用锅炉炉膛的温度，在 $850\sim1100℃$ 的温度范围内将氮氧化物 NO_x 还原成 N_2 和 H_2O。使用 NH_3 作为还原剂时反应机理为：

在温度合适时：$4NH_3+4NO+O_2 \Longrightarrow 4N_2+6H_2O$

但当温度不适合时，就会发生副反应：$4NH_3+5O_2 \Longrightarrow 4NO+6H_2O$

而使用尿素为还原剂时反应方程为：$2NO+2CO(NH_2)_2+O_2 \Longrightarrow 3N_2+2CO_2+4H_2O$

SNCR 脱硝效率对大型燃煤机组可达 $25\%\sim40\%$，对小型机组可达 80%。由于该法受锅炉结构尺寸影响很大，多用作低氮燃烧技术的补充处理手段[154-156]。其工程造价低、布置简易、占地面积小，适合老厂改造，新厂可以根据锅炉设计配合使用。但在超低排放的要求下，使用 SNCR 不能使污染物排放达标，且逸氨问题严重，因此 SCR 技术应运而生。

选择性催化还原技术（SCR）是指在催化剂的存在下，利用氨、尿素或氰酸等还原剂与烟气中的 NO_x 反应生成 N_2 和水。选择性是指还原剂和烟气中的 NO_x 发生还原反应，而不与烟气中的 O_2 发生反应[157-159]。SCR 还原剂一般采用氨，反应方程式如下：

$$4NO+4NH_3+O_2 \longrightarrow 4N_2+6H_2O$$
$$2NO_2+4NH_3+O_2 \longrightarrow 3N_2+6H_2O$$
$$4NH_3+2NO+2NO_2 \longrightarrow 4N_2+6H_2O$$
$$6NO+4NH_3 \longrightarrow 5N_2+6H_2O$$
$$6NO_2+8NH_3 \longrightarrow 7N_2+12H_2O$$

SCR 脱硝效率高达 $80\%\sim95\%$，是燃煤发电厂烟气脱硝应用最多的技术。因为 SCR 的高效的脱硝能力，几乎 90% 的机组都是利用此技术达到超低排放脱硝要求标准，其催化剂单元及反应器结构如图 5-14 所示。但 SCR 并不是完美无缺的，其主要问题体集中在以下四点上：①催化剂容易中毒、烧结、堵灰、磨损[160-163]；②空预器堵塞；③逸氨；④价格高昂。

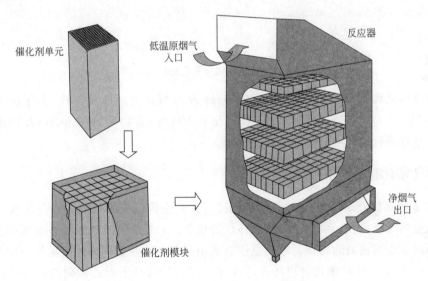

图 5-14　SCR 催化剂单元及反应器结构

在 SCR 中使用的催化剂大多以 TiO_2 为载体，以 V_2O_5 或 V_2O_5-WO_3 或 V_2O_5-MnO_3 为活性成分。应用于烟气脱硝中的 SCR 催化剂可分为高温（$345\sim590℃$）催化剂、中温（$260\sim380℃$）催化剂和低温（$80\sim300℃$）催化剂，不同的催化剂适宜的反应温度不同。如果反应温度偏低，催化剂的活性会降低，导致脱硝效率下降，且如果催化剂持续在低温下运行会使催化剂发生永久性损坏；如果反应温度过高，NH_3 容易被氧化，NO_x 生成量增加，还会引起催化剂材料的相变，使催化剂的活性退化。

二、SCR 催化剂的反应机理

对 SCR 催化剂的反应机理的深入认识，对于设计和制备 SCR 催化剂具有重要的意义，但到目前为止，对于 SCR 催化剂的反应机理依然存在不小的争议。

SCR 催化剂根据催化剂体系的不同，具有不同的氧化还原和酸性能力，同时会生成各种影响反应途径和反应效率的 NH_x/NO_x 活性中间体。

V_2O_5/TiO_2 催化体系上得到广泛认可的反应机理如下：遵循 Langmuir-Hinshelwood（L-H）机理的吸附质 NH_x 直接与气态 NO 一起生成反应中间体 $NH_x\text{-}NO_x$，并进一步分解生成 N_2 和 H_2O。

Topsoe 等[164]提出了 V_2O_5/TiO_2 催化体系上的一种包含了酸性循环和氧化还原循环的反应机理，如图 5-15 所示。

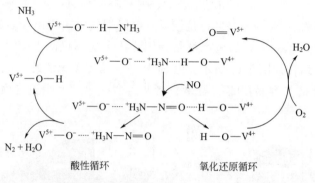

图 5-15　钛钒催化体系上的反应机理

在该反应机理中，NH_3 吸附在 V^{5+}—OH 的 B 酸位上，H 从 NH_3 分子转移到钒物种，并将 V^{5+}—OH 还原为 V^{4+}—OH。活化的 NH_3 络合物可与气态 NO 反应形成反应中间体，并在后续反应中分解为 N_2 和 H_2O。

三、SCR 催化剂的结构与制备工艺

SCR 催化剂按外形可分为 3 大类：蜂窝式、平板式、波纹板式[165-167]。这 3 类都是适用于工业烟气流量大、含尘量高的整体性催化剂。3 类催化剂在国内外市场都有实际应用，但不同类型催化剂的特点、适用范围及成型工艺导致其在国内外市场所占份额差距悬殊。其中，蜂窝式 SCR 催化剂市场占比超过 6 成，其次是平板式催化剂，波纹板式只占极少部分。这 3 类催化剂的结构特点和应用范围如表 5-3 和图 5-16 所示。

表 5-3　SCR 催化剂的结构特点和应用范围

结构类型	成型特点	应用范围
蜂窝式催化剂	挤压成型/蜂窝载体负载成型	表面积大，活性高，耐磨性好，再生性好，适合各种工况条件
平板式催化剂	金属板网为骨架，表面负载活性涂层	拆卸方便、催化剂用量少，耐磨性较差 适用于烟气状况较为干净的状况
波纹板式催化剂	以波纹状玻纤为载体，负载活性涂层	比表面积中等，质量轻，但易沉积阻塞 使用条件苛刻，烟气必须较为清洁

蜂窝类型的催化剂是目前应用最广泛的一类催化剂[168,169]，成型方式可分为挤出成型式和涂覆式。蜂窝式催化剂成型工艺在挤出成型过程中干混和湿混步骤中要依次加入活

平板式

蜂窝式

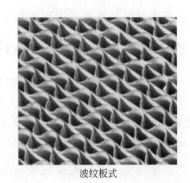
波纹板式

图 5-16　SCR 催化剂的结构示意图

性组分前驱体、载体、结构助剂（黏结剂、造孔剂、结构增强剂）、水等，形成塑性催化剂泥团，经过干燥焙烧等环节最终成型。制备的催化剂可根据需求调节大小，因为催化剂的活性组分散布于整个基体，所以该类型催化剂使用周期很长，耐磨性能优良，可以在复杂烟尘的情况下使用。在成型过程中工艺条件及成型助剂对于成型过程极其关键[170,171]。

　　蜂窝式催化剂另一种成型方式为蜂窝陶瓷涂覆技术，该技术利用现成的蜂窝式陶瓷材料作为载体，在表面涂覆一层具有催化活性的浆料。该技术极大降低了活性组分的用量，节约成本，同时能够保证催化剂机械强度满足工业生产的要求。载体的选择对于成型过程极为重要，蜂窝堇青石是目前公认的最适合作脱硝催化剂的载体之一，具有热稳定性好、机械强度高等优点，但是需要通过预处理来改变其表面性能。负载方式对于成型过程同样重要，活性组分需要预先与黏结剂或分散剂混合形成浆料，再通过浸渍或者喷涂的方式附着于载体表面，经过干燥焙烧得到整体催化剂，这种方式最大的弊端是活性组分与基底的黏结性较差，易脱落，不适于大风量和高烟尘的工况条件。

　　平板式催化剂作为另一种应用广泛的催化剂，近年来国内市场占比不断上升，维持在 30% 左右[172-175]。含有载体（TiO_2、Al_2O_3）活性组分（V_2O_5、WO_3、MoO_3）的原料在混炼机中充分混炼，混炼均匀的泥料涂覆到金属网上，经过干燥焙烧等手段制成催化剂单板。平板式催化剂以不锈钢筛板作为结构骨架，机械强度大，不会造成催化剂整体塌陷，运行安全稳定。脱硝系统运行的主要能耗来源于风机阻力引起的风机电耗，平板式催化剂在组装过程中可以根据烟气条件调节板间距，减低床层阻力，降低脱硝能耗。与其他涂覆成型的整体式催化剂缺点类似，平板式催化剂同样易磨损、寿命低。为解决这一问题，通常需要提高浆料在载体表面的附着能力。

　　相较于前两种催化剂，波纹板式催化剂市场占有率很低，全球也只有 Topsoe 和日立造船等为数不多的厂商可以生产，国内产品大部分来自进口。其成型工艺与平板式催化剂类似，区别在于载体替换为波纹状的陶瓷/玻璃纤维板。陶瓷纤维板互相叠加在一起，形成的三角形或者梯形的孔结构组成了催化剂的基本样式。新型载体材料的使用极大地降低了催化剂的密度（比相同体积的蜂窝式催化剂轻 40%～50%）且易于组装拆卸[176,177]。但是，波浪形的结构设计在增大与烟气的接触面积的同时也会导致飞灰沉积且极易磨损，限制了在工业上的应用。为改善波纹板式缺陷，加快市场推广，研究者们不断研究改进发现，通过合理的布置方式也可以进一步延长这类催化剂的使用寿命。目前，国内外专家学者正通过研究不断改进该类催化剂的性能，未来将更多地应用到实际生产中。

四、SCR 催化剂的中毒与对策

1. SO_2 对 SCR 催化剂的影响及防治措施

几乎所有工业烟气中都含有一定浓度的 SO_2，而 SO_2 对 SCR 催化剂具有多重影响[178-181]。一方面，SO_2 在催化剂表面生成硫酸盐，有利于提高催化剂表面酸性而提高脱硝活性，尤其是高温条件下的活性。而 SO_2 同样可以与催化剂载体或活性组分发生反应，导致催化剂比表面积和氧化还原性能降低而使其失活。另一方面，SO_2 被氧化后生成的 SO_3 与烟气中的 NH_3 反应生成硫铵盐，导致催化剂孔道结构堵塞和活性位覆盖而失活。

其中催化剂组分与 SO_2 发生反应而失活是导致 Mn 基催化剂等多种具有良好低温活性的催化剂难以广泛工业化应用的重要因素。而 SO_2 难免在烟气或催化剂表面发生氧化，并与烟气中喷入的 NH_3 反应生成硫铵盐。

研究发现，当催化剂上 V_2O_5 的负载量少于单层覆盖所需量的一半时，SO_2 的出现对催化剂的活性具有促进作用，这是因为 SO_2 促进了催化剂表面 SO_4^{2-} 的形成，从而加强了表面 B 酸性位的酸性；而当催化剂上 V_2O_5 的负载量大于单层覆盖所需量的一半时，SO_2 对催化剂的活性没有影响。

烟气中的 SO_2 一旦被催化氧化为 SO_3，就会和烟气中的水蒸气、NH_3 及金属氧化物反应，生成一系列的硫酸铵盐 $[(NH_4)_2SO_4$ 和 $NH_4HSO_4]$ 和硫酸盐。这些硫酸铵盐和硫酸盐颗粒会造成催化剂大孔道堵塞、微孔消失及总孔容下降。

由于 SO_3 中毒生成的盐受温度影响明显，因此可以通过升高 SCR 反应温度（至少要高于 300℃）来降低催化剂表面的硫酸铵盐和硫酸盐堵塞，从而使中毒作用减弱。另外对于 V_2O_5 类催化剂，钒的担载量不能太高，通常在 1‰左右以防止 SO_2 的氧化。

2. 碱金属及碱土金属对 SCR 催化剂的影响及防治措施

SCR 反应器多位于省煤器和空预器之间，流经该段的烟气中含有大量飞灰，不仅会堵塞催化剂孔结构，还因其中携带的大量碱金属（Na、K）成分与钒基活性位作用，导致催化剂失活。在 SCR 系统实际运行中，碱金属是对催化剂毒性影响最大的一类。对于碱金属及碱土金属对 SCR 催化剂的影响，国内外诸多学者均进行了实验与理论相关研究[182-184]。

碱金属是对催化剂毒性最大的一类元素，毒性强度与其碱性大小呈正比。煤中碱金属的存在形式有两类：一类是活性碱，如氯化物、硫酸盐及碳酸盐等；另一类是非活性碱，主要存在于硅酸盐矿物中。生物质燃料由于含有较高的碱金属，因此燃烧或者掺烧生物质燃料锅炉中的催化剂受碱金属中毒的影响更大。

碱金属引起催化剂中毒包括物理中毒和化学中毒。物理中毒：因为燃煤锅炉 SCR 脱硝系统中，碱金属通常不是以液态形式存在，它的盐颗粒只是沉积在催化剂表面或堵塞催化剂的部分孔洞，阻碍 NO 和 NH_3 向催化剂内部扩散，从而使催化剂中毒失活。若有水蒸气在催化剂上凝结，碱金属将引起化学中毒。

SCR 催化剂的活性物质为 V_2O_5，它既有 B 酸位（V—OH），又有 L 酸位（VO）。研究发现，催化剂活性与 B 酸位的数量呈正比。碱金属离子的存在会减少催化剂 B 酸位的数量，生成无活性的 KVO_3；还会降低 B 酸位的稳定性，使钒和钨的催化还原能力下降。B 酸位数量的减少和稳定性的降低将直接导致 NH_3 及表面氧吸附量的下降，从而使催化剂的活性降低。

生物质燃料以及燃煤烟气飞灰中含有少量的碱土金属，也能导致催化剂中毒。Na_2O 是中和 B 酸的酸性位，而 CaO 只是轻微影响 B 酸的酸性位，且 Ca^{2+} 对钒物种的结合程度远远低于 Na^+，相比碱金属中毒的催化剂，碱土金属中毒的催化剂上的钒物种具有较高的还原性。在实际应用中，碱土金属引起的主要问题是生成 $CaSO_4$，堵塞催化剂的微孔。

该中毒机理为：CaO 主要富集在粒径小于 $5\mu m$ 的颗粒上（因为细小的飞灰粒径具有较强的黏附特性），这些细小颗粒易迁移进入催化剂的微孔上，并与烟气中的 SO_3 反应形成硫酸钙。由于产生的硫酸钙会使颗粒体积增大 14%，从而把催化剂微孔堵死，使得 NH_3 和 NO 无法在催化剂微孔内进行 SCR 反应。

催化剂的碱金属中毒在所难免，但可以采取一些措施来延长催化剂的使用寿命。具体的措施有：①对催化剂表面引起的碱金属堵塞，可通过及时清灰，保持催化剂表面的清洁来减轻中毒；②制备硫酸化 SCR 催化剂，硫酸盐可强化催化剂表面的酸位，还可优先与碱金属反应从而保护活性组分；③通过改变烟气成分来防止中毒，主要是通过加入 P-K-Ca 混合物，但此种方法若 P 和 Ca 的浓度控制不当，就会引起 P 中毒和 Ca 中毒；④相比于传统的 V_2O_5-WO_3/TiO_2 催化剂，V_2O_5-WO_3/ZrO_2 由于具有较强酸性，表现出较高的抗碱金属中毒能力；⑤提高钒负载量，但高钒负载量会使催化剂的选择性下降，SO_2 转化率升高，因此需综合考虑；⑥相同钒负载量下，提高钨负载量，在增强抗碱金属中毒性能的同时，不会对催化剂选择性产生影响；⑦使用整体式蜂窝陶瓷催化剂，因为碱金属离子的流动性可被蜂窝陶瓷催化剂所稀释，从而降低中毒速率。

碱土金属主要富集在细小飞灰上，因此，只要能够保证催化剂表面的清洁度，就能防止碱土金属中毒[182,185-187]。目前防止这种黏性飞灰的措施有：①通过数值模拟与物理模型试验优化烟气流场，提高催化剂内的烟气流速；②改进反应器，反应器采用垂直放置，使烟气由上而下流动；③保证吹灰器正常运行和吹灰效果，并适当增加吹灰频率；④设置灰斗，降低进入催化剂区域烟气的飞灰量；⑤选用节距相对较大的催化剂，并增加催化剂表面的光滑度，从而减缓飞灰在催化剂表面的沉积；⑥选择合适的催化剂量，增加催化剂的体积和表面积；⑦混煤掺烧，当煤中 CaO 和 As_2O_3 同时存在时，这两种物质会生成热稳定性非常高的 $Ca_3(AsO_4)_2$，且不会导致催化剂中毒。

虽然已经有学者就碱金属和碱土金属对 SCR 催化剂的影响进行了一些探讨，但大多在催化剂宏观结构上进行，针对金属原子与钒基催化剂在分子层面如何相互作用、金属如何降低催化剂酸性及氧化性的机理以及如何在理论模拟上判断不同的碱金属对催化剂的中毒程度还没有完善的阐述。

3. 重金属对 SCR 催化剂的影响及防治措施

催化剂重金属中毒的元素主要有砷、铅、汞、锌等。煤中的砷多数以硫化砷或硫砷铁矿（$FeS_2 \cdot FeAs_2$）等形式存在，且含量变化比较大，我国煤中砷的含量为 $0.5 \times 10^{-6} \sim 80 \times 10^{-6}$ 不等，而铅、汞、锌等主要由垃圾焚烧产生。重金属元素主要分布在电除尘器飞灰和烟气中，且含量与飞灰的粒度呈反比。

砷中毒是由气态砷的化合物（主要形态为 As_2O_3）不断聚积，堵塞进入催化剂活性位的通道造成的[188-190]。经研究，气态 As_2O_3 分子远小于催化剂的微孔尺寸，可以进入催化剂微孔发生凝结形成一个砷的饱和层，该饱和层几乎没有活性，从而阻挡了反应物扩散到催化剂内部进行催化反应。As 对催化剂表面的酸性位有一定影响，而对酸的强度和催化反应途径的影响不显著。砷中毒会使钒物种出现多样化，但 W 和 Ti 的化学形态不受影响，说明催化剂表面钒形态的改变是导致催化剂活性降低的一个主要原因。

铅中毒可能是由于毒物在催化剂酸性位上与 NH_3 的竞争性化学吸附导致的，而不是由催化剂微孔堵塞引起[191]。研究发现，PbO 对催化剂脱硝活性的影响介于 K_2O 和 Na_2O 之间，且不同形态的铅的沉积对催化剂的毒性影响不同，$PbCl_2$ 比 PbO 的毒性更强。

目前防止重金属中毒的措施有：①采用物理化学方法减少原煤中的重金属含量；②燃烧过程中，向炉内喷钙（石灰石、白云石及高岭土等添加剂）抑制气态砷的形成；③改变催化剂表面的酸位点，使催化剂对重金属不具有活性；④采用钒和钼的混合氧化物制得的 TiO_2-V_2O_5-MoO_3 催化剂具有较强的抗砷中毒能力；⑤优化催化剂的孔结构，减少毒物的沉积；⑥使用蜂窝式催化剂可有效降低表面重金属的浓度；⑦降低反应炉温度，用除尘器捕集自然凝聚成核的气态 As。

4. 卤素及 P 对 SCR 催化剂的影响及防治措施

一般焚烧垃圾的电厂，产生的灰除含有大量的重金属、碱金属外，还有卤化氢。当烟气温度低于 340℃时，HCl 会与 NH_3 反应生成 NH_4Cl，黏附在催化剂表面，导致活性位的表面积降低；另外，氯离子还会与钒结合生成挥发性的 VCl_2 和 VCl_4，从而使活性物质钒流失。不仅如此，HCl 还能够与一些金属氧化物（碱金属或重金属）反应生成盐，如 KCl 和 $PdCl_2$，生成的盐的毒性比单独的碱金属或重金属氧化物的毒性要大。

要防止卤素中毒，就要防止 NH_4Cl 在催化剂表面的黏附和挥发性氯化钒的生成，前者可以通过控制烟气温度避免发生，后者则可通过增加催化剂的活性物质钒含量来延缓中毒的速率。

有时电厂为了降低成本，会掺烧一些污泥和肉骨粉，这样就会释放出大量的挥发性磷化合物，同时垃圾焚烧行业中的烟气也含有大量的磷化合物。研究发现，磷化合物（如 H_3PO_4、P_2O_5 及磷酸盐）对催化剂有钝化作用，但相比碱金属的影响要小很多。磷中毒机理被认为是 P 取代了 V—OH 和 W—OH 中的 V 和 W，生成了 P—OH 基团，由于 P—OH 的酸性不如 V—OH 和 W—OH，从而对 NH_3 的吸附能力下降，进而降低脱硝活性；另外，P 也可以和催化剂表面的 VO 活性位发生反应，生成 $VOPO_4$ 等物质，从而减少活性位的数量。也有研究者认为磷化合物的形成以及孔凝聚是造成 SCR 催化剂中毒的原因。

少量磷中毒对催化剂的活性影响不大，但为了避免大量磷中毒，可以从降低燃料中 P 含量、保持催化剂清洁度以及使用抗磷中毒的催化剂配方等方面考虑。

5. H₂O 对 SCR 催化剂的影响及防治措施

在实际应用中，烟气中含有 $2\%\sim18\%$ 的水蒸气。当反应温度低于 350℃时，由于水在活性位上与 NH_3 发生竞争吸附，对催化剂 NO 的还原活性具有一定的抑制作用；而当反应温度较高时，NO 转化率几乎不受水含量的影响。水蒸气若在催化剂表面凝结，一方面会加剧碱金属可溶性盐对催化剂的毒化，另一方面凝结在催化剂毛细孔中的水蒸气会汽化膨胀，损害催化剂细微结构。

一般催化剂水中毒主要发生在停炉过程中，因此在停炉阶段做好催化剂的防水中毒至关重要。

6. NOₓ 与 VOCs 协同脱除

SCR 催化剂对挥发性有机物（VOCs）具有一定的氧化脱除能力。V_2O_5/TiO_2 催化剂对包括含氯有机物在内的多种挥发性有机物具有良好的催化氧化效果。而 Gallastegi-Villa 等通过 ZSM-5 分子筛对传统 VO_2/TiO_2 催化剂进行了改进，制备了 $VO_2/TiO_2/ZSM-5$ 催化剂，显著提高了催化剂酸性，并对 NO 和邻二氯苯表现出良好的同时脱除能力。Gan 等通过共沉淀法制备了 MnO_2-CeO_2 催化剂，发现氯苯氧化和 NO_x 还原在其表面具有协同促进的作用。真实环境中挥发性有机物种类繁多，而且，有机物未充分氧化将导致结焦积炭现象而使催化剂失活。因此，改善催化剂性能，提高其对多种挥发性有机物和 NO_x 的脱除性能，提高其抗结焦中毒能力，并探究中毒催化剂的适宜再生方法，对垃圾焚烧等同时存在大量 VOCs 和 NO_x 的烟气治理具有重要意义。

五、稀土与低温 SCR 催化剂

1. SCR 催化剂的进一步推广面临的问题

美国 Engelhard 公司在 1957 年首次成功研发 SCR 催化剂，由 Pt、Rh 和 Pd 等贵金属构成，具有很高的催化活性，但造价昂贵、温度区间窄、易中毒，不适于工业应用。

日本日立、三菱重工等生产的 $V_2O_5(WO_3)/TiO_2$（钒钛系）催化剂较早实现商业化应用。20 世纪 70～80 年代，日本和欧美相继建造多套脱硝系统，钒钛系 SCR 催化剂的商业应用趋于成熟，主要应用于电力行业烟气污染控制[192,193]。

1975 年日本首次在 Shimoneski 电厂建立了世界上第一套 SCR 系统的示范工程，SCR 催化剂开始进行商业使用。19 世纪 80 年代，SCR 技术在欧美、日本电厂广泛应用，总数超过 300 套，总装机容量超过 50GW。催化剂为钒钨/钛体系高温催化剂，构型主要为蜂窝式。

19 世纪 90 年代，SCR 催化剂发展已经相对比较成熟了，主要针对抗硫、抗尘性能进行改进，在西方国家的电力行业进行普及。

进入 20 世纪以来，随着环保意识的逐渐增强和法规的日益完善，电力行业 SCR 催化剂普及率接近饱和，面对日益严峻的环保压力，在电力行业减排能力有限的情况下，非电行业（钢铁、焦化、水泥、玻璃）NO_x 减排将成为重点。SCR 催化剂开始应用于非电力行业，如水泥、钢铁、玻璃等特殊行业，特别是 2010 年以后，低温 SCR 催化剂的研发已经成为行业内重点，国外厂商普遍将传统钒钛催化剂进行改进，并应于低温的 NO_x

脱除。

非电行业包括钢铁、焦化、水泥、玻璃、垃圾焚烧和建材等企业。近年来，焦化和钢铁等非电行业消耗量几乎与电力行业等同。但非电行业污染物排放标准和治理水平远低于燃煤发电行业，导致其 NO_x、SO_2 和颗粒物（PM）排放量占全国 3/4 以上。其超低排放改造推进缓慢的原因包括治理标准待完善、环保监管难度大和缺乏经济可行的技术方案等，这些都与非电领域范围广、细分行业多、不同行业间生产工艺不同而导致的污染排放特性差异大的特点密切相关。

（1）钢铁行业的应用特点及困难

2015 年，中国钢铁企业 NO_x 排放量达 97.2 万吨，占 NO_x 总排放量的 8%。钢铁生产工序繁多且各工序主要排放污染物种类多而不同。其中烧结工序是气态污染物排放最为严重的工序。该工序排放的 PM、SO_2 和 NO_x 等污染物分别占钢铁企业排放总量的 35%、70% 和 50% 以上。钢铁行业烧结烟气具有以下特点：①烟气量大，每生产 1t 烧结矿产生 4000~6000m^3 烟气。②烟气成分复杂，含有 HCl、SO_2、NO_x 和 HF 等多种腐蚀性气体，铅、锌和汞等重金属，二噁英等有毒气体和大量粉尘（浓度达 10g/m^3）。③SO_2 浓度高且变化大，烟气中 SO_2 浓度一般为 1000~1500mg/m^3，甚至可达 3000~5000mg/m^3。④烟气温度低且波动范围大，烧结烟气温度在 120~180℃，采用低温烧结技术时甚至低至 80℃。⑤含湿量和含氧量高，含湿量一般为 7%~13%，含氧量达 15%~18%。

（2）水泥行业的应用特点及难点

我国是水泥主要生产国，水泥生产导致 NO_x 排放约 200×10^4t/a，占全国 NO_x 工业排放量的 15%。水泥窑炉烟气及烟尘特点：①灰分含量高，预热器后灰尘含量高达 80000~120000g/m^3；②烟气成分复杂，具有黏性，极容易导致催化剂堵塞；③灰分中 CaO 含量高，其中高粉尘浓度是水泥窑炉烟气的最大特点。

水泥厂分解炉烟气温度为 850~1200℃，烟气停留时间仅 5s，适合选择性非催化还原（SNCR）脱硝技术（温度范围为 850~1100℃，反应时间约 200ms）的应用。结合炉内控制技术（如低氮燃烧器），NO_x 可控制在较低水平。但环境保护标准日趋严格，必须采用 SCR 脱硝工艺。

水泥行业烟气余热梯级利用，烟气高温和清洁不可兼得，SCR 工艺只能选择高温高粉尘或低温低粉尘条件。为保护催化剂，首选低温低粉尘条件设置 SCR 工艺。但由于烟气中仍有碱金属和碱土金属含量高的粉尘及少量 SO_2，导致催化剂堵塞、磨损和中毒失效，因此迫切需要开发和使用抗中毒能力强的催化剂。

（3）玻璃行业的应用特点及困难

我国是玻璃生产大国，玻璃工业 NO_x 排放量约 14×10^4t/a。玻璃行业烟气特点如下：①NO_x 含量高（通常在 2000mg/m^3 以上）。②烟道出口温度（450~550℃）高。③烟气波动大，玻璃炉窑换火操作，炉内温度先迅速降低再迅速升高，烟气量和烟气组分波动较大。④烟气成分复杂，含有多种酸性气体（HCl 和 HF 等）；碱金属（Na 盐和 K 盐等）和碱土金属（Ca 盐等）含量高，并有一定黏附性和腐蚀性；燃料对烟气污染物影响明显。玻璃熔窑烟气脱硝普遍采用 SCR 技术。

（4）垃圾焚烧行业的应用特点及困难

垃圾焚烧发电厂烟气成分复杂，除氮氧化物外，还伴有硫氧化物、氯化物、碱金属和重金属等（平均 NO_x 342mg/m³，SO_2 314mg/m³，HCl 79mg/m³）。应用 SNCR 技术脱硝可达到低于 200mg/m³ 的标准，但难以达到未来更低（＜100mg/m³）标准。我国目前采用"SNCR＋半干法脱酸＋活性炭喷射＋布袋除尘"的主流技术路线能满足现在的环保要求，但要满足更加严格的环保要求，SCR 技术不可缺少。采用"SNCR＋脱酸反应塔＋布袋除尘器＋SCR 反应器"的多种净化设备联合脱除方式，不仅能将 NO_x 控制在较低（低于 50mg/m³）水平，还有利于延长催化剂寿命。

通过前面的分析可以看出，一方面，SCR 脱硝技术在钢铁企业和玻璃企业有着较大的应用需求。另一方面，尽管水泥厂和垃圾焚烧发电厂采用炉内控制技术及其与 SNCR 结合的方式，都能满足目前的环保要求，但随着环保标准的日趋严格，SCR 技术同样不可缺少。因此，尽管非电领域不同行业间烟气特点差异明显，适用的烟气治理方式也不完全相同，但 SCR 脱硝技术在非电领域脱硝治理中有着广阔的应用空间。

催化剂是 SCR 脱硝技术的核心，但非电领域烟气环境复杂，通常含有高浓度 SO_2，玻璃烟气中含有大量碱金属（Na 盐和 K 盐等），水泥烟气中含有大量 CaO，垃圾焚烧烟气中含有大量挥发性有机物，SCR 工艺所处理烟气温度往往较低（低于 300℃）。因此，提高催化剂反应活性的同时，增强抗中毒能力（抗硫铵盐中毒和抗碱金属中毒）及多污染物协同脱除能力，对催化剂在非电领域的应用具有重要意义。

2. SCR 催化剂的发展方向——低温 SCR 催化剂

近年，非电行业工业炉窑 NO_x 排放比例不断攀升，已经成为重要的大气污染源。十三五期间，"超低排放""蓝天保卫战"等规划措施相继实行，对于工业烟气污染排放有了更严格要求。

根据前面对于非电力行业（钢铁、玻璃建材等）运行情况的分析，这些行业烟气的运行温度普遍偏低，传统的 SCR 脱硝技术因催化剂工作温度高、无适宜热源、加热运行成本高等弊端不宜直接采用，必须对催化剂进行针对性改良，以提高其在低温烟气脱硝领域的适用性。

目前，国内外对于低温 SCR 催化剂的研究主要集中在钒基（V）、锰基（Mn）和其他金属（如 Fe、Ce）氧化物等，并通过相关工程探索取得一定的进展。有研究表明，传统的钒钛催化剂通过掺杂过渡金属或者优化载体结构可以一定程度拓宽催化剂的低温性能。同时，以 MnO_x 为主要组分的催化剂是目前研究的重点。MnO_x 由于含有大量游离的 O，使其在催化过程中能够完成良好的催化循环，这是其表现低温活性的主要原因。但是实际烟气中 H_2O 和 SO_2 的存在是连续且不可避免的，对 MnO_x 催化剂的 SCR 反应具有明显的抑制作用。

3. 稀土改性 Mn 基 SCR 催化剂

MnO_x 基催化剂具有优异的低温 SCR 转化性能，但 Mn 基催化剂的操作窗口温度较窄，特别是高温下 N_2 选择性较差，同时对 SO_2 的抗性较低。

为了改善 Mn 基催化剂的性能，研究者们采用了多种过渡、稀土金属氧化物来进行改性，常用的改性稀土元素包括 Ce、Sm 和 Eu 等。

稀土金属氧化物主要起到了以下作用：

① 提高 MnO_x 的分散性和还原性；

② 提高催化剂的酸性；

③ 增加活性 Mn 离子和活性氧物种的数量；

④ 促进单/双氧化还原循环中的电子转移。

为了解决催化剂抗性问题，Gao 等采用共沉淀法制备了 MnO_x-CeO_x-MeO_x 三元催化剂，实验结果显示，Co/Ni 掺杂后提高了双组分 MnO_x-CeO_x 催化剂的抗中毒能力，在通入浓度为 $400mg/m^3$ SO_2 1h 后，活性仍维持在 78% 左右，比其他样品高 10%。

Qi[194] 等利用 Ca 对 $Ce_{0.02}Mn_{0.4}/TiO_2$ 进行了改性，结果表明，N_2 选择性有了较明显的提高。Li 等[195] 制备了 $Ce_{0.5}Zr_{0.5}O_2$ 的催化剂，在反应温度 $100\sim200℃$、反应器空速 $30000h^{-1}$ 的条件下，NO 转化率有所提高。Du 等[196] 研究了 Ce-Cu-Ti 复合氧化物催化剂，在 $230\sim400℃$ 条件下，NO 转化率高于 80%，且具有相当高的抗 SO_2 能力。

Shu 等[197] 和 Shen[198] 等分别用 Ce 改性 Mn 基催化剂和 Fe-ZSM-5 催化体系，由于增加表面氧的流动性，提高其低温活性和抗 SO_2 性能，可使 Mn 基催化剂在 150℃时达到 95% 以上的 NO 脱除率；而改性后的 Fe-ZSM-5 催化剂，其活性和活性稳定性均明显提高，同时对 SO_2 和 H_2O 的耐受性增强。研究者认为这是由于 Ce 和 Fe 在分子筛骨架内的共同作用。

Chen 等[199] 制备了 Mn-Ce/TiO_2 基 SCR 催化剂，提高了其催化性能和对 H_2O 以及 SO_2 的耐受性。

Tang 等[200] 制备了一系列 Mn-Co-Ce-O_x 催化剂用于低温 NH_3-SCR 反应中，脱硝率最高可达 80%。发现当 CeO_2 含量由 0 增加到 20% 时，催化剂催化效率显著提高，但随着 CeO_2 含量的继续增加（30%～40%），催化剂活性降低。

Liu 等[201] 将 Ce 添加到 Mn/TiO_2 催化剂中，抗 SO_2 中毒的能力明显增强，Ce 的引入减少了硫酸盐在 MnO_x 活性位处的沉积；氧化铈可以作为 SO_2 捕集器，当氧化铈暴露于 SO_2 中时，可以限制主活性相的硫酸化，抑制了催化剂表面硫酸锰的形成；而且 Ce 的存在可以降低沉积硫酸盐的热稳定性，见图 5-17。

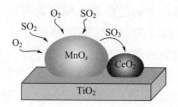

图 5-17　Mn-Ce/TiO_2 催化剂中 CeO_2 作用过程示意图

4. CeO_2 基 SCR 催化剂

CeO_2 基 SCR 催化剂具有较高的储放氧能力和优良的氧化还原性能，但 CeO_2 的表面酸性相对较弱，导致纯 CeO_2 催化剂的活性较差。

在研究中，通常采用以下几种方法来提高 CeO_2 的酸度：

① 利用硫酸、磷酸等预处理 CeO_2；

② 对 CeO_2 进行预硫化；

③ 引入其他具有较强酸性的物质。

Liu 等[202]利用 Fe 对 Ce/TiO_2 基催化剂进行了改性，使其活性和抗硫中毒性有了提高，研究者称其原因可能是增加了催化剂表面上的 Ce^{3+} 和化学吸附氧物质的量。Yu 等[203]制备了 Fe-W-Ce 复合金属氧化物催化剂，该催化剂具有优异的 SCR 催化活性以及单独对 SO_2 或 H_2O 的耐受性。

Fan 等[204]制备了 $CeWO_x$ 催化剂，在反应温度为 $250 \sim 425℃$、体积空速为 $50000h^{-1}$ 条件下，该催化剂具备了 100％ 的 NO_x 转化率，优异的 N_2 选择性，以及良好的稳定性和高抗中毒性。

Stahl[205]等采用溶胶-凝胶法，在 Ce/W 摩尔比等于 1∶1 时，制备了 TiO_2 基催化剂，提高了其在 SCR 反应条件下的 NO 转化率。

5. 其他稀土改性 SCR 催化剂

在工业稀土中，La 和 Ce 的价格相对较低，因此改性多采用这两种金属元素，但其他类型的稀土改性也在文献中有所涉及。

Shan[206]等采用镨元素的氧化物 Pr_6O_{11} 改性 V_2O_5-MoO_3/TiO_2，当掺杂质量分数为 4％ 时，在 $220℃$ 条件下，具有 98％ 的 NO_x 转化率，同时具有强的抗 SO_2 和 H_2O 性能。

Chao 等[207]采用钬（Ho）改性 $Fe-Mn/TiO_2$ 催化体系，研究结果表明，钬可以有效促进其催化作用。Xiong 等[208]采用钆（Gd）改性 MnO_2 催化剂，当 Gd/Mn＝0.1 时，在 $120 \sim 330℃$ 条件下，该催化剂具有良好的抗中毒性和 100％ 的 NO 转化率，且反应温度范围有所扩展。

Fang 等[209]和 Rahman[210]等分别用钐（Sm）和铕（Eu）改性 MnO_x 催化剂，改性结果表明，改性后均可有效改善低温性能和抗中毒性，扩大了操作温度窗口。

Zhong 等[211]研究发现添加 Y 可以优化 MnO_x/TiO_2 催化剂的低温活性，这主要是由于部分 Ti^{4+} 被 Y^{3+} 取代后可以增加催化剂中氧空位与超氧离子浓度，进而促进了催化活性的提高。

6. 低温 SCR 催化剂工程应用现状

目前，低温催化剂的工业应用还存在一些问题：Mn 基催化剂的抗水抗硫性较差；其他类型催化剂因制作工艺复杂，因此较少投入商用。但是国外几家公司（荷兰壳牌公司、丹麦 Topsoe 公司等）已成功将低温 SCR 催化剂应用到实际生产中。

综上所述，部分稀土元素可用作活性组分或催化剂的改性剂。稀土氧化物，特别是 CeO_2，已越来越多地用于改善低温脱硝催化剂的反应活性和抗毒性，既改进了传统的钒催化剂，又开发了新型催化剂。铈相对便宜，已被广泛用作（汽油）汽车排放控制的三效催化剂（TWC）的关键组分。CeO_2 富含表面酸性，具有独特的氧化还原和氧储存能力（Ce^{4+} 和 Ce^{3+} 之间的氧化还原转移），可以促进 NH_3 在催化剂表面的活化和吸附。据报道，Ce 已被证明是一种有效的 Mn 氧化物促进剂以改善其催化性能。许多成功的研究先例证实，CeO_2 与 MnO_x 的结合可以提高脱硝性能，包括催化性能、热稳定性以及耐水蒸气和硫中毒。

另外，催化剂的性能与形态、结构密切相关，研发特殊形貌的 SCR 催化剂是未来重要的发展方向，研究者往往通过利用先进材料合成技术来制备结构、晶型更完美的催化剂。Guo 等制备了具有核壳结构的 $CeO_x@MnO_x$ 催化剂，并用于 NO 的催化氧化。结果表明，$CeO_x@MnO_x$ 催化剂比传统方法（柠檬酸法）制备的 $CeMnO_x$ 催化剂具有更高的 NO_x 催化活性。

六、SCR 催化剂未来发展方向

随着环保意识和环保法规的不断升级，对气体污染物 NO_x 的排放标准也不断提高，对于目前的 NO_x 排放源而言，采用 SCR 脱硝依然是最合理最高效的处理技术。

随着 SCR 脱硝技术的进一步推广，对于非电行业如钢铁、水泥、玻璃等，需要开发相应的低温 SCR 催化剂。

在目前的研究中，稀土改性 Mn 基催化剂和 CeO_2 基催化剂具有较好的低温活性和较好的吸脱氧能力，受到了普遍的关注。但二者在工程应用上依然存在一定的技术挑战，需要进一步改进和研究。

参考文献

[1] Occelli M L. Advances in fluid catalytic cracking：Testing，characterization and environmental regulations [J]. CRC Press，2011，6：257-270.

[2] 宋海涛，姜秋桥，林伟，等. 炼油与石化工业技术进展 [M]. 北京：中国石化出版社，2018.

[3] 陈俊武，等. 催化裂化工艺与工程 [M]. 北京：中国石化出版社，2005.

[4] 罗雄麟，袁璞，林世雄. 应用高效再生器的催化裂化装置中烧焦罐主风量对生产操作的影响 [J]. 石油炼制与化工，1998 (4)：29-34.

[5] 甘俊，白丁荣，金涌，等. 影响催化裂化提升管再生烧焦过程的主要因素及其分析 [J]. 石油炼制与化工，1992 (4)：26-33.

[6] 白丁荣，甘俊，金涌，等. 催化裂化提升管再生器烧焦过程的简化模拟计算 [J]. 石油炼制与化工，1991 (10)：20-27.

[7] 陈安民. 催化裂化再生器烧焦量与热效率的简单计算 [J]. 炼油设计，1982 (2)：59-61.

[8] 王明胜. 催化裂化装置再生器尾燃原因分析及优化措施 [J]. 石油炼制与化工，2017 (48)：29-33.

[9] 李长春，王向阳，郭莉. 重油催化裂化装置解决再生烟气尾燃问题工艺改造方案初探 [J]. 甘肃科技，2000 (4)：14.

[10] 黄胜涛. LZ-5B 型 CO 助燃剂在催化裂化装置的工业应用 [J]. 齐鲁石油化工，2018，46 (3)：183-187.

[11] 王明胜. 催化裂化装置再生器尾燃原因分析及优化措施 [J]. 石油炼制与化工，2017，48 (8)：29-33.

[12] 国玲玲，王国峰，吕延曾，等. CO 助燃剂在重油催化裂化装置中的应用 [J]. 石化技术与应用，2015，33 (6)：502-504.

[13] 崔莉容，王忠秋. CO 助燃剂的研制与评价 [J]. 低温与特气，2005 (1)：20-23.

[14] 李国祥，阳霞，丁玲. 非贵金属复合氧化物 CO 助燃剂及其研究进展 [J]. 天津化工，2004 (6)：15-17.

[15] 李长春，王向阳，郭莉. 重油催化裂化装置解决再生烟气尾燃问题工艺改造方案初探 [J]. 甘肃科技，2000

(4)：14.

[16] Grigg R B，齐文浩，宋育贤，等. CO 助燃剂的技术进展 [J]. 国外油田工程，1998 (6)：28-30.

[17] 储慧莉. CO 助燃剂的新发展 [J]. 工业催化，1997 (4)：3-8.

[18] 严方，谢永杰. X 射线荧光光谱法测定一氧化碳助燃剂中的铂 [J]. 光谱实验室，2012，29 (01)：495-498.

[19] 王清. 光谱法定量分析一氧化碳助燃剂中铂和钯 [J]. 石油化工，1994 (3)：187-190.

[20] 轩庆鲁. 丙烷脱氢 PtSn 催化剂中 Pt 分散度控制及对催化性能的影响 [D]. 上海：华东理工大学，2013.

[21] 李薇，侯永江，国洁，等. 提高 Pt 在载体上分散度的研究进展 [J]. 河北化工，2012，35 (5)：53-56.

[22] 张艳丽. 静态化学吸附法测定 Pt/Al$_2$O$_3$ 催化剂的金属分散度、活性表面积和颗粒尺寸 [J]. 分析试验室，2007 (S1)：69-70.

[23] 胡胜，肖成建，朱祖良，等. 氢水液相交换反应应用高分散度 Pt/C/FN 疏水催化剂制备及 Pt 粒径效应研究 [J]. 化学学报，2007 (22)：2515-2521.

[24] 胡胜. 高分散度 Pt 基疏水催化剂制备及氢水液相催化交换性能研究 [D]. 绵阳：中国工程物理研究院，2007.

[25] 胡胜，朱祖良，罗顺忠，等. 高分散度 Pt-Ir 疏水催化剂制备及氢-水液相交换催化性能研究 [J]. 无机化学学报，2007 (1)：91-96.

[26] 冯春华，古国榜. 高分散度 Pt/C 电催化剂的制备 [J]. 功能材料，2003 (1)：64-66.

[27] 余建强，费超，曹峻清. Pt-Pd/C 催化剂的金属分散度 [J]. 中国有色金属学报，1998 (S2)：383-386.

[28] 储慧莉. CO 助燃剂的新发展 [J]. 工业催化，1997 (4)：3-8.

[29] 张赣道. 高分散度催化剂 Pt/Mg(Al)O 与 Pt/Al$_2$O$_3$ 化学吸附 H$_2$、CO 和 CO$_2$ 的性能比较 [J]. 南京化工大学学报，1996 (S1)：17-22.

[30] 陈茂涛. 气体脉冲色谱法测定 Pt-Sn/Al$_2$O$_3$ 催化剂上铂的分散度 [J]. 石油炼制与化工，1980 (3)：63-64.

[31] 刘君佐，史佩芬. 气体脉冲色谱法测定负载催化剂上金属的分散度 I. 应用于 Pt/Al$_2$O$_3$ 催化剂 [J]. 石油化工，1978 (5)：454-461.

[32] 杨锡尧，裴站芬，白瑞琴，等. 脉冲氢氧滴定法测定 Pt/Al$_2$O$_3$ 催化剂的分散度 [J]. 石油化工，1978 (4)：352-355.

[33] 李国祥，阳霞，丁玲. 非贵金属复合氧化物 CO 助燃剂及其研究进展 [J]. 四川化工，2004 (5)：25-28.

[34] 黄星亮，冯长辉，殷慧龄. 非贵金属氧化物助燃剂的氧化性能受氢还原预处理的影响 [J]. 石油炼制与化工，2001 (1)：45-48.

[35] 冯长辉，殷慧龄，黄星亮. 一种非贵金属 CO 助燃剂抗硫和硫转移性能的研究 [J]. 石油炼制与化工，1999 (8)：10-12.

[36] 黄星亮，冯长辉，靳广洲，等. 非贵金属复合氧化物 CO 助燃剂的催化性能研究 [J]. 石油炼制与化工，1996 (8)：17-21.

[37] Li P，Liu X，Zhang Y，et al. Low-dimensional dion-jacobson-phase lead-free perovskites for high-performance photovoltaics with improved stability [J]. Angewandte Chemie，2020，59 (17)：6909-6914.

[38] Shi F，Sun H，Wang J，et al. Effects of calcining temperature on crystal structures，dielectric properties and lattice vibrational modes of Ba（Mg$_{1/3}$Ta$_{2/3}$）O$_3$ ceramics [J]. Journal of Materials Science：Materials in Electronics，2016，27：5383-5388.

[39] Wei Q，Zhu M，Zheng M，et al. High piezoelectric properties above 150℃ in（Bi$_{0.5}$Na$_{0.5}$）TiO$_3$-based lead-free piezoelectric ceramics [J]. Materials Chemistry and Physics，2020，249：122966-122973.

[40] Duan L，Chen Y，Yuan J，et al. Dopant-free X-shaped D-A type hole-transporting materials for p-i-n perovskite solar cells [J]. Dyes and Pigments，2020，178：108334-108338.

[41] Guo Y，Lei H，Wang C，et al. Reconfiguration of interfacial and bulk energy band structure for high-performance organic and thermal-stability enhanced perovskite solar cells [J]. Solar RRL，2020，4 (4)：1900482-1900488.

[42] Chu K，Peng J，Li H，et al. Enhanced room-temperature TCR of La$_{0.67}$Ca$_{0.33-x}$Sr$_x$MnO$_3$（$0.06 \leqslant x \leqslant 0.11$）

polycrystalline ceramics by Sr content adjustment [J]. Ceramics International，2020，46（6）：7568-7575.

[43] Liu Y，Shi Y，Wu C，et al. Physical properties of $(SrBa)_{1-x}Pr_x(CuTi)_{0.2}Fe_{0.8}O_{3-\delta}$（$x=0\sim1.0$）and its application in H-SOFCs [J]. Solid State Ionics，2020，348：115279-115282.

[44] Wang C L，Liu J，Mudryk Y，et al. The effect of boron doping on crystal structure，magnetic properties and magnetocaloric effect of $DyCo_2$ [J]. Journal of Magnetism and Magnetic Materials，2016，405：112-128.

[45] Lu M，Guo J，Sun S，et al. Bright $CsPbI_3$ perovskite quantum dot light-emitting diodes with top-emitting structure and a low efficiency roll-off realized by applying zirconium acetylacetonate surface modification [J]. Nano Letters，2020，20（4）：2829-2836.

[46] 陈华，董超芳，李晓刚，等. 稀土钙钛矿型复合氧化物降氮助燃剂的研究与应用 [J]. 稀有金属材料与工程，2006（12）：1949-1953.

[47] 崔连起，王开林，张家庆，等. 钙钛矿结构的金属氧化物CO助燃剂 [J]. 石油炼制与化工，2001（7）：29-32.

[48] 崔连起，王开林，魏秀萍，等. 钙钛矿金属氧化物CO助燃剂 [J]. 精细石油化工进展，2000（9）：8-13.

[49] 曾佳，汪浩，朱满康，等. 钙钛矿氧化物的化学结构及其催化性能的研究进展 [J]. 材料导报，2007（1）：33-36.

[50] Kremenic G，Nieto J M L，Tascon J M D，et al. Chemisorption and catalysis on $LaMO_3$ oxides [J]. Journal of the Chemical Society，Faraday Transactions 1：Physical Chemistry in Condensed Phases，1985，81（4）：939-949.

[51] Seiyama T，Yamazo E N，Eguchi K. Xanthation of starch by continuous process [J]. Industrial & Engineering Chemistry Product Research and Development，1985，24：19-23.

[52] Yokoi Y，Uchida H. Catalytic activity of perovskite-type oxide catalysts for direct decomposition of NO：Correlation between cluster model calculations and temperature-programmed desorption experiments [J]. Catalysis Today，1998，42（1-2）：167-174.

[53] Zhu J J，Zhao Z，Xiao D，et al. Study of $La_{2-x}Sr_xCuO_4$（$x=0.0$，0.5，1.0）catalysts for NO+CO reaction from the measurements of O_2-TPD，H_2-TPR and cyclic voltammetry [J]. Journal of Molecular Catalysis A：Chemical，2005，238（1-2）：35-40.

[54] 黄星亮，殷慧玲，李淑云. CuO-Co_2O_3/La-Y-Al_2O_3 催化剂CO氧化活性的实验研究 [J]. 石油大学学报（自然科学版），1992（05）：83-89.

[55] 王桂春，张烨. 国产助燃脱硝剂在催化裂化装置上应用 [J]. 当代化工，2018，47（4）：862-865.

[56] 马恒明，夏雨寰，钱国. JY-TX型CO助燃脱硝工业试验 [J]. 广东化工，2018，45（6）：92-94.

[57] 司伟. 助燃脱硝剂在催化裂化装置中的应用 [J]. 中国石油和化工标准与质量，2017，37（14）：123-124.

[58] 张文萍. 一氧化碳助燃-脱硝剂在催化裂化装置的工业应用 [J]. 中国包装工业，2015（14）：86-87.

[59] 司长庚，马占伟，杜小丁，等. 双效助燃脱硝剂在蜡油催化裂化装置的应用 [J]. 中外能源，2015，20（1）：80-83.

[60] 周贵仁. 助燃脱硝助剂在DCC装置上的工业应用 [J]. 石化技术，2017，24（10）：19-20.

[61] Leppard W R. Sulfate control technology assessment，phase Ⅰ：literature search and analysis [R]. ResearchGate，1974.

[62] 杨磊，王寿璋，宋海涛，等. 控制蓝烟和拖尾的增强型RFS硫转移剂的工业应用 [J]. 石油炼制与化工，2018，49（12）：10-15.

[63] 贺安新，谢海峰，刘学川，等. 增强型RFS09硫转移剂工业应用 [J]. 炼油技术与工程，2019，49（07）：57-60.

[64] 钱伯章. 催化裂化硫转移助剂发展现状 [J]. 天然气与石油，2003（4）：66.

[65] 蒋文斌，冯维成，谭映临，等. RFS-C硫转移剂的试生产及工业试用 [J]. 石油炼制与化工，2003（12）：21-25.

[66] 蒋文斌，龙军，陈蓓艳，等. 加工石蜡基油MIP工艺专用催化剂RMI的开发 [J]. 石油炼制与化工，2004

(12)：8-12.

[67]　蒋文斌，陈蓓艳，沈宁元，等. 降低 FCC 再生烟气 SO_x 排放与汽油硫含量助剂的研制 [J]. 石油炼制与化工，2010，41 (7)：6-9.

[68]　蒋文斌，张万虹，朱玉霞，等. 浸渍过程中 Ce^{3+} 的扩散与吸附及其对 $CeO_2/MgAl_2O_4 \cdot xMgO$ 性能的影响 [J]. 石油学报（石油加工），2004 (04)：13-19.

[69]　Cheng C，Kussie P，Pavletich N，et al. Conservation of structure and mechanism between eukaryotic topoisomerase I and site-specific recombinases [J]. Cell，1998，92 (6)：841-850.

[70]　Hovery K，Fisher R，Matthey J. Protecting our environment-SO_x emissions abatement from the FCCU [C]. American Fuel & Petrochemical Manufacturers | 116th Annual Meeting，2018.

[71]　Lowell P S，Schwitzgebel K，Parsons T B，et al. Selection of metal oxides for removing SO_2 from flue gas [J]. Industrial & Engineering Chemistry Process Design and Development，1971，10 (3)：384-390.

[72]　Wu B K，Krenzke A H. Advance flue gas desulfurization technology [J]. ACS Div Pet Chem，1983.

[73]　Bhattacharyya A A，Woltermann G M，Yoo J S，et al. Catalytic SO_x abatement：the role of magnesium aluminate spinel in the removal of SO_x from fluid catalytic cracking（FCC）flue gas [J]. Industrial & Engineering Chemistry Research，1988，27 (8)：1356-1360.

[74]　Vasalos I A. Catalytic cracking with reduced emission of noxious gases：US4153534 [P]：1979-05-08.

[75]　Vasalos I A，Ford W D，Hsieh C K R. Catalytic cracking with reduced emission of noxious gases：US4153535 [P]：1979-05-08.

[76]　Grand H S. Catalyst and method of preparing same：US3930987 [P]. 1976-01-06.

[77]　Longo J M. Process for the desulfurization of flue gas：US4001375 [P]：1977-01-04.

[78]　Blanton J W A，Flanders R L. Process for removing sulphur from a gas：US4071436 [P]. 1978-01-31.

[79]　Daniel B，Field J H. Process for the removal of sulfur oxides from gases：US2992884 [P]. 1961-07-18.

[80]　Pijpers F W，Starmans M M J J. Method of removing sulfur dioxide from gases：US3411865 [P]. 1968-11-19.

[81]　Blanton J W A，Flanders R L. Process for controlling sulfur oxides using an alumina-impregnated catalyst：US4332672 [P]. 1982-06-01.

[82]　Gladrow E M，Schuette W L，Reid TA. Sulfur transfer process in catalytic cracking：US4240899 [P]. 1980-12-23.

[83]　Lewis P H，Dai E P，Holst E H. Control of SO_x emission：US4626419 [P]. 1986-12-02.

[84]　Yoo J S，Radlowski C A，Karch J A，et al. Metal-containing spinel composition and process of using same：US4790982 [P]. 1988-12-13.

[85]　Bhattacharyya A，Cormier J W E，Woltermann G M. Alkaline earth metal spinels and processes for making：US4728635 [P]. 1988-03-01.

[86]　Dimitriadis V D，Vasalos I A. Evaluation and kinetics of commercially available additives for sulfur oxide（SO_x）control in fluid catalytic cracking units [J]. Industrial & Engineering Chemistry Research，1992，31 (12)：2741-2748.

[87]　Yoo J S，Jaecker J A. Catalyst and process for conversion of hydrocarbons：US4469589 [P]. 1984-09-04.

[88]　Yoo J S，Jaecker J A. Catalyst and process for conversion of hydrocarbons：US4472267 [P]. 1984-09-18.

[89]　Bertolacini R J，Hirschberg E H，Modica F S. Process for removing sulfur oxides from a gas：US4836993 [P]. 1989-06-06.

[90]　Dunn J P，Koppula P R，Stenger H G，et al. Oxidation of sulfur dioxide to sulfur trioxide over supported vanadia catalysts [J]. Applied Catalysis B：Environmental，1998，19 (2)：103-117.

[91]　Bhattacharyya A，Foral M J，Reagan W J. Absorbent and process for removing sulfur oxides from a gaseous mixture：US5426083 [P]. 1995-06-20.

[92]　崔秋凯. 催化裂化烟气硫转移剂的研究 [D]. 青岛：中国石油大学，2010.

[93] 刘逸锋，沈本贤，皮志鹏，等. CeO_2 表面氧化转移 FCC 烟气中 SO_2 的反应过程 [J]. 化工学报，2016，67 (12)：5015-5023.

[94] Matsuo M，Tsuji K，Konishi N. Alkanesulfonanilide derivatives，processes for preparation thereof and pharmaceutical composition comprising the same：US4866091 [P]. 1989-09-12.

[95] Pinnavaia T J，Amarasekera J，Polansky C A. Process using sorbents for the removal of SO_x from flue gas：US5114691 [P]. 1992-05-19.

[96] 刘忠生，方向晨，戴文军. 炼油厂 SO_x 排放及其控制技术 [J]. 当代化工，2005 (6)：408-411.

[97] Kim G. SO_x control compositions：US5288675 [P]. 1994-02-22.

[98] Polato C M S，Henriques C A，Neto A A，et al. Synthesis，characterization and evaluation of CeO_2/Mg，Al-mixed oxides as catalysts for SO_x removal [J]. Journal of Molecular Catalysis A：Chemical，2005，241 (1)：184-193.

[99] 朱仁发，李承烈. 流化催化裂化脱硫添加剂的研究进展 [J]. 化工科技，2000 (1)：50-55.

[100] Pereira H B，Polato C M S，Monteiro J L F，et al. Mn/Mg/Al-spinels as catalysts for SO_x abatement：influence of CeO_2 incorporation and catalytic stability [J]. Catalysis Today，2010，149 (3)：309-315.

[101] 宋海涛，田辉平，陆友保，等. 降低再生烟气 NO_x 排放型裂化催化剂的工业应用 [J]. 石油炼制与化工，2017，48 (7)：34-37.

[102] 潘罗其，陈正朝，宋海涛，等. $RDNO_x$-PC1 助剂在不完全再生装置上的工业应用 [J]. 石油炼制与化工，2018，49 (8)：11-14.

[103] 余成朋，周巍巍，宋海涛，等. $RDNO_x$ 助剂技术在再生烟气 NO_x 达标排放中的应用 [J]. 石油炼制与化工，2019，50 (1)：96-100.

[104] 杨文，白锐，刘丽强，等. 降低重油催化装置烟气 NO_x 和外排水 COD 的助剂探索应用 [J]. 当代化工，2019，48 (9)：2076-2079.

[105] 程均，涂安斌，杨文发，等. 降低不完全再生装置氨氮和 NO_x 排放助剂的工业应用 [J]. 炼油技术与工程，2020，50 (2)：23-27.

[106] Kobylinski T P，Taylor B W. The catalytic chemistry of nitric oxide：Ⅱ. reduction of nitric oxide over noble metal catalysts [J]. Journal of Catalysis，1974，33 (3)：376-384.

[107] Clausen C A，Good M L. A mössbauer study of automotive emission control catalysts [J]. Journal of Catalysis，1977，46 (1)：58-64.

[108] Iliopoulou E，Efthimiadis E A，Nalbandian L，et al. Ir-based additives for NO reduction and CO oxidation in the FCC regenerator：evaluation，characterization and mecha-nistic studies [J]. Applied Catalysis B：Environmental，2005，60 (3-4)：277-288.

[109] Taylor K C，Schlatter J C. Selective reduction of nitric oxide over noble meals [J]. Journal of Catalysis，1980，63 (1)：53-71.

[110] Zon J B A，Koningsberger D C，Van't Blick H F J，et al. An EXAFS study of the structure of the metal-support interface in highly dispersed Rh/Al_2O_3 catalysts [J]. Journal of Chemical Physics，1985，82 (12)：5742-5754.

[111] Hecker W C，Bell A T. Reduction of NO by CO over silica-supported rhodium：infrared and kinetic studies [J]. Journal of Catalysis，1983，88 (2)：289-299.

[112] Duprez D，Delahay G，Abderrahim H，et al. Characterization of Rh/Al_2O_3 catalysts by gas adsorption and X-ray photoelectron spectroscopy [J]. Journal de Chimie Physique et de Physico-Chimie Biologique，1986，83 (7-8)：465-471.

[113] Granger P，Delannoy L，Lecomte J J，et al. Kinetics of the CO + NO reaction over bi-metallic platinum-rhodium on alumina：effect of ceria incorporation into noble metals [J]. Journal of Catalysis，2002，207 (1)：202-212.

[114] Bera P，Patil K C，Jayaram V，et al. Ionic dispersion of Pt and Pd on CeO₂ by combustion method：effect of metal-ceria interaction on catalytic activities for NO reduction and CO and hydrocarbon oxidation [J]. Journal of Catalysis，2000，196（2）：293-301.

[115] Roy S，Hegde M S. Pd ion substituted CeO₂：a superior de-NO$_x$ catalyst to Pt or Rh metal ion doped ceria [J]. Catalysis Communications，2008，9（5）：811-815.

[116] 宋海涛，田辉平，朱玉霞，等. 降低 FCC 再生烟气 NO$_x$ 排放助剂的开发 [J]. 石油炼制与化工，2014，45（11）：7-12.

[117] 钟贵江，梁先耀，宋海涛，等. 降低 FCC 再生烟气 NO$_x$ 排放助剂的工业应用 [J]. 石油炼制与化工，2016，47（9）：51-56.

[118] Shelef M. Electron paramagnetic resonance of NO adsorbed on reduced chromia-alumina [J]. Journal of Catalysis，1969，15（3）：289-292.

[119] Rewick R T P，Wise H. Reduction of nitric oxide by carbon monoxide on copper catalysts [J]. Journal of Catalysis，1975，40（3）：301-311.

[120] Kobylinski T P，Taylor B W. The catalytic chemistry of nitric oxide：Ⅰ. the effect of water on the reduction of nitric oxide over supported chromium and iron oxides [J]. Journal of Catalysis，1973，31（3）：450-458.

[121] Stegenga S，Dekker N，Bijsterbosch，et al. Catalysis and automotive pollution control Ⅱ. proceedings of the second international symposium [J]. Studies in Surface Science and Catalysis，1991，71（10-11）：353-357.

[122] Yee A，Morrison S J，Idriss H. Study of the reactions of ethanol on CeO₂ and Pd/CeO₂ by steady state reactions，temperature programmed desorption，and in situ FT-IR [J]. Journal of Catalysis，1999，186（2）：279-295.

[123] Parthasarathi B，Aruna S T，Patil K C，et al. Studies on Cu/CeO₂：a new NO reduction catalyst [J]. Journal of Catalysis，1999，186（1）：36-44.

[124] Jiang X，Lou L，Chen Y，et al. Effects of CuO/CeO₂，and CuO/γ-Al₂O₃ catalysts on NO + CO reaction [J]. Journal of Molecular Catalysis A：Chemical，2003，197（1）：193-205.

[125] Ge C，Liu L，Liu Z，et al. Improving the dispersion of CeO₂ on γ-Al₂O₃ to enhance the catalytic performances of CuO/CeO₂/γ-Al₂O₃ catalysts for NO removal by CO [J]. Catalysis Communications，2014，51（1）：95-99.

[126] Hori C E，Permana H，Ng K Y S，et al. Thermal stability of oxygen storage properties in a mixed CeO₂-ZrO₂ system [J]. Applied Catalysis B：Environmental，1998，16（2）：105-117.

[127] Chen J，Zhu J，Zhan Y，et al. Characterization and catalytic performance of Cu/CeO₂ and Cu/MgO-CeO₂ catalysts for NO reduction by CO [J]. Applied Catalysis A General，2009，363（1）：208-215.

[128] Gayen A，Baidya T，Ramesh G S，et al. Design and fabrication of an automated temperature programmed reaction system to evaluate 3-way catalysts Ce$_{1-x-y}$（La/Y）$_x$ Pt$_y$O$_{2-\delta}$ [J]. Journal of Chemical Sciences，2006，118（1）：47-55.

[129] Yao X. Investigation of the physicochemical properties and catalytic activities of Ce$_{0.67}$M$_{0.33}$O₂（M = Zr⁴⁺，Ti⁴⁺，Sn⁴⁺）solid solutions for NO removal by CO [J]. Catalysis Science & Technology，2013，3（3）：688-698.

[130] Ilieva L，Pantaleo G，Ivanov I，et al. NO reduction by CO over gold based on ceria，doped by rare earth metals [J]. Catalysis Today，2008，139（3）：168-173.

[131] 宋海涛，郑学国，田辉平，等. 降低 FCC 再生烟气 NO$_x$ 排放助剂的实验室评价 [J]. 环境工程学报，2009，3（8）：1469-1472.

[132] Voorhoeve R J H，Gallagher P K. Perovskite oxides：materials science in catalysis [J]. Science，1977，195（4281）：827-833.

[133] Belessi V C，Costab C N，Bakasc C N，et al. Catalytic behavior of La-Sr-Ce-Fe-O mixed oxidic/perovskitic systems for the NO plus CO and NO+CH₄+O₂（lean-NO$_x$）reactions [J]. Catalysis Today，2000，59（3）：

347-363.

[134] Forni L，Olivaa C，Barzettia T，et al. FT-IR and EPR spectroscopic analysis of $La_{1-x}Ce_xCoO_3$ perovskite-like catalysts for NO reduction by CO [J]. Applied Catalysis B：Environmental，1997，13（1）：35-43.

[135] Teraoka Y，Nakano K，Kagawa S，et al. Simultaneous removal of nitrogen oxides and diesel soot particulates catalyzed by perovskite-type oxides [J]. Applied Catalysis B：Environmental，1995，5（3）：181-185.

[136] Zhang R，Alamdari H，Kaliaguine S. Fe-based perovskites substituted by copper and palladium for NO ＋ CO reaction [J]. Journal of Catalysis，2006，242（2）：241-253.

[137] Peter S D，Garbowski E，Perrichon V，et al. Activity enhancement of mixed lanthanum-copper-iron-perovskites in the CO ＋ NO reaction [J]. Applied Catalysis A：General，2001，205（1）：147-158.

[138] Zhang R，Alamdari H，Kaliaguine S. SO_2 poisoning of $LaFe_{0.8}Cu_{0.2}O_3$ perovskite prepared by reactive grinding during NO reduction by C_3H_6 [J]. Applied Catalysis A：General，2008，340（1）：140-151.

[139] Qin Y，Sun L，Zhang D，et al. Role of ceria in the improvement of SO_2 resistance of $La_xCe_{1-x}FeO_3$ catalysts for catalytic reduction of NO with CO [J]. Catalysis Communications，2016，79：53-57.

[140] Aitken E J，Baron K，MaArthur D D，et al. The Kat alistick' 6th annual fluid cat cracking symposium [M]. Germany：Munich，1985.

[141] Dahlin S，Englund J，Malm H，et al. Effect of biofuel-and lube oil-originated sulfur and phosphorus on the performance of Cu-SSZ-13 and V_2O_5-WO_3/TiO_2 SCR catalysts [J]. Catalysis Today，2020，in press.

[142] Zhao Z，Li E，Qin Y，et al. Density functional theory（DFT）studies of vanadium-titanium based selective catalytic reduction（SCR）catalysts [J]. Journal of Environmental Sciences（China），2020，90：119-137.

[143] Si W，Liu H，Yan T，et al. Sn-doped rutile TiO_2 for vanadyl catalysts：improvements on activity and stability in SCR reaction [J]. Applied Catalysis B：Environmental，2020，269：118797.

[144] 何运业，周世亮. 燃煤机组 SCR 催化剂失活原因分析及其寿命管理 [J]. 节能，2020，39（2）：141-142.

[145] Zhao Z，Li E，Qin Y，et al. Density functional theory（DFT）studies of vanadium-titanium based selective catalytic reduction（SCR）catalysts [J]. Journal of Environmental Sciences，2020，in press.

[146] Xiong S，Chen J，Huang N，et al. The poisoning mechanism of gaseous HCl on low-temperature SCR catalysts：MnO_x-CeO_2 as an example [J]. Applied Catalysis B：Environmental，2020，267：118668.

[147] Tian Y，Yang J，Liu L，et al. Insight into regeneration mechanism with sulfuric acid for arsenic poisoned commercial SCR catalyst [J]. Journal of the Energy Institute，2019，93（1）.

[148] Resitoglu I A，Altinisik K，Keskin A，et al. The effects of Fe_2O_3 based DOC and SCR catalyst on the exhaust emissions of diesel engines [J]. Fuel，2020，262：116501.

[149] Jiang B，Lin B，Li Z，et al. Mn/TiO_2 catalysts prepared by ultrasonic spray pyrolysis method for NO_x removal in low-temperature SCR reaction [J]. Colloids and Surfaces A：Physicochemical and Engineering Aspects，2020，in press.

[150] 牛申祥. 燃气锅炉低氮燃烧技术的应用研究 [J]. 中国资源综合利用，2020，38（1）：72-74.

[151] 徐良策. 低氮燃烧脱硝技术在氧化铝焙烧炉的应用 [J]. 中国金属通报，2019（8）：9-10.

[152] 王继华. SCR、SNCR 和 SNCR/SCR 烟气脱硝技术应用及比较 [J]. 电力科技与环保，2018，34（5）：35-36.

[153] 朱愉洁，韩元，袁东辉. CFB 锅炉 SNCR 烟气脱硝氨逃逸的控制手段 [J]. 电力科技与环保，2020，36（02）：18-21.

[154] 钱自雄. SNCR 烟气脱硝技术在大型 CFB 机组中的应用 [J]. 应用能源技术，2017（7）：25-28.

[155] 李科. 浅析火电机组烟气脱硝选型及技术经济 [J]. 低碳世界，2016（27）：57-58.

[156] 王静静，杨吉贺. SNCR 烟气脱硝技术在循环流化床锅炉中的应用 [J]. 电力科技与环保，2015，31（1）：41-42.

[157] 黄声和. SCR 烟气脱硝技术 SO_2 催化反应动力学机理分析 [J]. 电力科技与环保，2016，32（4）：12-15.

[158] 崔海峰，谢峻林，李凤祥，等. SCR 烟气脱硝技术的研究与应用 [J]. 硅酸盐通报，2016，35（3）：805-

809, 814.

[159] 张杨, 杨用龙, 冯前伟, 等. 燃煤电厂 SCR 烟气脱硝改造工程关键技术 [J]. 中国电力, 2015, 48 (4): 32-35.

[160] 何运业, 周世亮. 燃煤机组 SCR 催化剂失活原因分析及其寿命管理 [J]. 节能, 2020, 39 (2): 141-142.

[161] 任英杰, 田超. 玻璃窑炉 SCR 脱硝催化剂失活分析 [J]. 电力科技与环保, 2020, 36 (1): 19-22.

[162] 丁战. 燃煤电站 SCR 催化剂失活机理及其寿命管理的研究综述 [J]. 科技资讯, 2019, 17 (33): 83, 85.

[163] 余智勇, 闫巍, 张璐璐, 等. SCR 脱硝催化剂失活原因分析及再生研究 [J]. 锅炉技术, 2018, 49 (6): 73-78.

[164] Topsoe N Y, Topsoe H, Dumesic J A. Vanadia/titania catalysts for selective catalytic reduction (SCR) of nitric-oxide by ammonia [J]. Journal of Catalysis, 1995, 151 (1).

[165] 肖丽琴, 吕林, 祝能. 船用柴油机 SCR 催化剂结构研究及应用 [J]. 内燃机, 2019 (4): 1-6.

[166] 吴锐. 全尺寸 SCR 活性评价系统的设计和拥有 Keggin 结构 SCR 催化剂的合成与表征 [D]. 北京: 北京工业大学, 2018.

[167] 贾佳. 催化剂结构和磨损对 SCR 系统影响的数值模拟 [D]. 北京: 华北电力大学, 2017.

[168] 王平, 解小琴. 蜂窝式 SCR 催化剂 Bench (中型) 实验活性系数研究 [J]. 四川理工学院学报 (自然科学版), 2018, 31 (5): 14-20.

[169] 侯健, 朱林, 姚杰, 等. 商用蜂窝式 SCR 脱硝催化剂产品性能分析 [J]. 工业安全与环保, 2018, 44 (5): 5-8.

[170] 王平, 解小琴. 蜂窝式 SCR 脱硝催化剂磨蚀研究 [J]. 四川理工学院学报 (自然科学版), 2017, 30 (1): 13-18.

[171] 姚燕, 王丽朋, 孔凡海, 等. SCR 脱硝系统蜂窝式催化剂性能评估及寿命管理 [J]. 热力发电, 2016, 45 (11): 114-119.

[172] 蔺卓玮, 陆强, 唐昊, 等. 平板式 V_2O_5-MoO_3/TiO_2 型 SCR 催化剂的中低温脱硝和抗中毒性能研究 [J]. 燃料化学学报, 2017, 45 (1): 113-122.

[173] 刘建华. 平板式 SCR 脱硝催化剂再生及其 SO_2 氧化控制 [D]. 广州: 华南理工大学, 2016.

[174] 孟小然, 于艳科, 陈进生, 等. 平板式 SCR 催化剂的性能检测 [J]. 中国电力, 2014, 47 (12): 144-148, 155.

[175] 谷东亮. SCR 板式脱硝催化剂的工艺与性能研究 [D]. 镇江: 江苏科技大学, 2014.

[176] 沈家铨. 波纹板式 SCR 催化剂失活机理及再生研究 [C]. 福建省电机工程学会: 福建省电机工程学会 2018 年学术年会获奖论文集, 2018: 400-404.

[177] 张建华. 波纹板式 SCR 催化剂脱硝后空预器堵塞及成因探究 [C]. 福建省电机工程学会: 福建省电机工程学会 2018 年学术年会获奖论文集, 2018: 405-410.

[178] 刘智, 沈伯雄, 陈叮叮, 等. SO_2 氧化转化规律及其对商业 SCR 催化剂的影响分析 [J]. 环境工程, 2019, 37 (6): 5-11.

[179] 蔡程. 锰基脱硝催化剂 SO_2 中毒与再生研究 [D]. 合肥: 合肥工业大学, 2018.

[180] 徐海涛, 周长城, 张亚平, 等. TiO_2-ZrO_2 基催化剂 SO_2 中毒机理研究 [J]. 环境科学与技术, 2017, 40 (5): 65-72.

[181] 纪培栋. SCR 催化剂 SO_2 氧化机理及调控机制研究 [D]. 杭州: 浙江大学, 2016.

[182] 闫东杰, 李亚静, 玉亚, 等. 碱金属沉积对 Mn-Ce/TiO_2 低温 SCR 催化剂性能影响 [J]. 燃料化学学报, 2018, 46 (12): 1513-1519.

[183] 周学荣. 低温 SCR 催化剂 Mn/Ce-ZrO_2 碱金属中毒研究 [D]. 大连: 大连理工大学, 2015.

[184] 孙克勤, 钟秦, 于爱华. SCR 催化剂的碱金属中毒研究 [J]. 中国环保产业, 2007 (7): 30-32.

[185] 赵莉, 韩健, 吴洋文, 等. 钒钛基 SCR 脱硝催化剂碱土金属中毒 [J]. 化工进展, 2019, 38 (3): 1419-1426.

[186] 周学荣. 低温 SCR 催化剂 Mn/Ce-ZrO_2 碱金属中毒研究 [D]. 大连: 大连理工大学, 2015.

[187] 孙克勤，钟秦，于爱华. SCR 催化剂的碱金属中毒研究 [J]. 中国环保产业，2007 (7)：30-32.

[188] 周锦晖，李国波，吴鹏，等. 商业 V_2O_5-WO_3/TiO_2 脱硝催化剂砷中毒机理 [J]. 分子催化，2018，32 (5)：444-453.

[189] 马子然. 燃煤电厂脱硝催化剂砷中毒与再生技术研究 [C]. 中国环境科学学会：2017 中国环境科学学会科学与技术年会论文集（第一卷），2017：1248-1256.

[190] 孙克勤，钟秦，于爱华. SCR 催化剂的砷中毒研究 [J]. 中国环保产业，2008 (1)：40-42.

[191] 姜烨. 钛基 SCR 催化剂及其钾、铅中毒机理研究 [D]. 杭州：浙江大学，2010.

[192] 张岩，曹志勇，李治国，等. 钒钛系 SCR 催化剂性能参数分析 [J]. 浙江电力，2012，31 (6)：34-37，40.

[193] 吴丽燕，苏英钢，葛介龙，等. 钒钛系 SCR 脱硝催化剂在高硫高钙灰条件下的适应性研究 [J]. 科技导报，2007 (20)：52-57.

[194] Qi G，Yang R T，Chang R. MnO_x-CeO_2，mixed oxides prepared by co-precipitation for selective catalytic reduction of NO with NH_3，at low temperatures [J]. Applied Catalysis B Environmental，2004，51 (2)：93-106.

[195] Li W，Tan S，Shi Y，et al. Utilization of sargassum based activated carbon as a potential waste derived catalyst for low temperature selective catalytic reduction of nitric oxides. Fuel，2015，160：35-42.

[196] Du X S，Gao X，Cui L W，et al. Experimental and theoretical studies on the in- fluence of water vapor on the performance of a Ce-Cu-Ti oxide SCR catalyst. Appl Surf Sci，2013，270 (1)：370.

[197] Shu Y，Sun H，Quan X，et al. Enhancement of catalytic activity over the iron-modified Ce/TiO_2 catalyst for selective catalytic reduction of NO_x with ammonia. J Phys Chem C，2012，116 (48)：25319.

[198] Shen B X，Liu T，Zhao N，et al. Iron-doped Mn-Ce/TiO_2 catalyst for low temperature selective catalytic reduction of NO with NH_3. J Environ Sci，2010，22 (9)：1447.

[199] Chen Z H，Yang Q，Li H，et al. Cr-MnO_x mixed-oxide catalysts for selective catalytic reduction of NO_x with NH_3 at low temperature. J Catal，2010，276：56-65.

[200] Li K，Tang X L，Yi H H，et al. Low-temperature catalytic oxidation of NO over Mn-Co-Ce-O_x catalyst [J]. Chemical Engineering Journal，2012，192：99-104.

[201] Jin R B，Liu Y，Wang Y，et al. The role of cerium in the improved SO_2 tolerance for NO reduction with NH_3 over Mn-Ce/TiO_2 catalyst at low temperature [J]. Applied Catalysis B：Environmental，2014，148-149：582-588.

[202] Liu Y，Gu T T，Weng X L，et al. DRIFT studies on the selectivity promotion mechanism of Ca-modified Ce-Mn/TiO_2 catalysts for low-temperature NO reduction with NH_3. J Phys Chem C，2012，116 (31)：16582.

[203] Yu Q，Richter M，Li L D，et al. The promotional effect of Cr on catalytic activity of Pt/ZSM-35 for H_2-SCR in excess oxygen. Catal Commun，2010，11：955-959.

[204] Fan Z，Shi J W，Gao C，et al. Gd-modified MnO_x，for the selective catalytic reduction of NO by NH_3：the promoting effect of Gd on the catalytic performance and sulfur resistance [J]. Chemical Engineering Journal，2018，348 (15)：820-830.

[205] Stahl A，Wang Z，Schwämmle T，et al. Novel Fe-W-Ce mixed oxide for the selective catalytic reduction of NO_x with NH_3 at low temperatures. Catalysts，2017，7：71.

[206] Shan W P，Liu F D，He H，et al. An environmentally-benign CeO_2-TiO_2 catalyst for the selective catalytic reduction of NO_x with NH_3 in simulated diesel exhaust [J]. Catalysis Today，2012，184 (1)：160-165.

[207] Chao J，Hong H E，Song L，et al. Promotional effect of Pr-doping on the NH_3-SCR activity over the V_2O_5-MoO_3/TiO_2 catalyst [J]. Chemical Journal of Chinese Universities，2015，36 (3)：523-530.

[208] Xiong K，Li J L，Liew K，et al. Preparation and characterization of stable Ru nanoparticles embedded on the ordered mesoporous carbon material for applications in Fischer-Tropsch synthesis. Appl Catal A，2010，389：173-178.

［209］　Fang C，Zhang D S，Shi L Y，et al. Highly dispersed CeO_2 on carbon nanotubes for selective catalytic reduction of NO with NH_3. Catal Sci Tech，2013，3：803-811.

［210］　Rahman A，Ahmed M. Dehydrogenation of propane over chromia/alumina：a comparative characterization study of fresh and spent catalysts. Stud Surf Sci Catal，1996，100：419-426.

［211］　Zhang S L，Liu X X，Zhong Q，et al. Effect of Y doping on oxygen vacancies of TiO_2 supported MnO_x for selective catalytic reduction of NO with NH_3 at low temperature ［J］. Catalysis Communications，2012，25：7-11.

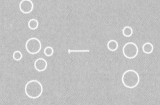

⑥

第六章　稀土裂化催化剂设计开发及应用

随着能源化工、环境保护和化学品生产技术水平的提高，所涉及反应日趋复杂，对催化剂的性能也提出了更高要求。开发高效的稀土催化材料，充分发挥稀土的催化作用，发展以稀土催化为核心的催化转化技术，提高相关反应过程的转化率和选择性，是稀土催化科学领域持续发展的方向。

据统计[1]，全球24%的稀土用于各类催化剂的生产，催化剂成为稀土应用最大的领域（图6-1）。石油化工是目前稀土应用发展最为成熟的产业之一，其中石油稀土催化裂化（FCC）是最主要的应用领域（见表6-1）[2]，全球15.4%的稀土氧化物用于FCC催化剂的生产，其中以镧和铈的氧化物为主，氧化镧占90%，相当于全球氧化镧消耗量的46%。

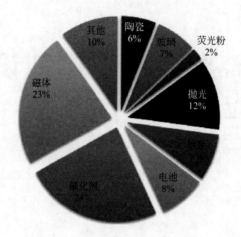

图 6-1　稀土应用领域与市场分布

表 6-1　世界稀土产业市场分布

氧化稀土	市场分布/t									
	FCC催化剂	汽车催化净化剂	陶瓷	玻璃	冶金	磁体	电池合金	发光材料	其他	总计
CeO_2	1980	6840	840	18620	5980		4040	990	2930	42220
Dy_2O_3	—	—	—	—	—	1310	—	—	—	1310
Eu_2O_3	—	—	—	—	—	—	—	441	—	441
Gd_2O_3	—	—	—	—	—	525	—	162	75	762
La_2O_3	17800	380	1190	8050	2990		6050	765	1430	38655
Nd_2O_3	—	228	840	360	1900	18200	1210	—	1130	23868
Pr_6O_7	—	152	420	694	633	6140	399	—	300	8738
SmO	—	—	—	—	—	—	399	—	150	549
Tb_6O_7	—	—	—	—	—	53	—	414	—	467
Y_2O_3	—	—	3170	240	—		—	6230	1430	11610
其他				480						480
总计	19780	7600	6460	28444	11503	26228	12098	9002	7445	128560

2013年，全球炼油催化剂市场已超过30亿美元，FCC催化剂约占其中的1/3。近年来，国外FCC催化剂研发生产机构的产能和市场占有率发生了较大变化。据中国石油内

部统计，如图 6-2 所示，2010 年，催化剂国际市场基本被美国 Grace Davison（格雷斯-戴维森）、Albemarle（雅宝）和德国 BASF（巴斯夫）三大公司所垄断，所占市场份额分别为 33％、25％ 和 20％，合计占比高达 78％，而中国催化剂生产公司（主要为中石化和中石油）仅占 16％。调研表明[3]，2018 年，欧美三大 FCC 催化剂生产商的份额大幅度降低，累计减少 21.5 个百分点，中国催化剂公司的市场份额则上升到 31％（包括中国民营催化剂公司占比近 7％），几乎翻了 1 倍（图 6-3）。根据中国稀土行业协会发展预测[4]，预计到 2035 年，中国 FCC 催化剂公司的市场份额从目前的 31％ 上升到 45％；到 2050 年，将进一步提高到 60％ 以上，从而支撑国内重油加工的技术发展和石油化工行业需求，使我国石油稀土催化达到国际领先水平，实现石油化工稀土催化的跨越式发展，为我国牢牢掌控稀土应用产业的影响力和话语权做出应有的贡献。

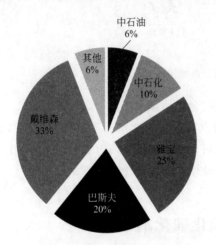 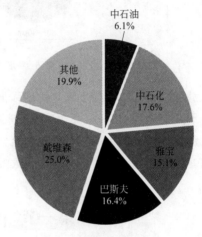

图 6-2　2010 年世界 FCC 催化剂市场分布　　　图 6-3　2018 年世界 FCC 催化剂市场分布

FCC 工艺在重油轻质化方面发挥了极为重要的作用，至今仍承载我国 60％ 的重油加工任务。据测算，2020 年，我国 FCC 加工能力约 2.3×10^8 t/a，FCC 催化剂年需求近 25 万吨。目前，国内 FCC 催化剂生产能力已达 35 万吨，年消耗氧化镧和氧化铈等轻稀土 9000t 以上，占全球 FCC 催化剂稀土用量的 40％，国产 FCC 催化剂自足率高于 95％，同时每年出口海外市场 5 万吨以上。

从 1942 年开始至今近 80 年中，FCC 工艺已经发展得相当成熟，但是由于所加工的重油原料来源复杂、装置类型差异以及产品需求多样化，而且对产品质量要求越来越高，因此，对 FCC 催化剂性能的要求更加精细，世界各大炼油催化剂公司开发了众多系列的催化剂产品。FCC 催化剂中的稀土能够提高催化剂的酸性和活性中心的数量，提高催化剂的活性稳定性和水热稳定性，捕集原料油带入催化裂化系统中的重金属，如镍、钒等，在 FCC 过程中使催化剂保持高的裂化活性，促进原料油高效转化为市场需要的产品，包括汽油、柴油和液化气，有效地提高了炼厂的经济效益。

FCC 催化剂的典型构成如图 6-4 所示[5]，由沸石分子筛、黏土填料和黏结剂组成，沸石分子筛一般是各种改性 Y、ZSM-5 分子筛等，为催化剂的主活性组分，黏土和黏结剂则构成催化剂的载体部分。改性 Y 主要为不同稀土含量的 Y 型分子筛，根据需要，也

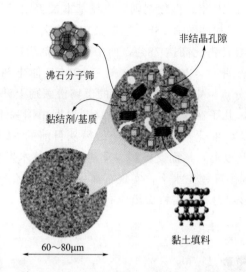

图 6-4 FCC 催化剂的典型构成

可以在载体中引入各种稀土氧化物增强催化剂的抗金属污染性能。

按照功能化特点来分，FCC 催化剂大致分为重油裂化催化剂、多产柴油裂化催化剂、降低汽油烯烃含量催化剂、降低汽油硫含量催化剂、高辛烷值/多产丙烯催化剂及 FCC 家族工艺专用催化剂，下面具体论述几大类催化剂设计开发中稀土所发挥的作用。

第一节　重油裂化催化剂

一、市场需求

FCC 工艺是重油轻质化的最主要手段之一，作为其核心技术的 FCC 催化剂要求具有很强的重油转化能力，如何降低油浆产率实现重油的高质化利用是催化剂设计的关键技术问题。国内 FCC 装置较多加工劣质原料，对重油裂化催化剂的要求比较迫切，也是需求量最大的 FCC 催化剂品种。FCC 加工的原料来源广泛，一般指馏程大于 350℃的重油大分子原料，包括减压蜡油、常压渣油、减压渣油、焦化蜡油、脱沥青油等，而且重油中含有较多的重馏分，分子直径大，在正常 FCC 条件下难以汽化，并含有较多的重金属和碱土金属元素（如 V、Ni、Fe、Ca、Na 等），这些杂质会污染催化剂，影响催化反应的产品分布。其中影响最大的是 V 和 Ni，它们沉积在催化剂上，导致催化剂裂化活性下降，产物选择性变差，当 V 含量很高时还能破坏分子筛结构，导致催化剂完全失活。此外，镍和钒还会导致 FCC 装置的气体压缩机和鼓风机超负荷，再生器温度提高，新鲜催化剂补充速度加快，装置能耗增加和单程转化率降低。另外，重油往往含有杂环化合物、胶质和沥青质，硫和氮含量高，残炭高，H/C 比低，其中碱性氮化合物还容易造成催化剂暂时失活。因此，要求重油裂化催化剂具有不同的功能特点。

二、反应原理

在比较理想的情况下，渣油（重油）大分子在催化剂不同孔道中的梯次裂化模式如图 6-5 所示[6]，开放性的孔口可以让大分子进入孔内发生预裂化，预裂化产物进入催化剂内孔，与孔道内的活性中心接触发生选择性裂化反应。如果孔口开放不被结焦所堵塞，反应的高价值产物能够快速从孔道中扩散出来，减少在孔内停留时间，则可降低发生氢转移反应和缩合生焦等二次反应的概率。

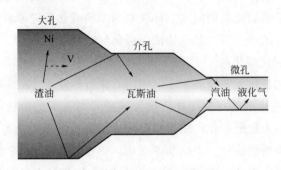

图 6-5　渣油大分子在催化剂不同孔道中的梯次裂化模式

但是，按照第二章描述的正碳离子转化机理，由于重油大分子的上述特点，在 FCC 反应过程中容易发生氢转移反应，生成较多焦炭和干气副产物，同时较多的重金属和碱性化合物使催化剂中毒，在 FCC 高温（600～750℃）水蒸气再生条件下，导致活性大幅度降低，致使反应的转化率下降。因此，往往要求催化剂具有很高的热和水热稳定性，能够在苛刻的水热条件下维持较高的催化剂活性稳定性。在实际催化剂设计开发中，可以在催化剂的不同组成中进行稀土元素改性，起到改善反应活性、增强抗金属污染和抗碱氮中毒的作用。

三、设计开发与应用

目前，FCC 催化剂的制备方法可分为半合成工艺和原位晶化工艺。半合成制备工艺的催化剂构成特点如图 6-4 所示，是将改性好的分子筛、黏土以及黏结剂基质（含氧化铝、氧化硅等组分）混合成胶，然后喷雾成型得到催化剂产品或中间产品；而原位晶化工艺则是另一种完全不同的制备方法，1968 年 Haden 等（Engelhard 公司）首次公开发表了高岭土原位晶化 Y 分子筛的专利[7]，是将高岭土浆液喷雾形成微球，然后经过高温（600～1100℃）焙烧处理和水热晶化过程，在微球中原位生长出分子筛，再进行后改性制备而成。这种工艺使活性组分和载体以类似化学键相连，活性组分生长在由载体组成的孔道表面，形成了发达的中大孔结构，提高了分子筛的活性稳定性和活性中心的可接近性。因此，原位晶化催化剂通常具有优异的重油转化能力和抗重金属污染性能。

由于不同 FCC 装置剂油比存在较大差距，对重油裂化催化剂的需求可以大致分为低剂油比（小于 7）下的稀土 Y 高活性重油裂化催化剂和高剂油比（大于 7）下稀土超稳 Y

低活性重油裂化催化剂。比较而言，国外如欧美等发达国家 FCC 装置和国内新建 FCC 装置以高剂油比反应模式为主，而国内早期建造的装置以及发展中国家的炼油催化装置的剂油比大多比较低，所以国内外对重油裂化催化剂的需求存在较大差异。

1. 半合成高活性重油裂化催化剂

这类催化剂一般采用较大比例的不同工艺制备的中、高稀土 Y 分子筛作为主活性组分，匹配一定比例的超稳稀土 Y 作为次要活性组分，同时在混合分子筛和载体组分中沉淀或沉积部分稀土化合物强化抗金属污染和碱氮污染能力，从而制备成高活性重油裂化催化剂。这种催化剂对于难裂化的中间基、环烷基为主的催化反应原料，能够显示较高的单程转化率，利于提高目的产品（汽油＋柴油＋液化气）收率。

（1）CRC-1 重油裂化催化剂

为了适应重油催化裂化工艺发展需求，中国石化石科院于 1981 年开展了 CRC-1 半合成稀土 Y 分子筛重油催化剂的研制工作。推荐确定的制备工艺包括：将水、高岭土与拟薄水铝石混合打浆，加入盐酸酸化，然后依次加入铝溶胶和 REY 分子筛混合成胶，喷雾干燥成型，经过硫酸铵稀液洗涤、干燥制备而成。该催化剂于 1983 年 2 月在周村催化剂厂进行工业试生产，首次生产了 54.57t[8]。并于 1983 年 4 月在乌鲁木齐炼油厂催化装置进行工业应用试验，加工原料为新疆白-克原油的直馏蜡油、焦化蜡油、焦化柴油及少量常压渣油。与兰州催化剂厂偏 Y-15 型高铝分子筛催化剂相比，在大致可比条件下，CRC-1 催化剂的焦炭产率低 0.4%～0.5%，气体产率（包括液化气）低 1%～2%，轻油收率高 1.5%～2.5%；汽油中的二烯烃和共轭双烯烃明显下降，诱导期提高，柴油十六烷值增加，产品质量得到改善[9]，取得了较为理想的试验结果，随后广泛应用于十几套不同类型的提升管催化装置上。

（2）CHZ-2 重油裂化催化剂

在 SRNY 分子筛研究和试生产基础上，石科院于 1987 年 12 月开始 CHZ-2 重油催化剂的制备技术研究，该催化剂主要以高岭土为载体，以沉淀稀土改性的 SRNY 分子筛为主活性组分，采用硅铝复合黏结剂[10]。1989 年初，在长岭催化剂厂进行了 SRNY 催化剂（CHZ-2）的工业试生产。表 6-2 和表 6-3 分别列出了该催化剂的结构数据、活性稳定性以及性能评价数据。对比分析表明：工业放大产品达到了中试产品的性能和指标；SRNY 分子筛催化剂的水热稳定性优于国外参比剂（比表面积与结晶度保留率较高）；在掺炼渣油的固定流化床评价装置上，SRNY 分子筛催化剂的产品分布与国外参比剂接近，轻油收率尤其是轻柴油收率高于国外参比剂。另外的实验还表明这种分子筛催化剂的抗钒等重金属污染的能力突出，这与沉淀稀土对分子筛的保护作用有关。

表 6-2 中试与工业产品 SRNY 催化剂结构与活性稳定性

项目	中试产品	工业产品	国外对比剂
微反活性/%			
800℃,4h	61.2	64.0	61.0
820℃,4h	54.0	55.1	53.7

续表

项目	中试产品	工业产品	国外对比剂
孔体积/(mL/g)			
新鲜样	0.156	0.165	0.140
800℃,4h	—	—	0.136
820℃,4h	0.146	—	0.142
比表面积/(m²/g)			
新鲜样	282	306	315
800℃,4h	—	189	135
820℃,4h	163	164	120
结晶度保留率/%			
800℃,4h	—	85.7	42.0
820℃,4h	82	81.5	34.0
晶胞参数/nm			
新鲜样	2.440	2.437	2.453
800℃,4h	—	2.425	2.429
820℃,4h	2.425	2.425	2.426

表 6-3　中试与工业产品活性评价（固定流化床）

项目	中试产品	国外对比剂	工业产品	国外对比剂
原料	管输蜡油＋15%(质量分数)减渣		管输蜡油＋20%(质量分数)减渣	
老化条件	760℃、100%H₂O,6h		760℃、100%H₂O,8h	
反应条件				
剂油比	4.1	4.0	3.0	3.0
温度/℃	500	500	500	500
空速/h⁻¹	8.0	7.9	18.1	18.5
转化率(质量分数)/%	73.41	76.36	71.86	75.58
产品分布(质量分数)/%				
$H_2 \sim C_2$	2.34	2.44	1.45	1.34
C_3、C_4	16.34	19.52	13.68	16.08
汽油	48.37	47.92	49.66	49.74
柴油	18.78	16.82	18.34	16.14
重油	7.81	6.82	7.36	6.47
焦炭	6.36	6.84	7.51	8.42
轻质油收率(质量分数)/%	67.15	64.74	68.00	65.88

　　实验室模拟评价表明，与国外同类催化剂相比，随着钒污染水平增加，SRNY 催化剂的比表面积保留率高于抗金属污染催化剂和重油催化剂，显示了较为优越的抗钒金属污

染的性能（图 6-6）。

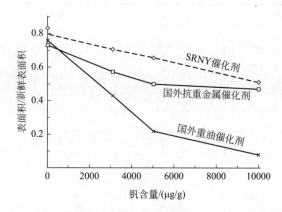

图 6-6 SRNY 催化剂的抗钒金属污染性能（比表面积保留率）

该催化剂于 1989 年 4 月至 6 月在武汉石油化工厂渣油催化裂化装置上进行催化剂使用性能考察，并与国外参比剂进行了标定对比，标定数据见表 6-4[10]。加工原料为管输蜡油掺混 20% 的减压渣油，可以看出，这两种催化剂的产品分布相近，使用 SRNY 催化剂的轻油产率较高，尤其是轻柴油收率明显提高，初步表明二者的使用性能相当。

表 6-4 武汉石油化工厂渣油催化裂化装置标定结果

项目	标定		日常生产	
催化剂	国外参比剂	SRNY	国外参比剂	SRNY
掺渣油/%	21.35	21.66	20.31	18.74
转化率/%	76.46	72.14	73.62	73.63
产品分布(质量分数)/%				
酸性气	0.30	0.28	0.30	0.28
裂化气	17.10	14.81	14.76	13.94
汽油	50.80	49.71	49.86	51.38
轻柴油	15.51	18.60	18.65	18.55
油浆	8.03	9.26	7.53	7.82
焦炭	6.69	6.97	6.63	6.67
轻油收率(质量分数)/%	66.31	68.31	68.71	69.93

表 6-5 长岭炼油化工厂重油裂化装置标定结果

项目	国外参比剂	SRNY
掺渣油/%	28.00	27.50
转化率/%	73.41	73.46
产品分布(质量分数)/%		
氢气	0.11	0.18
干气	5.11	5.99

续表

项目	国外参比剂	SRNY
液化气	14.66	13.83
汽油	45.67	44.93
轻柴油	15.25	18.09
澄清油	11.34	8.45
焦炭	7.16	7.76
轻油收率(质量分数)/%	60.92	63.02

1989 年四季度，SRNY 催化剂在长岭催化剂厂投入正常生产，并于年底在长岭炼油化工厂重催装置进行工业应用试验，1992 年进行了工业标定。分析表 6-5 数据可知，与国外参比剂相比，SRNY 催化剂的澄清油（油浆）低 2.89 个百分点，干气和焦炭产率稍高，总液收率（汽油＋柴油＋液化气）高 1.27 个百分点，显示了重油转化能力和抗金属污染能力好的优点。随后 SRNY 催化剂开始在武汉、长岭、镇海、广州、吉林等多套重油裂化装置推广应用。

（3）LHO-1 重油裂化催化剂

中国石油兰州化工研究中心从提高载体抗金属污染的思路出发，对氧化铝载体进行氧化稀土改性，其结构稳定性和活性稳定性均得到增强，同时适当提高了稀土 Y 分子筛的比例，研制开发了抗钒污染和重油转化能力突出的 LHO-1 重油裂化催化剂[11]。图 6-7 是 LHO-1 与对比催化剂的活性稳定性对比。可以看出，在人工污染镍 3000μg/g 和钒 5000μg/g 时，在 800℃ 水汽条件下老化 4h，LHO-1 催化剂活性比对比剂高 2 个百分点，而经过 17h 老化，前者比后者高 8 个百分点，表明 LHO-1 的水热活性稳定性高。在 XTL-5 小型提升管反应装置上（图 6-8 所示）进行了对比评价。

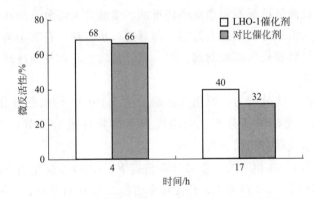

图 6-7　不同水热老化时间对催化剂活性的影响

XTL-5 小型提升管装置由反应-再生系统、进料及蒸汽发生系统、产品回收及计量系统、气路控制系统和微机控制系统五部分组成，其工艺流程如图 6-8 所示[12]。催化原料（或柴油）由油泵抽出送给原料预热炉加热到预定温度，进入提升管底部与再生斜管来的高温催化剂接触，边向上流动边进行反应。反应油气与催化剂在反应沉降器内进行分离，油气透过过滤器通过集气管进入回收计量系统，待生剂落在汽提段经蒸汽汽提后，通过待

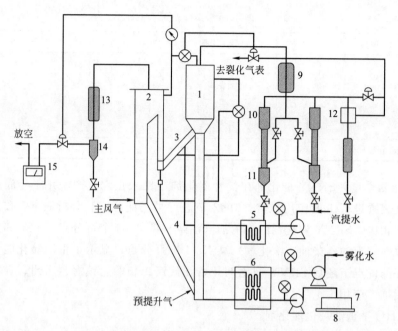

图 6-8 XTL-5 小型提升管反应实验装置流程图

1—反应器；2—再生器；3—待生斜管；4—再生斜管；5—汽提炉；6—原料预热炉；7—原料罐
及保温炉；8—电子秤；9—一级油气冷凝器；10—二级油气冷凝器；11—生成油接受罐；
12—三级油气冷凝器；13—烟气冷却器；14—水气分离器；15—烟气表

生斜管及塞阀由空气向上提升至再生沉降器，并向下流到再生器内，与空气分布管来的空气接触进行烧焦反应，使催化剂活性恢复，以循环利用。烧焦后的烟气经过滤器进入烟气冷却计量系统。再生催化剂经再生斜管进入提升管底部再与原料接触循环使用。进入回收系统的反应油气通过油气冷凝器和稳定塔将重油、柴油及大部分汽油冷却回收到生成油接收罐中，剩余的油气由稳定塔顶进入低温冷却器进一步冷却，将其中的汽油轻组分冷却进入汽油接收罐中，最后裂化气经控制阀、湿气表计量放空。烟气经冷却器冷却后，经控制阀、烟气表计量后放空。

反应产物的分析方法分别为：裂化气各组分由 HP6890 气相色谱分析；汽油、柴油、重油组成由 HP6890 气相色谱分析，应用模拟蒸馏软件进行计算；烟气中 CO、CO_2、O_2、N_2 由 DF190 型气体分析仪分析。

从表 6-6 可以看出，在相同的重金属污染前提下，LHO-1 催化剂的转化率提高约 5 个百分点，重油产率降低 3.5 个百分点，轻油收率增加 1.57 个百分点，总液收率由 81.75% 增加到 84.26%，表明该催化剂的重油转化能力强，有效地提高了轻质油收率和总液收率[11]。

2004 年底，LHO-1 催化剂在兰州石化公司催化剂厂进行了工业生产，并在该公司 1.4Mt/a 催化装置上进行了工业试验[11]。从表 6-7 可以看出，当 LHO-1 催化剂在系统中藏量达到 80% 时，液化气、汽油以及总液收率分别增加了 0.47、1.22、1.44 个百分点，重油产率则下降 1.41 个百分点，显示出 LHO-1 催化剂具有很强的重油转化能力和提高目的产品收率的能力。

表 6-6 中型提升管评定产品分布和汽油性质

项目	LHO-1 催化剂	对比剂
产品分布(质量分数)/%		
干气	1.39	1.04
液化气	18.00	17.06
C_5 汽油	50.48	47.43
柴油	15.78	17.26
重油	6.00	9.50
焦炭	7.98	7.47
转化率(质量分数)/%	78.22	73.24
轻质油收率(质量分数)/%	66.26	64.69
总液收率(质量分数)/%	84.26	81.75
焦炭选择性	0.1020	0.1020
汽油烯烃含量(质量分数)/%	34.13	35.11
MON	80.9	80.8
RON	91.6	91.6

表 6-7 物料平衡及汽油性质

项目	空白标定	加入 LHO-1
掺炼量(质量分数)/%	40.92	39.27
产品分布(质量分数)/%		
干气	3.66	3.75
液化气	12.56	13.03
汽油	42.05	43.27
柴油	24.59	24.34
重油	8.16	6.75
焦炭	8.50	8.37
损失	0.48	0.49
转化率(质量分数)/%	67.25	68.91
轻质油收率(质量分数)/%	66.64	67.61
总液收率(质量分数)/%	79.20	80.64
汽油组成(质量分数)/%		
烷烃	38.1	40.5
烯烃	44.1	42.3
芳烃	17.8	17.2
MON	82.3	82.2
RON	90.4	90.5

随后,LHO-1 重油催化剂在锦西石化 1.4Mt/a 重催装置进行了工业应用[13],所加工原料由直馏蜡油、减压渣油和焦化蜡油组成,其中减压渣油比例为 46%,使用期间,原料的碱氮含量从参比剂时的 $1330\mu g/g$ 上升到 $2857\mu g/g$,原料性质变差了。从表 6-8 可

以看出，与参比剂相比，LHO-1 催化剂的汽油收率提高 0.59 个百分点、柴油收率降低 0.29 个百分点，油浆（重油）收率降低 0.97 个百分点，总液收率上升 0.61 个百分点。这进一步表明 LHO-1 催化剂具有良好的目的产品选择性，其轻质油收率和总液收率高，重油转化能力强。截至 2007 年，该催化剂已在锦西石化、茂名石化、兰州石化等十余套催化装置上成功进行了应用。

表 6-8　产品分布对比

项目	参比剂	LHO-1
原料油加工量/(t/h)	197.8	191.0
产品分布(质量分数)/%		
干气	3.26	3.45
液化气	12.78	13.09
汽油	39.38	39.97
柴油	33.27	32.98
油浆	4.20	3.23
焦炭	6.81	6.98
损失	0.30	0.30
轻质油收率(质量分数)/%	72.65	72.95
总液收率(质量分数)/%	85.43	86.04
丙烯收率(质量分数)/%	5.29	5.39

（4）CDC 重油裂化催化剂

针对现有稀土 Y 分子筛制备工艺复杂和进一步增强重油转化能力的需求，石油化工科学研究院从提高 Y 型分子筛超笼利用率出发，研究开发了一种液固结合的稀土与 NaY 交换制备 REHY 和 REY 的方法，采用该方法制备的 CDY 分子筛，可以使稀土离子主要进入方钠石笼，分子筛具有高的结晶度、大的微孔比表面积，基本没有非骨架铝。小试与中试评价表明，以 CDY 为活性组元、以改进的高固含量工艺制备的 CDC 催化剂，在 Y 型分子筛含量较低的情况下，重油转化能力和降烯烃性能都十分优异[14]。

董力军等对比分析了 CDC 催化剂与其他同类重油催化剂的差异[15]。从三种新鲜催化剂性质看，都具有较高的氧化稀土含量，LHO-1 催化剂活性最高，应该都采用了中、高稀土 Y 分子筛作为主要活性组分（表 6-9）；从三种工业平衡剂分析（表 6-10），均含有较多的铁、镍、钒等重金属，其中 CDC 平衡剂金属含量总计略高，而且微反活性大 3～4 个百分点，表明 CDC 催化剂的水热活性稳定性强。另外，CDC 平衡剂的 20～40μm 的细粉含量比较高，主要与使用装置的流化和旋风分离器性能有关，这对反应性能是有利的。

表 6-9　新鲜催化剂性能

项目	LHO-1	CDC	对比剂
RE_2O_3/%	5.1	4.8	4.8
Na_2O/%	0.14	0.16	0.26

续表

项目	LHO-1	CDC	对比剂
灼烧减量/%	12.1	12.5	10.8
微反活性(800℃,4h)/%	83	79.9	81
表观密度/(g/mL)	0.74	0.77	0.75
粒径分布/%			
0~45.8μm	18.5	—	17.3
45.8~111μm	53.4	—	58.4
>111μm	25	—	24.3
磨损指数(质量分数)/%	1.6	1.5	1.8

表 6-10　三种工业平衡剂的性质

项目	LHO-1	CDC	对比剂
堆积密度/(g/mL)	0.98	0.96	0.95
微反活性/%	62	66	63
粒径分布/%			
0~20μm	0	0.1	0
20~40μm	0.9	7.5	0.8
40~80μm	43.0	48.9	48.9
80~110μm	20.1	16.6	19.7
>110μm	36.0	26.9	30.6
金属含量/(μg/g)			
Fe	5726	7523	5289
Ni	6713	6468	5730
V	7005	6890	6634

在 XTL-5 小型提升管反应装置上对三种平衡剂进行了对比评价,从表 6-11 可以看出,与对比剂相比,CDC 和 LHO-1 催化剂的重油转化能力强,液化气和汽油产率高、总液收率高,而且 CDC 总液收率最大,显示了大幅度提高目的产品收率的能力。

表 6-11　三种工业平衡剂的对比模拟评价

项目	平衡剂 LHO-1	平衡剂 CDC	对比剂
总烯烃/%	8.31	7.48	5.61
裂化产品分布/%			
干气	2.41	2.04	1.88
液化气	9.60	8.45	6.34
汽油(C₅~200℃)	35.88	39.44	33.33
柴油(200~350℃)	21.95	23.66	24.36

续表

项目	平衡剂 LHO-1	平衡剂 CDC	对比剂
油浆（>350℃）	19.68	16.07	24.04
焦炭	8.12	8.17	7.84
损失	2.36	2.17	2.21
转化率/%	58.37	60.27	51.60
轻油收率（质量分数）/%	57.83	63.10	57.69
液化气+轻油（质量分数）/%	67.43	71.55	64.03
汽油选择性/%	61.47	65.44	64.59

基于 CDY 分子筛和 CDC 催化剂的技术研究，中国石化催化剂公司长岭分公司工业化生产了 CDC 催化剂[16]，如表 6-12 所示，与对比剂相比，油浆降低 0.43 个百分点，总液收率提高 0.29 个百分点，汽油产率大幅度上升，CDC 催化剂进一步显示了较低的油浆产率和很高的汽油收率，但是存在柴油收率急剧下降的问题。

表 6-12　CDC 催化剂的工业试用结果

项目	对比催化剂	CDC 催化剂
处理量/(t/d)	4361	4377
GO（蜡油）/%	21.63	21.30
DMO（脱沥青油）/%	25.10	25.90
干气（以质量分数计，下同）/%	3.72	3.79
液化气/%	14.93	14.72
汽油/%	36.88	40.77
柴油/%	30.38	26.99
油浆/%	4.10	3.67
焦炭/%	9.49	9.68
损失/%	0.50	0.50
转化率/%	65.52	69.17
轻质油/%	67.26	67.76
总液收率/%	82.19	82.48
丙烯/%	5.29	5.38

另外的试验还表明[14]，与 CMOD 催化剂相比，CDC 催化剂的油浆产率降低 1.36 个百分点，轻质油收率、总液收率提高 1.45 和 2.16 个百分点，达到了国际同类催化剂的先进水平。另外，CDY 分子筛和 CDC 催化剂的制备工艺先进可行，无特殊环保要求，产品质量稳定，生产成本降低。

（5）DOS 重油裂化催化剂

为了加工钒、镍等重金属的原料油，石油化工科学研究院还开发高稳定性 DOSY 分子筛，这种分子筛在制备时将稀土与外加铝同时部分沉淀在 Y 分子筛上，然后水热焙烧。

与传统 REY 相比，DOSY 分子筛表面的 La/Ce 摩尔比较低，且低于本体的数值；DOSY 的表面 CeO_2 高达 34.52%，约为 REY 表面的 7.5 倍[16]。2005 年，由中国石化催化剂齐鲁分公司采用 DOSY 分子筛制备的 DOS 催化剂在九江炼油厂进行了工业应用，应用结果列于表 6-13。与对比剂相比，即使在更高的平衡催化剂金属含量（Ni＋V＝15531μg/g）下，DOS 催化剂也显示了更低的汽油烯烃含量和硫含量，体现了 DOSY 分子筛抗金属污染强和活性稳定性好的特点。

表 6-13　DOS 催化剂的工业应用效果

催化剂	对比剂	DOS
处理量/(t/h)	116	110
提升管温度/℃	520	520
平衡剂 Ni＋V/(μg/g)	12160	15531
产品分布(质量分数)/%		
干气	4.57	4.49
液化气	17.27	17.89
汽油	36.07	36.46
柴油	26.35	26.27
油浆	6.42	5.74
焦炭	8.87	8.67
损失	0.45	0.48
转化率/%	67.23	67.99
汽油＋柴油＋液化气(质量分数)/%	79.69	80.62
汽油烯烃(FIA)(质量分数)/%	43.4	35.6
汽油硫含量(质量分数)/%	11.60	9.24
汽油 RON	93.3	93.1

（6）LDO 系列重油裂化催化剂

中国石油兰州化工研究中心以首先提出的正碳离子"晶内产生、晶外传递、表面裂解"的重油高效转化模式为指导，发展了稀土离子在 Y 型沸石方钠石笼中的精准定位、超稳 Y 型分子筛分散、大孔基质材料、抗重金属污染等平台技术，开发形成了系列重油深度转化催化剂，先后完成工业转化，催化剂新产品在国内外几十套装置进行应用，并取得良好的应用效果，提升了中国催化裂化催化剂的市场竞争力和国际影响力[17]。

其中，以高稀土的 HRSY-3 分子筛和中稀土的 HRSY-1 分子筛为主活性组分，复配改性氧化铝基质，开发了 LDO-75 高收率重油裂化催化剂，首先在大连石化公司 3.5Mt/a 重催装置进行了工业应用，结果表明（表 6-14）：LDO-75 催化剂达到系统总藏量 50% 后，装置催化剂单耗由 1.34kg/t 降至 1.04kg/t，油浆产率降低 1.36 个百分点，总液收率（液化气＋汽油＋柴油）提高 1.42 个百分点，显示出良好的焦炭选择性、较高的重油转化活性和理想的产品分布[18]。随后得以在国内十余套装置推广应用，经济效益明显。同时该系列催化剂通过国际招标出口到雪佛龙公司美国盐湖城炼厂稳定使用，显示了国产 FCC 催化剂良好的使用性能。

表 6-14　LDO-75 催化剂工业试验的产品分布　　　　　　　　　　　　单位：%

项目	空白标定	总结标定
干气	3.43	3.40
液化气	14.07	15.26
汽油	39.16	39.21
柴油	24.78	24.96
油浆	9.84	8.48
轻质油	63.94	64.17
总液收率	78.01	79.43

注：数据以质量分数形式表示。

基于最大幅度实现重油高效转化，该中心设计开发了 LDO-70 深度重油转化催化剂，在制备中充分考虑降低汽油烯烃与重油转化、抗重金属污染以及提高汽油辛烷值之间的关系，采取以下技术方案[19]：①在设计开发中对高活性分子筛（HRSY-1 和 HRSY-3）进行改性，有效提高催化剂重油转化、深度降低汽油烯烃含量和提高汽油辛烷值的能力；②通过催化剂基质改性和孔道构建技术，采用化学法抗镍、镍深埋和镍堆积的方法，大幅度改善了催化剂抗镍污染能力；③通过微晶反应单元控制技术，适当增加催化剂酸性中心强度和密度，并且采用活性基质材料强化抗碱氮污染能力。

与国内典型的 CDC 重油催化剂相比，LDO-70 具有较低的氧化稀土含量和微反活性（表 6-15）。在 XTL 小型提升管反应装置上，以兰州石化催化裂化原料为反应原料，与 CDC 平衡剂相比，LDO-70 催化剂的重油产率降低 1.85 个百分点，总液收率增加 1.58 个百分点，干气+焦炭产率相当，显示良好的反应性能（表 6-16）。

表 6-15　LDO-70 和 CDC 催化剂的理化性能

项目	LDO-70	CDC
Na_2O(质量分数)/%	0.12	0.16
RE_2O_3(质量分数)/%	4.2	4.8
磨损指数(质量分数)/%	1.8	1.5
孔容/(mL/g)	0.38	0.39
微反活性/%	70.0	79.9

表 6-16　LDO-70 和 CDC 催化剂的催化裂化产品分布　　　　　　　　　单位：%

项目	LDO-70	CDC
干气	1.43	1.30
液化气	18.52	18.76
汽油	49.30	48.47

项目	LDO-70	CDC
柴油	16.91	15.93
重油	5.78	7.63
焦炭	7.78	7.56
转化率	77.31	76.44
轻质油收率	66.22	64.40
总液收率	84.74	83.16
丙烯产率	7.25	7.36

注：数据以质量分数形式表示。

辽河石化公司 1.0Mt/a 催化装置采用大庆（70%）和辽河（30%）混合原油的常压渣油为原料，需要提高重油深度转化能力和进一步降低汽油烯烃，综合对比后选择使用 LDO-70 重油催化剂[19]。当 LDO-70 催化剂在系统中所占比例达到 90% 时，油浆收率降低 0.99 个百分点，汽油产率增加 1.63 百分点，柴油收率降低 0.61 百分点，焦炭产率降低 0.51 个百分点，轻油收率提高 1.02 个百分点，总液收率（液化气+汽油+柴油）增加 1.61 个百分点，说明 LDO-70 催化剂裂化能力强，焦炭选择性好（表 6-17）。还有数据表明，汽油烯烃由试验前的 35.4% 下降至 30.4%，下降了 5 个百分点，满足了炼厂的迫切需求。

表 6-17 LDO-70 催化剂工业试验的产品分布（以质量分数计） 单位：%

项目	试验前	试验后
干气	3.14	3.03
液化气	16.56	17.15
汽油	42.27	43.90
柴油	24.51	23.90
油浆	4.62	3.63
焦炭	8.82	8.32
轻质油收率	66.78	67.80
总液收率	83.34	84.95

2. 原位晶化型高活性重油裂化催化剂/助剂

在 20 世纪 70 年代，美国 Engelhard 公司（2006 年被德国 BASF 公司收购）首创了以高岭土为原料同时制备活性组分和基质的原位晶化 FCC 催化剂技术[7]。由于特殊的制备工艺形成的活性组分和基质化学结构，因而这种催化剂具有优异的抗重金属能力、重油转化能力以及良好的水热稳定性和结构稳定性，深受用户青睐。1990 年，Engelhard 公司将其原位晶化催化剂产品引入中国市场，国内有多家炼厂使用过这类催化剂。最突出的进展是该公司开发了 DMS（distributed matrix structure）基质技术，其特点在于基质与活性组分之间形成了优异的匹配性和开放的孔道结构，增强了原料分子在高分散分子筛晶体外表面预裂化活性中心的扩散作用；由于原料油预裂化发生在分子筛，而不是无定形的活性基质上，因此，有利于发挥分子筛的选择性裂化作用，并减少预裂化生成的一次产物向分子筛的二次扩散，从而降低了干气和焦炭收率，增加了高附加值汽油和轻烯烃收率。2000年，基于 DMS 技术的第一个渣油裂化催化剂 NaphthaMax 投入生产，改善了重油大分子扩散速率，汽油产率提高 2 个百分点。2002 年推出的 Flex-tec™ 催化剂集中了 DMS 基质、MaxiMet 基质（抗镍污染能力强）和 PyroChem 分子筛（化学脱铝与水热超稳化）等技术优势，适合渣油催化裂化反应，明显提高了目的产品收率；美国 Ashland 石油公司 Catlettsburg 炼油厂 2Mt/a 催化装置的应用表明[20]，该催化剂具有很高的活性稳定性和抗金属污染能力，在新鲜催化剂补充率降低 24% 和催化剂上钒含量高达 6000～7000μg/g 时，平衡活性仍大于 70%，转化率提高 2.27 个百分点，汽油产率增加 0.62 个百分点，汽油研究法和马达法辛烷值分别增加 1.2 和 1.3 个单位，丙烯和丁烯产率分别上升 0.79 个百分点和 0.51 个百分点，柴油和油浆产率则分别下降 0.84 个百分点和 1.43 个百分点。同时基于 DMS 技术开发的 Converter™ 塔底油裂化助剂明显提高了反应活性、重油转化率以及汽油收率，并改善了焦炭选择性且对主催化剂没有稀释作用。工业应用表明，在金属含量极高的平衡催化剂中加入该助剂 20%，油浆产率下降 50%，焦炭产率不增加，再生温度维持不变[21]。

国内兰州石化公司（原兰州炼油化工总厂）较早于 1981 年开始研制原位晶化 FCC 催化剂，该公司立足国内高岭土资源，先后成功开发了 LB 系列原位晶化重油裂化催化剂/助剂[22]，显示了催化活性高、水热稳定性好、抗金属污染性能强和重油转化能力突出等特点，具有良好的市场应用前景。

（1）LB-1 高活性稀土 Y 重油裂化催化剂/助剂

典型高岭土的分子式为 $Al_2O_3 \cdot 2SiO_2 \cdot 2H_2O$，其 SiO_2/Al_2O_3 比为 2，在高温焙烧过程中，氧化硅得以活化，氧化铝被钝化，从而提高了作为分子筛合成的有效 SiO_2/Al_2O_3 比，在适宜的焙烧温度下能够达到合成 Y 型分子筛的配比要求。兰州石化公司开发了国内第一代 LB-1 原位晶化重油裂化催化剂，制备工艺流程如图 6-9 所示，原高岭土（如苏州土）经过脱石英处理，进行打浆和喷雾成型得到高岭土微球，高岭土微球经过高温焙烧，再与导向剂、外加硅源和氢氧化钠混合进行晶化。第一代原位晶化产物中 Y 型分子筛的结晶度一般小于 20%，然后经过铵交换、稀土改性和焙烧处理，制得 LB-1 稀土 Y 型原位晶化重油裂化催化剂，其 17h（800℃/100% 水蒸气）的微反活性比 CRC-1 高 6～7 个百分点[23]。1985 年初，原位晶化催化剂工业放大了 41t，在洛阳石化工程公司炼制所进行了提升管模拟评价，LB-1 催化剂可以承受 800℃ 的苛刻高温再生，在综合金属污染 20000μg/g 的条件下，反应评价显示该催化剂具有抗高温再生稳定性好和抗重金属污染能力强的特点。

1985 年 12 月 26 日，LB-1 催化剂通过了中国石化总公司发展部的评议，建议工业试生产并扩大使用；1991 年 8 月 23 日又通过了甘肃省石化厅的鉴定，兰州石化公司催化剂厂于 1987 年 9 月建成了一套原位晶化催化剂工业生产装置，1989 年生产了质量合格的 LB-1 催化剂产品，1990 年实现了规模化生产，随后进行了对比评价和工业应用试验[24]。

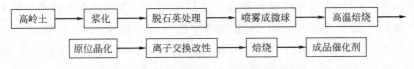

图 6-9 LB-1 原位晶化重油裂化催化剂的制备工艺流程图

从表 6-18 可以看出，LB-1 催化剂具有较高的氧化稀土含量，可达 5%，高于 Engelhard 公司的同类产品和对比催化剂，微反活性高，堆积密度较大，磨损指数相当。在污染金属的条件下，LB-1 催化剂工业产品的微反活性从 74.2% 缓慢降至 62.4%，而对比催化剂则从 75.3% 大幅度降至 39.0%，微反活性稳定性增强，显示了优越的抗金属污染性能（表 6-19）。

表 6-18　LB-1 催化剂的物化性质

催化剂	化学组成(质量分数)/%			比表面积 /(m²/g)	孔体积 /(mL/g)	堆积密度 /(g/mL)	磨损指数 (质量分数) /%	微反活性 (800℃, 17h)/%
	Na_2O	Al_2O_3	RE_2O_3					
实验剂	0.35	45.2	4.84	270	0.290	0.87	2.3	72
中型剂	0.33	49.6	5.09	326	0.283	0.91	2.4	71
工业 LB-1	0.40	49.6	5.00	232	0.277	1.02	2.1	68
DS-760[①]	0.37	44.4	2.16	319	0.189	0.87	1.8	55
对比剂 C	0.21	49.2	3.14	183	0.149	—	1.9	65

① DS-760 剂系美国恩格哈德公司 1985 年产品。

表 6-19　污染不同金属含量催化剂的微反活性[①]　　　　单位：%

催化剂	污染水平/(mg/g)				
	空白	4	8	12	10[②]
实验室剂	78.8	76.3	72.9	69.0	—
中型剂	76.4	72.8	66.4	66.7	—
工业 LB-1	74.2	73.2	66.5	62.4	70.7
对比剂 C	75.3	61.8	46.2	39.0	40.0

① 微反活性测试条件为 800℃、100% 水蒸气常压老化 10h。

② 数据系洛阳工程公司炼制所测定。

1991 年 4 月，高桥石化公司炼油厂在其 0.8Mt/a 催化装置上使用了 LB-1 催化剂，催化剂单耗从 0.9~1.1kg/t 降到 0.3~0.4kg/t，三级旋风分离器出口粉尘浓度由过去的 60~80mg/m³ 降至 50mg/m³ 以下，液化气增加 2~3 个单位，焦炭减少 0.2~0.3 个百分点，轻质油收率基本不变，干气中 H_2/CH_4 比降低了 0.3，掺渣油量提高了 1~2 个百分点，催化汽油族组成中正构烷烃增加，烯烃减少，MON 值不变，RON 降低约 1 个单位。

1991 年 6 月初，在洛阳石油化工总厂 0.8Mt/a 的重催装置中加入 LB-1 催化剂占系统藏量的 3.5% 时，进行了工业标定。与全合成 Y-15 催化剂相比，反应活性高，平衡剂活性由原来的 45% 上升并稳定到 60%~63%，转化率由 65% 提高到 68% 以上。为考察该剂的抗重金属能力，6月27日停注钝化剂后，干气中的 H_2 含量还有所降低。使用 LB-1 催化剂后，产品产率有如下变化：①液化气产率提高，由原来的 10% 提高到 11% 以上；②汽油选择性提高，汽油产率由 40% 上升到 45% 以上；③焦炭产率随转化率提高略有上升，而焦炭选择性系数由 0.16 降低到 0.13；④油浆产率由原来的 6.65% 降低到 5.63%。标定结果表明，LB-1 催化剂裂化活性高、稳定性好、抗重金属能力强、自然跑损低。

1992 年 5 月，LB-1 催化剂在石家庄炼油厂 $100 \times 10^4 t/a$ 重催装置上进行工业试验。标定时，系统中 LB-1 催化剂藏量占 30%，其余为 Y-15。产品分布变化为，液化气产率提高 $1.5 \sim 2.0$ 个百分点，轻质油收率基本不变；焦炭产率下降 $0.5 \sim 0.7$ 个百分点，氢气产率由 0.48% 下降至 0.33%；平衡剂重金属（Ni+V）含量 $12000 \sim 13000 \mu g/g$，平衡剂活性能维持在 $61\% \sim 62\%$，汽油 RON 辛烷值由原来的 $91 \sim 92$ 下降到 90.8。

综合应用分析，由于特殊的制备工艺，LB-1 催化剂的分子筛与基质相互作用力强，形成了类似化学键的连接，结构稳定性好；催化剂稀土含量大，反应活性高。在应用中表现为，重油转化能力强，催化剂消耗低，抗重金属污染能力突出，即使 Ni+V 含量超过 $10000 \mu g/g$，也能保持良好的活性，目的产品收率高。

原位晶化工艺的特点决定了沸石的离子交换改性必须采取后改性工艺 [图 6-10(a)]，LB-1 催化剂的旧工艺采取了"两交两焙"的制备路线，比较复杂。对此，申建华等[22]提出 LB-1 催化剂的改进制备新工艺。从表 6-20 可以看出，新、旧工艺制备 LB-1 催化剂的氧化钠和稀土含量相当，其他性质也相近，由于新工艺采取了强化的焙烧和交换处理，简化了制备流程，制备的原位晶化催化剂完全可以满足 LB-1 产品理化性能的要求。

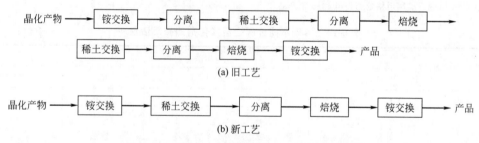

(a) 旧工艺

(b) 新工艺

图 6-10　制备 LB-1 催化剂的后改性工艺对比

表 6-20　不同工艺制备 LB-1 催化剂的理化性质对比

催化剂	B_1-260	B_1-261	B_1-262	B_1-263	B_1-248 (1)	B_1-248 (2)
制备工艺	新工艺	新工艺	新工艺	新工艺	旧工艺	旧工艺
晶化料	A	B	C	D	C	D
化学组成(质量分数)/%						
灼减	11.62	11.03	10.91	11.28	10.26	11.45
Na_2O	0.35	0.36	0.32	0.34	0.28	0.27
RE_2O_3	4.0	3.9	3.7	3.7	3.7	3.9
Al_2O_3	51.36	50.39	53.59	54.61	—	—
Fe_2O_3	1.14	1.00	0.72	0.81	—	—
SO_4^{2-}	0.59	0.57	1.36	1.08		

续表

催化剂	B₁-260	B₁-261	B₁-262	B₁-263	B₁-248 (1)	B₁-248 (2)
比表面积/(m²/g)	260	272	263	321	227	284
孔体积/(mL/g)	0.292	0.283	0.366	0.372	0.341	0.318
磨损指数(质量分数)/%	3.4	2.6	1.5	1.4	2.1	1.1
粒度分布/%						
<45.8μm	17.3	15.2	21.3	20.1	18.1	21.0
45.8~111μm	65.7	68.2	62.4	67.5	66.2	63.3

（2）LB-2 稀土氢 Y 重油裂化催化剂/助剂

在 LB-1 重油裂化催化剂成功开发的基础上，研发人员深入研究高岭土相变过程对氧化硅和氧化铝活化规律的影响。高岭土在焙烧过程中，一般经历以下几个阶段：

$$2Al_2Si_2O_5(OH)_4 \xrightarrow{550\sim650℃} 2Al_2Si_2O_7 + 4H_2O$$

　　高岭石　　　　　　　　　　　偏高岭石

$$2Al_2Si_2O_7 \xrightarrow{900\sim950℃} Si_3Al_4O_{12} + SiO_2$$

　　偏高岭石　　　　　　　尖晶石　　活性硅

$$3Si_3Al_4O_{12} \xrightarrow{1000\sim1100℃} 2Si_2Al_6O_{13} + 5SiO_2$$

　　尖晶石　　　　　　　莫来石　　方英石

可以看出，不同温度焙烧高岭土会引起其组成和结构的变化，氧化硅和氧化铝的活化程度并不相同，偏高岭土中的氧化铝是一种活性铝源，而当焙烧温度为 950℃时，则会生成部分活性氧化硅。美国专利 USP4493902 中[25]介绍了如何制备同时含有偏高岭土和高温高岭土的母体微球，以及通过晶种法合成高结晶度 Y 型分子筛的原位晶化技术，晶化产物结晶度可达 40%。但是，这种技术对喷雾浆液所用高岭土原料要求很高，采用了超细化高温土球 Satone-NO₂ 和超细化原高岭土 ASP-600，这种超细土价格昂贵，而且市场不易买到。为此，张永明等[26]发明了将不同温度焙烧的高岭土微球复配的晶化工艺技术，以国产较大粒径的高岭土为原料喷雾形成 40~100μm 的母体微球，一部分母体微球经高温焙烧得到高土球，另一部分在较低温度下焙烧得到偏土球，两种微球按一定比例混合，在硅酸钠、导向剂等存在下进行晶化反应，可以将晶化微球的结晶度从 LB-1 催化剂的 20% 以下提高到 28%~30%，研制开发了 LB-2 稀土氢 Y 重油裂化催化剂。

LB-2 催化剂于 1997 年 6 月在兰州炼油化工总厂实现工业生产，晶化产物结晶度达到 28%，硅铝比 4.9，经过稀土交换等后改性处理制备了成品催化剂，产品质量稳定，氧化钠含量低于 0.5%，氧化稀土含量 3.0%~3.9%，磨损指数低于 2%/h，微反活性 63%~66%[27]。与国内外对比催化剂的主要理化性质列于表 6-21，LB-2 催化剂的氧化稀土、比表面积和微反活性均明显高于国内外对比剂。

表 6-21 三种催化剂理化性质数据

催化剂	LB-2	国内对比剂	进口抗钒剂 RAMCAT
Na_2O/%	0.42	0.38	0.39
Al_2O_3/%	44.6	44.3	51.8
RE_2O_3/%	3.4	1.9	1.6
磨损指数(质量分数)/%	1.6	2.3	1.0
堆密度/(g/mL)	0.85	0.72	0.81
比表面积/(m^2/g)	370	265	288
孔体积/(mL/g)	0.35	0.18	0.19
微反活性[①]/%	63	45	47

① 800℃、100%水蒸气老化 17h。

为了考察催化剂的抗钒性能,将 LB-2 和国内外对比剂分别污染钒 5000μg/g 和镍 3000μg/g,在 800℃和 100%水汽下处理 4h,然后在小型提升管装置上进行评价,反应原料为 20%的减压渣油+80%减压宽馏分油,反应温度 505℃,剂油比 5.5,再生温度 680℃。评价结果列于表 6-22 中,LB-2 催化剂的运转活性和汽油产率均高于国内对比剂,与进口抗钒剂 RAMCAT 相当,但焦炭选择性好,这表明 LB-2 催化剂具有突出的抗钒、镍污染能力。

表 6-22 提升管评价结果(V、Ni 污染)   单位:%

催化剂	LB-2	国内对比剂	进口抗钒剂 RAMCAT
干气	1.8	1.7	2.4
液化气	21.2	13.0	18.3
汽油	43.8	37.7	43.5
柴油	16.9	23.6	18.4
油浆	10.2	18.9	9.7
焦炭	6.2	5.1	7.8
转化率	73.0	57.5	72.0
汽油选择性	0.600	0.655	0.604
焦炭选择性	0.085	0.088	0.108

1998 年,LB-2 催化剂在上海炼油厂第二套催化裂化装置上进行了工业标定试验[28]。该装置是一个加工蜡油和大庆减压渣油的重油催化装置,在标定过程中,以该装置原使用的催化剂为对比剂,当 LB-2 占系统藏量 70%～80%时的标定结果列于表 6-23。可以看出,LB-2 催化剂的干气产率大幅低于对比剂,汽油收率高 1.9 个百分点,同时汽油辛烷值增加。

表 6-23 LB-2 催化剂的工业标定

项目	LB-2	对比剂
产品分布(质量分数)/%		
干气	3.09	4.73

续表

项目	LB-2	对比剂
液化气	10.17	10.64
汽油	53.88	51.98
轻柴油	23.34	23.13
油浆	2.42	2.37
焦炭	6.28	6.55
损失	0.82	0.60
转化率(质量分数)/%	74.25	74.50
二次转化率/%	2.88	2.92
干气选择性	1.07	1.62
焦炭选择性	2.18	2.24
汽油 RON	88.7	87.8
汽油 MON	79.3	78.0

（3）LB-6 高沸石含量重油裂化催化剂/助剂

如何有效提高合成分子筛的结晶度是改善原位晶化催化剂反应性能的技术关键。高雄厚等[29]发明了如图 6-11 所示的制备工艺方法，以高岭土为原料，加入去离子水，混合打浆，然后加入功能性组分，如黏结剂、矿化剂、分散剂、结构性助剂等。其发明创新点是在高岭土浆液制备中引入结构改进助剂，如淀粉、石墨粉和羧甲基纤维素等，其作用机理是在高温下可生成气体，气体挥发以后在焙烧微球内可形成丰富的孔道，从而改善微球的孔结构。其加入量为高岭土质量的 2%～10%，最好为 3%～8%。将上述助剂与高岭土的浆液混合制成固含量为 30%～50% 的浆液，经喷雾干燥后，得到粒径在 20～110μm 的微球。将高温和中温焙烧的高岭土微球复配，然后加入硅酸钠、导向剂、氢氧化钠溶液、去

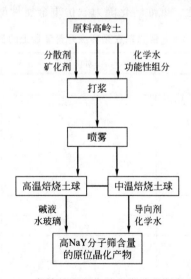

图 6-11 高结晶度原位晶化微球的制备流程

离子水，进行水热晶化反应，从而获得了 NaY 分子筛结晶度为 $40\%\sim60\%$ 的晶化微球。

2005 年，在上述技术发明的基础上，中国石油兰州化工研究中心（原兰州石化研究院）研制开发了 LB-6 原位晶化重油裂化催化剂。LB-6 催化剂的主要理化性质如表 6-24 所示[30]，与对比剂相比，氧化稀土含量相当，在 $4\%\sim5\%$ 之间，具有较低的氧化铝含量及更高的比表面积和微反活性。

表 6-24　LB-6 催化剂的组成与性质

催化剂	对比剂	LB-6
化学组成（质量分数）/%		
Na$_2$O	0.15	0.35
RE$_2$O$_3$	4.20	4.86
Al$_2$O$_3$	49.82	36.91
性质		
比表面积/（m^2/g）	259	510
孔体积/（mL/g）	0.37	0.39
堆密度/（g/mL）	0.75	0.74
磨损指数（质量分数）/%	1.2	0.8
微反活性[①]/%	66	73

① 水热处理条件：800℃、100%水汽处理 17h。

从表 6-25 可以看出，LB-6 催化剂在金属污染（钒 5000μg/g 和镍 3000μg/g）条件下具有良好的裂化性能和污染金属耐受性。与对比催化剂相比，该催化剂油浆产率降低 8.68 个百分点，转化率提高 10.33 个百分点，总液收率增加 7.6 个百分点，焦炭/转化率低。这种良好的产品分布归因于合适的稀土改性和原位催化剂特有的中大孔结构，更有利于承受大量镍和钒等金属的污染和重油大分子的转化。因此，LB-6 催化剂在重油加工过程中表现出优异的活性稳定性、重油转化能力、抗重金属性能以及高目的产品收率。

表 6-25　LB-6 催化剂在循环提升管装置上的反应性能

催化剂	对比剂	原位晶化催化剂
产品分布（质量分数）/%		
干气	1.19	1.67
液化气	13.91	17.74
汽油	41.00	46.42
柴油	17.89	16.24
油浆	19.05	10.37
焦炭	6.56	7.33
损失	0.40	0.23
转化率（质量分数）/%	63.06	73.39
总液收率（质量分数）/%	72.80	80.40
焦炭/转化率/%	0.104	0.100

在上述原位晶化技术研究和催化剂产品开发的基础上，LB系列原位晶化催化剂得到推广应用，促进了劣质重油的高效转化，有力地提升了中国重油催化裂化加工技术水平，相关科技成果"原位晶化型重油高效转化催化裂化催化剂及其工程化成套技术"获得了2008年度国家科技进步二等奖。

（4）原位晶化重油催化剂技术发展趋势

目前，随着炼油工业，尤其是催化裂化工艺在中国不断发展，对FCC重油裂化催化剂的性能提出了更高要求。为保证炼厂在加工劣质原料的条件下仍然能取得相对较好的经济效益，必须进一步改善催化剂的重油转化能力和产品分布。研究开发新型原位晶化催化裂化催化剂时，要更加注重原位晶化分子筛结晶度的提高和基质与活性组分的协同作用，不断改善催化剂的孔结构，利于重油大分子吸附反应和产物分子快速扩散，实现重油分子的高效转化；原位晶化催化剂后改性技术的一个重要发展趋势是通过离子交换和焙烧技术，研究不同稀土离子的定位，充分发挥稀土催化功效，从而尽可能减少稀土用量，改善催化剂的焦炭选择性，最大限度提高目的产品收率。

3. 中低活性超稳Y重油裂化催化剂

关于不同分子筛活性重油催化剂的裂化反应性能，Zhao等[31]进行了对比研究，在DCR中型提升管反应装置上，考察了A、B、C三个不同活性分子筛催化剂的裂化反应性能。当采用烷烃和烷基芳烃较多的石蜡基进料，剂油比一定时，沸石活性越高则反应的转化率越高，油浆产率低（图6-12、图6-13）；当转化率一定时，沸石活性越高则焦炭产率越低（图6-14），因此，可通过沸石活性控制焦炭产率。当采用重芳烃进料，剂油比一定时，沸石活性越高则反应的转化率越高，油浆产率低，但是随着剂油比增加，高、低活性沸石催化剂的转化率差距在缩小（图6-15）；当转化率一定时，沸石活性越低则油浆产率越低（图6-16），也就是说，低活性沸石催化剂可通过提高剂油比实现重油高效转化。

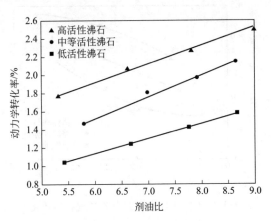

图 6-12　不同活性沸石上石蜡基进料的转化率

前面1和2中阐述的高活性稀土Y型重油裂化催化剂具有很高的单程转化率，但是存在焦炭产率较高的问题，对主风受限的催化装置是不适合的。另外，当装置的剂油比较高时，往往需要中低活性的超稳Y重油裂化催化剂。

（1）ZCM-7重油裂化催化剂

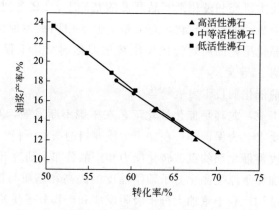

图 6-13　不同活性沸石上石蜡基进料的油浆产率

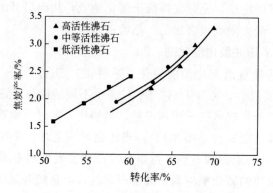

图 6-14　不同活性沸石上石蜡基进料的焦炭产率

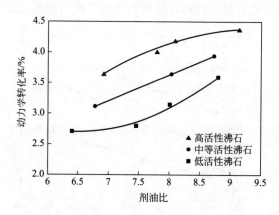

图 6-15　不同活性沸石上重芳烃进料的转化率

　　为了改善重油裂化的焦炭选择性，1986 年，中国石化石科院完成了低稀土超稳 DASY 分子筛的中试放大试验和工业试生产，1987 年研制了以 DASY 为主要活性组分的 ZCM-7 低稀土超稳 Y 重油裂化催化剂[8]。在较短的老化时间，ZCM-7 催化剂的微反活性 低于国外 Octcat-D 剂，当老化时间大于 10h，其微反活性高于国外对比剂（图 6-17）；当 固定老化时间 12h，随着水蒸气含量增加，两个催化剂的微反活性都降低，但是国外对比剂的下降幅度更大。这表明，ZCM-7 的水热稳定性优于国外对比剂（图 6-18）。

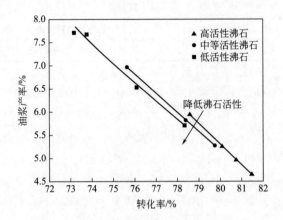

图 6-16 不同活性沸石上重芳烃进料的油浆产率

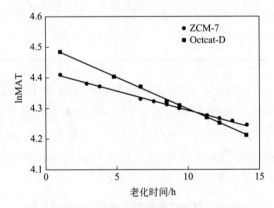

图 6-17 不同老化时间对催化剂微反活性的影响

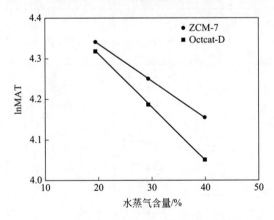

图 6-18 不同含量水蒸气对催化剂微反活性的影响

从表 6-26 的评价结果看，ZCM-7 催化剂的干气、焦炭和重油产率均低于国外对比剂，而汽油产率较高，表明 ZCM-7 催化剂的重油裂化性能优于国外 Octcat-D 催化剂。

表 6-26 小型固定流化床催化裂化对比试验

项目	ZCM-7	Octcat-D
原料油	管输蜡油掺炼渣油,残炭 2.8%	
水汽老化条件	760℃,100%水蒸气,6h	
微反活性/%	68	70
反应温度/℃	500	500
剂油比	4.0	4.0
空速/h^{-1}	7.8	7.8
氢气(以质量分数表示,下同)/%	0.06	0.12
干气/%	2.05	2.44
液化气/%	19.19	19.52
汽油/%	49.02	47.92
柴油/%	17.47	16.82
重油/%	6.31	6.82
焦炭/%	5.96	6.48
转化率/%	76.22	76.36

在实验室对比评价的基础上,ZCM-7 催化剂在武汉石化 1.0Mt/a 重催装置进行了工业应用[32]。标定试验和生产统计表明(表 6-27),在原料油中减压渣油掺炼比为 20%～23%时,采用 ZCM-7 催化剂的汽油产率可达 50%,汽油辛烷值 MON 和 RON 分别为 80 和 93 以上,ZCM-7 催化剂的气体和焦炭选择性也与国外对比剂接近,表明 ZCM-7 催化剂可以代替进口催化剂在重油催化裂化装置上使用。

表 6-27 ZCM-7 催化剂工业试验的物料平衡

项目	ZCM-7 标一	ZCM-7 标二	ZCM-7 标三	OD 标五[①]
操作条件				
反应温度/℃	515	522	507	518
反应压力(表压)/×10^{5}Pa	1.21	1.41	1.38	1.40
剂油比	6.28	6.47	6.41	6.63
原料预热温度/℃	186	193	185	179
二再密相温度/℃	698	693	693	698
再生剂含炭(质量分数)/%	0.03	0.04	0.07	0.02
提升管处理能力/[t/(m³·h)]	4.55	4.54	4.15	4.00
产品分布(质量分数)/%				
干气	3.78	4.25	5.79	4.71
液化气	10.34	8.90	10.10	12.69
汽油	51.46	49.36	52.98	50.80
轻柴油	16.26	16.54	13.29	15.51[②]

续表

项目	ZCM-7 标一	ZCM-7 标二	ZCM-7 标三	OD 标五[①]
油浆	9.81	11.71	9.97	8.03
焦炭	6.96	6.53	7.03	7.01
损失	1.41	2.71	0.84	1.25
转化率(质量分数)/%	73.93	71.76	76.74	76.46
轻质油收率(质量分数)/%	67.72	65.90	66.27	66.31
其中:				
$H_2 \sim C_2$	2.75	2.95	3.14	3.62
$C_3 \sim C_4$	14.55	13.38	16.09	—
$C_{5+} \sim$ 汽油[①]	48.21	46.27	49.63	—
$C_{5+} \sim$ 汽油	62.76	59.55	65.72	64.59

① OD 标五未做油中气分析,故无 $C_3 \sim C_4$ 及 $C_{5+} \sim$ 汽油数据,该标定为重柴油方案,重柴油收率为 3.55%,油浆为 6.70%,本表将重柴油按馏程分配到轻柴油和油浆中。

② 柴油干点比 ZCM-7 三套数据均高 14~15℃。

(2) LDC-200 重油裂化催化剂

基于改善催化剂的重油转化和抗金属污染性能,中国石油石化院采用高分散性高稳定性的低稀土 Y 型分子筛 (HRSY-4) 为主的复合活性组元,并对复合分子筛进行抗重金属涂层技术改性,开发出了低活性 LDC-200 重油裂化催化剂[33]。不同分子筛品种复合技术实现了油气分子在全尺度孔道结构和梯度酸密度催化剂上的高效扩散和逐级反应,氧化物涂层技术可有效保护分子筛结构,增强催化剂抗重金属污染性能。在 XTL-5 小型提升管反应装置上对 LDC-200 和 LDO-70 进行了对比评价,评价前催化剂均污染钒 $5000\mu g/g$ + 镍 $5000\mu g/g$。从表 6-28 可以看出,与 LDO-70 高活性重油催化剂相比,LDC-200 催化剂的重油产率降低 1.68 个百分点,焦炭产率降低 0.55 个百分点,总液收率提高 2.33 个百分点,体现出较好的重油裂化性能。

表 6-28　LDC-200 催化剂的中试评价结果

项目	LDO-70	LDC-200
产品分布(质量分数)/%		
干气	1.80	1.71
液化气	18.81	19.60
汽油	44.54	44.98
柴油	15.65	16.75
重油	10.67	8.99
焦炭	8.52	7.97
转化率(质量分数)/%	73.68	74.26
轻质油收率(质量分数)/%	60.19	61.73
总液收率(质量分数)/%	79.00	81.33
焦炭因子	3.04	2.76

项目	LDO-70	LDC-200
汽油组成/%		
n-P	4.77	4.66
i-P	29.15	27.99
O	33.58	37.28
N	9.18	9.55
A	23.31	20.53
汽油辛烷值		
MON	82.2	82.3
RON	92.3	92.4

2013 年 6 月，LDC-200 催化剂开始在兰州石化公司 3.00Mt/a 重催装置进行工业试验，分别进行中期标定（LDC-200 占系统藏量的 50%）和总结标定（LDC-200 占系统藏量的 80%）。从总结标定分析（表 6-29），与 LDO-70 催化剂相比，LDC-200 催化剂的油浆产率下降 0.71 个百分点，焦炭产率下降 1.03 个百分点，总液收率增加 1.76 个百分点，汽油 RON 辛烷值提高 1.5 个单位，显示了优良的反应性能。

表 6-29　LDC-200 催化剂工业试验的产品分布

项目	空白标定	中期标定	总结标定
产品分布(质量分数)/%			
干气	3.68	3.56	3.66
液化气	13.47	12.87	14.40
汽油	46.66	47.42	46.95
柴油	21.68	22.61	22.22
油浆	4.86	4.29	4.15
焦炭＋损失	9.65	9.26	8.62
转化率/%	73.46	73.10	73.63
总液收率(质量分数)/%	81.81	82.90	83.57
轻质油收率(质量分数)/%	68.34	70.03	69.17
丙烯选择性/%	39.71	41.73	41.43
汽油烯烃(体积分数)/%	37.5	45.3	42.4
汽油辛烷值(RON)	90.8	91.9	92.3

另外，LDC-200JX 在锦西石化 1.8Mt/a 的 MIP 工艺装置进行了应用[34]，在可比条件下，与空白相比，50% 藏量标定时，重油和焦炭产率分别降低 0.48 个百分点、0.82 个百分点，汽油收率提高 2.10 个百分点，总液收率提高 1.54 个百分点，进一步说明 LDC-200JX 具有重油干气收率低、汽油收率高的特点（表 6-30）。

表 6-30 标定期间产品分布

项目	空白标定	50%藏量标定
产品分布(质量分数)/%		
干气	3.84	3.61
液化气	20.87	21.53
汽油	40.52	42.62
柴油	22.71	21.49
重油	5.33	4.85
焦炭	6.72	5.90
转化率(质量分数)/%	69.95	70.01
轻质油收率(质量分数)/%	63.23	64.11
总液收率(质量分数)/%	84.10	85.64

4. 国外低稀土重油裂化催化剂

(1) Grace Davison 公司的无稀土/低稀土含量催化剂[35-38]

为了应对世界稀土金属价格持续上涨的问题,Grace Davison 公司研制了无稀土的 Z-21(1997 年)和 Z-22(2010 年)分子筛改性技术,其总酸量达到或超过氧化稀土为 3%的 REUSY-3(图 6-19),从而开发了无稀土/低稀土含量的 REpLaCeR 系列 FCC 催化剂产品,其特点和用途如表 6-31 所示。

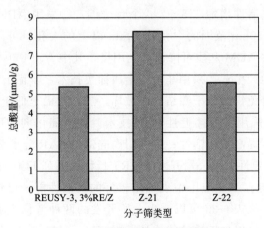

图 6-19 几种分子筛的总酸量对比

表 6-31 Grace Davison 公司 REpLaCeR 系列催化剂特点

催化剂	特点	用途
ResidUltra	低稀土含量,捕集金属	分子筛/基质比高,用于渣油催化裂化
REMEDY	无稀土/低稀土含量	分子筛/基质比中等,用于 VGO 催化裂化
REDUCER	无稀土/低稀土含量	分子筛/基质比中等,用于渣油催化裂化
REACTOR	无稀土,含 Z-22 分子筛	分子筛/基质比高,用于 VGO/HTVGO 催化裂化
REBEL	无稀土,含 Z-21 分子筛	分子筛/基质比低,用于塔底油催化裂化

如图 6-20 所示，其中 MIDAS 催化剂采用了 REUSY-8 分子筛（氧化稀土 8％，晶胞参数 2.431nm），AURORA 催化剂则含有 REUSY-3 分子筛（晶胞参数 2.427nm）。由图 6-20 可以看出，对于比表面积保留度来说，REACTOR 催化剂高于 AURORA 催化剂；在较高的金属（大于 4000μg/g）污染下，REBEL 催化剂高于 MIDAS 催化剂。上述无稀土/低稀土催化剂在工业应用中表现出良好的反应性能，在保证转化率的条件下，焦炭选择性得到改善，再生反应器的床温有所降低。

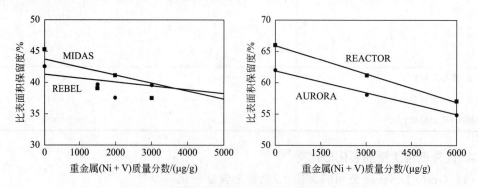

图 6-20　不同催化剂比表面积随金属污染的变化

（2）Albemarle 公司的低稀土含量催化剂

Albemarle 公司开发了系列低稀土含量 LRT 催化剂技术，该技术具有以下特点[39]：①采用其专有的 ADZT-200 分子筛，具有高硅铝比和非骨架铝数量可控的特点，与未经处理的分子筛相比，其活性增加 1.5～2.0 个百分点；②采用 ADM 系列高活性和选择性氧化铝基质，具有 3～50nm 范围的中孔或 50nm 以上的大孔，可以预裂化原料油中的大分子，采用大量的活性 ADM 基质可降低稀土用量，其中 ADM-60 能显著降低镍的脱氢活性，减少焦炭和气体的产生；③采用非稀土金属捕集技术，非稀土 AM-900 金属捕集组分可以固定钒化合物，避免钒对分子筛结构的破坏，当氧化稀土低于 1％时，催化剂的平衡活性反而提高 4％；④采用高可接近性 AAI 技术，提高催化剂的可接近性，使原料油分子快速到达活性位从而提高裂化活性；⑤采用高硅铝比 SAR 分子筛技术，减少稀土含量，反而提高了分子筛的稳定性。该公司开发的 LRT 低稀土系列 FCC 催化剂的特点见表 6-32。LRT 系列低稀土催化剂在工业应用中表现出较好的反应性能，可提高转化率，降低干气产率，增加汽油产率。从表 6-33 可以看出，所开发的两种低稀土重油裂化催化剂均表现出了优良的反应性能，可以加工蜡油或渣油原料，Upgrader LRT 则显示了较好的抗金属污染能力。

表 6-32　Albemarle 公司新型 LRT 低稀土系列 FCC 催化剂的特点

催化剂	特点
Go-Ultra,Go LRT	焦炭产率低,提高汽油产率/转化率,用于加工 VGO
Amber,Amber LRT	重油裂化强,提高汽油产率/转化率,用于加工 VGO
Coral,Coral SMR,Coral LRT	焦炭产率低,提高汽油产率/转化率,用于加工渣油
Upgrader,Upgrader R＋,Upgrader LRT	重油裂化强,提高汽油产率/转化率,用于加工渣油

续表

催化剂	特点
AFX	丙烯最大化,提高烯烃产率/辛烷值,用于加工 VGO 和渣油
Action	提高 C_4^- 产率和辛烷值,用于加工 VGO 和渣油
Amber MD,Upgrader MD	多产 LCO

表 6-33　低稀土重油裂化催化剂的使用性能

项目	Amber LRT	Upgrader LRT
原料油	VGO	渣油
原料油性质		
API 度	26.1	25.9
残炭(质量分数)/%	0.1	2.9
平衡剂性质		
活性/%	73	66
RE_2O_3(质量分数)/%	0.50	0.55
Ni/$(\mu g/g)$	50	2145
V/$(\mu g/g)$	125	4180
操作条件		
提升管温度/℃	527	529
再生器温度/℃	688	727
产率		
C_2 以下(质量分数)/%	2.4	5.0
液化气(体积分数)/%	31.9	22.6
汽油(体积分数)/%	60.9	51.7
轻循环油(体积分数)/%	16.9	26.1
油浆(体积分数)/%	3.1	5.5
转化率(体积分数)/%	80.0	68.4

（3）BASF 公司低稀土含量催化剂技术

为了降低 FCC 催化剂稀土含量,同时保证催化剂的反应性能,BASF 公司提出了一种改善催化剂活性的技术解决方案[38],在降低稀土含量的同时适当增加分子筛含量,从而在确保催化剂补充量恒定的情况下保持催化剂转化率不降低。该公司的"原位晶化"技术非常适于生产高分子筛含量的 FCC 催化剂,这种原位分子筛技术既改善了裂化活性和反应选择性,还提高了微球催化剂的抗磨损强度,而常规半合成方法生产的 FCC 催化剂在提高分子筛含量时,难以确保其良好的抗磨损性能。

第二节　多产柴油裂化催化剂

一、市场需求

自从 1942 年 FCC 工艺诞生以来,它一直是以加工重质原料生产汽油为主的工艺技术，二战后西方发达国家汽车产业飞速发展促进了汽油生产的最大化。但是，随着欧美对车用燃油效率提出更高要求以及乙醇汽油的快速发展，汽油总体需求呈现下降趋势，而柴油等中间馏分油生产则迅速增长，从 1998 年起，美国的柴油需求正以 40％左右的速度上升[40]；欧洲的柴油中间馏分油需求大于轻馏分油（汽油）已有数十年，而且呈现快速拉大的趋势（图 6-21）[41]。在我国，由于农业机械和运输业快速发展，2010 年以前，柴油需求大幅度增长，迫切需要开发增产柴油的生产技术。FCC 工艺提供了国内 35％左右的柴油，因此，开发增产柴油的 FCC 催化剂显得十分迫切。

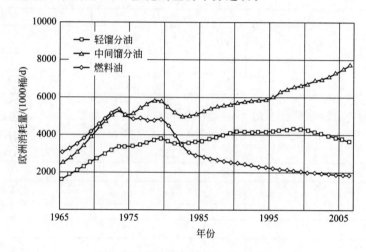

图 6-21　欧洲馏分油需求变化趋势

二、反应原理

由于传统的 FCC 工艺主要以生产汽油为主，开发的各种 FCC 催化剂是针对多产汽油或液化气等轻组分的，多产柴油的裂化催化剂与它们在性能上有很大的不同。一般认为，多产柴油催化剂应具有较强的重油裂化能力和较弱的中间馏分二次裂化能力，即具有丰富的大中孔、高的酸量和中弱程度的酸强度。图 6-22 是不同 Z/M 比（沸石与基质比表面积之比）催化剂的柴油馏分和油浆产率与转化率之间的关系[42]。催化剂 Z/M 比低，代表催化剂活性低，随着转化率增加，油浆产率降低，柴油中间馏分上升，在转化率 40％左右柴油产率达到最大，继续增加转化率则柴油馏分明显降低。这表明为了增产柴油需要研究专用柴油催化剂和配套的工艺操作条件。这里主要讨论多产柴油催化剂的设计开发与应用情况。

三、设计开发与应用

催化剂的活性对柴油产率有较大影响，由于改性 Y 分子筛的晶胞参数和稀土含量与活性密切相关，所以设计合理的晶胞参数和稀土含量对研制多产柴油催化剂极为重要。在 Y 型分子筛化学和水热改性过程中，晶胞尺寸变小后，分子筛晶体内将产生一定的二次孔，这种二次孔分子筛原生孔径大得多，可使大分子烃容易进入而产生吸附和裂化。当改性 Y 分子筛的晶胞参数从 2.475nm 缩小至 2.45nm 后，适当引入 3％～4％的氧化稀土，

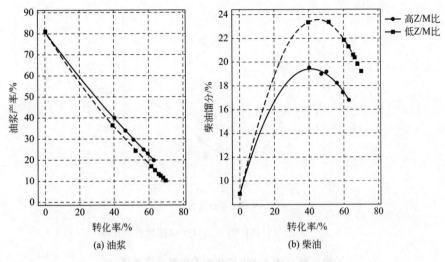

(a) 油浆　　　　　　　　(b) 柴油

图 6-22　柴油馏分和油浆产率与转化率的关系

汽油产率下降，而柴油产率明显增加（表 6-34）[43]。研究表明[44]：随着催化剂中氧化铝（中大孔基质组分）含量增加，重油微反评价的柴汽比、柴重比和柴焦比均出现一个极点，在 40% 左右柴重比达到最大（图 6-23），但是柴汽比和柴焦比最低，表明重油转化能力强，引起焦炭产率高和汽油产率低，并不十分理想。综合来看，多产柴油催化剂需要低稀土超稳 Y 分子筛或稀土氢 Y 作为主要活性组分，复配中大孔丰富的活性基质材料，这是催化剂技术开发的关键。

表 6-34　不同分子筛重油微反评价结果

分子筛	A	B	C
RE$_2$O$_3$（质量分数）/%	0	4.0	3.1
晶胞参数/nm			
新鲜剂	2.450	2.450	2.440
老化剂	2.428	2.433	2.432
汽油产率（质量分数）/%	46.3	41.9	41.5
柴油产率（质量分数）/%	20.8	23.0	26.1
轻油产率（质量分数）/%	67.1	64.9	67.6
柴汽比	0.449	0.549	0.629

1. MLC-500 多产柴油裂化催化剂

为了控制催化裂化二次反应的发生，在 MLC 系列催化剂设计中，采用低稀土超稳 Y、稀土氢 Y 以及 ZSM-5 作为主活性组分[45,46]，并对其进行碱土金属（如 Mg、Ca）改性，适当弱化分子筛的强酸中心，制备出含有大量弱酸中心的复合活性组分，有效降低了过裂化反应，保留了中间馏分。在复合活性组分制备的基础上复配中大孔基质材料，中国石化石科院研制开发 MLC-500 多产柴油催化剂，与对比催化剂相比，实验室评价的柴油产率增加 2.8 个百分点，提高了柴油指数和柴汽比（表 6-35）。

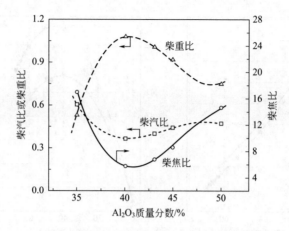

图 6-23   催化剂中氧化铝含量对柴油选择性的影响

表 6-35   MLC-500 催化剂实验室评价结果

项目	催化剂	
	对比剂-1	MLC-500
产品分布(质量分数)/%		
气体	14.2	9.6
焦炭	2.5	1.7
汽油	57.7	58.9
柴油	17.4	20.2
重油	8.2	9.6
转化率/%	74.4	70.2
轻质油收率(质量分数)/%	75.1	79.1
柴汽比	0.30	0.34
柴油指数	0.64	0.72

注：柴油指数＝柴油/重油×柴油/汽油。

  1996 年，MLC-500 催化剂在齐鲁石化公司催化剂厂进行了工业生产，并于 1996 年 12 月至 1997 年 3 月在沧州炼油厂重油催化裂化装置上进行了多产柴油的工业应用试验。该装置加工常压重油、减压渣油和蜡油的混合油，折合为 100% 的常压重油，原料的钙含量高（大于 20μg/g）、密度大、残炭高、碱性氮超过 1500μg/g，属裂化难度大、重金属污染严重、焦炭潜含量高的劣质催化裂化原料。从表 6-36 可以看出，与空白标定相比，通过使用 MLC-500 催化剂，并采用分段进料的组分选择性裂化、适宜调整汽油和柴油馏分切割点等优化工艺，柴油收率大幅度提高了 8.62 个百分点，柴汽比提高了 0.44，轻质油收率和总液收率分别提高了 3.25 和 4.63 个百分点[47]，说明 MLC-500 催化剂在原料油变重的情况下，具有更强的重油转化能力和明显的抑制深度裂化的反应特征，有效提高了柴油产率。

表 6-36　MLC-500 催化剂的工业应用效果

标定阶段	空白标定	中间标定	总结标定
催化剂	RHZ-300	MLC-500	MLC-500
处理量/(t/d)	1093.8	1039.7	1076.5
掺渣比(以质量分数表示,下同)/%	100	100	100
干气/%	6.02	5.72	5.01
液化气/%	10.31	12.77	11.69
汽油/%	35.15	28.49	29.78
柴油/%	29.09	34.48	37.71
油浆/%	6.90	6.39	3.07
焦炭/%	11.63	11.18	11.87
损失/%	0.90	0.97	0.87
合计/%	100.00	100.00	100.00
轻油收率/%	64.24	62.97	67.49
总液收率/%	74.55	75.74	79.18
柴汽比	0.83	1.21	1.27
转化率/%	64.01	59.13	59.22
重油转化率/%	93.10	93.61	96.93

由于 MLC-500 多产柴油催化剂优异的反应性能,先后在沧州炼油厂、青岛炼油厂、大连西太石化股份有限公司、九江石化总厂、石家庄炼油厂、上海石化公司、甘肃庆华集团、宁夏石化等炼油厂催化裂化装置上进行了推广工业应用,对提高柴油产率均取得了明显效果。

2. LRC-99 多产柴油裂化催化剂

1999 年,中国石化石科院与兰州石化催化剂厂合作开发了 LRC-99 多产柴油催化剂,该催化剂采用低稀土超稳 Y 分子筛为主活性组分,复配了较大比例的中大孔活性氧化铝和大孔白土基质而成。1999 年 5 月,该催化剂在洛阳石油化工工程公司炼油实验厂的 ROCC-V 型重油催化裂化装置进行了试验,多次标定表明该催化剂的活性高、重油转化能力强,具有较高的汽油收率和总液收率高的特点[48]。

1999 年 8 月,LRC-99 催化剂在哈尔滨石化催化装置进行了试验,该装置加工大庆常压渣油,从表 6-37 可以看出,柴油产率从空白标定的 26.04% 增加到 27.06% 和 30.94%,总液收率从 85.10% 增加到 85.97% 和 86.12%,焦炭产率从 7.65% 下降到 6.88%[49]。综合分析表明,在优化工艺条件下,LRC-99 催化剂得到了较高的柴油产率和较低的焦炭产率,提高了目的产品收率。

2014 年 4 月,非洲尼日尔炼油厂 0.6Mt/a 重催装置开始使用 LRC-99 催化剂,结果表明 (表 6-38):与 LDO-75 重油催化剂相比,LRC-99 催化剂的柴油产率提高 1.52 个百分点,汽油产率降低 0.84 个百分点,轻质油收率提高 0.68 个百分点,表明 LRC-99 催化剂具有较高的增产柴油性能,也显示了更强的抗磨性能和抗重金属污染能力[50]。

表 6-37　LRC-99 催化剂工业试验的产品分布

项目	空白	中间	总结
加工量/(t/d)	3086	3168	3050
产品分布/%			
汽油	46.91	46.30	43.58
柴油	26.04	27.06	30.94
液化气	12.15	12.61	11.60
油浆	2.97	2.90	2.78
干气	3.48	3.15	3.42
焦炭	7.65	7.18	6.88
损失	0.80	0.80	0.80
轻油收率/%	72.95	73.36	74.52
总液收率/%	85.10	85.97	86.12
转化率/%	70.99	70.04	66.28
(焦炭/转化率)/%	10.78	10.25	10.38
(液化气/转化率)/%	17.12	18.00	17.50
二次转化率/%	2.45	2.34	1.97
动态活性/%	0.320	0.326	0.286
柴汽比	0.55	0.59	0.71

表 6-38　催化裂化装置的产品分布（以质量分数表示）　　　　单位：%

项目	设计值	LDO-75	LRC-99
产品分布			
汽油	45.0	45.86	45.02
柴油	25.0	23.66	25.18
液化气	13.0	12.56	12.02
油浆	4.0	2.60	2.70
干气	3.6	5.63	5.46
焦炭	9.4	9.20	9.18
损失		0.49	0.44
轻质油收率	70.00	69.52	70.20

3. MIDAS-300 多产柴油裂化催化剂

针对欧美世界对燃料需求结构的变化，国外公司近年也加快了对多产柴油催化剂的研制开发。2008 年，Grace Davison 公司开发了 MIDAS 系列重油裂化催化剂，其中 MIDAS-300 多产柴油催化剂，该催化剂以 Z-14 低稀土超稳 Y 和少量中高稀土 Y 分子筛为主活性组分，复配中大孔的 SRM-300 和 SRM-500 活性硅铝复合基质材料制备而成[51]，其基质材料的孔隙度大多集中在最为关键的 10～60nm 孔直径范围中，确保了柴油中间馏分的高选择性[42]。

如表 6-39 所示，实例 1 通过降低反应温度、平衡催化剂活性、高进料温度和回炼 11％的循环油等措施降低了转化率，从而提高了柴油中间馏分油产率，表明在合适的操作条件下，MIDAS-100 催化剂也具有一定的增产柴油的性能，柴油产率从 22.9％上升至 32.0％，汽油产率明显下降，干气产率降低，导致汽油辛烷值有所损失；当全面优化操作条件，在 MIDAS-300 催化剂基础上引入 OlefinsUltra 辛烷值助剂，汽油产率大幅降低，柴油产率进一步增加，液化气产率显著增大，在一定程度上恢复并保持了汽油辛烷值。其中，柴油中间馏分油在塔底油转化深度增加时有所上升，是因为 MIDAS-300 催化剂特殊的中大孔基质避免了中间馏分油的过度裂化产生的良好效果。通过工业化操作条件的模拟优化，实现了最大化柴油生产的同时确保了总液收率和汽油辛烷值，预计可为炼油装置带来良好的经济效益（＋1.40 美元/桶）。

表 6-39　工业生产最大化汽油和最高转化率的模拟结果

案例	基准	实例 1	实例 2
操作模式	最大化汽油	最大化轻循环油	优化的最大化轻循环油操作
催化剂/助剂	MIDAS-100	MIDAS-100	MIDAS-300 和 OlefinsUltra
循环/新鲜原料（质量分数）/％	0	11	11
平衡剂活性/％	68	64	64
原料性质			
API 度	21.6	21.6	21.6
康氏残炭（质量分数）/％	3.0	3.0	3.0
>1050°F 原料含量（体积分数）/％	20	20	20
操作条件			
反应器温度/$^\circ$F	995	995	950
原料油温度/$^\circ$F	400	405	405
再生器温度/$^\circ$F	1350	1290	1290
剂油比	7.2	7.8	7.8
主风机	基准	基准	基准
湿气压缩机速率	基准	0.75×基准	基准
产品收率和性质			
干气/(标英尺^3/桶)	331	235	235
液化气/新鲜原料（体积比）	23.9	19.3	30.0
汽油/新鲜原料（体积比）	56.7	51.9	44.0
RON/MON	92.6/80.5	90.0/79.5	92.9/80.7
轻循环油/新鲜原料（体积比）	22.9	32.0	33.4
塔底油/新鲜原料（体积比）	6.8	6.0	5.0
焦炭/新鲜原料（体积比）	5.2	5.2	5.2
C$_{3+}$（体积分数）/％	110.3	109.2	112.4
产品净增效益/(美元/桶)	基准	＋0.10	＋1.40

注：1 英尺＝0.305m。

MIDAS 系列催化剂首次工业化以来，至 2009 年已应用于 52 套工业装置，取得了良好的效果。其中 MIDAS-300 催化剂通过提高基质的孔隙率与活性，大幅度提高了渣油裂化效果，在没有回炼循环油的条件下，可以提高柴油中间馏分油 6 个百分点；改性分子筛技术提高了催化剂活性，可将渣油转化为柴油，并不多产焦炭和干气，已在 6 套工业装置成功应用，获得了 2009 年 Frost&Sulliran 北美技术创新大奖[52]。

4. MD 系列多产柴油裂化催化剂

Albemarle 公司系统研究了催化裂化循环油反应相区以及不同 Z/M 比催化剂和不同介孔平衡剂的中间馏分收率变化，获得了如图 6-24 所示优化的催化裂化操作反应路径[41]。在开发控制基质分散（CMD）技术的基础上，复配高稳定性 ADZ 分子筛材料，研制开发了 MD 系列多产柴油催化剂[53]，其中 Coral MD、Opal MD、Upgrader MD 适合渣油催化裂化，Ruby MD 和 Amber MD 适合瓦斯油催化裂化。Upgrader MD 催化剂与对比剂的工业应用数据列于表 6-40，与对比剂相比，虽然加剂速率降低 15%～16%，Ni、V 重金属污染总量上升，但 Upgrader MD 催化剂的 AAI 指数却增加近 1 倍，油浆产率从 6.6%降至 5.6%，柴油产率增加 2.9 个百分点，显示了极强的重油裂化和抗金属污染能力、柴油中间馏分收率高的特点。

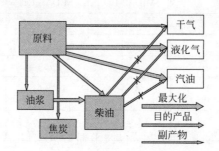

图 6-24　FCC 过程最大化生产柴油的反应路径

表 6-40　**Upgrader MD 催化剂与对比剂的工业应用数据**（产品切割点不变）

案例	竞争催化剂	Upgrader MD 催化剂
原料残炭（质量分数）/%	5.6	6.0
新鲜原料量/（桶/天）	基准	1.02×基准
混合原料温度/°F	428	392
提升管出口温度/°F	977	968
再生温度/°F	1283	1288
剂油比/（质量比）	5.0	5.5
催化剂添加速率/（t/d）	基准	0.84×基准
干气（质量分数）/%	3.0	2.9
液化气（质量分数）/%	12.6	12.0
汽油（质量分数）/%	43.5	42.0
轻循环油（质量分数）/%	24.0	26.9
塔底油（质量分数）/%	6.6	5.6

续表

案例	竞争催化剂	Upgrader MD 催化剂
流化模拟试验(FST)活性/%	58	61
Ni/(μg/g)	2095	2206
V/(μg/g)	5456	6237
AAI	6	11

第三节　降低汽油烯烃含量催化剂

一、市场需求

车用汽油和柴油燃料中的烯烃、硫、苯及芳烃等严重影响汽车尾气污染物的排放和尾气处理器的效率，因此，限制燃料中这些组成以减少环境污染是世界各国生产清洁燃料的努力方向。从 20 世纪 90 年代美国的新配方汽油到目前超低硫清洁燃料，各国炼油厂都面临日益严峻的挑战。1998 年，美国、欧洲和日本汽车工业协会提出了汽车燃料质量的国际统一标准。按照这个标准，规定汽油中苯的体积分数为 1.0%，芳烃的体积分数为 35%，烯烃的体积分数为 10%，硫的质量分数为 0.003%。为了适应加入 WTO 后车用汽油与国际市场接轨的要求，1999 年国家环保总局和国家经贸委联合召开会议，提出了"空气净化工程-清洁汽油行动"，国家环保总局推出的《车用汽油有害物质控制标准》(GWKB1—1999) 于 2000 年 7 月 1 日率先在北京、上海和广州三大城市实施，并于 2003 年 1 月 1 日（后延期至 7 月 1 日）起在全国执行。该新汽油规格标准中，规定了苯的体积分数不大于 2.5%，芳烃的体积分数不大于 40%，烯烃的体积分数不大于 35%，汽油硫含量小于 800μg/g[54,55]，并计划到 2010 年汽油质量与国际标准接轨。实际上，国内汽油质量升级步伐不断加快，于 2019 年 1 月 1 日开始执行的国六汽油标准 A 方案已要求烯烃含量降至 18%，第二阶段的 B 方案则要进一步降至 15%。

国内外成品汽油的生产都是通过多组分调和而成。调和组分大致分为三类，第一类为一次加工油品，主要包括直馏汽油、焦化汽油；第二类为二次加工油品，包括重整汽油、异构化汽油、烷基化汽油等；第三类为二次加工油品，主要包括催化裂化（FCC）汽油。前两类汽油组分的烯烃和硫含量很少，汽油中 90% 左右的硫和烯烃含量均来自第三类 FCC 汽油。从图 6-25 可以看出，我国与欧美国家汽油池的典型调和比例存在很大差异[56]，我国汽油池中有 80% 左右来自 FCC 汽油，来自 RIA（重整＋异构＋烷基化）等其他组分很少，欧美等国的 FCC 汽油只占 30% 左右，来自 RIA 的达到了 50% 左右。FCC 汽油的特点是烯烃含量和硫含量高，其中烯烃含量在 50% 左右。由于我国原油多属于低硫原油，加工得到的汽油硫含量比较容易满足小于 800μg/g 的指标要求，但与欧美汽油低硫含量标准的要求还有较大差距。我国燃料油质量方面的突出问题之一是汽油中烯烃含量较高。FCC 汽油的高烯烃含量以及 FCC 汽油在汽油调和组分中占有过高的比例是我国

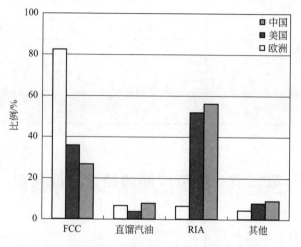

图 6-25 不同国家汽油池的典型调和比例

目前成品汽油中烯烃含量高的主要原因。因此，降低 FCC 汽油中的烯烃含量，生产清洁汽油是我国炼油化工领域面临的重大挑战。

二、反应原理

如第二章所述，氢转移反应是分子筛催化裂化特征反应之一[57,58]，氢转移反应是一个双分子放热反应，由烯烃接受一个质子形成正碳离子开始，此正碳离子再从供氢分子中夺取一个氢负离子生成一个烷烃，供氢分子则形成一个新的正碳离子，反应式如下：

$$CH_3C^+HCH_3 + RH \longrightarrow CH_3CH_2CH_3 + R^+$$

涉及烯烃参与的氢转移反应主要包括：①烯烃与环烷烃反应生成烷烃与芳烃；②烯烃之间发生反应生成烷烃和芳烃；③环烯之间发生反应生成环烷烃和芳烃；④烯烃与焦炭前身物反应生成烷烃与焦炭。

从氢转移反应类型分析，氢转移活性越高则裂化反应产物的饱和程度越大，生成更多的烷烃和芳烃。氢转移反应活性决定于分子筛的酸密度/酸中心类型。Pine 等[59]提出了酸性中心类型与沸石晶胞参数的关系，如图 6-26 所示。可以看出，随着晶胞参数降低，沸石分子筛活性中心的 Al-Al 之间的距离迅速增加，强酸中心（0-NNN）和次强酸中心（1-NNN）数目增加。当晶胞参数低于 2.431nm 时，分子筛中的强酸中心和次强酸中心占主导地位。

另外的研究也表明[60,61]，如图 6-27 所示，随着晶胞尺寸的减小，导致裂化反应的氢转移活性下降，焦炭产率减小。对比研究 HZSM-5 和 USY 催化剂上的反应[62]，表明 USY 沸石催化剂较大的孔体积和酸密度以及强的酸性中心有利于氢转移反应发生。还有研究发现[63]，在小分子烷烃的裂化反应中，起催化作用的分子筛或催化材料不仅需要有合适的孔结构，还必须具有合理的硅铝比。

三、设计开发与应用

目前，FCC 催化剂主要是以各种 Y 型沸石和/或各种择形沸石为主要活性组元，沸石

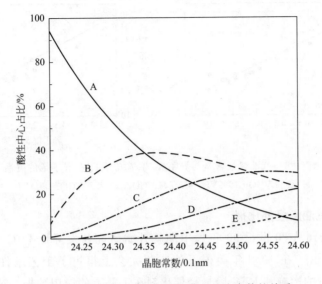

图 6-26　酸性中心类型分布与沸石晶胞常数的关系

A—0-NNN；B—1-NNN；C—2-NNN；D—3-NNN；E—4-NNN

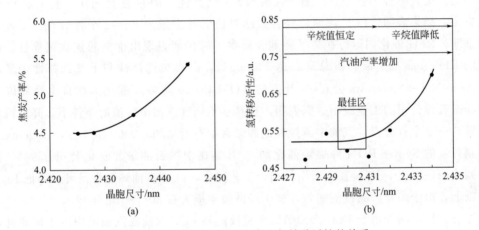

图 6-27　晶胞尺寸与焦炭产率和氢转移活性的关系

主要包括 REY、REHY、REUSY、USY、ZSM-5，它们的氢转移活性（可用异丁烷/丁烯或异丁烷/异丁烯的比值表示）通常依次减弱，因此对应催化剂的汽油烯烃含量依次增大（见图 6-28）[64]。由于催化剂的反应活性是决定汽油烯烃含量的关键因素，活性高，催化剂酸性中心密度大，沸石骨架上铝与铝之间间距小，缩小了吸附在酸性中心上烃分子之间的距离，促使更多的烃分子吸附在活性中心上而达到反应所需的活化能，因此，有利于降低汽油烯烃双分子氢转移反应发生的概率。

　　降低 FCC 汽油烯烃含量是国内外生产清洁汽油的长期任务，2000 年前后，针对我国低烯烃清洁油生产的迫切需求，降低汽油烯烃技术的开发成为持续的研究热点，国内外催化剂研发机构和制造公司纷纷开发了系列降低汽油烯烃含量的催化剂，并取得了良好的应用效果。

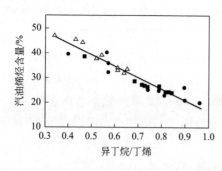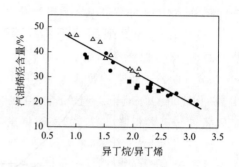

图 6-28　汽油烯烃含量与异丁烷/丁烯或异丁烷/异丁烯的关系

●—胜利 VGO＋10％VR；■—辽河 VGO；△—大庆 VGO＋30％VR

1. 国外降低汽油烯烃催化剂

国外催化剂公司从 20 世纪 90 年代中期就开始研究开发降低 FCC 汽油烯烃的技术。Grace Davison 公司[65]在 1998 年美国石油炼制大会上报道了工艺条件、原料性质等对FCC 汽油烯烃含量的影响和 RFG 降烯烃催化剂在工业上的应用数据。这种新型催化剂技术采用高稀土改性 Y 分子筛（如 Z-17）为主活性组分，主要特点在于降低汽油烯烃含量时，不会损失轻烯烃的收率、汽油辛烷值和焦炭选择性。RFG 催化剂在 5 套工业 FCC 装置上应用，结果表明，FCC 汽油烯烃含量绝对值的减少量为 8～12 个百分点。工业装置操作证明，RFG 催化剂运行在高平衡剂金属水平时仍能表现出优良的焦炭选择性。部分装置的 RFG 平衡剂上镍和钒总量高达 8000μg/g，但焦炭选择性和干气选择性仍然非常好。Akzo Nobel Catalysts 公司[66]开发的 TOM Cobra 降烯烃催化剂在日本鹿岛炼油厂Kashima 石油公司的工业应用数据表明，在基本不牺牲汽油辛烷值的条件下，降低汽油烯烃含量 5～10 个百分点，汽油中芳烃和饱和烃含量有所增加。2000 年 6 月，Engelhard 公司研制开发的 Syntec-RGH 降烯烃催化剂[67]开始在中国石油华北石化公司 0.90Mt/a 高低并列式两段再生 FCC 装置上试用。结合工艺优化，FCC 汽油烯烃含量可以降低 10 个百分点以上，由于综合产品性能变差，加工经济效益损失在 30～80 元/t。

综合分析，国外由于 FCC 汽油烯烃含量较低和 FCC 汽油在汽油池中的比例较低，市场对开发降烯烃 FCC 催化剂的需求不足，国外公司近几年开发的降烯烃 FCC 催化剂也主要是针对中国炼油催化剂市场的需求来开发的。据国内部分炼厂初步的试用结果，由于对中国原油针对性不强以及投入的研究力量不足，国外公司开发的降烯烃 FCC 催化剂存在重油转化能力不强的问题，产品综合性能有待进一步改进和完善。

2. 国内降低汽油烯烃催化剂

（1）GOR 系列降烯烃催化剂

中国石化石油化工科学研究院于 1995 年开始进行降低 FCC 汽油烯烃含量的化学反应的基础研究工作[68]。从第二章讨论的催化裂化的反应机理可知，烃分子裂化主要是通过正碳离子的单分子 β-断裂来实现，降低汽油烯烃含量需要的氢转移反应则是双分子反应行为。为了降低氢转移反应生成焦炭的反应概率，提出了选择性氢转移的概念。催化剂设计时既要创造有利于发生双分子反应的条件，也要具有让正碳离子链传递反应终止的能力。正碳离子链终止需要提供负氢离子，而芳构化是理想的供氢反应过程。像负载金属催化剂产生氢溢流那样，尽可能促使芳构化过程产生的活泼氢在催化剂中蓄留，为正碳离子链终止反应及时发生创造条件。同时，调节催化剂表面的酸中心性质促进烯烃的异构化反应，利于提高汽油辛烷值。因此，在催化剂的设计中应强化烯烃的异构和芳构化反应，使单分子反应和双分子反应有合理的匹配关系。

在 GOR-C 降烯烃催化剂设计中，主要技术思路包括：

① 以独特的氧化物改性中高稀土 Y 型分子筛制备了 MOY 主要活性组元，获得适当的酸强度和酸密度分布，既能保证较高的氢转移活性，又能避免深度氢转移引起的生焦反应，保证反应过程中更多氢原子对烯烃的饱和作用，并控制正碳离子链传递过程的深度，从而实现有控制的选择性氢转移反应。

② 添加适量 ZRP 系列择形分子筛作为辅助组元，一方面是对低碳数直链烯烃和烷烃的选择性裂化作用，进一步降低烯烃含量和弥补汽油辛烷值损失；另一方面提供一定的芳构化和异构化能力，改善汽油辛烷值。在降低汽油烯烃含量的同时，不牺牲汽油辛烷值，达到平衡双分子反应和单分子反应比例的效果。

③ 为进一步提高催化剂的活性稳定性和重油转化能力，可在催化剂中加入适量经特殊处理的超稳 Y 分子筛，提高反应活性并保证适度的氢转移能力。

④ 根据装置实际需求，在催化剂基质材料中加入适量抗钒组分，既能保证催化剂具有强的抗钒污染能力，又提高了基质的稳定性和氢转移活性。

基于上述催化化学认识和设计思路，石油化工科学研究院研制开发了 GOR 系列降烯烃催化剂，并在长岭炼油化工公司催化剂厂进行了工业生产。1999 年 10 月 18 日，GOR-C 降烯烃催化剂开始陆续在洛阳石化公司炼油厂、上海高桥石化公司上海炼油厂、扬子石化公司炼油厂、锦州石化公司炼油厂等成功地进行工业应用。

有关催化剂性质、工业试验条件和试验结果列于表 6-41～表 6-43[68]。

从表 6-41 可以看出，三种 GOR-C 专用降烯烃催化剂的微反活性都较高，这是普遍采用较高含量的高稀土 Y 分子筛作为主活性组分的缘故，其他如氧化铝含量、孔体积、比表面积和磨损指数都存在一定差距，其中 GOR-C 洛炼专用的氧化铝含量最高，GOR-C 高桥专用的孔体积和比表面积最大，GOR-C 扬子专用的磨损指数最高，抗磨强度差。

从表 6-42 可以看出，三套装置的平衡剂微反活性都较高，对于降低汽油烯烃含量是有利的，而在金属污染数据方面存在一定差异，其中 GOR-C 洛炼专用平衡剂的钒含量最高，达到 $9000\mu g/g$，GOR-C 高桥专用平衡剂的镍含量高，GOR-C 扬子专用平衡剂的镍和钠含量都比较高。

表 6-41 GOR-C 催化剂系列的主要理化性质（典型数据）

项目	GOR-C 洛炼专用	GOR-C 高桥专用	GOR-C 扬子专用
灼减/%	11.9	10.8	10.5
Al_2O_3 含量(质量分数)/%	50.0	41.3	44.6
Na_2O 含量(质量分数)/%	0.14	0.18	0.15

续表

项目	GOR-C 洛炼专用	GOR-C 高桥专用	GOR-C 扬子专用
磨损指数(质量分数)/%	1.2	2.1	2.5
表观堆比/(g/mL)	0.70	0.67	0.72
比表面积/(m²/g)	249	294	284
孔体积/(mL/g)	0.35	0.44	0.42
微反活性(800℃,4h)/%	78.8	79	80

表 6-42 使用 GOR-C 催化剂的装置平衡剂的主要理化性能（典型数据）

项目	GOR-C 洛炼专用		GOR-C 高桥专用		GOR-C 扬子专用	
	空白	GOR-C	空白	GOR-C	空白	GOR-C
GOR-C 比例(质量分数)/%	0	66	0	94	0	59.6
再生剂定碳/%	—	—	0.02	0.01	—	—
表观堆比/(g/mL)	0.93	0.92	0.89	0.87	0.89	0.88
比表面积/(m²/g)	104	120	127	120	—	—
孔体积/(mL/g)	0.16	0.155	0.32	0.167	0.22	0.22
微反活性(800℃,4h)/%	59.7	67.6	63	66.8	59	65
Na 含量/(μg/g)	—	—	—	—	6580	7543
Ni 含量/(μg/g)	3090	3656	6406	6500	6027	5423
V 含量/(μg/g)	8387	9139	949	840	—	—

从表 6-43 可以看出，采用 GOR-C 催化剂后，三套装置的汽油烯烃含量可降低 10~15 个百分点，汽油诱导期延长，汽油 RON 辛烷值呈现下降趋势，MON 辛烷值变化不大；柴油产率都呈现下降趋势，上海高桥炼油厂的柴油产率大幅度降低近 5 个百分点；轻质油收率普遍下降，洛阳炼油厂和上海高桥炼油厂均下降 3 个百分点以上；液化气产率都增加，除洛阳炼油厂外，其他两个炼厂的油浆产率下降，焦炭产率都有所增加。

表 6-43 原料性质、产品分布和汽油性能指标

使用厂家	洛阳炼油厂		上海高桥炼油厂		扬子石化炼油厂		
	空白标定	总结标定	空白标定	总结标定	空白标定	中期标定	总结标定
GOR-C 藏量(质量分数)/%	0	66	0	94	0	35.4	59.6
原油种类	中原、塔里木等		大庆		管输油等，比较杂		
原料密度(20℃)/(g/cm³)	0.8946	0.8969	—	0.8835	0.9068	0.9027	0.8951
残炭(质量分数)/%	7.22	8.12	—	3.21	3.93	2.75	1.51
V 含量/(μg/g)	9.1	17.2	0.64	4.4	—	—	—
产品分布(质量分数)/%							
干气	4.67	4.70	3.7	3.8	4.20	3.97	4.04
液化气	12.05	14.54	12.08	15.53	12.60	14.90	14.69

续表

使用厂家	洛阳炼油厂		上海高桥炼油厂		扬子石化炼油厂		
	空白标定	总结标定	空白标定	总结标定	空白标定	中期标定	总结标定
汽油	39.67	37.09	46.36	47.85	45.95	47.46	48.77
柴油	28.21	27.72	25.21	20.25	25.31	24.04	22.13
油浆	5.15	5.30	5.49	4.76	4.51	3.14	2.83
焦炭	10.25	10.65	7.16	7.83	7.02	6.10	6.36
轻质油收率	67.88	64.81	71.57	68.1	71.26	71.50	70.9
轻收+液化气	79.93	79.35	83.65	83.63	83.86	86.4	85.59
RON	90.8	90.7	90.6	88.5	91.5	90.8	91.2
MON	79.9	80.1	79.7	79.8	—	—	—
汽油烯烃含量(体积分数)/%	42.2	31.6	52.8	38.0	52.0	40.0	30.4
汽油芳烃含量(体积分数)/%	13.6	16.0	—	—	11.6	19.9	27.8
LPG 丙烯含量(体积分数)/%	43.46	44.26	—	—	34.9	—	38.18
汽油诱导期/min	560	580	556	856	—	—	—

同时期,由石科院开发和齐鲁石化公司催化剂厂生产的 GOR-DQ 催化剂在中石化北京燕山石化公司第三套 FCCU 装置进行了试验[69]。试验结果见表 6-44。与 LV-23 对比剂相比,当大庆石蜡基原料掺炼渣油为 58.7% 时,该催化剂可以降低 FCC 汽油烯烃含量 7~12 个百分点,汽油 RON 稳定,总液收率基本不变,轻质油收率大幅度降低,焦炭产率增加,产品分布变差。

综合 GOR 系列催化剂应用表明:基本保证汽油 RON 辛烷值不小于 90,汽油烯烃含量降低 8~12 个百分点,而装置的处理量也随之减小,焦炭产率升高,液化气收率增加。比较显著的问题是柴油产率和轻质油收率大幅度下降,影响了炼油企业的经济效益。

表 6-44 GOR-DQ 催化剂的工业应用数据

催化剂种类	空白标定	中间标定	总结标定
催化剂	LV-23	53%GOR-DQ	67%GOR-DQ
处理量/(t/d)	5970	5970	5980
掺渣率/%	58.4	58.7	58.7
产品分布(质量分数)/%			
干气(H_2/CH_4)	3.37(0.70)	3.04(0.46)	3.16(0.42)
液化气	16.15	20.72	21.37
汽油	41.40	37.49	38.70
柴油	27.17	26.13	24.26
油浆	3.67	3.61	3.54
焦炭	8.24	9.01	8.97

催化剂种类	空白标定	中间标定	总结标定
转化率/%	69.16	70.26	72.20
轻质油收率(质量分数)/%	68.57	63.62	62.96
总轻烃液收率(质量分数)/%	84.72	84.34	84.33
汽油荧光法组成(质量分数)/%			
饱和烃	34.96	41.98	44.83
烯烃	54.30	45.59	42.43
芳烃	10.74	12.43	12.74
汽油 RON	90.2	90.8	90.5

（2）LBO-12 降烯烃催化剂

中国石油兰州化工研究中心（原兰州石化公司石化院）在综合研究降低 FCC 汽油烯烃含量的反应原理基础上，研制了 LBO-12 降烯烃催化剂，主要技术路线包括[70]：①开发具有高度氢转移活性的沸石分子筛，作为催化剂的主活性组元；以 NaY 分子筛为原料进行稀土交换和超稳化处理，突破了传统意义上只对低稀土 Y 分子筛进行超稳化处理的概念，并仔细平衡了分子筛的裂化反应活性和氢转移活性，研制开发了 HRSY 高稀土超稳分子筛[71]。②由于稀土 Y 分子筛的氢转移活性十分突出，从提高传统氢转移活性出发，引入部分稀土 Y 分子筛作为辅助活性组分。③为了弥补烯烃降低引起的汽油辛烷值损失，添加部分择形分子筛强化催化剂的芳构化反应和异构化反应功能，同时将汽油中富含烯烃的馏分适当裂化出汽油馏程，也起到降低汽油烯烃的作用。④对上述多元沸石组分进一步进行复合氧化物改性，对分子筛的孔道尤其是外表面进行修饰，调整沸石的酸密度、酸强度使其分布更加合理，并改善催化剂的抗金属污染能力和反应的焦炭选择性。⑤对常规黏结剂进行特殊氧化物改性，达到增加黏结能力和调整其酸性的目的，从而在提高沸石分子筛含量的同时充分保证催化剂的抗磨损强度。⑥在催化剂基质中引入部分大孔氧化物组分，以增强对重油烃分子的有效转化能力，也有利于提高催化剂总的氢转移活性。

LBO-12 催化剂在兰州石化催化剂厂进行工业生产，先后在兰州石化公司三套催化裂化装置、洛阳石化工程公司炼油装置、泰州催化裂化装置、大港油田催化裂化装置、乌鲁木齐石化公司重催等多套装置进行了工业应用，综合标定结果表明，LBO-12 催化剂具有突出的降低裂化汽油烯烃含量的能力，汽油辛烷值不降低或略有升高，焦炭产率略有增加，总液收率有所增加。如表6-45 所示，在可比条件下，与空白标定相比，LBO-12 催化剂最终标定的汽油烯烃含量降低 14.5 个单位，轻油收率下降 0.68 个单位，总液收率增加 0.60 个百分点，焦炭产率增加 0.43 个百分点，汽油 RON 辛烷值略有增加，取得了较好的试验结果。

为了改善降烯烃裂化催化剂的焦炭选择性和综合产品分布，国内一些研究人员进行了有益的探索。张剑秋等[72]采用磷等元素改性 Y 型分子筛，含稀土 Y 型分子筛中适量磷的加入改变了其表面酸性，不但增加了分子筛表面的酸密度，还改变了酸强度，在提高分子筛氢转移反应性能的同时，改善了焦炭选择性。

表 6-45　LBO-12 催化剂的工业应用数据

催化剂种类	空白标定	中期标定	最终标定
产品分布(质量分数)/%			
干气	4.82	4.60	4.10
液化气	9.12	10.10	10.40
汽油	43.65	45.20	43.00
柴油	30.24	28.40	30.21
重油	4.18	3.50	4.20
焦炭	7.17	7.42	7.60
轻油收率(质量分数)/%	73.89	73.60	73.21
总液收率(质量分数)/%	83.01	83.70	83.61
转化率/%	64.76	67.32	65.10
汽油组成(质量分数)/%			
烯烃	46.5	37.4	32.0
芳烃	22.0	22.4	18.6
烷烃	31.5	40.2	49.4
汽油辛烷值			
RON	89.9	92.1	90.3
MON	79.8	79.8	78.8

（3）LBO-16 多产柴油降烯烃催化剂

① 实验室设计开发

综合分析现有催化剂技术，都能不同程度降低 FCC 汽油烯烃 5～15 个单位，存在的问题是多数汽油辛烷值有所降低，焦炭产率升高，轻油收率，尤其是柴油产率大幅度下降，对炼油企业的经济效益有一定的影响。

对此，中国石油兰州化工研究中心提出了研制开发新型多产柴油的降烯烃催化剂。其主要设计思路是在 LBO-12 催化剂的基础上增加了以下两点[12]：①由于稀土 Y 分子筛的氢转移活性十分突出，但是其沸石稳定性和焦炭选择性差，通过大量基础性和规律性研究，采用磷和稀土复合氧化物改性和超稳化稳定技术，发明了 DOY 超稳稀土 Y 分子筛。DOY 具有类似传统稀土 Y 分子筛的强氢转移活性，但是分子筛骨架稳定性得到了极大改善，从而仔细平衡了分子筛的裂化反应活性和氢转移活性，改善了焦炭选择性，首次提出并实现了从催化裂化反应源头上减少汽油烯烃生成[73,74]。②在催化剂制备过程中引入"原位晶化"技术，使分子筛与基质的结合类似于化学键作用，大大提高分子筛活性中心的晶胞抗收缩能力，同时基质特殊的元素组成和大孔结构改善了催化剂的重油转化和抗重金属污染能力。

将实验室制备的新型多产柴油降烯烃催化剂记作 LOD 催化剂，分别在小型固定流化床和 XTL-5 小型提升管反应装置上对 LOD 和对比剂的反应性能进行了评价，评价结果见表 6-46 和图 6-29～图 6-33[12]。

从表 6-46 可以看出，与常规对比剂的产品分布相比，新开发的 LOD 催化剂的柴油产率 22.26%，仅降低 0.83 个百分点；汽油产率 47.89%，增加 0.65 个百分点；柴/汽比 0.46，比值降低 0.03，重油产率下降 0.84 个百分点，焦炭产率增加 0.36 个百分点，液化气和干气有所增加，总体转化率上升 2.14 个百分点，轻收（柴油＋汽油）70.15%，下降 0.18 个百分点，总液收率 85.90%，增加 0.70 个百分点。与 SOD 和 RFD 催化剂相比，LOD 催化剂的柴油产率高，重油产率和焦炭产率低，轻收和液收高。与常规对比剂相比，LOD 催化剂的汽油烯烃低 3.9 个百分点，芳烃含量高 10.1 个百分点，汽油 RON 和 MON 辛烷值均有所增加；与 SOD 和 RFD 催化剂相比，LOD 的汽油烯烃含量低，汽油 RON 和 MON 辛烷值相近。

表 6-46　几种降烯烃催化剂在固定流化床装置上的评价结果

催化剂	LOD	SOD 国内对比剂	RFD 国外对比剂	常规对比剂
产品分布(质量分数)/%				
干气	1.55	1.48	1.57	1.30
液化气	15.75	15.31	15.25	14.87
汽油	47.89	49.50	47.49	47.24
柴油	22.26	20.16	21.50	23.09
重油	3.50	3.81	4.05	4.34
焦炭	8.26	8.38	8.56	7.90
转化率/%	73.45	74.67	72.87	71.31
氢转移指数(HTI)	1.98	1.71	1.75	1.48
柴/汽比	0.46	0.41	0.45	0.49
轻收(质量分数)/%	70.15	69.66	68.99	70.33
总液收率(质量分数)/%	85.90	84.97	84.24	85.20
汽油组成(体积分数)/%				
烷烃	42.1	51.5	39.8	47.6
烯烃	14.4	15.8	14.9	18.3
环烷烃	10.1	11.7	9.5	10.8
芳烃	33.4	21.0	35.8	23.3
汽油辛烷值				
RON	92.8	92.6	92.9	91.6
MON	81.9	81.4	81.7	80.5

对比分析，在固定流化床装置上，LOD 催化剂的降烯烃能力突出，柴油产率高，重油转化能力强，焦炭选择性较好，轻收和总液收率高，具有产品分布理想的突出特点。由于固定床流化床装置的反应时间较长（70s 左右），汽油烯烃含量往往比较低，在实际工业提升管反应装置上，反应时间只有 2～3s，其反应状况和反应性能都有显著差异。因此，为了更真实地反映催化剂的性能特点，又在中型提升管反应装置上进行了 LOD 和对比催化剂的评价。

在提升管反应中，影响催化剂反应性能的因素主要有反应温度、剂油比、反应时间等，其中反应温度是显著和较为综合的影响因素，因此主要从反应温度考察了 LOD 催化剂和对比剂的反应性能。从图 6-29 可以看出，随着反应温度降低，三种催化剂的汽油烯烃含量都明显下降，这是因为 FCC 过程中饱和汽油烯烃的氢转移反应是放热反应，降低反应温度有利于氢转移反应发生，同时看出，LOD 催化剂的汽油烯烃含量最低，随温度下降幅度最大。

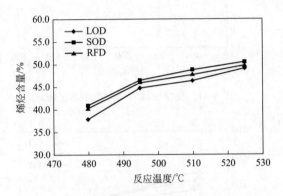

图 6-29　反应温度对汽油烯烃含量的影响

从图 6-30 可以看出，随着反应温度升高，三种催化剂的焦炭产率均有所上升，这是因为随着反应温度上升，反应转化率增加，原料中更多的重质组分转化，促使了焦炭产率增加；同时看出，LOD 催化剂的焦炭产率最低，随温度上升幅度较小。从图 6-31 和图 6-32可以看出，LOD 催化剂的柴油产率是三种催化剂中最高的，而重油产率最低，随着反应温度升高，三种催化剂的柴油产率和重油产率均下降，几种催化剂的这种性能差异有所减小，这是因为随着温度升高，热裂化反应加剧，催化反应的比例下降，使催化剂的反应性能差异变小。从图 6-33 可以看出，LOD 催化剂的总液收率明显高于 RFD 和 SOD 催化剂，后两者的总液收率相当，随着反应温度降低，总液收率均有所降低，但是 LOD 催化剂的下降幅度较低。

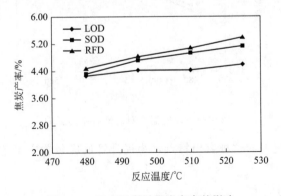

图 6-30　反应温度对焦炭产率的影响

综合来看，LOD 催化剂在提升管装置上表现出来的反应性能和降烯烃能力与固定床装置上所反映出来的相似。由于新研制的 LOD 催化剂的分子筛活性组分的稳定性好，基质的孔结构优良，对重油分子的转化能力强，使催化剂在反应中表现出了很高的动态反应

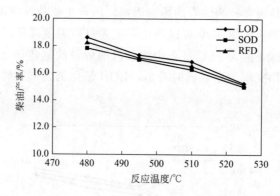

图 6-31　反应温度对柴油产率的影响

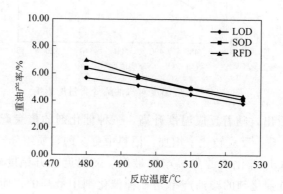

图 6-32　提升管装置中反应温度对重油产率的影响

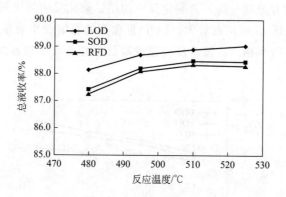

图 6-33　反应温度对总液收率的影响

活性。由于 LOD 催化剂的这种突出特点，为提升管反应装置中工艺条件的调整提供了很大的操作弹性。

② 工业化开发与应用

在前面研究的基础上，兰州石化公司催化剂厂工业生产了多产柴油降烯烃催化剂，工业产品代号为 LBO-16，到 2013 年底，已累计生产超过 25 万吨，LBO 系列产品已在乌鲁木齐石化公司、克拉玛依石化公司、独山子石化公司、大连石化公司、哈尔滨石化公司、锦州石化公司、抚顺石化公司、吉林石化公司、天津石化公司、大港石化公司、华北油田、上海高桥、茂名石化、洛阳石化、兰州石化公司等国内 40 套催化裂化装置上进行了成功应用，取得了显著的经济效益。LBO 系列降烯烃催化剂的成功开发为炼厂低成本生产低烯烃清洁汽油提供了换代技术，提升了中国炼油催化剂的自主创新能力和国际竞争实力，成果获得 2004 年国家科技进步二等奖。

下面对几套典型 FCC 工业装置的应用情况进行介绍，讨论 LBO 系列新型降烯烃催化剂的工业应用效果。

a. LBO 系列催化剂在兰州石化公司的工业应用

2000 年前后，兰州石化公司成品汽油中 FCC 汽油占比达 80%，重油催化裂化装置（1.4Mt/a）以新疆原油为主，FCC 汽油的烯烃含量在 50%～60%（体积分数），随着重质原油比例的日益增大，装置掺炼比的提高，催化装置汽油的烯烃含量会继续上升。为满足未来市场对清洁汽油新质量标准的要求，先后应用了 LBO 系列新型降低汽油烯烃含量裂化催化剂，旨在降低汽油烯烃含量的同时，稳定汽油辛烷值，改善降烯烃催化剂的综合反应性能。工业标定表明：LBO 系列催化剂具有较强的氢转移能力，能够降低催化汽油烯烃含量 15 个百分点；同时，汽油辛烷值保持稳定，尤其 LBO-16 催化剂的柴油收率明显增加，总液收率基本不变，达到了预期的反应效果。

LBO-12 和 LBO-16 先后在兰州石化公司 1.2Mt/a 重催装置进行应用，对比催化剂为 LV-23 重油裂化催化剂，先后进行了空白标定（LV-23）、标定Ⅰ（LBO-12）和标定Ⅱ（LBO-16）[12]。该装置由反应再生系统、分馏、吸收稳定、烟气能量回收、气体压缩机、余热锅炉、高温取热炉等系统组成。主要工艺技术为：反应再生系统采用高低并列式、两段再生工艺，应用干气预提升、注终止剂、大剂油比等技术，仪表采用 DCS 控制系统。

装置加工的原料中新疆渣油约占 35%，掺渣比在 50% 左右。三次标定的原料性质比较接近[12]。由表 6-47 可知，原料油的残炭、芳烃、胶质含量高，黏度大，重金属含量高，<500℃馏分馏出量低，原料较难裂化等因素造成焦炭的潜含量高，饱和烃含量偏低，产品中潜在的烯烃含量偏高，原料性质比较苛刻。空白标定的原料性质略好于标定Ⅰ和标定Ⅱ。但由于 LBO 系列催化剂特有的制备工艺和性能特点，结合优化的反应工艺条件，实际生产中达到了降低汽油烯烃含量的目的，并取得了较高的总液收率和较理想的产品分布，特别是 LBO-16 催化剂的柴油收率有明显提高。

表 6-47 装置混合原料性质

分析项目	空白标定	标定Ⅰ	标定Ⅱ
密度(20℃)/(kg/m³)	904.5	904.0	902.0
黏度(100℃)/(mm²/s)	19.85	19.85	21.99
残炭(电炉法)(质量分数)/%	5.57	5.63	5.72
碳(质量分数)/%	85.64	86.59	86.66
氢(质量分数)/%	12.10	12.47	12.76
硫(质量分数)/%	0.63	0.50	0.57
氮(质量分数)/%	0.43	0.39	0.44
饱和烃(质量分数)/%	66.1	65.6	66.7

续表

分析项目	空白标定	标定Ⅰ	标定Ⅱ
芳烃(质量分数)/%	30.7	30.5	30.6
胶质(质量分数)/%	3.2	3.9	2.7
Ni/(μg/g)	14.31	13.42	11.66
V/(μg/g)	7.53	6.04	6.73
Fe/(μg/g)	10.95	7.93	12.87
Ca/(μg/g)	18.18	30.90	38.10
350℃馏出量(质量分数)/%	9	10	8
470℃馏出量(质量分数)/%	60	47	51
500℃馏出量(质量分数)/%	69	56	59

　　LV-23 和 LBO 系列催化剂的性质见表 6-48，图 6-34 为平衡剂活性和 0～40μm 的细粉含量随 LBO-12 藏量在系统中比例变化的趋势图，并拟合出平衡剂活性与 LBO-12 加入比例的关系式。由图 6-34 可知，随着 LBO-12 在系统中占比提高，平衡催化剂的活性上升，证明 LBO-12 具有很高的反应活性和稳定性。同时，LBO-16 的活性和稳定性也较好。

表 6-48　LV-23 和 LBO 系列催化剂性质

分析项目	新鲜剂			平衡剂		
	LV-23	LBO-12	LBO-16	空白标定	标定Ⅰ	标定Ⅱ
Al₂O₃(质量分数)/%	48.00	48.00	48.10	48.70	47.60	48.30
Na₂O(质量分数)/%	0.30	0.20	0.20	0.38	0.48	0.39
Fe₂O₃(质量分数)/%	0.31	0.21	0.27	0.67	0.66	0.69
RE₂O₃(质量分数)/%	2.60	4.40	4.60	2.80	3.60	3.50
灼减(质量分数)/%	11.00	11.20	11.90	—	—	—
磨损指数/%	1.20	1.60	2.10			
粉度分布						
0～18.9μm/%	16.5	17.4	17.0	0.9	0.1	0.5
18.9～39.5μm/%				9.5	10.3	18.7
39.5～82.7μm/%	57.8	55.2	57.9	49.1	49.9	49.2
82.7～111μm/%				21.4	22.1	16.8
>111μm/%	25.7	27.4	25.1	19.1	17.6	14.8
微活(800℃,4h)/%	78	81	81	61	67	66
比表面积/(m²/g)	272	274	274	99	93	96
孔体积/(mL/g)	0.37	0.38	0.38	0.14	0.14	0.15
充气密度/(g/mL)	—	—	—	0.91	1.00	0.92
沉降密度/(g/mL)	—	—	—	0.93	1.00	0.95
压紧密度/(g/mL)	—	—	—	1.01	1.09	1.06
含碳量(质量分数)/%	—	—	—	0.03	0.03	0.03

续表

分析项目	新鲜剂			平衡剂		
	LV-23	LBO-12	LBO-16	空白标定	标定Ⅰ	标定Ⅱ
Ni/(μg/g)	—	—	—	8494	8782	9854
V/(μg/g)	—	—	—	3119	4096	3046
Cu/(μg/g)	—	—	—	418	358	439
Fe/(μg/g)	—	—	—	4557	4643	5149
Ca/(μg/g)	—	—	—	3669	7090	9358

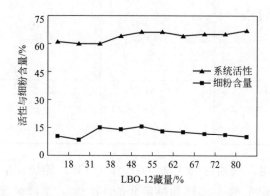

图 6-34　平衡剂活性、细粉含量与系统中 LBO-12 占比的关系

　　该装置应用 LBO-16 催化剂期间，处理量、掺炼比原则上维持不变。为满足氢转移反应的热力学要求，避免工艺条件对催化剂降低烯烃作用的影响，在空白标定时对操作条件进行了一定优化。适当提高剂油比以增加活性中心，将原料预热温度由 245℃ 降至 230℃ 左右；提高汽提蒸汽量 0.4t/h，增加一再烧焦量和外取热器的取热量，产汽量由 35t/h 增加到 48t/h，二再床温由原来的 715℃ 降至 695～700℃，使剂油比由 7.8 提高到 8.5。由于氢转移反应为放热反应，低反应温度有利于氢转移反应，为此，将反应温度由 510～520℃ 降低到 495～502℃。另外的数据还表明，平衡剂的重金属含量有所增加，特别是 Ni、Fe 等具有脱氢作用的重金属含量与空白标定和标定Ⅰ相比均有所上升，但标定Ⅰ数据中干气的氢/甲烷比降低 0.52，干气产率降低 0.51 个百分点；标定Ⅱ数据中干气的氢/甲烷比比空白标定降低 0.23，干气产率降低 0.62 个百分点，表明 LBO 系列催化剂具有干气产率低和较强的抗重金属污染能力的特点。

　　三次标定的产品分布见表 6-49[12]。在标定Ⅱ中，掺炼比高达 50.87%，比空白标定高 2.37 个百分点，在接近标定Ⅰ的情况下，转化率比空白标定高出 0.80 个百分点，较标定Ⅰ低 1.82 个百分点；总液收率与空白标定基本持平；柴油产率较标定Ⅰ上升 1.59 个百分点；汽油收率较标定Ⅰ下降 1.25 个百分点，但高于空白标定值 0.60 个百分点。综合轻油收率可知，LBO-16 催化剂的裂解能力处于 LV-23 和 LBO-12 之间，能适度减少中间产物的过度裂解，有利于保留柴油成分，提高柴油收率。液化气产率高于空白标定值，说明 LBO-16 具有较高的转化率，使中间产物更多地转化成轻质组分；油浆产率略有上升，干气产率比空白标定下降 0.62 个百分点，与标定 I 值持平。这说明 LBO-16 催化剂的氢转移深度适中，表现出该剂较强的重油裂解能力和良好的轻质油选择性。

表 6-49　催化装置的产品分布

项目	空白标定	标定 I	标定 II
宽馏分（质量分数）/%	51.50	49.75	49.13
减压渣油（质量分数）/%	48.50	50.25	50.87
产品分布（质量分数）/%			
干气	3.10	2.59	2.48
液化气	11.60	12.60	12.13
汽油	40.39	42.14	40.89
柴油	31.35	28.51	30.10
油浆	4.10	4.32	4.55
焦炭	8.87	9.36	9.38
损失	0.59	0.48	0.47
总液收率（质量分数）/%	83.34	83.25	83.12
轻质油收率（质量分数）/%	71.74	70.65	70.99
转化率（质量分数）/%	64.55	67.17	65.35

由表 6-50 可以看出：汽油的荧光法（GB/T 11132）烯烃含量由空白标定的 58.5%（体积分数）降低到标定 I 的 43.5% 和标定 II 的 44.2%，下降幅度为 15 个百分点左右，汽油 MON 增加 1.5 个单位，汽油 RON 略有降低，推测是 LBO 系列催化剂在降低汽油烯烃含量的同时，汽油烯烃和烷烃的异构化程度增强，从而保持汽油研究法辛烷值基本损失，但是马达法辛烷值却增加了。经过油品调和，兰州石化公司的汽油质量完全可以达到国 III 清洁汽油的要求。同时，应用 LBO-16 催化剂后，装置汽油的安定性增强，即使液体抗氧剂的加入量减半，汽油的诱导期由空白标定的 781min 提高到 1143min，停止加入抗氧剂仍可满足诱导期大于 480min 的厂控质量指标。

表 6-50　稳定裂化汽油的性质

分析项目	空白标定	标定 I	标定 II
密度（20℃）/(kg/m³)	727.4	718.8	718.5
馏程/℃			
HK（初馏点）	42.0	36.0	36.5
10%	53.0	51.0	49.5
30%	—	—	—
50%	101.0	93.0	97.0
70%	—	—	—
90%	165.0	160.5	161.5
KK（终馏点）	196.5	187.0	188.5
全馏/mL	96	96	97
酸度/(mgKOH/100mL)	0.31	1.24	0.70

续表

分析项目	空白标定	标定 I	标定 II
碘值/(g I_2/100g)	69.24	74.14	67.52
诱导期/min	781	835	1143
MON	79.0	80.5	80.5
RON	91.90	91.40	91.50
胶质/(mg/100mL)	2.40	2.60	1.70
硫醇硫/(mg/kg)	23	12	30
透光率/%	67	65	84
博士试验	通过	通过	通过
硫含量/(mg/kg)	488	638	334
氮含量/(mg/kg)	65.8	44.3	45.0
烷烃(质量分数)/%	24.8	39.7	41.1
烯烃(质量分数)/%	58.5	43.5	44.2
芳烃(质量分数)/%	16.7	16.8	14.7
铜片腐蚀	一级	一级	一级

b. LBO-16 催化剂在哈尔滨石化公司的应用

哈尔滨石化公司成品汽油中催化汽油占较大比例，催化裂化汽油烯烃含量一般在50%左右。受现有的汽油后续处理装置限制，油品调和能力有限，因此汽油降烯烃的压力较大，为适应市场对低烯烃汽油的要求，解决成品汽油出厂问题，改善公司的经济效益，公司决定采用兰州石化分公司研发的 LBO-16 降低汽油烯烃催化剂，在加工能力为1.2Mt/a 的第三套重油催化裂化装置上进行了工业应用。标定从 2002 年 9 月 1 日开始，于 2002 年 11 月 22 日结束。

标定表明[12]：LBO-16 催化剂的活性稳定性好，抗重金属污染能力强，在催化剂单耗有所降低的情况下，催化汽油中烯烃含量降低 10 个体积百分点，汽油辛烷值有所下降，产品分布理想，取得了较好的效果。

从表 6-51 可以看出，50%标定时与空白标定相比，汽油收率增加 0.65 个百分点，轻油收率增加 0.72 个百分点，柴油收率基本不变，考虑到由于柴油切割点的变化，柴油实际收率是增加的。液化气收率有所降低与汽油的初馏点切得太低有关，部分 C_4 汽油跑到了汽油馏分中，总液收率、焦炭产率和干气产率变化幅度较小。总的来看，产品分布比较理想。

表 6-51　装置的产品分布（以质量分数表示）

项目	空白标定	50%标定	收率差
减渣/%	2.73	1.16	—
常渣/%	97.27	98.84	—
进料合计/%	100.00	100.00	—

项目	空白标定	50％标定	收率差
干气/％	3.90	3.80	−0.10
液化气/％	11.88	10.93	−0.95
汽油/％	42.07	42.72	+0.65
轻柴油/％	31.80	31.87	+0.07
油浆/％	2.99	2.84	−0.15
烧焦/％	7.06	7.44	+0.38
损失/％	0.30	0.40	+0.10
轻收/％	73.87	74.59	+0.72
总液收率/％	85.75	85.52	−0.23

从表 6-52 可以看出，50％标定时汽油烯烃含量下降 10 个百分点，芳烃及饱和烃含量相应上升，汽油的诱导期由 320min 升至 547min。与空白标定相比，50％标定时辛烷值下降了 1.0 个单位（RON），说明 LBO-16 催化剂降烯烃效果明显且稳定，过高的氢转移反应活性对汽油辛烷值有一定的影响。

从表 6-53 可以看出，50％标定时轻柴油的总硫从 0.15％降至 0.06％，十六烷值从 33 增加到 36，表明在降低汽油烯烃含量的同时，高度的氢转移活性对含硫烃也有相当的裂化作用，柴油的饱和度有所提高，从而在一定程度上改善十六烷值。另外，柴油的初馏点提高 11℃，而终馏点基本没变，这对柴油的收率会有一定影响。

表 6-52 稳定裂化汽油的性质

项目	稳定汽油	
	空白标定	50％标定
密度(d_4^{20})/(g/mL)	0.6981	0.6955
馏程/℃		
HK（初馏点）	41	34
10％	54	49
30％	65	63
50％	79	82
70％	101	109
90％	138	144
KK（终馏点）	161	172
硫醇硫/(μg/g)	11.4	20.7
诱导期/min	320	547
总硫（质量分数）/％	0.01	0.01
酸度/(mgKOH/100mL)	—	0.11
蒸汽压/kPa	65.1	75.8

项目	稳定汽油	
	空白标定	50%标定
汽油族组成(体积分数)/%		
芳烃	6.1	7.5
烯烃	46.3	36.3
饱和烃	47.6	56.2
辛烷值		
RON	90.2	89.2
MON	79.2	78.9

注：稳定汽油烯烃及辛烷值数据已扣除加氢粗汽油、重整拔头油的影响因素。

表 6-53　FCC 柴油性质

项目	柴油	
	空白标定	50%标定
密度(d_4^{20})/(g/mL)	0.8640	0.8580
馏程/℃		
HK(初馏点)	167	178
10%	192	205
30%	214	230
50%	245	267
70%	288	308
90%	335	341
95%	351	351
KK(终馏点)	362	361
闪点/℃	62	69
凝固点/℃	−3	2
硫醇硫/(μg/g)	28.6	—
总硫(质量分数)/%	0.15	0.06
十六烷值	33	36
残炭(质量分数)/%	0.056	0.059
黏度,20℃/50℃/(mm²/s)	3.10/1.75	3.24/1.84

　　c. LBO-16 催化剂在大连石化公司的应用

　　针对清洁汽油燃料的生产，大连石化公司使用了国内外多种降烯烃催化剂，反复试验表明，降烯烃和改善产品分布存在较大矛盾。根据生产需要，公司决定在 1.4Mt/a 催化裂化装置使用兰州石化公司生产的 LBO-16 降烯烃催化剂，希望在降低汽油烯烃的同时改善裂化反应的综合反应性能，该装置以加工大庆常渣为主，原料存在变重的趋势。

2002年8月20日开始试用兰州催化剂厂的LBO-16降烯烃催化剂。为了维持较高的催化剂活性，装置的二再间断卸出平衡催化剂，并不断补充新鲜催化剂；反应温度控制较低有利于降低汽油的烯烃含量，一般控制不低于500℃以保证汽油的辛烷值。为了保证良好的产品分布和较低的汽油烯烃含量，对降烯烃数据及时跟踪分析，特别是加强化验分析来指导加剂和卸剂的次数。

装置在试用降烯烃催化剂时，暴露出半再立管的流化不好，差压波动较大，从催化剂的性质来分析，LBO-16、RFG-DL催化剂与以前使用的LRC-99催化剂的表观密度不同[12]，比其他催化剂表观密度大，经调节半再立管松动风，保持流化正常；由于加、卸剂比较频繁，每次加剂二再稀密相温差较大，需每次加剂后向二再加入CO助燃剂。

在5月22日、23日进行了一次装置工艺标定，分别在8月28日、29日和10月22日、23日进行了两次标定，8月28日的标定既是RFG-DL催化剂的总结标定，同时也是LBO-16催化剂试用前的空白标定，10月22日的标定是对LBO-16催化剂试用的总结标定[12]。

下面对这几次标定数据进行对比分析，综合考察LBO-16、RFG-DL催化剂对降烯烃能力、产品分布和产品性质的影响。

从表6-54产品分布看，操作条件基本相同，但由于使用的催化剂种类和生产方案不同，产品分布存在差异。汽油收率变化不大，而影响较大的是柴油收率，5月份催化装置使用LRC-99增产柴油催化剂，柴油收率在25.5%以上，到6月份开始使用降烯烃催化剂RFG-DL，汽油中的烯烃含量降低了5个百分点以上，但是轻质油收率与LRC-99相比下降了5.9个百分点；LBO-16催化剂烯烃含量下降了10～15个百分点，轻质油收率下降了5.2个百分点。这两种催化剂从使用效果来进行比较，使用LBO-16催化剂时的柴油收率比RFG-DL上升了1.2个百分点，考虑到柴油切割点的变化，实际柴油增加更多，液体收率上升了0.4个百分点。

表 6-54　装置的产品分布

催化剂名称	LRC-99	RFG-DL	LBO-16
原料残炭(质量分数)/%	6.71	7.14	7.06
反应温度/℃	506.3	505.0	501.1
二再生温度/℃	709.1	706.0	709.6
分馏塔顶温度/℃	127.2	125.3	127.2
原料加工量/(t/d)	4282.1	4007.8	4125.2
收率(质量分数)/%			
干气	4.3	3.8	3.4
液化气	11.3	15.3	15.0
汽油	43.8	45.3	44.8
柴油	25.8	18.4	19.6
油浆	5.5	8.2	7.6
焦炭	9.0	8.7	9.3
损失	0.3	0.3	0.3

续表

催化剂名称	LRC-99	RFG-DL	LBO-16
总液收率(质量分数)/%	80.9	79.0	79.4
轻收(质量分数)/%	69.6	63.7	64.4

　　由表 6-55 分析，汽油的辛烷值 LRC-99 的 RON 90.8 最高，RFG-DL 汽油 RON 为 89.3，LBO-16 汽油 RON 为 89.1，但 LBO-16 MON 79.4 是最高的。由于 LRC-99 催化剂主要以增产柴油为主，汽油的烯烃含量达到 61.4%，随生产方案的改变，系统内开始改加入降烯烃催化剂，汽油中的烯烃含量有了明显的降低，使用 RFG-DL 催化剂时汽油中的烯烃含量从开始的 61.4%降到 46.4%，降了 10～15 个体积百分点，饱和烃含量增加了 5～6 个体积百分点，芳烃含量也略有增加。LBO-16 降烯烃剂使用后，汽油中的烯烃含量在 RFG-DL 的基础上又降低了 6～10 个体积百分点，降到了 34.7%～40%，芳烃含量也增加了 2～3 个体积百分点。

　　另外的数据表明，与国外 RFG-DL 降烯烃催化剂相比，LBO-16 催化剂的柴油十六烷值明显增加，凝点下降，这与柴油的饱和度增加有关；柴油的初馏点提高了 19℃，而终馏点只增加了 10℃，这对柴油产率会有一定影响。与 LRC-99 相比，其柴油切割点基本不变，十六烷值略有增加，碘值明显降低，表明柴油饱和度增加，其他性质相近。

表 6-55　稳定裂化汽油的性质

催化剂种类	LRC-99	RFG-DL	LBO-16
日期	5.22	8.28	10.22
密度/(kg/m³)	723.4	723.1	721.9
馏程/℃			
HK(初馏点)	36	43	40
10%	55	60	59
30%	73	79	74
50%	102	103	99
70%	136	128	130
90%	175	173	173
KK(终馏点)	197	193	193
胶质/(mg/100mL)	1.6	1.2	3.6
诱导期/min	265	715	1240
硫醇/(μg/g)	21	22	3.3
RON	90.8	89.3	89.1
MON	78.2	78.5	79.4
饱和烃(体积分数)/%	32.2	37.7	40.9
烯烃(体积分数)/%	61.4	46.4	40.3
芳烃(体积分数)/%	15.4	15.9	18.8

随着该催化装置原料掺渣比逐渐加大，月份最高的掺渣比达到 80％以上，设计的掺渣比为 52％，原料残炭为 4.66％，RFG-DL、LBO-16 催化剂标定时原料残炭分别为 7.14％和 7.06％；要降低汽油中的烯烃含量，势必要保证催化剂较高的活性，这样也会造成装置焦炭产率上升。LBO-16 催化剂与 RFG-DL 催化剂相比，从数值上看焦炭产率上升了 0.6 个百分点。

综合上述三套装置的应用情况，LBO 系列降烯烃催化剂表现出降烯烃能力强、产品分布比较理想的优点，尤其是 LBO-16 催化剂具有柴油收率高的优势。由于加工的原料类型不同，装置的操作条件和生产需求存在差异，同一催化剂也会表现出在汽油和柴油组成和性质方面的一些差异。新疆原油属于中间基性质特点，原油组成中芳烃和环烷烃含量较高，较难裂化，芳烃潜在物较高，汽油和柴油产物的芳烃含量高，在降低汽油烯烃含量的同时，汽油辛烷值比较稳定，如在兰州石化公司的应用属于这种情况。同时，由于烃类的饱和很大部分来自催化裂化的芳构化过程，柴油的十六烷值有所降低。对于属于石蜡基的大庆油，原油组成中芳烃和环烷烃含量较低，较易裂化，芳烃潜在物少，汽油和柴油产物中芳烃含量低，在裂化反应过程中汽油烯烃饱和反应的结果主要是形成烷烃，汽油辛烷值难以保持，如在哈尔滨石化公司应用时汽油辛烷值有所下降。不过，由于烃类的饱和产生了较多的烷烃，柴油的十六烷值明显上升。对于大连石化公司，由于掺炼了较多的减压渣油，原料中的芳烃含量较高，稀土催化增强了氢转移活性，致使汽油产物的芳烃含量较高，烯烃饱和的结果使产物的烷烃和芳烃同步增加，这样，有利于减少汽油辛烷值损失。

（4）其他降低汽油烯烃催化剂

在第一代降烯烃催化剂技术研发基础上，中国石化石油化工科学研究院和齐鲁石化催化剂厂合作开发了第二代 Orbit-3600B 降烯烃催化剂，以 MOY 分子筛配合 ZRP 择形分子筛，氧化铝基质和分子筛复合后沉积稀土，提高了抗金属污染性能，同时，通过适当控制酸强度，改善了氢转移活性，从而抑制焦炭产率的增加。Orbit-3600B 降烯烃催化剂在大连西太平洋石油化工有限公司（WEPEC）2.0Mt/t 催化装置进行了工业试验[75]，该装置外置提升管反应器，再生工艺采用两段串联再生技术，一再和二再并列，一再设置外取热器，沉降器与一再同轴，并附设烟机和高温取热炉，该装置加工原料以中东（如伊朗、阿曼、巴士拉、卡塔尔等）混合高硫常压渣油加氢（ARDS）装置的尾油为主，同时掺炼部分低硫常压渣油。工业试验中的对比剂催化剂为 A、B 两种国外降烯烃催化剂，设计为高分子筛含量的高稀土 Y 和适量择形沸石的复合活性组元，在于增加氢转移反应饱和烯烃，选择性裂解汽油中的直链烃以提高液化气产率，同时采用了高硅铝比沸石增加异构化反应，保证汽油辛烷值。

这三种催化剂均含有较高的氧化稀土含量，国产剂的稀土含量略高于国外对比剂，产品分布数据列于表 6-56，催化汽油性质列于表 6-57。可以看出，与进口剂相比，Obrit-3600B 的汽油收率提高 2.65～3.14 个百分点，总液收率提高 3.52～4.5 个百分点，油浆产率大幅降低 4 个百分点以上，说明国产催化剂塔底油裂解能力强，产品收率高；同时国产催化剂的汽油烯烃含量最低，研究法辛烷值明显提高，可达 93 左右。综合分析，国产 Obrit-3600B 降烯烃催化剂显示了更为优良的综合反应性能。

表 6-56　标定的产品分布及产品选择性

项目	进口剂 A	进口剂 B	国产剂
产品分布/%			
干气	3.80	3.65	3.76
液化气	14.02	16.52	16.15
汽油	35.08	34.59	37.73
轻柴油	26.61	25.61	26.36
重油	12.22	11.50	7.33
焦炭	7.72	7.75	8.24
损失	0.55	0.38	0.43
合计	100	100	100
轻质油收率/%	61.69	60.20	64.09
总液①收率/%	75.71	76.72	80.24
转化率/%	61.17	62.89	66.31
产品选择性/%			
干气	6.2	5.8	5.7
液化气	22.9	26.3	24.4
汽油	57.3	55.0	56.9
轻柴油	43.5	40.7	39.8
焦炭	12.6	12.3	12.4

① 指液化气、汽油和柴油三者之和。

表 6-57　催化汽油性质

项目	进口剂 A	进口剂 B	国产剂
密度(d_4^{20})/(g/cm³)	0.7225	0.7250	0.7255
烯烃(体积分数)/%	38.8	42.3	38.5
烷烃(体积分数)/%	43.1	39.0	42.7
芳烃(体积分数)/%	18.1	18.7	18.8
RON	91.7	92.1	93.2
MON	80.0	80.1	81.0
S/(μg/g)	108	110	107
馏程/℃			
初馏点	40	37	40
10%	56	55	58
50%	87	88	85
90%	148	152	147
终馏点	186	189	189

自从开发成功 GOR 系列和 LBO 系列降烯烃催化剂以后，国内研发机构又深入研究

了稀土改性 Y 分子筛技术，精确控制稀土在 Y 分子筛的小笼位置，提高了稀土 Y 分子筛的超笼利用效率，在有效降低油浆产率的基础上，都显示了优良的降低汽油烯烃含量的功能，已在国内外催化装置进行推广应用，进一步增强了中国炼油催化剂的国际竞争实力。

第四节　降低汽油硫含量催化剂/助剂

一、市场需求

汽车尾气排放所带来的环境污染问题日益受到人们的重视。一直以来，世界主要发达国家严格限制车用汽油的硫和烯烃含量，世界燃料规范Ⅳ类车用汽油标准要求硫含量小于 $10\mu g/g$，烯烃含量小于 10%（体积分数）。近年来雾霾多发，倒逼国内成品油升级加快。中国从 2010 年 1 月 1 日起执行车用汽油Ⅲ号标准［硫含量≤0.015%（质量分数）］，2019 年 1 月 1 日开始实施车用汽油国Ⅵ标准，要求汽油硫含量小于 $10\mu g/g$，汽油烯烃小于 15%（体积分数）或 18%（体积分数）。汽油质量将向低硫清洁化方向发展。

FCC 工艺是我国炼油企业最主要的重油加工手段，商品汽油 85%～95% 的硫来自催化裂化汽油。与此同时，进口原油比例逐年增加，中东高钒、高硫原油已成为主要的进口原油，这使得降低 FCC 汽油硫含量的要求更加迫切。现有技术中，通过汽油加氢后处理的方案可以有效降低汽油硫含量，但这个过程伴随烯烃饱和会引起汽油辛烷值大幅下降。在催化裂化过程中，依靠工艺和催化剂/助剂技术创新，实现汽油硫化物的原位脱除，减轻了加氢后处理的辛烷值损失和生产成本，因此，开发高效降低硫含量的催化剂/助剂技术具有较大的吸引力。

二、反应原理

汽油中的硫类型和含量分布是十分复杂的，与原料油性质等密切相关。汽油中所含硫化合物的存在形式有元素硫、硫化氢、硫醇、硫醚、二硫化物以及噻吩类等，有机硫化物是汽油中主要的含硫化合物。催化裂化汽油中的含硫化合物主要以噻吩和噻吩衍生物的形式存在，一般占含硫化物总量的 70% 以上，这类含硫化物在催化裂化反应条件下比较稳定，较难裂化。因此，减少噻吩类含硫化合物是降低 FCC 汽油硫含量的关键。

在催化裂化脱硫过程中主要涉及硫化物的选择性吸附和裂化转化两方面的问题。由于噻吩是环状共轭体系，在催化裂化条件下比较稳定，较难发生裂化脱硫反应，而对于硫醇、硫醚等非共轭体系，C—S 键的键能比 C—C、C—H 等键的键能小得多，较容易发生裂化脱硫反应。噻吩类化合物发生裂化反应的控制步骤是从供氢分子到含硫化合物的氢转移步骤，由于烷基噻吩得到一个质子能形成稳定的叔碳阳离子，因此烷基噻吩比噻吩容易裂化脱硫。了解噻吩的吸附与反应机理来促进噻吩类硫化物的裂化是解决催化裂化脱硫的关键。

1. 噻吩类化合物的吸附机理

稀土离子改性的 Y 型沸石分子筛对噻吩有着较好的选择性吸附能力，其吸附主要通过范德华作用力结合在一起，吸附过程可以分为以下几个步骤[76]：①吸附质分子从液相主体扩散到颗粒表面（外扩散）；②通过晶体间孔隙从颗粒表面向颗粒内部扩散（大孔扩散），同时部分吸附质分子在晶粒表面被吸附；③吸附相向吸附剂颗粒内部迁移（表面扩散）；④吸附相从分子筛晶体表面向晶粒内部扩散（微孔扩散），并吸附在活性中心。其中大孔扩散及表面扩散对噻吩在沸石分子筛上的吸附起着重要的作用。研究表明[77]：噻吩在 NaY 分子筛及 Ce-Y 型分子筛上的吸附等温线属于布朗诺尔分类中的第一种类型，可以被 Langmuir 方程很好的拟合。同时，噻吩在 Y 型分子筛上的吸附量随温度的升高而降低，随压力的升高而增加，但是当达到一定的压力后，吸附量几乎不再发生明显变化，吸附量达到饱和。此外，由于噻吩与沸石表面羟基（SiOH、SiOHAl）存在氢键作用，因此，沸石对噻吩的选择性吸附与沸石的孔道结构体系和沸石表面羟基的酸性有密切联系，通过对沸石进行一定的改性来适当调节其表面酸性、孔道弯曲程度及孔口直径等，可以进一步增强沸石选择性吸附噻吩的性能。

秦玉才等[78]研究了噻吩在稀土离子改性 Y 型分子筛上吸附与催化转化，认为稀土离子改性降低了分子筛强酸位的强度，并生成与稀土离子物种有关的弱 L 酸位。REY 与 HY 均可通过 B 酸中心的质子化作用活化噻吩，而稀土离子物种促进了氢转移反应及低聚反应的进行，进而利于噻吩裂化反应的进行。

烃类中的硫化物是具有 L 碱性质的化合物，其中的硫能够提供空轨道，很容易被能够提供孤对电子、具有 L 酸性质的活性中心选择性吸附，这种能够提供孤对电子的金属元素，例如锌、铜元素用于分子筛催化剂的改性，使催化剂的 L 酸量明显提高，其与稀土共同用于催化裂化催化剂中，能够分别提高分子筛的 L 酸和 B 酸量。

Cu 作为吸附中心对吸附噻吩具有较好的效果[79-84]，结果表明：铜吸附中心的状态对噻吩的吸附性能具有很大的影响，Cu(Ⅱ) 对噻吩分子基本不吸附，而 Cu(0) 和 Cu(Ⅰ) 具有较高的吸附能力，Cu(0) 还具有较高的噻吩吸附速率；从图 6-35 可以看出，Cu(Ⅰ) β 对噻吩、苯并噻吩的吸附效果最好，对噻吩硫的脱除率在 120min 时达到 95%；Cu(Ⅱ) β 的吸附效果次之，对噻吩硫的脱除率可达 67%；而 Naβ 为 54%，Hβ 只有 42%。Cu(Ⅰ) β 对燃料油中噻吩类硫化合物选择吸附较强的原因是一价铜离子的电子层外层存

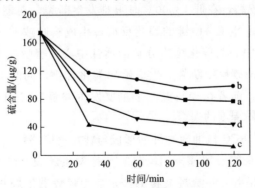

图 6-35　β 沸石吸附剂的脱硫曲线

a—Naβ；b—Hβ；c—Cu(Ⅰ) β；d—Cu(Ⅱ) β

在空 s 轨道，能够和噻吩类化合物 π 轨道上的电荷形成络合键，而钠离子则不能，因此 Naβ 脱硫效果差。

对二苯并噻吩（DBT）的吸附研究表明[85-88]，载体比表面积的大小不是决定 DBT 吸附量的主要因素，DBT 分子的吸附量与载体或催化剂的表面酸性有内在联系，随着表面酸性的增强，吸附量也相应增大。由于载体主要具有 L 酸活性中心，这也进一步说明 L 酸对硫化物具有选择性吸附作用。研究认为，DBT 在 γ-Al$_2$O$_3$ 载体以及流化态的 CoMo/AC 和 CoMo/γ-Al$_2$O$_3$ 催化剂表面存在芳环上 π 电子的平躺吸附和通过硫原子的端连吸附两种状态，而通过硫原子的端连吸附可能是由于在催化剂表面存在大量的酸中心，DBT 通过硫原子吸附在这些酸中心上。

2. 噻吩类化合物的裂化反应机理

Grace Davsion 公司的 Wormsbecher 等认为，FCC 汽油中的噻吩、C$_1$～C$_4$ 烷基噻吩、四氢噻吩、丙基～己基硫醇含硫化合物中，硫醇很容易被裂化，四氢噻吩通过加氢也容易裂化，反应放出气体（CH$_4$ 和 H$_2$S）。烷基噻吩具有芳烃的特点，一般难以裂化，但在 FCC 反应过程中，通过氢转移反应加氢，能够形成三碳阳离子中间体，裂化脱硫。噻吩也可以通过氢转移加氢形成二碳阳离子中间体，但其加氢反应比烷基噻吩慢得多。在 FCC 条件下，沸点在 218℃ 以上的硫（主要包括苯并噻吩和烷基苯并噻吩）相对稳定，不容易裂化脱除。在催化裂化过程中，含硫化合物反应脱硫的难度次序为：噻吩、苯并噻吩＞烷基噻吩＞四氢噻吩＞硫醇[89]。

FCC 汽油的含硫化合物中，硫醇和硫醚的裂化遵循正碳离子机理[90]。硫醇性质不稳定，能迅速发生反应，生成烯烃和 H$_2$S，其中烯烃可通过氢转移饱和成烷烃。硫醚和硫醇的裂化机理如下。

$$RSR+H^+ \Longleftrightarrow R-\overset{+}{\underset{H}{S}}-R \Longleftrightarrow R^+ +RSH$$

$$RSH+H^+ \Longleftrightarrow R-\overset{+}{S}H_2 \Longleftrightarrow R^+ +H_2S$$

关于噻吩在沸石分子筛催化剂上的催化反应机理，较为公认的观点是[91-95]：噻吩类化合物的 C—S 键键能较高，在低于 500℃ 时很难发生断裂，在催化裂化反应条件下，大分子噻吩类化合物主要发生 C—C 键的裂化反应，生成噻吩或 C$_1$～C$_4$ 烷基取代的噻吩。然后，催化剂上的 B 酸中心为催化噻吩分解的活性中心，噻吩与 B 酸中心发生缓慢的裂化反应与氢转移反应，使碳硫键断裂，生成硫醇类化合物，同时 H$^+$ 加到噻吩环的 α 位，形成 β 位正碳离子物种，前者在较高温度下主要发生裂解生成 H$_2$S，烃基部分聚合生成芳烃，而后者则发生不同程度的聚合。

于善青等[96]研究了 FCC 汽油硫物种的形成与转化反应路径，其中，噻吩正碳离子的反应途径主要包括（图 6-36～图 6-38）：①C—S 键发生断裂开环反应；②与烷烃发生氢转移反应，噻吩环得以饱和，生成烃类和 H$_2$S；③与烯烃发生烷基化反应生成烷基噻吩；④发生缩合反应生成焦炭。

烷基噻吩可能的转化路径包括：①脱烷基反应生成噻吩和烃；②侧链断裂生成 C$_1$-噻

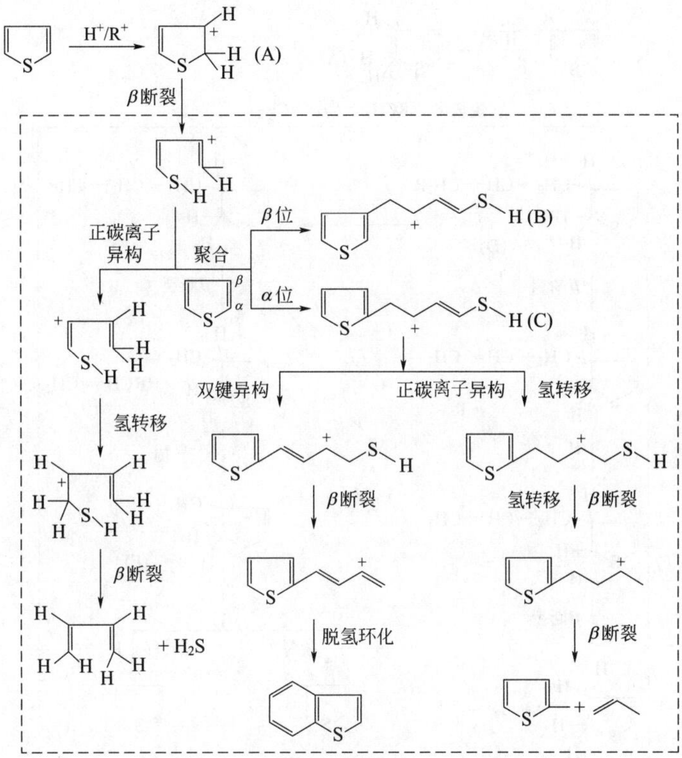

图 6-36 噻吩硫的转化路径之一

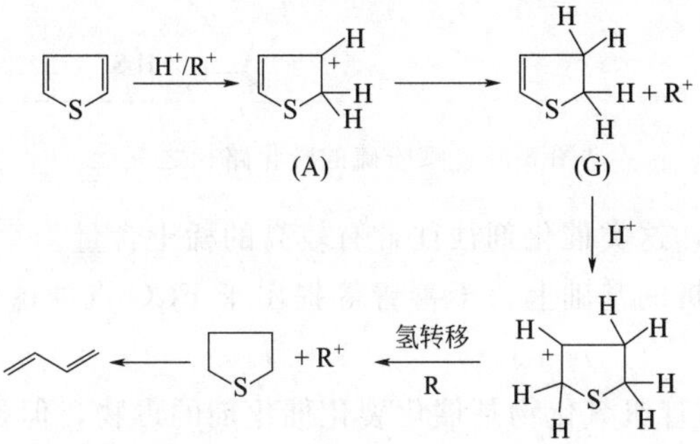

图 6-37 噻吩硫的转化路径之二

吩、C_2-噻吩和烃；③侧链环化生成烷基苯并噻吩，烷基苯并噻吩脱烷基生成苯并噻吩；④长链烷基噻吩和烷基苯并噻吩烷基化生成更大分子的烷基噻吩和烷基苯并噻吩；⑤裂化脱硫反应生成烃和 H_2S。

苯并噻吩主要通过烷基化反应生成烷基苯并噻吩，烷基苯并噻吩不属于汽油馏分；如果苯并噻吩进一步与其他芳烃发生烷基化反应，则会产生较多的焦炭产物。

可见，在催化剂固体酸性中心作用下，各种噻吩首先反应生成噻吩正碳离子，然后发生一系列氢转移反应、异构化反应、β 断裂，最终产生 H_2S。其中，氢转移反应贯穿各个反应途径，是噻吩转化过程中的重要反应。因此，提高 FCC 催化剂的氢转移活性是开发

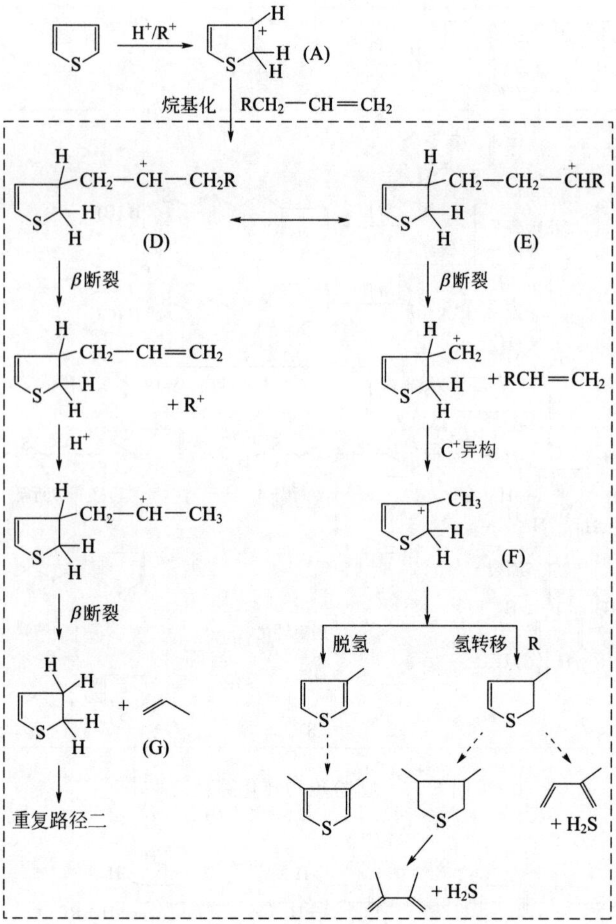

图 6-38 噻吩硫的转化路径之三

脱硫催化剂的技术关键，这类催化剂往往含有较高的稀土含量。

在上述转化路径分析的基础上，于善青等提出了 FCC 汽油硫化物的转化和生成反应网络（见图 6-39）。

在 FCC 过程中，尽管钒氧化物是催化裂化催化剂的毒物，但是研究发现[97]，使用人工污染钒的催化剂与未被钒污染的催化剂相比，在可比条件下，前者表现出较好的脱硫能力，并且随着催化剂上钒污染量的增加，FCC 汽油中的硫含量不断减少。研究表明[98]：500℃下，噻吩能够与 V_2O_5 发生氧化还原反应，噻吩被氧化成 CO、CO_2 以及 SO_2，转化率可达 41.2%，同时 V_2O_5 的氧化数下降，这是它与其上存在的少量 B 酸中心协同作用的结果。

莫同鹏等[99]研究了酸性对噻吩类硫化物转化过程的影响，结果表明，具有不同酸类型的催化剂硫转化效果存在差异，富含 B 酸和 L 酸的催化剂硫转化效果好，带侧链的噻吩容易被转化，而且侧链越长、侧链个数越多的脱硫效果越好。同时，富含 B 酸和 L 酸的催化剂可使模型化合物中芳烃和烯烃同时大量减少，而只有 L 酸的催化剂的芳烃会明显减少，烯烃变化则不明显。

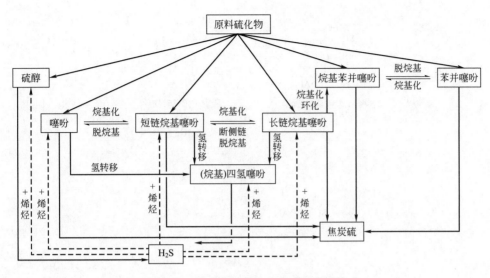

图 6-39　硫化物的转化和生成反应网络

山红红等[100]研究认为，裂化和氢转移反应是裂化脱硫的两个重要步骤，热力学上高温有利于裂化反应，而低温有利于氢转移反应，这对矛盾使得 400℃ 最有利于噻吩的裂化脱硫；由于氢转移反应相对较慢，如果噻吩与催化剂接触时间较短，噻吩的转化率会有所降低。因此，选用氢转移活性高的催化裂化催化剂和助剂的合理组配可以有效降低 FCC 汽油硫含量。同时，提高反应温度和剂油比，延长油剂接触时间，对噻吩的转化有一定的促进作用。

Jaimes 等[101,102]认为，噻吩在催化剂的酸中心作用下，可以有效裂化分解为含硫、不含硫的烃类及硫化氢（图 6-40）。进一步看出，催化剂的酸性中心和氢转移反应活性是 FCC 汽油硫化物分解和脱除的关键。而经过稀土离子交换改性，可以稳定分子筛的骨架结构，改善催化剂的 B 酸活性中心，从而保证分子筛催化剂在 FCC 反应的高温水热环境中能够持续地提供酸催化活性，促进汽油中硫化物的转化、分解和脱除。

综合分析，催化剂的 B 酸与 L 酸中心的协同作用，可促进硫化物发生裂化分解，生成不含硫的烃类，释放出硫化氢，而稀土改性是提高催化剂 B 酸活性中心的数量以及提高其酸密度和氢转移反应活性的有效手段，在脱硫催化剂制备中具有重要的作用。

三、设计开发与应用

国内外研究开发系列降低汽油硫含量的催化裂化催化剂和助剂技术，基本都是针对汽油中硫化物的不同馏程分布、不同类型以及裂化分解机理和吸附特点，采用稀土改性，复合过渡金属元素或对硫化物有选择性吸附作用的功能材料，实现将硫化物选择性吸附在催化剂或助剂上，然后在不同酸性中心的协同作用下，实现硫化物的转化分解。难以裂化分解的噻吩类硫化物也可能吸附在催化剂上，在再生器氧化气氛下，转化为 SO_x，进入烟气。

由于催化剂的 L 酸中心主要引导的是自由基反应，倾向于生成焦炭，氢转移反应也

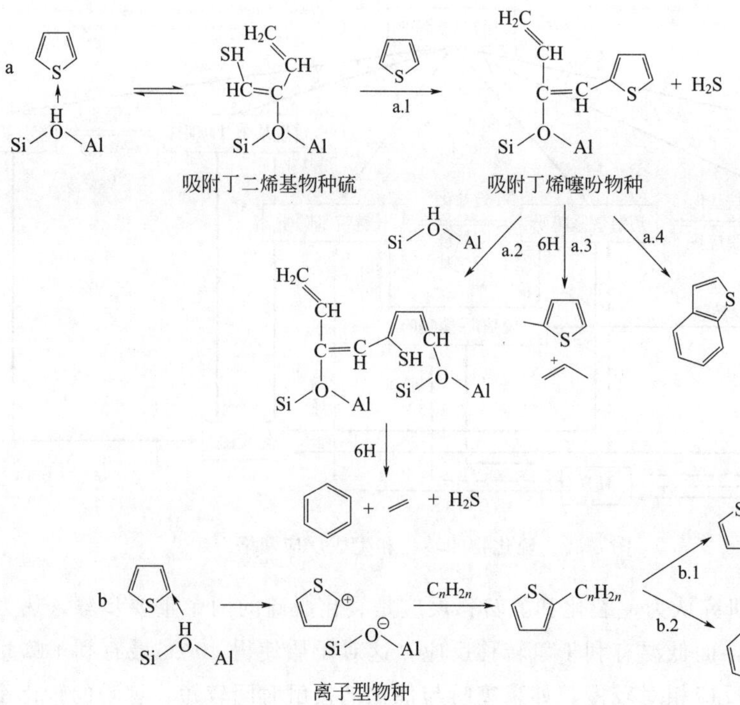

图 6-40　噻吩类化合物的转化反应路径

（路径 a：噻吩开环吸附形成丁烯噻吩中间体；路径 b：噻吩质子化与烷基化）

倾向于生成焦炭，因此，设计降低汽油硫含量的催化裂化催化剂需要兼顾反应选择性，往往要在稀土含量、过渡金属含量以及吸附硫化物材料之间进行优化组配。通常采用的方案是在现有 FCC 催化剂的基础上对分子筛或者基质进行特殊的改性处理，通过调整催化剂的表面酸性、孔道结构等，达到脱除汽油中硫的目的。

1. 国外 FCC 脱硫催化剂/助剂

在 20 世纪 90 年代初，国外的催化剂公司就开始了降低 FCC 汽油硫含量催化剂的技术研究，最早提出在 FCC 过程中采用裂化催化剂/助剂降低汽油硫含量的是 Grace Davison 公司的 Wormsbecher 和 Kim 等人[103,104]，他们在含铝基质上采用浸渍的方法引入了 Ni、Cu、Zn、Ga 等金属，经过一系列的处理后得到负载有 L 酸中心的铝基载体，以此作为 FCC 脱硫助剂。评价测试结果表明，经过 Ni、Cu、Zn、Ga 等金属改性的负载有 L 酸中心的铝基脱硫助剂具有显著的降低汽油硫含量的效果。开发的第一代产品 GSR-1，在欧洲和北美得到了广泛应用，可使汽油硫含量降低 15%～25%，为后来的 FCC 汽油脱硫催化剂/助剂的升级发展奠定了基础。随后，又研制开发出含有锐钛矿型二氧化钛的第二代降硫助剂 GSR-2[105]，该助剂可以使得 FCC 汽油中的硫含量降低约 30%；他们还以金属钒为汽油脱硫功能组分研制开发出了高钒含量的第三代降硫助剂 GFS[106]，该技术通过对 USY 分子筛改性，引入较高比例的 L 酸成分，能够选择性地裂化汽油中的含硫化合物。GFS 降硫助剂在欧洲已成功实现商业化，它可使汽油中的硫含量降低 40%。研究表明，分子筛中 L 酸与 B 酸的协同作用对降低汽油硫含量起着重要作用。

Mobil 公司的 Arthur W. Chester 等在降低汽油硫含量方面做了大量的研究工作，申请多项专利[107-110]。他们研究了 V、Zn、Fe、Co、Ga 等金属配以 USY、β、ZSM-5、MCM-41 等分子筛对降低汽油硫含量的作用效果，以及稀土元素 Ce 对催化剂降硫的影响。同时还对再生以后的催化剂分别进行还原和氧化处理，并对比了其降硫性能，最终得出了 V、Zn、Fe、Co、Ga 等金属对降低汽油硫含量都有一定的作用，优选为 V，分子筛优选为 USY，Ce 的加入不仅可以提高催化剂的水热稳定性，而且可以提高汽油脱硫的催化活性，对再生的催化剂进行氧化处理可以得到更优的降硫效果。基于上述研究，他们提供了一种 FCC 汽油脱硫催化剂，其分子筛内包含一种氧化态金属组分（优选钒）和稀土元素铈，金属元素应处在分子筛结构内部，以免对分子筛造成破坏，此种催化剂的脱硫效果甚是显著。

从表 6-58 可以看出，添加 25% V/USY 脱硫助剂以后，汽油硫含量可以降低 29%；添加 25%Ce+V/USY 助剂，汽油硫含量可降低 56%；添加经过氧化处理的 25% Ce+V/USY 助剂可以使汽油硫含量降低 58%。与此同时，助剂的添加对产品分布没有明显影响，表现出了优异的反应效果。

Albemarle 公司（原 Akzo Nobel 公司）开发了多代催化裂化降低汽油硫含量的 RE-SOLVE 系列产品[111,112]。第一代 RESOLVE 700 可以使全馏程汽油硫含量平均降低 25%；第二代 RESOLVE 750 进一步增加了选择吸附能力，其轻馏分汽油硫可以降低 26%，重馏分汽油硫可以降低 31%；RESOLVE 800 具有同时降低汽油硫和烟气 SO_x 的双功能；RESOLVE 850 在重金属污染量较高的情况下，仍然显示了明显的脱硫能力；RESOLVE 950 对于低芳烃硫原油可以使汽油硫含量降低 70% 以上，对于高芳烃硫原油也可以使汽油硫含量降低 30% 以上，同时具有脱除烟气中 SO_x 的功能。当 RESOLVE 950 掺兑量达到 35% 时，烟气中 SO_x 可以降低 99% 以上。RESOLVE 的技术关键是使用高氢转移组分和可接近性高活性基质，特别强调基质活性对降低汽油硫含量的作用。

表 6-58　V/USY 催化剂催化裂解脱硫性能

MAT 产品收率	基准剂	+25% V/USY	+25%Ce +V/USY	+25%Ce+V/USY（还原处理）	+25%Ce+V/USY（氧化处理）
转化率（质量分数）/%	70	70	70	65	70
剂油比	3.3	3.8	3.7	3.2	3.4
H_2（质量分数）/%	0.03	+0.04	+0.13	+0.02	+0.12
C_1+C_2（质量分数）/%	1.4	+0.1	+0.1	-0.3	+0.2
总 C_3（质量分数）/%	5.4	+0.1	-0.1	-1.1	+0
丙烯（质量分数）/%	4.5	+0.1	-0.1	-0.9	+0.1
总 C_4（质量分数）/%	10.9	+0.2	-0.2	-1.6	+0
$C_4^=$（质量分数）/%	5.2	+0.4	+0.2	-0.3	+0.6
$i\text{-}C_4$（质量分数）/%	4.8	-0.2	-0.4	-1.0	-0.4
C_5^+ 汽油（质量分数）/%	48.9	-0.3	-0.3	-1.0	+0
轻循环油（质量分数）/%	24.6	+0.5	+0.3	+5.1	+1.2

MAT 产品收率	基准剂	+25% V/USY	+25%Ce +V/USY	+25%Ce+V/USY （还原处理）	+25%Ce+V/USY （氧化处理）
重循环油（质量分数）/%	4.7	−0.2	−0.1	+0.6	−0.5
焦炭（质量分数）/%	2.7	+0	+0.5	−0.5	+0.1
切割汽油 S/(μg/g)	529	378	235	426	224
切割汽油 S 降低/%	基准	29	56	19.5	58

BASF 公司开发的 NaphthaMaxR-LSG 催化剂可以使硫含量降低 45%，同时不损失汽油收率和辛烷值。美国中部地区一家炼厂的工业应用表明，NaphthaMaxR-LSG 替换基准剂以后，在 5 个月操作中，进料转化率增加 5.8%，汽油产率增加 5.2%。

BASF 公司现有 FCC 催化降硫技术包括使含硫分子裂化或生焦，分别将硫变成硫化氢或 SO_x，可按炼厂需求定制开发[113,114]。其中 NaphthaClean 催化剂用于持续汽油脱硫，FCC 低硫助剂 LSA 用于临时降硫。LSA 具有一定的催化反应活性，不会稀释主催化剂活性，有助于提高炼油厂灵活性。LSA 主要用于：①部分汽油不进行后加氢处理保持辛烷值的临时解决方案；②加氢处理装置检修时；③延长加氢处理催化剂寿命；④临时碰到硫含量较高的原料时；⑤氢气供应中断时。LSA 和 NaphthaClean 助剂对低硫到高硫的原料均适用。对于低硫含量原料，用户测试和不同炼油厂的应用结果都表明，汽油硫质量分数最低可降至比 20~30μg/g 更低。根据汽油中含硫分子的种类，硫含量的降低幅度为 20%~40%，该技术解决方案还要考虑上下游需求和限制条件、进料中硫的构成、当地硫积分（sulfur credits）的价值、维持辛烷值的需求以及现行汽油硫含量标准等。

与国外相比，中国炼厂的催化裂化原料中金属含量较高，碳氢原子比较大，尽管国外的催化剂公司试图将其降硫催化剂或助剂应用于国内催化装置，但由于原料性质和平衡剂上的金属含量存在差异，往往未能收到预期的降硫效果[115,116]。例如，中海石油炼化惠州炼油分公司 $120×10^4$ t/a 催化装置，2010 年试用了 Grace Davison 公司提供的 GSR5-HZ 降硫助剂[116]，该助剂采用其专有的 GSR 降硫技术，易于将催化裂化进料中的各种形态硫裂解转化为 H_2S，减少汽油中的总硫含量。工业应用表明：该降硫助剂占系统总藏量 25% 时，汽油硫含量平均脱除率 13.50%，但装置总转化率下降 1.20%，产品分布变差，其中液化气、汽油产率分别下降 1.34 个百分点和 0.38 个百分点，柴油产率增加 0.73 个百分点，焦炭产率增加 0.44 个百分点，总液收率降低 0.99 个百分点。综合反应结果不甚理想。

2. 国内 FCC 脱硫催化剂/助剂

中国石化和中国石油相继开发了工业化应用的汽油脱硫催化剂和助剂产品。其中，石油化工科学研究院针对国内不同装置的特点，开发了 MS011、LGSA 降硫助剂，DOS 降硫催化剂，CGP-2 降硫催化剂，平均降硫效果可达 30%；并在 CGP-2 催化剂的基础上开发研制了 CGP-S 催化剂，使汽油硫含量进一步降低。石油化工研究院则研制开发了同时降低汽油硫和烯烃含量的 LDO-70S 重油裂化催化剂，也取得了良好的工业应用结果。

（1）DOS 降低硫和烯烃裂化催化剂

如第一节所述，DOSY 分子筛是通过稀土与外加铝同时部分沉淀在 Y 分子筛上，然后经过水热焙烧处理而成，这种稀土改性 Y 分子筛具有高度的氢转移活性和优良的抗金属污染性能[16]。采用 DOSY 分子筛和其他降硫组分，中国石化催化剂公司工业化开发了 DOS 重油裂化催化剂。2005 年，该催化剂在福建炼厂 1.0Mt/a 催化装置进行了应用，与对比催化剂相比，在平衡催化剂 Ni＋V 大幅增加的条件下，油浆产率下降 0.68 个百分点，焦炭和干气产率有所降低，产品分布较好，目的产品收率增加，同时汽油烯烃含量降低 7.8 个百分点，汽油硫与原料硫之比从 11.60% 降至 9.24%，降低了 20.3%，显示了良好的降低汽油硫和烯烃的功能。

许明德等[117]系统研究了不同类型 L 酸碱对化合物对 FCC 催化剂反应性能及降硫效果的影响，如表 6-59 所示。可以看出，L 酸碱对的强度越大，降硫效果越明显，但是重油转化、焦炭选择性以及其他产品分布会受到一定的影响。另外，L 酸碱对化合物的含量并非越高越好，而是存在一个最佳含量。筛选最优的分子筛和载体制备了重油裂化催化剂 DOS-C1，同时引入 L 酸碱对化合物制备了降硫裂化催化剂 DOS-C2，并进行了对比评价，结果如表 6-60 所示。可以看出，DOS-C1 催化剂较工业降烯烃催化剂具有较低的重油产率，总液收率增加；DOS-C2 催化剂比工业降烯烃催化剂具有较低的汽油烯烃含量，而且汽油硫含量可降低 26.5%。

表 6-59　不同类型 L 酸碱对化合物对 FCC 催化剂反应性能及降硫效果的影响

项目	催化剂				
	ROS-5	ROS-2	ROS-4	ROS-3	ROS-1
L 酸碱对类型	E	B	D	C	A
L 酸碱对类型	最强	次强	中等	次弱	最弱
产品分布(质量分数)/%					
液化气	10.4	9.9	11.0	10.9	10.9
焦炭	2.3	1.8	1.9	1.8	1.9
汽油	55.1	54.9	55.9	57.0	56.7
柴油	19.8	20.2	18.6	18.8	19.3
重油	12.4	13.2	12.6	11.5	11.2
合计	100.0	100.0	100.0	100.0	100.0
重油转化率(质量分数)/%	67.8	66.6	68.8	69.7	69.5
汽油烯烃含量(体积分数)/%	18.62	21.06	17.97	18.04	17.44
汽油硫含量/(μg/g)	386.1	403.7	414.8	491.8	498.1

注：反应温度 482℃，空速 16h⁻¹，剂油比 3。

表 6-60 降硫催化剂与重油催化剂及工业降烯烃催化剂的对比评价结果

项目	DOS-C1 催化剂	DOS-C2 催化剂	工业降烯烃催化剂
产品分布(质量分数)/%			
干气	1.40	1.38	1.39
液化气	17.55	17.32	14.12
焦炭	7.53	7.58	7.52
汽油	54.74	53.50	55.00
柴油	13.11	13.55	15.55
重油	5.67	6.67	6.43
合计	100.0	100.0	100.0
转化率(质量分数)/%	81.22	79.78	78.02
液体总收率(质量分数)/%	85.40	84.37	84.67
汽油烯烃含量(体积分数)/%	13.65	15.98	17.19
汽油硫含量/(μg/g)	530.0	400.8	545.1

注:反应温度 500℃,空速 16h^{-1},剂油比 5.92。

(2) CGP-2 降硫催化剂

MIP-CGP 工艺是中国石化石油化工科学研究开发的多产异构烷烃的催化裂化技术,以重质原料油为原料,采用由串联提升管反应器构成的新型反应系统,在第二反应区内提升管变径,强化双分子反应的深度,在较多烷烃分子存在的情况下,促进汽油硫化物向无机硫的转化,从而脱除汽油中的硫。另外,由于 MIP 汽油中含有较少的烯烃,减少了无机硫与汽油烯烃结合的概率,进而减少了汽油硫化合物的生成量,这使得 MIP 技术具有降低汽油硫含量的效果[118]。汽油硫含量与原料硫含量的关系见表 6-61[119]。与常规催化剂相比,MIP-CGP 降低汽油硫含量 24.4%,若考虑原料硫含量的影响,则硫含量降低了 42.7%。

表 6-61 汽油硫含量与原料硫含量的关系

项目	FCC-常规催化剂	FCC-降烯烃催化剂	MIP-CGP
原料硫含量(质量分数)/%	0.727	0.658	0.960
汽油硫含量/(μg/g)	850	650	643
汽油硫占原料硫的比例(质量分数)/%	11.69	9.88	6.70

CGP-2 催化剂由石油化工科学研究院和催化剂齐鲁分公司联合开发[120],具有降烯烃和降硫双效功能。MIP-CGP 技术的第二反应区具有较低反应温度和较长停留时间等特征,有利于增强降低汽油烯烃、硫含量所需的氢转移反应。为了实现降硫和降烯烃复合功效,CGP-2 催化剂同时具备较高的氢转移反应和硫化物吸附活性中心,可以对汽油馏分中小分子噻吩类硫化物进行可逆化学吸附,增加其参与氢转移反应的概率,从而进一步裂化为 H$_2$S;对较大分子的噻吩类、苯并噻吩类硫化物进行不可逆化学吸附,促进其脱氢、缩合,并最终沉积在催化剂表面;另外,CGP-2 催化剂基质的吸附作用可以抑制大分子硫

化物的烷基侧链的裂化，使硫化物停留在较重的裂化产物中。在催化剂研发过程中，对汽油中噻吩类硫化物具有吸附作用的稳定组分 L 酸碱对固定在基质上，促使硫化物转移到焦炭和干气中；同时强化了分子筛的选择性氢转移活性，复配基质适度的酸性和适宜的孔结构，从而增强了催化剂的抗重金属污染能力，并改善了焦炭选择性。

2005 年 8 月在沧州炼油厂 MIP 催化装置上工业应用[121]，如表 6-62～表 6-64 所示，与 CGP-1Z 相比，CGP-2 催化剂可使催化裂化稳定汽油硫含量降低 30.32%，并提高了丙烯选择性，液体总收率增加 0.57 个百分点。

表 6-62　沧州 MIP-CGP 装置原料油性质和产品分布

项目	空白标定	中间标定	总结标定
密度(d_4^{20})/(kg/m³)	931.7	926.5	931.4
残炭(质量分数)/%	2.56	2.35	3.69
硫(质量分数)/%	0.68	0.67	0.67
产品分布(质量分数)/%			
干气	3.53	3.42	3.21
液化气	19.44	19.25	20.35
汽油	35.11	32.17	32.70
柴油	27.52	30.94	29.59
油浆	5.61	5.04	4.54
焦炭	8.62	8.83	9.51
损失	0.17	0.35	0.10
总液收率(液化气＋汽油＋柴油)(质量分数)/%	82.07	82.36	82.64
丙烯产率(对进料)(质量分数)/%	7.78	7.85	8.94

表 6-63　沧州 MIP-CGP 装置稳定汽油性质

项目	空白标定	中间标定	总结标定
密度(d_4^{20})/(kg/m³)	734.0	721.1	727.3
馏程/℃			
初馏点	32	38	31
50%	80	79	80
干点	175	176	175
MON/RON	79/93.5	81/93.1	81/93.0
硫(质量分数)/%	0.084	0.061	0.058
蒸气压/kPa	74	71	72
诱导期/min	300	491	750
芳烃(体积分数)/%	20.6	18.7	21.8
烯烃(体积分数)/%	33.7	37.4	33.9

表 6-64 沧州 MIP-CGP 装置汽油硫含量变化

项目	原料硫含量（质量分数）/%	汽油硫含量（质量分数）/%	汽油硫含量/原料硫含量（硫传递系数）
空白标定值	0.68	0.084	0.124
中间标定值	0.67	0.061	0.091
总结标定值	0.67	0.058	0.086
中间比空白标定值下降（质量分数）/%			−26.61
总结比空白标定值下降（质量分数）/%			−30.32

（3）CGP-S 增强降硫裂化催化剂

Lappas[122]研究表明，在催化裂化过程中，镍与钒两种金属的脱硫效果非常好，尤其是高价态的钒。但是，钒氧化物的流动性会导致发生催化剂中毒和失活的现象。王鹏等[123]研究了稀土对含钒氧化物催化裂化降硫剂结构和性能的影响，实验表明，稀土元素 La、Ce 可与 V 形成高熔点的复合氧化物 $CeVO_4$、$LaVO_4$，使氧化钒的还原温度升高，晶格氧的活性下降。为了增加噻吩的反应活性，在稀土钒酸盐中引入了镁，La-Mg-V 上噻吩的转化率明显提高。将这种复合氧化物以 10% 加入催化剂中，以硫质量分数为 2.0% 的 VGO 为原料，在连续固定床微反装置上进行对比评价，FCC 汽油硫质量分数可降低 67.2%，其降硫和综合反应性能明显优于添加 V_2O_5 和 MgV_2O_6 的催化剂（表 6-65）。

表 6-65 催化剂的重油裂化活性及裂化产品分布

项目	空白	V_2O_5	MgV_2O_6	La-Mg-V
催化剂/原料油（质量比）	4.0	4.0	4.0	4.0
产品分布（质量分数）/%				
干气＋液化气	12.1	11.4	13.3	11.8
焦炭	2.0	2.1	2.9	1.9
汽油（C_{5+}）	60.4	50.2	56.2	61.1
柴油（221～343℃）	17.1	19.0	17.2	17.0
重油（＞343℃）	8.4	17.3	10.4	8.2
重油转化率（质量分数）/%	74.5	63.7	72.4	74.8
汽油硫含量/(μg/g)	722.6	491.5	358.4	237.0

田辉平等[115]在载体中添加了不同含量 MAF 复合金属氧化物，实验室评价表明，随着 MAF 增加，重油转化率和汽油收率都逐渐下降，干气和焦炭产率增加。说明尽管复合金属氧化物的熔点较高，但仍然会对分子筛的裂化活性中心造成一定的毒害。加入少量复合金属氧化物后，降低汽油硫效果比较明显，当复合金属氧化物含量为 2% 时，汽油硫含量下降 158.2μg/g（表 6-66）。说明在 L 酸中心加入量适当的情况下，由于对 B 酸中心的毒害较小，可以更有效发挥与 B 酸中心的协同作用。而当复合氧化物含量增加到 3% 以后，汽油硫含量反而开始增加，说明过多的复合氧化物对脱硫反应不利。

表 6-66　加入不同含量 MAF 复合金属氧化物催化剂的反应结果

项目	C1	C2	C3	C4	C5
复合金属氧化物(质量分数)/%	0	1	2	3	4
产品分布(质量分数)/%					
干气	2.00	2.02	2.07	2.24	2.49
液化气	25.12	25.05	25.18	26.21	25.05
焦炭	8.94	9.24	9.60	10.38	10.97
汽油	44.57	42.97	39.46	33.85	30.43
柴油	12.98	11.85	14.47	16.70	19.24
重油	6.39	8.87	9.22	10.62	11.82
重油转化率(质量分数)/%	80.63	79.28	76.31	72.68	68.94
汽油硫含量/(μg/g)	395.7	292.0	237.5	301.3	380.9

　　噻吩类硫化物约占硫化物总量的 80% 以上，因此噻吩类硫化物的转化是降低 FCC 汽油硫含量的关键。由于硫化物上的硫原子具有孤对电子，属于 L 碱，较易被 L 酸中心吸附，因此金属氧化物的存在有利于噻吩的吸附。Harding 等[124]研究表明：吸附后的噻吩分子，需要由 B 酸中心经氢转移反应将噻吩环饱和，饱和后生成的四氢噻吩环可进一步裂化为丁二烯和 H_2S。因此只有合理发挥 B 酸中心和 L 酸中心的协同作用，才能实现最大幅度降低汽油硫含量的目的。

　　在上述富含 L 酸的载体复合氧化物研究和 CGP-2 催化剂开发的基础上，复配具有强 B 酸性质的稀土改性 Y 分子筛活性组元，并在成胶过程中加入适量的硅溶胶调节催化剂的 L 中心数量及酸强度，使吸附后的噻吩类硫化物在 B 酸和 L 酸中心相互匹配产生协同作用，从而实现最大幅度降低汽油硫含量的目的，研制开发了 CGP-S 增强型降硫裂化催化剂[115,123]。该催化剂在中国石化沧州分公司 MIP 催化装置上进行了工业应用[125]，三次标定的产品分布见表 6-67，汽油、柴油性质分别见表 6-68、表 6-69。结果表明，与空白标定相比，两种降硫催化剂的油浆产率降低，焦炭产率略有上升，总液收率有所增加，产品收率较好；CGP-2 催化剂的汽油硫含量降低 31.1%，CGP-S 的汽油硫含量可降低 47.0%，同时对柴油硫含量也有一定的降低作用。

表 6-67　三次标定的产品分布

项目	空白标定	CGP-2 总结标定	CGP-S 总结标定	
新鲜进料量/(t/d)	3317	2992	3264	3264
汽油干点/℃	175	175	205	175
产品分布(质量分数)/%				
干气	3.53	3.21	3.48	3.48
液化气	19.44	20.35	19.01	19.01
汽油	35.11	32.70	36.70	34.06
柴油	27.52	29.59	26.53	29.17

续表

项目	空白标定	CGP-2 总结标定	CGP-S 总结标定	
油浆	5.61	4.54	5.15	5.15
焦炭	8.62	9.51	8.96	8.96
损失	0.17	0.10	0.17	0.17
转化率(质量分数)/%	66.70	65.77	68.15	65.51
总液收率(质量分数)/%	82.07	82.64	82.24	82.24
汽油选择性/%	52.64	49.72	53.85	51.99

表 6-68 稳定汽油性质

项目	空白标定	CGP-2 总结标定	CGP-S 总结标定	
			初馏点～205℃	初馏点～175℃ [1]
密度(d_4^{20})/(kg/m³)	734.0	727.3	736.3	718.3
馏程/℃				
初馏点	32.0	31.0	38.0	35.9
50%	80.0	80.0	91.0	76.7
干点	175.0	175.0	201.0	175.0
辛烷值				
MON	79.0	81.0	81.0	82.0
RON	93.5	93.0	92.9	94.2
硫(质量分数)/%	0.0840	0.0579	0.0534	0.0445
蒸气压/kPa	74	72	61	70
诱导期/min	300	750	897[1]	393
汽油族组成(FIA)(体积分数)/%				
饱和烃	45.70	44.30	46.87[2]	50.80
烯烃	33.70	33.90	30.28[2]	29.90
芳烃	20.60	21.80	22.85[2]	19.30

① 石科院分析数据。

② 气相色谱法。

表 6-69 轻柴油性质

项目	空白标定	CGP-2 总结标定	CGP-S 总结标定
密度(d_4^{20})/(kg/m³)	926.6	936.7	949.2
十六烷值			<19.4[1]
苯胺点/℃			<25[1]
馏程/℃			
初馏点	161	154	143
50%	264	258	275
95%	342	360	370

续表

项目	空白标定	CGP-2 总结标定	CGP-S 总结标定
凝点/℃	−25	−18	−19
ρ(氮)/(mg/L)			1057[①]
元素组成(质量分数)/%			
C			90.03[①]
H			9.82[①]
S	0.792	0.530	0.648

① 石科院分析数据。

(4) LDO-70S 降硫催化剂

中国石油石油化工研究院针对 FCC 汽油直接降硫的需求，开发了 LDO-70S 降低汽油硫含量重油裂化催化剂[126]。主要涉及思路包括：①通过钒及其他金属对黏土改性生成金属-莫来石结构，以防止金属不稳定迁移对分子筛的破坏；②采用对硫具有较强吸附能力的过渡金属进行改性；③采用部分具有高氢转移活性的稀土改性分子筛作为活性组分，促进硫化物转化分解为 H_2S 脱除。研制的 LDO-70S 具有很强的吸附硫化物能力以及原位降硫功能。

LDO-70S 在中国石油兰州石化分公司 1.40Mt/a 催化装置上的工业试验表明（表 6-70），在可比条件下，使用催化剂 LDO-70S 后，油浆收率降低 2.90 个百分点，汽油和柴油收率分别提高 2.19、0.95 个百分点，总液收率上升 2.92 个百分点；试验期间统计表明（图 6-41～图 6-44），随着装置运行时间的延长，汽油烯烃含量降低，最大降幅约 18 个百分点，10 天以后稳定在较低的范围；汽油硫含量明显下降，最大降幅大于 40%，硫转移系数（STC＝汽油硫含量/原料硫含量）降低，同时也有效脱除了柴油硫，其硫质量分数由 0.40% 降低至 0.25%。

表 6-70　LDO-70S 催化剂工业试验数据对比

项目	试验前	试验后
产品分布(质量分数)/%		
干气	4.00	4.00
液化气	15.78	15.56
汽油	45.54	47.73
柴油	20.07	21.02
油浆	5.75	2.85
焦炭	8.50	8.50
损失	0.36	0.34
轻收(汽油＋柴油)(质量分数)/%	65.61	68.75
总液收率(质量分数)/%	81.39	84.31

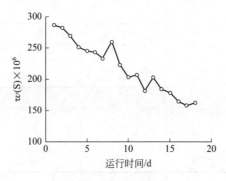

图 6-41　精制汽油硫质量分数的变化趋势

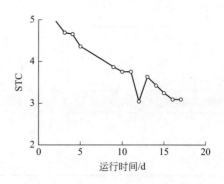

图 6-42　STC 硫转移系数变化趋势

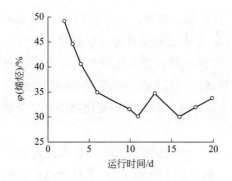

图 6-43　精制汽油烯烃含量变化趋势

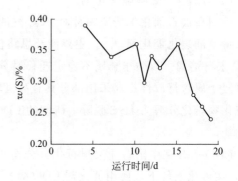

图 6-44　柴油硫质量分数的变化趋势

（5）降硫技术进展

降低硫含量是汽油质量升级的关键指标，就国内来说，以中国石化石油化工科学研究院为代表的研发机构持续在稀土催化降硫方面进行研究开发，不断取得新进展。

专利 CN104549489B[127] 介绍了一种脱硫催化剂及其制备与烃油脱硫的方法，该脱硫催化剂含有 SAPO 分子筛、氧化稀土、氧化铝、氧化硅、氧化锌和活性金属钴、镍、铁和锰中的至少一种，其中 SAPO 分子筛的孔道结构内不含稀土元素，脱硫催化剂的 XRD 谱图中存在稀土-铝复合氧化物的立方晶系特征峰。该专利技术也是利用硫化物的 L 碱性质，能够被具有 L 酸性质的活性中心选择性吸附来设计实现的。

目前实现工业应用的汽油脱硫技术是 S Zorb 技术，可在汽油辛烷值损失小于 0.5 的前提下将汽油中的硫质量分数降至 $10\mu g/g$ 以下，该技术已在国内 27 家炼油厂推广应用。S Zorb 技术所用的催化剂脱硫活性不稳定，易生成硅酸锌、铝酸锌使催化剂失活，王鹏等[128] 研究了稀土 La、Ce 对还原后的 Ni-ZnO 催化剂电子结构的调变作用，发现 La^{3+} 和 Ce^{3+} 在催化剂外表面富集，并与 Ni 之间存在相互作用，电子由 Ni 偏向 La^{3+} 和 Ce^{3+}，使 Ni 的电子不饱和度增加，从而增强其对硫化物中孤对电子的吸附，使 Ni-ZnO 催化剂脱硫活性增强。并且使用 Ce 改性的催化剂，在相同脱硫率下，汽油研究法辛烷值增加 0.3 个单位。

王鹏等[129] 的研究还表明，采用胶溶法制备的锌铝尖晶石具有较好的裂化脱硫活性，在锌铝尖晶石的合成过程中加入少量的 RE_2O_3，可以提高其比表面积稳定性，进而提高其裂化脱硫性能。在工业催化剂中加入 10％锌铝尖晶石助剂，可使催化裂化汽油的硫含量降低 30％以上。

石油大学的李春义等[130]以 Y 型沸石作为催化剂主要活性组分，稀土（可以是 La、Ce、Pr、Nd 或 Sm 的氧化物或几种氧化物）作为催化剂氢转移反应的促进剂，而具有大比表面积和适宜酸性的金属氧化物和多种金属氧化物组成的复合氧化物（可以是 Cu、Zn、Zr、Fe、Al、Ga、Ti 等的一种或几种氧化物）作为催化剂的载体，制备了一系列具有降低汽油硫含量功能的催化裂化催化剂。流化床评价表明，在基本不影响反应产品分布的情况下，与常规催化剂相比，该催化剂可降低汽油硫含量约 40％。

综合分析，为了实现在催化裂化过程中降低汽油硫含量的目的，通过使原料油中硫化物裂化分解转化成 H_2S，或者吸附在催化剂上，在催化剂再生过程中转化为 SO_x。在催化剂方面，营造有利于硫化物裂化分解的反应空间和环境，采用稀土提高分子筛的活性稳定性和裂化反应选择性，使催化剂能够持续地提供正碳离子，保证催化裂化反应的持续进行。通过功能催化材料调节催化剂的酸性分布，适当增强 L 酸性中心，以改善对具有 L 碱性性质的硫化物的选择性吸附与裂化反应能力，从而使 FCC 汽油硫化物能够及时扩散、选择性吸附到活性中心上，并在 B 酸与 L 酸的协同作用下，实现硫化物的有效转化分解和脱除。

第五节　高辛烷值/多产丙烯催化剂

一、市场需求

长期以来，影响我国汽油质量的一个重要问题是辛烷值偏低。汽油辛烷值是评价汽油品质的一个关键指标，用于衡量汽油抗爆性能的好坏。辛烷值低意味着汽油机压缩比低，燃料消耗量大，能耗高。如果车用汽油辛烷值偏低，则发动机容易发生爆震，影响其正常工作。汽油的辛烷值与其族组成有关，汽油中芳构化、异构化和烯烃组分越多，则汽油的辛烷值越高。

我国的车用汽油目前仍有约 70％来自 FCC 汽油，FCC 汽油烯烃含量平均在 40％，大幅度高于国Ⅵ汽油标准的 15％或 18％（GB 17930—2016）。可以通过汽油加氢等技术降低其烯烃含量，但大幅度降低汽油烯烃含量必然会引起汽油辛烷值的损失。同时，在炼油企业由"燃料型"向"化工型"转型的过程中，必然要求重质油更多地转化成低碳烯烃，尤其是 FCC 过程多产丙烯显得十分迫切。因此，降低汽油烯烃的同时，提高汽油辛烷值已成为炼化产业面临的迫切任务。开发高辛烷值/多产丙烯 FCC 催化剂对于改善我国汽油质量和炼厂经济效益具有重要意义，这类催化剂具有持续的市场需求。

二、反应原理

由于氢转移反应能使汽油中的烯烃含量显著降低，但氢转移反应产生的直接后果是汽油的饱和度大大提高，使汽油辛烷值明显降低，因此要保证催化裂化产品汽油具有较高的辛烷值，必须限制氢转移反应的转化深度。氢转移活性低的超稳 Y 分子筛催化剂产生的催化汽油富含烯烃，其辛烷值高。热裂化、异构化、芳构化、环化反应均能使汽油辛烷值有所提高，但热裂化反应造成了 FCC 反应过程中的气体产率过高，产品分布变差，因此对热裂化反应应该抑制。FCC 汽油中的烃类族组成的辛烷值顺序为：芳烃＞烯烃＞异构烷烃＞环烷烃＞正构烷烃。表 6-71 是汽油中各单体烃的辛烷值，可以看出，相同碳数的烃类，异构烃的辛烷值远高于同碳数的烷烃，且异构化程度越高，异构产物的辛烷值也越高。因此，要提高汽油辛烷值，需要增加汽油中芳烃、烯烃和多支链异构烷烃含量，减少环烷烃和正构烷烃含量。另外，随着汽油组成中烃类碳数减少，其辛烷值增高，因此，通过强化低辛烷值组分的裂化，使直链烷烃裂化成烯烃，使环烷烃裂化成烯烃。选择具有高效择形裂化的分子筛材料可以促进汽油组成的短链化，在增加汽油辛烷值的同时，达到增产丙烯的目的。

表 6-71　汽油馏分中各组分的辛烷值

烃类型	研究法（RON）	马达法（MON）
烷烃		
异戊烷	92.3	90.3
正戊烷	61.7	61.9
2,2-二甲基丁烷	91.8	93.4
2,3-二甲基丁烷	103.6	94.3
2-甲基戊烷	73.4	73.5
3-甲基戊烷	74.5	74.3
正己烷	24.8	26
2,2-二甲基戊烷	92.8	93
2,3-二甲基戊烷	91.1	89
2-二甲基己烷	42.4	45
3-二甲基己烷	65	69.3
2,2,3-三甲基丁烷	112.4	101
2,2,4-三甲基戊烷	100	97
正庚烷	0	0
烯烃		
1-戊烯	90.9	77.1
2-甲基-1-丁烯	118	108
2-甲基-2-丁烯	97.3	84.7
1-己烯	76.4	68.4
1-庚烯	53	66
环烷烃		
环戊烷	100	85

烃类型	研究法(RON)	马达法(MON)
甲基环戊烷	91.3	90
环己烷	83	77.2
芳烃		
甲苯	124	112
二甲苯	146	127

三、设计开发与应用

基于催化裂化反应和汽油族组成与辛烷值关系的认识，高辛烷值 FCC 催化剂应该具有较强的异构化、芳构化和环化反应能力，适当的氢转移反应活性。因此，在高辛烷值催化剂设计中，多采用中低稀土超稳 Y 分子筛作为主要活性组分，以控制氢转移活性，复配一定的高效择形裂化的分子筛材料作为辅助活性组分，改善芳构化和异构化功能并多产丙烯。

1. LIP 系列高辛烷值多产丙烯催化剂

综合研究多产丙烯与重油转化、金属污染以及降低汽油烯烃含量几个关键问题之间的矛盾关系，中国石油石化院对超稳稀土 Y 与功能化 ZSM-5 分子筛二元活性组分进行复合氧化物改性，适当控制氢转移活性和增强抗钒、镍重金属污染性能，提高了择形裂化和芳构化性能；复配 NPM 改性高岭土中大孔基质，强化了重油裂化性能，设计开发了 LIP-200B 高辛烷值催化剂[131]。该催化剂在兰州石化公司催化剂厂进行工业生产，并在该公司 1.40Mt/a 重催装置上进行了工业试验，试验的原料性质列于表 6-72，可以看出，原料的重金属含量，尤其是钒含量超过 $30\mu g/g$，属于比较罕见的超高重度金属污染水平。

表 6-72　原料性质分析

项目	加入前	加入后
密度(d_4^{20})/(kg/m³)	899.2	908.5
康氏残炭(质量分数)/%	5.68	6.10
馏程/℃		
初馏点	235	245
5%	350	340
10%	391	378
30%	435	446
50%	470	488
族组成(体积分数)/%		
饱和烃	61.5	60.9
芳烃	29.4	24.3
胶质及沥青质	9.1	14.7

续表

项目	加入前	加入后
重金属含量/(μg/g)		
Ni	9.23	9.16
V	34.23	34.24

从表 6-73 和表 6-74 分析,使用 LIP-200B 催化剂后,产品分布发生了较大变化,焦炭和干气产率大幅度降低,汽油产率降低 0.91 个百分点,柴油产率增加 1.72 个百分点,总液收率提高 4.90 个百分点,丙烯产率提高 2.27 个百分点。造成如此大的产品分布变化是因为 LIB-200B 具有很强的抗重金属污染能力。有数据表明,LIP-200B 平衡催化剂上钒和镍的质量分数分别高达 1.18% 和 1.16%,催化剂却保持了较高的比表面积和微反活性。另外,LIP-200B 催化剂加入后,稳定汽油产品中烷烃含量变化不大,烯烃含量下降了 1.8 个百分点,芳烃含量上升 1.5 个百分点,研究法辛烷值提高 1.1 个单位,显示了良好的提高汽油辛烷值功能。

表 6-73　FCC 装置的产品分布

项目	加入前	加入后
原料油组成(质量分数)/%		
减压蜡油	61.57	59.20
减压渣油	32.62	34.00
其他	5.81	6.79
产品分布(质量分数)/%		
液化气	11.41	15.50
汽油	43.79	42.88
柴油	23.14	24.86
油浆	3.86	5.62
焦炭+干气	17.80	11.15
总液收率(质量分数)/%	78.34	83.24
丙烯产率(质量分数)/%	4.92	7.19

表 6-74　汽油质量分析

项目	加入前	加入后
密度(d_4^{20})/(kg/m³)	724.0	722.7
族组成(体积分数)/%		
烷烃	40.7	41.0
烯烃	40.9	39.1
芳烃	18.4	19.9
诱导期/min	333.7	1120.0

续表

项目	加入前	加入后
馏程/℃		
初馏点	27.5	37.0
10%	45.0	49.0
50%	96.0	94.0
90%	168.0	167.5
终馏点	195.0	195.0
研究法辛烷值	90.4	91.5

此外，LIP-300 催化剂在兰州石化公司 3.00Mt/a 重催装置上进行了应用[132]，结果表明，在可比条件下，使用 LIP-300 催化剂后，油浆产率、柴油收率分别降低 1.05、2.73 个百分点；汽油、液化气、丙烯收率分别提高 0.94、2.48、1.04 个百分点；汽油烯烃含量下降 1 个百分点；汽油 RON 辛烷值提高 0.6 个单位。

2. LDR 系列高辛烷值多产丙烯催化剂

为了平衡氢转移活性和芳构化与择形裂化性能，中国石油兰州化工研究中心设计引入高氢转移活性的中高稀土 Y 分子筛和低稀土超稳 Y 分子筛复合组元，复配高丙烯选择性 ZSM-5 分子筛，研究制备了 LDR-100 高辛烷值催化剂[133]。

在 XTL-5 型小型提升管反应装置（原料处理能力为 1.4~2.0kg/h，催化剂藏量为 4.0kg）上进行了评价，以兰州石化公司 3.00Mt/a 重催装置原料油为原料，在剂油比 6.9、反应温度为 520℃、反应时间为 1.82s 的条件下，评价结果如表 6-75 所示。可以看出，与对比催化剂相比，使用 LDR-100 催化剂，重油产率降低 1.45 个百分点，丙烯产率提高 0.74 个百分点，总液收率增加 1.08 个百分点，汽油烯烃含量降低 6.13 个百分点，汽油的辛烷值提高 0.7 个单位，显示了较好的重油转化和增加汽油辛烷值的功能。

表 6-75　LDR-100 催化剂中试对比评价结果

项目	专用催化剂	LDR-100 催化剂
产品分布（质量分数）/%		
干气	2.08	2.06
液化气	25.15	26.12
汽油	44.27	42.06
柴油	13.92	16.25
重油	6.17	4.72
焦炭	8.15	8.51
丙烯产率（质量分数）/%	10.81	11.55
转化率（质量分数）/%	79.91	79.03
总液收率（质量分数）/%	83.34	84.43

续表

项目	专用催化剂	LDR-100 催化剂
汽油族组成(体积分数)/%		
正构烷烃	4.71	4.85
异构烷烃	24.07	25.68
烯烃	42.74	36.61
环烷烃	9.53	8.41
芳烃	18.95	24.46
汽油辛烷值		
MON	83.3	83.8
RON	93.9	94.6

在 LDR-100 催化剂的基础上,中国石油兰州石化公司和兰州化工研究中心联合开发了 LDR 系列催化剂,适用于要求提高汽油辛烷值和丙烯收率的重油催化裂化工艺装置,先后在广西东油沥青、哈尔滨石化、锦西石化、金陵石化、惠州炼化、新加坡炼厂等多套催化裂化装置得到工业应用,取得良好应用效果[134]。典型应用结果如下:

(1) 广西东油沥青公司应用

2010 年,LDR-100 催化剂在该公司 0.50Mt/a 催化装置应用,中期标定表明:LDR-100 催化剂藏量达到 50% 时,与空白相比,总液收率增加了 0.29 个百分点,汽油烯烃含量降低了 3 个单位,汽油辛烷值增加了 1.7 个单位;2010 年 9 月,在催化剂藏量达到 80% 时,汽油辛烷值 3 次分析结果为 92.7、92.6 和 92.6,增加 3.3~3.4 个单位,同时,装置剂耗由 2.2kg/t 降至约 1.85kg/t,显示了良好的应用效果。

(2) 哈尔滨石化应用

2014 年 4 月,LDR-100HRB 催化剂在该公司 0.6Mt/a MIP-CGP 工艺装置进行试验。在可比条件下,与空白相比,终期标定的柴油产率增加 0.40 个百分点,液化气产率增加 3.52 个百分点,丙烯含量明显增加,干气产率降低 0.38%,焦炭产率降低 0.58%,油浆产率降低 0.67%,总液收率增加 0.96 个百分点;汽油烯烃含量增加 4.7 个百分点,汽油 MON 辛烷值增加 1.5 个单位,汽油 RON 辛烷值增加 1.3 个单位。该催化剂在应用中表现出重油转化能力强、目的产品收率高、汽油辛烷值高的特点。

(3) 锦西石化公司应用

LDR-100 催化剂在该公司重催装置上进行应用。标定结果表明:LDR-100 催化剂与原有催化剂配比使用,能够较大程度地提高汽油辛烷值和增产液化气。与空白相比,30% 标定柴油和液化气产率分别提高 0.56 和 1.13 个百分点,汽油产率降低 1.73 个百分点,轻油产率下降 1.17 个百分点,丙烯产率增加,总液收率基本不变。

3. CGP-C 高辛烷值裂化催化剂

针对吉林石化公司生产高辛烷值汽油的需求,中国石化石油化工科学研究院对新配方 CGP-C 催化剂中 Y 型分子筛进行酸性调变,降低了催化反应中氢转移反应,抑制了反应过程中汽油中烯烃向烷烃的形成,适当增加汽油烯烃含量,并引入合适硅铝比的择形分子筛组元，以有效裂化汽油中低辛烷值的正构烷烃，提高汽油中的异构烷烃含量，从而提高汽油辛烷值[135]。

新配方 CGP-C 催化剂在吉林分公司炼油厂 1.40Mt/a 催化装置进行了应用，该装置为内提升管反应器、烧焦罐加二密床两段再生，反应再生两器并列式布置。装置主要加工大庆石蜡基类原料，减压渣油掺渣比为 35％，掺炼焦化蜡油 8％～10％，其余为直馏蜡油。应用表明，使用该催化剂后，液化气产率提高 1.0 个百分点，汽油产率降低 1.1 个百分点，柴油产率基本不变，焦炭产率降低 0.2 个百分点，表明新配方 CGP-C 催化剂具有优良的焦炭选择性。稳定汽油性质列于表 6-76，该催化剂使用后汽油研究法辛烷值达到93.1，比使用前提高了 1.6 个单位，其中，汽油烯烃含量增加 3.8 个百分点，汽油芳烃体积分数增加 0.7 个百分点，达到了高汽油辛烷值催化剂技术设计效果。

表 6-76　稳定汽油性质

项目	加入前	加入后
密度(d_4^{20})/(kg/m³)	711.6	711.6
馏程/℃		
初馏点	33	34
10％	48	49
50％	76	77
90％	161	161
干点	190	191
蒸汽压/kPa	54.0	55.0
诱导期/min	688	696
研究法辛烷值	91.5	93.1
饱和烃(体积分数)/％	52.1	47.6
烯烃(体积分数)/％	30.3	34.1
芳烃(体积分数)/％	17.6	18.3

4. LOG-90 高辛烷值裂化催化剂

为了减少汽油加氢过程的辛烷值损失，必须提高催化裂化汽油中芳烃和异构烃的比例。针对该需求，中国石油兰州化工研究中心采用 REUSY 分子筛和表面贫铝的 ZSM-5 分子筛，适当降低催化剂的稀土含量，维持中等水平的氢转移活性，强化了芳构化反应性能，并提高异构烃与正构烃对比例，研究开发了 LDO-90 高辛烷值裂化催化剂[136]。

2011 年，该催化剂在兰州石化催化剂厂进行了工业生产，催化剂氧化稀土含量 1.9％，17h 微反活性为 59％，同年在某炼油厂 1.2Mt/a 催化装置上进行了工业试验。与空白相比，75％标定的总液收率基本不下降，液化气产率增加 4.35 个百分点，汽油产率下降 3.02 个百分点，油浆和焦炭产率基本不增加（表 6-77），汽油研究法辛烷值上升 1.57 个单位（表 6-78）。另外的数据分析表明汽油的芳烃含量增加 4.33 个单位，同时异构烃与正构烃的比例有所上升，实现了通过强化芳构化和异构化提高汽油辛烷值的目的。

表 6-77 物料平衡

项目	空白标定	50%标定	75%标定
产品分布(质量分数)/%			
干气	3.90	3.90	3.90
液化气	14.77	15.73	19.12
汽油	48.76	47.85	45.74
柴油	20.43	20.76	19.22
油浆	3.30	3.20	3.23
焦炭	8.50	8.22	8.50
损失	0.34	0.34	0.30
轻质油收率(质量分数)/%	69.19	68.61	64.96
总液收率(质量分数)/%	83.96	84.34	84.08

表 6-78 汽油性质

项目	空白标定	50%标定	75%标定
馏程/℃			
初馏点	37.2	35.9	35.0
10%	49.3	48.9	48.0
50%	90.3	89.6	90.0
90%	166.9	166.6	166.5
终馏点	197.2	196.9	196.5
全馏量/%	97	97	97
总硫/(μg/g)	179	241	254
研究法辛烷值	89.93	91.40	91.50

5. LCC-2 多产丙烯/高辛烷值裂化催化剂

针对市场对丙烯的迫切需求，中国石油兰州化工研究中心对 REUSY 分子筛进行孔道"清理"技术，增强重油分子裂化能力和丙烯分子生成效率，采用较高比例的高单位晶体活性 ZSM-5 分子筛，使两者分子筛产生协同作用，同时复配少量氧化稀土（0.6%）和新型多孔基质材料，开发了 LCC-2 多产丙烯高辛烷值裂化催化剂[137,138]，氧化稀土含量 2%～2.5%。该催化剂 2005 年 8 月在兰州石化公司进行了工业生产，累计生产了 3000t 产品，随后在中国石油大庆炼化分公司 1.8Mt/a 的 ARGG 催化装置上进行了工业应用试验。结果表明，与对比专用催化剂相比，LCC-2 催化剂的丙烯产率由 7.83% 提高到 8.88%，增加 1.05 个百分点，汽油研究法辛烷值稳定在 94 左右，增加约 1.5 个单位，显示了较好的增产丙烯和提高汽油辛烷值的功能[139]。

第六节　FCC 家族工艺专用催化剂

一、市场需求

从世界范围炼化产业发展看，炼油能力已达 $50 \times 10^8 \text{t/a}$，轻质油油品需求增长缓慢，汽油需求量在 2020 年后将减少并逐年下降，然而低碳烯烃的市场需求却保持强劲增长态势。2016 年全球丙烯总产能达 1.29×10^8 t/a，同比增长 4.9%，产量 1.01 亿吨，同比增长 3.8%，但仍存在一定缺口[140]。从技术发展趋势看，这个需求缺口将主要由 FCC 专门技术增产丙烯来填补（图 6-45）[141]。我国 2020 年炼油能力将达 9.0×10^8 t/a，开工率约 70%，原油对外依存度上升至 70%，炼油能力过剩 $1.1\times10^8\sim1.3\times10^8$ t/a[142]，汽柴油油品过剩高达 1.4×10^8 t/a[143]。与此对照的是，丙烯等低碳烯烃需求持续增长，2016 年国内丙烯新增产能 338×10^4 t/a，达到 3184×10^4 t/a，丙烯产量 2560 万吨，同比大幅增长 17.4%，仍进口了 290 万吨，供需矛盾比较突出[140]。同时，随着环保压力增大，国内汽柴油质量升级步伐加快，对低硫和低烯烃清洁汽油提出了重大需求。

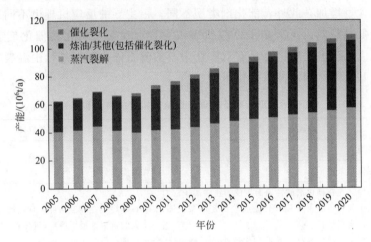

图 6-45　丙烯生产来源分布

在较长时间内，中国炼油工业面临淘汰过剩落后产能的严峻问题，迫切需要从低端"燃料"向高端"化工"转型升级，发展低成本生产清洁油品技术。为此，国内开发了系列 FCC 家族工艺创新技术，包括 DCC（deep catalytic cracking）催化裂解、CPP（catalytic pyrolysis process）催化热裂解、MIP（a FCC process for maximizing iso-paraffins）最大化异构烷烃、MIP-CGP（a MIP process for clean gasoline and propylene）多产清洁汽油与丙烯、MGG（maximum gas plus gasoline）最大液化气与汽油、ARGG（atmospheric residum maximum gas plus gasoline）常渣最大化气体与汽油、MIO（maximum iso-olefins）最大化异构烯烃、MGD（maximum gas and diesel）最大化液化气和柴油等，其中以 DCC 工艺为代表的成套炼油技术已成功进入国际市场，提升了中国炼油工艺水平和国际竞争实力，不断满足我国对低碳烯烃和清洁油品生产的要求。因此，开发 FCC 家族工艺专用催化剂具有重要意义和持续市场需求。

二、反应原理

1. DCC/CPP 工艺

在催化剂作用下，FCC 工艺生产低碳烯烃具有丙烯/乙烯比高、成本低、原料来源广泛等优点，因此，基于 FCC 工艺技术平台，开发以重质原料深度催化裂化直接生产丙烯的技术路线受到各大石油公司和研发机构的高度重视。20 世纪 80 年代末，石油化工科学研究院开发了以重油为原料生产丙烯的 DCC 催化裂解新工艺[144]。催化裂解技术是在催化裂化工艺的基础上发展起来的，将石油烃类在酸性沸石催化剂和高温蒸汽的协同作用下转化为乙烯和丙烯等低碳烯烃的过程。在 DCC 工艺基础上，石油化工科学研究院开发了重油直接制取乙烯和丙烯的 CPP 催化热裂解工艺技术。其反应条件比 DCC 工艺苛刻，反应温度提高约 80℃，较高的再生温度提供更多的反应热。

酸性催化剂和高温反应环境决定了催化裂解反应机理为正碳离子机理和自由基机理共存。正碳离子机理和自由基机理的特点和区别见表 6-79[145]。通常情况下，反应温度低，反应中正碳离子机理占主导，丙烯含量增加，乙烯含量减少；反应温度高，则自由基机理占主导，乙烯含量增加。此外，催化剂类型不同，占主导的反应机理也不同。在酸性沸石催化剂上进行低温裂解，正碳离子反应机理占主导；在金属氧化物催化剂上进行高温裂解，自由基反应机理占主导；在具有双酸性中心的沸石催化剂上进行中温裂解，则正碳离子机理和自由基机理共同发挥重要作用。

表 6-79　正碳离子机理和自由基机理的特点和区别

项目	正碳离子机理	自由基机理
原料	石油烃类	石油烃类
条件	在酸性催化条件下	在高温条件下
过程	①正构烃类先在催化剂酸性表面生成伯正碳离子； ②通过正碳离子的重排反应转变成较稳定的叔正碳离子或仲正碳离子； ③大的叔正碳离子易在 β 位断裂生成小的正碳离子和丁烯； ④大的仲正碳离子进一步在 β 位断裂生成小的正碳离子和丙烯	①石油烃类在高温条件下首先均裂生成自由基； ②大的自由基极不稳定，进一步在 β 位断裂生成小分子乙烯和一个小的自由基； ③小的自由基还可以进一步发生 β 位断裂生成乙烯和更小的自由基
产物	生产的气体产物中丙烯和丁烯的含量较高	生产的气体产物中乙烯和甲烷的含量较高

在反应过程中，氢转移反应和二次裂化反应会影响低碳烯烃的生成。生成的低碳烯烃可发生氢转移反应转变成烷烃，生成的正碳离子也容易与相邻酸性中心上吸附的其他烃分子发生氢转移反应，而减少碳-碳键断裂，导致低碳烯烃的生成减少。烯烃分子裂化反应速率较快且竞争吸附能力较强，容易发生二次裂化反应而分解得到较小的烯烃分子，导致低碳烯烃的生成增加。因此为了多产低碳烯烃，应该抑制氢转移反应（即抑制小分子烯烃的进一步转化），但同时应加强大分子烯烃的二次裂化反应。

2. MIP/CGP 工艺

为了高效转化重油生产低烯烃清洁汽油，促使正、异构烯烃尽可能地转化为异构烷烃和芳烃，中国石化石油化工科学研究院开发了 MIP 最大化异构烷烃的 FCC 技术，MIP 技术的核心在于将烯烃经裂化反应生成和烯烃经氢转移反应转化连成一个整体，使其反应化学在两个不同的反应区进行，以烯烃为结合点，生成烯烃为第一反应区，转化烯烃为第二反应区[146]。

第一反应区的主要作用是，烃类混合物快速和较彻底地裂化生成烯烃，故该区操作方式类似常规催化裂化方式，即高温、短接触时间和高剂油比，该区反应苛刻度应高于催化裂化的反应苛刻度，这样可以在短时间内使较重的原料油裂化生成烯烃，而烯烃不能进一步裂化，保留较大分子的烯烃，同时高反应苛刻度可减少汽油组成中的低辛烷值组分正构烷烃和环烷烃，对提高汽油的辛烷值有利；第二反应区主要作用是，由于烯烃生成异构烷烃既有平行反应又有串联反应，且反应温度低对其生成有利，故该区操作方式"低反应温度和长反应时间"不同于常规催化裂化操作方式，这样既保证烯烃的生成，又促使烯烃反应有利于生成异构烷烃或异构烷烃和芳烃。

MIP 技术突破了常规催化裂化工艺对二次反应的限制，实现了可控性和选择性的二次反应。在 MIP 工艺基础上，该院又开发了 MIP-CGP 生产汽油组分满足欧Ⅲ排放标准并增产丙烯的催化裂化工艺[147]。可见，MIP 系列工艺技术是以重油为原料，采用串联提升管反应器构成的新型反应系统，在不同的反应区设计与烃类反应相适应的工艺条件和专用催化剂，使烃类发生单分子反应和双分子反应的深度和方向得到有效控制，不仅直接生成富含异构烷烃的低烯烃清洁汽油，并且多产低碳烯烃，提高了炼厂经济效益。

3. MGD 工艺

MGD 工艺的目标是要从重油裂化生成尽量多的柴油和液化气，并使汽油中的烯烃和硫化物转化。FCC 反应是平行-顺序反应，在通常的反应条件下，较低的反应深度可以获得高柴油产率，而液化气的产率低；较高反应深度可以得到高液化气产率，而柴油产率低。因此，在通常的 FCC 装置上很难同时多产液化气和柴油。为此，在 MGD 工艺设计时将汽油回炼和分段进料紧密结合为一个体系，形成串级互补反应的独特工艺。如图6-46所示[148]，原料按轻重分别从三个进料口进入提升管，并在提升管上部适当位置打入急冷剂。部分催化裂化汽油（或外来焦化汽油、石脑油）在重质原料（渣油）之前进入提升管，VGO/回炼油在渣油之后进入提升管，急冷剂可采用酸性水。

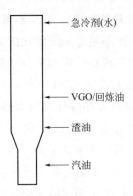

急冷剂(水)

VGO/回炼油

渣油

汽油

图 6-46 MGD 工艺提升管进料口示意图

按照第二章烃分子裂化机理的相关论述，烯烃易于生成正碳离子，然后去攻击烷烃，抽取其中一个负氢离子，生成正碳离子。在反应体系中有烯烃存在时，即使是微量，也将引发正碳离子的迅速生成[149]。烷烃及烯烃形成正碳离子后，裂化反应在带正电荷碳原子 β 位的 C—C 键上发生。直链烷烃在 β 位继续断裂，直至生成丙烯。烷基苯的裂化则是在形成正碳离子后烷基从苯环上断裂，生成苯及烷基正碳离子，然后再失去质子生成烯烃。

按照图 6-46 的进料方式，MGD 工艺具有如下主要特点[148]：①重油和蜡油/回炼油分开进提升管，提高了对重油反应的剂油比，利于提高重油转化率。②部分汽油首先和再生高温催化剂接触，在高苛刻度下，会迅速发生烷烃裂化、烯烃裂化、氢转移、异构化、叠合等反应。由于汽油富含烯烃，烯烃易于在 B 酸上吸附生成正碳离子，催化剂表面因此带着大量的正碳离子[150]。当这些正碳离子表面提升到和重油（渣油）接触时，正碳离子链反应不断传递，促进重油的高效转化。由于具有丰富的正碳离子，大大提高 β 断裂/质子迁移反应之比（β 断裂的最小产物是丙烯，而质子迁移反应的最小产物是乙烯，甚至是 H_2），因而可减少焦炭和干气的生成。由于部分汽油的再反应，汽油中的烯烃进行裂化、氢转移、叠合等二次反应，有效地降低产品中的烯烃含量，同时含硫化合物也经过裂化、氢转移反应而转化，使汽油中的硫含量降低。③蜡油/回炼油进入提升管与经过反应后降温的催化剂接触，苛刻度降低，有利于保留中间柴油馏分，回炼油含有烯烃，进入提升管后也能引发正碳离子的生成，加速反应的进行。④急冷剂在靠近提升管出口注入，起到终止反应的作用，有利于降低干气和焦炭产率及提高整体的剂油比。通过 MGD 工艺，可以多产柴油和液化气，装置掺渣量有所提高，轻质产品收率基本不降低，汽油质量明显改善，不但降低汽油烯烃和硫含量，还提高了辛烷值。

三、设计开发与应用

综合上述反应原理，各种 FCC 家族工艺均以一次重油原料裂化反应为基础，优化烯烃为主的二次反应，使相关的各种复杂的反应协同发生，最大限度获得理想的反应产物。要实现 FCC 家族工艺的设计目的，必须配套设计开发专用催化剂，其设计开发主要兼顾三个方面：①大幅提高活性中心的热和水热稳定性，与常规 FCC 工艺相比，改进工艺的反应温度和再生温度更高，比如 DCC 工艺的反应温度比常规 FCC 工艺的 500℃提高了 30～80℃，而 CPP 工艺则进一步提高约 80℃，再生温度高达 760℃[151]，因此要求各种活性组分具有超强的活性稳定性，往往要制备高硅铝比的分子筛材料，同时进行磷、稀土等元素改性处理。②如何平衡双分子氢转移反应和单分子裂化反应的比例，前者主要发生在改性 Y 分子筛活性中心上，后者则来自以 ZSM-5 为主的择形裂化分子筛活性中心。根据工艺设计需要，比如 DCC 工艺要求其专用催化剂以 ZSM-5 分子筛为主要活性中心，辅助少量改性 Y 分子筛，而 MIP 系列工艺则是以改性 Y 分子筛为主要活性组元，提高了 ZSM-5 等择形裂化组元的含量。③如何平衡正碳离子反应和自由基反应的比例，即 B 酸/L 酸比值的控制，分子筛活性中心主要发生正碳离子反应，而惰性基质（载体）则以自由基反应为主，同时各种改性元素也会引发不同的反应路径，比如稀土、磷等改性往往诱发正碳离子反应，而多数的碱金属、碱土金属和过渡金属主要产生自由基反应。多产乙烯和丙烯的 CPP 工艺，其专用催化剂 CEP 是以镁离子改性且不含稀土的五元环 ZRP-3 分子筛为活性组分，并加入小孔沸石和氧化镁以提高催化剂的烯烃选择性；采用分子筛预水热化处理以提高活性稳定性，对基质活化改性以增强重油转化能力，采用双黏结剂以改善高温抗磨损性能；其活性组分具有较低的 B 酸/L 酸比值，从而表现出更显著的自由基反应特征[152]。

1. DCC 工艺专用催化剂

根据 DCC 工艺的反应特征和产品需求，中国石化石油化工科学研究院首先开发了 CHP 催化剂，该催化剂以 HZSM-5 为活性组元，复合黏土填料和黏结剂而成，取得了一定的应用效果。然而，CHP 催化剂在应用中也表现出转化率和产品收率低的问题。为此，研发人员仔细平衡了单分子反应和双分子反应的比例，采用 ZRP 分子筛和少量改性 Y 分子筛的复合活性组元，并对基质和黏结剂进行改性处理研制了 CRP-1 专用催化剂。其中，所用的 ZRP 分子筛是一种含稀土和磷元素的五元环分子筛，金属元素的引入减缓分子筛的脱铝失活过程，稳定了分子筛的骨架结构，使分子筛在水热条件下保持晶体结构的完整性；金属元素的引入还引起分子筛的孔径变化，使分子筛的孔径变窄，产生了一定的二次微孔。该催化剂通过不同分子筛的孔分布梯度和酸性分布梯度实现了选择性裂化反应，其微反活性比 CHP-1 高 5～6 个单位[153]。

CRP-1 催化剂与 1994 年 5 月在齐鲁石化催化剂厂进行工业试生产 120t，整个生产过程平稳，产品质量稳定。随后，该催化剂在济南炼油厂 0.15Mt/a 的 DCC 装置进行工业试验[153]。与 CHP-1 催化剂（1991 年标定）相比，在反应温度下降 18℃时，剂油比从 12.5 下降到 9.45，回炼比从 0.31 降至 0.04，表明重油转化能力大幅提高；乙烯、丙烯和丁烯产率分别为 3.49%、18.32% 和 14.02%，三烯总收率为 35.83%，降低 2 个百分点，干气产率下降 2.58 个百分点，焦炭产率降低 1.15 个百分点，稳定汽油产率上升 9.2 个百分点，柴油产率下降 4.88 个百分点，液化气基本不变，产品分布明显改善。这是由于 CRP-1 催化剂设计中弱化了热裂化程度和自由基反应，适当强化了双分子氢转移反应，使几种复杂的反应得到优化平衡的结果。

CRP-1 催化剂在多套装置进行了工业应用，其中三套装置的应用条件和结果列于表 6-80 和表 6-81。可以看出，在原料油性质变化不大和反应温度约 550℃、剂油比 9～10.5 条件下，可以获得丙烯 17%～23%、丁烯 14%～17%、乙烯 3.5% 左右的低碳烯烃产率，进一步显示了烃选择性好、重油裂化能力强、活性稳定性高、氢转移活性低、抗磨损性能好等特点[154]。

表 6-80　工业应用的原料油性质和主要操作条件

项目	装置Ⅰ	装置Ⅱ	装置Ⅲ
原料油性质			
密度(d_4^{20})/(g/cm^3)	0.8934	0.9085	0.8605
残炭/%	0.29	0.71	1.13
H/%	12.56	12.52	13.65
主要操作条件			
反应温度/℃	550	546	545
再生温度/℃	708	720	711
剂油比	10.47	9.45	8.88

表 6-81 工业应用的物料平衡数据

项目	装置Ⅰ	装置Ⅱ	装置Ⅲ
产品分布/%			
干气	8.76	9.16	8.15
液化气	38.35	42.00	49.69
汽油	24.37	26.60	23.02
轻油	20.22	13.49	12.12
焦炭	7.62	8.24	6.56
损失	0.68	0.51	0.46
合计	100.00	100.00	100.00
乙烯产率/%	3.68	3.49	3.59
丙烯产率/%	17.34	18.32	22.91
丁烯产率/%	14.04	14.02	17.36

同时，美国 Stone & Webster 公司采用中国石化石油化工科学研究院专利技术为泰国石油化学工业有限公司（缩写为 TPI）设计建造了一套 DCC 装置，其反应器为提升管加密相床层形式，再生器只有密相床烧焦。该装置 1997 年 2 月建成，5 月中旬开始添加催化剂。数据表明，在原料性质变差的前提下，应用 CRP-1 催化剂后，产品分布明显优于设计值，丙烯产率分别高于设计值 0.81 和 0.41 个单位，表明 CRP-1 催化剂对不同原料均具有良好的产品选择性[154]。

DCC-Ⅰ是以生产丙烯为主要气体烯烃的催化裂解Ⅰ型工艺技术，该技术设计为提升管加床层反应器，采用高反应热和大剂油比的苛刻操作条件，导致汽油和柴油的安定性较差，柴油的十六烷值较低[155]。因此，石油化工科学研究院又开发了相对缓和的 DCC-Ⅱ 工艺，采用全提升管反应器，其目的在于生产高辛烷值汽油和丙烯的同时，兼顾异丁烯和异戊烯的生产。催化剂设计必须适当提高催化剂的裂化反应活性，为此，活性组分设计考虑以下原则[155]：①采用硅铝比高的择形裂化分子筛（含磷和稀土的 ZRP）为活性组元，增强热和水稳定性，以适应反应和再生温度高、注水量较大以及剂油比高的工艺条件；②增加水热稳定性强的稀土改性 Y 分子筛的比例以适当提高双分子氢转移活性；③采用多组元分子筛相结合，优化各组元间的配比，使各组元的作用协调进行，催化剂的单分子裂化活性和双分子氢转移活性得以优化平衡。

按照上述设计思路开发了 CIP 催化剂，其微反活性从 50% 提高到 62%，该催化剂工业产品于 1994 年 8～10 月在济南炼油厂 0.15Mt/a 的 DCC 装置上进行工业应用和标定。结果表明，汽油产率达 40.98%，并可获得 12.52%（质量分数）的丙烯、4.57%（质量分数）异丁烯和 5.78%（质量分数）异戊烯，稳定汽油的 RON 大于 95，MON 达到 82.0，应用效果较为理想[156]。

2. MIP 工艺专用催化剂

根据 MIP 工艺双反应区协调反应的原则，中国石化石油化工科学研究院研制开发了 CR-022 催化剂，该催化剂设计中突出了以下方面[157]：①选用性能优化的改性 Y 分子筛组合物，在催化剂制备中引入金属氧化物功能组分，抑制生焦反应；②改性载体的酸性与活性中心可接近性，提高重油转化能力；③开发具有良好芳构化与异构化的催化材料，在降低汽油烯烃含量的同时改善汽油辛烷值。

CR-022 催化剂和对比剂的性质列于表 6-82，可以看出，其新鲜催化剂具有适中的氧化稀土含量和微反活性，与 MLC-500 平衡剂相比，CR-022 平衡剂的氧化稀土含量和反应活性略高，两个平衡剂的其他性质相似。该催化剂在上海高桥石化分公司 1.4Mt/a 的 MIP 装置进行了应用，操作条件和产品分布列于表 6-83。应用结果表明，与 MLC-500 催化剂相比，在 CR-022 催化剂占系统藏量 64％时，反应温度提高 14℃，干气和液化气产率上升，汽油产率下降，油浆产率减少，总液收率略有降低，产品分布较好；催化汽油的烯烃含量下降 5.7 个百分点，芳烃含量增加 5.1 个百分点，汽油辛烷值略有增加[157]。后来又进行了 100％标定，在掺渣率提高约 8 个百分点时，总液收率增加 0.75 个百分点，油浆产率减少 0.46 个百分点，焦炭产率略有降低；汽油烯烃含量不增加，芳烃含量增加 4.5 个百分点，RON 上升 2.9 个单位，MON 上升 0.4 个单位，初步实现了设计目标[158]。

表 6-82 催化剂性质

项目	CR-022 新鲜剂	CR-022 平衡剂	空白 MLC-500 平衡剂
Al_2O_3 含量(质量分数)/%	50	51.4	50.7
Na_2O 含量(质量分数)/%	0.17	0.34	0.52
RE_2O_3 含量(质量分数)/%	2.8	2.2	1.8
比表面积/(m^2/g)	267	100	109
孔体积(水滴法)/(mL/g)	0.36	0.30	0.31
晶胞参数/nm	2.458	2.430	2.428
表观堆密度/(g/mL)	0.73	0.84	0.81
金属含量/(μg/g)			
Ni		11783	11783
V		2408	2072
Fe		4335	5734
Sb		2255	2506
Ca		1928	1786
微反活性/%	76①	63	62

① 经过 800℃、4h 水蒸气老化。

表 6-83 主要操作条件和产品分布

项目	空白标定	专用催化剂标定
操作条件		
反应总进料温度/℃	169	170
提升管出口温度/℃	491	505
再生器温度/℃	691	693

续表

项目	空白标定	专用催化剂标定
再生器压力/MPa	0.236	0.239
反应压力/MPa	0.185	0.195
产品分布(质量分数)/%		
干气＋损失	3.38	4.45
液化气	13.81	14.89
汽油	46.52	45.07
柴油	23.61	23.64
油浆	3.73	2.91
焦炭	8.95	9.04
转化率(质量分数)/%	72.66	73.45
总液收率(质量分数)/%	83.94	83.6

3. MIP-CGP 工艺专用催化剂

MIP-CGP 设定的技术目标是[159]：FCC 汽油馏分的烯烃体积分数小于 18%，丙烯产率大于 8%，同时保持较高的汽油辛烷值，这在常规 FCC 模式下是难以实现的。一般认为，降低汽油烯烃含量的技术思路是强化双分子氢转移反应，在酸密度大的 Y 型分子筛、有利于放热反应发生的中等反应温度和较长的反应时间条件下进行，而增产丙烯则是强化单分子裂化反应，在对小分子烃类有选择性裂化活性的中孔分子筛、有利于吸热反应发生的高温条件下进行[160]，两者之间存在难以调和的矛盾。为了解决这个矛盾而开发的 MIP-CGP 工艺，采用串联式双反应区的新型反应系统，将 FCC 反应过程分成两个反应区。通过协调第一反应区的单分子裂化反应和第二反应区的氢转移、异构化和双分子裂化反应[161]，可使汽油中的烯烃转化为丙烯和异构烷烃，从而达到改善汽油品质和增产丙烯产率的目的。

从增强 Y 型分子筛的一次裂化和氢转移活性出发，邱中红等[159]对 Y 型分子筛进行了金属元素和非金属元素改性，试验结果列于表 6-84～表 6-87，其中反应性能的测试以正十二烷为模型化合物，反应温度 480℃。

表 6-84　金属元素 R 改性后 Y 型分子筛的酸性变化

项目	分子筛		
	RY1	RY2	RY3
R(质量分数)/%	3.1	6.5	10.2
总酸量/(mmol/g)	2.25	2.43	2.64
强酸量/(mmol/g)	1.62	1.93	2.34
酸密度/(μmol/m^2)	3.56	3.80	4.15

表 6-85　金属元素 R 改性对 Y 型分子筛反应性能的影响

项目	分子筛		
	RY1	RY2	RY3
R(质量分数)/%	3.1	6.5	10.2
汽油产率(质量分数)/%	59.04	60.77	61.72
汽油烯烃(质量分数)/%	13.40	12.35	11.63
焦炭产率(质量分数)/%	6.95	7.89	11.19

表 6-86　非金属元素 P 改性后 Y 型分子筛的酸性变化

项目	分子筛		
	PY1	PY2	PY3
P(质量分数)/%	1.0	3.0	7.0
总酸量/(mmol/g)	2.58	2.77	2.07
强酸量/(mmol/g)	1.79	1.54	1.27
酸密度/(μmol/m^2)	4.03	4.34	3.69

表 6-87　非金属元素 P 改性对 Y 型分子筛反应性能的影响

项目	分子筛		
	PY1	PY2	PY3
P(质量分数)/%	1.0	3.0	7.0
汽油产率(质量分数)/%	62.63	64.78	64.00
汽油烯烃(质量分数)/%	12.5	12.1	14.2
焦炭产率(质量分数)/%	7.41	6.17	5.24

从表 6-84 和表 6-85 可以看出，随着金属元素 R 质量分数的增加，Y 型分子筛表面的总酸量（尤其是强酸量）及酸密度明显增加；在相近转化率下，汽油产率增加，汽油的烯烃含量减少，这与酸性变化是对应的，即 R 质量分数增加有利于提高 Y 型分子筛裂化和氢转移活性；同时，裂化和氢转移活性的提高会使部分氢转移产物因不能及时脱附而发生缩合反应，导致焦炭产率增加。对于金属元素 R 改性带来的副作用，可以进一步对 Y 型分子筛进行 P 改性，在 P 含量为 3% 时，提高总酸量和酸密度，却限制了强酸量，减少生焦并降低汽油烯烃含量。

在对 Y 型分子筛进行磷和稀土复合改性的基础上[162]，通过对高岭土进行分散技术处理获得了中大孔丰富的基质材料，石油化工科学研究院研制开发了 CGP-1 专用催化剂[159]，2004 年 4 月，在中国石化催化剂齐鲁分公司进行了 CGP-1 催化剂的首次工业生产，工业产品性质很好地重复了实验室和中试的研究结果。该催化剂分别在中国石化九江分公司 1.40Mt/a 和镇海炼化公司 1.60Mt/a 的 MIP-CGP 工业装置进行了试验。表 6-88～表 6-91 列出了两套工业装置上的主要试验结果。可以看出，与 FCC 技术相比，采用 CGP-1 催化剂的 MIP-CGP 技术可以生产出烯烃体积分数小于 18% 的汽油，烯烃含量降幅达到

22～26 个百分点，RON 却增加了 1～2 个单位，诱导期大幅提高，丙烯增幅达 2.6～3.0 个百分点；总液收率略有增加，液化气产率大幅度上升，丙烯产率增加，干气产率有所降低。显示了优异的生产低烯烃高辛烷值清洁汽油和多产丙烯功能。

表 6-88　九江分公司 MIP-CGP 装置原料油性质和产品分布

项目	FCC	MIP-CGP
原料油性质		
密度$(d_4^{20})/(g/cm^3)$	0.8951	0.9097
残炭(质量分数)/%	3.86	4.59
产品分布(质量分数)/%		
干气	3.72	3.45
液化气	19.11	27.37
汽油	40.66	38.19
柴油	21.89	16.30
油浆	5.22	5.12
焦炭	8.90	9.09
转化率(质量分数)/%	72.89	78.58
丙烯产率(对进料)(质量分数)/%	6.29	8.96
总液收率(质量分数)/%	81.66	81.86

表 6-89　九江分公司 MIP-CGP 装置汽油性质

项目	FCC	MIP-CGP
密度$(d_4^{20})/(kg/m^3)$	0.7125	0.7225
诱导期/min	700	＞1000
族组成(体积分数)/%		
烯烃	41.1	15.0
芳烃	15.0	25.1
RON	91.6	93.5
MON		83.9

表 6-90　镇海炼化公司 MIP-CGP 装置原料油性质和产品分布

项目	FCC	MIP-CGP
原料油性质		
密度$(d_4^{20})/(kg/m^3)$	0.9109	0.9026
残炭(质量分数)/%	4.98	1.94
产品分布(质量分数)/%		
干气	3.46	2.65
液化气	16.13	24.45

项目	FCC	MIP-CGP
汽油	44.42	42.08
柴油	23.16	18.12
油浆	5.29	4.77
焦炭	7.06	7.45
转化率(质量分数)/%	71.55	77.11
丙烯产率(对进料)(质量分数)/%	5.10	8.16
总液收率(质量分数)/%	83.71	84.65

表 6-91　镇海炼化公司 MIP-CGP 装置汽油性质

项目	FCC	MIP-CGP
密度(d_4^{20})/(kg/m^3)	0.7194	0.7317
诱导期/min	540	928
族组成(荧光法)(体积分数)/%		
烯烃	39.9	17.8
芳烃	21.2	27.2
RON	92.6	93.6
MON		81.9

4. MGG/ARGG 工艺专用裂化催化剂

由于原油重质化、劣质化，在掺炼渣油的 FCC 条件下增加液化气产率，特别是丙烯、丁烯产率，并保持较高的汽油产率，对我国炼化升级具有重要意义。为此，石油化工科学研究院开发了 MGG/ARGG 工艺，研制和开发具有以上功能的专用催化剂也就显得尤为重要[163]。采用稀土 Y、USY 与五元环择形分子筛（如 ZSM-5、ZRP）三元活性组分与基质组分复配，研制开发了 MGG 工艺用 RMG 催化剂。为改善催化剂的重油转化能力，在上述复合分子筛组元的基础上，通过载体的改进与复配试验，又研制了 ARGG 工艺专用催化剂 RAG-1 催化剂。

以兰炼 VGO（减压馏分油）+20% VR（减压渣油）为原料，在中型提升管反应装置上对 RAG-1 和 RMG-2 催化剂进行对比评价，如表 6-92 所示，两种催化剂均具有较高的汽油产率和液化气产率，但是，RAG-1 催化剂的转化率、汽油、液化气以及丁烯和异丁烯产率均高于 RMG-2 催化剂，重油产率和干气产率低，显示了更好的产品分布和重油转化性能。

表 6-92　RAG-1、RMG-2 在中型提升管上的评价结果

项目	RAG-1 催化剂	RMG-2 催化剂
中型老化减活 MA(质量分数)/%	66	65
反应温度/℃	530	530
剂油比	8.1	8.0

续表

项目	RAG-1 催化剂	RMG-2 催化剂
产品分布(质量分数)/%		
干气	2.34	2.88
液化气	22.44	21.90
C_{5+} 汽油	43.89	42.33
轻柴油	17.11	16.06
重油	7.83	10.93
焦炭	5.83	5.51
损失	0.47	0.40
转化率(质量分数)/%	75.06	73.01
丙烯(质量分数)/%	7.42	7.30
丁烯(质量分数)/%	9.04	7.99
异丁烯(质量分数)/%	3.27	2.28
干气/转化率	0.031	0.039
焦炭/转化率	0.077	0.075

1992 年 6 月，RMG-2 催化剂在齐鲁石化公司催化剂厂实现工业试生产，7 月 30 日，该催化剂在兰州炼油化工总厂经过改造的 MGG 工艺装置上进行工业试验，获得了 27%液化气和 45%以上高辛烷值汽油[163]，显示了提升管反应装置正常裂化反应区和过裂化反应区协同作用的良好效果；扬州石油化工厂催化装置从 1993 年 10 月 19 日开始添加 RAG-1 催化剂，当占装置藏量为 70%和 85%以上时分别进行了两次六个方案的标定。结果表明，采用 RAG-1 催化剂按 ARGG 工艺运行，对苏北常压渣油(其康氏残炭为 4%～5%，Ni 为 12μg/g)采用重油回炼操作，在转化率达 85%以上时，焦炭和干气产率仍然较低，液化气和汽油产率可高达 75%以上，可在一定范围内调节液化气和柴油产率的比例，显示了较强的重油转化能力和多产液化气及高辛烷值汽油的特点。

另外，上述工业应用取得了良好的经济效益，兰州炼油化工厂总厂催化装置 MGG 工艺改造后，其处理能力 0.4Mt/a 不变，每年可增加效益 1994 万元，即每加工 1t 原料增加利税 49.9 元；扬州石化厂 0.07Mt/a 装置按 ARGG 工艺运行，每年可获得利税 6022.49万元，即每加工 1t 原料利税为 860.4 元。

5. MGD 工艺专用催化剂

多产柴油和液化气的催化剂应具有较强的重油裂化能力、较弱的柴油馏分二次裂化能力和较强的汽油馏分裂化能力。从反应空间分析，应该选用孔径更大和更小的催化反应材料，前者有利于重油进入催化剂内表面裂化和柴油馏分作为终端产物脱离固体催化剂表面进入气相，后者有利于汽油馏分选择性裂化生成液化气；从反应活性分析，催化剂大孔表面(基质)应具有足够的酸性活性中心，在保证催化剂具有较高的大分子烃的裂化活性的同时，还能抑制中间馏分的裂化，维持良好的焦炭选择性；微孔(各种分子筛)应具有适当的酸量和酸强度，以保证较重油更难于裂化的汽油馏分的裂化。

为此，陆友宝等[164]研究了不同元素改性对超稳 Y 分子筛的影响。从表 6-93 可以看出，随着镁含量的提高，分子筛的酸量降低，尤其是强酸量降低幅度大；当金属组元镁的相对含量从 0 增加到 2%，分子筛的强酸量下降了 41.2%，弱酸量下降了 4.4%，当其含量继续增加到 5% 时，分子筛的酸性继续减弱，强酸量下降了 58.8%，同时弱酸量下降了 10.4%；酸性测试表明，镁主要减少了分子筛的强酸中心，而分子筛上弱酸中心下降较少。与此相反，稀土引入分子筛后可以提高强酸量，弱酸量略有上升。这表明，稀土不但有利于分子筛上强酸位的形成，也能提高 Y 型分子筛的总酸量。这种分子筛既可以促进汽油馏分深度转化为液化气，也能通过提高氢转移反应速率降低汽油的烯烃含量，改善汽油质量。

表 6-93　超稳 Y 型分子筛酸性调变（氨吸附-质谱法）

金属组元镁（相对值）[①]/%	金属组元稀土（相对值）/%	酸量变化值/%	
		强酸	弱酸
0	0	100	100
2	0	−41.2	−4.4
5	0	−58.8	−10.4
0	1	+25.2	+7.1
0	2.5	+38.5	+13.6

① 金属组元与分子筛之比的质量分数。

从表 6-94 可以看出，随着镁含量的增加，柴油产率增加了 2.8～6.4 个百分点，轻质油产率增加 2～4 个百分点，气体产率下降 4.6～6.2 个百分点，焦炭产率降低 0.5～0.8 个百分点。可见，镁改性分子筛增产柴油效果明显，催化剂的活性明显降低，表现为重油转化能力下降。另外，引入稀土提高了裂化活性，气体产率由 14.2% 上升到 16.8%～18.0%，柴油产率由 17.4% 下降到 14.3%～14.5%，汽油产率由 57.7% 上升到 60.2%～61.0%。因此，稀土改性的超稳 Y 型分子筛有利于气体的生成，也可以降低其中的烯烃含量，但为了控制较好的焦炭选择性，此分子筛的加入量应适中。

根据上述研究，石油化工科学研究院采用镁改性超稳 Y 和稀土改性超稳 Y 复合活性组元，添加适宜的择形裂化分子筛材料，复配孔道通畅的中大孔基质材料，研制开发了 MGD 工艺专用催化剂 RGD[164]。该催化剂与 MLC-500 多产柴油的柴油相当，液化气产率大幅度增加（表 6-95）。

表 6-94　改性超稳 Y 型分子筛催化剂的重油微反评价结果[①]

项目	数据				
金属组元镁（相对值）/%	0	1	2	0	0
金属组元稀土（相对值）/%	0	0	0	1.0	1.5
产品分布（质量分数）/%					
气体	14.2	9.6	8.0	16.8	18.0
焦炭	2.5	1.7	2.0	2.7	2.8

项目	数据				
汽油	57.7	58.9	53.3	61.0	60.2
柴油	17.4	20.2	23.8	14.5	14.3
重油	8.2	9.6	12.9	5.0	4.7
转化率(质量分数)/%	74.4	70.2	63.3	80.6	81.0
轻质油(质量分数)/%	75.1	79.1	77.1	75.5	74.5
m(气体)/m(焦炭)	5.68	5.64	4.00	6.22	6.42
m(气体烯烃)/m(烷烃)	0.60	0.60	0.61	0.53	0.52

① 剂油质量比为 3.5，样品经 800℃、8h、100%水蒸气水热处理。

表 6-95　RGD 催化剂的重油微反评价结果①

项目	MLC-500	RGD-99
微反活性/%	74	74
产品分布(质量分数)/%		
干气	0.9	1.7
液化气(a)	9.4	14.7
汽油	63.6	57.5
柴油(b)	17.9	17.8
重油(c)	6.1	6.3
焦炭	2.1	2.0
转化率(质量分数)/%	76.0	75.9
(汽油＋柴油)收率(质量分数)/%	81.5	75.3
(液化气＋柴油)收率(质量分数)/%	27.3	32.5
液化气柴油指数②	29	35
m(气体烯烃)/m(烷烃)	0.59	0.55

① 剂油质量比为 3.5，样品经 800℃、8h、100%水蒸气水热处理。

② 液化气柴油指数＝$[(a+b)/(100-c)]×100$。

　　由于 MGD 工艺独特的反应模式具有显著的多产柴油和液化气的优势，得以快速大面积推广，RGD 专用催化剂工业产品也获得了广泛应用。其中，在福建炼油化工有限公司 1.50Mt/a 重催装置进行了 RGD 催化剂的工业试用，该装置在 1999 年 9 月检修期间进行了 MGD 工艺改造，应用结果见表 6-96[165]。可以看出，采用 RGD-1 专用催化剂后，液化气产率增加 1.30 个百分点，柴油产率增加 5.28 个百分点，汽油产率降低 6.05 个百分点，干气产率相当，焦炭产率增加 0.40 个百分点；汽油烯烃含量降低 9.0 个百分点，RON 和 MON 分别增加 0.7 和 0.4 个单位。综合分析，使用 RGD-1 专用催化剂和 MGD 工艺相结合，可以明显增加液化气和柴油产率，有效控制干气和焦炭的增幅，总液收率有所增加。

表 6-96　福建炼油化工有限公司应用 MGD 技术的试验结果

项目	标1(空白 FCC 标定)	标2(MGD 标定)
主催化剂	OB 系列＋CA-1	RGD-1
再生催化剂活性/%	60	60
反应压力(表)/MPa	0.234	0.230
提升管出口温度/℃	516	506
剂油比	6.9	7.3
回炼比	0.00	0.06
产品分布(质量分数)/%		
干气	4.67	4.62
液化气	16.70	18.00
汽油	38.00	31.95
柴油	25.78	31.06
油浆	6.96	6.13
焦炭	7.37	7.77
损失	0.52	0.47
总计	100.00	100.00
汽油性质		
RON	93.2	93.9
MON	81.3	81.7
荧光法组成(体积分数)/%		
饱和烃	39.9	47.8
烯烃	40.5	31.5
芳烃	19.6	20.7
干点/℃	185	186

综上所述，在中国炼油化工发展历程中，稀土催化在重油高效转化、油品质量升级和多产低碳烯烃等方面发挥了关键作用，同样，在今后应对炼油化工产业转型升级的进程中，稀土催化技术仍将发挥重要作用，通过炼油稀土催化产业的快速发展，将助推我国从炼油大国向炼油强国的发展。

参考文献

[1]　Roskill. Rare earths：global industry，markets and outlook (16th ed.) [M]. UK：London，2016.

[2]　Akah A. Application of rare earths in fluid catalytic cracking：a review [J]. Journal of Rare Earths，2017，35 (10)：941-956.

[3]　Global FCC catalyst and additives market report，history and forcast 2014-2025，breakdown data by manufactures，

key regions，types and application [M]. QYResearch，2019.

[4] 沈美庆，田辉平，赵震，等. 稀土催化科学方向预测及技术路线图 [C]. 中国稀土行业协会，2019.

[5] Perego C，Millini R. Porous materials in catalysis：challenges for mesoporous materials [J]. Chemical Society Reviews，2013，42：3956-3976.

[6] O'Connor P，Humphies A P. Accessibility of functional sites in FCC [J]. American Chemical Society，Division of Petroleum Chemistry，1993，38（3）：598-603.

[7] Haden Jr W L，Dzierzanowski F J. Synthetic zeolite contact masses and method for making the same：US3376886 [P]. 1968-02-06.

[8] 许友好. 催化裂化化学与工艺 [M]. 北京：科学出版社，2013.

[9] CRC-1 型催化剂在工业装置上的试用 [J]. 炼油设计，1984（1）：81-82.

[10] 何鸣元，舒兴田，谭经品. SRNY 分子筛催化剂的研究与开发 [J]. 石油炼制与化工，1993，24（7）：22-29.

[11] 郭健，张忠东，王宁生，等. LHO-1 重油专用催化裂化催化剂 [J]. 石化技术与应用，2005，23（6）：429-431.

[12] 刘从华. 新型降烯烃 FCC 催化剂的研制、应用和减少汽油烯烃生成的反应机理 [D]. 兰州：中国科学院兰州化学物理研究所，2005.

[13] 刘从华，丁伟，庞新梅，等. 新型催化裂化催化剂的开发及工业应用 [J]. 石化技术与应用，2007，25（5）：434-436.

[14] 胡颖. "CDC 重油深度转化降低汽油烯烃催化剂的研究开发及工业应用"通过中国石化股份公司技术鉴定 [J]. 石油炼制与化工，2006，37（4）：6.

[15] 董力军，任满年，王建伟. LHO-1 和 CDC 型重油裂解降烯烃催化剂的性能评价 [J]. 工业催化，2006，14（12）：21-24.

[16] Gan J，Wang T，Liu Z，et al. Recent progress in industrial zeolites for petrolchemical applications [C]. Beijing：Studies in Surface Science and Catalysis，Proceedings of the 15th International Zeolites Conference，2007.

[17] Gao X H，Liu C H，Sun S H，et al. Recent advances in fluid catalytic cracking on heavy oil upgrading [M]. 兰州：兰州大学出版社，2011.

[18] 张亮，邹旭彪，秦松，等. LDO-75 重油催化裂化催化剂的工业应用 [J]. 工业催化，2011，19（7）：49-51.

[19] 邹旭彪，于晓龙，秦松. LDO-70 催化剂降烯烃及重油裂化性能研究 [J]. 工业催化，2010，18（S1）：344-346.

[20] McLean J B. Distributed matrix structure-a technology platform for advanced FCC catalytic solutions [C]. NPRA Annual Meeting，2003.

[21] McLean J B. Advanced catalyst matrix technology for bottoms conversion and metals passivation in resid FCC [C]. NPRA Annual Meeting，2002.

[22] 申建华，毛学文. 全白土 LB-1 裂化催化剂制备新工艺 [J]. 石油炼制与化工，1997，28（9）：11-15.

[23] 林松柏，吴梅. 全白土型分子筛裂化催化剂的开发近况 [J]. 石油炼制，1987，18（10）：66-68.

[24] 吴建强. LB-1 催化剂的性能及工业应用 [J]. 石油炼制，1993，24（10）：20-24.

[25] Brown，Durante S M，Reagan V A，et al. Fluid catalytic cracking catalyst comprising microspheres containing more than about 40 percent by weight Y-faujasite and methods for making：US4493902 [P]. 1985-01-15.

[26] 张永明，唐荣荣，刘宏海，等. 一种全白土型流化催化裂化催化剂及其制备方法：CN1232862A [P]. 1999-10-27.

[27] 郑淑琴，张永明，唐荣荣，等. 新一代全白土型 FCC 催化剂 LB-2 的研究与开发 [J]. 工业催化，1999（2）：32-37.

[28] 刘宏海，张永明，郑淑琴，等. 加工重油的 LB-2 裂化催化剂的性能与工业应用 [J]. 石油炼制与化工，2001，32（4）：37-40.

[29] 高雄厚，刘宏海，王宝杰，等. 一种高岭土喷雾微球合成高含量 NaY 分子筛的制备方法：CN1778676A [P].

2006-05-31.

[30] Liu H，Ma J，Gao X. Synthesis，characterization and evaluation of a novel reside FCC catalystbased on in situ synthesis on kaolin microspheres [J]. Catalysis Letters，2006，110：229-234.

[31] Zhao X J. FCC bottom cracking mechanism and implications for catalyst design for reside applications [C]. San Antonio：NPRA，2002.

[32] 瞿润和，俞祥麟. ZCM-7 裂化催化剂工业使用试验 [J]. 石油炼制与化工，1990（1）：17-23.

[33] 张忠东，柳召永，樊红超. 重油催化裂化催化剂 LDC-200 的性能评价及工业应用 [J]. 石化技术与应用，2014，32（2）：141-144.

[34] 严岩. 催化剂 LDC-200JX 的性能评价及工业应用 [J]. 石化技术与应用，2016，34（5）：399-402.

[35] Baillie C，Schiller R. The development of rare-earth free FCC catalyst [J]. Grace Davison Catalagram，2011，109：17-20.

[36] Fletcher R. Catalyst additives reduce rare earth costs [J]. Petroleum Technology Quarterly，2012（1）：81-83.

[37] Colwell R，Jergenson D，Hunt D，et al. Alternatives to rare earth-commercial evaluation of REpLaCeRTM FCC catalysts at Montana refining company [C]. San Diego CA：AFPM Annual Meeting，2012.

[38] 于善青，田辉平，龙军. 国外低稀土含量流化催化裂化催化剂的研究进展 [J]. 石油炼制与化工，2013，44（8）：1-7.

[39] Yung K Y，Bruno K. Low rare earth catalysts for FCC operations [J]. Petroleum Technology Quarterly，2012（1）：71-79.

[40] Karlin R，ArisMacris A，Adarme R. Dieselization in North America：flexible solution for diesel production [C]. San Antonio：NPRA Annual Meeting，2009.

[41] Yung K Y，Pouwels A C. Fluid catalytic cracking-a diesel producing machine，Advanced catalyst systems maximize middle distillate yields [J]. Hydrocarbon Processing，2008，2：79-83.

[42] Hu R，Ma H，Langan L，et al. Strategies for maximizing FCC light oil [C]. San Antonio：NPRA Annual Meeting，2009.

[43] 蒋福康，汪燮卿. 催化裂化增产柴油的研究 [J]. 石油炼制与化工，1997，28（8）：9-13.

[44] 田辉平，杨建，陆友宝，等. MLC 系列催化裂化多产柴油催化剂的研究开发 [J]. 石油炼制与化工，2000，31（8）：41-44.

[45] 杨建，刘环昌. 多产中间馏分油的渣油裂化催化剂 MLC-500 的开发 [J]. 石油学报（石油加工），1999，30（2）：6-9.

[46] 杨建，范中碧，周素静，等. 一种多产轻质油的催化裂化催化剂及其制备：CN1157465C [P]. 2004-07-14.

[47] 刘环昌，吴绍金. 多产柴油催化剂 MLC-500 的开发和应用 [J]. 齐鲁石油化工，1999，27（2）：79-84.

[48] 宋家剑，程升，韩明学，等. LRC-99 催化剂在工业装置上的评价 [J]. 炼油设计，2000，30（3）：42-44.

[49] 张洪滨. LRC-99 催化剂的工业应用 [J]. 炼油与化工，2003，14（2）：18-20.

[50] 孙泽禄. LRC-99 与 LDO-75 催化剂在催化裂化装置上应用对比分析 [J]. 石油炼制与化工，2016，47（10）：23-26.

[51] 朱洪法，刘丽芝. 炼油三剂及化工"三剂"手册 [M]. 北京：中国石化出版社，2015.

[52] 钱伯章. Grace Davison 公司的催化裂化催化剂获创新大奖 [J]. 炼油技术与工程，2010，40（6）：26.

[53] Yung K Y，Bruno K，Pouwels A C. Commercial strategies to maximize middle distillates in fluid catalytic cracking [C]. San Antonio：NPRA Annual Meeting，2009.

[54] 陆德新. 国外汽油质量规格及其调和组分生产新技术 [J]. 炼油，1998，1：53-58.

[55] 王石更，吴晋礼. 面向 21 世纪的清洁汽油生产技术 [C]//面向 21 世纪石油炼制技术交流会论文集. 南京：中国石油化工情报学会石油炼制分会，1999.

[56] 毛学文. 中油集团公司催化裂化催化剂"十五"发展思路 [C]. 兰州：兰州炼油化工总厂研究院，1999.

[57] 高滋，何鸣元，戴逸云. 沸石催化与分离技术 [M]. 北京：中国石化出版社，1999.

[58] Weekman V W. Kinetics and dynamics of catalytic cracking selectivity in fixed-bed reactors [J]. Industrial &Engineering Chemistry Research, 1969, 8 (3): 385-391.

[59] Pine L A, Macher P J, Wachter W A. Prediction of cracking catalyst behavior by a zeolite unit cell size model [J]. Journal of Catalysis, 1984, 85 (2): 466-476.

[60] Ritter R E, Creighton J E, Roberie T G, et al. Catalytic octane from the FCC [C]. Los Anyeles: NPRA Annual Meeting, 1986.

[61] Leuenbenger E L, Bradway R A, Leskowicz M A, et al. Petroleum refining processes [C]. NPRA Annual Meeting AM-89-50, 1989.

[62] 高永灿, 张久顺. 催化裂化过程中氢转移反应的研究 [J]. 炼油设计, 2000, 30 (11): 34-38.

[63] 朱华元, 何鸣元, 张信, 等. 正己烷在几种不同分子筛上的氢转移反应 [J]. 石油炼制与化工, 2001, 32 (9): 39-42.

[64] 张瑞驰. 催化裂化操作参数对降低汽油烯烃含量的影响 [J]. 石油炼制与化工, 2001, 32 (6): 11-16.

[65] Katoh S, Nakamura M, Skocpol B. Reduction of olefins in FCC gasoline [J]. ACS Petroleum Chemistry Division Preprints, 1999, 44 (4): 483-486.

[66] Mott R W, Roberie T, Zhao X J. Suppressing FCC gasoline olefinicity while managing light olefins production [C]. NPRA Annual Meeting, 1998.

[67] 刘存柱, 齐建勋. 几种降低催化裂化汽油烯烃措施的比较 [J]. 炼油设计, 2001, 31 (12): 19-22.

[68] 甘俊, 张正义, 邓阳, 等. 降低汽油烯烃含量催化裂化催化剂 GOR 的开发与工业应用 [J]. 工业催化, 2001, 9 (1): 50-54.

[69] 许明德, 徐志成, 达志坚, 等. 用于重油 FCC 的汽油降烯烃催化剂 GOR-DQ 的研究开发 [J]. 石油炼制与化工, 2003, 34 (1): 19-23.

[70] 刘从华, 忠东, 邓友全, 等. 降低汽油烯烃含量裂化催化剂 LBO-12 的研制与开发 [J]. 石油炼制与化工, 2003, 34 (1): 24-28.

[71] 高雄厚, 刘从华, 张忠东, 等. 一种降低汽油烯烃含量的 FCC 催化剂及其制备方法: CN1317547A [P], 2001-10-17.

[72] 张剑秋, 田辉平, 达志坚, 等. 改性 Y 型分子筛的氢转移性能考察 [J]. 石油学报 (石油加工), 2002, 18 (3): 70-74.

[73] 刘从华, 高雄厚, 张海涛, 等. 一种多产柴油的降烯烃裂化催化剂及其制备方法: ZL02155601.6 [P]. 2006-03-29.

[74] Liu C, Gao X, Zhang Z, et al. Surface modification of zeolite Y and mechanism on reducing naphtha olefin formation in catalytic cracking reaction [J]. Applied Catalysis General A, 2004, 264 (2): 225-228.

[75] 范文军, 张瑞驰, 霍宗双, 等. 三种降低汽油烯烃含量裂化催化剂工业应用试验对比 [J]. 石油炼制与化工, 2003, 34 (12): 53-55.

[76] 谭小耀, 杨乃涛, 于如军, 等. 焦化苯中噻吩在改性 ZSM-5 分子筛上吸附动力学研究 [J]. 山东工程学院学报, 2000, 14 (3): 15-20.

[77] 段林海, 宋丽娟, 范景新, 等. Y 型分子筛吸附噻吩、苯的模拟和实验 [J]. 辽宁石油化工大学学报, 2007, 27 (1): 1-6.

[78] 秦玉才, 高雄厚, 裴婷婷, 等. 噻吩在稀土离子改性 Y 型分子筛上吸附与催化转化研究 [J]. 燃料化学学报, 2013, 41 (7): 889-896.

[79] 罗国华, 徐新, 佟泽民, 等. 沸石分子筛选择吸附焦化苯中的噻吩 [J]. 燃料化学学报, 1999, 27 (5): 476-480.

[80] 罗国华, 王学勤, 王祥生, 等. 焦化苯中的噻吩与乙醇在 HZSM-5 沸石上的反应 [J]. 催化学报, 1998, 19 (1): 53-57.

[81] 吕美, 张雷亮, 许波连, 等. Cu-ZSM-5 吸附剂噻吩吸附性能的研究 [J]. 分子催化, 2007, 21 (S1):

MC-708.

[82] Xin X G, Yang L E, Hohn K L. Sol-gel Cu-Al₂O₃ adsorbents for selective adsorption of thiophene out of hydrocarbon [J]. Industrial & Engineering Chemistry Research, 2006, 45 (18): 6169-6174.

[83] Dai W, Zhou Y P, Li S G, et al. Thiophenecapture with complex adsorbent SBA-15/Cu(Ⅰ) [J]. Industrial & Engineering Chemistry Research, 2006, 45 (23): 7892-7896.

[84] 康善娇, 窦涛, 李强, 等. 固相离子交换法制备 Cu(Ⅰ)-β 沸石及其吸附脱除噻吩的研究 [J]. 石油炼制与化工, 2006, 37 (9): 15-18.

[85] 徐永强, 赵瑞玉, 商红岩, 等. 二苯并噻吩在 CoMo/γ-Al₂O₃ 催化剂上的分散及吸附 [J]. 催化学报, 2003, 24 (4): 275-278.

[86] 徐永强, 董晓芳, 赵会吉, 等. 二苯并噻吩在 γ-Al₂O₃ 上分散状态及吸附状态的研究 [J]. 石油学报 (石油加工), 2003, 19 (1): 12-16.

[87] 商红岩, 刘晨光, 柴永明, 等. 二苯并噻吩在 CoMo/CNT 催化剂表面上的吸附行为研究 [J]. 化学学报, 2004, 62 (9): 888-894.

[88] Geobaldo F, Palomino G T, Bordiga S, et al. Spectroscopic study in the UV-Vis, near and mid IR of cationic species formed by interaction of thiophene, dithiophene and terthiophene with the zeolite H-Y [J]. Physical Chemistry Chemical Physics, 1999, 1: 561-569.

[89] 庞新梅, 孙书红, 高雄厚. 生产低硫汽油新型 FCC 催化剂研究进展 [J]. 石化技术与应用, 2001, 19 (6): 384-388.

[90] Zhu G, Xia D, Que G. Study on the transformation mechanism of thiophene during FCC process [J]. ACS Division of petroleum Chemistry, 2001, 46 (4): 329-332.

[91] 朱根全, 夏道宏, 阙国和. 催化裂化过程中含硫化合物转化规律的研究 [J]. 燃料化学学报, 2000, 28 (6): 522-526.

[92] 王祥生, 罗国华. HZSM-5 沸石上焦化苯的精制脱硫 [J]. 催化学报, 1996, 17 (6): 530-534.

[93] 王鹏, 傅军, 何鸣元. 含噻吩烷烃在分子筛上裂化脱硫的研究 [J]. 石油炼制与化工, 2000, 31 (3): 58-62.

[94] Garcia C L, Lercher J A. Adsorption and surface reactions of thiophene on ZSM-5 zeolites [J]. Journal of Physical Chemistry, 1992, 96 (6): 2669-2675.

[95] Alkemade U, Dougan T J. Catalysts in petroleum refining and petrochemical industries [R]. Proceedings of the 2nd International Conference on Catalysts in Petroleum refining and Petrochemical Industries, 1995.

[96] 于善青, 朱玉霞, 许明德, 等. FCC 汽油硫化物的形成和转化机理分析 [J]. 石油炼制与化工, 2009, 40 (7): 23-27.

[97] Myrsted T. Effect of nickel and vanadium on sulphur reduction of FCC naphtha [J]. Applied Catalysis A, 2000, 192: 299-305.

[98] 王鹏, 郑爱国, 田辉平, 等. 催化裂化条件下噻吩在氧化钒上的反应机理研究 [J]. 石油炼制与化工, 2005, 36 (7): 41-45.

[99] 莫同鹏, 贺振富, 田辉平, 等. 固体酸催化剂的酸性对噻吩类硫化物转化的影响 [J]. 化工进展, 2009, 28 (1): 78-81.

[100] 山红红, 李春义, 赵辉, 等. 噻吩在 USY 沸石上的裂化脱硫反应机理探索 [J]. 燃料化学学报, 2001, 29 (6): 481-185.

[101] Jaimes L, Lujan M, de Lasa H. Thiophene conversion under mild conditions over a ZSM-5 catalyst [J]. Chemical Engineering Science, 2009, 64: 2539-2561.

[102] Jaimes L, Badillo M, de Lasa H. FCC gasoline desulfurization using a ZSM-5 catalyst: interactive effects of sulfur containing species and gasoline components [J]. Fuel, 2011, 90: 2016-2025.

[103] Wormsbecher R F, Kim G. Sulfur reduction in FCC gasoline: US5376608 [P]. 1994.

[104] Wormsbecher R F, Kim G. Sulfur reduction in FCC gasoline: US5525210 [P]. 1996.

［105］ Ziebarth M S，Amiridis M D，Harding R H，et al. Compositions for use in catalytic cracking to make reduced sulfur content gasoline：US6036847［P］. 2000.

［106］ Roberie T G，Kumar R，Ziebarth M S，et al. Gasoline sulfur reduction in fluid catalytic cracking：US6482315［P］. 2002.

［107］ Chester A W，Timken H K C，Ziebarth M S，et al. Gasoline sulfur reduction in fluid Catalytic Cracking：US6852214 B1［P］. 2005.

［108］ Chester A W，Timken H K C，Roberie T G，et al. Gasoline sulfur reduction in fluid Catalytic cracking：US6923903 B2［P］. 2005.

［109］ Chester A W，Timken H K C，Roberie T G，et al. Gasoline sulfur reduction in fluid catalytic cracking：US2002/0153283 Al［P］. 2002-10-24.

［110］ Chester A W，Timken H K C，Roberie T G，et al. Gasoline sulfur reduction in fluid catalytic cracking：US2003/0089639 Al［P］. 2003-05-15.

［111］ Kuehler C W，Humphries A. Meeting clean fuels objectives with the FCC［C］. NPRA Annual Meeting，2003.

［112］ Kuehler C W，Benham K. Integrating albemarle RESOLVE desulfurization technology with novel petro-canada process concepts in commercial FCCU operations［C］. San Francisco：NPRA Annual Meeting，2005.

［113］ 刘涛，孙书红，庞新梅，等. 降低 FCC 汽油硫含量的催化剂/助剂研发进展［J］. 中外能源，2007，12（5）：73-78.

［114］ 程薇. BASF 公司的 FCC 降硫催化剂和助剂技术［J］. 石油炼制与化工，2017，48（7）：16.

［115］ 田辉平. FCC 过程的硫管理——催化剂技术的新应用［J］. 石油学报（石油加工），2010（增刊）：82-87.

［116］ 侯利国，王艳秋. 汽油降硫助剂在催化裂化装置中的应用［J］. 河北工业科技，2011，28（3）：195-199.

［117］ 许明德，朱玉霞，于善青. 降低汽油硫含量的重油裂化催化剂的开发［J］. 石油炼制与化工，2008，39（2）：1-5.

［118］ 许友好，刘宪龙，龚剑洪，等. MIP 系列技术降低汽油硫含量的先进性及理论分析［J］. 石油炼制与化工，2007，38（11）：15-19.

［119］ 黄汝奎，韩文栋. MIP-CGP 工艺对汽油硫含量的影响［J］. 石油炼制与化工，2006，37（7）：16-20.

［120］ 邱中红，龙军，田辉平，等. CGP-2 催化剂的开发及其在 MIP-CGP 装置中的应用［J］. 石油炼制与化工，2007，38（12）：1-5.

［121］ 王涛. CGP-2 催化剂的试生产及工业应用［J］. 齐鲁石油化工，2007，35（3）：189-193.

［122］ Lappas A A. The effect of catalyst properties on the in situ reduction of sulfur in FCC gasoline［J］. Applied Catalysis A：General，2004，262（1）：31-41.

［123］ 王鹏，孙言，田辉平，等. 稀土对含钒氧化物催化裂化降硫剂结构和性能的影响［J］. 石油炼制与化工，2014，45（11）：1-6.

［124］ Harding R H，Gatte R R，Whitecavage J A，et al. Reaction kinetics of gasoline sulfur compounds［C］. Denver：205th ACS National Meeting，1993.

［125］ 冯文辉，魏晓丽，王鹏，等. 增强型降低催化裂化汽油硫含量催化剂的工业应用［J］. 石油炼制与化工，2010，41（12）：28-33.

［126］ 邢侃，张杨，孙书红，等. 重油催化裂化降硫催化剂 LDO-70S 的工业应用［J］. 石化技术与应用，2015，33（5）：412-415.

［127］ 田辉平，孙言，王鹏，等. 一种脱硫催化剂及其制备与烃油脱硫的方法：CN104549489B［P］. 2017.

［128］ 王鹏，邱丽美，任奎，等. 稀土对 Ni-ZnO 基脱硫催化剂反应性能的影响机制［J］. 石油学报（石油加工），2017，33（3）：411-418.

［129］ 王鹏，达志坚，何鸣元. 降低催化裂化汽油硫含量助剂的研究——锌铝尖晶石的合成及其裂化脱硫性能［J］. 石油学报（石油加工），2003，19（2）：70-76.

［130］ 李春义，山红红，马安，等. 具有降低汽油硫含量功能的催化裂化催化剂：CN1356374A［P］. 2002.

[131] 柳召永，高永福，丁伟，等 . LIP-200B 多产丙烯重油催化裂化催化剂的工业应用 [J]. 石化技术与应用，2011，29（4）：359-361.

[132] 蔡进军，黄校亮，丁伟，等 . 高汽油收率多产丙烯 LIP-300 催化剂在裂化催化装置上的应用 [J]. 石化技术与应用，2014，32（1）：1-3.

[133] 段宏昌，胡晓丽，刘涛，等 . MIP-CGP 工艺适用 LDR-100 催化剂的制备与中试评价 [J]. 石化技术与应用，2011，29（1）：25-28.

[134] 张海瑞，汪毅，王宝杰，等 . 高辛烷值系列催化裂化催化剂（LDR 系列）[J]. 石油科技论坛，2015（增刊）：200-202.

[135] 徐志成，刘博，徐品德，等 . CGP-C 催化剂提高汽油辛烷值的工业应用 [J]. 工业催化，2019，27（7）：69-72.

[136] 段宏昌，高晓云，谭争国，等 . 高辛烷值重油催化裂化 LOG-90 催化剂的性能研究 [J]. 石化技术与应用，2013，31（4）：297-300.

[137] 徐鑫 . LCC-2 多产丙烯催化剂的研究 [D]. 兰州：兰州大学，2013.

[138] 秦松，邹旭彪，张忠东 . 多产丙烯催化裂化催化剂 LCC-2 的工业应用 [J]. 工业催化，2008，16（1）：32-33.

[139] 李正光 . 多产丙烯催化剂 LCC-2 的工业应用 [J]. 石油炼制与化工，2009，40（3）：38-41.

[140] 杨亮亮 . 丙烯工业市场 2016 年回顾及 2017 年展望 [J]. 当代石油化工，2017，25（6）：17-21.

[141] Knight J，Mehlberg R. Creating opportunities from challenges：maximizing propylene yields from your FCC [C]. San Antonio：NPRA Annual Meeting，2011.

[142] 何盛宝 . 关于我国炼化产业结构转型升级的思考 [J]. 国际石油经济，2018，26（5）：20-26.

[143] 刘欣怡 . 上亿吨过剩油品如何消化 [J]. 中国石油企业，2018，1-2：85.

[144] 李再婷，蒋福康，闵恩泽，等 . 催化裂解制取气体烯烃 [J]. 石油炼制与化工，1989，7：31-34.

[145] 李贤丰，郭琳琳，申宝剑 . 催化裂解技术及其催化剂的研究进展 [J]. 化工进展，2017，36（增刊 1）：203-210.

[146] 许友好，张久顺，龙军 . 生产清洁汽油组分的催化裂化新工艺 MIP [J]. 石油炼制与化工，2001，32（8）：1-5.

[147] 许友好，张久顺，龙军，等 . 生产清洁汽油组分并增产丙烯催化裂化工艺 [J]. 石油炼制与化工，2004，35（9）：1-4.

[148] 陈祖庇，张久顺，钟乐燊，等 . MGD 工艺技术的特点 [J]. 石油炼制与化工，2002，33（3）：21-25.

[149] Corma A，Orchilles A V. Current views on the mechanism of catalytic cracking [J]. Microporous and Mesoporous Materials，2000，35-36：21-30.

[150] Corma A，Martinez C，Ketley G，et al. On the mechanism of sulfur removal during catalytic cracking [J]. Applied Catalysis A：General，2001，208：135-152.

[151] 伊红亮，施至诚，李才英，等 . 催化热裂解工艺专用催化剂 CEP-1 的研制开发及工业应用 [J]. 石油炼制与化工，2002，33（3）：38-42.

[152] 谢朝钢，潘仁南 . 重油催化热裂解制取乙烯和丙烯的研究 [J]. 石油炼制与化工，1994，25（6）：30-34.

[153] 施至诚 . CRP-1 催化裂解催化剂的研制与开发 [J]. 石油炼制与化工，1996，27（4）：1-5.

[154] 张志民，周岩，刘宪乙，等 . CRP-1 催化剂在 DCC 装置上的工业应用 [J]. 齐鲁石油化工，2001，29（2）：125-127.

[155] 黄景成 . 催化裂化家族技术的选用 [J]. 炼油设计，2000，30（9）：29-32.

[156] 施至诚 . CIP-1 型裂解催化剂的研究 [J]. 工业催化，1996，2：30-34.

[157] 龚剑洪，胡跃梁，蒋文斌，等 . MIP 工艺技术专用催化剂 CR022 的工业应用 [J]. 石油炼制与化工，2004，35（5）：8-11.

[158] 王涛，蒋文斌，田辉平，等 . MIP 工艺专用催化剂 RMI 的试生产及工业应用 [J]. 石油炼制与化工，2005，36（2）：1-5.

[159] 邱中红，龙军，陆友保，等. MIP-CGP 工艺专用催化剂 CGP-1 的开发与应用 [J]. 石油炼制与化工，2006，37 (5)：1-6.

[160] 许友好，张久顺，马建国，等. MIP 工艺反应过程中裂化反应的可控性 [J]. 石油学报，2004，20 (3)：1-6.

[161] 许友好，龚剑洪，张久顺，等. 多产异构烷烃的催化裂化工艺两个反应区概念实验研究 [J]. 石油学报，2004，20 (4)：1-5.

[162] 邱中红，龙军，田辉平，等. 降低汽油烯烃含量并多产液化气的裂化催化剂制备方法：CN100395029C [P]. 2008-06-18.

[163] 崔玉杰. 多产液化气和高辛烷值汽油的 MGG 工艺技术及其 RMG、RAG 催化剂 [J]. 齐鲁石油化工，1995，3：192-195.

[164] 陆友宝，田辉平，范中碧，等. 多产柴油和液化气的裂化催化剂 RGD 的研究开发 [J]. 石油炼制与化工，2001，32 (7)：37-41.

[165] 钟孝湘，张执刚，黎仕克，等. 催化裂化多产液化气和柴油工艺技术的开发与应用 [J]. 石油炼制与化工，2001，32 (11)：1-5.

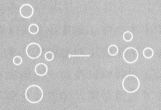

⑦

第七章 稀土在炼油化工相关领域应用的 新进展

由于稀土元素的原子或化合物可以兼具酸碱性和氧化-还原性等多种功能，而酸碱性和氧化-还原性能是影响催化性能的最本质的化学控制因素。因此，稀土元素不仅本身具有催化性能，而且可以作为添加剂和助催化剂，对其他催化剂进行改性，提高催化剂的催化性能。综合分析[1-3]，稀土在催化剂中的作用主要包括：①降低贵金属使用量，节省成本；②改善活性金属分散度，提高催化活性；③提高 Al_2O_3 或分子筛等的水热稳定性；④提高催化剂储氧能力；⑤促进水气转化和水蒸气重整反应；⑥提升晶格氧的活动能力，促进催化剂性能发挥；⑦增加催化活性及延长使用寿命，提高重油裂化率；⑧促进轻油组分的转化等。目前，国内学者的研究主要是针对稀土催化改性的理论研究，而国外学者则更侧重于稀土催化改性方面的发明专利报道。

稀土元素具有的催化性能取决于它们的内部结构，镧系元素的原子中具有居于内层的 4f 轨道，因此其配位场效应较小，一般难参与成键，只有部分较弱的成键能力。但这些微弱成键能力，具有某种"后备化学键"或"剩余原子价"的作用。由于"后备化学键"的作用，使其与反应物结合形成活化体，活化体不稳定易于分解而转化为反应产物，从中脱离出来的催化剂又可以与新的反应物结合，如此周而复始，促进化学反应持续地进行。在稀土催化机理方面前人做了大量的研究工作，稀土氧化物的催化功能可分为永磁性机理、氧化还原机理、酸催化机理等。

炼油化工是稀土产业化应用的最大领域之一，已大量应用于各种分子筛催化材料、催化裂化催化剂、各种合成催化剂、助催化剂和催化剂的载体等，所用稀土制品包括：稀土氧化物、稀土盐类、含稀土复合氧化物、稀土配合物与有机金属化合物以及稀土金属和金属间化合物等。稀土不但作为催化裂化催化剂的重要组分发挥了关键作用，还规模化应用于稀土橡胶催化剂、各种聚合产物的助剂，调整和改善了橡胶和其他聚合物产品的使用功能，也可用作炼油化工领域的其他各种催化剂，包括石油重整催化剂、甲苯歧化催化剂、合成氨/水煤气转化催化剂、各种贵金属催化剂的替代组分，比如在氨氧化制硝酸中以含稀土的 ABO_3 型催化剂（A 为三价元素，如 La、Ce，B 为两价元素，如 Mn、Fe、Ni、Co）代替铂贵金属等。

稀土在炼油化工相关领域的应用很多，本书前几章重点介绍了稀土在催化裂化领域的应用，本章主要介绍稀土在炼油化工其他相关领域的研究进展。

第一节　橡胶

一、合成橡胶及稀土催化剂

合成橡胶（SR）是三大合成材料之一，是国际公认的战略物资，在国民经济、国家支柱产业及国防事业中有着不可替代的作用。随着社会的进步与发展，天然橡胶（NR）的产量远远不能满足市场需求，这就刺激了合成橡胶工业的发展。目前合成橡胶工业已经发展成为丁苯橡胶、顺丁橡胶、乙丙橡胶、异戊橡胶、丁基橡胶等七个大的品种。稀土催化剂在合成橡胶领域，主要用作顺丁橡胶、异戊橡胶、丁戊橡胶及乙丙橡胶合成的催化剂。

稀土元素具有未充满电子的 4f 轨道和镧系收缩等特征，因此作为催化剂的活性组分使用时表现出独特的性能[4]。稀土催化剂一般是以稀土化合物为主催化剂的多组分体系。如图 7-1 所示，催化剂组分中的稀土化合物大致分为以下几种：烷氧基稀土（a）、羧酸稀土（b）、磷酸稀土（c）、氯化稀土、有机稀土配合物。

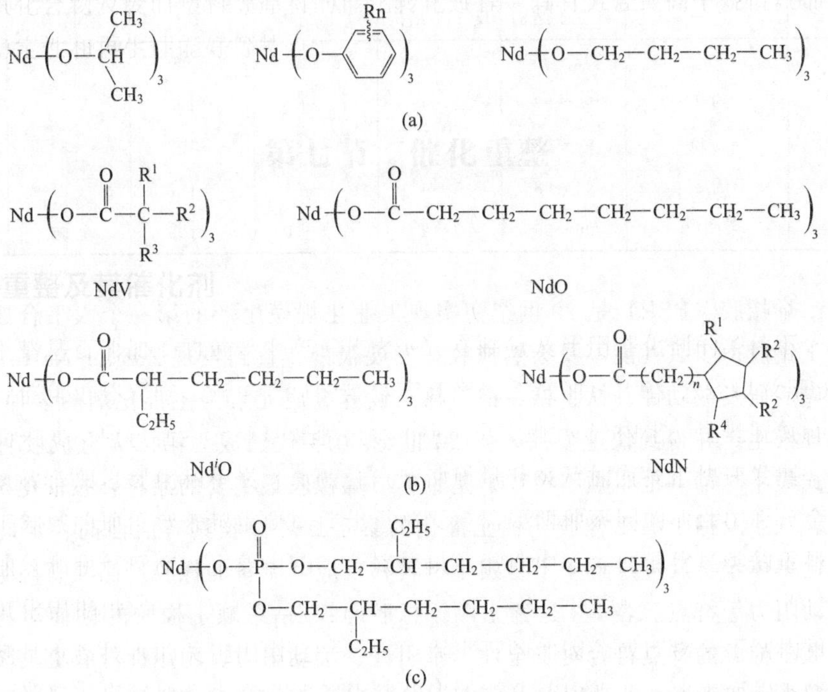

图 7-1 常见的稀土橡胶催化剂的结构式
(a) 烷氧基稀土催化剂；(b) 羧酸稀土催化剂；(c) 磷酸稀土催化剂

其中，羧酸钕，尤其是新癸酸钕 $Nd(vers)_3$，因其活性高、制备方便成为目前国内外应用最普遍的稀土催化剂。稀土催化剂除了稀土化合物为主催化剂外，必须加入铝剂作为助催化剂。当主催化剂为含有卤素的稀土化合物时，通常加入烷基铝即可形成具有催化活性的二元体系。当主催化剂为不含卤素的稀土化合物时，除了加入烷基铝，还必须加入可提供卤素的路易斯酸，才可以形成具有催化活性的三元体系。此外，为了提高催化剂的活性、改善催化剂相态、调节聚合的分子量和微观结构，通常还需要加入一些调节剂，如二烯烃、羧酸以及芳香烃等。与 Ti、Co、Ni 等传统的金属催化剂体系相比，稀土催化剂具有下述优点：①单体转化率高达 100%，比钛（95%）、钴（80%）、镍（85%）催化剂高；②不易发生分子间交联反应，几乎没有凝胶生成；③丁二烯、异戊二烯在聚合反应中几乎不发生二聚，比镍和钛催化剂少很多，减少了二聚物对环境造成的污染；④聚合温度可高至120℃，对产物结构与性能影响不大，可以实现完全的绝热聚合；⑤以饱和烃（如己烷）为溶剂，利于环保；⑥稀土催化剂制备的聚合物分子量随转化率的增加而增加，具有"活性聚合"的特征，而其他催化体系分子量则呈现极大值；⑦顺-1,4-结构含量达到98％或以上（以聚丁二烯为例，见表 7-1），1,2-结构含量较低，玻璃化转变温度更低（$T_g = -109℃$），表现在橡胶性能方面具有高的强度、低的滚动阻力、优异的耐磨性和耐低温性能。

表 7-1   不同催化体系顺丁橡胶结构与转变温度

顺丁橡胶	转化率/％	微观结构/％			转变温度/℃		
		顺-1,4-结构	反-1,4-结构	1,2-结构	T_g	结晶 T_c	T_m
锂系	100	35～40	50～60	5～10	−93	—	—
钛系	约95	90～93	2～4	5～6	−105	−51	−23
钴系	约80	94～98	1～4	1～2	−107	−54	−11
镍系	约85	94～98	1～4	1～2	−107	−65	−10
稀土钕系	约100	96～99	1～2	0.5～1	−109	−67	−7

聚丁二烯橡胶（PBR）是 20 世纪初实现工业化规模生产的第一个人工合成橡胶。最初合成的丁钠胶由于其性能不及天然橡胶，发展很慢。直到发现 Ziegler-Natta 催化剂后，科学家们先后研发成功锂、钛、钴、镍、稀土钕等金属元素为主催化剂的多种催化体系，实现了大规模生产并得到快速发展，到 20 世纪 60 年代已成为第二大合成胶种并延续至今。高顺式聚丁二烯（也叫顺丁橡胶）是聚丁二烯橡胶最主要的品种，按催化剂可分为钛系、钴系、镍系及稀土顺丁橡胶。稀土催化的聚丁二烯橡胶具有活性高、定向性好的优点，在催化单体聚合反应过程中不易发生链转移反应，制备的橡胶产品具有高强度、低生热、低滚动阻力等特点。表 7-2 是稀土顺丁橡胶与镍/钴系顺丁橡胶的性能对比，可以看出，稀土顺丁橡胶的特点符合对安全性、牵引性、滚动阻力、耐用性等有更高要求的现代子午线轮胎的用胶要求。

表 7-2   稀土顺丁橡胶与镍/钴系顺丁橡胶性能对比

项目	稀土顺丁橡胶	镍/钴系顺丁橡胶
生胶门尼黏度（$ML_{1+4}^{100℃}$）	45	43.5
拉伸强度/MPa	18.2	16.0
扯断伸长率/％	490	520
300％定伸/MPa	9.5	8.0
撕裂强度/MPa	49.1	44.4
疲劳温升/℃	39.3	43.2
损耗因子 tanδ(0℃)	0.097	0.110
损耗因子 tanδ(60℃)	0.074	0.095

异戊橡胶（通常指高顺-1,4-结构）的分子微观结构与天然橡胶接近，故又称为合成天然橡胶。稀土异戊橡胶与天然橡胶相比，其质量更均一，纯度更高，塑性更好，混炼更容易，膨胀率和收缩率更小，具有较好的挤出和压延性能，但其生胶强度低于天然橡

胶，挺性较差、易变形。异戊橡胶与顺丁橡胶使用的稀土催化剂类似，多使用羧酸钕为主催化剂，烷基铝、氯化烷基铝为助催化剂。但由于两个胶种对性能要求各异，其结构控制（如顺-1,4-结构、分子量及其分布）有所不同，因此在助催化剂的选择及用量上存在差异。

与IV-VIII族的过渡金属相比，属于IIIB的稀土金属催化剂显示了特殊的催化效果，它不仅对丁二烯聚合定向效应高，而且对异戊二烯也能聚合成高顺式的产物，比如丁二烯与异戊二烯共聚时，稀土催化剂可使共聚物两种单体单元的微观结构均呈现高顺式，低1,2-结构含量，少支化，无凝胶，立构规整性好；还可以用同一种稀土催化剂、同一套装置和相似的流程，既可生产高顺式的顺丁橡胶，又能获得高顺式的异戊橡胶，还可得到高顺式的丁二烯-异戊二烯共聚橡胶[5]，这在以往的合成橡胶工业中没有先例。

二、稀土在橡胶制备中的应用进展

采用稀土催化剂制备的橡胶产品性能要优于其他催化剂制备的产品，因而各国广泛开展了稀土橡胶的合成研究，其中国外稀土橡胶生产研究主要集中于稀土乙丙橡胶、稀土顺丁橡胶、稀土异戊橡胶等，国内的稀土橡胶生产研究主要围绕稀土顺丁橡胶和稀土丁戊橡胶展开。

在乙丙橡胶合成方面，茂金属乙丙橡胶市场份额逐步扩大；三元乙丙橡胶的产品结构正在发生变化，各种改性乙丙橡胶成为重要的乙丙橡胶品种；环保化工艺以及环保型产品是乙丙橡胶发展的主要方向；开发新型二元、三元、四元乙丙橡胶并提升其综合性能成为目前研究开发的热点。国外乙丙橡胶技术成熟，目前注重稀土乙丙橡胶技术开发。

在顺丁橡胶（BR）合成方面，稀土顺丁橡胶（NdBR）是国际公认的高性能绿色轮胎必用胶种。德国、意大利等相继实现了NdBR的产业化。德国朗盛Buna系列产品在窄分布、高门尼、长链支化稀土顺丁橡胶领域具有成熟的技术。意大利欧洲聚合公司、俄罗斯NKNH公司、俄罗斯Sbur公司、日本JSR公司、韩国锦湖公司等均有稀土顺丁橡胶牌号，产能在（3.0～8.0）×10⁴t/a不等。

在异戊橡胶（IR）合成方面，稀土异戊橡胶已经成为重要的发展方向，世界IR生产装置主要集中在俄罗斯和中国，2019年IR总生产能力达到79.6万吨，占世界IR总生产能力的78%以上，俄罗斯Synthez Kauchuk公司产品有SKI-3、SKI-5，主要用于轮胎和机械用橡胶制品。但由于生产过程中胶液黏度大、生产成本高、产品性能不及天然橡胶等原因，装置开工率较低。

在稀土丁戊橡胶（NdBIR）研发方面：日本主要将NdBIR用在防震材料中；而美国则主要将其用在高性能轮胎的研发上。针对日益严峻的污染问题，他们更倾向于用NdBIR代替丁苯橡胶，生产"绿色轮胎"。美国Goodyear公司开发出Bd/Ip（丁二烯/异戊二烯摩尔比）=20/80、50/50两个系列4个品种的NdBIR，用于天然橡胶与顺丁橡胶的增溶剂以制备高性能轮胎。NdBIR具有良好的加工性能及优异的并用性能，可用作制造载重汽车轮胎的胎侧胶组分。NdBIR用于胎侧胶组分，可提高轮胎的抗裂口增长性能；当NdBIR替代溶聚丁苯橡胶用于轮胎胎面胶时，表现出更低的滚动阻力和更为优异的耐疲劳性能。

国内，中国率先进行了稀土催化剂合成双烯烃橡胶方面的研发和工业化试验，中科院长春应化所从 1962 年就开始了稀土催化剂合成橡胶工作，相继成功开发稀土顺丁橡胶、稀土顺丁充油橡胶、稀土异戊橡胶、稀土丁戊共聚等系列双烯烃新型胶种，多次获得国家科技成果奖励[5]。近年在国家的大力支持下，国内的石化公司和科研院所合作，初步实现了稀土橡胶的工业化，在一些新型稀土橡胶方面也有一定的研究基础。

在稀土顺丁橡胶方面，中国石油锦州石化公司在镍系万吨级顺丁橡胶生产装置上成功地进行了工业试生产，中国石油独山子石化公司稀土顺丁橡胶生产装置已经投产，中国石化北京燕山分公司 3×10^4 t/a 稀土顺丁橡胶生产装置也开车成功。一系列生产装置的建成投产，标志着我国具有了稀土顺丁橡胶生产的能力。中国石油独山子石化公司生产的稀土顺丁橡胶轮胎在全国各地区进行了行程试验，结果表明，稀土顺丁橡胶轮胎的耐久性能比镍系提高 50％以上（见表 7-3）。

表 7-3 不同顺丁橡胶成品轮胎耐久性试验结果

项目	试验配方（NdBR）	原配方（NiBR）
总行驶时间/h	600	400
总行驶里程/km	30000	20000
试验结束后轮胎状况	完整无损	胎侧裂口

Zhu 等[6]使用碳酸钕、异丁基铝化合物和氯化试剂作为钕系催化体系，研究了丁二烯的聚合反应，得到了顺 1,4-结构含量大于 98％的高顺式聚丁二烯橡胶，连续聚合工艺在中国石化进行了中试放大试验以及工业化试生产，利用该技术合成可得到 BR Nd40、BR Nd50、BR Nd60 三种牌号钕系稀土顺丁橡胶，其门尼黏度分别为 45±5、55±5 和 63±5。

在稀土丁戊橡胶方面，中国石油石油化工研究院和长春应化所合作开发了丁二烯和异戊二烯共聚的新型橡胶合成技术及 2 个新产品。丁戊橡胶产品的分子量分布≤3，两种单体结构顺式含量≥98％，产品用于轮胎应用试验表明，物理机械性能、回弹性超过稀土顺丁产品，同时具有极好的耐低温性能。从图 7-2 丁戊橡胶与稀土顺丁橡胶的动态黏弹曲线（DMA）可以看到，丁戊橡胶与顺丁橡胶用在胎面胶中时，丁戊橡胶的 tanδ 值在 0℃时较大，60℃时基本相等。也就是说，在滚动阻力相当的情况下，使用丁戊橡胶的胎面胶表现出更好的湿抓着性。

在基础合成研究领域，功能化稀土橡胶的合成备受关注。Leicht 等[7]开发了基于稀土 Nd 的 Ziegler-Natta 催化剂体系，研究了异戊二烯和—NR$_2$、—SR、—Si（OR）$_3$、—B(OR)$_2$（氨基、巯基、硅氧烷基、烷基硼酸基）功能化的丁二烯的共聚反应。结果表明，聚合反应具有较高的共聚单体转化率，得到的聚合物分子量随官能化丁二烯的插入率不同，可在 50～200kg/mol 之间调控。

Wang 等[8]通过烷基消除反应获得了一系列含噻吩-NPN 配体的稀土催化剂，用于高反-1,4-聚丁二烯的合成。研究发现，制备的稀土催化剂经过 AlR$_3$ 和硼酸盐活化后，在催化丁二烯合成反-1,4-聚丁二烯反应中表现出中等的催化活性以及优良的反-1,4 选择性。合成的聚合物结构中，反-1,4 结构从 49.2％到 91.3％不等。随着使用的烷基铝的空间位

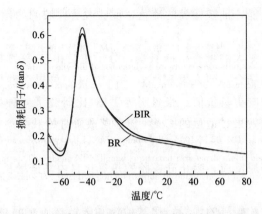

图 7-2　BIR 与 BR 在用于轮胎中的 DMA 曲线

阻增大及中心金属原子的半径减小，反-1,4 结构的选择性变好。

郭俊等[9]在三（2-乙基己基）磷酸酯钕的己烷溶剂中加入少量二氯二甲基硅烷，对形成的低聚物进行解缔合制备了溶液型磷酸酯钕。以磷酸酯钕 $Nd(P_2O_4)_3$（简称 Nd）/烷基铝（简称 Al）/氯化合物（简称 Cl）催化体系催化异戊二烯聚合反应，考察了不同烷基铝、氯源种类、Al/Nd、Cl/Nd 及聚合温度对异戊二烯聚合的影响。结果表明，用 Nd/Al(i-Bu)$_3$/Al(i-Bu)$_2$Cl 催化体系制备的聚合物相比于 Nd/Al(i-Bu)$_2$H/Al(i-Bu)$_2$Cl 体系具有更高的分子量，两种催化体系均可制得具有高顺-1,4-结构含量、窄分子量分布的聚异戊二烯。

胡涛等[10]研究了二乙基二硫代氨基甲酸-二苯胍-镧（LaDC-D）、二乙基二硫代氨基甲酸-硫脲-镧（LaDC-TU）、二乙基二硫代氨基甲酸-2-巯基苯并咪唑-镧（LaDC-MB）和二乙基二硫代氨基甲酸-2,6-二叔丁基-4-甲基苯酚-镧（LaDC-BHT）4 种双配体稀土促进剂对三元乙丙橡胶（EPDM）性能的影响，并与单配体稀土促进剂二乙基二硫代氨基甲酸镧（LaDC）进行对比。结果表明：与 LaDC 相比，LaDC-D 具有较好的硫化促进活性，两种配体发生了较好的协同活化作用，混炼胶的 t_{90}（胶料硫化 90% 的时间）明显缩短，硫化胶的交联密度增大；第二配体为具有防老化效果的 LaDC-MB 和 LaDC-BHT 双配体稀土促进剂，其硫化胶的撕裂强度高，抗切割性能和耐热氧老化性能较好，其中 LaDC-MB 硫化胶的耐热氧老化性能最好；双配体稀土促进剂不仅能有效提高混炼胶的硫化效率，而且能改善硫化胶的耐热氧老化性能，为橡胶多功能助剂的开发提供了新思路。

此外，国内也开展了稀土催化剂在功能化二烯烃聚合方面的研究。Yao 等[11]使用 β-二亚胺双烷基钇化合物在 [Ph$_3$C][B(C$_6$F$_5$)$_4$] 和 Ali-Bu$_3$ 活化后作为稀土催化剂，研究了 2-对甲氧基苯基丁二烯的均聚反应以及和异戊二烯之间共聚的反应。研究表明，2-对甲氧基苯基丁二烯均聚后得到玻璃化转变温度为 34.2℃ 的亲水塑料聚合物，而当它和异戊二烯共聚时，可得到 2-对甲氧基苯基丁二烯含量在 8.2%～88.5% 之间可控的共聚物。

在橡胶改性方面，稀土催化剂的开发也取得了一些重要进展。稀土元素具有特殊的电子结构（4f 轨道电子填充的特殊性和 d 空轨道的存在），以及原子磁矩大、自旋轨道耦合强等特性，使得稀土元素化合物具有独特的性质[12]。研究表明[13]，稀土硫化促进剂能够改善橡胶的加工安全性能，加快橡胶的硫化速度、改善橡胶的物理性能，是应用前景广阔的新型硫化促进剂品种。

硅橡胶是一种分子量大的聚有机硅氧烷，分子主链由硅-氧键构成，硅橡胶耐热性能优异，被广泛用于高温场合。研究发现[14]，添加 CeO_2 可提高硅橡胶的耐热性能，这对颜色要求高的耐热硅橡胶更具价值。张树明等[15]对比研究了 4 种稀土氧化物填充改性甲基乙烯基硅橡胶的不同效果。适量的 CeO_2 能显著改善硅橡胶的耐热性能，其作用机理在于[16]：CeO_2 在热空气老化过程中从高价态 Ce^{4+} 还原到低价态 Ce^{3+}，发生多个（或单个）电子转移的氧化还原反应，阻止硅橡胶的热氧化自由基链增长，从而改进了硅橡胶的耐热空气老化性能。

天然橡胶含有不饱和碳链的烯烃，比其他饱和碳链橡胶更易被氧化。张明等[17,18]研究发现：添加稀土化合物可提高橡胶的耐热氧化性能，多种稀土硫化促进剂不仅促进橡胶硫化，而且有利于改善橡胶的耐热氧老化性能。其作用机理在于：①稀土元素大量空 f 轨道具有很强的与自由基结合的能力，可终止氧化作用的链式反应；②在热氧老化前稀土元素形成的络合结构会阻碍氧化过程的进行；③热氧化后产生的烯酸、烯酮可与稀土元素形成络合物，进一步阻断热氧老化反应。

谢蝉等[19]选用自制的配合物，采用常规加工方法制得 NR 胶料，考察了胶料的性能变化。添加镧配合物有助于改善胶料的硫化特性，增强胶料的物理性能和耐热老化性能，其耐热老化性能优于添加 4010NA 防老剂的胶料。

贾志欣等[20]采用二苯胍与稀土镧化合物自制了二苯基镧配合物（DLa），并将其与促进剂 CZ 并用，考察对 NR 的硫化特性、物理性能和耐热老化性能的影响。DLa 对 NR 具有明显的促进硫化作用，与促进剂 DPG 胶料相比，DLa 胶料具有较好的焦烧安全性、耐臭氧老化性能及耐紫外线老化性能。

谢蝉等[21,22]将制备的镧配合物和 2-巯基苯并咪唑钐配合物按照橡胶防老剂的用量添加到天然橡胶中。结果表明，镧配合物对 NR 有较好的防老化作用，其防老化效果优于 4010NA 防老剂；2-巯基苯并咪唑钐配合物对 NR 也有显著的防老化作用，其防老化效果优于 MB 和 4010NA 防老剂。

在橡胶制品使用过程中，油能够渗透到橡胶内部，在橡胶分子间扩散，导致硫化胶的网状结构发生变化，从而使橡胶制品的性能下降。因此，在工业生产中需要大量耐油性能良好的橡胶材料。研究发现[23]：采用简单掺混法制备的 CeO_2/橡胶复合材料，不仅物理性能好，而且耐油性能优异。主要原因是稀土元素特殊的电子结构使其易形成络合物，可以阻止橡胶分子的链段运动，抑制橡胶在溶剂中的溶胀，从而提高橡胶的耐油性能。同时，稀土元素在橡胶中形成节点，也有效阻止了橡胶分子的相对运动，进一步改进橡胶的耐油性能[24]。

Wang 等[25]考察了 CeO_2 对天然胶料（NR）力学性能的影响，如图 7-3 和图 7-4 所示，可以看出，NR/CeO_2 具有更高的弹性模量，升高温度时，其弹性模量的衰减速率明显减小；同时，由于硬度大，NR/CeO_2 每个点的应力均大于未改性橡胶。温度低于 70℃，稀土改性前后的松弛比相近，温度高于 70℃，NR/CeO_2 的松弛比逐步增大，表明

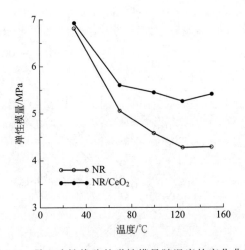

图 7-3　稀土改性橡胶的弹性模量随温度的变化曲线

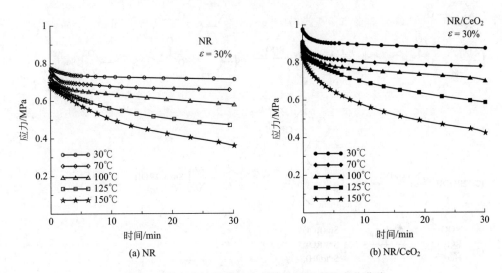

(a) NR　　　　　　　　　　(b) NR/CeO$_2$

图 7-4　稀土改性橡胶的应力松弛随温度的变化曲线

稀土改性橡胶的应力松弛性能得到改善。另外的实验表明，NR/CeO$_2$ 具有更大的交联密度和更好的抗蠕变性能，原因在于 CeO$_2$ 填充料增强了橡胶链的相互作用和键合力。

　　Zou 等[26]制备了含有受阻酚和硫醚基团的新型稀土复合物（Sm-GMMP），发现这种稀土复合物改善了 SBR/SiO$_2$ 的抗热氧化老化性能和热氧化稳定性，而且不存在变色作用。如图 7-5 所示，其抗氧化的作用机理在于：一方面，Sm-GMMP 的受阻酚可以提供质子 H 与 R·、RO·、ROO·反应形成非活性的大分子化合物，终止了 SBR 的自由基链反应；另一方面，Sm-GMMP 的硫醚能够有效分解 ROOH，使来自 ROOH 分解的活性氧自由基（RO·、ROO·）大幅减少，从而抑制橡胶链的自催化氧化反应。更为重要的是，由于稀土离子自身强大的配位能力和拥有较多配位数，Sm-GMMP 中的 Sm 离子可以捕获并键合大量的氧自由基（RO·、ROO·），通过形成稳定的稀土化合物，有效迟滞橡胶氧化过程的自由基链反应。

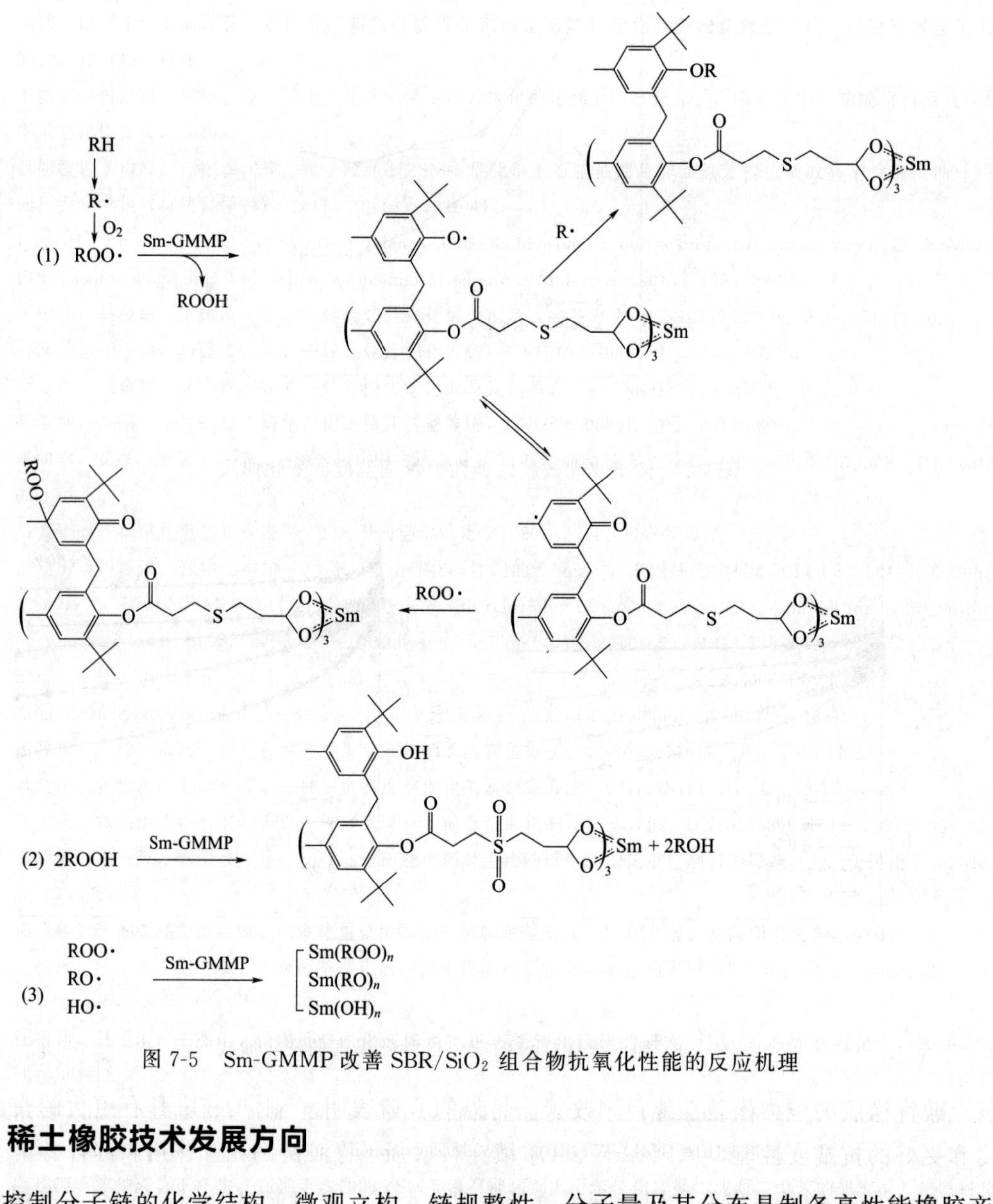

图 7-5 Sm-GMMP 改善 SBR/SiO$_2$ 组合物抗氧化性能的反应机理

三、稀土橡胶技术发展方向

控制分子链的化学结构、微观立构、链规整性、分子量及其分布是制备高性能橡胶产品的基础，而稀土催化剂中活性中心及配体、助催化剂的改变可得到不同链结构的橡胶产品，因而未来稀土橡胶合成研究将主要围绕不同稀土催化剂及助催化剂对烯烃聚合的影响展开。

乙丙橡胶方面：由于乙烯/丙烯在共聚过程中竞聚率（指单体均聚和共聚链增长速率常数之比）存在差异，因而采用稀土催化剂合成乙丙橡胶时，将围绕如何对配体结构进行改进研究。由于催化剂的配体结构决定空间位阻和电子效应，会影响乙烯丙烯的聚合速率，因此，希望通过催化剂配体结构的优化改进，实现乙烯和丙烯的无规共聚。

顺丁橡胶方面：钕系稀土顺丁橡胶生产工艺已然成熟，因而稀土顺丁橡胶的合成研究将朝着生产顺式含量更高、工艺更稳定、成本更低的催化体系及生产装置的优化升级方向发展。就目前稀土橡胶生产采用的稀土催化剂而言，其对聚合原料中杂质含量的要求较高，10^{-6}级别的水、氧也会导致催化剂中毒失活，因此开发结构稳定、催化工艺简单、成本更低的稀土催化剂将成为稀土顺丁橡胶合成研究的重点方向。

异戊橡胶方面：稀土异戊橡胶的研究重点是提高稀土催化剂活性和降低聚合体系黏度；开发高活性稀土催化剂以降低生产成本；开发具有工业化应用价值的降黏剂，能够有效地降低胶液黏度而又不影响其他性能；加强产品应用研究，根据异戊橡胶与天然橡胶的性能差异，通过卤化、氢化和环化等化学改性方法，提高异戊橡胶胶料性能。

丁戊橡胶方面：稀土丁戊橡胶在国外没有相关产品面市，国内已完成相关工艺研究，暂无工业化产品。对比分析表明，稀土丁戊橡胶性能要优于稀土顺丁橡胶产品，同时也具有优异的耐低温性能。我国稀土资源丰富，随着合成橡胶技术和生产工艺的不断更新，开发高效新型稀土催化体系合成性能更加优异的丁戊橡胶成为必然趋势，从而填补我国合成橡胶种类的空白。此外，未来稀土丁戊橡胶的高值化用途开发是稀土丁戊橡胶研发的另一个重点方向。

功能化橡胶方面：将功能化基团引入橡胶，可实现橡胶产品的高性能化，一方面提高橡胶产品的附加值，另一方面有效改善后加工性能。例如羟基、氨基等官能团引入橡胶产品后，在与炭黑/白炭黑等增强填料共混过程中，由于氢键的存在，可使炭黑/白炭黑分散更加均匀。而稀土催化剂具有非常好的官能团耐受性，有利于官能化橡胶的合成制备。Leicht 等[7]使用基于 Nd 的 Ziegler Natta 催化体系研究了异戊二烯和 R_2N—以及 RS—功能化的丁二烯之间的聚合反应。结果表明，稀土催化剂对官能团的耐受性较好，聚合反应具有较高的共聚单体转化率；橡胶官能化可以增强橡胶/填料的弱界面作用，提高填料在橡胶中的分散，进而改善产品性能。

长链支化橡胶方面：长链支化结构稀土顺丁/异戊橡胶可以改善生胶的抗冷流性能、加工性能及与填料的混合性能，提高硫化胶的物理机械性能和动态力学性能。与相应线型橡胶相比，长链支化橡胶具有以下优势：①改善生胶的抗冷流性能；②改善生胶与无机填料的分散性；③滞后损失减小，生热低；④抗湿滑性能提高，滚动阻力下降，有利于节能降耗及提高安全性，实现滚动阻力、抗湿滑性和耐磨性的综合平衡。长链支化可以采用序贯聚合法（链端支化）和大分子反应技术（链中支化）两种方法进行。赵青松等[27]采用射线对聚丁二烯橡胶进行辐照使其支化改性，得到的支化聚丁二烯橡胶的平均支化指数为$0.5 \times 10^{-5} \sim 11 \times 10^{-5}\,\mathrm{mol/g}$。产品的物理机械性能和加工性能得到提高，在混炼和硫化时节省能量。

新型橡胶合成方面：由于稀土催化剂可以通过配体及助催化剂的改变调控不同烯烃的聚合速率，实现不同烯烃之间的共聚反应，因而，依托稀土催化剂可以合成出一系列性能更优异的新型橡胶。例如，Wu 等[28]使用稀土配合物作为催化剂实现了乙烯和丁二烯之间的共聚反应，合成出耐候性更好的新型稀土顺丁橡胶。

总之，我国稀土催化剂开发虽然比较早，但对催化剂的制备方法及其活性中心的结构、催化剂与聚合产物的构效关系尚需深入研究。近年，我国稀土橡胶助剂的研究已有很大进步，但是，由于稀土元素在橡胶领域中的应用基础研究深度不够，稀土元素的许多特性尚未充分发挥，稀土橡胶的系列产业化之路任重而道远。因此，深入研究稀土催化活性中心的生成机理、提高稀土催化效率和开发高效合成工艺路线等，为稀土橡胶系列规模化生产提供坚实的技术基础，仍是今后较长时间的重点攻关方向。

第二节　塑料

一、塑料及其助剂

聚氯乙烯（PVC）具有优良的力学性能和加工性能，又兼具耐腐蚀、耐老化、成本低、原料丰富、制造工艺成熟等特点，因而被广泛应用于各个领域，是世界五大通用树脂之一。然而，PVC 加工时存在一个致命的缺陷，即其分解温度通常低于加工温度，在一定的温度或光照作用下易分解，热稳定性较差。因而，PVC 在加工时必须使用热稳定剂。

稀土热稳定剂作为我国特有的一类 PVC 热稳定剂，具有热稳定性优异、耐候性良好、加工性优良、协同性独特、无毒环保等优点，是少数满足环保要求的热稳定剂种类之一。

由于稀土元素特殊的结构，稀土离子具有 4f 及 5d 空轨道，作为配位中心离子可以接受 6～12 个配位体的孤电子对，同时其有较大的离子半径，可形成 6～12 个键能不等的配位键，即络合键，因此稀土热稳定剂具有优异的热稳定性。这个特征使其除了可以与 3 个或 4 个 HCl 形成离子键以外，也能够与 PVC 链上的不稳定氯原子络合，这种效应在温度较低时最为明显，因而抑制了 PVC 的脱 HCl 降解反应。稀土氧化物或氢氧化物可直接作为 PVC 热稳定剂，也可以将稀土氧化物和无机酸进行反应制成稀土无机酸盐，充分发挥二者之间的协同效应。

稀土离子拥有较强的络合能力，可与 PVC 的氯原子及无机填料表面氧进行络合（如图 7-6 所示），起到交联的作用，不仅可以提升无机填料与基体间的界面结合力，而且兼具偶联增韧剂的作用，改善了加工性能；稀土热稳定剂广泛应用能够降低 PVC 型材的综合成本，并改善产品的综合性能。

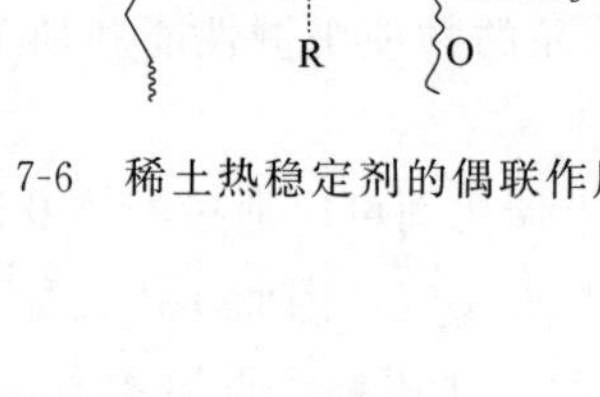

图 7-6　稀土热稳定剂的偶联作用

二、稀土在塑料中的应用

彭振博等[29]比较了 PVC 与硬脂酸镧作用前后的红外光谱的变化，探讨了稀土热稳定剂对 PVC 的热稳定作用机制。结果表明，稀土元素具有形成配位络合物的能力，能使 PVC 中大部分不稳定的氯原子（特别是不稳定的烯丙基氯、叔氯）趋于稳定，从而起到稳定 PVC 的作用。

谌伟庆等[30]将氧化铈单独用作热稳定剂，研究发现，PVC 的热稳定性能随着氧化铈含量的逐渐增加而改善，当含量达到 2% 时热稳定性能最好，而后再增加氧化铈含量，热稳定性没有明显的变化（表 7-4）。

表 7-4　氧化铈含量对 PVC 热稳定性能的影响

w(氧化铈)/%	热稳定时间/s	热降解温度/℃
0	150	130
0.8	280	162
1.2	350	170
1.6	402	173
2	460	180
2.4	430	177

曾冬铭等[31]合成了几种碱式一元酸稀土热稳定剂，并与其他热稳定剂进行了比较。实验表明，碱式稀土热稳定剂同样具有很好的热稳定性，其长期热稳定性可以和有机锡类热稳定剂相媲美，尤其以碱式月桂酸稀土热稳定性最好。

付成兵等[32]合成了一元羧酸、二元羧酸、羟基羧酸镧热稳定剂，测试了其静态热稳定性。研究表明，稳定剂中稀土含量和有机酸碳链类型是影响稀土镧热稳定剂性能的两个主要因素，直链二元酸镧热稳定剂的热稳定性优于直链一元酸镧和羟基羧酸镧。

谌伟庆等[33]合成了水杨酸镧热稳定剂，并与其他热稳定剂进行二元、三元协同，添加到 PVC 树脂粉中，进行了热稳定性能的测定。结果表明，二组分协同以 1% 水杨酸镧＋1.5% 硬脂酸铈的质量配比较好，其热降解温度达 195℃，热稳定时间可达 270s；0.5% 水杨酸镧＋0.5% 硬脂酸铈＋1.0% 三碱硫酸铅 3 组分协同显示了优异的热稳定性能，热稳定时间达到 702s，热降解温度达到了 216℃。

Li 等[34]将 PVC 添加 2.5% 的不同稳定剂，考察了 180℃ 下的热稳定时间，发现稀土元素配合物具有更好的热稳定性，$LaC_3N_3O_3$ 能够取代 $La(St)_3$ 成为性能更优的 PVC 稳定剂（图 7-7）。Li 等[35]通过组氨酸和镧的反应合成了一种新型的聚氯乙烯的稳定剂 $La(His)_2$，可将 PVC 的稳定时间延长到 76min，比纯 PVC 的稳定时间提高 24 倍。作为一种无毒稳定剂，$La(His)_2/Pe/ZnSt_2$ 具有取代 PVC 生产中广泛使用的有毒稳定剂的

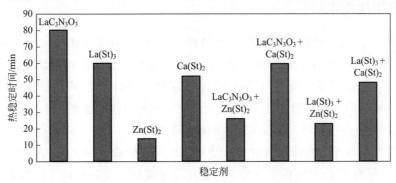

图 7-7　添加不同稳定剂的 PVC 的热稳定时间

潜力。

　　总之，充分利用我国稀土资源丰富、产量大、品种多且价格低的优势，开发综合性能优异的多功能稀土热稳定剂或液体稀土热稳定剂，对促进我国 PVC 产业可持续发展具有重要意义。相对而言，液体稀土热稳定剂具有加工便利性、物料流动性好、粉尘污染小、相容性优异等优势，将会成为稀土热稳定剂发展的新方向。

第三节　阻燃剂

一、阻燃剂及其助剂

　　我国对含稀土元素阻燃体系的研究目前尚处于初级阶段，阻燃剂中的稀土元素多以镧、铈、钕为主，但已成为阻燃剂最活跃的研究领域之一。众多高校，如中国科学技术大学、浙江大学、华南理工大学、上海交通大学、北京理工大学等均对其制备、阻燃、协效机理进行了深入的研究。稀土元素阻燃剂可用于阻燃聚合物材料，其阻燃机理为：在凝聚相中促使阻燃聚合物材料燃烧时快速降解，在表面形成更加稳定、紧致的炭层，阻止内部可燃性气体和外部氧气接触，从而达到阻燃消烟的效果；这种稳定的炭层还可有效阻止聚合物因温度升高而导致的进一步分解，中断燃烧，从而实现阻燃。

　　在研究阻燃聚合物材料的过程中，稀土阻燃剂表现出以下特点[36]：①添加量少，通常添加 2% 左右的稀土阻燃剂即可明显改善材料的阻燃性，而普通无机阻燃剂至少需添加 40% 以上；②抑烟，燃烧过程中释放的总烟量下降，有害气体成分减少；③协效阻燃，与其他助剂（特别是阻燃剂）复合使用，阻燃性能显著改善；④无毒、无污染、安全卫生，在生产使用过程中稀土元素对人体无毒害；⑤热稳定效果好，可明显提高材料的热变形温度及热稳定性；⑥几乎不劣化材料的其他性能，稀土元素的引入使阻燃剂具有更优异的偶联增容作用，在保持阻燃性能的前提下，材料的拉伸强度、冲击强度均有所提高；⑦优良的耐候性，$230\sim320nm$ 波长范围内的紫外线均可被稀土元素吸收，有较强的抗紫外线老化性，这对于室外聚合物材料尤为重要。

二、稀土在阻燃剂中的应用

　　Wang 等[37]制备了季戊四醇磷酸酯蜜胺盐（PPM），并将 CeO_2 应用于 PP/PPM 体系。研究发现，燃烧时，CeO_2 可催化 PPM 交联从而形成稳定的网络结构，降低磷氧化物的挥发量，促进体系交联成炭，进而达到协同阻燃的目的。具体表现为：当 CeO_2 添加量为 1% 时，材料的氧指数出现最大值（30%），同时初始分解温度下降；此外，CeO_2 的加入可使材料的冲击强度增大，拉伸强度则略有下降。

　　Feng 等[38]将三聚氰胺聚磷酸盐（MPP）与季戊四醇磷酸酯（PEPA）组成膨胀阻燃体系（IFR），研究了 La_2O_3 的引入对 PP/IFR 体系阻燃性能的影响。结果表明，La_2O_3 的加入促进了 MPP 与 PEPA 的反应以及晶体碳的生成，晶体碳因其独特的网络结构可提高残炭强度，进而改善材料的阻燃性能。

Nie 等[39]研究了 La_2O_3 在 ABS/有机蒙脱土（OMT）复合材料中的协效阻燃作用。研究发现，在 OMT 隔热隔氧、阻止气体逸出的同时，La_2O_3 可催化 ABS 的自由基交联成炭，而残炭量的增加及炭层的石墨化可显著提升材料的阻燃效果。

Doğan 等[40]研究了硼酸镧（LaB）等硼化物在复合材料 PP/IFR（APP＋PER）中的阻燃性能。结果表明，残炭量因硼化物的增加而增加，阻燃性反而有所下降；硼化物是通过提高残炭的完整性来增强阻隔效应，进而实现协同阻燃。

Ren 等[41]将 La_2O_3、Nd_2O_3 与 APP、PER 配合制成 IFR，用于阻燃 PP/IFR 体系中。研究发现，加入 0.5％的稀土氧化物即可使协同效率达到 1.2～1.3。分析其机理为：La_2O_3、Nd_2O_3 可使体系黏度增加而利于成炭，且 Nd_2O_3 可与 APP 分解产生的聚磷酸反应，所形成的—P—Nd—O—可进一步促进聚磷酸形成交联结构；同时 La_2O_3、Nd_2O_3 可促进聚磷酸与 PER 的酯化反应以及其与 PP 的成炭反应。

Yang 等[42]以 $LaCl_3$、$CeCl_3$、NaH_2PO_2 为原料制备了 LaHP、CeHP，并分别加入 PBT/玻纤复合材料中。研究发现，二者均可显著抑制材料的热降解、燃烧性及玻纤引起的烛芯效应，其中 CeHP 还表现出明显的抑烟性。分析认为材料燃烧后的残渣覆盖于玻纤表面，降低了玻纤的导热性并减少了物质传送通道，而燃烧时 LaHP、CeHP 可能与 PBT 发生反应，减少酯类及其他物质的释放，同时可催化 PBT 成炭所致。

Wu 等[43]合成了 Ce^{3+} 掺杂 TiO_2 纳米管（Ce-TNTs），研究发现，Ce^{3+} 的掺杂使得 TNTs 晶格缺陷增加，其吸附催化能力得以增强，同时 Ce^{3+} 还可作为反应核心。因此添加 Ce-TNTs 后，材料的热稳定性及协效阻燃性进一步提高。

Cai 等[44]合成了季鏻盐改性蒙脱土（P-OMT），然后用镧改性制得 P-OMT（La-P-OMT），在聚对苯二甲酸乙二醇酯（PET）/玻纤/微胶囊红磷（MRP）体系进行了考察。结果表明，P-OMT 的片层结构较之 La-P-OMT 疏松；镧改性后的阻燃效果优于前者，这是因为 La-P-OMT 中的 La 可进一步催化 PET 成炭，而红磷燃烧时在材料表面形成的磷氧酸可加速碳化过程，二者具有协同作用；加入 P-OMT、La-P-OMT 后，材料的残碳形貌均呈更利于阻燃的褶皱状，其中 La-P-OMT 因具有优化阻隔效应使得材料的炭层更加致密，但褶皱结构相对较少。

Liu 等[45]合成了含 Ce 的纤维状杂化物 MMPA-Ce，研究发现，加入少量 MMPA-Ce 可提高 HDPE 材料的热稳定性，改善其阻燃性能；同时，材料的屈服强度、断裂强度及模量均有不同程度的提高。

Zhou 等[46]合成了三甲基丙烯酸镧（LaTMA），并将其应用于 PP/EPDM 体系，明显增强了阻燃效果和力学性能。这是因为 La 的 4f 电子特征可以猝灭价电变化过程产生的自由基，从而增强了 PP/EPDM 复合物的阻燃效果。如图 7-8 所示，随着硫化剂的分解，LaTMA 的双键在自由基的攻击下发生聚合作用，随后，P-LaTMP 上的自由基攻击 PP 和 EPDM 上的氢原子，使其接枝到分子链上。这样，在 PP 和 EPDM 之间形成的离聚物具有显著的强化效应，使它们产生了很好的相容性。

刘跃军等[47]将稀土 La 引入碳酸根型镁铝锌层状双羟基金属氧化物（LDHs）层板

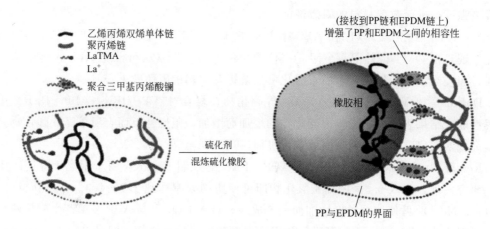

图 7-8　LaTMA 对 PP/EPDM 体系增强作用的可能机理

EPDM—乙烯丙烯双烯单体；LaTMA—三甲基丙烯酸镧；PP—聚丙烯

中，采用熔融共混制备出新型 PBS 膨胀阻燃体系，考察了阻燃性能和热性能的变化。结果表明：含稀土元素 LDHs 的添加量为 1％时，PBS 阻燃体系的极限氧指数（LOI）达 33％，垂直燃烧测试达到 UL 94 V-0 级别；稀土改性 LDHs 可以明显提高其膨胀炭层的致密度和强度，通过降低热释放速率和烟生成速率减少了可燃小分子和烟尘的释放，使膨胀阻燃效率提高。

第四节　费托合成

一、费托合成及其催化剂

费托合成反应（Fischer-Tropsch synthesis，FTS）是将煤、天然气、生物质等非油基碳资源转化成液体燃料的关键技术。目前，费托合成催化剂主要以铁基催化剂和钴基催化剂为主，其产物具有无硫、无氮和低芳烃等优点。助剂的加入可以改善催化剂的反应活性、选择性及催化剂的寿命。常用助剂包括贵金属助剂（Pt、Pd、Ru 等）和氧化物助剂（碱金属、过渡金属氧化物，稀土氧化物）。贵金属助剂因其价格昂贵、储量少等缺点不宜大规模应用，所以研究者们对储量相对丰富的氧化物助剂进行了大量研究。

稀土氧化物（La_2O_3、CeO_2、Pr_6O_{11}、Sm_2O_3、Nd_2O_3 等）助剂对费托合成负载型钴基催化剂的还原度、分散度和费托反应性能都有影响。金属钴是费托反应钴基催化剂的活性组分，部分 Co_3O_4 在催化剂焙烧过程中与载体相互作用形成难还原的钴物种降低了催化剂还原度。钴物种的还原度与载体和钴之间相互作用的强弱有关，相互作用越强导致催化剂中钴的还原度越低，进而降低催化剂的活性。为了减弱载体与活性组分之间的相互作用，研究者们通过加入稀土助剂的方式减弱该作用[48]。

二、稀土在费托合成催化剂中的应用

刘西京等[49]将 La 掺杂进入 SBA-15 的骨架制成 La-SBA-15 载体，考察了不同 La 含量对 10% Co/La-SBA-15 催化剂还原度的影响，见图 7-9。研究发现，La 提高了钴氧化物在分子筛表面的分散性，利于钴氧化物的还原；随着 La 含量增加，La 与钴氧化物的相互作用增强，导致还原难度增加。掺杂 La 后第 1 个还原峰 $Co_3O_4 \rightarrow CoO$ 略向低温区移动，而随着 La 增加，$Co_3O_4 \rightarrow CoO$ 的峰高、峰面积呈现先增大后逐渐减小的趋势，峰温先向低温区位移然后向高温区位移。

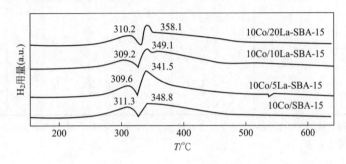

图 7-9　不同 La 助剂含量对 $10\%Co$/La-SBA-15 催化剂的 H_2-TPR 曲线图

代小平等[50]对 CeO_2 改性的 $Co-CeO_2$/Al_2O_3 催化剂表征后发现，加入 CeO_2 助剂后其晶体衍射峰强度明显减弱，说明 CeO_2 助剂可以提高催化剂表面活性相的分散程度，使暴露的钴金属原子表面活性数增多，从而提高催化剂的费托反应活性，见图 7-10。

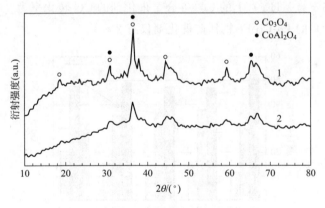

图 7-10　催化剂的 XRD 图
1—Co/Al_2O_3；2—Ce-Co/Al_2O_3

Suzuki 等[51]用 Eu 助剂对 Co/SiO_2 催化剂改性，发现添加少量 Eu 助剂可以提高 Co/SiO_2 催化剂的费托反应活性。这是因为适量加入 Eu 助剂，能有效提高催化剂的分散度，增加了 Co/SiO_2 催化剂上还原金属的数量，从而改善催化剂的费托反应活性。

Zhang 等[52]用 La 助剂改性 TiO_2 制得 TiO_2-La_2O_3 载体，研究 La 含量对催化活性的影响。发现随着 La 含量的增加，催化剂表面 Co 颗粒簇尺寸减小，但 Co 分散度增加，催化剂的费托反应活性提高，CO_2 和 CH_4 选择性增大。

Zeng 等[53]考察 La、Ce 等对 Co/γ-Al₂O₃ 催化剂的费托性能的影响。结果表明（表 7-5），添加少量 La、Ce、Pr、Sm 助剂，CH₄ 选择性降低，C₅₊ 选择性提高。这是因为 Ce 的引入可提高 Co/γ-Al₂O₃ 催化剂表面金属 Co 的分散度，而 La、Pr、Sm 的引入提高了 Co/γ-Al₂O₃ 催化剂的还原度。Nd 助剂的引入，导致 Nd-Co/γ-Al₂O₃ 催化剂的分散度和还原度都降低，从而降低催化剂的活性。

表 7-5 稀土元素对 Co/γ-Al₂O₃ 催化剂的费托性能的影响

催化剂	分散度/%	还原度/%	CO 转化率/%	CH₄ 选择性/%	C₅₊ 选择性/%
Co/γ-Al₂O₃	5.852	46.56	95.00	23.56	67.15
0.1LaCo/γ-Al₂O₃	4.163	48.36	96.63	15.80	77.86
0.1CeCo/γ-Al₂O₃	7.217	45.83	93.14	12.85	81.93
0.1PrCo/γ-Al₂O₃	5.261	50.44	95.24	16.81	76.50
0.1NdCo/γ-Al₂O₃	4.293	45.74	19.30	47.82	12.08
0.1SmCo/γ-Al₂O₃	5.726	48.54	92.91	13.98	79.25

注：固定床反应器，H₂/CO=2，p=2.0MPa，T=493K，GHSV=500h⁻¹，CO 含量为 20%，0.1LaCo 表示 La 与 CO 的物质量的比为 0.1。

Bedel 等[54]引入 La 制备了含有镧缺陷的 La₁₋ᵧCo₀.₄Fe₀.₆O₃₋δ 钙钛矿催化剂，通过焙烧温度优化和可控还原获得了适宜的金属活性中心。如图 7-11 所示，当 y（La 缺陷指数）为 0.4 时，其费托合成的烯烃/烷烃比（O/P）可达 3。在 255℃时，其 CO 转化率高达 21%，均大幅优于文献值，比如 Fe-Co 催化剂的 O/P 比一般不大于 0.7，沉积在分子筛（51%HZSM-5+41%HY）上的 Co-Fe 合金催化剂的 CO 转化率为 3%，而现有最好的无 La 缺陷（y=0）的 La-Co-Fe 钙钛矿催化剂仅有 2%。

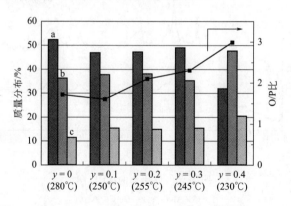

图 7-11 在 CO 转化率为 5% 时，La₁₋ᵧCo₀.₄Fe₀.₆O₃₋δ 钙钛矿催化剂（750℃）费托合成产品分布
a—CH₄；b—C₂～C₄；c—C₅₊；■C₂～C₄ 中 O/P 比值

Zhu 等[55]研究了稀土元素修饰的 H-β 分子筛催化剂催化费托反应对生产汽油组分的影响（如图 7-12 所示）。添加 Y³⁺ 提高了活性位的分散度，Ce³⁺ 的掺杂增加了载体的氧空位数量，改变 Co 的价态以促进催化剂的还原性。但是，由于 La³⁺ 较大的离子半径倾向于促进活性组分的聚合，在沸石中形成了新的强酸性位点，从而促进了更多轻烃的

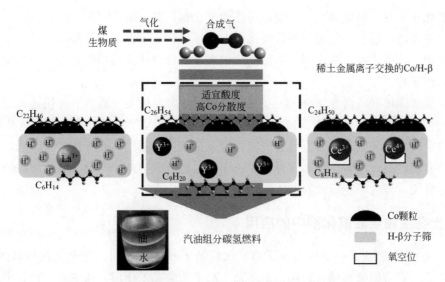

图 7-12 稀土元素修饰的 H-β 分子筛催化剂催化费托反应示意图

生成。

Zhao 等[56]制备了一系列不同 La_2O_3 含量（$100Fe/2.8Si/nLa$，$n=0, 0.5, 1, 2, 4$，原子比）的沉淀铁基费托合成催化剂，发现少量 La_2O_3 助剂（$La/Fe \leqslant 0.01$，原子比）的加入显著降低了 Fe_2O_3 颗粒尺寸，增加了催化剂的比表面积和分散度，有利于碳化铁的形成，从而提高了费托合成的反应活性。随着 La_2O_3 含量增加（$La/Fe \geqslant 0.02$），催化剂表面大量 La_2O_3 的覆盖和 $LaFeO_3$ 化合物的形成抑制了碳化铁的形成，反应活性反而降低。因此，最适宜的 La_2O_3 含量为 $La/Fe = 0.01$，La_2O_3 的加入提高了甲烷的选择性，抑制了 C_{5+} 烃类组分的形成。

总之，负载型钴基催化剂的还原度与分散度是影响费托反应活性的重要因素，高活性的催化剂要求钴或铁与载体之间有较强的相互作用。鉴于单一稀土元素促进作用的局限性，可采用复合助剂的钴（铁）基催化剂来平衡活性组分的还原性和分散度，确保催化剂的还原度和金属钴的分散性及稳定性，开发出更高费托反应活性的催化材料，从而改善负载型钴（铁）基催化剂的综合反应性能[48,57]。

第五节 生物柴油

一、生物柴油及其催化剂

随着全球经济的迅猛发展，环境污染问题的日益严重，对可再生清洁能源的开发利用已成为未来发展的方向。与石化柴油相比，生物柴油无毒，含硫量少，对空气有害的排放物少，是一种可用于替代石化柴油的可再生清洁能源。

具有高活性和长寿命特点的催化剂，是决定生物柴油合成效率的关键影响因素。目前，以催化法生产生物柴油时，主要采用均相催化剂，如 NaOH 和 H_2SO_4。均相催化剂的催化效率较高，但后续分离处理较烦琐，存在环境污染问题，于是研发人员开始关注非均相催化剂。其中，由于稀土固体酸碱催化剂有着独特空间结构和催化性能，相关研究工作受到高度重视。

单一载体固体酸的活性组分 SO_4^{2-} 在实验过程中容易流失，高温下会快速失活，虽然有较高的催化活性，但使用寿命短，不能多次循环利用。为了增强稳定性和延长使用寿命，可以引入稀土元素形成复合组分的固体酸催化剂，改善酸强度和酸密度，同时增加机械强度，从而提高反应转化率和重复率。不同的稀土元素、载体和制备方法制备的催化剂的构型差异大，导致催化活性有所不同[58]。

二、稀土在生物柴油催化剂中的应用

陈登龙等[59]制备了掺杂稀土离子的氧化锌纳米纤维催化剂，该催化剂机械强度好，活性中心多，容易回收和循环使用。由于稀土离子的吸电子作用，在纳米氧化锌中引入稀土离子，增加了氧化锌表面空穴的数量，所以催化剂表面会存在更多的 O^{2-}，催化活性将大幅提高；同时，由于稀土离子电子结构特殊和离子半径较大，其掺入会使氧化锌晶格发生膨胀，适度的晶格膨胀能够改善催化剂的反应性能。

贾金波[60]引入 La 元素制备了 $SO_4^{2-}/SnO_2\text{-}TiO_2\text{-}La_2O_3$ 固体酸催化剂，考察了 La 元素的比例、煅烧温度等因素对该催化剂性质的影响。当 La_2O_3 含量为3%、硫酸浓度为 1mol/L、煅烧温度为550℃、活化时间为3h时，催化剂的反应活性最好。控制如下反应条件：醇油摩尔比15:1，稀土催化剂含量3%，在70℃下反应6h，产率可达到95.4%。

Vishal 等[61]制备了钾浸渍的镧镁纳米混合氧化物，以该物质为催化剂，当反应温度为65℃、pH 值恒定为10、镧和镁的摩尔比为1:3、甲醇与棉籽油的摩尔比为54:1、催化剂占原料的质量比为5%时，20min 内棉籽油的转化率可达96%。同时，发现当镧和镁的摩尔比在1~3时，催化剂的活性位和表面积增加，催化性能得以优化；当镧和镁的摩尔比在4~5时，催化剂的晶格发生形变，平均粒径增大，表面活性原子百分比减小，碱位点及碱性强度降低，催化效率下降。

Jin[62]通过共沉淀法制备了 $ZnO/La_2O_2CO_3$ 层状固体碱催化剂，催化转化菜籽油为生物柴油，当甲醇与菜籽油质量比为1:1、催化剂占原料的质量比为5%、反应温度为85℃时，生物柴油的产率可达99%。在相同的反应条件下，以纯 ZnO 为催化剂，转化率几乎为零；以 $La_2O_2CO_3$ 为催化剂，转化率低于70%。由 $TPD\text{-}CO_2$ 表征分析可知，ZnO 和 $La_2O_2CO_3$ 的协同作用使催化剂的活性得以增强。由于 $ZnO/La_2O_2CO_3$ 催化剂在温和的反应条件下已经具有了相当高的催化活性，预计在生物柴油生产中具有良好的应用价值。

Song 等[63]制备了 KF/Mg-La 稀土复合氧化物固体碱催化剂，用来催化棉花籽油转化为生物柴油。实验表明：引入 Mg 后，中间产物 LaOF 由原来的立方体转变为更加稳定的斜六方体，LaOF 形成斜六方体可能是由于离子半径较小的 Mg^{2+} 与较大的 La^{3+} 发生了同构性的替换，因此改变了 LaOF 的晶体构型。对 KF/La_2O_3 和 KF/Mg-La 稀土复合氧

化物分别进行了 CO_2-TPD 和 FTIR 表征，发现在 KF/La_2O_3 制备的过程中，形成了一种类似于碳酸盐的结构，导致碱性活性位减少。而向 KF/La_2O_3 催化剂中添加 Mg 时，有效抑制了碳酸盐结构的形成，则保持了碱性活性位点。

Shu 等[64]用茶油籽壳制备了 $SO_4^{2-}/C/Ce^{4+}$ 催化剂，在催化油酸与甲醇酯化反应时，当醇酸摩尔比为 12、催化剂的量为 1%、反应温度为 66℃时，油酸的转化率为 95.45%；催化剂循环使用 6 次后，催化效率仍达 91.06%。分析可知，由于 Ce^{4+} 的 4f 电子构型是良好的电子受体，能够产生更多的 B 酸位，而且 Ce^{4+} 的引入有效减少了石墨碳片的比率，增大了孔容孔径，利于大分子反应物与催化剂内部的酸性中心反应，在 Ce、O 和 S 之间形成了稳定的配位键，促进 C 与—SO_3H 的结合，从而改善了催化剂的稳定性和催化效率。

Vieira 等[65]采用柠檬酸处理 HZSM-5，以 SO_4^{2-}/La_2O_3 进行改性，通过催化油酸和甲醇的酯化反应制备生物柴油，转化率几乎可达 100%。对于不进行脱铝处理的母体 HZSM-5 样品，其反应效果则没有改善。这是因为，柠檬酸脱铝处理增加了分子筛外表面积，提高了油酸分子与活性中心的可接近性。

Shu 等[66]对废山茶籽壳进行碳化处理获得了碳材料，然后用 La^{3+} 和浓硫酸进行改性获得了 $SO_4^{2-}/La^{3+}/C$ 新型 B 酸催化材料，用于油酸和甲醇的酯化反应，其转化率可达 98.37%，循环反应 10 次，转化率仍保持在 81.9%。其优良的反应性能归因于 La 的电负性 1.10 远小于 O 的 3.44，因此，La 的孤电子对可与 SO_4^{2-} 的 sp^3 杂化的 2p 空轨道形成

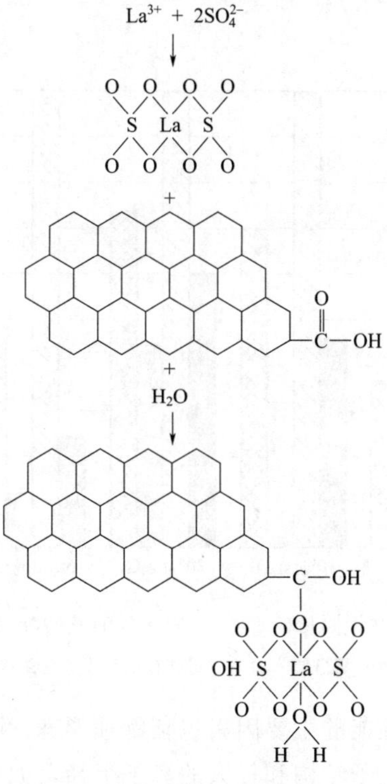

图 7-13　SO_4^{2-}、La^{3+}、羧基氧以及水分子之间强的相互作用

四配位键。由于 S=O 键的诱导作用产生了强烈的吸电子效应，促使羧基的氧和水分子容易与 La 形成配位键。如图 7-13 所示，SO_4^{2-}、La^{3+}、羧基氧以及水分子之间存在强的相互作用，并形成了六配位的化合键。

陈颖等[67,68]采用共沉淀法和浸渍法制备了 SO_4^{2-}/ZrO_2 固体酸催化剂，发现未引入稀土元素时，催化剂的活性较低，在最佳反应条件下生物柴油的产率仅为 60.34％；当加入 La_2O_3 或 CeO_2 后，在相同的反应条件下，生物柴油的产率分别为 73.46％ 和 68.48％，催化效率明显增加。由 XRD 表征可观察到，引入稀土元素 La、Ce 后，催化剂的晶化程度增大，活性中心的数目增加，活性四方相 ZrO_2 变得更稳定，在拥有 B 酸中心的催化剂表面产生新的 L 酸中心，同时 B 酸中心的稳定性得到改善，延长了催化剂的使用寿命。

王志华等[69]采用沉淀-浸渍法制备了固体超强酸 $S_2O_8^{2-}/Fe_2O_3-ZrO_2-La_2O_3$，当醇油摩尔比为 12∶1、催化剂的用量为 2％、温度为 220℃，反应 10h 后，废弃食用油转化为生物柴油的产率为 90.3％。当只有 $S_2O_8^{2-}/Fe_2O_3-ZrO_2$ 存在时，催化活性较低，引入适量的 La_2O_3 后，催化剂以无定形形式存在，催化剂粒度得以细化，同时 La_2O_3 和 ZrO_2 之间产生了协同作用，从而促使催化剂的活性明显增加。

Russbueldt 等[70]研究了含有稀土的非均相催化剂对甘油三酸酯与甲醇酯交换制生物柴油催化性能的影响，催化剂包括不同的纯稀土氧化物、负载的稀土氧化物和稀土金属混合氧化物。发现纯稀土氧化镧具有极高的活性，在负载型催化剂的表面，稀土氧化物与载体氧化物形成固溶体相，活性炭提高了氧化镧相的分散度，从而提高了催化活性（如图 7-14 所示）。

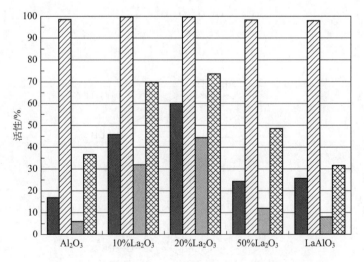

图 7-14　γ-Al_2O_3 负载不同量的 La_2O_3 催化甘油三酸酯与甲醇酯交换反应活性

■ 脂产率；▨ 脂选择性；▦ 甘油产率；▩ 甘油选择性

总之，影响固体酸催化性能的主要因素包括物理形态、酸位密度、稳定性以及反应介质条件等。稀土具有独特的电子结构和较大的离子半径，如何通过稀土元素掺杂来获得高活性和高稳定性的固体酸催化剂，无疑是今后的一个重要研究方向。

第六节　芳构化

一、芳构化及其催化剂

随着我国炼油和乙烯工业规模的快速发展，石油液化气等轻质烃产量将继续快速增加，炼油厂的各种催化裂化装置副产 LPG 液化气（主要为 C_3、C_4），石化厂的石脑油蒸汽裂解制乙烯装置也副产大量 C_3、C_4 轻烃。与此同时，芳烃是产量和规模仅次于乙烯和丙烯的重要有机化工原料，如何将丰富廉价的轻烃转变为高附加值的苯、甲苯、二甲苯（BTX）已成为近年来国内外的重要研究课题。开发新型高效轻烃芳构化催化剂和反应工艺技术，是促进轻烃资源综合利用的重要途径，具有重要的现实意义和广阔的市场前景。

二、稀土在芳构化催化剂中的应用

林伟[71]将镍分别浸渍在 SAPO-11、USY、ZSP-3 三种分子筛上，以正辛烷为模型化合物，在临氢的条件下，考察催化剂的异构化及芳构化性能。结果表明：Ni/SAPO-11 具有最好的异构化选择性和较好的芳构化选择性，但转化率最低；Ni/ZSP-3 虽然具有最高的转化率和芳构化选择性，但其异构化选择性最低；Ni/USY 的选择性和转化率均介于 Ni/SAPO-11 和 Ni/ZSP-3 之间，但芳构化选择性最差。进一步发现，稀土改性可以调节 ZSP-3 分子筛为载体的催化剂表面酸中心分布，提高了异构化和芳构化选择性。

于振兴[72]对稀土金属在低碳烷烃芳构化催化剂上的应用进行了研究。在 Zn 改性 HZSM-5 分子筛基础上，通过不同稀土元素进行复合改性。结果表明，采用纳米分子筛为载体的催化剂可以提高烷烃的脱氢活性，促进了芳构化反应能力的提高；而引入稀土金属元素进一步提高了催化剂的芳构化活性。

吕明智[73]对 HZSM-5 分子筛催化剂经过 La 氧化物改性，在小型连续流动固定床反应装置上进行石脑油改质。当改质汽油的辛烷值大于 90，可以降低反应苛刻度，在较低的温度下进行非临氢芳构化反应，以增加产品液收。直馏石脑油非临氢芳构化反应的最佳体积空速为 $0.4h^{-1}$。当催化剂经过 550℃水蒸气处理 6h，可以获得最高的芳烃收率。

Long 等[74]研究了 La 和 P 复合改性对 Zn/ZSM-5 分子筛的芳构化性能的影响。结果表明，加入 La 增强了 Zn 物种与载体的相互作用，改善 Zn 物种分散度，并且增加了 $[Zn(OH)]^+$ 物种的数量。如表 7-6 所示，ZnLa/ZA 的芳烃含量从 17.7% 增加到 19.8%，异构烷烃比原料明显增加；进一步采用 P 复合改性的 ZnLa/ZA 的芳烃含量则上升到 22.1%，原因在于 P 改性促使更多的 Zn 物种保留在分子筛孔道，有效增加了芳构化活性中心数量。综合分析，La 和 P 复合改性产生了明显的协同效应，减少了 Zn 物种损失，从而强化了芳构化性能。与 FCC 汽油原料相比，芳构化产物的汽油烯烃含量大幅度降低，但是由于芳构化和异构化的强化作用，汽油 RON 损失仅 0.5 个单位。另外，如图 7-15 所示，随着反应时间延长，La 或 La/P 复合改性分子筛的烯烃含量上升幅度下降，芳烃下降幅度变小，表明经过 La 或 La/P 复合改性，分子筛骨架稳定性增强，其芳构化寿命得以延长。

表 7-6　FCC 汽油原料和芳构化产品的性质分析

项目	原料	Zn/ZA	ZnLa/ZA	ZnLaP/ZA
烯烃(体积分数)/%	40.1	24.7	25.0	25.9
芳烃(体积分数)/%	15.2	17.7	19.8	22.1
异构烷烃(体积分数)/%	34.2	40.8	39.8	37.4
正构烷烃(体积分数)/%	4.6	9.9	8.8	7.2
环烷烃(体积分数)/%	5.9	6.9	6.6	7.4
硫含量/(μg/g)	174	103	121	136
RON	91.7	89.8	90.4	91.2
ΔRON		−1.9	−1.3	−0.5

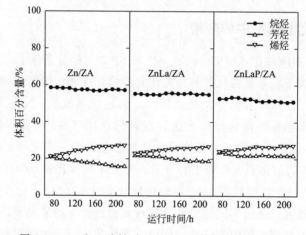

图 7-15　La 和 P 改性对 Zn/ZSM-5 芳构化性能的影响

于中伟等[75]发明了一种含 0.1%～5.0%（质量分数）稀土的轻烃芳构化催化剂，该轻烃芳构化催化剂具有较高的芳烃产率和较长的使用寿命。

孙义兰等[76]发明了一种轻烃芳构化方法，可以将 C_3～C_{12} 的烃类在 250～650℃、0.1～4.0MPa 的条件下与芳构化催化剂接触反应，所述的芳构化催化剂为稀土氧化物含量 0.1%～5.0%（质量分数）、20%～50%（质量分数）的 ZSM 系列沸石。该工艺方法适用于移动床的反应-再生过程，具有较高的液体收率和稳定的催化反应活性。

贾立明等[77]等发明了一种芳构化催化剂，先将 ZSM-5 分子筛采用磷和稀土元素组分进行改性处理，再将 MCM-22 分子筛采用锌进行改性处理，再与无机耐熔氧化物及黏结剂混合均匀，混捏成型后，经干燥和焙烧，得到催化剂。制备过程中对两种常用的分子筛进行改性，使它们在轻质烃芳构化反应中产生良好的协同作用，解决了现有技术以 MCM-22 分子筛部分替换 ZSM-5 分子筛后，芳烃产率下降的问题。本发明芳构化催化剂用于正构烷烃、环烷烃及石脑油等芳构化时，具有较高的芳烃产率，且干气产率低、丙烯产率高。

孙玉坤等[78]发明了一种适用于 C_3、C_4 液化气在固定床反应器中进行芳构化的催化剂，该催化剂含有 MOR 和 MFI 结构的复合沸石分子筛，稀土元素占总质量比为 0.3%～5%，通过对不同结构和表面性质的分子筛进行调配改性，所制备催化剂的酸性质与改性元素氧化物之间协调配合，从而改善了催化剂反应活性和芳烃选择性。

朱向学等[79]发明了一种共结晶分子筛芳构化催化剂。该催化剂含有 35%～75%（质量分数）小晶粒稀土 ZSM-5/ZSM-11 共结晶分子筛、1.0%～6.0%（质量分数）ZnO 以及 0.5%～5.0%（质量分数）P_2O_5，其余为三氧化铝和高岭土。它用于低碳烃、煤基或生物基含氧化合物及废旧塑料等原料的催化转化过程，具有芳烃或高辛烷值汽油组分收率高、水热稳定性和再生性能好等特点。

第七节　催化重整

一、催化重整及其催化剂

催化重整是石油加工的重要生产工艺之一，在临氢及使用催化剂的条件下，控制压力及温度进行催化重整反应，其主要目的是生产高辛烷值汽油、BTX 芳烃以及廉价的氢气。催化重整的主要反应包括六元环烷烃脱氢、五元环烷烃脱氢异构化、烷烃脱氢环化、烷烃异构化、氢解、加氢裂化和积炭等。随着汽柴油质量升级及加氢技术快速发展，催化重整在炼油化工领域的地位越来越重要。催化重整反应需要两种不同的活性中心，金属中心催化烃类的加氢和脱氢反应，主要由铂等金属提供；酸性中心主要催化烃类的重排反应，由含卤素的氧化铝提供[80]。

催化剂是重整技术的关键因素之一，它能促进石脑油馏分或产物分子结构重排，生成芳烃或异构烷烃。反复地再生会导致催化剂载体的微孔结构改变，比表面积下降，铂晶粒烧结，氯流失，引起催化剂的双功能失衡。因此，高苛刻连续重整工艺条件对催化剂的催化性能（活性、选择性、稳定性）及物理性能（水热稳定性、持氯能力、强度）提出了新的要求。

二、稀土在催化重整催化剂中的应用

李建勇[81]研究了正己烷、甲基环戊烷在 Pt/KL 和 Pt-RE/KL（RE＝Ce，Nd，Sm）催化剂上的反应性能以及稀土对催化剂抗硫性能的影响。结果表明，引入轻稀土增强了Pt/KL 催化剂的正己烷、甲基环戊烷的芳构化选择性，改善了催化剂的抗硫性能。

Mondal 等[82]采用 La 改性 Ni/CeO_2-ZrO_2 制备了重整催化剂，以生物油作为模式反应物进行反应评价。如图 7-16 所示，当 La_2O_3 含量为 5% 时，反应的转化率和 H_2 产量达到最大值，进一步提高 La_2O_3 含量，反应效果反而变差。这是因为，La 的离子半径较大（La^{3+}、Ce^{4+} 和 Zr^{4+} 的离子半径分别为 0.116nm、0.097nm 和 0.084nm），在均匀的多元复合固体溶液中，过大的 La 含量将难以容纳合适的 Ce 和 Zr，从而限制可移动氧的分配，不利于改善反应的转化率和选择性。实验还表明，La 改性催化剂的焦炭产率下降，

催化剂稳定性增加，这是因为在反应后的催化剂上检测到了 $La_2O_2CO_3$ 物种，它可与焦炭反应生成 La_2O_3 和 CO，恢复了 La_2O_3 的催化活性，从而改善催化剂的气化性能，延长了催化剂使用寿命。

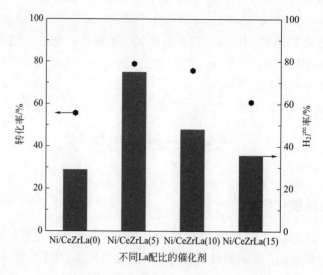

图 7-16　La_2O_3 含量对催化剂反应收率和转化率的影响

$[T=700℃，p=1atm，W（催化剂用量）/F_{AO}（起始进料速度）=700g_{cat}·s/g_{bio-oil}]$

Samia 等[83]对比研究了 La 和 Ce 改性 Pt 纳米粒子/Al_2O_3 的正构烷烃（正己烷和正庚烷）脱氢反应性能，发现稀土改性催化剂的 NH_3-TPD 酸性都有所降低，对脱氢反应似乎不利；其中，Ce 改性催化剂存在活性中心被孤立（segregation）的现象，然而 La 改性催化剂则没有。评价表明，3％ La 改性催化剂的芳构化活性和选择性得到改性，其耐热稳定性优于未改性催化剂。推测其芳构化反应机理发生了较大变化，主要表现在芳构化过程的闭环模式发生改变，似乎变得更加容易了。

潘晖华等[84]发明了一种连续重整催化剂，采用混合稀土及ⅠB族元素改进催化剂的选择性和抗积炭能力，增加重整反应产物的液收，延长催化剂寿命，保证连续重整装置的长周期稳定运转。该催化剂具有良好的活性和水热稳定性，较高的选择性和机械强度。同时发现，对于双功能重整催化剂，其金属功能与酸性功能必须协同作用。若金属加氢/脱氢活性功能太强，重整催化剂表面上的积炭会迅速增加，不利于重整反应的继续进行；若酸性功能太强，催化剂的加氢裂化活性高，则重整产物的液体收率会降低。因此载体酸性功能与金属功能的平衡匹配决定了催化剂的活性、选择性与稳定性。

臧高山等[85]发明了一种含稀土的多金属重整催化剂，复合载体包括 1％～60％（质量分数）的介孔 γ-Al_2O_3 和 40％～99％（质量分数）的 γ-Al_2O_3。该催化剂用于石脑油重整反应，具有较高的异构化活性与较好的芳构化选择性。张大庆等[86]发明了一种含稀土的多金属石脑油重整催化剂，包括含硫酸根的氧化铝载体。该催化剂用于石脑油重整反应，不需预硫化，并具有较高的芳构化活性和选择性。

李晓静等[87]以天然海泡石（SEP）为载体，考察了催化剂 Ni/SEP 和 Ni/La-SEP 对生物油模型物苯酚-乙醇催化重整制氢的影响。如表 7-7 所示，引入 La 使 H_2 产率由 56% 增加到 65%，甲烷的产率明显降低，CO 产率由 19% 降低到 13%，而 CO_2 产率则由 14% 上升到 18%。因此，La 有利于促进水汽转化反应向正反应方向进行，提高了苯酚-乙醇水蒸气催化重整制取氢反应的效率。

表 7-7　催化剂 Ni/SEP 和 Ni/La-SEP 对氢气产率的影响　　　单位：%

催化剂	H_2	CH_4	CO	CO_2
Ni/SEP	56	9	19	14
Ni/La-SEP	65	3	13	18

在此基础上，作者又对比了 La 和 Ce 对苯酚-乙醇催化重整制氢的影响，反应结果如图 7-17 所示[88]。催化剂 Ni/La-SEP 和 Ni/Ce-SEP 上 H_2 的产率明显高于 Ni/SEP，并有效抑制了 CO 的生成。这是由于稀土金属 La、Ce 均能增强 Ni 与载体之间的相互作用，利于提高金属分散性，增加反应活性位点。相对于 Ni/Ce-SEP，催化剂 Ni/La-SEP 具有更高的 H_2 产率和最低的 CH_4 产率，表明 La 改善了苯酚-乙醇水蒸气催化重整制氢的反应效率。

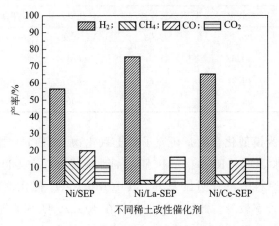

图 7-17　含不同稀土金属的 Ni/SEP 催化剂对产物产率的影响

沈朝萍等[89]以镍基催化剂为主体，考察了 La_2O_3 助剂的负载量对生物油模型物（乙醇）水蒸气重整制氢的影响。如图 7-18 所示，H_2 产率随 La_2O_3 负载量的增加先上升，在负载量为 6% 时，H_2 产率最高，达到 47.5%，当 La_2O_3 负载量继续增加时，H_2 产率呈降低的趋势。

任岳林等[90]以链烷烃中较难转化的正庚烷为模型化合物，考察了双稀土金属（Ce 和 Eu）对铂锡重整催化剂体系下正庚烷转化的影响。如表 7-8 所示，双稀土的加入对催化剂的活性有削弱作用，这是由于双稀土金属有较强的给电子能力，使铂金属中心的吸附能力下降，导致催化剂的活性下降。随着反应温度升高，正庚烷的转化率呈上升趋势，且两种催化剂上甲苯的选择性和收率均增大。但稀土对催化剂脱氢环化反应的影响较小，这是由于铂金属活性中心是脱氢环化反应的控速步骤，由于铂的吸附能力减弱，脱氢环化反应活性略有降低。

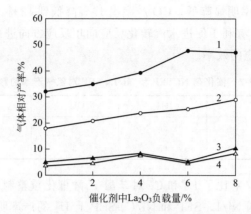

图 7-18　La_2O_3 负载量对气体产物产率的影响

1—H_2；2—CO_2；3—CH_4；4—CO

表 7-8　含双稀土金属铂锡重整催化剂对正庚烷转化率和甲苯收率的影响

温度 /℃	$Pt-Sn-\gamma-Al_2O_3$			双稀土-$Pt-Sn-\gamma-Al_2O_3$		
	转化率/%	甲苯收率/%	甲苯选择性/%	转化率/%	甲苯收率/%	甲苯选择性/%
510	96.09	35.57	37.02	94.26	32.85	34.85
520	97.37	40.67	41.77	96.34	38.78	40.25
530	98.83	46.32	46.87	98.37	44.09	44.82
540	99.49	50.95	51.21	100	49.67	49.67

　　Lee 等[91]以丙烷为模型化合物，研究了稀土氧化物（REOs）掺杂过渡金属（TMs）的重整反应性能。实验表明，REOs/TMs 催化剂性能优异，在 920～1000K 范围内具有活性，并且在非含硫原料中没有明显失活。其中 Mn/CeO_2 催化剂具有最佳重整反应活性，C、CO_2 和 CH_4 产率较低。此外，该催化剂在 $40\mu g/g$ H_2S 的气氛条件下，仍具有相当活性。

第八节　甲苯歧化

一、甲苯歧化及其催化剂

　　甲苯歧化是芳烃联合装置中不可或缺的组成部分，它能把相对廉价的甲苯转化为价值更高的二甲苯和苯。甲苯歧化工艺按照反应器类型分为固定床反应器和移动床反应器；根据工艺的特点可以分为甲苯歧化（也称作烷基转移）和甲苯择形歧化。甲苯歧化和烷基转移反应是芳烃之间的相互转化。

甲苯歧化反应是指两分子甲苯生成一分子苯和一分子二甲苯的反应，理论上 2mol 的甲苯歧化生成 1mol 的二甲苯和 1mol 的苯，即产物中二甲苯和苯的摩尔比（X/B）应为1。但在实际反应体系中，常常伴随有副反应，如甲苯加氢脱烷基反应生成苯和甲烷，甲苯苯环加氢生成甲基环己烷，芳环裂解反应等。因此，通常情况下甲苯歧化反应往往是苯的选择性明显高于二甲苯的选择性，使得 X/B 远小于 1。从市场角度看苯相对过剩，二甲苯则供不应求，因此希望尽可能减少副反应，提高二甲苯选择性。

二、稀土在甲苯歧化催化剂中的应用

陈连璋等[92]对 ZSM-5 分子筛（硅铝摩尔比 50.51，氧化钠 0.28%，晶粒为 5.8μm）分别进行镧、铈、镨、钕和混合稀土改性，改性催化剂对甲苯歧化的反应性能见图 7-19。可以看出，虽然催化活性有所降低，但是产物二甲苯中对二甲苯（p-X）的浓度远远超过其平衡组成。其中铈改性催化剂的对二甲苯选择性远不如镧，当 Ce_2O_3 负载量为 40% 时，对二甲苯选择性只有 36.95%，其中原因可能有二：一是铈较易生成稳定四价态；二是Ce^{3+} 的水合离子半径大于 La^{3+}，由于离子的交换能力随离子的水合离子半径的增大而减小，故 Ce^{3+} 的交换能力比 La^{3+} 弱。Pr 和 Nd 改性后的催化剂活性比相同载入量的 La 改性催化剂高，但是，它们的对二甲苯的选择性低于后者。另外，当使用混合稀土改性时，催化剂的活性急剧下降，当载入 20% 时，催化剂几乎没有活性了，这是因为混合稀土原料的主要成分为 Ce，同时混合稀土中存在较多的杂质也都影响催化剂活性。

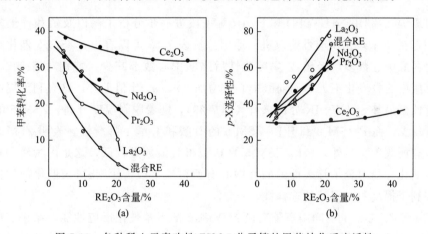

图 7-19　各种稀土元素改性 ZSM-5 分子筛的甲苯歧化反应活性

他们还考察了稀土和其他元素如磷、镁的复合改性效果，从表 7-9 可以看出，磷改性后对二甲苯的选择性可以提高到 66%，这是因为磷改性后对催化剂具有一定的堵孔作用，增加了孔道的弯曲度，并提供了较多的弱酸中心。在此基础上，再引入混合稀土进行改性，当加入 10% RE_2O_3 后，甲苯转化率可从 17.51% 提高到 30.24%，而对二甲苯选择性仍可维持在 53%，稀土改性起到了调节催化剂酸性的作用。虽然磷-镁改性催化剂的对二甲苯选择性提高到 85.01%，但是磷-镧改性催化剂却提高到了惊人的 90.13%，达到了当时国内外文献的最好结果。另外的实验数据还表明，改性后催化剂的稳定性明显改善。这些优异的反应性能来自于复合改性元素对 ZSM-5 分子筛的酸性和孔结构的调变作用。

表 7-9　用几种元素改性的 IDG-01 催化剂甲苯歧化反应性能

催化剂	反应产物组成[①]（质量分数）/%						甲苯转化率/%	对二甲苯选择性/%	X/B歧化率
	非芳烃	苯	甲苯	p-X	m-X	o-X			
H-IDG-01	0.85	18.02	63.12	4.90	9.41	3.70	36.88	27.21	1.00
磷改性	0.32	8.17	82.49	5.96	2.30	0.77	17.51	66.00	1.11
磷-混合稀土改性	1.13	16.44	69.76	6.73	5.06	0.88	30.24	53.12	0.77
磷-镁改性	1.01	9.13	82.00	6.69	1.18	—	18.00	85.01	0.86
磷-镧改性	0.71	8.80	82.79	6.94	0.76	—	17.21	90.13	0.88

① 反应温度 550℃。

表 7-10　几种改性 ZSM-5 分子筛催化剂氨吸附程脱数据

催化剂	峰 I		峰 II		总吸附中心数 $n_1 \times 10^{20}$	n_1/n_2
	TM_1/℃	氨吸附中心数 $n_1 \times 10^{20}$	TM_2/℃	氨吸附中心数 $n_1 \times 10^{20}$		
HZSM-5	292	1.28	465	1.65	2.93	0.78
P-ZSM-5	259	0.75	407	0.75	1.50	1.00
P-La-ZSM-5	274	1.59	478	1.29	2.88	1.23

注：1. TM 代表吸附温度。

2. n_1 和 n_2 分别代表峰 I 和峰 II 的氨气吸附中心数量。

陈连璋等[93]利用 NH_3-TPD 和 Py-IR 等手段进一步分析了磷以及磷和稀土复合改性 ZSM-5 引起的甲苯歧化反应性能改进的原因。从表 7-10 可以看出，ZSM-5 催化剂的强酸中心数比弱酸中心数多，经磷或磷-镧改性后强酸中心数都减少；特别对磷-镧改性来说，催化剂总酸中心数变化不大，而弱酸中心数增加，n_1/n_2 比值上升，这有利于提高对二甲苯的选择性。另外，从 Py-IR 分析来看（图 7-20），随着脱附温度升高，ZSM-5 的 B 酸和 L 酸明显减少，而 P-ZSM-5 和 P-La-ZSM-5 的 B 酸和 L 酸下降缓慢，表明 ZSM-5 分子筛的稳定性有所改善。另外，P-La-ZSM-5 的 B 酸和 L 酸数量较低，这是因为磷和稀土复合改性形成的化合物对分子筛表面的酸性中心有所覆盖，改善了 ZSM-5 催化剂的择形裂化性能，有利于提高对二甲苯的选择性。

Nibou 等[94]考察了不同阳离子交换 NaY 沸石的甲苯歧化反应性能，结果表明，其反应活性与改性沸石的总酸量对应，如图 7-21、图 7-22 所示，La、Ce 和 U 改性的分子筛在 400～450℃之间可以获得比较理想的甲苯歧化转化率和 B/X（甲苯/二甲苯）比值。

邹薇等[95]发明了一种歧化与烷基转移催化剂，含有 20%～80% 的 ZSM-5 或 β 沸石，0.01%～0.3% 铂或钯，0.01%～0.6% 锡、铅、锗，0.1%～1% 的碱土金属或稀土，10%～40% 的黏结剂。通过在分子筛表面引入少量具有加氢活性的金属，促进重芳烃的脱烷基反应并提高催化剂稳定性，而选自锡、铅、锗的金属助剂主要用于调变加氢金属组分的加氢裂解活性，降低芳环损失，提高产物收率。选自碱土金属或稀土金属的助剂能减少分子筛表面强酸中心，从而减弱强酸中心对产物二甲苯的深度脱甲基副反应，达到提高二甲苯选择性及甲基利用率的目的。

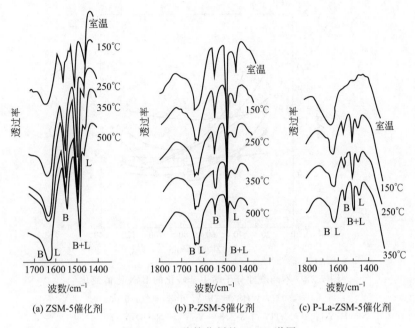

图 7-20 几种催化剂的 Py-IR 谱图

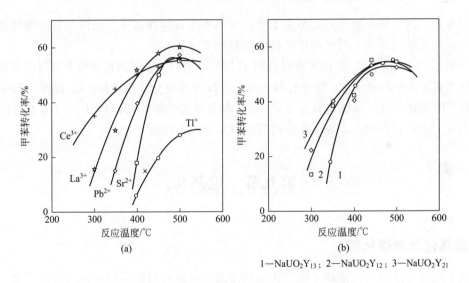

1—NaUO₂Y₁₃；2—NaUO₂Y₁₂；3—NaUO₂Y₂₁

图 7-21 NaY 交换阳离子后的甲苯歧化转化率

($t = 90\text{min}$，WHSV $= 1\text{h}^{-1}$，甲苯/氢气 $= 0.005$)

王月梅等[96]发明了一种提高二甲苯选择性的甲苯歧化催化剂，含有具有 MWW 结构的分子筛和 $0.02\% \sim 6\%$ La 或 Ce 元素。该催化剂用于甲苯歧化反应，具有二甲苯选择性与苯选择性相当、甲苯转化率高的优点。

邹薇等[97]采用 La₂O₃ 和 MgO 对 HZSM-5 催化剂进行改性，考察改性剂对催化剂孔结构和酸性质的影响。结果表明，氧化物 La₂O₃ 主要覆盖在 HZSM-5 催化剂的孔道内，使得催化剂孔道缩小变窄，总酸量下降；氧化物 MgO 主要分布在 HZSM-5 外表面上，使

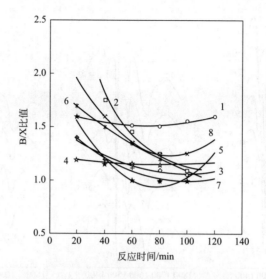

图 7-22　不同改性分子筛甲苯歧化的 B/X 比值变化

($T=450℃$，WHSV=1h^{-1}，甲苯/氢气=0.005)

1—NaNH$_4$Y$_{11}$；2—NaTlY$_{11}$；3—NaPbY$_{11}$；4—NaUO$_2$Y$_{12}$；5—NaUO$_2$Y$_{21}$；

6—NaUO$_2$Y$_{13}$；7—NaLaY$_{11}$；8—NaCeY$_{12}$

HZSM-5 孔口尺寸略有缩小，总酸量上升，对二甲苯选择性提高。孔径和表面酸性决定烷基化反应对位的选择性，两者当中孔径效应影响较大。

宁明才[98]以 La、Ce 等盐溶液对自制 HZSM-5 进行单金属改性和双金属改性研究，金属改性改变了酸中心的分布，缩小孔径，但是并没有改变分子筛结构。Zn 改性 HZSM-5 可以提高二甲苯选择性，最佳负载量是 0.5％；双金属改性催化剂，1％La-0.5％Zn/HZSM-5 和 1％Ga-1％Zn/HZSM-5 表现出较好的间二甲苯异构化性能。

第九节　烷基化

一、烷基化及其催化剂

国内油品标准的升级带动了烷基化油的需求，但随着国家环保政策的日益完善，对烷基化工艺的绿色、安全、低能耗运行提出了更高的要求。目前工业上主要应用的传统液体酸工艺存在着污染环境、腐蚀设备等缺陷。开发绿色高效、环境友好的固体酸催化剂是解决上述问题的主要途径。分子筛具有多样的孔道结构、可调的酸性和良好的水热稳定性，且无腐蚀性、环境危害小，有望替代液体酸催化剂。

二、稀土在烷基化催化剂中的应用

许家阔[99]选用 NaX 分子筛为原材料，通过改变稀土 La 的交换和焙烧次数调节稀土的引入量，制备出一系列稀土改性的 X 型分子筛催化剂。对比不同的稀土改性 X 型分子筛催化剂的结构和酸性变化，发现随着 La^{3+} 交换次数增加，分子筛的 B 酸中心增多，L 酸中心减少，但是当稀土引入过多时，总酸密度反而会下降。催化剂上强 B 酸的含量是影响烷基化性能重要因素。为了延长稀土改性分子筛催化剂的寿命，结合固体酸催化烷基化反应机理，提出了催化剂活性位点处丁烯的浓度控制是影响烷基化与低聚反应比例的技术关键，因此，通过向稀土（La 和 Ce）改性的 X 型分子筛引入铜离子制备了双金属改性催化剂。结果表明，双金属（RE 和 Cu）改性的分子筛催化剂有更长的使用寿命，提高了烷基化目标产物 C_8 的选择性，并且 CuLaX 的使用寿命最长可达 15h。

Chen 等[100]研究了 La_2O_3 改性 HY 催化剂对甲苯与叔丁醇的烷基化反应的影响。如图 7-23 和图 7-24 所示，在反应最初的 4h 内，HY 催化剂的甲苯转化率高，但是，随着反应时间延长，其转化率急剧下降，而 La_2O_3 改性 HY 催化剂的转化率下降幅度较小；同时，在整个反应过程中，La_2O_3 改性 HY 催化剂对对叔丁基甲苯的选择性明显优于未改性催化剂。当 La_2O_3 含量为 5％时，催化剂活性为 32.4％（相当于甲苯转化率），473K 下反应 8h 后，其对位选择性仍接近 82％。FT-IR 表征说明稀土改性增加了 HY 的弱 B 酸浓度，有利于提高对叔丁基甲苯的选择性。

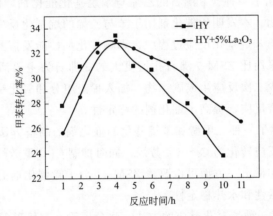

图 7-23 La_2O_3 改性 HY 催化剂对甲苯转化率的影响

（反应温度：473K，空速：$4h^{-1}$，甲苯/叔丁醇＝6：1）

许家阔等[101]采用液相离子交换法，通过改变交换和焙烧次数制备了 5 种不同浓度稀土 La 改性的 X 分子筛催化剂，在固定床反应器上评价了其催化异丁烷/丁烯烷基化反应的性能。催化剂制备过程对催化剂结构和性能影响明显，La^{3+} 改性后 X 分子筛结晶度下降，但酸度显著增强，随着 La^{3+} 交换次数增加，分子筛的 B 酸量增多，L 酸量减少；5 种催化剂中，焙烧前离子交换 2 次、焙烧后再交换 3 次、再焙烧所制催化剂的催化性能最佳，丁烯的初始转化率为 89.94％，C_8 收率可达 66.71％，这归因于酸量增大加快了氢负离子转移，减少了在正碳离子上发生重复烷基化的可能性，从而抑制了大分子生成。

詹等[102,103]发明了高度选择性的改性催化剂，该催化剂用于芳香族化合物的烷基化。该催化剂使用稀土元素进行阳离子交换以强化苯的烷基化，并减少烷基基团的异构化反应。稀土交换减少了超笼中的几何空间，由于保持了更多骨架铝数量而降低了酸强度。反应空间减少和酸强度降低抑制了发生异构化和裂化的反应途径，而主要的烷基化反应路径

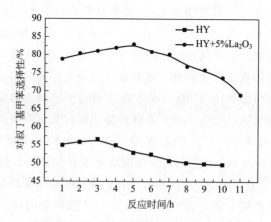

图 7-24 La₂O₃ 改性 HY 催化剂对对叔丁基甲苯选择性的影响

(反应温度：473K，空速：4h⁻¹，甲苯/叔丁醇＝6∶1)

没有受到影响。

徐会青[104,105]发明了一种含 β 沸石的乙烯与苯烷基化催化剂，催化剂中还含有1％～20％的稀土金属氧化物。本发明的催化剂用于苯与乙烯的烷基化反应，具有更高的反应活性和选择性。在乙烯与苯烷基化反应过程中，影响催化剂性能发挥的两个重要因素是催化剂的酸性和孔结构。采用比 ZSM-5 沸石孔道更大的 β 沸石为主要活性组分，有利于反应物和产物的扩散，减少二次反应生成副产物。加入稀土组分和氧化锑，能够有效地阻止副反应的发生，减少积炭反应，提高了催化剂的稳定性。

徐龙伢等[106]提供了一种二甲醚和苯烷基化的催化剂的制备方法，该催化剂可以把二甲醚和苯通过芳构化反应转化为 C₇～C₉ 芳烃，同时抑制 C₁₀₊ 重芳烃生成，副产高选择性烯烃。结果表明，添加稀土一方面可以改善 ZSM-11 分子筛催化剂的酸性分布，另一方面提高了催化剂的反应活性和水热稳定性。

付强等[107]发明了一种烷基化反应的方法，将分子筛、有机碱等混合均匀后，水热晶化处理，再经稀土离子交换。一方面，稀土离子改性可调变分子筛酸性。稀土离子通过极化和诱导作用，使其周围的水分子极化，有效吸引着 OH⁻，使 H⁺ 处于游离状态，产生 B 酸中心，从而提高催化剂的裂化活性。另一方面，稀土离子可以增加骨架 Al 的稳定性。稀土离子通过表面修饰进入分子筛晶体内部，由超笼迁移到 β 笼，与骨架氧原子发生相互作用，抑制了分子筛水热条件下的脱铝反应，从而增强了分子筛骨架结构的稳定性。稀土改性作用受稀土负载量的影响，稀土负载量过高会造成孔道堵塞。采用有机碱和稀土复合改性分子筛时，意外发现，在保证分子筛孔道畅通的同时，可增加改性分子筛的稀土原子负载量，制备的催化剂用于异丁烷/丁烯烷基化反应时具有良好的催化性能。

谢京燕等[108]制备了稀土改性的 Ceβ 沸石分子筛，并考察了其在液相苯酚甲醇烷基化反应中的催化性能。如表 7-11 所示，Ceβ 作为催化剂，邻甲酚和对甲酚的收率分别为10.4％和5.3％；β 作为催化剂，邻甲酚和对甲酚的收率分别为 0.6％和 0.3％，这表明，将 Ce 引入沸石分子筛能够提高沸石分子筛在液相烷基化反应中的催化活性。离子交换法制的 Ce₍ₑₓ₎β 为催化剂的邻甲酚和对甲酚收率分别为 19.3％和 10.1％，其催化活性明显高于 Ceβ 和浸渍法制备的催化剂，这是因为 $Ce_{(ex)}β$ 具有较多的强酸活性位。

表 7-11 Ceβ 沸石分子筛和对比样在液相苯酚甲醇烷基化反应中的催化性能

催化剂	邻甲酚产率/%	对甲酚产率/%	总产率/%
Ceβ	10.4	5.3	15.7
$Ce_{(im)}β$	3.3	1.3	4.9
$Ce_{(ex)}β$	19.3	10.1	29.4
β	0.6	0.3	0.9

注：反应条件为200℃，18h，苯酚和甲醇摩尔比为1:3.5，0.1g 催化剂。

代新海等[109]考察了稀土元素改性对 B/CsX 催化甲苯侧链烷基化反应性能的影响。表 7-12 为 CsX 和稀土改性后的 CsX 催化剂的催化性能评价结果。单独负载 B 的催化剂，其苯乙烯选择性最高，达到 46.0%，但是乙苯的选择性只有 29.1%，其副产物苯也是这一系列催化剂当中最多的，达到 23.3%。除了 3B/CsX 催化剂以外，其余催化剂的主要产物是乙苯，尤其是负载稀土元素 Ce 的催化剂，其乙苯选择性最高（92.3%）。所有催化剂对比来看，负载稀土元素的催化剂均无副产物苯生成，并且该类催化剂乙苯和苯乙烯总收率、甲醇转化率均高于 CsX 及 3B/CsX 催化剂，乙苯和苯乙烯总收率最高达到 96.2%。

表 7-12 不同稀土元素及 B 改性的 CsX 催化剂的催化效果

催化剂	X_{MeOH}/%	产品选择性/%				Y_{STY+EB}/%
		S_{STY}	S_{EB}	S_{PhH}	S_{CH_4}	
CsX	2.4	20.8	56.8	4.8	17.5	18.6
3B/CsX	30.1	46.0	29.1	23.3	1.5	22.6
1La3B/CsX	91.5	9.0	88.4	0.0	2.6	89.1
1Ce3B/CsX	92.0	7.2	92.3	0.0	0.5	91.5
1Yb3B/CsX	94.3	19.9	78.2	0.0	1.9	92.4
1Gd3B/CsX	97.4	20.4	78.4	0.0	1.2	96.2

第十节 异构化

一、异构化及其催化剂

异构化技术可以使直链正构烷烃发生重排生成带支链的异构烷烃，可将低辛烷值组分转化为异构的高辛烷值组分，有利于提高汽油的抗爆指数，同时可提高汽油前端辛烷值，增强汽车启动性能。

表 7-13 中列出了 C_5、C_6 烷烃的辛烷值，从表 7-13 可以看出，正构的 C_5、C_6 烷烃的辛烷值较低，而其异构体烷烃的支链化程度越大其辛烷值越高[110]。

表 7-13   C₅、C₆正/异构烷烃辛烷值

组分	研究法辛烷值（RON）	马达法辛烷值（MON）
正戊烷	61.7	61.3
正己烷	31	30
2-甲基丁烷	93.5	89.5
2-甲基戊烷	74.4	94.9
3-甲基戊烷	75.5	76
2,2-甲基戊烷	94	95.5
2,3-甲基戊烷	105	104.3
环戊烷	102.3	85
甲基环戊烷	96	85
环己烷	84	77.2

异构化油和烷基化油的馏程不同，前者为汽油馏分前端，后者为中端，二者不可或缺且相互补充，是应对未来汽油标准升级的重要调和组分。烷烃异构化是生产清洁汽油、提高汽油辛烷值的重要工艺，已成为环保要求严格的国家和地区清洁汽油加工的必备技术，开发新型高效异构化催化剂是技术研究的重点。

二、稀土在异构化催化剂中的应用

赵乐乐等[111]制备了以 La-Ni 为金属活性组分的 $S_2O_8^{2-}$/ZrO_2-Al_2O_3 固体超强酸催化剂，并以正戊烷的异构化反应为探针反应，异戊烷收率最高可达 69%，异戊烷选择性为 95%。稀土改性后催化剂的异构化性能、稳定性与贵金属催化剂相比略有差距。

刘维桥等[112]通过浸渍法制备了 Pt/SAPO-11 催化剂，利用分步浸渍法制备了 La、Ce 改性的双金属催化剂。结果表明，稀土助剂的引入导致催化剂的比表面积和微孔孔容降低，B 酸量减少而 L 酸量增加，总酸量有所下降，Pt 组分的分散度提高。在 360℃时，Pt/SAPO-11 催化剂的正庚烷转化率为 65.14%，C₇ 异构体收率为 61.67%；当分别引入 La 和 Ce，Pt/SAPO-11 的正庚烷转化率可提高至 77.40% 和 78.12%，C₇ 异构体收率分别增加至 69.72% 和 68.48%。

张孔远[113]采用共浸渍法制备了不同 Ce 含量改性的 Ce-Pt/Hβ-HZSM-5 异构化催化剂，在固定床微反装置上考察了催化剂对正己烷的异构化反应活性。实验表明，稀土助剂 Ce 的引入导致催化剂的比表面积和孔体积降低，B 酸量和总酸量增加，活性 Pt 物种的分散性得到改善，优化了催化剂的正己烷异构化性能。在优化的工艺条件下，Ce 含量 1%（质量分数）、Pt 含量 0.4%（质量分数）的 Ce-Pt/Hβ-HZSM-5 催化剂活性最高，正己烷转化率为 81.90%，异构化率为 81.78%。

所艳华[114]采用分步浸渍法制备了 Ni-RE/SAPO-11，考察了稀土种类等对正庚烷异构性能的影响。结果表明，稀土 Ce 的引入导致催化剂比表面积和孔容增大，金属 Ni 在载体表面的分散性提高。FT-IR 结果显示，在稀土浸渍的过程中有少量的 Ce³⁺ 进入分子

筛的骨架中。以水热法合成 Ce-MCM-48 介孔材料，与 MCM-48 相比，其孔径变大、孔壁变厚，Ce 离子引入 MCM-48 框架中，产生了新的 B 酸位和 L 酸位，并增强了其水热稳定性。实验表明，在催化剂表面适当添加稀土 Ce 或杂多酸可以调整催化剂表面金属位和酸性位的比例，使其对正庚烷异构化反应性能显著提高。另外的数据表明，介孔尺寸的 Ce-MCM-48 上可以得到较高的多支链异构产物。

杨美娥[115]通过两种方法（室温法和水热晶化法）对 MCM-48 分子筛进行了改性，研究了稀土铈的含量以及模板剂用量对介孔分子筛合成的影响，并在正庚烷异构化反应中考察其催化性能。结果表明，室温下制备的 Ce/MCM-48，虽然具有 MCM-48 的特征峰，但是衍射峰强度小，特征峰不明显，随着铈含量的增加，特征峰逐渐弱化，将其用于催化正庚烷异构化的反应效果不明显，正庚烷的转化率为 9%，异构烷烃的选择性为 35%；采用水热晶化法制备的 Ce-MCM-48，在（211）、（220）衍射峰最强，特征峰也可辨认，这说明改性介孔分子筛的孔道排列具有较强的有序性，将此分子筛作为催化剂，用于正庚烷异构化反应中考察其催化性能。其中，Ce-MCM-48 的催化活性和选择性仅为 7% 和 49%。反应催化活性偏低，可能是由于金属性太低。作者又通过浸渍法制备了一系列以镍为活性组分的催化剂 Ni/Ce/MCM-48 和 Ni/Ce-MCM-48，实验发现镍负载量为 2% 时 Ni/Ce-MCM-48 的催化活性和选择性可以达到 26% 和 75%。

汪颖军[116]采用稀土改性 MCM-41，进行庚烷临氢异构化反应，对影响庚烷转化率和选择性的因素进行了考察。从图 7-25 可以看出，稀土为 La 时，正庚烷转化率和异构庚烷选择性都最高。对正交实验结果进行优化，得到优化方案为：催化剂中 Ni 质量分数为 5%、载体改性稀土为 La、反应温度为 300℃、还原温度为 370℃、磷钼酸质量分数为 20%、H_2 流速为 120mL/min。在该条件下正庚烷转化率为 13.5%、异构庚烷选择性为 68%。

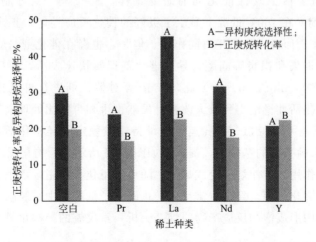

图 7-25　稀土种类对庚烷异构化反应转化率或选择性的影响

李丽蓉[117]以 Al-MCM-41 中孔分子筛为载体的前驱体，以稀土元素离子交换方法对其进行改性，并将金属 Ni 和磷钼酸（$HPMo_{12}$）负载于改性后的 RE-MCM-41 分子筛上制得催化剂 $Ni/HPMo_{12}/RE$-MCM-41。将此催化剂用于正庚烷临氢异构化反应中，结果表明，La 的引入不仅提高了正庚烷转化率，而且异构化产物的选择性提高了约 30％；在反应温度为 290℃、还原温度为 370℃、H_2 流速为 120mL/min 时，5％Ni/20％$HPMo_{12}$/La-MCM-41 催化剂上正庚烷转化率为 16.2％，异构选择性达到 72％。

刘平等[118]以离子交换法制备稀土元素 Ce、La 修饰的 Pt/Hβ 催化剂，在连续流动常压固定床反应器上考察催化剂的正庚烷临氢异构化反应性能，讨论了铈（Ⅲ）和镧（Ⅲ）离子交换对催化剂性能的影响。结果显示，Ce(Ⅲ) 和 La(Ⅲ) 交换 Hβ 沸石表现出更高的异构化性能。此外，Ce(Ⅲ) 交换催化剂对正庚烷的转化率较高，而 La(Ⅲ) 交换催化剂对正庚烷的转化率无明显改善。在最佳条件下，负载 0.4％（质量分数）Pt 和 0.5％（质量分数）Ce 的催化剂对异构化产物的选择性非常高，均为 95.1％，正庚烷转化率为 68.7％。

刘平等[119]用共浸渍法制备稀土元素 Ce、La 修饰的 Pt/Hβ 催化剂，在连续流动常压固定床反应器上考察催化剂的正庚烷临氢异构化反应性能。结果表明：催化剂中 Ce 或 La 的引入提高了正庚烷转化率，同时还在很大程度上提高了异构化产物的选择性。另外，在脱铝 β 沸石及预先负载杂多酸（磷钨酸）的脱铝 Y 沸石载体上也发现了 Ce 或 La 对其催化性能的促进作用。稀土元素 Ce 和 La 通过改善催化剂酸性和 Pt 分散度而起到助催化作用。

Yu 等[120]等采用 La、Ce、Y 的硝酸盐溶液，制备了 RE_2O_3-PSZA（Pt-SO_4^{2-}/ZrO_2-Al_2O_3）催化剂，在 PSZA 中引入 RE_2O_3，增加了比表面积和活性中心数目，从而提高了催化剂的正己烷的加氢异构反应活性。这是因为稀土阻止了活性硫化物种的损失，稀土氧化物促进效应高低排序为 La_2O_3＞Yb_2O_3＞Ce_2O_3。

针对 Ni 改性硫化氧化锆（SZ）固体超强酸具有较好异构化活性，但是活性稳定性差的问题，开展了基于稀土改性催化剂的研究工作。Song 等[121]等制备 La-Ni-$S_2O_8^{2-}$/ZrO_2-Al_2O_3 催化剂，在 160℃低温下显示了极好的催化反应性能，正戊烷的异构化率可达 66.5％，这归因于 La 和 Ni 相互协同作用。但是，也存在催化剂与烷烃接触时，由于硫化物流失、酸性损失和积炭等问题，导致催化剂运转快速失活，从最初 1000min 运行的 65％迅速降至 2000min 的 25％。为此，Song 等对催化剂进行再硫化和焙烧等改性处理，催化剂的异构化活性稳定得到较大改善。虽然再生和再硫化处理催化剂的反应活性略低，只有 58％，但是可以在 3000min 运行中维持比较稳定的异构化活性[122]。在综合分析文献 [123] 和实验数据的基础上，提出了如图 7-26 所示的异构化反应机理。金属中心上发生脱氢和加氢作用，可使烷烃变成烯烃，随后质子化形成正碳离子；酸催化活性中心上则产生异构化和裂化作用。经过重排反应，正碳离子从酸性中心脱附形成烯烃，在金属离子上通过加氢作用形成饱和反应产物。综合分析，正戊烷的异构化是金属中心和酸性中心协同作用的结果。

徐会青等[124]公开了一种长链正构烷烃择形异构化催化剂，该催化剂特别适用于润滑油馏分的加氢处理过程，具有目的产品收率高、倾点低和黏度指数高的特点。将 1％～20％（质量分数）的稀土元素负载到分子筛上，然后再制备成催化剂。引入稀土后，它可以与分子筛表面的强酸性中心结合，形成比较稳定的配合物，产生更多的弱酸中心，而强

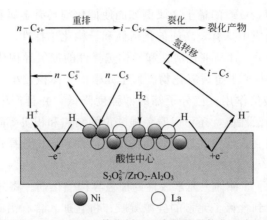

图 7-26　La-Ni-SZA 催化剂上正戊烷的异构化反应机理

酸中心是导致裂化等副反应的主要原因；稀土还可以进入分子筛的孔道中，使孔道的尺寸和结构发生变化，抑制了多支链异构体的生成，提高少支链异构体的选择性，从而改善了催化剂的异构选择性。

徐会青等[125,126]提供了一种石蜡烃择形异构化催化剂，与现有技术相比，该催化剂特别适用于润滑油馏分的加氢处理过程，具有目的产品收率高、倾点低和黏度指数高的特点。催化剂含有稀土改性的 TON 型分子筛和氧化锆或卤素改性的无机耐熔氧化物以及第Ⅷ族贵金属。稀土元素能够与分子筛的 B 酸位作用，使分子筛的酸强度降低，酸密度增大，为催化剂提供更多的催化活性位；同时减少了强酸位的结焦和积炭等副反应，使催化剂的活性和稳定性明显提高。经过锆或卤素改性无机氧化物能够产生大量的 L 酸中心，L 酸位的受电子性能能够提高催化剂与长链烷烃的作用，从而增加反应物与催化剂上活性位的接触机会，改善了催化剂的异构化反应性能。另外，通过稀土改性分子筛与锆或卤素改性无机耐熔氧化物的协同作用，使催化剂在具有理想长链烷烃异构化功能的同时，有效减少裂解反应等副反应的发生。

徐会青等[127,128]发明了一种异构化催化剂组合物，催化剂的主要组分是稀土元素改性的丝光沸石和含有硫的黏结剂。由于选用体积比较小的稀土化合物，能够进入分子筛的孔道中，与分子筛的 B 酸位作用，这样不仅能使分子筛的酸强度降低，而且能够产生更多的酸位，为催化剂提供更多的活性位的同时，避免了强酸位的结焦和积炭等副反应，使催化剂的活性和稳定性都得到明显的提高，同时调变分子筛内外表面的酸性质和分子筛的孔道结构。对酸性的调变目的使分子筛表面上的酸中心强度和酸强度分布满足烷烃异构化反应要求，提高催化剂的活性；由于黏结剂中含有铝或硅的一定结构的物质，经过硫改性的黏结剂，能对其酸性进行修饰，覆盖一些强酸中心，同时又能产生大量的中强酸活性位，在提高催化剂的异构化反应性能的同时能够降低裂解活性。该催化剂用于 $C_4 \sim C_{12}$ 烷烃的异构化过程，具有催化活性和异构烯烃选择性高等特点，可用于生产高辛烷值汽油的调和组分。

张利霞等[129]提供了一种正丁烯异构化催化剂，采用适当的晶化方式和晶化温度来制备 SAPO-11/SAPO-46 复合分子筛，然后负载稀土金属，使得该催化剂成为具有金属和酸中心的双功能催化剂。负载的稀土金属例如镧使催化剂具有金属和酸中心双功能，该催化剂在正丁烯异构化反应中具有较高的催化活性和异构化选择性。

黄开华等[130]公开了一种高催化活性和异构选择性的加氢异构化催化剂，由杂多酸改性 Hβ 沸石为载体，含有稀土金属氧化物。稀土元素由于体积较小，能够进入分子筛孔道中，与酸性中心的 B 酸位作用，使分子筛的酸强度降低，并且产生更多的酸位。这样不仅为催化剂提供更多的活性位，还可以避免强酸位的结焦和积炭等副反应，使催化剂的活性和稳定性都明显提高。该催化剂具有较高的催化活性和异构选择性，提高了正构烷烃的辛烷值。

刘子玉等[131]提供了一种稀土元素改性的加氢异构催化剂。将硅源、含有稀土元素的盐加入酸源溶液中，得到含稀土元素的硅源凝胶；将它加入含有铝源、碱源和有机模板剂的溶液中，得到凝胶混合物；经过晶化、分离、干燥、焙烧、离子交换、焙烧，得到 H 型分子筛；将 H 型分子筛负载贵金属，经干燥、焙烧后制得所述稀土改性加氢异构催化剂。通过简单的酸性水解反应，使稀土金属与硅形成更为稳定的双金属氧化物。该方法制备的 La/Ce-ZSM-22 分子筛，呈现中空形貌，其形貌和结构得到了有效调变。

Song 等[132]研究了稀土元素 Ce、Yb、Pr 对 Ni-S$_2$O$_8^{2-}$/ZrO$_2$-Al$_2$O$_3$（Ni-SZA）催化剂结构和异构化性能的影响。结果表明，稀土金属的加入可以提高催化剂的酸强度和酸中心的数量，且改善催化剂的氧化还原性能。稀土改性 Ni-SZA 催化剂中，Yb-Ni-SZA 在 160℃时的异戊烷产率最高，达 61.7%（图 7-27）。催化剂的最佳异构化催化性能依次为 Yb-Ni-SZA＞Pr-Ni-SZA＞Ni-SZA＞Ce-Ni-SZA。

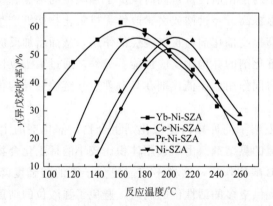

图 7-27　Ni-SZA 和 RE-Ni-SZA 催化剂上异戊烷的收率

第十一节　渣油加氢

一、渣油加氢及其催化剂

随着全球油品重质化、劣质化日趋严峻，如何将重质渣油高效转化成轻质油品，是当今炼油业面临的重大挑战与机遇，也是世界炼油技术发展的主要方向。渣油加氢是重质油轻质化和优质化的有效手段，加氢技术路线液体收率高、投资回报高，是炼油业工艺技术发展的重要方向。在已有的渣油加氢技术中，固定床渣油加氢技术最为成熟、应用最广泛。渣油加氢过程中，沥青质等可造成催化剂结焦失活，而金属沉积可造成催化剂活性位损失而永久性失活。

加氢脱金属（HDM）催化剂是渣油加氢技术的核心，失活随运行时间呈 S 形变化[133]（如图 7-28 所示）。由于稠环芳烃等大分子沉积到催化剂表面，初期快速失活；金属硫化物在催化剂表面沉积，导致中期稳定失活；大量的焦炭和金属沉积后堵塞孔道，造成末期快速失活。围绕如何提高容金属和焦炭能力，调控不同孔径分布、颗粒形状和活性组分非均匀分布，延长使用寿命等做了大量的研究。

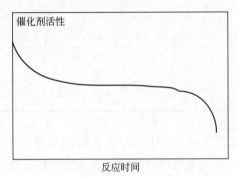

图 7-28　加氢脱金属催化剂失活曲线

二、稀土在渣油加氢催化剂中的应用

王爽[134]详细研究了稀土元素对载体酸性的调变作用。研究认为，随着稀土含量的增加，载体强酸中心数量逐渐减少，中强酸和弱酸中心数量逐渐增加，L 酸中心数量逐渐减少，B 酸中心数量逐渐增加；稀土元素的引入对催化剂加氢性能的提高有重要作用。

周家顺[135]采用高压釜加氢方式考察了以钴、钼、镍、铁和稀土金属为活性组分的 21 种催化剂对渣油悬浮床加氢裂化反应的作用。结果表明（表 7-14），稀土系列催化剂的相对效率因子远高于钴、钼、镍、铁系列催化剂，其产物中减压馏分油的收率较高，而且这种催化剂抑制甲苯不溶物生成的潜力较大，可以在更苛刻的反应条件下与减压渣油反应。

表 7-14　稀土系列催化剂加氢裂化实验结果

催化剂类型	反应时间 T/min	产率/%		相对效率因子 f_T/%
		AGO+VGO	甲苯不溶物	
LaNi$_5$	60	39.8	0.06	269.5
	120	42.2	0.32	116.1
	150	44.7	0.33	98.5
CeNi$_5$（硝酸盐）	60	38.1	0.09	173.3
	90	40.6	0.11	154.3
	120	44.2	0.34	93.9
	150	49.8	0.67	51.5

催化剂类型	反应时间 T/min	产率/%		相对效率因子 $f_T/\%$
		AGO+VGO	甲苯不溶物	
CeNi₅（醋酸盐）	120	45.7	0.25	103.6
	150	50.2	0.98	37.0
	180	45.3	1.82	24.4
环烷酸铁	20	39.4	0.61	39.7
	40	41.0	2.65	13.7
	60	42.9	4.27	10.2
CeNi₄Fe	60	41.0	0.11	214.0
	120	44.1	0.38	77.3
无催化剂	20	38.1	1.42	18.4
	40	38.8	5.23	8.1
	60	34.7	7.68	6.0

Martins 等[136]在研究稀土对 Pt/HBEA 催化剂的酸性和金属活性位的影响时发现，当稀土质量分数仅为 0.4% 时，催化剂的活性、选择性和稳定性明显提高，并且随稀土含量的增加而逐渐提高。

曾双亲等[137]介绍了一种含稀土的加氢催化剂的制备方法和应用，以稀土改性的水合氧化铝成型物为载体，负载第Ⅷ族和第ⅥB族金属元素的化合物，能够使第Ⅷ族金属元素和第ⅥB族金属元素呈"蛋黄"型分布（即活性金属浓度中心高外表面低），该催化剂在烃油的加氢反应中显示出高的催化活性。

张志国等[138]发明了一种含稀土的加氢催化剂，将 0.1%～3% 的镧或铈稀土浸渍引入催化剂，使稀土分散到载体氧化铝的内外表面，不仅可以提高载体的抗烧结能力，而且减缓了催化剂在反应过程中比表面积的下降；同时，可有效阻止镍铝等活性组分进入氧化铝晶格；此外，由于稀土氧化物分布在 Mo、W、Ni、Co 等氧化物之间，增加了活性组分的间隔，提高了活性组分的分散性，进而改善了催化剂脱硫、氮、残炭等杂质的能力。稀土金属氧化物的含量在 0.1%～3% 为最佳，太低会造成活性金属分散度差；太高会造成浪费，且容易影响活性金属的浸渍，影响催化剂活性。

第十二节　加氢裂化

一、加氢裂化及其催化剂

加氢裂化技术作为重油轻质化的重要二次加工手段之一，具有原料适应性强、操作及产品方案灵活以及产品质量好等特点，是生产优质清洁燃料及解决化工原料来源的重要途径。世界原油趋向重质化、劣质化以及环保法规日益严格和油品需求结构改变、中间馏分油需求的增加，都将促进加氢裂化技术的开发。

加氢裂化催化剂是加氢裂化技术的核心，是加氢裂化技术进步的关键。如表 7-15 所示，加氢裂化催化剂的主要专利商有 UOP 公司、Criterion 公司、Chevron Lummus Global（CLG）公司、Topsoe 公司、Axens 公司、中国石化大连（抚顺）石油化工研究院、中国石化石油化工科学研究院等。近年来，各个专利商通过提出新的催化剂研发理念，开发新的催化材料等方法，制备了多种新型加氢裂化催化剂，其催化性能相对于上一代催化剂有了明显提高[139]。

表 7-15 加氢裂化催化剂生产商及其主要催化剂牌号

生产商	UOP	Criterion	CLG	Topsoe	Axens	抚研院	石科院
催化剂牌号	HC-K HC-P HC-T UF-210 UF-220	DN-3110 DN-3120 DN-3300 DN-3630 Z-2513 Z-2623 Z-FX10 Z-853	ICR177 ICR178 ICR179 ICR180 ICR160 ICR183 ICR240	TK-605 TK-558 TK-559 TK-961 TK965 TK926	HRK 558 HDK 776 HTK 758 HYK 732 HYK 742 HYK 752 HYK 700	FC-52 FC-60 FC-70 FC-76 FC-80	RHC-224C RHC-210 RHC-210F RHC-224C

加氢裂化催化剂由金属组分和酸性活性中心组成，具有加氢和裂化两种功能。MoS_2、WS_2、Pt 和 Pd 等是活性物种，而 Ni 和 Co 是助剂。金属活性组分的加氢活性排序为：贵金属＞过渡金属硫化物＞贵金属硫化物。非贵金属体系的加氢活性顺序为：Ni-W＞Ni-Mo＞Co-Mo＞Co-W。加氢裂化反应实质上就是催化裂化正碳离子反应伴随加氢反应。加氢反应为放热反应，裂化反应为吸热反应，从热力学方面看，低温、高压有利于加氢反应，高温、低压有利于裂化和异构化反应。工业应用的加氢裂化催化剂一般以分子筛作为裂化活性组分，特别是 Y 型分子筛以及其他经过不同方法处理的功能化分子筛[140]。

二、稀土在加氢裂化催化剂中的应用

田园[141]采用共沉淀法制备了不同金属含量的 Ce、Zr 改性氧化铁催化剂，在固定床反应器内考察了催化剂对常压渣油改质处理的效果。掺杂 Zr 或 Ce 改性后，Fe-Zr 和 Fe-Ce-Zr 催化剂的平均晶粒尺寸减小。即 Zr 和 Ce 的掺杂可以明显抑制催化剂焙烧过程的烧结现象；采用金属助剂改性的催化剂具有更好的轻质化效果，催化剂活性受 CeO_2 和 ZrO_2 掺杂量的影响，当掺杂量达到某一比例时，轻质油收率出现极值，Zr 改性和 Ce、Zr 改性催化剂得到的轻质油收率最大值分别为 43.7%（质量分数）和 47.9%（质量分数）。

李海岩等[142]以 La 改性 USY/β 复合分子筛，钨、镍作为加氢金属，制备了加氢裂化催化剂。以大庆混合 VGO 和 CGO 为原料，在 200mL 固定床装置上，采用一段串联一次通过工艺，考察了催化剂的加氢裂化性能。在相同转化率条件下，含稀土的 CAT-1 催化剂与参比剂相比，其柴油收率高 3.19%，中间馏分油选择性达到 80%。

辛靖等[143]将 1%～15%（质量分数）的稀土添加到拟薄水铝石中，然后焙烧得到稀土氧化铝，制成含稀土氧化铝的加氢裂化催化剂。与现有技术相比，本发明提供的催化剂的性能得到明显改善，由于稀土的加入，有效提高了柴油十六烷值。

Li 等[144]研究了不同稀土元素（La、Nd、Sm、Gd 和 Dy）改性的 Ni/HY 催化剂对正辛烷加氢转化的影响。随着稀土离子半径的增大，改性催化剂的 B 酸含量增加。稀土元素中的镧改善了镍的分散性，导致 Ni/HY 催化剂高催化活性和异构化选择性（如图7-29所示）。但其他稀土元素改性后的催化剂性能较差，这是由于降低了催化剂的 B 酸含量以及镍的分散度。

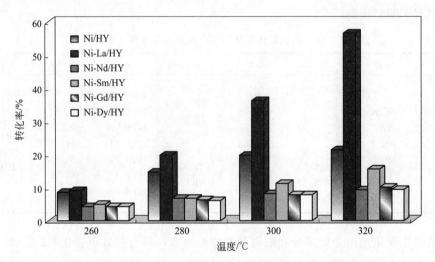

图 7-29 不同反应温度下稀土改性的 Ni-HY 催化剂正辛烷的转化率

冯小萍等[145]和徐学军等[146]介绍了含稀土的加氢裂化催化剂的制备方法。以正加法制备镍、铝沉淀物，并流法制备钨、硅和铝沉淀物，将两种沉淀物混合，水热处理后，加入 Y 型分子筛悬浮液，再用含稀土离子和有机物的混合溶液浸泡，成型、干燥、焙烧，制得含稀土的加氢裂化催化剂。在含有稀土离子和有机物的混合溶液中浸泡，能够得到沉淀颗粒，不仅具有良好的孔结构和形貌，而且可促进不同加氢活性金属的分布，有利于活性金属钨、镍间形成高活性相；同时使稀土金属与加氢活性金属充分接触，改善活性金属与载体间的相互作用，使加氢裂化催化剂具有良好的使用性能。该稀土加氢裂化催化剂具有高的加氢裂化活性和较强的耐氮能力。

<h1 style="text-align:center">参考文献</h1>

[1] 赵震. 石油炼制、石油化工及石油燃料利用中的稀土催化 [C]. 北京：第十八届全国稀土催化学术会议论文集，2011.

[2] 杜墨池，贺新，向刚伟，等. 稀土改性负载型催化剂研究进展 [J]. 辽宁石油化工大学学报，2018，38（5）：35-42.

[3] 罗非. 我国稀土供需预测研究 [D]. 北京：中国地质大学，2012.

[4]　詹望成，郭耘，郭杨龙，等．稀土催化材料的制备、结构及催化性能 [J]．中国科学：化学，2012，42（9）：1289-1307.

[5]　姜连升，毕吉福，王蓓，等．稀土顺丁橡胶 [M]．北京：冶金工业出版社，2016.

[6]　Zhu H，Chen P，Yang C，et al. Neodymiu-based catalyst for the coordination polymerization of butadiene：from fundamental research to industrial application [J]．Macromolecular Reaction Engineering，2015，9（5）：453-461.

[7]　Leicht H，Göttker-schnetmann I，Mecking S. Stereoselective copolymerization of butadiene and functionalized 1，3-dienes with neodymium-based catalysts [J]．Macromolecular，2017，50（21）：8464-8468.

[8]　Wang D，Li S，Liu X，et al. Thiophene-NPN ligand supported rare-earth metal bis（alkyl）complexes. synthesis and catalysis toward highly trans-1,4 selective polymerization of butadiene [J]．Organometallics，2008，27（24）：6531-6538.

[9]　郭俊，闫蓉，杨广明，等．用脂肪烃溶液型磷酸酯稀土催化剂合成高顺式聚异戊二烯 [J]．合成橡胶工业，2020，43（1）：42-46.

[10]　胡涛，王广克，姜广明，等．二硫代氨基甲酸镧双配体稀土促进剂第二配体对三元乙丙橡胶性能的影响 [J]．橡胶工业，2020，67：276-281.

[11]　Yao C，Liu N，Long S，et al. Highly cis-1,4-selective coordination polymerization of polar 2-(4-methoxyphenyl)-1,3-butadiene and copolymerization with isoprene using β-diketiminato yttrium bis（alkyl）complex [J]．Polymer Chemistry，2016，7（6）：1264-1270.

[12]　张永鹏，郭绍辉，詹亚力，等．稀土元素在橡胶中的应用研究进展 [J]．橡胶科技市场，2012，9：5-9.

[13]　陶绪泉，柳仁民，王利平，等．稀土橡胶硫化促进剂的研究进展 [J]．稀土，2010，31（5）：89-91.

[14]　彭亚岚，张霞，苏正涛，等．纳米氧化铈的制备及其对硅橡胶耐热性能的影响 [J]．橡胶工业，2005，52（9）：540-542.

[15]　张树明，周亚斌，任文坛，等．稀土氧化物对提高甲基乙烯基硅橡胶耐热性的作用 [J]．特种橡胶制品，2009，30（6）：10-13.

[16]　史振学，李梅，柳召刚，等．稀土在橡胶生产中的应用 [J]．稀土，2006，27（2）：75-80.

[17]　张明，李幼荣，邱关明，等．稀土复合弹性材料的抗热氧化作用 [J]．中国稀土学报，2000，18（4）：318-321.

[18]　张明，张志斌，邱关明，等．稀土复合弹性的制备和力学性能 [J]．中国稀土学报，2000，18（3）：232-238.

[19]　谢蝉，贾志欣，贾德民．镧配合物对天然橡胶的防老化作用 [J]．弹性体，2010，20（4）：6-8.

[20]　贾志欣，汪月琼，贾德民．二苯弧镧配合物对天然橡胶性能的影 [C]．广州：广东材料发展论坛——战略性新兴产业发展与新材料科技创新研讨会，2013.

[21]　谢蝉，贾德民，罗远芳，等．2-疏基苯并咪唑钐配合物在天然橡胶中防老化作用的研究 [J]．高分子学报，2011（3）：320-326.

[22]　谢蝉，贾志欣，罗远芳，等．镧配合物对天然橡胶热氧老化性能的影响 [J]．橡胶科技市场，2010，（19）：10-12.

[23]　任艳军，关长斌，陆文明．稀土氧化铈对橡胶性能的影响 [J]．世界橡胶业，2006，33（5）：13-16.

[24]　傅政．橡胶材料性能与设计应用 [M]．北京：化学工业出版社，2003.

[25]　Wang Y，Liu Y，Zhang Z，et al. Mechanical properties of cerium oxide-modified vulcanised natural rubber at elevated temperature [J]．Plastics，Rubber and Composites，2017，46（7）：306-313.

[26]　Zou Y，He J，Tang Z，et al. A novel rare-earth complex containing hindered phenol and thioether groups for styrene-butadiene rubber/silica composites with improved antioxidative properties [J]．Polymer Degradation and Stability，2019，166：99-107.

[27]　赵青松，解希铭，曲亮靓，等．支化聚丁二烯橡胶及其制备方法及混炼胶：ZL201510676942.6 [P]．2019-08-20.

[28] Wu C，Liu B，Lin F，et al. cis-1,4 selective copolymerization of ethylene and butadiene：a compromise between two mechanisms [J]. Angewandte Chemie International Edition，2017，56（24）：6975-6979.

[29] 彭振博，胡斌，苏庆德，等. 稀土 PVC 稳定剂的作用机制研究 [J]. 中国稀土学报，2003，21（3）：255-258.

[30] 谌伟庆，杜裕刚，彭钦，等. 氧化铈复合热稳定剂 [J]. 塑料，2010，39（2）：27-29.

[31] 曾冬铭，胡爱平，舒万艮，等. 碱式羧酸稀土热稳定剂及其协同效应的研究 [J]. 稀土，2002，23（4）：20-22.

[32] 付成兵，陈前林，金沙. 羧酸对羧酸镧热稳定剂性能的影响 [J]. 塑料，2012，41（2）：75-77.

[33] 谌伟庆，刘珊，陈义旺，等. 水杨酸镧热稳定剂对 PVC 塑料热稳定性的影响及其机理研究 [J]. 稀土，2009，30（1）：49-52.

[34] Li M，Jiang Z，Liu Z，et al. Effect of Lanthanum cyanurate as novel organic thermal stabilizersfor polyvinyl chloride [J]. Polymer Engineering and Science，2013，53（8）：1705-1711.

[35] Li M，Duan C，Wang H，et al. Lanthanum histidine with pentaerythritol and zinc stearate as thermal stabilizers for poly（vinyl chloride）[J]. Journal of Applied Polymer Science，2016，133（3）：42878-42883.

[36] 孙会娟，陈灵智，吴瑞红. 稀土元素阻燃剂研究进展 [J]. 塑料科技，2018，46（10）：122-127.

[37] Wang Y L，Tang X P，Tang X D. Study of synergistic effects of cerium oxide on intumescent flame retardant polypropylene system [J]. Advanced Materials Research，2014，887-888：90-93.

[38] Feng C M，Zhang Y，Liu S W，et al. Synergistic effect of La_2O_3 on the flame retardant properties and the degradation mechanism of a novel PP/IFR system [J]. Polymer Degradation and Stability，2012，97（5）：707-714.

[39] Nie S B，Song L，Hu Y，et al. The catalyzing carbonization properties of acrylonitrile-butadiene-styrene opolymer（ABS）/rare earth oxide（La_2O_3）/ organophilicmontmorillonite（OMT）nanocomposites [J]. Journal of Polymer Research，2010，17（1）：83-88.

[40] Doğan M，Yılmaz A，Bayramlı E. Synergistic effect of boron containing substances on flame retardancy and thermal stability of intumescent polypropylene composites [J]. Polymer Degradation and Stability，2010，95（12）：2584-2588.

[41] Ren Q，Wan C Y，Zhang Y，et al. An investigation into synergistic effects of rare earth oxides on in tumescent flame retardancy of polypropylene/poly（octylene-co-ethylene）blends [J]. Polymers for Advanced Technologies，2011，22（10）：1414-1421.

[42] Yang W，Tang G，Song L，et al. Effect of rare earth hypophosphite and melamine cyanurate on fire performance of glass-fiber reinforced poly（1,4-butylene terephthalate）composites [J]. Thermochimica Acta，2011，526（1）：185-191.

[43] Wu Y，Kan Y C，Song L，et al. The application of Ce-doped titania nanotubes in the intumescent flame-retardant PS/MAPP/PER systems [J]. Polymers for Advanced Technologies，2012，23（12）：1612-1619.

[44] Cai Y Z，Guo Z H，Fang Z P. Flame retardancy of poly（ethylene terephthalate）nanocomposites based on rare earth ions modified organo-montmorillonite [J]. Polymer Materials Science & Engineering，2013，29（1）：123-126.

[45] Liu Y，Cao Z，Zhang Y，et al. Synthesis of cerium N-morpholinomethylphosphonic acid and its flame retardant application in high density polyethylene [J]. Industrial & Engineering Chemistry Research，2013，52：5334-5340.

[46] Zhou Q，Yan L，Lai X，et al. The effect of lanthanum trimethacrylate on the mechanical properties and flame retardancy of dynamically vulcanized PP/EPDM thermoplastic vulcanizates [J]. Journal of Elastomers & Plastics，2018，50（4）：339-353.

[47] 刘跃军，毛龙. 含稀土元素 LDHs 对 PBS 膨胀阻燃体系的协效作用 [J]. 材料研究学报，2013，27（6）：589-596.

[48] 葛秋伟，肖竹钱，欧阳洪生，等. 费托合成钴基催化剂稀土助剂改性研究进展 [J]. 应用化工，2015，44（6）：

1133-1137.

[49] 刘西京，陶从良，董俊. 同构替代镧掺杂 SBA-15 负载钴基催化剂对费托合成性能的影响 [J]. 贵州大学学报：自然科学版，2010 (3)：25-28.

[50] 代小平，余长春，沈师孔. 助剂 CeO₂ 对 Co/Al₂O₃ 催化剂上 F-T 合成反应性能的影响 [J]. 催化学报，2001 (2)：104-108.

[51] Suzuki Y，Kuchida M，Sakama Y，et al. Promotion effect of the addition of Eu to Co/silica catalyst for Fischer-Tropsch synthesis [J]. Catalysis Communications，2013，36：75-78.

[52] Zhang Y，Liew K，Li J，et al. Fischer-Tropsch synthesis on lanthanum promoted Co/TiO₂ catalysts [J]. Catalysis Letters，2010，139 (1/2)：1-6.

[53] Zeng S，Du Y，Zhang Y，et al. Promotion effect of single or mixed rare earths on cobalt-based catalysts for Fischer-Tropsch synthesis [J]. Catalysis Communications，2011，13 (1)：6-9.

[54] Bedel L，Roger A C，Rehspringer J L，et al. $La_{1-y}Co_{0.4}Fe_{0.6}O_{3-\delta}$ perovskite oxides as catalysts for Fischer-Tropsch synthesis [J]. J Catalysis，2005，235：279-294.

[55] Zhuo Y，Zhu L，Liang J，et al. Selective Fischer-Tropsch synthesis for gasoline production over Y，Ce，or La-modified Co/H-β [J]. Fuel，2020，262：116490.

[56] Zhao L，Liu G，Li J. Effect of La₂O₃ on a precipitated iron catalyst for Fischer- Tropsch synthesis [J]. Chinese Journal of Catalysis，2009，30 (7)：637-642.

[57] 孙燕，孙启文，刘继森，等. 稀土金属氧化物助剂对费托合成 Co/γ-Al₂O₃ 催化剂性能的影响 [J]. 石油化工，2014，43 (8)：886-891.

[58] 汪洋. 掺杂镧的固体酸制备及其催化合成生物柴油的应用研究 [D]. 赣州：江西理工大学，2017.

[59] 陈登龙，吕玮，陈顺玉. 生物柴油专用的掺杂稀土离子的氧化锌纳米纤维催化剂制备方法：CN200810071976.2 [P]. 2009-04-01.

[60] 贾金波. 固体酸催化合成生物柴油的研究 [D]. 石家庄：河北师范大学，2010.

[61] Vishal M，Satnam S，Amjad A. Potassium impregnated nanocrystalline mixed oxides of La and Mg as heterogeneous catalysts for transesterification [J]. Renewable Energy，2013，62：2 26-233.

[62] Jin L. Synthesis，characterization，and catalytic applications of transition metal oxide/carbonate nanomaterials [D]. Connecticut：University of Connecticut，2011.

[63] Song R L，Tong D M，Tang J Q，et al. Effect of composition on the structure and catalytic properties of KF/Mg-La solid base catalysts for biodiesel synthesis via transesterification of cottonseed oil [J]. Energy & Fuels，2011，25 (6)：2679-2686.

[64] Shu Q，Yuan H，Liu B，et al. Synthesis of biodiesel from model acidic oil catalyzed by a novel solid acid catalyst $SO_4^{2-}/C/Ce^{4+}$ [J]. Fuel，2015，143：547-554.

[65] Vieira S S，Magriotis Z M，Grac I，et al. Production of biodiesel using HZSM-5 zeolites modified with citric acid and SO_4^{2-}/La_2O_3 [J]. Catalysis Today 279 (2017) 267-273.

[66] Shu Q，Tang G，Lesmana H，et al. Preparation，characterization and application of a novel solid Bronsted acid catalyst $SO_4^{2-}/La^{3+}/C$ for biodiesel production via esterification of oleic acid and methanol [J]. Renewable Energy，2018，119：253-261.

[67] 陈颖，孙雪，李金莲，等. 稀土改性固体超强酸催化制备生物柴油的研究 [J]. 化工科技，2020，18 (13)：11-15.

[68] 陈颖，孙雪，李慧，等. 稀土改性对 SO_4^{2-}/ZrO_2 固体酸催化剂结构与催化性能的影响，燃料化学学报，2012，40 (4)：412-417.

[69] 王志华，孙小嫚，孙桂芳，等. 固体超强酸 $S_2O_8^{2-}/Fe_2O_3-ZrO_2-La_2O_3$ 催化制备生物柴油 [J]. 北京化工大学学报，2007，34 (5)：544-548.

[70] Russbueldt B M E，Hoelderich W F. New rare earth oxide catalysts for the transesterification of triglycerides with

methanol resulting in biodiesel and pure glycerol [J]. Journal of Catalysis, 2010, 271 (2): 291-304.

[71] 林伟, 田辉平, 王磊, 等. 不同分子筛负载镍催化剂的正辛烷异构化和芳构化性能 [J]. 石油炼制与化工, 2012, 43 (7): 12-15.

[72] 于振兴, 付红英, 郑伟, 等. 稀土金属在低碳烷烃芳构化催化剂上的研究 [C]. 第七届中国功能材料及其应用学术会议论文集, 2010.

[73] 吕明智, 丁冉峰, 孙作霖, 等. 稀土改性 HZSM-5 催化剂上石脑油馏分非临氢芳构化制取高辛烷值汽油 [J]. 四川大学学报 (自然科学版), 2011, 48 (2): 410-414.

[74] Long H, Jin F, Xiong G, et al. Effect of lanthanum and phosphorus on the aromatization activity of Zn/ZSM-5 in FCC gasoline upgrading [J]. Microporous and Mesoporous Materials, 2014, 198: 29-34.

[75] 于中伟, 马爱增, 王国成, 等. 一种轻烃芳构化催化剂及其制备方法: CN101172250B [P]. 2010-10-20.

[76] 孙义兰, 于中伟, 马爱增, 等. 一种轻烃芳构化方法: CN101538184B [P]. 2012-07-25.

[77] 贾立明, 刘全杰, 徐会青, 等. 一种芳构化催化剂及其制备方法: CN101898150B [P]. 2012-05-30.

[78] 孙玉坤, 祝刚. 一种轻烃芳构化催化剂及其制备方法: CN102600889B [P]. 2014-06-04.

[79] 朱向学, 安杰, 徐龙伢, 等. 一种芳构化用共结晶分子筛催化剂制备方法及其应用: CN103357430B [P]. 2015-08-19.

[80] 马爱增. 中国催化重整技术进展 [J]. 中国科学: 化学, 2014, 44 (1): 25-39.

[81] 李建勇, 周琢强. 轻稀土添加对 Pt/KL 重整催化剂性能的影响 [J]. 中国稀土学报, 2017, 35 (2): 203-208.

[82] Mondal T, Kaul N, Mittal R, et al. Catalytic steam reforming of model oxygenates of bio-oil for hydrogen production over La modified Ni/CeO$_2$-ZrO$_2$ catalyst [J]. Top Catal, 2016, 59: 1343-1353.

[83] Samia A H, Mohammed M S, Faramawy S, et al. Influence of Pt nanoparticles modified by La and Ce oxides on catalytic dehydrocyclization of n-alkanes [J]. Egyptian Journal of Petroleum, 2015, 24: 163-174.

[84] 潘晖华, 兰玲, 张鹏, 等. 一种连续重整催化剂及其制备方法: CN103962161B [P]. 2016-11-23.

[85] 臧高山, 张大庆, 王涛, 等. 一种多金属重整催化剂及制备方法: CN104841424B [P]. 2017-04-26.

[86] 张大庆, 臧高山, 张玉红, 等. 一种多金属石脑油重整催化剂及制备方法: CN105983423B [P]. 2019-05-21.

[87] 李晓静, 王一双, 陈明强, 等. Ni/La-SEP 催化剂对生物油模型物催化重整制氢的影响 [J]. 现代化工, 2018, 38 (7): 84-88.

[88] 李晓静. 改性镍基海泡石催化剂催化重整生物油模型物制氢研究 [D]. 淮南: 安徽理工大学, 2019.

[89] 沈朝萍, 陈明强, 刘少敏. 镧对镍基催化剂催化生物油模型物重整制氢的影响 [J]. 现代化工, 2015, 35 (8): 133-136.

[90] 任岳林, 马爱增, 王杰广. 铂锡重整催化剂体系下正庚烷转化规律的研究 [J]. 石油炼制与化工, 2018, 49 (1): 30-36.

[91] Lee J, Li R, Janik M, et al. Rare earth/transition metal oxides for syngas tar reforming: a model compound study [J]. Industrial & Engineering Chemistry Research, 2018, 57 (18): 6131-6140.

[92] 陈连璋, 鲍钟瑛, 王祥生. 在稀土改性的 ZSM-5 沸石催化剂上甲苯歧化选择生成对二甲苯的研究 [J]. 燃料化学学报, 1984, 12 (2): 112-118.

[93] 陈连璋, 孙多里, 王静玉, 等. 用磷-稀土元素改性 ZSM-5 沸石催化剂的催化特性研究 [J]. 大连工学院学报, 1986, 25 (3): 33-39.

[94] Nibou D, Amokrane S. Catalytic performance of the exchanged Y faujasites by Ce^{3+}, La^{3+}, UO$_2^{2+}$, Co^{2+}, Sr^{2+}, Pb^{2+}, Tl$^+$ and NH$_4^+$ cations in the disproportionation reaction of toluene [J]. Comptes Rendus Chimie, 2010, 13: 527-537.

[95] 邹薇, 孔德金, 李经球, 等. 甲苯歧化与烷基转移催化剂及其制备方法: CN103121914B [P]. 2016-01-13.

[96] 王月梅, 祁晓岚, 孔德金, 等. 提高二甲苯选择性的甲苯歧化催化剂及其用途: CN104107717B [P]. 2016.12.28.

[97] 邹薇, 杨德琴, 朱志荣, 等. 金属氧化物改性的 HZSM-5 上甲苯与甲醇的烷基化反应 [J]. 催化学报, 2005, 26 (6): 470-474.

[98]　宁明才. 二甲苯异构化催化剂性能改进及成型条件研究 [D]. 北京：北京化工大学，2013.

[99]　许家阔. 金属改性 X 分子筛催化 C_4 烷基化反应研究 [D]. 郑州：郑州大学，2018.

[100]　Chen L，Dong H，Li Shi. Study on alkylation of toluene with tert-butanol over La_2O_3-modified HY zeolite [J]. Ind Eng Chem Res，2010，49：7234-7238.

[101]　许家阔，杨志强，李自航，等. 稀土 La 改性 X 分子筛催化异丁烷/丁烯烷基化反应 [J]. 过程工程学报，2018，18（5）：996-1002.

[102]　詹 D Y，赖利 M G，索恩 S W，等. 使用稀土交换催化剂的清洁剂烷基化：CN102652121A [P]. 2012-08-29.

[103]　詹 D Y，赖利 M G，索恩 S W，等. 用于清洁剂烷基化的稀土交换催化剂：CN102655932 A [P]. 2012-09-05.

[104]　徐会青，刘全杰，贾立明，等. 含 BETA 沸石乙烯与苯烷基化催化剂及制备方法和应用：CN102909059A [P]. 2013-02-06.

[105]　徐会青，刘全杰，贾立明，等. 含两种沸石的乙烯与苯烷基化催化剂及制备方法和应用：CN102909067A [P]. 2013-02-06.

[106]　徐龙伢，刘惠，辛文杰，等. 一种二甲醚和苯烷基化的催化剂的制备方法和应用：CN103920525A [P]. 2014-07-16.

[107]　付强，李永祥，胡合新，等. 一种烷基化反应的方法：CN103964994A [P]. 2014-08-06.

[108]　谢京燕，宋莎，刘振宇，等. 稀土沸石催化液相苯酚烷基化 [J]. 广州化工，2019，47（14）：39-41.

[109]　代新海，王斌，温月丽，等. 稀土和 B 改性 CsX 催化剂对甲苯侧链烷基化反应的影响 [J]. 天然气化工，2018，43（4）：23-26.

[110]　陈禹霏. C_5、C_6 烷烃异构化催化剂研究进展 [J]. 当代化工，2019，48（3）：623-627.

[111]　赵乐乐. La-Ni-$S_2O_8^{2-}$/ZrO_2-Al_2O_3 固体超强酸催化剂的制备及其异构化性能 [D]. 大庆：东北石油大学，2017.

[112]　刘维桥，尚通明，周全法，等. 金属助剂对 Pt/SAPO-11 催化剂物化及异构性能的影响 [J]. 燃料化学学报，2010，38（2）：212-217.

[113]　张孔远，崔程鑫，赵兴涛，等. 稀土 Ce 改性 Pt/Hβ-HZSM-5 异构化催化剂的性能 [J]. 石油化工，2017，46（5）：524-529.

[114]　所艳华. 铈改性载镍固体酸催化剂的制备及其正庚烷异构催化作用 [D]. 哈尔滨：哈尔滨工业大学，2014.

[115]　杨美娥. 稀土改性 MCM-48 催化剂上庚烷异构化性能研究 [D]. 大庆：东北石油大学，2013.

[116]　汪颖军，李丽蓉，所艳华，等. 稀土改性 MCM-41 催化剂上庚烷临氢异构化反应影响因素研究 [J]. 石油炼制与化工，2012，43（6）：62-66.

[117]　李丽蓉. 稀土改性 Al-MCM-41 催化剂上正庚烷的异构化研究 [D]. 大庆：东北石油大学，2012.

[118]　刘平，姚月，张兴光，等. 稀土交换的 β 分子筛负载 Pt 催化剂上正庚烷的临氢异构化 [J]. 中国化学工程学报，2011，19（2）：278-284.

[119]　刘平，王军，姚月. 稀土元素 Ce(La) 促进的 Pt/β 催化剂上正庚烷的临氢异构化 [J]. 南京工业大学学报（自然科学版）2011，33（1）：8-13.

[120]　Yu G X，Lin D L，Hu Y，et al. RE_2O_3-promoted Pt-SO_4^{2-}/ZrO_2-Al_2O_3 catalyst in n-hexane hydroisomerization [J]. Catalysis Today，2011，166：84-90.

[121]　Song H，Wang N，Song H L，et al. La-Ni modified $S_2O_8^{2-}$/ZrO_2-Al_2O_3 catalyst in n-pentane hydroisomerization [J]. Catalysis Communications，2015，59：61-64.

[122]　Song H，Zhao L，Wang N，et al. Isomerization of n-pentane over La-Ni-$S_2O_8^{2-}$/ZrO_2-Al_2O_3 solid superacid catalysts：deactivation and regeneration [J]. Applied Catalysis A：General，2016，526：37-44.

[123]　Nie Y，Shang S，Xu X，et al. In_2O_3-doped Pt/WO_3/ZrO_2 as a novel efficient catalyst for hydroisomerization of n-heptane [J]. Applied Catalysis A：General，2012，433-434：69-74.

[124]　徐会青，刘全杰，贾立明，等. 长链正构烷烃择形异构化催化剂及其制备方法和应用：CN101722031B [P]. 2011-11-30.

［125］　徐会青，刘全杰，贾立明，等．一种石蜡烃择形异构化催化剂及其制备方法和应用：CN102441416B ［P］. 2013-10-09.

［126］　徐会青，刘全杰，贾立明，等．石蜡烃择形异构化催化剂及其制备方法和应用：CN102441417B ［P］. 2013-10-09.

［127］　徐会青，刘全杰，贾立明，等．一种异构化催化剂组合物及其应用：CN103041843B ［P］. 2015-07-22.

［128］　徐会青，刘全杰，贾立明，等．一种异构化催化剂及其应用：CN103100413B ［P］. 2015-04-15.

［129］　张利霞，任行涛，齐海英，等．一种正丁烯异构化催化剂及其制备方法：CN105665007B ［P］. 2018-04-13.

［130］　黄开华，管庆，马时锋，等．一种正构烷烃异构化催化剂及其催化方法：CN106622354A ［P］. 2017-05-10.

［131］　刘子玉，吴晛，陈新庆，等．一种稀土元素改性的加氢异构催化剂及其合成方法和用途：CN109201110A ［P］. 2019.01.15.

［132］　Song H，Zhao L，Wang N. Rare earth metals modified Ni-S$_2$O$_8^{2-}$/ZrO$_2$-Al$_2$O$_3$ catalysts for *n*-pentane isomerization ［J］. Chinese Journal of Chemical Engineering，2017，25 (1)：74-78.

［133］　李灿，展学成，赵瑞玉，等．固定床渣油加氢脱金属催化剂制备及失活研究进展 ［J］. 现代化工，2015，35 (1)：18-22.

［134］　王爽，丁巍，赵德智，等．渣油加氢催化剂酸性，孔结构及分散度对催化活性的影响 ［J］. 化工进展，2015，34 (9)：3317-3322.

［135］　周家顺，刘东，梁士昌，等．渣油悬浮床加氢裂化催化剂的研究 ［J］. 石油大学学报（自然科学版），2000，3 (24)：26-29.

［136］　Martins A，Silva J M，Ribeiro M F. Influence of rare earth elements on the acid and metal sites of Pt/HBEA catalyst for short chain *n*-alkane hydroisomerization ［J］. Applied Catalysis A：General，2013，466：293-299.

［137］　曾双亲，杨清河，李丁健，等．具有加氢催化作用的催化剂及其制备方法和应用以及烃油加氢处理方法：CN103480390B ［P］. 2015-08-26.

［138］　张志国，赵愉生，赵元生，等．高活性渣油加氢催化剂的制备方法：CN105983413B ［P］. 2018-12-25.

［139］　郝文月，刘昶，曹均丰，等．加氢裂化催化剂研发新进展 ［J］. 当代石油石化，2018，26 (7)：29-34.

［140］　周厚峰，张慧汝，田梦，等．加氢裂化催化剂研究进展 ［J］. 工业催化，2014，22 (10)：729-735.

［141］　田园．Ce/Zr 改性 Fe$_2$O$_3$ 催化常压渣油裂化行为研究 ［D］. 大连：大连理工大学，2017.

［142］　李海岩，秦丽红，孙发民，等．稀土镧改性 USY/Beta 复合分子筛的加氢裂化性能 ［C］. 第十七届全国分子筛学术大会，2013.

［143］　辛靖，王奎，李明丰，等．一种含有含稀土氧化铝的加氢裂化催化剂及其应用：CN102247881B ［P］. 2014-05-28.

［144］　Li D，Li F，Ren J，et al. Rare earth-modified bifunctional Ni/HY catalysts ［J］. Applied Catalysis A：General，2003，241：15-24.

［145］　冯小萍，王海涛，刘东香，等．含稀土的加氢裂化催化剂的制备方法：CN104588081B ［P］. 2016-11-23.

［146］　徐学军，王海涛，刘东香，等．一种含稀土的加氢裂化催化剂的制备方法：CN104588084B ［P］. 2016-08-17.